国家重点图书出版规划项目

20世纪中国知名科学家学术成就概览

总主编 钱伟长

本卷主编 杜祥琬

能源与矿业工程卷

地质资源科学技术与工程分册

科学出版社

北京

内 容 简 介

国家重点图书出版规划项目《20世纪中国知名科学家学术成就概览》，以纪传文体记述中国20世纪在各学术专业领域取得突出成就的数千位华人科学技术和人文社会科学专家学者，展示他们的求学经历、学术成就、治学方略和价值观念，彰显他们为促进中国和世界科技发展、经济和社会进步所做出的贡献。

《20世纪中国知名科学家学术成就概览·能源与矿业工程卷》记述了200多位能源与矿业工程技术专家的研究路径和学术生涯，分五册出版。全书以突出学术成就为重点，力求对学界同行的学术探索有所镜鉴，对青年学生的学术成长有所启迪。

能源与矿业工程卷·地质资源科学技术与工程分册收录了37位专家，卷首简要回顾20世纪中国地质资源科学技术与工程发展概况，卷尾附20世纪中国地质资源科学技术与工程大事记。这与传文两相映照，力图反映出中国地质资源科学技术与工程领域的百年发展脉络。

图书在版编目(CIP)数据

20世纪中国知名科学家学术成就概览·能源与矿业工程卷·地质资源科学技术与工程分册 / 钱伟长总主编；杜祥琬本卷主编. —北京：科学出版社，2015.1

国家重点图书出版规划项目. 国家出版基金项目

ISBN 978-7-03-043048-9

Ⅰ. ①2… Ⅱ. ①钱…②杜… Ⅲ. ①地质学家-列传-中国-20世纪 ②地质学-技术发展-成就-中国-20世纪 Ⅳ. ①K826.1②N12

中国版本图书馆CIP数据核字（2015）第012813号

责任编辑：张冬梅　万　峰／责任校对：鲁　素
责任印制：肖　兴／封面设计：黄华斌

科学出版社出版
北京东黄城根北街16号
邮政编码：100717
http://www.sciencep.com

中国科学院印刷厂 印刷

科学出版社发行　各地新华书店经销

*

2015年1月第　一　版　开本：889×1194　1/16
2015年1月第一次印刷　印张：31
字数：629 000

定价：158.00元

（如有印装质量问题，我社负责调换）

《20世纪中国知名科学家学术成就概览》
能源与矿业工程卷编辑委员会

主　编　　杜祥琬

副主编　　黄其励　胡思得　何继善　苏义脑

编　委　（按姓氏汉语拼音排序）

　　　　　　岑可法　陈毓川　杜祥琬　古德生
　　　　　　顾心怿　韩大匡　韩英铎　何继善
　　　　　　胡思得　黄其励　倪维斗　潘自强
　　　　　　彭苏萍　钱绍钧　苏义脑　王思敬
　　　　　　于润沧　余贻鑫　赵文津　郑健超
　　　　　　朱建士

20世纪的中国地质资源科学技术与工程
20世纪中国地质资源科学技术与工程大事记　编审组

　　组　长　何继善

　　成　员　（按姓氏汉语拼音排序）
　　　　　　陈毓川　胡见义　彭苏萍　王思敬　赵文津

《20世纪中国知名科学家学术成就概览》
总　序

记得早在21世纪的新世纪之初，中国科学院、中国工程院和中国社会科学院的一些老同志给我写信，邀我来牵头一起编一套书，书名就叫《20世纪中国知名科学家学术成就概览》（以下简称《概览》）。主要目的就是以此来记录近代中国科技历史、铭记新中国科技成就，同时也使之成为科技创新的基础人文平台，传承老一辈科技工作者爱国奉献、不断创新、追求卓越的精神，并以此激励后人。我国是一个高速发展中的大国，世界上的影响力不断增强，编写出版这样一套史料性文献，可以总结中华民族对人类科技、文化、经济与社会所做出的巨大成就与贡献，从而最广泛地凝聚民族精神与所有炎黄子孙的"中华魂"，让中国的科技工作者能团结奋进，为共建和谐的祖国多做贡献，更可以激发年轻一代奋发图强，积极投身祖国"科教兴国"战略的伟大实践中。

在党和政府的高度重视和长期大力支持下，酝酿已久的《概览》项目终于被列为国家重点图书出版规划项目，并由科学出版社承担实施。

《概览》总体工程包括纸书出版、资料数据库与光盘、网络传播三大部分。全套纸书计划由数学、力学、天文学、物理学、化学、地学、生物学、农学、医学，机械与运载工程、信息与电子工程、化工冶金与材料工程、能源与矿业工程、环境与轻纺工程、土木水利与建筑工程，以及哲学、法学、考古学、历史学、经济学和管理等卷组成。

《概览》预计收录数千名海内外知名华人科学技术和人文社会科学专家学者，展示他们的求学经历、学术成就、治学方略、价值观念，彰显他们为促进中国和世界科技发展、经济和社会进步所做出的贡献，秉承他们在百年内忧外患中坚韧不拔、追求真理的科学精神和执著、赤诚的爱国传统，激励后人见贤思齐、知耻后勇，在新世纪的大繁荣、大发展时期，为中华民族的伟大复兴和全人类的知识创新而奋发有为。

在搜集整理和研究利用已有各类学术人物传记资料的基础上，《概览》以突出对学术成就的归纳和总结为主要特色。在整理传主所取得的学术成就的基础上，分析并总结他们所以取得这些学术成就的情境和他们得以取得这些学术成就的路径，如实评介这些学术成就对学术发展的承前启后的贡献和影响，以及这些学术成就给人类社会所带来的改变。从知识发生、发展的脉络上揭示他们创造、创新的过程，从而给当前的教育界在培养创新型人才方面，以及给年轻科技工作者自我成长方面有诸多启示。同时，《概览》还力求剖析这些海内外知名华人科学技术和人文社会科学专家学者之所以成才成家的内外促因，提供他们对当前科技和学术后继人才培养的独到见解，试图得出在科学史和方法论方面具有普遍性意义的结论，进而对后学诸生的个人成长和科技人才培育体系的优化完善有所裨益。

在世纪转型的战略机遇期，编写出版《概览》图书，可以荟萃知名专家学者宝贵的治学思想、学术轨迹和具有整体性的科技史料，为科研、教学、生产建设、科研管理和人才培养等提供一个精要的蓝本。

他们的英名和成就将光耀中华，垂范青史。

钱伟长

2009年1月9日

《20世纪中国知名科学家学术成就概览·能源与矿业工程卷》
前 言

　　能源与矿业工程是一个重要的工程科技领域，它包含多个一级学科，如动力和电气科学技术与工程、核科学技术与工程、地质资源科学技术与工程、矿业科学技术与工程，这些学科既相对独立，又紧密关联交叉。因此，中国工程院1994年成立时，将"能源与矿业工程"设为一个学部。21世纪初，在启动《20世纪中国知名科学家学术成就概览》编撰工作时，把"能源与矿业工程"作为一卷，也与此有关。

　　在能源与矿业工程涵盖的各学科中，有的学科历史悠久。例如，人类历史的发展阶段，就是按所利用的矿产资源的不同，划分成旧石器时代、新石器时代、青铜器时代、铁器时代等。几十万年前的北京人，用岩石做原料制作粗糙的石器工具，寻找适用的岩石就是找矿工作的原始开端；世界上第一口天然气井于公元前250年前后在四川成都双流一带凿成；北宋时期的卓筒井钻井技术是人类第一次钻井技术革命，被誉为中国古代的第五大发明……地质和矿业一直伴随着人类文明的进程，逐步成长为内涵丰满而深厚的学科，不断推动着人类历史的进步。而动力和电气科学技术与工程、核科学技术与工程虽然相对年轻，但也走过了百年辉煌的历程。对所有这些学科来说，20世纪都是一个不寻常的世纪，是能源与矿业工程发生革命性巨变并做出非凡贡献的百年。

　　能源与矿业是经济和社会发展的基础，在20世纪的中国科学技术史上，奋斗在能源与矿业工程领域的大批工程科技专家艰苦创业、成就卓著。记录这个发展史，记录这些可敬的人才做出的贡献和他们的精神，不仅是宝贵的史料，更是为21世纪培养新人的生动教材。一代代新人的成长将推动中国工程科技的自主创新和中华民族的振兴，这也是前辈们的夙愿。

　　20世纪中国杰出的工程科技专家众多，要从中选出公认的专家，并如实地记述他们的成长经历和学术成就及贡献，是件非常不容易的事。在多方征询意见后，《概览·能源与矿业工程卷》于2007年10月组建了编委会，10月28日召开了第一次编委会议，确定了遴选原则：包括两院院士（截至2009年当选）在内的，在本学科领域做出开拓性贡献的，或者是有重大的、创造性成就和贡献的老一辈工程科学技术专家（1927年12月31日以前出生）。候选人均由能源与矿业工程学部院士推荐，为保证资料准确，所有候选人的推荐材料要向其所在单位征求意见；并于2008年6月院士大会期间将候选人材料向能源与矿业工程学部全体院士征求意见，最后由能源与矿业工程卷编委会讨论确定入选名单。

《概览·能源与矿业工程卷》按动力和电气科学技术与工程、核科学技术与工程、地质资源科学技术与工程、矿业科学技术与工程四组展开传文组稿和学科发展简史及大事记的撰写工作，并按上述组别分册陆续出版。

传文组稿通过传主本人（或家属）、编委会、传主单位推荐等方式进行，函致全国近80家科研院所、高等院校及相关单位沟通撰稿。编委会力求结合多方面的力量举荐合适的撰稿人，以确保传文的高质量和高水平。在组稿的过程中，《概览》编委会办公室的同志们做了大量细致的工作，他们通过多种方式与传主或其家人、传主单位等多次沟通，保证传文如期交稿，但由于多种原因，组稿工作难度较大，致使少数传主的传文无法落实撰稿人（传主过世早，资料少；传主生前所在单位变动较大，无法联络传主家人，单位也不能推荐合适的撰稿人；传主本人或家人不愿意入传；涉及保密等）。

《概览·能源与矿业工程卷》各篇传文以突出学术成就为核心，透过传主的研究工作和成功经验，试图总结他们取得这些成就的路径和方法，分析他们成才成家的原因，同时向读者提供有关学科史的实用而可靠的资料。为此每篇传文尽量由传主本人或熟悉传主科研工作的同事、助手、学生、亲属执笔撰写。同时以编委会成员为主的各学科专家组成专家审稿队伍，对入传专家的科技成就、学术评价等方面的内容征求多方面的意见，反复补充修改，尽力做到史实准确、评价公允。但由于受各方面条件的限制，难免有疏漏和不当之处。

为了使各篇传文所述人物、事件较好地关联起来，生动展现20世纪中国能源与矿业工程发展历史，清晰勾勒出中国能源与矿业工程百余年的发展脉络，《概览·能源与矿业工程卷》每一分册于卷首置20世纪相应学科发展简史，卷中为传文，卷末置大事记，为方便读者阅读，传文按传主生年先后排列。形成传中有史、史中有传，前后呼应，一脉相承。在黄其励、胡思得、何继善、苏义脑四位副主编的组织和其他编委的积极配合下，分别成立了动力和电气科学技术与工程、核科学技术与工程、地质资源科学技术与工程、矿业科学技术与工程四个学科发展简史及大事记撰写组，四个专家审稿组，先后召开十余次会议，并多方征求意见，最终完成了撰写工作。

《概览·能源与矿业工程卷》全书编研工作是在相关院士、专家、教授和研究人员等的积极参与下进行的，并得到中国工程院、中国核工业集团公司、中国工程物理研究院、中国人民解放军总装备部、中国石油集团钻井工程技术研究院、煤炭科学研究总院、中国有色工程设计研究总院、中国地质科学院、北京矿产地质研究院等科研院所，中国电机工程协会等专业协会，清华大学、西安交通大学、上海交通大学、华中科技大学、华北电力大学等高等院校的大力支持和协助，这是全书的编辑工作能够顺利完成的有力保证。在此，谨向他们表示诚挚的感谢，并衷心希望广大读者提出批评意见。

杜祥琬

2010 年 9 月 2 日

目 录

《20世纪中国知名科学家学术成就概览》总序 ················ 钱伟长 (i)
《20世纪中国知名科学家学术成就概览·能源与矿业工程卷》前言
　　　　　　　　　　　　　　　　　　　　　　　　　　　　杜祥琬 (iii)
20世纪的中国地质资源科学技术与工程 ···························· (1)
20世纪中国知名地质资源科学技术与工程专家 ···················· (49)
　柴登榜（1912～1998） ··· (51)
　刘国昌（1912～1992） ··· (59)
　康永孚（1913～1995） ··· (68)
　燕树檀（1914～1985） ··· (80)
　高文泰（1914～2001） ··· (93)
　王纲道（1915～1984） ··· (103)
　王朝钧（1918～1989） ··· (110)
　韩德馨（1918～2009） ··· (123)
　张咸恭（1919～　） ··· (132)
　何立贤（1920～2014） ··· (140)
　李文达（1920～1997） ··· (152)
　边效曾（1922～1990） ··· (164)
　刘广志（1923～　） ··· (176)
　裴荣富（1924～　） ··· (190)
　翟光明（1926～　） ··· (200)
　欧阳宗圻（1926～　） ·· (209)
　熊光楚（1927～2005） ··· (220)
　刘广润（1929～2007） ··· (231)
　李庆忠（1930～　） ··· (243)
　赵文津（1931～　） ··· (254)
　许绍燮（1932～　） ··· (266)
　邱中建（1933～　） ··· (278)

胡见义（1934～）	（288）
何继善（1934～）	（299）
金庆焕（1934～）	（313）
汤中立（1934～）	（327）
郑绵平（1934～）	（339）
陈毓川（1934～）	（353）
王思敬（1934～）	（365）
童晓光（1935～）	（376）
康玉柱（1936～）	（385）
顾金才（1939～）	（400）
曾恒一（1939～）	（413）
李焯芬（1945～）	（424）
多　吉（1953～）	（434）
彭苏萍（1959～）	（442）
马永生（1961～）	（450）

20世纪中国地质资源科学技术与工程大事记 （461）

20世纪的中国地质资源科学技术与工程

引 言

  地质资源科学技术与工程是一门应用性学科，应用地质科学理论与地质勘查技术与方法，进行地质、矿产调查与勘查，提供矿产资源储量和基础地质、水文地质、工程地质、环境地质调查与评价资料，为国家经济发展、环境保护、灾害防治、城乡及重大工程建设等领域服务，是保证我国经济与社会发展的一项重要基础性工作。

  矿产勘查始终伴随着人类社会的发展。人类社会以利用的矿产资源作为发展阶段的划分，如旧石器时代、新石器时代、青铜器时代、铁器时代。中国疆域内漫长的旧石器时代可追溯到距今一百七八十万年前的元谋人，八九十万年前的蓝田人，五六十万年前的北京人，当时用岩石作为原料来制作粗糙的石器工具，寻找适用的岩石（如燧石、石英、黑曜岩等）就是原始时期的找矿工作。一万多年前进入新石器时代，陶器的生产与应用是重要的标志，并有玉器的出现，制造陶器的陶土和制造玉器的软玉成为当时新开发的矿产资源。夏代进入青铜时代，历经夏、商、西周，青铜用于礼器、兵器、工具和饰件。夏朝晚期都城的河南省偃师二里头文化遗址出土的铜器分别由纯铜、铅青铜、锡青铜、铜-锡-铅三元青铜所组成，并见有铅块，在商周时期青铜器装饰中常镶嵌有绿松石，在北京平谷刘家河商墓出土文物中，见到一对金钏，一重93.8克，一重79.8克，含金量为85%，其余为银。因此，青铜时代铜、锡、铅、金、银宝玉石已被利用，金属矿产开始被寻找与开发，随之时代进化的速度加快。春秋战国时期进入铁器时代。先秦典籍《管子》记载，天下名山5270座，其中出铜的山有46座，出铁的山有3069座，可见当时铜、铁矿开采及冶炼之兴盛。冶铁业始于春秋，盛于战国中期，已大量生产各种工具、兵器、生活用具和装饰品等。这个进程比欧洲至少要早一千八九百年。在此时期，我国先人已对多种矿床的矿体形态、产状、矿物及分布等掌握较丰富的知识。在《山海经·五藏山经》中就记载了六百多个矿产地，八十多种矿物、岩石和矿石，并对矿产分为金、玉、石、土四类。按产出环境分出生于山、生于水、生于谷的三类。又如在《管子·地数篇》中还论述了金属共生和垂向分带现象，"山上有赭者，其下有铁，上有铅者，其下有银；……上有慈石者，其下有铜金"。一直到16世纪的明朝，李时珍的《本草纲目》、宋应星的《天工开物》，已列出160多种应用矿物，系统记载了我国古代金属和非金属矿的矿业技术。我国古人对矿产资源的寻找、开发、利用当时在世界上处于先驱者的地位。

17～19世纪三百年来，以英国为首的西方国家实现了产业革命，工业发展迅猛，对矿产资源需求猛增，推动了现代矿业的发展，对成矿的探索应运而生，矿床成因的水、火之争延续了近百年，到19世纪中叶至20世纪初才奠定了矿床学的理论基础，使之成为一门独立的地质学科。矿产勘查从探矿人找矿，到有目的、有组织的地质矿产勘查工作。19世纪末西方国家纷纷成立专门的地质调查机构与队伍，第一个地质调查机构是1835年在英国建立的地质调查所，德国、美国、俄国、加拿大等国先后都建立了地质调查机构，从事地质调查和矿产勘查的管理，找矿技术亦得到发展。而此时我国处于封建社会，封闭保守，生产力水平落后，地质矿产勘查领域科技发展基本上处于停止状态，落后于西方国家。

近百年来，地质调查与矿产勘查工作，以及相关的地质科技、教育工作，走过了从起步到奠基的阶段。新中国成立后的20世纪后50年地质工作得到了大发展。地质工作各个领域，包括地质矿产调查与勘查的主要方面都已经赶上了世界的潮流。随着国家经济与社会快速发展，工业化、城镇化进程的推进，对地质工作需求的日益增长，迎来了地质矿产理论、技术发展与提高的新机遇。

第一章 中国地质资源科技与工程学科孕育奠基阶段

一、孕育阶段（1911年前）

我国开展地质和矿产调查工作起步较晚，始于19世纪后期。1911年前，地质矿产调查工作是由外国人做的。最早是美国人庞培勒（Pumpelly），此人是美国哈佛大学第一位矿学教授，1862～1865年他横穿欧亚进行地质矿产考察，在中国实际考察时间约半年，并应清政府邀请，考察过京西煤矿。1866年编写了1862～1865年在中国、日本的地质调查报告。这份报告共十章，对整个中国的地质构造作了论述，编绘了第一张中国地质构造图件，对三峡东段地层进行了划分，对京西煤矿的地层与构造进行了划分和推断。第二位对我国进行地质、地理调查的是德国著名的地质、地理学家李希霍芬（Richthofon），从1868年11月至1872年5月，他以上海为基地，七次出外进行实地调查。1903年在上海出版了《李希霍芬中国旅行报告书》，书中曾指出，中国煤炭储藏量居世界首位。至1912年才先后完成了德文巨著《中国——亲身旅行和据此行作研究的成果》。全书分五卷，还附有地文图及地质图二册，内有各 27 幅 1∶75 万比例尺的北京等 19 个省（区、市）地文图和地质图。表现了当时对中国地质所能达到的最高认识。他提出的地层命名"五台系""震旦系"沿用至今。继李希霍芬之后，又一次规模较大的中国地质调查是由美国卡内基研究所远征队在 1903～1904 年进行，由地质学家维里士（B. Willis）领导，这些调查实际野外工作 5 个多月，回去后整理出版了《在中国的调查研究》三卷四册（分别在 1907 年、1913 年出版）。这部书对中国地层特别是寒武、奥陶系的划分和地质构造的研究都有重要价值。

除上述三位外，这一时期还有一些外国人来华考察地质，如英国的金斯密（T. W. Kingsmill）1861 年来华考察，1863 年发表了《中国东海岸之地质》；1865 年又发表了《广东部分地区地质概述》，还附有地质图。奥地利地质地理学家洛采（L. Loczy）于 1877～1880 年参加奥匈帝国的探险队来东亚考察，在中国考察了河西走廊、青海、川西、云南等地，回去后编写了考察学术成果三大卷，包含有很多地质内容，特别是在甘肃、青海、川西、云南等地取得的地质成果。俄国地质学家奥布鲁切夫（В. А. Обручев）1892～1894 年在我国西、北部进行地质考察，1900 年和 1901 年出版了他的巨著《中亚、华北和南山》两大卷，对南山即祁连山考察最详，提供了许多有价值的材料和见解。另外，法国、日本学者亦多次来云南、新疆、东北进行地质调查。

应当说，这些外国学者的工作，对我国地质与矿产的调查研究起到了先导作用，他们调查所获得的研究成果与资料为我国后来开始的地质工作提供了一定基础。

这一时期，中国人进行的地质工作，始于从翻译国外地质学专著及办学入手。1872～1873 年，华蘅芳据他人口译笔录的《金石识别》和《地学浅释》最为著名。1889 年 10 月驻南京的江南陆师学堂附设的矿务铁路学堂开学，课程中有地质学、矿物学等，毕业生中有周树人（鲁迅）、芮石臣（顾琅）。1902 年清政府颁布《钦定学堂章程》，规定大学预科第二类应学习地质及矿物学课程。1903 年周树人在《浙江潮》上发表了《中国地质概论》。1906 年周树人与顾琅合著《中国矿产志》一书，在上海普及书局出版，并附有中国矿产全图和地质时代一览表，这是我国最早的地质矿产方面的专著。1909 年张相文编《最新地质学教科书》由上海文明书局出版。1909 年京师大学堂开办格致科地质学门。1910 年留美学采矿回国的邝荣光编制有《直隶省地质图》。当时，中国还没有自己的地质技术人员，中国的矿山都聘请外国的矿师。20 世纪初，外国人在焦作和延长雇佣中国人勘探煤矿和石油，才有了中国的钻探工人，到清王朝被推翻时，现代的地质勘查业仅处于孕育阶段。

二、奠基阶段（1912~1949年）

（一）地质机构、教育、人才

1911年10月辛亥革命成功，1912年1月，中华民国南京临时政府设置了实业部矿务司，主管地质采矿，下设地质科，由毕业于东京帝国大学地质系的章鸿钊主持，这是中国政府首次出现管理地质事业的专门机构。同年，政府迁至北京，实业部改为工商部，下设地质科，仍由章鸿钊任科长。1913年9月北京政府改地质科为农商部地质调查所，规划和总管全国的地质调查工作，由来自英国学习地质归来的丁文江任所长，但除了丁文江之外，没有一名地质人员；因此，又同时设立了地质研究所，实为培养地质人才的讲习所，由丁文江任所长，1913年冬，章鸿钊接任所长。

研究所招收了30名学生，由章鸿钊、翁文灏、王烈任教，经三年学习，1916年6月，21人完成全部学业，18人取得毕业证书，其中有谢家荣、王竹泉、叶良辅、李捷、李学清、谭锡畴等，他们中的大多数后来都成为著名地质学家，是我国地质工作的开拓者。

1916年7月，18名地质研究所毕业生进入地质调查所，成为地质调查所的第一批调查员。从此，中国有了自己的专业地质队伍，调查所正式开始工作，结束了中国国土只有外国人从事地质调查的可悲局面。1941年地质调查所改名为中央地质调查所，下属经济部。地质调查所1916年正式开始工作，到1950年由中国地质工作计划指导委员会所接管，前后共35年，在此期间，湖南、两广、江西、四川、西康、福建、云南、宁夏、新疆、察绥、贵州、浙江、东北、台湾等地先后建立了地质调查所。以中央地质调查所为首的地质调查机构构成了新中国成立之前主要的地质工作队伍。中央地质调查所由20多人发展到200多人，是一个精干、高素质、管理有序，并在国际上有一定影响的地质机构。另外两支地质队伍是1928年1月成立的以李四光任所长的中央研究院地质研究所及1940年10月当时的国家资源委员会将设在云南昭通的叙昆铁路沿线探矿工程处改建为西南矿产测勘处，1942年10月又将其改为全国性的矿产测勘处，均由谢家荣任处长，进行全国矿产勘查工作。从1940年到1951年1月由中国地质工作指导委员会接管，共工作了12年，工作人员从20~30人发展到60~70人，备有钻机14台。

中国地质学会是我国较早成立的学会之一。1922年1月27日，由地质调查所所长丁文江主持，26位地质学者应邀与会，一致赞同成立中国地质学会。2月3日，召开成立大会，选举章鸿钊为会长，翁文灏、李四光为副会长，挂靠在地质调查所。地质学会每年举行一次大会，年会上进行学术报告和讨论，内容丰富，全国各地质单位重要的地质发现和地质研究成果均在年会上得到及时交流。1922 年，地质学会创办《中国地质学会会志》（1952 年改称《地质学报》），主要用英文出版。1936 年开始又出版中文刊物《地质论评》，对年会交流的主要成果及时刊出，对国内外地质信息及时报道，对促进国内地质工作与扩大国际影响起到了很好的作用。地质学会还关心和支持地质教育，创办了中国地质学会奖学金。在国际学术交流方面也做了不少工作。中国地质学会从成立时的 26 位创立会员到 1947 年 2 月发展到 487 位会员，会友 96 人，机关会员 44 个。在新中国成立之前的 27 年中，中国地质学会作为民间的学术团体在地质工作情况沟通、国内外学术交流、人才培养和团结地质工作者，推动地质事业和地质科学的发展方面起到了重要作用。

在此时期内地质教育得到一定发展，始于 1909 年清政府设立京师大学堂（北京大学前身）创办地质学门，有 5 名学生入学，有 2 人在 1913 年毕业，后停办，至 1917 年才恢复招生，成为当时我国培养地质人才最重要的学府，北京大学地质系早期毕业的学生成为地质调查所工作人员的主要来源。1909 年，英国福公司在中国创办焦作路矿学堂，设矿务学门，开设地质课程，首批招收学生 20 人。1913 年北平政府工商部利用北京大学条件开办"地质研究所"，1916 年 7 月停办。1919 年燕京大学设地理与地质学系。之后至 1937 年前先后又有东南大学（后改名中央大学）、中州大学、广东大学（后改名中山大学）、清华大学、重庆大学设地质学科。1947 年，宋子文在安徽创建安徽淮南工业专科学校（后改为淮南煤矿工业专科学校），王竹泉等曾在该校任教。经抗战至 1949 年，当时设地质学科的高校有 10 所：北京大学、清华大学、中央大学、中山大学、重庆大学、浙江大学、西北大学、山东大学、贵州大学和台湾大学，但在校的学生都比较少。

我国地质工作奠基阶段，一、二代老一辈地质先行者，坚韧不拔、克服困难，做出了卓越的贡献。他们对祖国地质事业的追求，他们在工作中的创造性、严谨性是后人学习的榜样。章鸿钊、丁文江、翁文灏、李四光是我国地质工作的奠基人。他们不仅是地质事业家，又是地质教育家和造诣甚深、学识渊博的地质科学家。谢家荣、黄汲清、尹赞勋、孙云铸、王竹泉、乐森璕、杨钟健、李春昱、侯德封、斯行健、程裕淇、王恒升、李连捷、俞建章、袁见齐、叶良辅、李捷、李学清、谭锡畴、潘钟祥、李善邦、孙健初、赵亚曾、田奇㻪、袁复礼、钱声骏、周赞衡、孟宪民、冯景兰、孙殿卿等为第二代有卓越成就的地质学家。在此时期内培养了一大批第三代地质学家，如徐克勤、郭文魁、叶连俊、王鸿祯、宋叔和、涂光炽、刘东生等，为新中国地质工作大发展准备了地质骨干队伍。据统计，新中国成立前，从事地质工作的科学技术人员共计 290 多人。

(二) 地质调查、矿产勘查及其他地质工作进展

地质调查所成立后，区域地质调查成为该所的一项首要任务。1924 年完成了我国第一幅由谭锡畴主编的 1∶100 万的地质图（北京—济南幅），到新中国成立前一共完成了 14 幅 1∶100 万国际分幅地质图。在此基础上，编制了 1∶300 万中国地质图和第一本《中国古地理图集》。同时，开展了少量的中、大比例尺填图，如抗战期间在甘肃全省有计划地开展了比例尺 1∶20 万的地质填图。1931~1936 年该所还组织北大、清华、燕京三校学生和助教进行北京西山和相邻河北境内燕山和太行山部分地区的 1∶50000~1∶25000 的地质填图工作。抗战期间，在四川威远进行一定面积的 1∶10000 比例尺填图。另外，在不少地区直接通过野外调查编制了地质图。如秦岭地质图、西康地质图幅集、大青山地质图、嫩江流域地质图、正太路沿线地质图等。

地质调查所始终结合地质填图，同时进行了矿产调查，并对许多重要矿山都进行更详细的调查研究。开始以煤田、铁矿作为主要调查对象，先后调查的煤矿有 200 多处，其中由他们发现的有 10 余处，如 1931 年谭锡畴、李春昱在重庆歌乐山发现山洞煤田等。1949 年前 80%~90% 开发的煤矿，都是经地质调查所人员调查进一步勘定矿区，帮助煤矿解决了很多实际问题。矿产测勘处在此期间调查了 60 多处煤矿，1947 年对台湾新竹煤田进行了调查，1946 年 10 月谢家荣在安徽淮南发现新煤田，后来此煤田成为我国一个重要的煤炭基地。

铁矿方面，对东北鞍山铁矿，河北宣化龙烟铁矿，长江中下游大冶铁矿，广东紫金、云浮铁矿，湖南宁乡铁矿，云南易门、昆阳、蒙化、鹤庆铁矿，西康冕宁、泸沽、会理、道孚铁矿等进行过调查。1927 年，丁道衡发现白云鄂博铁矿，1936 年常隆庆、刘子祥发现四川省攀枝花铁矿，具有重要意义。

在有色金属矿产调查方面，对江西的钨矿、湖南的铅锌和锑矿、云南的个旧锡矿、东川的铜矿、湘西黔东一带的汞矿、山东淄博的铝矿、贵州的铝矿等处都进行了不同程度的调查。抗战期间主要对西南地区进行了工作。1948 年冬，谢家荣从南京栖霞山锰帽中发现含铅矿物而判断下有铅矿，并布钻，于 1950 年 8 月打到铅锌矿，成为一个重大发现（大型栖霞山铅锌矿开采至今）。1948 年，谢家荣经对福建漳浦铝矿的调查，首次确定为三水铝石型矿床。在此期间，还出版了谢家荣、程裕淇的《湖南中部铅锌矿地质》，徐克勤、彭琪瑞的《西康荥经、天全两县铜矿》，丁格兰的《中国汞矿纪要》《湖南新化锡矿锑矿山调查》，徐克勤、丁毅的《江西南部钨矿地质志》等。

在非金属矿产调查方面，20年代刘季辰等对江苏海州沉积变质磷矿进行过研究；1936年程裕淇、黄汉秋在云南昆阳发现寒武系底部的沉积磷矿床，含P_2O_5达30%以上；1947年3月矿产测勘处在安徽凤台发现磷矿。在盐类矿产方面，20年代谢家荣和田奇㻪对湖北应城、湖南湘潭的膏盐分别作过调查；30年代初起，谭锡畴、李春昱、李悦言等，先后对四川盐矿进行过比较详细的调查，并著有《四川盐产概论》《四川盐矿志》。对湖南水口山、广东英德、四川乐山等地黄铁矿，安徽庐江明矾矿，河北磁县的黏土矿，山东的硬黏土，四川的耐火黏土，河北涞源及河南、西康等地的石棉矿都进行了调查，其中在西康（现四川省石棉县）发现的石棉矿规模大，成为我国重要的石棉产地。

在能源矿产调查勘查方面，1921年，翁文灏、谢家荣对玉门石油进行调查，并提出具有开采价值。30年代，王竹泉、潘钟祥开展陕北地区油田地质调查，著有《陕北油田地质》；谭锡畴、李春昱调查四川石油，著有《四川石油概况》，并在隆昌等地打出几口气井。抗战期间，黄汲清等在威远地区进行油气调查，在一背斜构造的茅口灰岩中找到天然气田。1937~1939年，孙健初多次到河西走廊考察石油，肯定该油田的开采价值，不久转入开发，为解决抗战期间西北燃料问题做出重要贡献。1942~1943年黄汲清等到新疆天山南北考察石油，写出《新疆油田调查报告》，认为新疆陆相侏罗系是主要生油层之一。1945年抗战胜利，谢家荣去台湾考察了油矿。

在铀矿调查方面，1943年南延宗在广西钟山黄羌坪发现铀矿。矿产测勘处后来又对该矿及辽宁海城的铀矿进行了调查。

在水资源、水文地质、工程地质方面，新中国成立之前工作较少。1926年章鸿钊对我国温泉资料进行汇总，出版《中国温泉辑要》一书，同年发表论文《中国温泉之分布与地质构造之关系》。1929年谢家荣发表《钟山地质与南京井水供给之关系》。在工程地质方面主要结合水利工程进行水库、坝址的工程地质工作。如对四川大渡河水电站水坝和隧道工程地质调查、钱塘江河道疏浚工程勘察、广东瀹江水力发电厂坝址勘察、湖南资水东平峡筑坝区地质调查。1946年以侯德封为首的三峡工程地质考察队，在西陵峡南津关至石牌段的六条坝线，进行了详细的工程地质测绘等。矿产测勘处在1948年秋派人去台湾调查了地下水。

在地震灾害方面，当时主要由地质调查所开展的对已发地震的调查工作，如对1920年12月甘肃大地震、1933年四川叠溪大地震、1945年的河北滦县大地震都进行了调查，均有报告发表。1930年地质调查所成立以李善邦为主任的地震研究室，在北平西山鹫峰，建立了我国第一个地震台，到1933年7月共计有2472次地震，中间未曾间断，以其仪器设备、管理水平及记录质量等，都已达到当时世界一流水平，在国际上颇具影响。

为了促进地质调查与科学研究工作，地质调查所1916年正式开始工作起，就成立了图书馆，从开始收藏仅有400多份资料，到1949年4月南京解放，图书馆已实存期刊64267册，图书13465册，成为全国地质专业的中心图书馆，为新中国成立后发展为全国地质图书馆打下了扎实的基础。与图书馆成立的同时，设立了地质矿产陈列室，开始面积不足100平方米，陈列标本917件，到1936年在南京新建地质矿产陈列馆，面积1500平方米，陈列标本已超过万件，这为后来发展中国地质博物馆准备了物质基础。

地质出版事业在此阶段得到很好的发展，主要是地质调查所、地质学会和地质研究所的刊物，尤以地质调查所的出版工作为突出。1919年开始，地调所先后出版《地质汇报》《地质专报》《古生物志》专刊或特刊及地质图等系列出版物，出版物中、外文并重，十分重视国内、外交流，特别是国际间的交换工作。使大量调查研究成果能及时传播于世。地质调查所的出版工作不论在数量上、质量上，以及科学水平上，均受到国际上的赞誉，有很多值得后人借鉴的经验。

（三）重要地质理论进展

在矿产资源领域，翁文灏在1920年前后发表了《中国矿产区域论》《中国矿产志略》和《中国矿床生成之时代》等重要文章，深入分析了中国金属和非金属矿床的成因类型与分布规律，对南方内生金属矿床提出成矿分带的新概念，并探讨了成矿专属性，将我国南部与成矿有关的燕山期花岗岩，划分为与铁铜矿有关的偏中性花岗岩和与锡、钨矿有关的偏酸性花岗岩两大类。谢家荣等1935年出版的专著《扬子江下游铁矿志》，将造山、火山和成矿作用融为一体，认为中新生代是中国东部最重要的成矿时期，将燕山运动分为五幕，探讨了各幕岩浆成矿的专属性，并根据构造-岩浆-成矿特征划分为11个成矿带，指出其时空范围。谢家荣继承和发展了翁文灏关于中国成矿区域论的思想，翁文灏、谢家荣成为中国区域成矿规律学的奠基人。

1930年谢家荣著《石油》一书，是中国第一部石油地质学专著。1941年潘钟祥在美国发表《中国陕北中生代、四川白垩系陆相生油》的论文，首次提出"陆相地层生油论"。1943年黄汲清等在《新疆油田调查报告》中提出"多期多层含油论"，即大型盆地可具有几个不同时代的含油层。

翁文灏、谢家荣和侯德封分别研究了我国煤田分布规律，绘制了中国煤田分布图；翁文灏和金开英提出依据"加水燃率"的指示煤炭分类法；谢家荣在煤岩学研究与应用上做出了突出成就。

1924年地质调查所瑞典顾问丁格兰根据他的实地调查，著有《中国铁矿志》，将中国铁矿划分为7种类型，并指出接触变质铁矿与花岗闪长岩有专属关系。1926年王恒升用等成分线法研究了大冶铁矿与侵入岩体之间的关系。

1912～1949年是我国地质工作奠基阶段，前后经历了37年，在战乱不断，十分困难的条件下，老一辈地质学家在爱国主义思想指导下，热爱地质事业、热爱科学，克服各种困难，艰苦奋斗，创建地质调查与教育机构；开展地质矿产调查、科学研究与教育工作；培养了一批高素质的地质科技人才，其中有一部分是国际上具有较高声誉的知名学者；树立了开拓创新、严谨治学的科学学风与道德榜样。从几乎是空白起步，在不长的时间内，取得了显著成绩，并在国内外享有一定声誉，为发展我国的地质科学、地质事业做出了重要贡献，也为新中国的地质科学、地质事业的发展，奠定了基础。

第二章 中国地质资源科技与工程学科发展阶段

一、概述

新中国成立后，地质勘查工作进入了一个快速发展阶段。

（一）地质机构与队伍

1. 地质管理机构与地勘队伍

1950年2月由中央人民政府政务院财政经济委员会计划局主持，编制了全国年度地质工作计划，在东北、华北、华东、中南、西北和西南六个大区，组织进行野外矿产勘查工作。1950年8月25日政务院决定成立中国地质计划指导委员会，任命李四光为主任委员，统一领导全国地质工作及地质机构。并于同年9月8日在指导委员会下建立矿产地质勘探局。11月召开指导委员会扩大会议，有65人参加，章鸿钊致开幕词，李四光作报告，通过了1951年地质工作计划大纲。当时地质工作重点是矿产勘查。1952年8月7日中央人民政府决定成立地质部，任命李四光为部长，组建了地质部的地质队伍。与此同时，中央人民政府下属的重工业部、燃料工业部亦各自建立了冶金、有色、化工、建材、煤炭、石油部门的地质勘查队伍。原中央地质调查所及地区地质调查所、原资源委员会矿产测勘处的地质科技人员统一分配到各有关地勘单位，成为组建这些地勘单位的主要技术骨干和领导。到1952年底，全国地质队伍达到17788人，其中工程技术人员2356人。"一五"期间还建立了铀矿专业地质勘查队伍。到1957年底，全国地质工作队伍增加到286155人，其中工程技术人员19578人。1958～1962年，由于大炼钢铁、大办地质，地质队伍经历了大发展、大收缩。1960年底队伍骤增至61.88万人，1962年底又减至29.26万人。之后，又逐步发展。1970年6月地质部撤销，成立国家计委地质局，各部门地质队伍下放到省、区、市管理。1975年9月国务院增设国家地质总局，孙大光任局长。1979年9月恢复地质部（1982年改名为地矿部），孙大光任部长，各部门地质队伍恢复由各部归口管理。1973年11月国务院、中央军委下令组建水文地质普查部队，从事1:20万水文地质、工程地质调查勘查工作，此部队1982年撤销。1979年3月，国务院、中央军委批准成立基建工程兵黄金指挥部，从事金矿地质勘查工作，从冶金地质队伍10个地勘队划出9000多人给指挥部队（1985年1月改为武警黄金指挥部）。1983年11月由冶金部分出建立有色金属工业总公司，属下有有色金属地质勘查队伍。到1991年底从事地质勘查工作的部门有12个（地矿部、冶金部、有色金属工业总公司、武警黄金指挥部、煤炭部、石油部、海洋石油总公司、核工业部、化工部、建材部、轻工业部、中国大洋矿产资源研究开发协会），地质队伍达到112.15万人（其中油气队伍44.41万人），工程技术人员18.05万人（其中从事油气地质工作的4.54万人）。1997年底，地质队伍为79.21万人，其中从事地质勘查工作的为66.28万人。1998年地矿部撤销，成立国土资源部，全国地质工作归口国土资源部管理，1999～2000年除武警黄金指挥部及建材地勘队伍外，冶金、煤炭、化工、核工业队伍还保留部分直属队伍，其他非油气地质队伍均划归地方领导。1999年国土资源部成立中国地质调查局，由原地矿部直属单位组成，6000余人，负责全国公益性、基础性地质工作和战略性矿产勘查工作。据国土资源部统计，到2007年底全国直接从事地质勘查的人员为21.59万人，其中工程技术人员7.76万人。从事地质勘查的部门增加了中联煤层气公司和中国石油化工股份有限公司。原来属部的地质队伍、地质科研机构虽部建制均已撤销，但队伍仍不同程度保留，他们是：国土资源部中国地质调查局、属地化的各省（区、市）地勘单位、中国石油天然气股份有限公司、中国海洋石油总公司、中国冶金地质工程勘查总局、中国煤炭地质总局、中国核工业地质局、中化地质矿山总局、中国武警黄金指挥部、中国建筑材料工业地质勘查中心、中国有色金属地质调查中心、中国大洋矿产资源研究开发协会。这支队伍保证了国家地质调查和矿产勘查，并始终保持了艰苦奋斗，深入野外一线，科学求实的精神与作风。

新中国成立后，地质科技工作很快得到加强，在接收与改组原中央研究院地质研究所的基础上，于1950年8月25日政务院通过建立中国科学院古生物研究所和地质研究所。1952年地质部成立后，于1953年成立孢粉、岩矿、矿产、物化探、水文地质和工程地质、化学分析、地质力学等六个研究室（组）。到1956年在研究室（组）的基础上，建立了六个专业研究所，即地质矿产、矿物原料、水文地质工程地质、地球物理探矿、地质勘探技术和地质力学研究所。到1959年经国务院批准组建成地质部地质科学研究院（1975年改名为中国地质科学院），各省（区）地质局亦先后成立研究所。1956年12月石油部石油地质研究所成立。1958年10月成立石油科学研究院，后更名为中国石油勘查开发研究院。1956年5月燃料工业部成立北京煤田地质科学研究所，后为煤炭部煤炭科学研究总院。冶金部在1963年3月成立北京、西北、长沙三个冶金地质研究所，1983年后冶金部成立天津冶金地质矿产研究院。有色金属工业总公司建立了桂林矿产地质研究院和北京矿产地质研究所。建材部门亦较早地成立了地质研究所。1959年3月二机部成立北京第三研究所，1988年10月更名为核工业北京地质研究院。1977年化工部在河北省涿州成立化学矿产地质研究所。据1997年底统计（不包括中国科学院和石油部门），全国各部门地质矿产研究单位共有61个，科技人员9891人。中国科学院下属地质矿产类研究所有地质、地球物理研究所，贵阳地球化学研究所等。

总之，新中国成立以来我国已建立起地质学科齐全、工程配套、装备先进的各类地质科学技术研究机构，很好地支撑了国家地质矿产调查与勘查工作，保证了地质科技的发展。

2. 地质教育工作

新中国成立后，地质工作迅速发展，地质技术人员紧缺。因此，地质教育得到迅速发展。1949年10月，南京地质探矿专科学校成立，至1952年6月，110人毕业，即投入到各地质单位工作。1950年，各大学地质系扩大招生，并增设专修班和短训班。1951年，东北地质专科学校成立。1952年，教育部在全国范围内进行院系调整，相继组成了北京地质学院、长春地质学院、北京石油学院、北京钢铁学院、北京矿业学院、中南矿冶学院等一批地质矿业类专科性院校。当年，全国共招收地质类本、专科及中专生4100人。1956年，建立成都地质学院。当年有南京大学、台湾大学等10余所高等院校设有地质类专业，在校生达8000人。在此期间还先后创办了南京、武汉、重庆、宣化等一批地质学校，中专在校生达1.6万人。1971年河北地质学院成立，1978年西安地质学院、桂林冶金地质学院、抚州地质学院（后更名为华东地质学院）成立。到1997年底设有地质类专业的高等院校有69所，其中41所高校同时招收研究生。另外，中国科学院、中国地质科学院和一些地质科研单位亦招收地质专业的研究生。据统计，1997 年在校的地质类专业博士生 1175 人、硕士生 1945 人、本科生 16525 人、大专生 1870 人，共计 21514 人。新中国成立以来高等院校培养的地质技术人员达到 20 多万人。地质专科学校也培养了一大批地质工作者。

3. 学术团体及学术交流活动

新中国成立以来，地质学术团体及学术交流活动发展很快，特别是 1978 年改革开放以来，与国外的地质学术交流活动迅速发展，对我国的地质勘查事业起到了重要的促进作用。至今，中国地质学会已发展为具有 5 万余名会员、46 个分支专业学术机构和 30 个省（区、市）学会的学术团体，并参与了 20 多个国际学术组织的学术活动，有几十位学会会员在国际学术组织任领导职务。中国地质学会创办的《地质学报》（原为《地质会志》）中英文刊、《地质论评》延续至今，多次被评为国家优秀期刊。同时，还合办地质刊物 16 种。每年举办各类学术交流会议数十次。为适应国家对矿产资源的需求，1958 年 9 月在北京，中国地质学会与地质部、冶金部、中国科学院召开第一次全国矿床会议，有 734 人参加，李四光主持会议，对铁、铜、铅锌、锰、钨、铀等矿床的矿床类型、成矿规律进行了交流总结，对勘探原则进行了交流。1978 年 10 月成立中国矿物、岩石地球化学学会，涂光炽任理事长，挂靠贵阳地球化学研究所。当年，召开了矿物岩石地球化学学术会议，有 357 人参加。创办了《地球化学》期刊，开展大量学术交流活动。1979 年中国地质学会矿床地质专业委员会成立。次年，在杭州主持召开了第二届全国矿床会议，700 余人参加，组织编写和出版了我国第一部较系统的《中国矿床》专著，1982 年创办《矿床地质》期刊。自 1980 年起，每隔四年举行一次全国矿床会议一直延续至今。各有关工业部门亦先后成立了中国金属学会、中国有色金属学会、中国核学会、中国石油学会、中国煤炭学会等，在这些一级学会下均建立了地质专业的分会（或委员会），都广泛地开展了和本专业有关的地质科技交流并创办了各自的刊物。中国科学院的地质研究单位、中国地质大学、南京大学等院校以及各省（区、市）地质勘查部门亦都结合本身的科研、教育与勘查工作开展广泛的学术交流并出版有关的刊物。1990 年以来两岸三地（大陆、港澳、台）地质领域学术交流及合作研究逐步加强。先后在福州、台北、北京、香港等召开了两岸三地及世界华人地质科学讨论会。在此期间，我国成功地主办了一系列地质矿产领域国际学术会议，如国际矿物大会、国际矿床成因科学讨论会、国际地球化学勘查学术讨论会、国际盐湖学术讨论会、国际地质年代学、宇宙年代学与同位素地质学大会等，特别是 1996 年由我国主办的第 30 届国际地质大会，取得很大成功，扩大了我国地质界在世界地质大家庭中的影响，2004年，我国地质学家张宏仁在第32届国际地质大会上当选国际地质科学联合会主席（2004~2008年）。60年来中国地质界走向世界跨出了一大步，在各个地质矿产科学领域所处地位日益提高。

（二）地质勘查工作历程

1. 初期阶段地质工作快速发展（1949~1958年）

新中国成立初期百废待兴，经济急待恢复与发展，急需矿产资源，国家把地质找矿工作作为重点工作，迅速建立了地质勘查领导机构，快速发展勘查队伍及地质教育事业，多渠道开展地质找矿工作，多渠道培养地质人才，为国家找矿成为当时社会上光荣而骄傲的事业。到1958年"大跃进"年代，大炼钢铁，全民搞地质达到了高潮。此时期，地质工作以找矿为重点，主要是找铁、铜、煤、石油、锰矿等，保证基础工业建设所需的矿产资源为首要任务，保证鞍山、包头、武汉等铁矿基地，铜、铅、锌、锡、钨等有色矿产基地和山西、河北、河南等地的煤田基地建设。油气普查全面开展。铀矿专业勘查队伍在湖南、广西、辽宁、新疆开展铀矿普查，提交了第一批铀矿储量。区域性的1:20万区域地质调查和水文地质、工程地质调查工作有计划地得到铺开。这五年中，国家对地质工作十分重视，并得到了苏联专家在技术上的帮助。在地质勘查工作经费上有较大规模的投入，1957年达到中央财政支出的1.90%。这期间地质勘查工作取得巨大成绩，有力地保证了共和国初期国家重点工业建设项目所需的矿产资源。

2. 全面建设社会主义时期的地质勘查工作（1958~1965年）

这一时期，国家对地质工作继续给予很大的重视，保持较高的投入。由于受政治运动的影响，特别是"以钢为纲，全面跃进""全党、全民大办地质"的影响，地质勘查工作经历了大发展（1958~1960年）和大收缩（1961~1962年）的过程。1961年全国经济工作进行"调整、巩固、充实、提高"。地质工作也进行了调整，核实储量和"补课"，纠正大计划、高指标，压缩勘探，大幅度压缩队伍规模。到1965年底地质工作才得到逐步加强。在此期间，地质勘查工作仍取得重要进展，特别是在石油、镍矿、铁矿、铀矿、金矿等方面找矿成果突出。

3. "文化大革命"时期地质勘查工作（1966~1977年）

这一阶段地质勘查工作受到较大冲击，1966年后半年至1969年全国地质勘查工作领导处于无序状态，地质勘查工作处于停顿状态，1970年后逐步恢复。此时期内，找矿工作在石油、铜矿、金矿、磷矿、金刚石等方面取得重要进展。水文地质调查工作得到加强，1971年由国家计委地质局申报华东（宁芜）火山岩区铁矿科研项目（1971~1976年）被列入国家科委科技计划，并开展研究，带动了当时国内火山岩区的地质勘查与科学研究工作。1975年11月由国家地质总局、冶金部、中科院联合制定了《富铁矿科研和找矿规划》，部署了1976~1980年全国富铁矿勘查、科研会战，并组织队伍开展了规模较大的勘查、科技工作。

4. "文化大革命"后地质勘查工作阶段（1977~1998年）

二十年间地质勘查工作经历了发展和萎缩的过程。"文化大革命"后，我国进入改革开放和大规模经济建设阶段。地质勘查得到迅速恢复，1977~1990年得到较快的发展。这一时期油气勘查工作取得一系列进展。全国富铁矿勘查、科研大会战进行到1980年，勘查评价了一批铁矿床，对重要铁矿类型进行了较为系统的研究。地质部在1979~1985年开展第一轮全国中、小比例尺的成矿远景规划工作。在此基础上，1985年7月地矿部在太原召开普查工作会议，全面部署新一轮固体矿产普查工作。1985年底，根据国家对黄金的需要，国家经委组织成立全国金矿地质工作领导小组，领导全国金矿地质找矿工作，并给以专项资金，开展全国黄金储量承包的地质勘查工作及金矿科研工作，掀起了全国找金矿的热潮，取得很大成绩。"七五"期间（1985~1990年）全国地质找矿工作取得很大进展，120种矿产增加了资源储量。基础性的地质勘查工作在这一时期亦有很大进展，较大规模的1:5万区域地球化学调查工作在全国展开。1978年在全国部署并开展了1:20万区域地质调查工作。这是一项重要的战略决策，为区域找矿及环境地质工作提供了重要依据。在此期间，1:20万全国水文地质调查继续开展，海洋地质工作得到了加强，南海地球物理调查工作起步。地矿部、国家海洋局开展了西太平洋海底多金属结核调查工作。

在此期间，固体矿产勘查工作保持了一定规模，钻探工作量1980~1985年年平均630万米，1984年钻探工作量最高，达到701万米，1986~1990年年均400万米。国家对地质工作的投入仍保持较高的水平，1982年全国地勘投入占中央财政支出的1.90%。

1991~1998年，全国地质工作（油气工作除外）由于各种因素出现萎缩状况，地质工作规模日益缩小，全国固体矿产勘查钻探工作量1991年为341万米，到1998年降到71万米。地质队伍富余人员日益增长，地质队伍进入困境。在此困难条件下，广大地质队伍及各级领导都为国家的地质勘查工作做出了巨大努力，地质调查、矿产勘查、环境地质调查等方面都取得了新的进展，特别是油气地质勘查工作成绩突出，大洋矿产勘查工作得到加强。

5. 地质工作体制大改革阶段（1998~2008年）

1998年4月8日成立国土资源部，1999年实行非油气地质队伍属地化体制改革，国土资源部成立中国地质调查局，承担地质调查专项任务，每年从事地质大调查工作的费用不到9亿。实行了公益性、商业性地质工作分体运行。矿产勘查做到预查阶段。财政部对属地化地勘单位组织实施了矿产勘查专项，对一些地区如新疆亦设立了矿产勘查专项。2004年后，由国土资源部、财政部组织实施了资源危机矿山深边部勘查工作。部分省（区）亦建立专项勘查基金，开展本省（区）的勘查工作。因此矿产地质勘查工作在组织上和资金上实行了多渠道。

十年来地质大调查实施以来，取得一批丰硕的地质调查成果。基础地质工作程度明显提高，为资源勘查、重大工程建设提供了重要基础资料。在矿产资源勘查方面新发现矿产地800余处，其中大中型以上的有60余处。在油气勘查方面取得很大进展，石油和天然气储量都有较大增长。

随着我国工业化进程进入中期阶段，国内重要大宗矿产，如石油、天然气、铁、铜、铬、锰、镍、铝、钾盐等供应日益紧张，对外依存度大幅度增加，矿产资源成为经济发展的瓶颈，引起了政府的高度重视。2006年国务院发布"加强地质工作的决定"，召开了全国地质工作会议。次年，筹建中央地质勘查基金。在2004年又提升中国地质调查局为副部级单位，授予统一组织实施全国公益性、基础性地质调查与战略性矿产勘查工作的职责。可以期望，随着地质工作新体制、新机制的建立，政府加强地质工作采取的有力政策与措施，地质勘查工作一定会迎来新的健康发展时期，为我国经济与社会发展做出更大的贡献。

二、地质勘查工作发展与成果和对国家的贡献

20世纪，特别是后半个世纪，我国地质资源勘查工作和科学技术得到迅速发展，成绩辉煌，成为国家和社会不可缺少的重要基础事业。它为新中国国民经济和社会的迅速发展，提供了工农业生产、国防建设、社会基础设施建设所需的矿产资源及地质资料，取得举世瞩目的成就。

新中国成立时，我国基础地质调查程度很低，矿产勘查工作规模很小，经过调查的矿产仅20多种，有储量的矿产仅两种，矿山仅百余处。到2008年底，各种比例尺的各类基础地质调查已覆盖或不同程度覆盖海陆国土面积；全国已发现矿产171种，有探明储量的矿产达159种。可以说，我国是世界上为数不多的矿产资源品种多、资源量丰富、资源潜力很大的国家之一。现已探明的资源储量中，稀土、钛、钨、锡、锑、钼、铋、石墨、菱镁矿、重晶石、膨润土、萤石、石膏、硅藻土、芒硝、锶、硅灰石等居世界第一、二位，可供出口。石油、天然气、铁、铬、锰、铜、镍、铝、钾盐等尚需进口，但大多资源潜力较大，有望取得找矿突破。矿产开

发已得到很快发展。已有各类矿山 124930 处，开发利用的矿产种类（含亚矿种）约有 185 种，年采矿石量达 60 多亿吨。已相继建立一批大型石油天然气、钢铁、有色金属等矿产资源开发基地，形成了强大的能源与原材料供应系统，已成为位居世界前列的矿业大国。由于矿产勘查与开发的巨大成绩，使我国原材料工业得到发展，1949 年新中国成立初期，我国煤产量仅 0.3243 亿吨，原油 12 万吨，钢 15 万吨，有色金属 1.3 万吨，化肥 0.6 万吨，硫酸 4 万吨，水泥 66 万吨，平板玻璃 91 万重量箱。而 2008 年已产煤达 27.93 亿吨，原油 1.89 亿吨，钢 5.84 亿吨，10 种有色金属 2519 万吨，化肥 6012.7 万吨，硫酸 5132.7 万吨，水泥 14 亿吨，平板玻璃 5518.5 万重量箱。除石油外，其他产品产量均已居世界第一，为我国工业化、城镇化、基础设施建设快速发展提供了物质基础。基础性地质、水文地质、工程地质和地质环境调查为我国大规模的交通、港口、城市、水坝等基础设施建设提供了设计依据，为防灾、减灾提供了科学依据。铀矿和稀有金属矿产的勘查与开发，为发展我国核工业和"两弹一星"事业提供了矿物原料，为增强我国国防实力做出了重要贡献。

我国地质矿产勘查与开发直接促进了西部地区及很多"老少边穷"地区的经济发展，形成了 400 多座矿业城镇。矿业的发展使其产值占全国 GDP 的比例由 1986 年的 3.5% 增至 2007 年的 5.3%，直接就业职工 2100 万人，有 3 亿人口生活在 400 余座矿业城镇中，为增强我国经济实力及提供就业岗位、稳定社会发挥了重要作用。

20 世纪中国地质矿产资源科学技术与工程的发展，已使我国成为矿业与矿产资源科技大国，在矿业全球化的今天，我国矿业已成为世界矿业的重要支柱，为世界经济与社会的发展起到越来越大的作用。

（一）基础地质调查

区域地质调查工作从 1953 年开始，当年在新疆成立了中苏合作的新疆第十三地质大队，开展 1∶20 万区域地质调查，1956 年全国有计划、有步骤地开展 1∶20 万区域地质调查。1961～1965 年完成全国 1∶100 万国际分幅地质图 49 幅，矿产分布图 48 幅，大地构造图 29 幅，内生金属成矿规律图 28 幅。到 1980 年底，全国 1∶100 万区域地质调查基本完成。1983 年初地矿部召开区域地质调查工作会议，全面部署全国 1∶5 万区域地质调查工作，同时开展了城市地质调查和海洋地质调查。

全国性地球化学普查始于 20 世纪 50 年代中期，在新疆、南岭、大兴安岭地区先后开展 1∶20 万路线金属量测量和重砂测量。1957～1966 年，地球化学土壤测量与岩石测量在地质找矿中的应用初见实效，多金属及铜矿原生晕研究与找矿应用取得显著成果。1978 年地质部提出并执行"区域化探全国扫面"计划，全国 1∶20 万区域化探扫面工作全面铺开。2000年后又开展了1:25万的多目标（农业、环境等目标）区域化探调查工作及低密度79种元素的全国地球化学填图工作。

地球物理调查工作从20世纪50年代初，各部门先后组建专业地球物理调查队伍，开展各种地球物理方法的调查。在全国进行区域性地球物理调查工作的主要是磁测、重力测量和放射性测量，系统开展1:100万、1:20万、1:5万的调查工作。

在矿田、矿区、矿床、重大基础工程开展的各种地球物理测量工作大多是结合矿产勘查和工程建设进行，以大比例尺工作为主。

区域水文地质、工程地质和环境地质调查工作是从20世纪50年代开始，首先有计划地开展了平原区及大型盆地的1:20万水文地质调查工作。80年代开始进行重点经济发展区、国家及地方重点工程建设项目的水文地质、工程地质和环境地质勘查评价工作。

至2008年底，我国基础地质调查工作已完成1:100万区域地质调查面积942.8万平方千米。约占国土陆地面积的98.2%；完成1:20万区域地质调查691万平方千米，约占可测陆地面积的95.97%；完成1:25万区域地质调查（含实测和修测）470万平方千米；完成1:5万区域地质调查面积200万平方千米，约占陆地面积的27.7%；完成1:100万至1:50万海洋国土地质调查160万平方千米；完成1:100万区域重力测量400万平方千米，占全国可测陆地面积的45%；完成1:20万航磁测量540万平方千米，为可测面积的58%；完成1:20万区域化探测量559万平方千米，占可测面积的74%；完成1:50万区域化探测量135万平方千米，占可测面积的16%；完成1:25万多目标区域化探160万平方千米，占可测面积的36%；完成航空物探调查（含海域）累计1060万平方千米；完成航空遥感143万平方千米；已完成1:20万为主的全国水文地质调查和全国海岸带工程地质调查；完成了津、浙、粤、湘等省、市1:50万区域环境地质调查，建立了全国地质环境监测系统；编制了各种比例尺的全国及各省、区、市的各类地质图件，完成了各省、区的区域地质志的编写与出版。

（二）油气资源勘查

1949年新中国成立时，全国原油年产量仅12万吨（其中天然油7万吨，页岩油5万吨），石油职工1.1万人，其中技术人员700人。1953年国家第一个五年计划提出"大力勘探天然石油资源，同时发展人造石油，长期积极地努力发展石油工业"。在第一个五年计划期间，勘探重点在西部地区，先后在玉门、独山子、克拉玛依、冷湖、延长等地发现一批中小型油田。至20世纪50年代末，已形成玉门、新疆、青海、四川4个油气基地，1959年原油产量达到373万吨。

这一时期油气资源评价研究也已开展。李四光、翁文波等科学家对我国东部做出了乐观的评价。1957年末，地质部党组做出油气勘查战略重点东移的决定。1958年主管石油工业的邓小平同志系统听取石油勘探工作的汇报后指出，"石油勘探要选择突击方向，在建设西部天然气基地的同时，要把石油勘探的重点放到东部地区，不要十个指头一般齐"。从此石油勘探重点开始向东部战略转移，并于1959年9月在大庆长垣南部松基3井获得工业油流，发现了大庆油田。

20世纪60年代在松辽盆地26万平方千米的范围内展开全面勘探，探明石油地质储量约42亿吨。1963年全国原油产量达到648万吨，我国石油基本自给。与此同时大力加强华北渤海湾盆地的勘探，于1965年济阳陆相第三系坳陷中发现胜利大型油田，之后相继在黄骅、辽河、冀中、渤海海域、东濮等坳陷发现一系列油气田，渤海湾盆地成为了我国最大的油气区。1966年在长江以南的江汉盐湖盆地发现了第三系江汉油田。

20世纪70年代，在全面勘探开发渤海湾盆地的同时，对已确认的东部古老克拉通上发育的第三系裂谷系（包括陆地与海域）作了系统的勘探，发现了苏北（1974）、南阳（1972）、北部湾（1977）、珠江口（1977）、莺歌海（1979）等含油气盆地中的主力油气田。

20世纪70年代初在西部组织了兰州军区领导的陕甘宁石油勘探会战，燃化部作了勘探部署，5万多名勘探人员参加。首先攻克黄土高原地震勘探技术方法和低、超低渗透油田技术改造等重大技术难题，探明了马岭、华池、吴旗、城壕、直罗等近20个以岩性圈闭为主的油藏。70年代末长庆油田产量已达到130万吨。1978年全国原油年产量也已超过1亿吨，进入了世界石油生产大国行列。

20世纪80年代，先后在塔里木、准噶尔、吐鲁番和柴达木等大中型盆地展开了大规模石油勘探会战，引进和攻关解决了沙漠地震勘探和大深度钻井等技术难关，发现一批高产大中型油气田，形成了一批油气生产基地。特别是1984年在塔里木盆地发现在下古生代海相地层中的大型塔河油气田，开拓了找矿新领域。这一阶段油气勘探开发取得了很大的发展，已在21个省、市、自治区发现了油气资源。

与此同时，政府做出了加强对外合作，开展海洋油气勘探的决定。1981年7月确定成立中国海洋石油总公司。到1985年，已签订27个石油勘探开发合同。共完成地震测线25万千米（含自营1.8万千米）、探井112口，在23个构造发现了油气，成功率近30%，莺歌海崖13-1是我国海上第一个气田，北部湾发现5个含油构造，珠江口坳陷发现了文昌19-1、惠州33-1、12-1和西江24-3等一系列油田。此外在南黄海也展开了石油勘探，在渤海海域则发现一系列油气田，在东海也开展了油气勘查，发现平湖等油气田。

在约40年的勘探与研究的基础上，1987年完成了全国第一次油气资源评价，预测全国石油资源为787亿吨，天然气资源为22万亿立方米。

20世纪90年代，中国石油工业进行大规模重组，继1988年9月中国石油天然气总公司成立以后，1998年又重组组建了中国石油天然气集团公司、中国石油化工总公司。中国海洋石油总公司也开始向中下游业务延伸。1996年地矿部组建新星石油有限责任公司，主要从事油气资源勘查。90年代国务院制定了石油工业"稳定东部，发展西部，大力加强海洋石油勘探"的发展战略。

在东部老油区，以提高技术为前提大力进行精细勘探，年探明储量不断增长。而西部塔里木、准噶尔等盆地不断发现新的油气田，如：塔中4、轮南、石西、邱陵、彩南、玛北、呼图壁等一系列大中型油气田，油气储量迅速增长。海洋油气勘探也在加速发展，至90年代末，共钻探井约700口，发现含油气构造149个，其中油气田为44个，探明石油储量11亿吨，天然气3082亿立方米。

20世纪90年代中国开始在加拿大、秘鲁、巴布亚新几内亚、泰国、苏丹、哈萨克斯坦、委内瑞拉、伊拉克等国家参与海外油气资源勘探开发，到2007年海外原油作业产量达到8800万吨，天然气作业产量达到80亿立方米。

我国天然气的勘探除四川盆地外都是随石油进行兼探，自20世纪80年代中期以鄂尔多斯盆地靖边古生界气田发现为起点，在全国展开了大规模的天然气勘探，形成了四川、鄂尔多斯、塔里木、莺歌海—琼东南、东海若干大中型气区，并发现一批大中型气田，使天然气资源在我国能源中的地位骤升，产量大幅度提高。

进入21世纪仍沿着既定的勘探战略和部署加快推进，并取得重大发展。至2008年全国已探明石油地质储量286亿吨（可采储量78.3亿吨），天然气地质储量6.42万亿立方米，技术可采储量3.92万亿立方米。石油产量达到1.89亿吨（海域约2800万吨），天然气产量760.8亿立方米（海域为60亿立方米）。

（三）煤炭矿产资源勘查

煤炭作为我国主要的能源，至今仍占一次能源的70%。因此，煤炭勘查始终作为新中国矿产勘查工作的重点之一。

新中国成立初期及"一五"期间，为保证基础工业的建设，主要勘探山西大同、河北开滦、辽宁抚顺、河南平顶山等重要煤田，以应工业建设"等米下锅"之急。1958~1959年煤炭部组织完成第一次全国煤田预测，预测全国煤炭资源总量为93779亿吨，对我国煤田地质特征开展了全面总结，1961年完成和出版了我国第一部煤田地质学理论专著《中国煤田地质学》。制定了"煤田地质勘探规程（草案）"《煤炭储量分类暂行规范》。这一阶段的煤炭地质勘查工作为今后的勘查工作奠定了坚实的基础。

20世纪60~80年代，煤田勘查主要是配合"三线"建设的西部七省、区（四川、云南、贵州、陕西、甘肃、青海、宁夏），贯彻"扭转北煤南运"方针的南方九省、区找煤及重点矿区的煤田勘查工作。开展了云南永仁、宣威，贵州的水成、威宁，河西走廊煤矿的勘查会战，以保证攀枝花及酒泉钢铁基地的需要，取得显著成绩。南方九省、区大规模的煤炭勘查工作也取得了一定成果，但由于成煤地质条件所限，未能达到预期的目标。1973~1980年煤炭部组织开展第二次全国煤田预测，预测全国煤炭资源总量为50592.19亿吨。这次预测较全面地提出了各省、区及各煤田的煤炭资源远景，为制定我国煤炭工业发展规划、编制煤田地质勘查规划与部署提供了科学依据。以此为依据编写了新的《中国煤田地质学》。1983~1990年地矿部组织开展新一轮全国煤炭资源远景调查，预测在我国埋藏深度2000米以浅的煤炭资源总量为62000亿吨。通过调查，发现一批新的含煤盆地和煤田，特别是对海拉尔—二连盆地群和准噶尔、吐鲁番—哈密盆地含煤特征调查，填补了新生界盖层下大面积隐伏煤田的空白。吉林羊草沟煤田的发现，为在松辽盆地寻找早白垩世营城组煤盆地提供了依据；山西河东煤田和陕西府谷煤田和榆—横煤田的远景控制，为神府大煤田的普查、详查打开了新局面，为我国煤炭工业战略西移做出了贡献。在此调查基础上编写出版了一套《中国煤炭资源丛书》（共7册），对中国煤炭资源的形成、聚集规律，以及对煤质、煤变质规律进行了总结。

20世纪90年代，特别是进入21世纪以来，随着国民经济快速发展对煤炭需求的高速增长，煤炭地质勘查得到较快发展。1992~1997年煤炭地质总局组织完成了第三次全国煤田预测，预测全国煤炭资源总量为55553亿吨（华南预测深度1500米，其他地区预测深2000米以浅），围绕国家规划建设的神东、陕北、黄陇、晋北、晋中、晋东、冀中、宁东、河南、两淮、鲁西、内蒙古东部、云贵13个大型煤炭基地，开展煤炭普查、详查工作，并对新疆准噶尔东部地区及哈密南湖地区煤田开展大规模的普查工作。

到2008年底，经勘查，累计查明我国煤炭资源储量13039.55亿吨，保有资源储量12464.03亿吨，居世界第二位，煤炭资源分布面积达80多万平方千米。丰富的煤炭资源成为我国当前的主体能源。

(四) 金属矿产勘查

1. 黑色金属矿勘查

铁矿是国家经济与国防建设的重要资源，新中国成立初期至1960年，首先在辽宁的鞍山、内蒙古的包头、湖北的大冶、河北迁安组成专业铁矿地质队进行会战，保证了鞍山、包头与武汉钢铁基地建设所需的铁矿资源。五六十年代为保证"三线"四川攀枝花、甘肃酒泉钢铁基地的建设，进行了攀枝花、红格、镜铁山等铁矿区的会战，取得巨大成绩。六七十年代，在长江中下游安徽马鞍山、江苏梅山、河北邯郸、山东莱芜、云南大红山先后勘查一批矽卡岩型、火山岩型铁矿，为邯郸、马鞍山等钢铁基地建设提供了资源保证。1975～1980年，冶金部、国家地质总局、中科院联合发起，得到国务院批准，开展了全国富铁矿勘查、科研会战。以冶金部为主，在鞍本、冀东、五台-岚县、海南、鄂东、邯郸6个重点地区组织会战。以国家地质总局为主，在皖北、西昌、许昌、宁芜（南京至芜湖）、冀西和哈密6个重点地区组织会战。科研重点是风化壳型、火山岩型和海南石碌型的富铁矿，总结成矿规律、找矿方法，进行成矿预测。通过会战，找到和评价了一批有远景的铁矿床，完成了一批大型铁矿的勘探工作。如提交了本钢的南芬、鞍钢的齐大山、弓长岭的独木、山西岚县尖山、西昌红格和安徽罗河等铁矿的地质报告。新增铁矿储量75亿吨。

进入21世纪，铁矿勘查又取得一些新的进展，如在西藏冈底斯成矿带找到矽卡岩型尼雄大型铁矿、新疆西天山的查岗诺尔火山岩型大型铁矿、辽宁本溪桥头沉积变质型超大型铁矿和河北省滦南县马城超大型铁矿等。2004年以来开展的资源危机矿山深边部勘查工作，在一些铁矿区如海南的石碌铁矿、湖北的大冶铁矿、辽宁的弓长岭铁矿深部找到了较大规模的铁矿。

截至2008年底，我国已累计查明铁矿资源储量714.5亿吨，保有资源储量623.78亿吨，仅次于巴西、澳大利亚、乌克兰、俄罗斯，居世界第5位。探明铁矿区共3381个，已开发利用的铁矿区形成辽宁鞍山—本溪、四川攀枝花—西昌、冀东—密云、河北邯郸—邢台、山西五台—岚县、宁芜、鄂东南、内蒙古包头—白云鄂博、甘肃酒泉、海南石碌10大铁矿生产基地。由于我国铁矿以贫矿为主，平均品位33%，2008年国内开采量为8.24亿吨，还不能满足钢铁生产的需求（2008年生产5.01亿吨粗钢），需大量进口铁矿石。据国土资源部门预测我国铁矿资源远景很丰富，有1700多亿吨。因此，需加强铁矿的勘查、开发工作。

地质部于1953～1963年组成铬铁矿专业普查队，先后在内蒙古、青海、新疆等地区开展铬铁矿普查。1965年以来组织开展了西藏罗布莎、香卡山铬铁矿的勘查，至2010年，我国铬铁矿勘查工作共获得资源储量500多万吨，尚未取得重大找矿突破，所需铬矿主要依靠进口。

锰矿勘查主要由冶金与地质部门的勘查队伍进行，至2008年底，已累计查明资源储量（矿石量）10.22亿吨，保有资源储量8.47亿吨，有393个矿区，以贫矿为主，平均品位21.4%，分布于23个省、市、区，主要集中在广西和湖南、贵州、云南。重要的矿床有广西大新县下雷超大型锰矿、桂平市木圭锰矿、贵州遵义市遵义锰矿、湖南花垣县民东锰矿、四川成口锰矿、辽宁朝阳瓦房子锰矿等。随着我国钢铁生产的快速发展，国内锰矿生产供应（2008年为500万吨）的缺口越益扩大，2008年进口锰矿石达800万吨。经预测，我国尚有锰矿资源潜力13.7亿吨，有待进一步勘查。

2. 有色、稀有、稀土矿产勘查

新中国成立初期至1957年，有色金属矿产勘查是国家重点，为保证工业建设的急需，在云南东川、甘肃白银厂、山西中条山、江西德兴和安徽铜官山等处铜矿，湖南桃林、水口山、黄沙坪、云南会泽、青海锡铁山和广西泗顶厂的铅锌矿，云南个旧的锡矿和赣南的钨矿等开展重点勘查，又发现和勘探了陕西金堆城、吉林大黑山钼矿，建立了一批有色金属矿产基地，探明各类矿产储量：铜630万吨、铅330万吨、铝土矿1亿吨、钨55万吨、锡120万吨、钼105万吨，保证了当时国家工业建设的需要。其他矿产锑、汞、铋、锂、铍、铌、钽、镉、镓、铟和稀土等亦探明了一定的储量。50~70年代勘查工作发现和勘查了一批超大型矿床，建成了一些重要的有色金属资源基地，如1958年在甘肃省永昌县发现并用两年半时间勘查了特大型金川铜镍矿床，结束了我国贫镍的历史；1960年在云南兰坪县发现我国最大的金顶铅锌矿床，铅锌资源储量达到1500多万吨；1962年在湖南彬县发现全国和世界最大的钨矿床柿竹园超大型钨锡铋钼共生矿，钨资源储量达到63万吨；1966年在西藏昌都地区发现及勘查玉龙超大型斑岩铜矿；勘查了广西南丹县大厂超大型锡多金属矿床，广东仁化凡口超大型铅锌矿，甘肃西城地区的厂坝—李家沟超大型铅锌矿床，云南会泽、青海锡铁山超大型铅锌矿，江西德兴超大型斑岩铜矿，内蒙古狼山地区一批大型铅锌矿床，江西宜春414及横峰葛源特大型钽铌矿、广西平果大型铝土矿，江西南部701重稀土矿和贵州的万山汞矿、丹寨汞矿等。形成了赣南—湖南—粤北有色金属及稀土矿产基地、长江中下游铜矿基地、赣东北有色金属矿产基地、广西大厂锡多金属矿产基地、黔西南汞矿基地、白云鄂博稀土矿产基地等。80年代前后经历了一轮普查找矿的新高潮，按重要成矿带部署了矿产勘查工作，在一系列成矿带取得很好的找矿成果,如:长江中下游成矿带的安徽铜陵冬瓜山大型铜矿、江苏苏州铌钽矿、江西冷水坑大型铅锌银矿、岩背大型斑岩锡矿、云南个旧—文山成矿带都龙特大型锡多金属矿床、文山白牛厂大型银多金属矿、新疆阿尔泰成矿带的阿舍勒大型富铜锌矿、可可塔勒大型铅锌矿、喀拉通克特大型铜镍矿、新疆东天山哈密地区黄山、黄山东大型铜镍矿;南岭成矿带的彬县松树板大型铅锌矿、西南三江成矿带的四川白玉呷村大型铅锌银矿床、夏寨银铅锌矿床、广东三水盆地找到富湾超大型银矿床,甘肃西成铅锌矿带和陕西凤太铅锌矿带都取得很好的找矿成果。据统计,1985～1990 年是找矿成果比较突出的时期。

进入 21 世纪,国土资源大调查的实施,又取得一批重要勘查成果,如新疆东天山发现及勘查了土屋特大型斑岩铜矿、彩霞山大型铅锌矿、图拉尔根大型镍矿、新疆喀什地区乌拉根大型铅锌矿、内蒙古拜仁达坝大型铅锌矿、湖南彬州地区芙蓉超大型锡矿、河南汝阳东沟超大型钼矿、云南中甸羊拉大型铜矿、普朗超大型斑岩铜矿、云南马关麻栗坡超大型钨矿、甘肃小柳沟大型钨矿、西藏冈底斯成矿带的驱龙超大型斑岩铜钼矿、甲玛超大型铜钼铅锌银矿床、亚贵拉大型铅锌矿、雄村特大型铜金矿、班公湖怒江成矿带西段的多不杂特大型斑岩铜矿、江西张十八大型铅锌矿、陕西马元大型铅锌矿等。

自 2004 年国务院批准的资源危机矿山深边部勘查专项实施以来,截至 2008 年底,取得了突出找矿成果。据统计,经勘查的 230 个矿山,资源储量均获得增长,有 34 个矿山增长资源储量达到大型、超大型矿床规模,62 个矿新增资源储量达到中型以上规模,大大缓解了矿山资源危机的状况。

经六十年的矿产勘查,至 2008 年底,我国铜矿累计查明资源储量 9949.70 万吨,保有 7709.56 万吨;铝土矿累计查明资源储量 32.23 亿吨,保有 30.31 亿吨;铅矿累计查明资源储量 6420.20 万吨,保有 4548.66 万吨;锌矿累计查明资源储量 14259.20 万吨,保有 10393.08 万吨;镍矿累计查明资源储量 1021.50 万吨,保有 828.16 万吨;钨矿累计查明资源储量(WO_3)741.10 万吨,保有 561.17 万吨;锡矿累计查明资源储量 777 万吨,保有 484.29 万吨;钼矿累计查明资源储量 1332.80 万吨,保有 1232.23 万吨;锑矿累计查明资源储量 518 万吨,保有 251.51 万吨;稀土矿累计查明资源储量 10931.90 万吨,保有 8362.61 万吨。可见,我国主要有色金属、稀土矿床已探明较丰富的资源储量,并均具有较大的找矿潜力,部分矿产如稀土、钨、锡、锑、钼、铋等作为资源优势矿种,是传统的出口矿产,但锡、锑的保有资源储量已不多,而铜、铝土、镍国内生产已不能满足经济快速发展的需求,每年需要大量进口;因此,这些矿产都需要继续加强勘查与开发工作。

3. 金矿勘查

金矿地质勘查受到国家高度重视，50 年代初期，金矿地质工作主要伴随金属矿产进行，1955 年，根据国务院关于加强黄金资源地质勘查的指示，金矿正式独立出来，列为国家的重点勘查矿种。首先在山东胶东、河南小秦岭和吉林夹皮沟等老矿产地开展勘查工作。1964 年，在小秦岭金硐岔、祁雨沟、文山谷等地发现了含金石英脉，为该区后来探明为大型金矿基地打下了基础。1965 年在黑龙江省嘉荫县发现团结沟大型斑岩型金矿床。1967 年在胶东莱州市发现超大型焦家金矿，经研究确定为一种新的金矿类型——构造破碎带蚀变岩型金矿。1979 年 3 月国家为加强金矿地质勘查工作，国务院、中央军委批准成立基建工程兵黄金指挥部（后改为武警黄金指挥部），具有万人规模，从事金矿地质勘查工作。1980 年在贵州册亨县发现我国第一个卡林型金矿——板其金矿，1981 年又在安龙县发现同类型的戈塘金矿。1984 年地矿部在贵州召开现场经验交流会，此后的十年中在桂西、黔西南、川西北相继发现一批卡林型金矿，如黔西南的特大型烂泥沟金矿、紫木涵金矿，桂西的高龙、金牙金矿，四川松潘的东北寨、马脑壳金矿等，形成我国西南重要的金矿基地。

1985 年 10 月为落实国务院加快黄金生产，加强地质工作的指示精神，成立了全国金矿地质工作领导小组，组织领导全国金矿地质勘查工作，国家设立黄金地质勘查专项资金，采用储量承包，组织各部门地质队伍进行金矿勘查工作。至 1990 年底，金矿勘查工作取得了突出成绩，探获金矿储量 1308 吨，相当于新中国成立以来前 35 年探明的独立金矿储量的总和。在胶东、小秦岭金矿带又勘查了一批金矿，如胶东的金城金矿、台上金矿和河南的东闯—老鸦岔金矿等。又形成一些新的金矿基地，如云南哀牢山成矿带的镇沅县镇沅金矿、广东云开成矿带的肇庆市河台金矿、陕西太白县的双王金矿、新疆西天山成矿带的伊宁阿希金矿、华北地台北缘成矿带的内蒙古包头市哈达门沟金矿、河北崇礼县东坪金矿、内蒙古赤峰市的金厂沟梁金矿、海南东方县二甲和抱板金矿、四川的丘洛金矿等。黄金产量从 1980 年 24.1 吨增加到 1995 年 105 吨。

1990 年以后，金矿勘查又取得不断进展，如探明海南抱伦特大型金矿、甘肃的阳山超大型金矿及特大型寨上金矿和大水金矿、江西特大型金山金矿、陕西的超大型金龙山金矿、青海的大场超大型金矿、山东的超大型焦家金矿深部又新增 106 吨金矿资源储量等，形势喜人。2009 年黄金生产已达到 313 吨，我国已连续三年黄金产量名列世界第一。在黄金地质勘查工作中，武警黄金指挥部的专业队伍发挥了重要作用，据统计，30 年来，武警黄金指挥部先后探明超大型岩金矿床 3 处，特大型岩金矿床 7 处，大型岩金矿床 13 处，大型砂金矿床 8 处，中型及以下岩金、砂金矿床245处，累计探获金资源储量1851.58吨，为我国金矿找矿做出了重大贡献。

截至2008年底，我国已发现金矿床（点）7148处，查明金矿产地2386处，累计查明金矿资源储量9910.80吨，保有5951.79吨，尚具有较大的资源潜力。

（五）非金属矿产勘查

1949年以来，为满足化学工业特别是化肥工业及其他相关工业对化工矿产的需求，国家计委和地矿部门始终把磷、硫、钾、硼、萤石等矿种作为非金属矿产的勘查重点，在地矿、化工、冶金、建材等系统地质队伍的共同努力下，主要化工矿产地质找矿和勘查工作成果显著。

磷矿新发现贵州开阳、瓮福、高坪、织金、新华，湖北宜昌、荆襄、鹤峰、保康、大悟、兴神，湖南石门、浏阳，四川金河、雷波、马边老河坝、绵竹王家坪，云南晋宁、安宁、江川清水沟、德泽、光山、鸣矣河、会泽、草铺、待云寺，江西朝阳，河北矾山内生磷矿和新疆卡乌留克塔格—阿斯廷布拉克内生磷矿等28处大型超大型磷矿床；近几年在湖北宜昌磷矿、荆襄磷矿，贵州开阳磷矿的深部均发现规模较大的隐伏矿体。

硫铁矿新发现广东云浮大降坪、尖山、英德西牛、红岩，安徽铜陵新桥、何家岭、庐江大鲍庄，内蒙古炭窑口、东升庙、山片沟，湖南浏阳七宝山，河南银家沟，河北兴隆高板河，四川舒永五角山、度船厂、兴文，贵州仁怀米江等17处大型以上硫铁矿及多金属硫铁矿床。

钾盐新发现青海察尔汗、冷湖昆特依、大柴旦马海、茫崖大浪滩，新疆罗布泊罗北凹地5处大型钾盐矿床。

硼矿新发现了辽宁凤城翁泉沟、宽甸五道岭、栾家沟、二人沟、花园沟、营口后仙峪、岔沟、大石桥板长峪石洞沟，青海大柴旦，西藏革吉县茶拉卡、麻木措、扎仓茶卡Ⅱ湖东缘等12处大型硼矿床。

萤石矿新发现浙江龙泉八都、德清银子山、庚村、临安新桥、武义后树、鸡舍湾、遂昌湖山、常山八面山，江西德安、永丰南坑、兴国隆坪，安徽宁国庄林、郎溪姚家塔，福建郎武南山下、将乐常口，广东河源到吉、兴宁低坡圾，河南信阳尖山、嵩县陈楼，内蒙古四子王旗查干敖包、敖包吐、道河，甘肃高台七坝泉、永昌照路沟头沟，湖北红安，湖南双江口，广西玉林北市，山东招远青龙，河北平泉郝家楼和湖南柿竹园伴生萤石等31处大型超大型萤石矿床。

重晶石矿新发现贵州天柱大河边、湖南新晃贡溪、甘肃文县东沟、镜铁山桦树沟（共伴生）、陕西安康石桥、福建永安李坊、贵州镇宁乐纪、广西三江板必、湖南沅陵北溶等9处大型超大型矿床。

天然碱矿新发现内蒙古察干里区诺尔，河南吴城和安硼等大型天然碱矿床。

为了满足化工矿山设计和建设要求，主要化工矿产大型以上矿床均进行了详查和勘探工作，除钾盐和硫资源外，基本满足了化学工业和其他相关工业对化工矿产的需求。截至2008年底，磷矿现有矿产地519处，保有资源储量177.62亿吨；硫铁矿的矿产地642处，保有资源储量53.61亿吨；钾盐矿产地37处，保有资源储量8.60亿吨；硼矿矿产地83处，保有资源储量（B_2O_3）7709万吨；萤石矿产地487处，保有资源储量（CaF_2）1.72亿吨；重晶石矿产地207处，保有资源储量3.89亿吨。

建材矿产先后发现：山东南墅，黑龙江柳毛的石墨矿；山东栖霞李博士夼的滑石矿；阿勒泰的云母矿；吉林浑江和湖北大冶的硅灰石矿；新疆尉犁且干布拉克的蛭石矿；南京周村，山东枣庄，江苏徐州的石膏矿；辽宁海城的菱镁矿；江苏苏州和广东茂名的高岭土矿；浙江临安、平山，江苏句容，新疆吉木萨尔的膨润土矿；江西永修，内蒙古通辽，吉林双辽，辽宁彰武的石英砂矿；浙江缙云，河南信阳上天梯的珍珠岩与沸石矿；江苏六合，安徽盱眙、嘉山的凹凸棒石黏土矿；吉林长白，浙江嵊县，山东临朐硅藻土矿；江苏苏州、邳州，河南洛阳玻璃砂岩矿；南京，江西万年、冀县，湖北黄石，安徽铜陵的水泥灰岩矿；重庆，河北唐山的熔剂灰岩与白云岩矿；福建、山东、四川的花岗石；浙江青田山口叶蜡石矿；安徽省青阳县来龙山方解石矿等。

我国宝玉石矿勘查亦取得一定进展，宝石方面，如金刚石矿在辽宁复县瓦房店找到宝石级的金刚石原生矿及砂矿，山东蒙阴地区的砂矿及原生矿，湖南沅江流域的砂矿；但探获的资源储量较少，仅3679.64千克（2006年底），国内需求主要靠进口；红宝石在云南哀牢山；蓝宝石在山东昌乐县、海南文昌县、江苏六合县、福建明溪发现；祖母绿见于云南文山地区；海蓝宝石主要在新疆阿尔泰，内蒙古、湖南、云南、海南亦有发现；水晶矿已探明资源储量的有100多处矿床，尤以江苏的东海县水晶矿为著名。玉石方面，已勘查开采的矿有几十个，如有新疆的和田玉矿，河南南阳的独山玉矿，湖南绿松石矿，辽宁岫岩玉矿，河南密县玉矿，浙江虎睛石矿、黑绿玉矿、汝阳梅花玉矿，河北松花石矿，黑龙江、辽宁玛瑙矿，浙江、内蒙古鸡血石矿等，年产玉石原料约3000吨，但主要是中低档玉料，高中档欠缺。

（六）大洋矿产资源调查

大洋矿产资源是指国家管辖范围以外洋底的矿产资源，这是人类共同的财产。

为维护大洋矿产资源为人类开发利用的平等、合理性以及我国的权益,1983年5月我国开始对太平洋中部进行洋底多金属结核矿产资源的调查。"七五"期间由国家海洋局和地矿部在东太平洋地区有计划地开展多金属结核的调查。1990年4月国务院批准同意"以中国大洋矿产资源研究开发协会(简称中国大洋协会)名义申请矿区登记,并将大洋多金属结核资源研究开发作为国家长远发展项目,给以专项投资"。1991年3月联合国国际海底管理局筹备委员会批准我国以中国大洋协会名义提交的先驱投资者申请书,在东太平洋赤道附近地区获得了15万平方千米的多金属结核开辟区,使我国成为继苏、日、法、印度之后的第五个先驱投资者。1990年4月中国大洋协会成立。在中国大洋协会领导下,1991~2000年,围绕向国际海底管理局申请多金属结核资源区域,进行了多航次的多金属结核资源调查,同时开始了多金属结核开采技术、加工利用技术和多金属结核调查区的环境影响评价等研究。2001年,中国大洋协会与国际海底管理局签订了多金属结核资源勘探合同,使我国首次在国家管辖范围以外区域,得到了7.5万平方千米具有专属勘探权和优先开采权的战略资源区域,该矿区内约有4.2亿吨干结核、11175万吨锰、514万吨镍、406万吨钴。

2000年以后,大洋矿产资源调查工作在履行与国际海底管理局签订的多金属结核勘探合同的同时,围绕富钴结壳、深海生物基因资源和多金属硫化物资源,开展了资源调查、环境评价、探采技术、选冶技术、基因资源采集与保藏等多项研究,实现了我国大洋资源研究开发活动由单一资源向多种资源,由单一区域向全球大洋的拓展。

对富钴结壳资源的调查,至今已在中、西太平洋海域对25座海山的近30万平方千米区域进行了调查,获取了大量宝贵的一手资料与样品,开展了分析研究,已着手准备向国际海底管理局提出富钴结壳区的勘查申请。

2003年以来,中国大洋协会组织了多个多金属硫化物资源调查航次,在印度洋中脊和东太平洋中脊的调查取得重大突破:首次在西南太平洋中脊超慢速扩张地带发现海底多金属硫化物活动区,并捕获其样品,该发现证实了在超慢速扩张洋中脊上存在热液喷口活动区的推断;在东太平洋中脊,验证了多处海底热液活动异常,取到了烟囱体和附近的极端环境生物资源。在西南印度洋中脊一定区域提出了我国国际海底多金属硫化物勘查的申请预案。

(七)水文地质、工程地质勘查

60年来,水文地质、工程地质勘查围绕国家经济建设、社会生活及矿山开采的需求先后完成了官厅、三门峡、葛洲坝、三峡等40多个中大型水库坝址，武汉、南京长江大桥等工程，宝成铁路、成昆铁路、川藏公路、青藏铁路等交通干线工程的地质勘查工作，并对200多个国家、地方重点建设项目和核电站、港口、机场、经济开发区进行水文地质、工程地质和环境（简称水、工、环）地质勘查，完成了100多个城市水、工、环综合地质勘查和水源地评价。对上海、天津、西安等城市地面沉降和北京、武汉、唐山等40多个城市的地质灾害进行了专门勘查和监测工作。为解决我国缺水地区人民群众的生产、生活用水，在黄淮平原、关中平原等重要农牧区开展了1∶5万至1∶10万农牧供水水文地质勘查，完成面积达130万平方千米，取得显著成绩。在新疆沙漠地区、宁夏南部山区、陕西北部和内蒙古额济纳平原等严重缺水地区，找到了可饮用地下水源，取得了良好的社会经济效益。为配合国土规划工作，先后完成了长江三角洲、山西能源基地等13片经济区的水文地质工程地质综合评价和京津唐、长江三角洲等18片国土综合开发重点地区的水资源和环境地质评价预测，完成了"全国农业区划水资源规划"和"南水北调西线工程区域稳定性评价"。对北京等25个重点城市和8片重点经济区进行了地下水资源开发利用及供水对策论证，对77个主要城市2000年水资源与环境地质进行了分析预测。这些成果资料对国家宏观规划和决策提供了重要的科学依据。

在矿山水文地质与工程地质工作方面，20世纪50年代，逐渐开展了独立的工作，形成了一定的勘察和研究队伍，有了初步的发展。在抚顺、开滦、淮南等矿山开展了工作，培训了人员，积累了经验。

20世纪六七十年代，处于"文化大革命"时期，围绕矿山建设仍做了大量工作并有所发展。首钢迁安铁矿、金川镍矿、攀枝花钒钛磁铁矿、淮南和淮北煤矿等大型矿山建设和开采中出现一系列水文地质、工程地质问题，如矿山突水和排水疏干、露天矿边坡滑动失稳及加固、地下采场崩塌巷道偏帮、冒落及治理等。在勘察技术上采用了地球物理方法，尤其是地震法和电法，钻探和测井技术也开始应用。

20世纪八九十年代，在矿山水文地质、水源保障和突水防治工作方面取得了新的进展。矿山采深普遍加大，露天矿高边坡达100～200米，井工达200～300米，高边坡稳定性及采场和巷道的变形破坏成为制约矿山安全和采矿成本的重要因素，尤其是煤矿瓦斯爆炸造成了重大威胁。在此背景下，国家和煤炭部安排了若干科技攻关项目，各矿山也组织了大量研究工作。矿山水文与工程地质学科得到空前的提高，并进入现代科技的行列。

矿山水文地质与工程地质工作在保证矿山生产安全的同时，还要求切实地保护环境，实现可持续和谐发展。从1984年开始我国就开始实施环境法，并于1988年颁布了"煤炭工业环境保护临时规定"。为此，煤炭科学研究总院、中国矿业大学及有关高校和科研机构联合开展了"三下采煤"研究，即水域、道路等基础设施及城镇下采煤的安全和地下环境保护的研究，在抚顺、淮南等地取得了重要突破。

自进入21世纪以来，我国采矿事业突飞猛进，同时对水文、工程地质工作的要求也提高到一个新的层次。

在勘测技术方面，采用并开发了矿山水文地质与工程地质结构的地球物理，如矿井直流电法、高分辨地震勘探、瞬变电磁法、探地雷达及地球物理CT技术等。发展了水文地质与水文地球化学方法，如地下水流向、流速及地下水年龄的同位素测试、地下水化学的微量分析技术，以及钻孔测温等。普遍采用并发展了数值分析和仿真技术。采用并发展了GPS和遥感技术及矿震等矿山监测技术。采用并发展了三维可视化、虚拟现实及信息和支持决策系统技术。

在理论分析和矿山灾害防治方面，如矿山顶板和采空突水、软岩变形、冲击地压、瓦斯爆炸、煤岩突出及地面塌陷和沉降，以及矿山环境保护和复垦等取得了显著的进展。千米深井矿山及地下和地面联合采矿的矿山安全和灾害风险问题的研究取得新的突破。在国家科技支撑计划和国家自然科学基金，以及各大矿山企业的支持下，矿山水文地质与工程地质取得了新的进展，并跻身于该领域的世界先进行列。

三、矿产资源成矿与评价科学理论的发展

地质调查与矿产资源的勘查依托于地质科学各个基础学科的科学与技术，特别是构造、矿物、岩石、矿床、地球物理、地球化学及勘探技术等学科。同样，地质调查与矿产勘查的过程与成果，又促进了各有关地质学科的发展。

新中国成立以来大规模富有成效的地质矿产勘查工作及相伴的科学研究，推进了对成矿作用、成矿规律、成矿预测等重大成矿理论问题的发展与创新。这些领域新中国成立前老一辈地质工作先驱者翁文灏、谢家荣、黄汲清、王竹泉、程裕淇等都进行了开创性的工作，但由于客观条件所限，与当时已进入工业化的资本主义国家比，总体显得薄弱。新中国成立后地质成矿理论总的发展是以引进为主，跟踪国际前沿，在陆相成油、多元成矿、成矿系列等方面有所创新，但影响尚小。学科创新将是今后学科发展的重要目标。

我国在成矿理论方面经历了一个演化和发展过程。在石油天然气领域，面对国际主导的海相成油理论，我国老一辈地质学家提出"陆相生油论"，认为"石油不仅来自海相地层，也能够来自淡水沉积物"（潘钟祥，1941；黄汲清，1943等），新中国成立后几十年的实践，建立了中国陆相石油地质理论。同时，确认我国海相成

油条件的存在，具有保存海相古油藏的可能，进而探索海相、陆相油藏形成的地质要素的互相关系，进入建立由陆相叠置的陆海相综合成油理论。在固体矿产领域成矿理论研究的发展与演化，大致经历了从岩浆成矿理论为主体，经同生层控成矿理论的发展，进入多期次、多种成因成矿叠置的成矿理论；从研究单一矿床及其矿床成矿模式、找矿模型进入矿集区矿床组合的研究，探讨其内在联系、时空分布规律，建立区域成矿模式及区域找矿模型，进而从时空四维角度研究区域矿床的成矿规律，创立了矿床的成矿系列理论（程裕淇等，1979；翟裕生等，1996；陈毓川等，1998、2007）和成矿系统理论（李人澍，1996；翟裕生等，1998）开展了各类成矿系列、成矿系统的研究及建立不同尺度的成矿体系。

（一）能源矿产成矿规律研究

1. 油气成藏规律研究

陆相成油及海陆相叠合成油是我国油气成矿在理论上的重大创新，在这方面的重要进展是：

（1）陆相盆地烃源中心控制油气藏分布。中新生代以来，随着陆地不断增生，陆相沉积迅速扩展，陆相沉积主要是湖泊沉积。中国陆相盆地大多数存在着有机质堆积、保存和向烃类转化的良好条件，特别是生物活动的规模、氧的有效作用程度有限和快速的碎屑堆积速度，促使了烃源岩的形成，并占据着盆地的中心位置。而盆地规模相对较小，来自盆地边缘的物源较多，三角洲、水下扇、冲积扇体、河道砂体均指向盆地中心，各种类型砂体都与烃源岩镶嵌或与之交叉。虽然油气排出后的二次运移距离较短，但决定油运移规模最有意义的因素是烃源岩的泄油体积，因此盆地中心与沉积中心常常是吻合的，一个沉积中心往往也是一个烃源形成中心，烃源中心控制油气藏的有序分布。油盆地烃源中心或边缘一般分布断裂构造带，多形成与构造有关的油气藏，而盆地边部即稍远于烃源中心，多分布与地层岩性圈闭有关的油气藏，一般为沿烃源中心呈环状分布，或一侧为构造型圈闭为主，另一侧为地层岩性圈闭为主的油气藏分布模式。

（2）陆相盆地油气藏多形成和分布于复式油气藏聚集区带中。陆相盆地地质结构较为复杂，具有断裂发育、断裂构造带多、岩相岩性变化大、储集岩体类型多、油气藏类型多和含油气结构层多等特点，油气聚集不是在单一层系、单一油藏圈闭类型和统一的油气水系统组成的油气田中，而是由多个含油气层系、多种油气圈闭类型和多个油水系统组成，具有相同油气源、相同的油气运移过程和相同的地质成因联系的油气藏群体。这些群体由数十至数百个油气藏组成，即为复式油气聚集带

（区），这是陆相盆地油气聚集的一个显著特征和规律，一个区带聚集的油气储量常可达几亿或十几亿吨。

（3）陆海相叠合盆地，多为经历多期构造活动、多油源多二次油气聚集、多期构造再形成的油气藏。主要分布于具有古老克拉通残块的上覆叠合中新生代陆相沉积的盆地中，如塔里木、鄂尔多斯、四川、华北等盆地以及上中扬子的大中小盆地。中新生界区域沉积覆盖下的陆相、海相叠合的含油气体系是中国海相石油地质的显著特征。印支运动后，形成广阔的中国大陆，元古宙—古生代海相地层大面积出露地表，经历强烈风化剥蚀和间断，对原有油气藏和油气生成运移与重行聚集过程有一定的启动，也有一定的改造作用。同时陆相与海相烃源有一定的混源，经历多构造层系陆相、海相石油地质条件的重新匹配，油气再次运移聚集形成新的油气藏，由于多次运移和深埋对原油性质改变很大，大多数情况下烃类已裂解成天然气，因此古生界层系的天然气资源远景将优于石油。

（4）天然气聚集是以天然气区为主要特点。腐殖型Ⅲ型干酪根热解气区主要分布在中国海域，东海和南海北部莺歌海、琼东南和珠二等边缘海盆地（坳陷），陆地主要有塔里木盆地库车坳陷的中生界气藏、松辽盆地侏罗—白垩系火山岩—火山碎屑岩为储层的三肇—长岭气区。古生界海相层系的天然气区多为烃源裂解气区，如塔里木、鄂尔多斯、四川以及准噶尔克拉通古生界层系形成的裂解气为气源的气区。另外天然气藏分布还与煤岩或油源岩演化过程产生的与成煤成油相关的天然气，它们多从属于煤或石油分布区，呈局部或过渡状态分布。

2. 煤炭资源聚煤作用研究

经长期煤炭勘查与科研工作的实践，对我国煤炭成矿规律取得以下重要进展。

（1）确定了含煤地层及分布。我国聚煤作用较强的时期是：早寒武世，早石炭世，晚石炭世—早二叠世，晚二叠世，晚三叠世，早、中侏罗世，早白垩世，古近纪及新近纪。这些时期含煤地层的空间分布形成了东北、西北、华北、西南、华南五大聚煤区。早寒武世、早石炭世含煤地层主要分布在华南；晚石炭世—早二叠世含煤地层主要分布于华北；晚二叠世、晚三叠世含煤地层主要分布于华南；早、中侏罗世含煤地层主要分布于华北和西北；早白垩世含煤地层主要分布于东北；古近纪含煤地层主要分布于东北及华北东部，新近纪含煤地层则主要分布于华南西部及东部。

（2）总结了中国煤盆的分布规律。中国煤盆分布主要受构造控制，克拉通盆地聚煤广泛强烈。以华北板块为例，石炭—三叠纪含煤岩系分布范围与块体近似，聚煤广泛而丰富。各时代煤炭资源总潜化量达55553亿吨，高于世界其他块体资源总量。此类盆地含煤地层后期构造变形普遍强烈；陆间活动带，聚煤作用普遍微弱，如天山—兴安构造带的石炭—二叠纪含煤岩系；分布于古生代造山带上的中生代"地台型"盆地（吐—哈盆地、海拉尔—二连盆地），聚煤丰富，后期变形微弱。

（3）中国煤炭聚集规律是：海西期和印支期的煤主要集中在以稳定地台为基底的大型陆表海坳陷盆地中，如华北石炭二叠纪聚煤坳陷和华南扬子区晚二叠世聚煤坳陷。物源区构造作用和区域性海水进退带的滨海三角洲或三角洲—碎屑海岸体系是最重要的聚煤环境，也往往是富煤的中心部位；燕山早期重要的聚煤盆地是以稳定的古老地台或地块为基底的大陆内陆湖盆，如鄂尔多斯盆地和准噶尔盆地。湖盆大规模扩张期前后在盆缘地带的滨浅湖—湖泊三角洲体系和冲积扇—扇三角洲体系是最重要的聚煤环境，富煤带常与之相吻合；燕山中期至喜马拉雅期的煤主要聚集于和基底先存断裂有关的中、小型内陆断陷湖盆和坳陷湖盆中。这些盆地常以含有巨厚—特厚煤层为特征，盆地面积小，但含煤率普遍较高；基底具有稳定沉降构造背景的拗拉槽、前陆坳陷、裂谷型含煤盆地，也可形成一定规模的富煤带；泥炭沼泽沉积与其上、下沉积物的成因过程截然不同，因此，泥炭沼泽化事件对煤层的煤岩、煤质参数产生了重要的影响。硫分与海水有关，形成于海陆交互相含煤岩系中的煤层硫分较高；灰分与泥炭沼泽的矿物质补给有关，形成于近源地带的煤层灰分较高；煤岩组分与泥炭沼泽的覆水程度有关，覆水较深时煤中镜质组含量较高，反之丝质组含量较高。

（4）煤质的变化规律。20世纪80年代末杨起等提出："中国煤的多阶段演化与多热源叠加变质"观点和区域岩浆热变质作用类型，我国很大一部分煤是由中、新生代岩浆活动（主要是岩浆侵入）和其他热异常导致在深成变质煤基础上，叠加了区域岩浆热变质为主的作用，经历了三个地质演化阶段：以煤的深成变质为主的第一演化阶段；以多热源叠加变质为特征的第二演化阶段；以奠定中国煤变格局为主的第三演化阶段。先后提出煤变质作用类型有热液变质作用、热水变质作用、对流型古地热变质作用、热流体变质作用、接触交代变质作用等（杨起等，1996）。中国煤质的变化从总体上显示了从北向南煤的变质程度逐渐升高；东西方向则从中部向两端变质程度逐渐升高。

（二）非能源矿产成矿规律研究

新中国成立初期十年间，随着大规模的矿产勘查工作开展，我国老一辈矿床学家谢家荣、程裕淇、孟宪民、冯景兰、侯德封、叶连俊、郭文魁等率年轻一代矿床地质工作者，根据已有资料及勘查工作所获得的新情况，对铁、铜、锰、铅、锌、钨、铀等矿床的类型、成因和分布规律进行了系统的总结，并在1958年的第一届全国矿床会议上进行了交流，其中较重要的有《中国已知铁矿类型的特征、分布、生成地质条件及今后的普查找矿方向》《中国铅锌矿的工业类型及其发展方向》《中国铀矿工业类型》《中国铜矿的工业类型、分布规律及找矿方向》《中国锰矿床》《中国钨矿类型及其分布规律》以及岩浆成矿专属性等文章。这一时期，岩浆热液成矿理论起了主导作用，尤其是与中小型侵入岩体有关的矽卡岩型、气成热液型铁、铜矿床得到广泛重视，通过实践，确认了矽卡岩型铁、铜矿亦可形成大矿。

20 世纪六七十年代层控矿床及多成因矿床理论研究兴起。60 年代初孟宪民等提出一些层状金属矿床铜、铁、铅锌、锑、汞、锡等是与围岩同时沉积而后再分泌形成的同生矿床，强调了《同生矿床》的重要意义，提出了"顺层找矿"的观点。涂光炽等系统研究与论述了我国层控矿床形成机制和地球化学特征，出版了《中国层控矿床地球化学》专著。常印佛等就铜陵地区矿床的研究提出了层控矽卡岩矿床的概念。1974 年涂光炽提出，某些床具有"三多"特点，即成矿物质多来源、成矿作用多阶段和多种成矿作用的参与（多成因），并提出叠加成矿作用和再造成矿作用的概念。陈国达提出地洼成矿说及《多因复成矿床》概念。

花岗岩类成矿研究不断取得重要进展。我国是花岗岩类有色、稀有、稀土、贵金属、铀成矿非常发育的地域，特别是中、新生代华南和西藏冈底斯—三江地区。60 年代对华南花岗岩分出了不同的侵入时代及其成矿的专属区（徐克勤等，1963、1984），70 年代、80 年代又分出两个成因系列（同熔型、改造型）及其不同的成矿专属性和三个成因系列（同熔型、改造型和地幔型）（徐克勤，1982）。继谢家荣等1936 年提出的与铁铜铅锌矿有关的"扬子式"花岗闪长岩及与锡铋钨钼铜铅锌锑汞矿有关的"香港式"花岗岩两个区域性系列，1989 年王联魁从物质来源，从锶、氧、钯、铌同位素特征划分出了沿深断裂分布的"深源的长江系列花岗岩"和大面积分布的"浅源的南岭系列花岗岩"区域性系列。对花岗岩的多种成因提出"断裂重熔"（涂光炽，1973）、"断裂变质作用"概念（莫柱荪，1962、1995），用以解释两广地区云开隆起区断裂带中陆壳物质的变质—重熔—侵入活动，认为混合岩化花岗岩与河台金矿、银岩斑岩锡矿形成有关。陈毓川等（1989）根据燕山期不同成因花岗岩类把华南地区分出五个矿床成矿系列，都具有各自特有的矿床组合与成矿规律。1995 年涂光炽对花岗岩的成矿作用又提出作为物源，经热水淋溶、叠加等步骤成矿和作为热源促使围岩中成矿组分活化富集而成矿。

近年来，对碱性花岗岩的成矿作用及花岗岩成矿的壳幔作用、地质构造环境有较多研究，已经初步总结了板内大陆环境及陆陆碰撞环境下斑岩及斑岩—矽卡岩型铜（钼、金）矿形成的规律。

20世纪70年代以来，中国加强了对金矿的勘查与研究，发现了一些重要的金矿类型，如构造破碎带蚀变岩型、微细浸染型（卡林型）、斑岩型、风化土型等，特别是构造破碎带蚀变岩型是我国山东省地矿局第六地质大队原创提出的，命名为焦家式构造破碎带蚀变岩型金矿，对指导全国寻找同类矿床起到了重要作用，并成为我国主要的金矿类型。对于金矿的成矿规律及理论总结已发表了大量的专著。

80年代以来，超大型矿床研究得到重视，涂光炽为首的研究集体探讨了中国超大型矿床的时空分布规律，总结了一些超大型矿床的形成机制。裴荣富等与国际合作进行了世界超大型矿床成矿规律的研究与总结，首次在国际上出版了1：2500万世界大型超大型矿床成矿图。

60年代叶连俊等对中国铁、锰、铝矿床的成因研究，提出"陆源汲取成矿说"；袁见齐提出盐类矿床的"高山深盆说"；郑绵平等（1983）提出西藏新生代盐湖成矿物质源自深部；杜乐天（1996）提出幔源流体和碱交代作用对成矿具有重要意义；季克俭（1994）提出"矿源、水源、热源"的三源成矿说等。

火山成矿作用研究在中国有很大进展。特别是70年代对陆相火山岩矿床研究，建立了宁芜玢岩铁矿成矿模式，提出某些富铁矿是矿浆成因的观点。在铜、镍矿研究方面，汤中立提出深部熔离、矿浆上侵贯入和多次贯入的矿床成矿模式。铀矿研究方面，提出了"钾交代成矿""热液汲取""表生浸取""双混合"等成因模式。对变质铁矿中的富矿提出了混合岩化、变质热液等多种成因观点。

60年来，我国勘查、科研、教学单位的专家、学者对我国主要矿种进行了研究总结，出版了《中国矿床》（1989）和金矿、铁矿、锰矿、铬铁矿、铝土矿、汞矿、银矿、铜矿、磷、硫、高岭土、萤石、凹凸棒石等数十种单矿种矿床学专著及数百个有代表性矿床的专著，有的矿种，如累托石等，为我国所特有。矿床成矿模式的研究亦从20世纪60代开始，最早提出的代表性的矿床成矿模式是我国赣南黑钨矿石英脉型矿床的"五层楼成矿模式"，此模式至今具有寻找同类矿床的指导意义。至20世纪90年代已有多部汇总我国各类矿床成矿模式的专著出版。在此基础上，矿床找矿模型的研究亦得到很好的发展。这些方面的研究成果，对指导找矿起到了很好的作用。

（三）区域成矿规律研究与区域矿产预测

区域成矿规律研究是中国矿产地质工作者始终关注与探索的领域，并且不断取得重要研究进展。60年代初，郭文魁等领导了全国区域成矿规律图（1：300万）的编制及湖南郴县1：20万区域成矿规律研究。张炳熹等领导北京地质学院师生在南岭地区开展区域成矿规律研究。60年代以来，特别是1979~1983年、1992~1995年地矿部组织了两轮全国中、小比例尺成矿区划工作，按成矿区、带进行成矿规律综合研究及成矿预测，此项工作代表性的成果是《中国主要成矿区带矿产资源远景评价》（陈毓川等，1999），对指导普查找矿工作起到了很好的作用。近30年间，我国重要成矿区带成矿规律的研究有很大进展，如对三江（金沙江、澜沧江、怒江）成矿带、南岭成矿带、秦岭成矿带、长江中下游成矿带、阿尔泰成矿带、天山—北山成矿带、西南滇黔贵低温矿产成矿区、大兴安岭成矿带、华北地台北缘成矿带、东南沿海成矿带等的研究，另外，对大陆边缘构造带成矿及中国东部矿集区成矿规律研究，都总结出一些重要规律，出版了一系列专著，对指导找矿及发展区域成矿理论起到了重要作用。2006年以来国土资源部组织全国地质技术力量开展全国25个矿种的资源潜力评价工作，开展又一轮大规模的中、大比例区域成矿规律及成矿预测研究，必将使此领域的研究上一个新的台阶。

区域成矿规律研究方面，在理论上的重要进展是原创性地提出矿床的成矿系列概念和矿床成矿系列、成矿系统的研究。区域内矿床及矿床类型间的时空与成因关系一直是矿床界探索的问题。1975年程裕淇等在系统研究铁矿地质及类型的基础上，提出"铁矿成矿系列"的概念，1972~1976年陈毓川、李文达等研究集体在研究长江中下游宁芜（南京—芜湖）和庐枞（庐江—枞阳）火山盆地成矿规律时，提出了区域性"宁芜玢岩铁矿成矿模式"，研究确定区域内与成矿火山旋回的火山—侵入活动有关形成的各类型矿床，时空分布上具有一定规律，成因上具有内在联系，构成一个区域成矿模式，这也是我国提出的第一个区域成矿模式。1979年，在上述研究基础上，提出了矿床的成矿系列概念（程裕淇、陈毓川、赵一鸣，1979），1983年又进行了完善。成矿系列概念突破了矿床学研究中只从单一矿床成因类型进行研究的局限性，并将矿床类型间的内在联系与区域成矿地质构造环境及其时空演化相结合，这是矿床学学术思想和研究方法上的一个创新，对矿产勘查工作有广泛的应用意义。因此，被地矿部进行的全国第二轮成矿远景区划，确定为本项研究工作主要的地质理论基础。正在开展的全国矿产潜力评价研究工作，亦以此做研究工作的主要地质理论基础。成矿系列概念提出至今的三十年中，在我国重要成矿区带，如长江中下游成矿带（翟裕生等，1992）、南岭成矿带（陈毓川等，1989）、三江成矿带（叶庆同等，1992）、秦岭成矿带（王平安等，1998），阿尔泰成矿带（王登红等，2002）等和黑龙江、山西、河北、湖北、浙江、内蒙古、新疆等省区都进行了矿床成矿系列的系统研究，出版了专著。陶维屏等（1994）研究出版了《中国非金属矿成矿系列》专著，翟裕生等（1996）研究出版了《成矿系列研究》专著，陈毓川等（1998）出版了《中国矿床成矿系列初论》。1999~2004年又开展了以成矿系列概念为主导思想的全国区域成矿规律的研究，系统总结了各主要时代的成矿作用，进一步完善了成矿系列序次，建立了全国范围内的矿床成矿系列和各成矿区带的成矿谱系，出版了系列专著《中国成矿体系与区域成矿评价》（2007）。

近十多年来，成矿系统的研究得到重视，谢人澍（1996）、於崇文（1992、1993）、翟裕生（1998、1999、2002、2009）等在这方面进行了较多的研究，提出了较系统的观点及研究方法，并在一些重要成矿区带成矿规律研究工作中得到了应用。

在油气区域成矿规律研究方面提出了新生代裂谷系形成油气聚集区（带）的规律，裂谷盆地中每个断陷自成一个沉积单元、油气生成单元；总结了中生代年轻克拉通盆地形成油气聚集区的规律，提出了克拉通基底上发育断陷、坳陷和回返褶皱期决定油气藏的空间分布；在塔里木、鄂尔多斯、四川盆地等处，发现了陆相盆地叠置的古生代海相油气聚集区，并得出中国古生代海相油气远景只是在陆相沉积盆地的叠合覆盖下才有意义的认识。

在运用矿床地质理论和数学地质方法进行成矿预测方面，在20世纪70年代起步，进入80年代发展很快，并与计算机技术结合，得到广泛的应用。成矿预测成为矿产勘查工作的重要阶段。赵鹏大等将矿床地质、勘查地质与数学地质相结合，建立了大比例尺矿床统计预测理论与方法体系，并提出了成矿地质异常的概念。王世称等运用信息论方法，提出了综合信息成矿预测的理论和方法。这些理论与方法对全国及不同层次的成矿预测工作起到了保证作用。

四、中国勘查技术学科发展

矿产勘查技术学科，包括有三方面的内容，即勘查技术、勘查战略和勘查战术。正确的勘查战略运用是充分发挥勘查技术作用的前提。勘查战略的制订直接与成矿理论和矿产分布规律研究程度相关，勘查技术则取决于国家整体的科技和制造业发展水平。在一定的条件下，勘查技术是基础。中国矿产勘查技术学科和应用取得了很大成就，正是在这三方面协调发展的条件下取得的。

地质勘查技术包括六个方面的内容：地质方法、探矿工程、勘查地球物理、勘查地球化学、航空航天遥感技术和地质实验测试技术方法。其中每一项技术又可以分成多个不同的方法。如勘查地球物理，按照工作原理可以分为重力、磁力、电法、弹性波法、核技术、地温测量和测井法七大类。而每一种勘查方法都有理论基础、观测仪器、观测数据的反演成像及对成像结果的地质解释四个方面的研究内容。方法的应用应当是综合化,从找深部矿来看,更是如此。

中国矿产勘查技术学科的发展,是随着我国经济社会发展对矿产资源不断提出新需求的推动下实现的。在采矿业扩展的同时又带来了诸多的严重的生存环境问题亟待改善。

与国家发展阶段相适应,我国地质矿产勘查技术的发展可分为四个阶段:1930~1954年事业初创时期;1955~1965年大普查、大引进和大开发期;1966~1978年"文化大革命"停顿与调整期;1978~2000年转轨与新发展期。

(一) 初创阶段 (1930~1954年)

可以分成新中国成立前(1930~1950年)与新中国成立后(1950~1954年)两阶段。新中国成立前探矿工作是以地质方法,即就矿找矿,或者是以根据地层构造控制矿产分布的规律来推测矿体情况,最后用探矿工程揭露矿体是否存在。日本侵华期间,先后在东北、华北及南方多处探矿使用了金刚石钻探工程探矿。抗战胜利后,资源委员会矿产测勘处向美国长年公司订购了9台钻机,1948年测勘处组织了7个钻探队,开动16台套钻探设备,共完成4877米钻探工作量。到1949年,全国累计完成钻探进尺约17万米。新中国成立后,各有关部门都开始筹建钻探队伍,并从苏联进口100台套钻探设备。1953年仅白云鄂博等6个大型综合勘探队就开动了100多台钻机,探矿工程步入了大发展阶段。

物探工作。最早在1933年日本人松源厚在辽宁弓长岭铁矿进行电法试验;1936年日本人在山东玲珑金矿上做了电法找矿试验;1937~1945年日本人还先后在东北、河北、山东、安徽的一些矿区试用磁法、电法、地震、重力等找铁矿和铅锌矿;1933年重庆商人雇请了德国技师在四川多处油苗地段进行直流电法试验,找油气和盐矿。1934~1938年,我国先后有李善邦、秦馨菱、顾功叙等在中国南方的水口山等铅锌矿,昭通、东川铜矿,易门铁矿等20多个矿区用磁法、扭秤、电法进行试验性找矿工作,并取得了结果;1936年丁毅在安徽当涂铁矿上做了自然电场法试验;1939年翁文波在四川石油沟油矿,1940年在甘肃玉门油矿进行电测井试验、地面电法、磁测和重力法试验,1945年在河西走廊开展大面积的重力磁力区域测量工作等。

新中国成立后,物探有了新发展。在矿产勘查方面,1950年在顾功叙指导下在吉林石嘴子铜矿开展的自然电场法测量是新中国成立后执行的第一个金属矿找矿项目。1952年在铜官山、大冶等矿区试用了磁法、自然电场法和交流电阻率剖面法以及勘查地球化学,取得了一些效果,主要设备是旧中国遗留下来的几台老式的磁力仪、自然电场仪和地电阻仪。1953年从苏联和东欧等国家引进大批物探、钻探及化探的技术方法和设备，如重力仪（苏联、瑞典产）、悬丝式磁力仪（民主德国产）、直流电测仪（苏联产）、光点记录地震仪（苏联产），多种测井仪（苏联产）以及苏式钻机等，在铁、铜、铅锌、煤田等几十个矿区试用。经试验发现，除用磁法找磁性铁、铜矿效果很好之外，找其他有色金属矿产作用有限。总结归纳了3条基本认识：第一，中国地质矿产有自己的特点和复杂性，照搬外国经验效果不会好；第二，在矿区内找矿，现有的勘查技术方法不能适应找矿，特别是深部矿的需要；第三，中国采矿业发展很早，大量矿点已经被开采过，地表找矿线索很多被掩蔽和破坏了，人为干扰很强烈。要发挥作用就必须调整找矿的战略战术，转向综合方法大普查，大力发展新方法技术。在苏联专家建议下，明确了现阶段我国矿产地球物理工作应转向矿区外围和新区开展大普查，发挥先行作用，以发现新的找矿远景地区。对矿区精细勘查，找深部矿或复杂的矿则应有所选择，取得不了效果的工作项目，不盲目投入工作，以使勘查工作更加科学合理。

在能源矿产勘查方面，1951年组建了我国第一个地震队（石油部门）；1954年组建了我国第一个煤田测井队（地质部门）；同年还建立了我国第一个航空磁测队（地质部门），用于矿产和盆地普查。由于油气藏主要在地下深处，而物探方法对了解深部构造优势明显，所以地震队的发展很快，到1957年石油部门已有22个队，地质部有6个队，煤炭部有3个队。均使用引进的光点照相记录式地震仪。

（二）大普查、大引进与大开发期（1955~1965年）

在1953年引进苏联的勘查技术和工作规程（磁法、重力、电法和地震法）的基础上，我国矿产勘查技术工作开始了规范化操作。

1954年以来展开了区域大普查。首先是在华北地区和松辽盆地，完成了多条横穿盆地的重力、磁力和直流电测深大剖面，控制全区；再开展全盆地的重力和航空磁测工作。后在重点地段，如松辽盆地西部凹陷区内的长垣（即后来称之的大庆长垣）进行反射地震（光点照相记录）精查。发现和查明大庆长垣等一系列构造，为中国大庆油田的发现做出了自己的贡献。

航空磁测是开展大面积普查的有效技术，主要依据矿体产生的磁场来探测，我国50%以上的隐伏铁矿体是用这项技术发现的。第一代用的是苏联支援的基于磁感应原理的旋转式航空磁力仪（AM-9Л），测垂直分量，灵敏度为±100nT，模拟记录，半自动式；第二代用引进的磁通门式新型的航空磁力仪（АСГМ-25，АЭМ-49），测总磁场增量ΔT，灵敏度为25nT和10nT，观测精度为±（40~50）nT和

±20 nT。1960年开始研制402型磁通门式航空磁力仪、CHK-1和302型核子旋进式磁力仪，不断改进，使灵敏度最后达到1nT。针对我国南方低纬度地区的特点，研究和制定了弱磁化和低纬度地区航磁数据反演解释方法。进行了航空电磁法的研制（以电磁感应原理，测量一个发射的交变电磁场在矿体四周产生的二次电磁场），先是引进苏联长导线式航空电磁法（1958）。

地面物探方法也进行了金属矿大普查。其中在甘肃白银厂地区采用了等电位线法普查海相火山岩中的导电性含铜黄铁矿床（1956），在四川西昌地区开展磁法、土壤金属量测量及地面地质综合找矿工作（1955~1957），在河北燕山地区开展了地质、物探、化探三结合的找矿工作（1960）等。突出的成果是发现西昌地区多个大型钒钛磁铁矿床。1959年在广东大宝山多金属矿区及其外围还重点开展了综合普查方法的试点研究。

加强了技术研发工作。1956年起，在国家制订的十二年科技发展规划的推动下，多个部门先后建立了专门的勘查技术研发机构，1956年，煤炭部地质勘探总局成立了北京煤田地质科学研究所，1957年地质部成立了物探研究所（后改为物化探研究所），在顾功叙的指导下，着重开发适合中国特点的找矿新方法。主要有：适合找细脉浸染类型的铜等硫化矿的激发极化法，先后开发了直流脉冲式和谐波双频式两种仪器；研制了航空电磁法及航空综合站；探索了核技术、金属地震（高频）、微波技术、无线电波（井中和坑道透视用）等的应用；开展了地球化学原生晕方法（1959），水化学、水系底沉积取样和汞气测量（1965）普查方法研究，发展了样品指标元素的多种光谱和化学快速分析方法；1958年北京石油科学研究院成立，侯祥麟、翁文波任副院长，加强对勘探开发的研发工作；有关工厂研制了油气普查勘探用的地震仪和测井仪，如1957年的DZ-571型电子管式地震仪和1958年的JD-581型多线式全自动测井仪，成为我国测井主力仪器。

首次探索了深部调查的技术方法问题。1958~1960年中科院（以曾融生为首）与石油部门合作在柴达木盆地（鱼卡-甘森，大柴旦-格尔木）进行了深反射地震试验，取得了莫霍面反射的积极成果；60年代以来，中科院为研究邢台地震灾害进行了元氏—济南的地震测深剖面。

探矿工程——特别是人造金刚石小口径钻探技术的大力研发构成中国勘查技术发展亮丽的一页。地质部1957年建立了勘探技术研究所，在周口店创办了勘探实验站。1958年刘广志提出开展人造金刚石钻探的建议，以改变我国钻探"低效、质差和成本高"的局面，部领导做出大力推进人造金刚石发展和人造金刚石钻进研究，1960年国家立项进行人造金刚石研制，1962年攻关小组成功地做出压机，并研制出第一颗人造金刚石（粒径为 20~30 微米）；试制出我国首批 5 个人造金刚石钻头，经打钻对比性能超过日本进口的同类钻头，1965 年国家经委立项组织系统研发，使我国人造金刚石钻探获得极大的推动。

（三）停顿与调整期（1966~1978 年）

"文化大革命"中，大部分勘查和研发工作陷于瘫痪。1975 年计委地质局改组成立国家地质总局后，才开始加强对地质矿产勘查工作的管理，推动了找油气、找煤、找水及金属矿工作，一些工厂坚持研制勘查仪器和探矿设备。

1966 年石油部门研制成功 DZ-663 脉冲调宽磁带记录地震仪及 DZ-664 型多鼓回放仪器；1967 年地质部门也开发成功 DZC1-24-66 型调宽磁带记录地震仪，开始研制七鼓回放站。这为全面推广反射地震多次叠加处理技术创造了前提，叠加次数提高到 24 次，并从普通叠加、速度谱处理发展到速度滤波、偏移叠加、油气检测等特殊处理，使我国对陆相盆地断块构造油气藏，对海域油气藏勘查能力有了大幅度提高。1972 年又开始了从国外引进数字地震仪和可控震源及数据处理系统。这样，又在追赶国外 50 年代开始的地震勘查仪器小型化和磁带数字记录化和数字处理方面前进了一大步。

探矿工程的金刚石钻探研发工作，在国家经委支持下有了大的推进。为解决国内需要，1970 年以后着手建立人造金刚石生产车间和钻头车间，开发多种人造金刚石单晶、聚晶、复合片以及冷压法、热压法、低温电镀法和无压浸渍法等钻头制造工艺；1974 年，在改造原有钻机的同时，研制了人造金刚石钻进的配套设备和工艺，如小口径高转速钻机、人造金刚石孕镶钻头、管材，以及绳索取芯设备、测斜仪、变量泥浆泵等，并形成系列。

（四）转轨与建设期（1978~2000 年）

国家确定以经济建设为中心，提出科技兴国方针，并从 1981 年开始执行"六五"建设计划，制定了科技发展规划。地质部门执行了"科技兴地"战略，地矿部门在张同钰副部长领导下制定了十二年地质科技发展规划，规划重点抓好五大理论与五大技术，成为推动中国地质勘查技术发展的巨大力量。这一时期勘查技术突出的进展如下。

1. 地震勘探方面

在油气勘查上，为应对急需先后引进了 20 多种型号 300 多台数字地震仪，包括最新的 24 位 A/D 转换超多道遥测数字地震采集系统，还先后引进 DSF-V-120 型

（1985）及SN388型（1996）多道数字地震仪生产线，试生产了一批仪器。自己开发了大型油气地震数据处理软件系统（东方地球物理公司），摆脱了外国公司软件的使用限制，不仅推动了我国高分辨率地震勘探，突破了国内如新疆大沙漠、天山、大巴山等前陆盆地复杂构造，以及岩性油气藏的勘查问题，也使我国地震勘查进入国外油气勘查市场，并获得很大的市场份额。

这一时期，由于国家有关部门规定了必须做高分辨率地震以查明小断层、陷落柱后，才允许进入矿山采矿设计阶段，大大推动了我国煤矿二维、三维高分辨率地震勘查技术提高，取得很好成效，据统计到1997年底煤炭部门在60对生产矿井，共查明断层2259条，其中落差大于5米的有1431条，小于5米的有828条；此外还查明陷落柱95个等。可分辨的煤层厚度已达深度的0.006左右。我国煤矿高分辨率地震勘查技术已进入了国际先进行列。

2. 航空物探方面

最突出的有：继1960年初我国研制的磁通门和核子旋进航磁仪投入生产外，1979年首次应用了自己研制的GQ-30和GQ-A氦光泵航空磁力仪，灵敏度达到0.10~0.25nT。现在已可生产多种型号氦光泵航磁仪，2002年仪器灵敏度达到0.0003nT，居于国际领先水平，技术已出口到美国。结合飞机磁干扰补偿技术的提高，补偿精度已从15~25nT提高到优于1nT，加上利用全球定位系统使我国的导航定位精度从300~500米提高到10~20米。使我国的航磁测量高质量地完成了缺地物标志的南海海域和塔里木大沙漠的小比例尺、长测线的大面积测量。还可以进行1：5万比例尺测量。此外，还研制了双轴水平磁梯度仪和三轴磁梯度航磁仪并投入试用。1979~1987年我国各部门还先后从北美进口了九套航空物探综合站（磁、放射性和电法仪器）。研制了第二代的综合站。

核能原料普查主要用航空多道伽马能谱仪及磁力仪，主要靠引进技术，自主开发的车载GP-106伽马能谱测量系统、地面伽马能谱仪和氡系测量技术均已投入应用，发挥了很好的作用。

3. 地面物探方面

磁法。1960年我国开始成批生产了悬丝式磁力仪，包括石英刃口式仪器先后有近十种型号投产，后研制电子式磁力仪不成功，未批量投产推广应用。1983年鉴定投产了一种质子磁力仪；1987~1988年国内又分别引进了IGS-2/MP-4和G856A型微机化质子磁力仪，并已批量投产，其分辨率为0.1nT/字。90年代我国自行研制了地面氦光泵磁力仪，分辨率为0.05nT/字，已用于野外生产。

重力仪及重力法研究。这类仪器研制难度大，早期都是利用引进的德国、匈牙利、苏联产的扭秤和瑞典、德国、美国、加拿大的石英重力仪（读数精度为0.01毫伽）开展工作，到1975年北京地质仪器厂批量生产了ZSM-III型重力仪，到80年代末已生产5种型号的ZSM仪器近千台（读数精度为0.01毫伽）。80年代开始又大批引进美国、加拿大的微伽级重力仪约百台。建立了全国重力基点网，重力格值标定场，提出了地形改正新方法，编制和出版了全国1∶400万、1∶250万和1∶20万重力图。在重力改正、重力数据反演、划分不同深度密度分布以及复杂异常分解方面做了大量研究，达到很高水平。

电法仪器及方法研究。方法仪器类型多，主要有自然电场法类、人工源电磁法类与激发极化法三大类。用于找水、找油气和含煤构造，找金属矿与控矿构造。方法使用上多是综合性的，不仅电法要综合，而且还要有非电法的综合；其中激发极化法使用效果好、推广规模大，在技术上创新也多。如继20世纪60年代直流脉冲激发极化法之后，70年代引进频域激电方法技术（又称"复电阻率法"），并创造了双频道幅频观测方法，90年代何继善、张有山等提出伪随机三频及多频方法，以及相对相位参数测量等，为提高方法的效率与效果开辟了新途径。此外，我国也探索了用天然场源的激发极化法；还在高密度电阻率法的基础上探索了高密度激发极化法的作用；开展了广泛的激发极化法异常产生机理和其非线性特性，贡献很多。激发极化法找水机理的研究，发展了多种衰减时方法，成为中国物探工作的特色之一，很有意义。我国对自然电场产生机理和分辨矿与非矿异常的可能性做了很多研究；研究和应用高精度自然电场法找油气远景地区试验取得好效果，也成为中国物探的一个特色。关于电阻率法，我国先后引进和发展了多种电阻率法，大力开发了高密度电阻率法的仪器设备及方法技术，并获较大应用，已居国际领先水平地位。

我国大量应用的大地电磁测深和人工源频率测深技术，从高频到超低频不同频段有不同应用。我国煤炭、地矿部门先后研制和生产了模拟式和数字式（80～90年代的）十余个型号的频率测深仪器，基本上可取代直流电法，满足了国内中浅深度探测的需要。这种方法干扰大，反演求地下电性结构困难，我国做了大量研究，取得一些较好结果，但是还需要做大的改进。大功率的电磁频率测深（包括瞬变电磁频率测深仪）和低频大地电磁测深仪器设备（探测几十千米以下大深度的电性结构）则主要还是靠引进，国内尚未过关。

浅层地震仪。80年代以来我国引进了约20种型号的浅层地震仪，国内有30多家研制和生产了几十种地震仪器，90年代不少型号已达到国际先进水平，先后生产了几百台以应国内需要，并已开始向国外出口。我国也深化了数据反演和解释的方法和软件系统。

4. 矿井物探方面

由于我国煤田地质条件复杂，煤矿机械化生产对地质构造的预测精度要求高，在矿井生产过程中实现对地质构造的准确预测是十分重要的。由于矿井环境复杂，探测装备除地面探测装备要求的技术指标外，还必须防爆、屏蔽、抗干扰强、体积小，因此适合矿井探测的装备研制难度大，一些物探技术由于所处空间位置不同，探测方法和资料处理方法也与地面勘探方法有很大差异。为此，煤矿地质工作者在引进消化国外先进技术装备和积极研制两方面同时并举，在矿井物探技术与装备研究方面取得显著成效，一批适用于矿井作业的防爆仪器——包括矿井多波地震仪、矿井地质雷达、数字防爆坑道无线电波透视仪、数字防爆直流电法仪、防爆瑞利波仪、钻孔防爆直流电法仪、钻孔防爆测斜仪以及坑道全液压钻机系列等问世，为探测采煤工作面内地质异常体提供了条件。

5. 化探方面

主要是通过采水系沉积物、土壤、岩石或水样品，分析其中有指导找矿意义的元素含量，采样方法和高灵敏度分析技术是关键。

（1）地矿部于1978年开始推行"全国化探扫面计划"。制定了统一的采样方法；制定了以X荧光光谱分析、原子吸收分光光度计或等离子体发射光谱分析为主体的分析系统以及全国质量控制办法，一举解决了39个元素的低检出限（低于地壳丰度值）和高精度的问题，改变过去多年半定量低灵敏度的分析；到2000年已完成650万平方千米，将我国化探技术提高到历史新高度，居国际领先地位。如研制了26种地球化学标准物质以控制全国范围的分析质量；制定了低山丘陵区、高寒山区、干旱荒漠区、半干旱荒漠草原区、岩溶区、热带雨林区、黄土覆盖区、森林沼泽区等不同景观区的采样方法技术等；发展了不同表生环境下异常筛选评价与查证方法技术。由于金元素分析检出限可以达到$(0.5\sim0.2)\times10^{-9}$，比过去提高了50倍，发现了大量金的矿化或矿体。1996年统计发现了金矿床共421处，为我国金生产大增长立了大功。后来又进一步开发了一些野外简易快速金的测定方法，活动态金和不同价态金的测定方法以及水溶性金的测定方法等，大大扩大了找金的能力，形成世界找矿史上里程碑式的成果。但是，其他矿产的找矿效果，还有待深化挖掘。

（2）进入20世纪90年代，科技部立项——"找寻隐伏及难识别大矿富矿新战略新方法新技术的基础性研究"，进一步推动化探找深部矿的方法研究。提出"深穿透地球化学"的概念，发展了"地球气纳微米金属量测量"和"金属活动态测量"方法，在奥林匹克坝巨型矿床上试验已取的肯定结果，还需要扩大试验工作。提出了"地球化学块体"的概念，但是还需进一步从理论上加以论证说明。

6. 航空与航天遥感的应用

我国现代遥感技术的采用是从1971年开始试验，主要是开展黑白和彩色航空摄影；1976年开展J-41红外扫描成像；1978年地质总局引进了美国的数字多光谱（DS-1260/1840）仪、热红外（DS-1230/1830）扫描仪和处理系统，以及航空遥感摄影仪，并开展应用研究；1979年成立地质遥感中心，随后国内多部门也先后成立了遥感单位；1994年起先后引进GPS定位系统，多次更新换代，到2003年和2005年引进德国的高精度定向定位系统各一套。此外，先后还引进多套遥感数字图像处理系统（如I^2S101系统）与制图设备。三联高技术公司已于1990年和2003年，先后开发出微机图像采集和处理系统和RSIPAS遥感信息处理分析系统，地质遥感中心也开发出ISDAPS成像光谱数据分析处理系统，还自主开发了微机上运行的"RSMAP遥感图像图形处理系统"，具有自主知识产权。1988~1993年开展国土资源遥感摄影、多光谱、热红外扫描及雷达图像（以双水獭飞机为主），覆盖国土面积110万平方千米，用于地质矿产资源勘查及城市综合遥感调查，铁路、公路交通选线。从1994年开始，国内相继成立了多家航测公司，使用了多种机型，主要工作还是为航空摄影、多光谱、成像光谱等测量获取信息提供方便，降低了生产成本；此外更多的是利用国外的卫片，开展应用研究，研究成矿远景地区波谱特征，寻找矿化地区，已取得多项成果，对解决地质和矿产勘查、油气勘查的问题做出贡献。不过这方面的工作还是刚开始。

7. 深部地球物理探测

在国家"改革、开放"方针指导下，1976年唐山大地震后，国家地震局加强了华北等地的深部调查，先后完成了约10000千米剖面；1980年中法合作开展了青藏高原与喜马拉雅的深部探测；1983年华东石油地质局完成了一条500千米长的深反射地震等综合剖面调查，研究海相碳酸盐岩盆地构造；1985年地矿部又开展了亚东到格尔木地学大断面计划；1986年四学会又联合提出包括有11条剖面的全国地学大断面计划；1992年中、美、德、加四国又联合开展了青藏高原以深地震反射法和宽频大地电磁法为主的综合方法深剖面计划（现在还在继续中），获得国际同行的高度评价。探测的目的是从地壳上地幔的角度研究中国地壳和上地幔构造活动对成矿和油气分布的控制作用，指导找矿和预防地震地质灾害。这方面工作已推开，正在扩大进行，形成向深部进军的大好局面，先后完成了几千（深反射地震）和几万千米（深地震测深）的剖面，取得广泛的成果，深化了地质认识 为国内地学界所肯定。但是调查研究的宽频地震仪还是主要靠进口，野外调查和数据处理的质量和水平亟待提高，单科论道的现象较重。

8. 探矿工程技术有了大发展

（1）在20世纪70年代"小口径人造金刚石钻探技术"配套系统研发的成果的基础上，1980年，国家将"小口径金刚石钻探方法"列入"六五"计划重点新技术推广项目以来，带动了我国整个钻探工程界的技术改造，从钻机到钻头、管材、冲洗液、测斜仪，以及有关的理论研究等，都达到国际先进之列，使我国探矿工程技术从铁砂钻硬岩进入了金刚石钻探王国。至1990年，全国金刚石钻头总进尺数已达1505万米，完成钻孔6.28万个，达到地质设计要求的钻孔比率高达93.5%；1981～1990年节约投资10.8亿元，带动了中国人造金刚石制造业的发展，成果获国家科技进步一等奖（地质、冶金、有色和核工业四部门）。

（2）1982年提出发展多种钻探工艺方法。确定发展五项新技术：受控定向钻探技术（借鉴石油钻井技术）、液动冲击回转钻探技术、螺杆马达液动锤、金刚石取芯钻进系统，以及空气和水力反循钻探等，或是我国首创（多种液动冲击器）或是达到国际先进水平，效益很高。

（3）开发了多种新材料，特别是高强度人造金刚石和超硬镶嵌体及其钻头、高质量的硬质合金钎头系列、高强度管材系列、井管和滤水管、坑道内燃机尾气净化催化剂、新型爆破材料、各类泥浆材料和处理剂等。

（4）开发了多种优质钻井液和护孔堵漏技术，形成了低固相、无固相钻井液和空气泡沫、泡沫泥浆等多种类型钻井液，适应多种钻进工艺的需要；发展了钻井液流变学、压力平衡钻进、井眼稳定、漏失层分类等理论，促进了探矿生产和新工艺的发展。

（5）发展了多功能的探矿技术装备。由引进、仿制到自行设计、制造，现能生产制造满足地质调查、矿产与能源和水资源勘探、工程勘察等需要的各类钻机和坑探设备，以及相应的配套设备、工具、仪器等，我国成为探矿机械生产大国。

（6）以坑探综合机械化和"新奥法"为主体的掘进技术，使我国探矿工程技术发生了根本性的变革。如今已能开凿100平方米以内各种隧洞，开凿出的最大隧洞断面达到23.5平方米。

（7）我国开始了科学深钻工程，包括江苏东海县5000米深的科钻1井。东海县科钻1井是2001年6月25日在硬度大各向异性强的高压变质地层上钻进，采用双井法（打一先导孔），顺自然井斜面打井，用了1353天钻进了5158米，取芯4290米，取芯率达到85.7%，平均钻速达1.01米/小时，终孔井斜和位移在允许范围之内。钻进利用了我国自主研发的井底螺杆马达和液动锤驱动单动双管带动孕镶金刚石钻头进行取芯钻进技术，可以大大改善钻井工作的井底状态，可以从岩芯了解钻具在井底的工作状况。我国石油部门也从 1971 年开始了 6000 米以深的石油深钻工程。在技术上主要解决了地温高的问题（地温高达 171℃），用三磺钻井液和硅酸盐矿渣水泥，解决了钻井及固井时抗高温的难题。

（8）今后提高的方向。进入 21 世纪，根据国家对矿产资源与地质调查不断增长的需求，国内又开始大批地引进国外先进勘查技术设备，并提出在消化吸收的基础上进行自主创新性活动，以缓解我国资源勘查的需要。我国勘查技术将再次出现新发展高潮。今后将主要沿着找埋深在 1000～2000 米的矿体，6000 米以深的油气勘查等以及特殊勘查需要，加快技术自主创新地发展，使我国再提升到一个新高度。

结　　语

20 世纪是中国社会政治、经济、科技发生巨变的一百年。地质资源科学技术与工程学科经历了孕育、奠基与发展阶段。前半个世纪是孕育与奠基，后半个世纪随着新中国成立，政局的稳定、社会经济的发展，本学科实现了快速发展。为满足新中国社会经济发展对本学科的需求，几代地质工作者做出了巨大努力和卓越贡献。学科经历了引进、跟踪到逐步创新的过程，为在新世纪的发展走上本领域的世界前沿奠定了扎实基础。

从我国的实际情况出发，本领域摆在国家层次的工作是：持续开展矿产调查与勘查和基础地质、水文、工程、环境地质工作。保障国家伟大复兴对本领域的需求，其中矿产资源的可靠保障是一项艰巨的任务。需要不断发现及探明各类矿产资源，尤其要开拓新类型矿产资源及替代紧缺资源的矿产。由于找矿难度的日益增大，陆上、海底的深部矿勘查、新能源矿产的发现、勘查与开发，已有岩石、矿物可开发利用性能的发现、测定和开发，从而发现新矿产资源和替代资源，已有矿产资源的节约、合理开发利用及循环利用等，都需要成矿地质理论、矿产勘查与开采、选冶技术、方法的不断创新和充分应用。我们必须站在学科发展的高起点上起步，服务当前，瞻望未来，首先要充分用好已有的地质理论与探测技术方法，同时，要立志创新，不断开拓成矿地质理论与勘查技术方法新领域，登上本领域的科学技术高峰，并形成一批顶级学者与专家，保持一支精干的、高素质的地质勘查、科研、教学队伍，为我国和世界资源、环境可持续发展做出贡献。

主要参考文献

《中国地质矿产年鉴》编审委员会 . 1989. 中国地质矿产年鉴 1986. 北京：地质出版社 .

地质矿产部地质勘查行业管理司 . 1991. 地质矿产统计年报 .

程裕淇, 陈梦熊, 等. 1996. 前地质调查所（1916~1950）的历史回顾. 北京：地质出版社.

王鸿祯. 1999. 中国地质科学五十年. 北京：中国地质大学出版社.

国土资源部中国地质调查局. 2000. 新中国海洋地质工作大事记. 北京：海洋出版社.

《20世纪我国重大工程技术成就》编辑委员会. 2002. 20世纪我国重大工程技术成就. 广州：暨南大学出版社.

朱训, 陈洲其, 等. 2003. 中华人民共和国地质矿产史. 北京：地质出版社.

夏国治, 许宝文, 等. 2004. 二十世纪中国物探. 北京：地质出版社.

郭文魁, 等. 2004. 谢家荣与矿产测勘处. 北京：石油工业出版社.

冀文林. 2008. 中国国土资源年鉴（年刊）.

撰写者

陈毓川（1934~），中国工程院院士。

胡见义（1934~），中国工程院院士。

彭苏萍（1959~），中国工程院院士。

赵文津（1931~），中国工程院院士。

20世纪
中国知名地质资源科学技术与工程专家

柴登榜

柴登榜（1912~1998），浙江省江山人，煤炭地质学家。1936年毕业于中山大学地质系。开辟了地质调查研究与煤矿开采工程技术相结合的道路，成为中国煤矿矿井地质的开拓者和奠基人之一，又是大淮南煤田的发现者之一。1952年，在淮南煤矿工业专科学校创建地质专业，培养煤矿矿井地质人才。1956年随校迁合肥，任合肥工业大学教授（三级）、地质系主任、科研处处长等职。1973年调回淮南，在淮南矿业学院开办地质系，任淮南矿业学院（现安徽理工大学）副院长，1985年晋升为一级教授。1991年获国务院"有突出贡献专家"称号，是首批享受国务院政府特殊津贴人员。1958~1985年，担任安徽省地质学会理事长。长期担任中国煤炭学会常务理事、煤炭工业技术委员会委员和煤炭高校地质专业教材编辑委员会主任委员等职。1982年，在他的倡导下，中国煤炭学会成立了矿井地质专业委员会，担任了第一、二、三届主任委员。由他主持编写的《煤炭地质》《矿井地质和矿井水文地质》《矿井地质工作手册》等重要专著已成为煤矿矿井地质工作的指南。

一、个人经历

柴登榜1912年5月15日出生，1926年在浙江省立第八中学读书，1929年考入杭州省立高级中学。1930年进入中山大学预科，1932年转入地质系学习，1936年毕业。

1937年柴登榜任浙江建设厅矿产调查队测绘员，在长兴、杭州一带从事地质普查工作，后调至浙江建设厅青田钼矿任工务员。1938年，他任湖南江华锡矿助理工程师，1940年，赴昆明资源委员会叙昆铁路沿线探矿工程处和云南昭通资源委员会矿产测勘处工作，同时加入中国地质学会，此间主要在黔西的威宁、水城和毕节一带进行煤、铁、铅、锌等矿产的普查。1943年，柴登榜任贵州资源委员会康黔钢铁事业筹备处副工程师，在水城观音山铁矿从事地质工作。1945年抗日战争胜利后，筹备处解散，他随筹备处来到淮南矿路公司工作。

1946年柴登榜与谢家荣等人一起到野外进行地质调查，在八公山新庄孜草子里水沟发现了石炭纪石灰岩。根据当地构造情况,推测在很浅的部位可能就有煤层赋存。嗣后,柴登榜受矿路公司委托,在该区进行了地质勘探工作。经过在新庄孜开钻,发现了淮南八公山煤田,即淮南西部煤田。这是我国找矿史上自觉应用地质规律进行找矿的成功范例,也是具有重大经济价值的历史发现,柴登榜起了重要作用。

1951年,柴登榜担任淮南矿务局工程师,并兼地质处处长。淮南煤矿工业专科学校成立后,柴登榜受命兼任地质系主任。1953年,柴登榜调到该校从事教学工作,担任地质系教授和系主任。其间他还兼任淮南矿务局地质工程师。1955年,该校发展为合肥矿业学院(后为合肥工业大学)。1956年,柴登榜离开淮南矿务局,随学校一起迁往合肥,并先后担任地质系主任、科研处长等职。1973年,淮南煤炭学院成立,柴登榜随合肥工业大学地质系煤田地质勘探专业迁往该校。1978年任副院长、院学术委员会副主任;1981年任院学位委员会主席、淮南矿业学院学报编辑委员会主任委员、煤炭部地质专业教材编审委员会主任。

20世纪60年代,柴登榜曾被选为第三届全国人大代表,1978～1985年任安徽省第四、五届政协副主席,省科协副主席。1979年以后,先后担任煤炭部技术委员会委员、全国煤炭学会常务理事、煤炭教育顾问团副主任等职。

1958年,柴登榜负责筹备安徽省地质学会,至1985年一直担任该学会理事长,为推动安徽省地质工作的发展做出了重要贡献。1982年,在柴登榜的积极倡导下,中国煤炭学会矿井地质专业委员会成立,柴登榜任第一、二、三届主任委员。

二、成 长 历 程

1. 献身地质工作的思想启蒙

柴登榜的家乡是浙江江山。高中毕业后柴登榜犹豫彷徨,按自己的学习成绩和心愿,当然是想继续上大学深造,但一个靠小土地出租的家庭是极难支付他上大学的昂贵费用的。正当柴登榜面临人生十字路口,一时难以做出决断的时候,祖父的一句话犹如黑夜中闪出一线光明:"还等什么?把家里的那点薄田卖了,让登榜上大学去!"卖掉土地,那就相当于卖掉一家农户赖以安身立命的本钱。经一家人再三权衡,祖父还是咬着牙拍了板:"卖田!"柴登榜拿着卖田所得,拿着好心亲友们东拼西凑资助的钱,沾着父辈、祖辈汗水热泪,带着一家人希望,来到广东中山大学。

柴登榜就读地质专业,说来也是一个偶然。他的一位姓周的同乡,比他早两年进的中山大学，读的就是地质。他问周姓同乡上大学读什么专业好，周姓同乡不假思索回答："地质！"柴登榜不知道地质为何物，懵懵然问："学地质有什么好？"周姓同乡又答："中国眼下太穷太穷，丰富矿藏埋在地下无力开采出来。现在正需要我们学地质的帮国家采矿，将来才能富民强国。再说，你数理化基础好，学地质也不吃力。"于是柴登榜就热切切地进了中山大学地质系。系里同班只有9人。柴登榜抱着满腔热情跨进中山大学门槛，读得认真，读得艰苦，也读出了一连串的好成绩，为以后工作打下了良好的基础。

2. 他踏上了"诺亚方舟"

中山大学地质系高才生柴登榜，也免不了毕业即失业的厄运。柴登榜不甘心，他觉得太对不起祖父，太对不起节衣缩食的一家人，也对不起自己四个年头中洒下的汗水和绞尽的脑汁。想到毕业时几位同窗慷慨高歌今生誓做人杰的那份豪情，他感到惭愧、心酸。他决定到省城杭州去碰碰运气。

比起同窗来，柴登榜是幸运的。他偶然遇到了影响他一生的一个机遇：这时，他在中山大学地质系就读时，曾教过他的朱庭祜刚从美国回来，在浙江大学任教授。朱老师听完柴登榜的诉说后说："眼前倒是有一个机会。浙江省建设厅正在组建一支地质矿产调查队，你可以去。不过，干这个差使，成年累月在山沟沟里钻，苦得很啊！"

"不怕！"柴登榜急切地表白，"只要有工作，学到的东西能派上用场，什么苦我都不计较！"

他的9位同窗，毕业不到一年都改了行。柴登榜踏上了千辛万苦觅来的"诺亚方舟"。

3. 这些往事恍如噩梦

浙江省建设厅地质矿产调查队，像一只扬帆的航船，不久便驶进了时代的激流之中，但这艘方舟也很快沉没。就在柴登榜参加工作后不久，抗战的烽火遍及半壁河山。上海沦陷后，紧邻的浙江省也时刻受到战火的威胁。地质矿产调查队先由杭州撤退至浙南的青田。浙南的千山万岭，也阻挡不住日益进逼的战火，地矿调查队已难以有一个安身之所。柴登榜遇到又一次幸运的偶然。当时，国民党政府的资源委员会下设了一个矿产勘探处，领导这个处的是中国地质学界的一位前辈谢家荣，而谢家荣和朱庭祜甚为要好。由于朱庭祜向谢家荣力荐，柴登榜跟着谢家荣进入了矿产勘探处，踏上了去大西南的路，从而开始了一段艰苦又危险的人生旅途。

这个矿产勘探处的工作范围位于中国西南地区的一隅，涉及云南、贵州、四川、广西等省区，而工作的重点地区是云贵两省的深山老岭。在兵荒马乱的年头，矿产勘探处的经费甚为拮据，一个地质工程师的薪水很少。事业开拓自然极为艰难，生活也是极为艰苦。而且勘探处工作的区域是盗匪经常出没之地，地质工作者们常常有生命危险。柴登榜曾两次在地质勘查的过程中遭遇匪徒的剪径。他在恶劣的环境中工作和生活了8年，就在这样的环境里，他仍写出了关于六盘水地区煤田的学术论文，成为该地区重要的地质文献资料。

4. 八公山下的辉煌人生开篇

1946年，国民党政府将资源委员会属下的一些技术工作者，分发各地去做技术接收工作，柴登榜的同事们大都被派到东北。在西南工作整整8年的柴登榜，迫切想回到阔别许久的家乡浙江，但是身不由己，他随谢家荣一起奉命来到安徽淮南。

那是1946年7月的一天，他们一行由淮南九龙岗出发，从东向西经舜耕山、老马山来到八公山上，对山上的奥陶纪灰岩出露的岩层走向进行追溯性观测。时值盛夏，一路的跋涉使大家都疲倦不堪，他们便在新庄孜一条水沟旁歇息。这时水沟旁一块洁净光滑的石灰石吸引了他们的注意力，捡过来仔细察看，竟含有清晰可见的纺锤虫化石，这可是鉴定石炭纪地层的标准化石啊！按照地层层序推定，石炭纪地层之上是二叠纪含煤地层，其下是奥陶纪灰岩，而八公山附近裸露的便是奥陶纪灰岩层。这说明附近地区已经出现石炭纪地层，依据奥陶纪灰岩倾向，面向淮河和淮河以北的广大平原之下，有可能埋藏着宽广的煤系地层和丰富的煤炭资源。他们都沉浸在欣喜和激动中。果然，几个月后钻探工程揭露到了煤层，而且蕴藏量十分可观。

谢家荣等人很快返回了南京，留在淮南的地质工程师只有柴登榜一人，伴随着3台钻探机，其中还有一台是当时国内最先进、最精良的。柴登榜从当地的中学生中找了一批人，上钻台学钻机。他手把手地教。

5. 重任在肩，时不我待

1949年1月18日宣告解放的淮南市只有一名地质工程师，就是柴登榜。

淮南中共地下党的负责人之一陈清泉，迅速找到了他，语重心长地对他说："矿山现在回到了人民手中，百废待兴，工程技术人员更是奇缺，你要安心工作啊！"

柴登榜印象深刻的另一位党的领导干部柴化周，是淮南第一任矿务局长。柴化周来自山东枣庄，上任不久，便恳请柴登榜介绍淮南的地质情况。其礼贤下士的风度令柴登榜折服。

柴登榜不遗余力地培养钻探技术人才，从铜陵、栖霞山、湖南、门头沟、大同等地招收学员，举办数期钻探工人技训班与钻探机长学习班。在师资匮乏的情况下，柴登榜身着工装，亲自到现场边操作边讲课。

谢家集、蔡家岗开始建井，谢家荣曾经信心十足地划圈布钻的新庄孜，也打了一个大大的窟窿。作为一名主任地质工程师，三十余岁的柴登榜，背着一个黄包包，乘着一辆颤巍巍的吉普车满世界跑，哪口井需要他就住到哪口井上，常常一连几天甚至个把月不回家。如果有几天他连着在家不出去，那才叫奇怪，家里人反而感到不习惯。

煤炭是工业的粮食，淮南是华东工业区的重要原料与能源基地。新中国成立后，生产发展了，源源不断从淮南运出的煤炭，却满足不了大上海的需求。一封又一封要求加速调运淮南煤的急电从上海飞来，非常急迫。

淮南地下到底蕴藏着多少煤？这是个既令人兴奋又令人困惑的问题。大通、九龙岗这两个老矿该如何改造？它们还有潜力吗？一时无人能够回答这些问题。就是来中国帮助建设的苏联专家，也只能遗憾地摇摇头。因为对淮南地下的地质情况还没有弄清楚，没有弄清地质情况，也就无法制订出科学的采掘计划，否则就蛮干，而在煤矿里蛮干那后果是不堪设想的。

6. 全国煤矿矿井地质工作机构创立

到1952年的冬天，九龙岗、大通两个老矿的改造方案仍拿不出来，主要卡在地质资料上。连苏联专家也拿不定主意，这个问题就留给了柴登榜。为了尽快摸清两个老矿的地质情况和储量，柴登榜负责筹备组建矿务局地质测量处。

他把淮南矿务局九龙岗、大通两个矿的所有地质测量人员组织起来，同时结合实际工作培养了一批地测人员，并带领这批人开始了矿井地质工作最初的艰难探索！他们没日没夜地辛勤工作，为了进行区域调查，他们走遍了淮南的山山水水；为了掌握第一手资料，他们跑遍了矿井的每一条巷道、每一个工作面，绘制了大量的巷道剖面、描述了每一个煤层，编制了中国首张煤矿井下水平切面图和剖面图；他们计算了九龙岗、大通两个矿的煤炭储量，分别编制了九龙岗、大通煤矿地质报告。这是中国煤炭开发史上最早和最完整的煤矿矿井地质报告。

1954年，煤炭部在开滦矿务局召开会议，柴登榜在会上就淮南局矿井地质工作情况作了专题报告，得到全体与会人员的积极评价。煤炭部部长陈郁和到会的苏联专家充分肯定了淮南局的做法，并决定要在全国范围内推广。之后，在全国煤矿都陆续成立了矿井地质工作机构（地质测量科），全国的矿井地质工作很快开展起来了。

7. 矿井地质理论的创立

几乎所有国家的煤矿，都只有地面上打钻，只有矿井地面的地质资料，而对矿井内部的情况不甚了了。柴登榜与他的助手们立即着手艰难的工作，一个又一个夜晚翻阅资料，白天连着夜晚大家一起讨论研究。如煤矿常遇的瓦斯、突然喷涌的地下水、冒顶塌方；又如煤层断线，采着采着就不见煤层了。到底是把煤挖光了，还是煤层因地壳运动而断裂错位，造成了煤层缺失？要解决这些问题，就必须把地质科学和采掘技术结合好。

生活中常常有这种情况：某种发明在事后，人们会并不觉得有什么惊天动地之处，但在此之前则确实是一个让人感到颇为棘手以至于束手无策的难题。这需要找到一个突破口，就是要超越思维定式，打破常规做法。

那一段时间，急于要探明大通、九龙岗两个老矿的储量。但地面布钻收效甚微，百思不得其解的柴登榜，怔怔望着窗外，窗外是一幅熟悉的景象，所不同的是，今天有几个工人正在将一台钻机搬上一辆大卡车，看样子是出发到郊外去打钻。柴登榜心中忽然一动自问道：以前只在地面打钻，为什么不将钻机搬到井下去钻呢？不是更能挖出地层深处有价值的地质资料么？

这个一闪而过的灵感，促成了矿井地质新理论的诞生，成为中国煤矿开采史上的一个重要突破。

钻机在大通、九龙岗两个老矿的腹部的不同部位布钻下探。果然在不同的地层部位找到了新的煤层，这是由地壳运动造成的煤层断线。外国人遇到断线的煤层便一丢了之，刚刚建立的新中国，可丢不起也丢不得。柴登榜他们在井下布钻的成功，使淮南矿务局欣喜万分，也着实震惊了全国煤矿业同行。

当然井下布钻只是一个办法，布钻成功后，他们又到井下进行了摄影、物探，做各种调查研究和测试。经过了两年艰苦之极的劳动，淮南矿务局地质测量处，终于提交了一份改造、挖潜大通、九龙岗的两份地下地质报告。

柴登榜创建的与矿山地质相对应的矿井地质理论，终于初步成型。这个理论，为合理采煤、安全采煤服务，为有效解决煤矿瓦斯、冒顶、地下水与煤层断线等难题服务，有鲜明直接的实用性。它为预测矿井前景，为老矿井改造、挖潜利用，立下了汗马功劳。它将普遍地质理论与煤炭采掘技术进行了一次崭新的结合，而这一结合，在当时的国内外是一个了不起的创举！

矿业界的众多技术专家普遍认为：柴登榜的矿井地质理论，大大推进了采煤的合理性、科学性和安全感，是一项开创性的重要成果。今天仍有轻视矿井地质工作而造成重大损失的例子，如某大型煤矿的大水，对岩溶塌陷没有深入的研究；修1米隧道，国家要花几千元，如果因地质情况不明而将隧道报废，那损失是相当相当巨大的……

矿井地质理论已在全国推广并开花结果，每个矿务局及煤矿都设立了地质测量工作机构。柴登榜也用自己的实践证明了这种理论的作用。

三、科学贡献与成就

柴登榜毕生致力于"矿井地质"和煤炭高等教育事业，是中国煤矿矿井地质的开拓者和奠基人之一，是两淮煤田地质研究、煤田的勘探与开发的元勋。在他从事地质事业近60年的生涯中，矢志不渝，辛勤耕耘，为中国煤炭工业的发展做出了重大贡献。

柴登榜早年的科技工作贡献是20世纪40年代著有《云南昭通龙硐地质矿产》《贵州水城煤硐煤田》《贵州西部威水毕三县地质》等论著，这些重要学术文献，对西南地区矿产资源的勘探与开发具有重要的指导作用。

20世纪40年代中后期，柴登榜发现了淮南八公山煤田。这也是中国找矿史上自觉应用地质规律进行找矿的成功范例，也是具有重大经济价值的历史发现。

20世纪50年代中期，他提出了宿州地区广大平原之下可望找到丰富的煤炭资源，勘探证实了在蒙城以东宿县平原之下埋藏着丰富的皖北煤田，进而发现了宿东的芦岭煤田。柴登榜对安徽宿州平原下煤炭资源的发现与勘探，对推动华东能源基地建设做出了重要贡献。

柴登榜在淮南煤矿开创了地质工作与煤炭生产相结合的道路，创造性地提出了矿井地质理论，建立了矿井地质工作方法，并在全国推广应用，培育了一大批矿井地质理论的接班人和后起之秀，对中国煤炭安全高效开采起到了重要的推动作用，在我国矿井地质事业的发展中产生了重大而深远的影响。

柴登榜从事地质教育工作30多年，并于20世纪60年代初在安徽率先指导研究生，为煤炭地质系统培养了大批人才，其中很多人早已成为煤炭生产、科研或教学单位的中坚和骨干。在教学与科研工作中，曾编写《煤炭地质》《普通地质》《煤田找矿勘探》《矿井地质》等教材，主编了《矿井地质及矿井水文地质》《矿井地质工作手册》等著作，发表高水平学术论文20多篇。同时，柴登榜还主持出版中国煤炭学会矿井地质专业委员会专刊《矿井地质》，组织学术交流，密切了煤炭生产与教学、科研的联系，提高了矿井地质工作的水平，丰富了矿井地质理论的内涵。

推动了矿井地质工作的不断发展。

柴登榜积极创建学术团体。由他组建的安徽省地质学会自1958年以来，他一直担任该学会理事长，直至1985年，为推动安徽省地质学会的发展做出了巨大的贡献。1982年，在他的积极倡导下，中国煤炭学会矿井地质专业委员会成立，并任第一、二、三届主任委员。其间，专业委员会开展了多项活动，促进了全国矿井地质的学术交流，推动了矿井地质工作的进一步发展。

四、柴登榜主要论著

柴登榜.1941.云南矿业统计.地质论评，Z1：171-179.

柴登榜，燕树檀.1942.云南昭通龙洞区地质.地质论评，Z1：51-66.

柴登榜.1980.努力做好矿井地质工作.煤炭科学技术，10：55.

柴登榜.1983.我国矿井地质工作的发展和展望.淮南矿业学院学报，(1)：1-11.

柴登榜.1983.我国煤矿矿井地质工作的发展与展望概述.煤田地质与勘探，02：2-3.

柴登榜.1983.我国矿井地质工作的发展和展望.煤炭科学技术，(3)：8-11.

柴登榜，周治安.1984.我国矿井地质工作的现状与发展.淮南矿业学院学报，02：1-9.

柴登榜，董权威.1984.开办矿井地质函授专科教育.煤炭高等教育，(2)：12-13.

柴登榜.1985.如何发挥教师的积极性和他们的专长.煤炭高等教育，(1)：12-13.

柴登榜，周治安.1985.适应煤炭生产发展 加强矿井地质工作.煤炭科学技术，(2)：2-6.

柴登榜.1988.煤炭高校学生实习问题的建议.煤炭高等教育，(1)：36.

柴登榜.1988.关于煤田地质勘查专业人才培养目标的建议.煤炭高等教育，(3)：11-13.

柴登榜.1992.对发展生产力和矿井地质的认识.全国矿井水文工程地质学术交流会论文集.北京：地震出版社.

柴登榜.1986.矿井地质工作手册.北京：煤炭工业出版社.

淮南矿业学院，等.1982.矿井地质及矿井水文地质.北京：煤炭工业出版社.

撰写者

严家平（1954～）安徽理工大学地球与环境学院教授，与传主为师生、同事。

唐修义（1932～）安徽理工大学地球与环境学院教授，与传主为同事。

刘国昌

刘国昌（1912~1992），河北省饶阳县人。工程地质学家。1936年毕业于北京大学地质系，其后在湖南地质调查所、南京中央地质调查所、南京国家资源委员会从事矿业资源的调查与研究工作。1949年在南京华东工业部任高级工程师，1951年到南京地质工作计划指导委员会任高级工程师。1952年到长春地质学院从事地质教育事业，创办了水文地质与工程地质系，任系主任、教授。1981年到西安地质学院工作，任副院长、教授。1985年被国务院学位委员会批准为博士生导师。曾为国际工程地质学会会员，中国地质学会理事，工程地质专业委员会名誉主任委员，地质力学专业委员会副主任委员，中国地质灾害研究会名誉理事，中国灾害防御协会高级会员，中国水利水电建设工程咨询公司技术咨询、顾问等。1980年，被地质矿产部授予地矿系统劳动模范称号，1991年被国家教委授予对我国教育事业有突出贡献的专家。

一、生平事略

1. 求学历程

刘国昌1912年农历十月十八日出生于河北省饶阳县北齐村（现名大齐村）。1919年7岁入本村私塾就学，1921年9岁入饶阳县小学，1925年13岁时入天津高小，1927年15岁考入天津市中学（现第三中学），1932年20岁考入北京大学地质系，师从地质学家李四光、谢家荣等。1936年，24岁的他从北京大学地质系毕业，当时社会动荡，地质工作又充满艰辛和危险，学地质是冷门。据章士钊统计，到1936年北大、清华、中山和中央四所大学共培养的地质专业的毕业生只有188人。据刘国昌的同学边兆祥讲："国昌在北大学习时，每学期考试成绩，各科都在95分以上。每年都获得奖学金100大洋。国昌只领取过一次，其余几次都主动放弃了。他说：'现在国难时期，应节约救国。'"

2. 踏遍湘西，探矿救国

1936年大学毕业后，刘国昌被分配到湖南省建设厅所属湖南地质调查所工作。据该所他的老同事童文蔚讲："所领导给他分配的第一件任务是翻译两本有关地质专业的书籍，一本英文译成中文，另一本中文译成英文，要求三个月内完成。他只用了两个多月就提前完成了任务，受到领导和同事们的赞扬。"

1937年初，刘国昌作为领队被派去湘西辰州专区从事野外地质工作，在那里一直到1941年，足迹踏遍了湖南63个州县。当时正值抗日战争时期，工作条件极为艰苦，风餐露宿，有时还要躲避日机的空袭；虽然地方政府也派民兵保卫，但也得提防土匪的劫扰；许德佑等3位他的同事在野外工作时就被土匪杀害。

据刘国昌的夫人石均忆述，1938年4月，刘国昌和她在辰州专区沅陵县结婚，婚前他们经人介绍认识才几天。当时她就读于当地一个女子学校，校长是中共地下党，由于身份暴露，学校要解散。抗战时期，好多同学已失去了家园，回家已不可能。为了同学们的"前途"，校长托各种关系，给大家安排好"归宿"，以后再也没有校长的消息了。他们就是在这样的背景下"闪电结婚"。刘国昌夫妇相伴50余载，历经沧桑、同甘共苦、白头偕老，直到1992年刘国昌去世。夫人于2010年去世，享年98岁。

1939年4月中旬，刘国昌去黔阳县附近山区勘测砂金矿。调查以后认为此处中段有砂金，上、下段没有砂金。有人不大相信，便从上、中、下全面开工。结果中段淘出砂金，上、下段都没有。于是有的人便戏说："湖南地质调查所刘工程师是'神仙'。"

1939年10月，在"探矿救国"口号的鼓舞下，刘国昌出差去湘西北桑植等县勘测铁矿等矿产。这一带与川鄂交界，山高林密，道路崎岖艰险，又常有土匪出没，县政府派了几名保安人员保护。有一次他们乘车行进在野外的山路上，前面有一辆车遭土匪抢劫，幸有路人打哑语提醒他们，他们才及时撤回，幸免一劫。1939年农历十二月初，湘西北出现罕见的大雪低温，登山搞地质勘测，其艰苦是难以想象的。途中刘国昌两次出现身体不适，稍事休息后，又继续工作，同事们劝他说："现在天气恶劣，你身体又不适，还是回县休息为好。"他说："这是抗战任务，一定要坚持下去。"在完成野外工作即将到达目的地时，他突然休克，同事们和保安人员将他抬回桑植县，并即刻请医护人员进行抢救，得以转危为安。休养一周后，县里又雇了三名农民，将他抬回湘西黔阳县湖南地质调查所，继续服中药治疗，一个月后，病情才有所好转。医生仍叮嘱：他的病对心脏、肾脏影响较大，应注意休养，但此后他仍然带病坚持工作，编写报告。

1941年初，湖南省建设厅通知地质调查所派一名地质干部去湘西靖县太平庵金矿负责领导工作，所领导即派刘国昌去，他当时不同意，理由是他更愿意多做野外工作，而不是做领导。实际是他认为该矿已无多大开采价值。后来建设厅下命令，他只好服从。2月初刘国昌去靖县太平庵金矿，开采将近半年，矿石含金量很少。省厅官员来检查工作时，刘国昌要求派采矿工程师来矿接管领导工作，后由一位采矿专业的何工程师接管，他也认为没有开采价值，半年后即关闭了该矿。

1941年3月，南京国家资源委员会借调刘国昌去湘西汞矿管理处工作，几个月后就解决了矿区存在的一些问题。资源委员会给湖南省建设厅去函，想正式调刘国昌到汞矿管理处工作，建设厅和省地质调查所没有同意，又将他调回湘南耒阳县，随后又派往常宁县一矿区工作。

3. 战火紧逼，颠沛流亡

1941年4~5月，日寇沿粤汉路从南北两路向湖南大举进攻。省政府下令限在一周内所有机关单位工作人员及家属全部撤退。刘国昌离开耒阳三天后，辗转到达粤汉路衡阳专区东站，从此处需过江转往湘桂路车站。当时人员拥挤，交通堵塞，渡江小轮船靠人工操纵，载客量有限。他们在渡口待了十几个小时，后来到离渡口几公里处找了一只小木筏过江，到达湘桂路车站。在车站待了两天两夜，才上了火车，第四天才到达零陵县锑矿管理处。当时他们还想回湘西黔阳湖南省地质调查所。锑矿管理处刘德村处长（原湖南省地质调查所所长）说："现在去湘西的公路不通，还是去广西桂林中央地质研究所看望李四光，和他们一道去贵州为好。"随后离开零陵县，一周后到达广西桂林，当时中央地质研究所已撤迁，李四光全家已去贵阳。他们休养几天后便离开桂林去柳州、金城江，转贵州独山。金城江至独山是黔桂两省交界处，山高谷深，火车上山下山走"之"字路，每趟列车两个车头一拉一推，只能挂四五节车厢，行车速度很慢，三天后才到达独山。出站后，巧遇原汞业管理处刘里康科长，刘国昌夫妇到他们家住了一个多月。刘国昌向贵阳市原资源委员会锑业管理处处长谢家荣求援，请他代购两张运矿产卡车的乘车证，一个多月后谢家荣寄来了乘车证。他们乘坐运矿敞篷卡车离开独山，经过六天的日晒雨淋，终于安全到达贵阳市。谢家荣又代他们联系到去重庆运输卡车的乘车证，于8月下旬，他们离开贵阳，经过近一周的长途颠簸，9月初抵达重庆市。当时正值重庆市遭遇日机连续疯狂轰炸七天七夜，刚解除警报。在重庆同学家住了两天后，他即去北碚原中央地质调查所报到。

1945年8月，抗战胜利，日本投降。他们随同中央地质调查所集体返回南京。大有"白日放歌须纵酒，青春作伴好还乡"的喜悦心情。

在长达5年的流亡生涯中，显现了师友和同窗们的真情，这一幕幕直到他们晚年还念念不忘。刘国昌于1946年12月调到南京中央资源委员会矿产测勘处工作，1947年下半年参加了在台湾召开的抗战胜利后的第一次中国地质学会年会，在南京生活总算安定下来，但面临的却是内战爆发、物价飞涨，公务人员的生活日益艰难。好在为时不长，1949年4月南京便解放了。

1950年，中国人民解放军有关同志与刘国昌等一道去山东从事野外工作，回南京后，刘国昌多次谈到这次出差的感受，谈到解放军同志的亲切关怀，使他们在工作上，政治思想上收获很大，对共产党和新政府有了更深刻的认识。

4. 响应号召，投身教育

自20世纪30年代，从北京大学地质系毕业后刘国昌一直从事区域地质和矿产地质调查研究，成绩卓著，许多调查研究报告至今仍是很有意义的科学文献。在这期间，刘国昌为我国地质科学研究和矿产资源开发做出了重要贡献，可以说在矿产领域已经有所建树。为了适应新中国建设对人才的需要，政府决定在长春创办东北地质专科学校，由中国地质工作计划指导委员会主任李四光兼任校长，喻德渊、汪家宝任副校长。喻德渊多次与刘国昌及其他地质专家商谈调往该校任教的事宜。1951年8月下旬，刘国昌等有关老师们便随同喻德渊来长春任教。从此，刘国昌便把他的毕生精力，献给了祖国的地质和教育事业。

1952年院系调整，国家建立北京、长春两所地质学院。为满足大规模工程建设急需，在这两所学院首次设置水文地质与工程地质系，培养新的地质专业人才。两所学院分别以水文地质、工程地质为重点建设学科，东北地质专科学校并入长春地质学院。刘国昌服从组织安排，担任长春地质学院水文地质与工程地质系主任兼工程地质教研室主任，承担创建水文地质与工程地质新专业的重任。刘国昌满怀热情开始新的工作，在学习工程地质新学科土质学、土力学、岩石力学等课程同时，还积极补充学习数学、理论力学、材料力学、弹性理论等力学课程和水利、土木、建筑等工程学科课程。1954年开始给学生讲授工程地质课程，率领青年教师和学生到黄河三门峡水库等工程建设地区进行水文地质工程地质调查，指导学生进行专业实习。1954~1956年冬，苏联专家 B. H. 诺沃日洛夫来长春地质学院工作，刘国昌协同苏联专家建成一流工程地质实验室，并编写教材，开办工程地质研究生班，指导培养了30多名研究生和进修教师，为地质院校和十多所重点工科院校培养了急需的工程地质学科师资人才。1954年首届专科学生毕业，1956年首届本科生毕业，以后近40年总计培养这新专业人才约七八千人。20世纪60~90年代刘国昌直接指导培养硕士、博士研究生有二三十人。刘国昌为我国工程地质教育事业做出了突出贡献，是我国工程地质教育的奠基人之一。他的学生中有一大批成为我国工程地质界的知名专家，1977年和1978年他作为代表团团长，先后两次率团出席了在布拉格和马德里举行的国际工程地质会议。1980年，他荣获全国地质系统劳动模范奖章。

1981年末，刘国昌调入新成立的西安地质学院，主管教学和科研工作，制订了完善的教学和科研计划。刘国昌在该学院创立了水文地质与工程地质系，引进了大批骨干教师，为其后的发展打下了良好的基础。1985年在他的努力下，在西安地质学院建立了我国"文化大革命"后首批水文地质与工程地质博士点，他是唯一的博士生导师，并继续保持"文化大革命"前和苏联专家 B. H. 诺沃日洛夫教定的研究生指导模式，组成了5人博士生指导小组，集体指导，博采众长，这种模式，对当今博士生的培养也具有借鉴意义。

刘国昌于1992年5月20日于西安与世长辞，享年80岁。

二、学 术 贡 献

刘国昌在近四十年的教学科研工作中，为工程地质科学的发展，做出了巨大的贡献。

1. 中国区域工程地质学的创始人

20世纪50年代初，根据我国大规模工程规划选址需要，刘国昌开始研究我国区域工程地质特征。1956年发表《中国区域工程地质学纲要》长篇论文，在论述气候、土壤、潜水等地带性因素及地质构造、新构造运动、岩土组合类型、地貌等区域性因素的区域分布变化规律和工程地质区划原则，首先按大地构造单元及大地貌单元划分为24个工程地质地域，进而按地质构造、岩土组合及地貌等因素划分42个工程地质地带，并阐述了各地域、地带的工程地质基本特征。以后又继续进一步充实和深入研究各地域、地带以及地区的工程地质特征，完成《区域工程地质学基本原理》《中国区域工程地质学》两本教材和专著（1964、1965年出版），开创了我国区域工程地质这一重要研究领域，为我国工程地质区划工作奠定了基础。其后，70年代末至80年代，地矿部水文地质工程地质司组织地质科学院水文地质工程地质研究所和各省市区水文地质工程地质队综合新中国成立后三十多年勘查研究资料，先后完成各省市区和全国工程地质区划，编绘了 1∶400 万全国工程地质区划图（包括说明书）。刘国昌的《中国区域工程地质学》和后来这些成果无疑都是我国地质科学文献的重要组成部分。

2. 开创了工程地质区域稳定性研究新领域

我国地质构造较复杂，位于全球两大地震活动带交汇区，地震活动较频繁，且常发生强烈地震；与之有关联的山崩、滑坡等地质灾害也常造成严重危害。刘国昌在区域工程地质研究著作中，又重点研究了以地震活动为中心的工程地质区域稳定性问题。20世纪六七十年代相继完成辽吉东部山地（郯庐断裂带北段地区）、吉黑东部山地（四平—伊通—伊兰断裂带地区）和长江三峡地区工程地质区域稳定性分析评价等研究课题。1979年第一次全国工程地质大会，刘国昌发表《区域稳定概论》长篇论文（在校内也是专题课教材）。首次论述了工程地质区域稳定性的含义、研究意义和研究的内容及方法。从1964年开始，他给高年级学生开设这一专题讲座，以后成为研究生的一门专业课程。其讲稿、文稿已由他的学生整理成遗著出版（1993年）。书中全面、系统地论述了地质构造作用、新构造活动、活动断裂及活动构造体系、现代构造应力场、地壳结构与深部构造、地震作用、火山活动和区域山体稳定性及地壳变形等有关因素在区域稳定性研究中的意义和这些因素在我国领域内的基本特征。同时论述了区域稳定性分级、分区的原理原则和方法。这本书是刘国昌学术思想、理论的代表性论著。80年代他完成了秦皇岛市区、焦作-鹤壁矿区、西安市区工程地质区域稳定性研究。

刘国昌倡导的区域稳定性工程地质研究和中科院地质所谷德振倡导的岩体工程地质力学研究被公认是我国工程地质学的两大特色，推进了工程地质学的发展。

3. 倡导环境工程地质学的研究

环境工程地质学是工程地质学的一个新的分支学科，20世纪70年代兴起，发展迅速。有的学者强调是工程地质学发展的新阶段，是当代的工程地质学。刘国昌于20世纪60年代即关注上海地面沉降、广东新丰江水库地震等突出环境地质问题的研究。七八十年代积极参加矿山地壳变形、塌陷、滑坡及西安市地裂缝等的调查研究。1982年、1986年全国第一次、第二次环境工程地质会议，刘国昌都撰写、发表论文，论述我国的主要环境工程地质问题及其研究方向、方法，提出第一环境（自然环境）和第二环境（人为环境）的系统思想，为推进我国环境工程地质研究发挥了重大作用。

4. 应用地质力学发展工程地质学

可以认为这是刘国昌对我国工程地质学发展的最大贡献。20 世纪 30 年代初，刘国昌在北大地质系学习时，即接受李四光的地质力学理论。地质学家孙殿卿曾回忆："在 1949 年南京解放前夕，国昌同志曾约我一同讨论：古华夏系和新华夏系两者排列的方向有什么不同？何以形成这种形式？……"并记述了两人讨论结果。现今仍认为两人"对这问题的两种解释均属可能"（见孙殿卿《祝贺刘国昌教授 80 寿辰》一文）。刘国昌一直服膺地质力学。20 世纪 50 年代转到新专业以后即注意应用地质力学理论于水文地质工程地质研究，60 年代初相继发表了《地质力学在水文地质工程地质方面的应用》《地质力学在评价区域稳定性方面的应用》《地质力学在岩体稳定性分析方面的应用》《地下建筑岩体稳定性的地质力学分析》等论文。多次给高年级学生、研究生和生产单位的专业技术人员讲授地质力学在水文地质工程地质方面的应用这一课程，同时完成专著并于 1975 年出版发行。七八十年代还完成有关研究课题，发表了《三峡坝区区域稳定性》《唐山地震力学解析及地震效应解释》《高地应力矿区工程地质问题》《论活动断裂》《中国断裂构架与区域稳定》等论文。在诸多论文和专著中，刘国昌深入探讨阐述了各种构造体系及构造体系的复合、现代活动构造体系和和现代构造应力场、各种不同性质结构面与地应力集中现象等，以及所反映出的水文地质工程地质特性的差异及其变化的规律。将地质力学理论应用于工程地质，深化了有关工程地质问题的研究。同时还应指出，刘国昌不仅开辟了将地质力学应用于工程地质研究的新途径，而且还是最早认识和提出我国东部存在现代活动的北西向构造体系，并在地震活动中占有重要地位的学者。这一新的认识对研究我国地震地质和震源机制解析发挥了重要指导作用。

刘国昌和谷德振在将地质力学与工程地质学相结合方面进行了大量工作，并取得了卓越成就，刘国昌的《区域稳定性工程地质》和谷德振的《岩体工程地质力学》两本代表性著作，在国际工程地质学界也有巨大影响。前者着重研究将地质力学应用于区域稳定性方面，后者则着重研究将地质力学应用于工程岩体稳定性方面。

5. 为我国工程建设做出了卓越贡献

工程地质学是应用于工程建设的地质学，刘国昌极其重视工程地质实践。在教学和科研中都积极参与工程地质实际勘查工作，获取第一手资料。其研究成果，为工程建设提供可靠的科学依据。如 20 世纪 50 年代初至 70 年代刘国昌指导完成的黄河三门峡水库库区 1∶5 万水文地质工程地质测绘工作；松嫩平原、江汉平原 1∶20

万水文地质工程地质区测工作；松辽运河、南水北调工程湖北段的工程地质勘查工作；先后对白山水电站、葠窝水库、观音阁水库、桓仁水电站、太平哨水电站、云峰水电站、黄河刘家峡水电站、万家寨水库、长江三峡工程及淮河水系的一些水库进行工程地质调查工作；成昆铁路、襄渝铁路、京原铁路及大秦铁路一些大型桥址、隧洞的工程地质勘查工作；包头、大连、抚顺、长春、西安、上海、秦皇岛等城市的工程地质勘查工作等，受到工程建设部门和工程地质勘查主持单位的好评。所完成的勘查研究报告或为重大工程规划选址选线、或为解决工程设计、施工中重大地质问题和疑难地质问题提供了依据，为我国工程建设做出了卓越贡献。

刘国昌对三峡工程坝址的选址和论证也开展了大量调查研究，多次深入现场考察，参加论证会议，对三峡工程决策发挥了重要作用，发表的《三峡坝区区域稳定性》一文中的有关结论被现今工程运营阶段所证实。

三、学风与德范

刘国昌的优良学风和学术思想，首先表现为强烈的爱国主义思想，一切以国家和人民的利益为重。自1951年服从国家需要，由南京调到长春，创建新专业新学科，数十年如一日，兢兢业业，辛勤耕耘，奋斗终生。正是这种强大动力，促使刘国昌为祖国工程地质事业贡献了全部心血，并取得光辉成就。

虚心好学、重视实践、缜密思考和认真分析也是刘国昌严谨治学的优良学风和学术思想的主要内容。刘国昌在教学和科研活动中，始终坚持不断学习地质科学、工程科学的新理论、新知识，同时广泛学习环境科学等新兴学科的理论与方法。同时，特别重视实践，重视工程地质第一手资料的获取和分析，直到80年代初年老多病时，仍是不辞劳苦，坚持去野外、下工地、跋山涉水，攀崖附壁，认真观察和分析地质现象，结合工程实际进行综合分析，以获得全面的认识、正确的结论和合理的对策。不仅为所参与的工程建设项目解决了存在的重大疑难的地质问题，为这些工程合理规划、选址选线、设计或顺利施工提供了资料依据，同时也指导培养了大量工程地质专业人才，推进了工程地质科学向前发展。

胸怀坦荡、诚恳待人、团结协作，共同促进工程地质科学发展，为我国社会主义建设事业贡献智慧和力量，也是刘国昌优良学风学德和学术思想的重要组成部分，对待学生和青年教师及专业人员热情指导、诲人不倦；对待同行专家友好诚恳、团结协作，相互尊重。如与工程地质学家谷德振、姜达权、胡海涛、戴广秀、孙殿卿、贾福海、陈梦熊、张咸恭、张宗祜等都有很深友谊，相互友好尊重。应该说这是我国工程地质界的优良风气，是老一辈工程地质学家给我们创造的宝贵财富，我们应努力继承和发扬这优良传统。

刘国昌于1952～1992年发表的工程地质主要论文已收录在《刘国昌工程地质文集》。

本文第一部分生平事略是根据刘国昌夫人的回忆录《刘国昌生平事略》，第二部分学术贡献和第三部分学风与德范是根据刘国昌的首届研究生谭周地等的纪念文章《刘国昌老师对中国工程地质事业的卓越贡献》，由李同录整理，杜东菊、彭建兵审阅并做了修改。

四、刘国昌主要论著

刘国昌．1957．中国区域工程地质学纲要．水文地质工程地质，(3)：5-9，17．

刘国昌．1959．中国工程地质分区原则．水文地质工程地质，(7)：24-26．

刘国昌．1965．中国区域工程地质学．北京：中国工业出版社．

刘国昌．1975．地下建筑围岩稳定性的地质力学分析．勘察技术资料，(13)：25-33．

刘国昌，刘玉海．1978．唐山地震力学解析及地震效应解释．长春地质学院学报，(1)：3-10．

刘国昌．1979．地质力学及其在水文地质工程地质方面的应用．北京：地质出版社．

刘国昌．1979．岩体的力学性质．长春地质学院学报，(4)：55-63．

刘国昌．1979．区域稳定性与地震．水文地质工程地质，(2)：3-9．

刘国昌．1981．地震参数在区域稳定研究中的意义．水文地质工程地质，(1)：5-8，24．

刘国昌．1982．中国环境工程地质问题．长安大学学报，(1)：67-76．

刘国昌．1983．高应力区矿区工程地质问题．长安大学学报，(1)：77-84．

刘国昌．1984．论活动断裂．长安大学学报，(2)：58-63．

刘国昌．1985．论缓倾断裂．长安大学学报，(2)：4-8．

刘国昌．1993．区域稳定工程地质．长春：吉林大学出版社．

主要参考文献

石均．2000．刘国昌生平事略．内部资料．

谭周地，等．2002．刘国昌老师对中国工程地质事业的卓越贡献．内部资料．

撰写者

李同录（1965～），甘肃省正宁县人，长安大学教授，博士生导师，地质工程系主任，于1989～1992年就读刘国昌的博士。

康永孚

康永孚（1913~1995），山西平定人。矿产地质学家，教授级高级工程师，中国钨矿正规地质勘探工作的开拓者之一。1936~1937年肄业于北京大学地质系，1942年毕业于西北大学地质地理系。曾任赣南粤北地质大队副总工程师，重工业部地质局长沙（后称湖南）地勘公司副经理兼副总工程师，冶金部北京地质研究所副所长，冶金部桂林冶金地质研究所副所长、所长，北京冶金地质研究所所长等职和中国矿物岩石地球化学学会副理事长以及地质学会、有色金属学会等常务理事等，为勘查开发矿产资源做出了杰出贡献，尤其勘查和研究钨矿成就卓著。20世纪50年代，主持和指导国家156项重点工程建设项目中的江西大吉山、西华山、岿美山三大钨矿地质勘探工作，提交了中国第一批钨矿正规地质勘探储量报告书，并合著出版了关于中国南部钨矿的两部专著；60年代，率先提出在矿山及周边地区进行深部找矿，研究隐伏矿床，取得显著的找矿效果；70年代，提出以板块构造理论为指导研究金属矿床；80年代，作为"六五"国家地质科技攻关项目负责人，指导南岭重点地区钨铅锌矿床成矿预测研究，获得国家科技进步二等奖；90年代，主编了《中国矿床》中册，并撰写第一章中国钨矿床。还为中国矿业的可持续发展，积极倡导开展矿山地质环境研究和复垦工作，促进矿山生态良性循环，建设绿色矿山。

一、生平概况

康永孚，1913年6月2日生于山西省平定县，1995年5月8日因病卒于北京，享年82岁。

康永孚在青少年时期，因家境贫寒，求学时断时续，时而读书，时而务工积蓄学费，终于在1936年8月考入了北京大学地质系，并得到当时山西省政府资助。

正值他学地质立志开发矿业之际，1937年7月7日，震惊中外的卢沟桥事变爆发，日本侵略者大举进攻，中华民族面临生死存亡关键时刻，全民奋起抗战，康永孚同广大爱国青年一道投身抗日救亡运动。1937年10月他离开沦陷区，辗转到武汉参加李默庵所部14军战地工作团，转战太行和太岳山脉之间，做抗日宣传工作，唤起他"工业救国"的强烈愿望，于是1939年7月前往陕西城固入西北联合大学（后复称西北大学并迁回西安）求学深造，立志为国开发矿业，勘查开发矿产资源。

康永孚在西北大学如饥似渴地刻苦学习，得到大地构造地质学家张伯声和矿业地质学家李善棠两位教授精心培养和教导。张、李两位教授带着他们到汉中至米仓山一带进行野外教学和科研，使康永孚受益匪浅。1941年康永孚在第三学年，撰写了《陕甘煤矿业及其改良刍议》，并在《西北论衡》发表，颇受关注。1942年6月在张伯声、李善棠的指导下，康永孚完成了《汉江上游阶地形成条件和矿产分布》的论文并通过答辩后毕业于西北大学，开始走上地质矿业工作岗位。

康永孚品学兼优，师生情谊深厚。老师不仅给他打下了地质学深厚的理论基础和传授野外地质工作方法，而且还为他谋求职业介绍工作，使康永孚没齿难忘。1942年大学毕业后，先由李善棠介绍他到甘肃榆中经济部甘青金矿筹备处工作任技术员、副工程师。1945年由张伯声介绍他到河南开封黄河水利工程专科学校任讲师，主讲工程地质学并编著出版了《实用地质学》。1947～1948年，又由李善棠介绍康永孚先后到河南煤矿局做探采煤矿工作和江西赣州资源委员会江西钨锡矿业有限公司任助理工程师，被派到江西武功山钨矿做探采工作。1949年8月，江西赣州解放，解放军接管了原资源委员会江西钨锡矿业有限公司，康永孚从武功山钨矿调回赣州，任中南有色金属工业管理总局（简称中南有色局）江西分局副工程师、工程师。从此他一直从事钨矿地质勘查、开发和科研工作。

钨矿是中华瑰宝，是重要的战略矿产资源。新中国成立后，国家急需开发钨矿资源。1950年，中南有色局江西分局为钨矿增产，决定在大吉山国营钨矿山扩大采场，增加产量，急待探获新的矿脉，确定开拓坑道和采场位置。分局领导派康永孚去大吉山进行地质调查。经过大量深入的地质调查，他写出了调查报告，建议开拓下西平窿，能够探到西平窿下延的钨矿脉，从而扩大采场开采下西平窿钨矿。分局领导接纳他的建议，并立即施工，到1951年下半年探查到大而富的钨矿脉。江西分局领导鉴于康永孚勘查钨矿业绩突出，具有高水平的业务能力，于1952年从副工程师破格晋升为当时少有的三级工程师。

国家为尽快开发赣南钨矿，1952年重工业部和地质部联合组建了赣南粤北地质大队并委任康永孚为大队副总工程师，主持国家156项重点建设工程项目中的赣南西华山、大吉山、岿美山三大钨矿山正规地质勘探工作。经3年多的大规模地质勘探工作，他们圆满地完成了勘探任务，并受到嘉奖。1955年他被评为冶金部湖南地质分局特等劳模，1956年被评为先进工作者，出席全国先进生产（工作）者代表大会。1956年他加入中国共产党。1958年、1959年，康永孚同莫柱荪、李洪谟、苗树屏、刘连捷等及20多位中青年地质人员，集思广益，总结了中国南部钨矿地质勘探经验和矿床地质研究成果，合著出版了关于中国南部钨矿地质与勘探两部专著。

1962年，冶金部为展望华南钨矿开发前景，责成康永孚组成调研组带队到华南广大地区进行调研，为编制钨矿勘查开发规划提供依据。

1962～1988年，康永孚主要做科研组织领导工作，先后任冶金部北京地质研究所副所长，冶金部桂林冶金地质研究所副所长、所长，冶金部北京冶金地质研究所所长等职务和教授级高级工程师。1977～1979年被选为中国人民政治协商会议广西壮族自治区第四届委员会委员。1984年受聘为中国有色金属工业总公司北京矿产地质研究所技术顾问和"六五"国家地质科技攻关项目"南岭重点地区钨铅锌矿床成矿预测研究"项目负责人。1986年受聘为中国钨业协会顾问。他积极开展学术活动，被选为中国地质学会常务理事、名誉理事，中国矿物岩石地球化学学会副理事长、名誉理事，中国金属学会理事，中国有色金属学会常务理事。

康永孚为勘查开发钢铁和有色金属矿产资源奋发工作半个多世纪，成就卓著，是冶金、有色系统的地质领域学术带头人，培养大批地质科技人才。引领了矿产勘查、矿业开发和矿山环境地质等领域的科研方向，求真务实解决实际问题。发表论文和科普、调研报告、专业会议以及学习班讲演等文稿50多篇，出版著作5部。1989年1月退休，国务院政府特殊津贴获得者。

二、主要研究领域和成就

（一）勘查开发钨矿

1. 深山探宝领军人之一

钨是珍贵的高熔点稀有金属，具有优异的物理、力学和化学性能。用钨炼制的硬质合金和特种钢等金属材料被广泛用于航空航天、国防工业、核能工业以及高新技术等领域，成为世界各国争夺的战略物资，并将钨矿列为战略性资源加以储备。

中华大地对钨矿的形成有着得天独厚的优越地质环境，奇迹般地富集在华夏大地，特别是在华南南岭地区蕴藏着丰富的钨矿资源，成群成带分布，已勘探出一批世界罕见的大型、超大型黑钨和白钨矿床，无论储量、产量、贸易量均居世界之首，被誉为中华瑰宝。为振兴钨业，勘查开发钨矿资源，在实施第一个五年计划前夕，1952年冬季，由重工业部和地质部在赣南大余县城联合组建赣南粤北地质大队（大队部1953年迁至赣州市）。这是新中国成立后，组建的第一支规模宏大的钨矿专业队，并在"一五"计划期间迅速发展壮大，下设12个勘探队。地质系统委任莫柱荪为大队总工程师，重工业系统委任康永孚为大队副总工程师。他们二人团结合作，率领广大勘探队员在南岭及其邻区开展前所未有的大规模地质勘探工作。他们不畏艰难险阻，攀上层层山峰，寻找矿藏，是我国工业建设的尖兵深山探宝人。康永孚是深山探宝领军人之一，勘查开发钨矿资源。

2. 中国钨矿大规模正规勘探的开拓者之一

康永孚与振兴钨业勘查开发钨矿资源结下了不解之缘，是他一生从事地质矿业的主要研究领域。他是中国钨矿实施大规模正规勘探的主要开拓者之一。早在新中国成立时，百废待兴，国家急需大量钨矿资源。1950年1月，周恩来总理在主持召开政务院会议上决策"用钨砂跟苏联换机器设备和国防用品"，并签订了"每年向苏联出口1万吨钨砂"合同。然而，当时全国钨砂的产量一年还不到3000吨。为完成年产1万吨钨砂紧迫而艰巨的任务，在积极组织民采钨砂的同时，还要对刚接收归为国有的钨矿山进行恢复生产和扩建增产。中南有色局江西分局召集各矿山的工程负责人会议，研究拟在赣南大吉山钨矿西平窿之下开凿（拓）下西平窿，但坑道打进去是否有矿？谁也不能肯定。于是，分局领导决定派康永孚前往大吉山勘查，以便决定能否开凿（拓）下西平窿问题。当时，这里没有正规地形图，也没有一份完整的地形地质图。康永孚带着地质人员"三件宝"——铁锤、罗盘、放大镜等简易工具，发扬地质工作者不怕苦、不怕累、刻苦钻研的作风，查遍了大吉山的山岭沟壑，冒着生命危险钻进复杂多变的民窿，通过详细观察岩石、矿脉和控矿构造，取得第一手实际资料，经深入综合研究，得出三条论据：一是大吉山的矿脉完全生长在变质岩中；二是在地表和坑道内未发现花岗岩及岩枝；三是在公司坪附近发现有两条细脉嵌布有黑钨矿晶体。据此推断，下西平窿打进去，不会见不到西平窿下延的矿脉，从而建议开凿下西平窿，随即编写了《大吉山地质矿床初勘报告》，并分别向驻矿军代表和江西分局领导汇报。分局领导采纳康永孚的建议，决定开凿下西平窿，并立即开工，设计施工数百米坑道，两个平窿之间高程约为60米。经施工，到1951年下半年打到大而富的钨矿脉。此举不仅扩大了大吉山钨矿山的采掘面，增加了产量，也为大吉山钨矿进行大规模正规地质勘探工作奠定了基础，提供了有益的经验。

接着，为国家急待开发赣南、湘南、粤北等地的丰富钨矿资源，地质工作必须先行。为此，赣南粤北地质大队承担"一五"计划156项重点建设工程项目江西大吉山、西华山、岿美山三个大型钨矿山的地质勘探任务。康永孚作为大队副总工程师负责主持、指导三大山钨矿的大规模正规地质勘探工作，时间紧迫，任务繁重，要求三年内（1953～1956）完成勘探任务，而且专业多、人员多、工程多，要形成有机整体运作。工作最紧张之时，西华山达 1500 多人，开动钻机 23 台，风钻 28 台；大吉山 490 多人，开动钻机 13 台，风钻 18 台；岿美山人员和开动钻机、风钻也不少。康永孚作为三大山钨矿地质勘探的主持人深入第一线，同广大勘探队员，同甘共苦，攻坚克难，顽强拼搏进行地质勘探工作。特别是他钻研钨矿成矿理论和苏联勘探方法，重视野外地质工作实践，解决当时不少技术难题。如三个钨矿床的勘探网度的选定、勘探类型划分、高品位样品处理以及矿体圈定和储量计算方法等问题，都是同各队总工和勘探队员共同研究并经典型示范加以解决的。当时，他发表了不少对勘探工作颇有指导意义的文章并举行讲座，还编写了钨矿地质与找矿等技术读物，供各队参考使用。

承担西华山、大吉山、岿美山勘探任务的分别为赣南粤北地质大队的 201、202、208 三个勘探队。在康永孚精心组织和指导下，经 3 年艰苦卓绝的大规模地质勘探工作，按时保质保量地完成了任务。提交的地质勘探储量报告书，经国家矿产储量委员会（简称国家储委）审查批准作为建设矿山依据。这是中国钨矿实施正规大规模地质勘探工作的第一批地质勘探报告书，而且仅用 3 年时间就完成了详细地质勘探工作。

历史记录了 20 世纪 50 年代对南岭钨矿实施正规大规模地质勘探的开拓者莫柱荪、康永孚、李洪谟、苗树屏、刘连捷等地质学家同广大勘探队员艰苦奋斗，在"一五"计划期间成功地勘探了赣、粤、湘等地 20 个大中型钨矿床，其中江西 12 个、广东 5 个、湖南 3 个。为振兴钨业，开发钨矿资源做出了巨大贡献，铭记在中国钨业发展史册上。

3. 编著钨矿专著，总结钨矿勘探经验

在"一五"计划期间完成 156 项重点建设工程项目的大吉山、西华山、岿美山三大钨矿山的详细地质勘探的同时，赣、粤、湘等其他地区也完成一批大中小型钨矿床勘探工作，为总结中国南部钨矿找矿勘探工作经验奠定了基础。1957 年康永孚同莫柱荪、李洪谟合著出版了《中国南部钨矿工业类型和勘探方法初步总结》。1957～1958 年，由康永孚组织领导，集中冶金部地质局湖南、江西、广东三个地质分局的 22 位地质人员，共同研究集体编著出版了《中国南部黑钨矿脉状矿床的地质与勘探》。这两部钨矿勘探专著，是在南岭钨矿经大量地质勘查工作取得丰富资

料的基础上加以综合研究，总结出大中型和超大型黑钨、白钨矿床地质勘探工作经验和成矿理论。这两部专著是中国钨矿实施正规勘探的最早著作，对区域地质、成矿规律、矿床工业类型、勘探类型、普查找矿标志、勘探方法、原始资料编录、储量计算以至报告编写等诸多方法，做了较全面的阐述，颇有理论和实用意义。此外，康永孚还在1959年发表了《中南地区十年来钨矿地质勘探工作成就和基本经验》，回顾中南地区钨矿勘探工作过程和十年来广大地质工作者艰苦奋斗，共同取得的成果；总结了中南地区钨矿找矿勘探方法和成矿规律，划分出三大成矿区域，即闽粤钨锡钼成矿区、赣湘桂钨锡钼铋多金属成矿区、湘桂钨锡锑金成矿区；还介绍了地质勘探经验及地质勘探经济活动分析方法，至今仍有参考和借鉴意义。

这两部专著和康永孚在当时所发表的文章，不仅对研究华南钨矿成矿理论和矿床工业类型划分上有所创新，而且对华南钨矿若干成矿区带勘查与开发都起到了重要指导作用，使一些矿山探明储量不断增加，扩大了开发前景，发现了一批新矿脉、新矿床。如江西于都黄沙钨矿床，原先是盘古山钨矿的一个坑口，勘探队吸收和发展"三大钨矿山"的勘探经验，用坑钻结合方法发现芭蕉坑隐伏的高品位大矿脉；赣南漂塘钨矿床，原为一个细脉带钨矿，经勘探发现下部细脉合并成为品位较富的大脉钨矿；湘、桂、粤、闽等省区也相继勘探出一批大中小型钨矿床。

4. 为编制矿产勘查开发规划调研华南钨矿

为展望华南地区的钨矿勘查潜力和开发前景，康永孚按冶金部地质司的指示，于1962年组成调研组赴华南调研钨矿山生产状况和资源保障程度以及成矿区片（带）勘查开发前景。调研成果向冶金部地质司汇报，他认为华南钨矿分布广泛，具备形成大型、特大型钨矿成矿条件，有广阔的找矿勘探开发前景。特别是华南成矿区域中的南岭及其邻区的钨矿成群成带分布，矿床类型全、规模大、品位富、矿石质量好、黑白钨矿皆有，白钨矿比黑钨矿规模大更有勘查开发潜力。康永孚根据调研统计的1000多个钨矿点和300多个大中小型矿床以及他在1959年总结的中南区十年来钨矿勘探成果和基本找矿经验进行综合研究，为编制钨矿勘查开发规划提出3个重点聚矿区片，即华夏台背斜的西南段闽粤钨锡钼区、赣湘桂台向斜的中段钨锡钼铋多金属区、江南台背斜的西南段湘桂钨锡锑金区。他认为这些聚矿区片（带）成矿物质来源丰富，岩浆活动频繁、强烈，特别是与成矿密切相关的燕山期花岗岩类岩体分布广泛，有利于形成大型、特大型钨等有色金属和稀有金属矿床。进而他明确提出在湘南、赣南、粤北、桂东北以及闽西南等成矿区片（带）应进一步加强普查找矿和投入勘探工程。建议在赣南、粤北、桂东北和闽西南等区片

（带）应以勘探大中型黑钨石英（长石）脉型矿床为主，兼顾黑白钨共生石英（长石）脉型和花岗岩细脉浸染型钨矿以及钠长花岗岩型稀有金属矿床等；在湘南应以勘探大型、特大型（即超大型矿床）矽卡岩等类型白钨矿或黑白钨共（伴）生多金属矿为主，兼顾石英（长石）大脉型和细脉型等钨矿。

实践表明，这些远见卓识的建议，已被20世纪七八十年代的大量地质勘查工作所证实，取得了显著的找矿勘探效果。如在湘南地区，地矿系统勘探队成功地勘探出郴州柿竹园超大型云英岩——矽卡岩型白钨矿多金属矿床和新田岭超大型矽卡岩型白钨矿床以及有色系统勘探队勘探的衡南杨林坳特大型细脉带型钨矿床；在赣南及其邻区，有色系统勘探队勘探的丰城徐山、崇义茅坪、分宜下桐岭等大型钨锡钼等多金属矿床；在粤北地区，有色系统勘探队勘探的连平锯板坑特大型黑钨多金属矿床。

5. 研究和建立中国钨矿分类体系

矿床分类是矿床地质学领域中的既有理论又有实际应用的研究课题。康永孚研究建立钨矿床分类体系历经四次研究，日臻完善。

第一次在20世纪50年代，他主持勘探赣南钨矿就进行了矿床分类研究。当时参考苏联矿床学家 C. C. 斯米尔诺夫提出的"矿系"概念，即以矿物成分、矿石结构和成因相似的矿床总合，将原生钨矿床划分为伟晶岩、黑钨矿石英和白钨矿石英三大矿系；在各矿系之下又根据矿床的成矿特征，划分为若干矿床类型，列入合著的《中国南部钨矿工业类型和勘探方法的初步总结》专著中。

第二次是1958~1959年，他在第一次钨矿床分类的基础上，考虑了钨矿脉产出形态、矿物生成自然组合及其结构构造和有用金属矿物分布规律以及工业利用技术经济指标等进行工业分类，充实了"矿系"分类的内涵，将钨矿床划分为热液石英-黑钨矿系、伟晶花岗岩矿系及砂矿床；在各矿系之下又分出若干矿床类型，列入合著的《中国南部黑钨矿脉状矿床的地质与勘探》专著中。

这两次钨矿床的分类，都是在南岭地区的钨矿找矿勘探工作中总结出来的，对当时地质找矿工作划分矿床类型起到了重要指导作用。

第三次是20世纪70年代，国际上兴起层控矿床研究热，此时康永孚正在研究华南钨矿层控矿床类型及其找矿方向，并于1981年在成都冶金部地质技术干部进修学院作题为"钨矿地质概论"学术报告时，提出世界钨矿分类，即以已知各种不同类型钨矿特点为基础，从控矿因素出发，将钨矿床的成因类型划分为岩控矿床，层控矿床和现代表生矿床三大类；再以成矿条件为主，结合成矿物质来源分为六个亚类；最后根据成矿作用分出20型钨矿床。在这个分类中，世界上所有的各类型钨矿床，除现代热泉沉积钨矿和湖泊卤水沉积钨矿床外，我国均有产出，而且以岩控深源岩浆的石英脉型钨矿床为特色而著称全球。

第四次在20世纪90年代初，他与钨矿地质专家李崇佑合作，在第三次钨矿床分类的基础上进一步研究中国100多个大中型、超大型钨矿成矿地质特征和成矿作用，按"多元成矿理论"建立了中国钨矿床"类、亚类、型"三级划分单位体系，分为三大类、四亚类、20个型，即岩控钨矿、层控钨矿、现代表生钨矿三大类，壳源改造花岗岩成矿、壳幔混源同熔花岗（闪长）岩成矿、层控再造成矿、层控叠加成矿四亚类，构成大中型、超大型的矿床类型有石英（长石）脉型、花岗岩细脉浸染型、钠长花岗岩型、云英岩型、矽卡岩型、斑岩型、角砾岩筒型、蚀变角砾岩型、火山岩型、似矽卡岩型、动热变质型、混合岩-似矽卡岩型、云英岩-复合矽卡岩型、石英脉-交代岩型、石英脉-似矽卡岩型、氧化淋滤型等20个型。这次建立中国钨矿床分类体系的研究成果，以《中国钨矿床地质特征、类型及其分布》一文发表在《矿床地质》学术刊物上，论述了中国钨矿分布广、产地多、规模大、品位富、矿床类型多、伴生组分多、综合利用价值大等特点，为中国钨矿床分类研究做出了有益贡献，对钨矿勘查开发具有重要的指导意义。

（二）倡导保护地质环境和矿山复垦工作

地质环境是指地壳表层与人类生存、发展密切相关的基本环境。随着矿产等自然资源大量开发和土地利用的迅速发展，地质环境及其变化对人类生存、生态平衡的重要影响逐步为人类社会所认识。康永孚早在1947年编著出版的《实用地质学》专著就颇有见地论述了环境地质与人类生存的重要性。在其书中自序所说："吾人居住栖息之所，步履所至之地，莫不与地壳之外表接触……进而言之，人类之生活，凡举衣食住行各种需要，亦莫不与地质发生直接关系……"可见康永孚早就认识到了环境地质与人类的生存的重要性，因而在其著作中着重论述了各种地质作用，诸如河流与地下水、湖沼与泽地、山崩与地裂等自然现象对坝基与水库等水利工程的作用和影响以及人为采掘活动对自然生态环境的破坏和影响。

促使康永孚认识环境地质与人类的生存关系的重要性与他学地质、开发矿业的实践有很大关系。1942～1944年，他在甘肃榆中金矿山工作时，一次大雨过后，泥石流奔腾而下，呼啸倾泻，霎时摧毁了淘沙设备和工棚多间，损失很大。1948～1962年他在南岭地区从事钨矿勘查开发工作时，曾调查了民窿私人开采钨矿破坏矿山环境和浪费资源情况严重。80年代再次出现无序开矿，乱采滥挖，破坏了山体自然景观和生态环境，各地矿山百孔千疮、疤痕满目，康永孚痛心疾首。80年代开始他以中国地质学会矿山地质委员会主任身份积极参加全国矿山地质会议和冶金、有色系统召开的工作会议、学术会议的机会，多次宣讲应重视矿山环境治理和保护，促进生态平衡，保障矿山正常生产等，并提出具体实施意见和建议：改进采矿方法，尽量选择利用废石沙土回填或合理留矿柱等方法；定期监测地压活动和水文地质测量，防止地面沉陷；加强边坡管理，监测岩石移动，阻止滑坡、山崩，预测泥石流发生，以及在矿山周边地带和矿山闭坑进行复垦，植树造林，恢复自然景观，促进生态环境良性循环。90年代，当他在年迈之际听到矿山环境治理有的已初见成效，他高兴地说，这是地质矿业工作者为治理保护环境应尽的社会责任，取得了社会效益。

（三）冶金和有色系统的地质领域学术带头人

康永孚作为学术带头人，引领冶金、有色系统进行矿产勘查开发和研究金属矿床，及时提出带有全局性、方向性的任务和研究项目。

1. 远见卓识，提出深部找矿见解，引导研究隐伏矿床

在20世纪五六十年代，随着中国钢铁和有色金属工业大规模厂矿建设，迅速开发矿产资源，需要接续资源加以补充。到哪里去找矿？康永孚研究认为，当时生产矿山开采的矿床多数是地表矿、浅部矿，而多数矿山具备向深部勘查寻找盲矿体、隐伏矿床的成矿条件。于是在1964年他率先提出在生产矿山及周边进行深部找矿，是保证矿山持续生产提供接续资源的有效途径。同时，还要在尚无生产矿山的成矿有利地带和矿点集中地区进行普查找矿，作为矿业开发后备资源基地。为此，1964年他在《地质与勘探》发表了《加强矿床地质研究工作》一文，着重论述矿床地质研究的任务：一是为保证钢铁和有色金属工业当前和长远发展的需要，应研究有色金属和炼制各种合金钢所需要的稀有金属以及发展尖端工业所需要的一些贵重缺门金属矿种，作为矿床地质研究的主要对象；二是为保矿山、保建设，开展隐伏矿床研究，进行成矿预测寻找盲矿体和隐伏矿床；三是对生产矿山及周边和外围编制大中比例尺矿田构造图、成矿规律图、成矿预测图等图件，为布置深部探矿工程提供依据。

80年代，康永孚作为"六五"国家科技攻关"南岭重点地区钨铅锌矿床成矿预测研究"项目负责人，提出将赣南西华山—杨眉寺（简称西杨成矿带）和粤北锯板坑—瑶岭（简称锯瑶成矿带）作为攻关主要成矿区带，指出要重点研究与钨矿成矿有密切关系的隐伏、半隐伏燕山期花岗岩体分布与控矿形态和成矿前后控矿构造，

作为深部找矿基础地质资料。

攻关实践检验表明，康永孚指导攻关项目深部找矿成效显著，在赣南西杨和粤北锯瑶两大成矿带上取得了重大科研成果和深部勘查取得突破进展。在西杨成矿带编制出隐伏、半隐伏花岗岩体控矿分布图，建立了"三环一帽"地球化学分带模式，探明了崇义茅坪矿区为大型隐伏钨锡矿床。在粤北锯瑶矿带上总结出钨矿具有等距、近等距分布特征，预测锯板坑—兰屋顶地段深部有隐伏的大型钨矿脉，其中锯板坑经勘探证实是一个特大型黑钨石英脉型矿床。

进入 21 世纪以来，国家更加注重深部地质勘查工作。《国务院关于加强地质工作的决定》明确提出"东部攻深找盲"和已知矿山"要大力推进深部找矿"等任务。《全国危机矿山接替资源找矿规划纲要》确定在危机矿山深部和外围开展接替资源勘查。2008 年国土资源部发布了《国土资源部关于促进深部找矿工作指导意见》。近年来不少地勘和矿山企业在生产矿山深部找矿取得重大突破性进展，不少矿山深部探明了可观储量，有的达到大型、超大型规模。

2. 思维敏感，善于学习吸收地学新理论传播应用

20 世纪六七十年代，国际上兴起板块构造学说理论，并由中国地质学家尹赞勋于 1971 年率先将这一学说理论介绍给我国地质界。康永孚立即学习、消化、吸收，认为板块构造学说理论，不仅对研究大陆动力学具有重大理论意义，而且对研究内生金属矿床的成矿作用、矿床分布和矿床成因等也有理论指导意义，因而 1972～1975 年，他多次在冶金、有色地质系统讲授板块构造学说，倡导应用板块构造理论研究金属矿床，开展区域成矿预测，起到先导先行先试的作用。

康永孚观察到，70 年代以来，国际层控矿床研究风起云涌，并取得长足发展。他率先示范用层控理论研究华南钨矿，在 1983 年第三届全国矿床大会上宣读了《华南某些层控钨矿若干问题的探讨》，阐述层控钨矿地质特征及找矿方向，划分出 3 种层控钨矿类型，即层控改造钨矿、层控叠加钨矿、层控再造钨矿。他还多次撰文在地质、矿业等刊物上介绍国际矿床地质、矿产勘查开发等动向以及发现的大型钨、金矿等实例，引导冶金、有色地质系统在国内或境外寻找、勘查、开发类似矿床。

3. 言传身教，发扬地质工作者艰苦奋斗工作作风

康永孚从事地质工作 50 多年来，始终发扬、传承地质工作者艰苦奋斗工作作风。他经常向青年地质工作者讲，从事地质工作既艰苦又光荣，是工业建设尖兵，为祖国深山探宝，勘查开发矿藏，在高山峻岭、戈壁沙漠等艰苦环境里进行野外地

质工作。康永孚这样说，也是这样做的。20世纪50年代，他主持和指导赣南钨矿勘探时，同勘探队员同甘共苦，栉风沐雨进行艰苦的野外地质工作。许多节假日都没有离开勘探队。70年代，任冶金部桂林冶金地质研究所副所长兼冶金部南方富铁矿领导小组副组长时他已年逾花甲，又有心脏病，仍坚持带队到野外实地调查江南铁矿及有色金属矿产找矿潜力和开发前景，组织南方有关地勘公司制定找矿规划，指导编制找矿区划图和1:50万成矿预测图等基础地质图件。80年代，他在耄耋之年，还主持了"六五"国家地质科技攻关项目，指导科研工作。90年代，年近八旬，仍伏案疾书，以老骥伏枥，志在千里的精神同矿床地质学家宋叔和主编了中国第一部矿床学巨著《中国矿床》。康永孚为《中国矿床》中册主编，并执笔与他人合作撰写第一章中国钨矿床。同时，还与钨矿专家李崇佑合作撰写发表了《中国钨矿地质特征、类型及其分布》论文，被广为引用。

康永孚治学严谨，求真务实，刻苦钻研，奋发工作，堪称楷模；他举止平平，不善言辞，纯朴敦厚，平易近人，行政上没有官气，学术上没有霸气，同仁通常不称他的官职，而亲切称呼他"康总、康老"；他淡泊名利，不求闻达，谦让荣誉，同仁对其在荣誉面前的谦让风范，深感钦佩。

康永孚热爱地质矿业，在50多年来的地质生涯中，为开发矿业、勘查矿产资源做出了杰出的贡献，尤其对钨矿地质勘查和研究，成就卓著。他的学识、业绩、奉献和品德博得地质矿业界同仁的赞誉，也是留给后人的精神财富。

三、康永孚主要论著

康永孚. 1941. 陕甘煤矿业及其改良刍议. 西北论衡, (9)：31-43.

康永孚. 1947. 实用地质学. 上海：商务印书馆.

莫柱孙, 李洪谟, 康永孚. 1958. 中国南部钨矿工业类型和勘探方法的初步总结. 北京：地质出版社.

李洪谟, 康永孚, 苗树屏, 等. 1959. 中国南部黑钨矿脉状矿床的地质与勘探. 北京：冶金工业出版社.

康永孚. 1959. 钨矿地质与找矿常识. 北京：地质出版社.

康永孚. 1959. 中南地区十年来钨矿地质勘探工作成就和基本经验. 地质与勘探, (19)：3-7.

康永孚. 1964. 加强矿床地质研究工作. 地质与勘探, (1)：8-14.

康永孚. 1981. 钨的地球化学与矿床类型. 地质地球化学, (1)：1-6.

康永孚. 1982. 矿山地质工作中值得重视的几个问题. 矿山地质, (3)：10-15.

康永孚. 1984. 我国钨、锡生产矿山及周边和外围地质找矿和科学研究的主要成就. 矿山地质, (3)：5-13.

康永孚. 1984. 建立固体矿产找矿勘探合理程序，大力开展区域成矿预测工作. 地质与勘探, (4)：17-20.

康永孚. 1984. 华南某些层控钨矿床若干问题的研讨. 地质与勘探, (6)：封二-10.

康永孚. 1987. 祝《地质与勘探》问世三十周年兼谈一些地质科研工作的新动向. 地质与勘探, (1)：8-14.

康永孚.1987.我国的钨资源形势.中国钨业,(2):10-16.
康永孚.1990.近年来某些世界级大型金矿床的发现史例.地质与勘探,(1):5-10.
康永孚,李崇佑.1991.中国钨矿床地质特征、类型及其分布.矿床地质,(1):19-26.
中国矿床编委会.1994.中国矿床.北京:地质出版社.

主要参考文献

长沙地质勘探公司.1956,1957.江西大吉山、西华山、岿美山等三个钨矿地质勘探总结报告书,1-17,冶金部地质资料馆存.
矿床地质编辑部.1989.我国老一辈著名矿床地质学家简历介绍(4)——康永孚.矿床地质,(1):2.
《回忆录》编委会.1993.钨业的崛起(回忆五十年).内部资料:1-6,7-33,69-174.

撰写者

孙延绵(1934~),教授级高级工程师,系康永孚的挚友和科研合作者。

燕树檀

燕树檀（1914~1985），河北定州人，地质学家。1939年毕业于西南联合大学地质地理气象系。曾任贵州省地质局总工程师、贵州省地质学会理事长、中国地质学会理事。长期致力于地质矿产资源的勘查工作，对淮南八公山隐伏煤田的发现和勘探，对贵州基础地质、矿产地质勘查、水文地质调查等做出了重大贡献。他主编完成了第一代1:50万贵州省地质图，组织完成了全省1:20万区域地质调查和部分地区的1:5万的区域地质调查、全省1:20万水文地质调查工作，主持完成了《贵州矿产资源汇编》和《扬子地区晚震旦世陡山陀期磷块岩成矿远景区划》。他组织指导完成的《西南地区区域地层表·贵州分册》及贵州各时代地层总结和《西南地区古生物图册·贵州分册》，是一项奠基性的地质成果。他对贵州省主要优势矿产磷、铝、金、汞、锰、锑、重晶石等的找矿勘探做出了重大贡献，是贵州找金工作战略转移、黔西南新类型金矿发现和取得重大突破的主要决策者之一。他在贵州找金的建树，极大地促进了全国相似成矿条件地区卡林型金矿的找矿工作。他对科技人才的保护、培养和才智发挥也做了大量工作。

一、人生轨迹

燕树檀1914年5月16日出生在河北定县北太平庄一个书香世家，祖父是清朝太医院里的御医，父亲燕世禄毕业于北洋大学，学习采矿，曾在河北、贵州等地从事煤矿开发经营和技术工作，1949年后，供职于煤炭部。母亲是一位知书达理、贤惠慈祥的才女。父母对子女的教育都十分重视，兄弟姊妹6人都接受了高等教育。燕树檀从小性格平和宽厚，克己待人，智慧聪颖，记忆超人，对村庄里的人名记得很清楚，被人们趣称为"人名大字典"，深得家人、乡里老少和同学老师的喜爱。1928年他以优异成绩考入保定育德中学。该校是当时享誉全国的著名中学，有"天津南开，保定育德"之美誉。在这里燕树檀接受了良好的科学民主教育，养成了求实求新、务求透彻的学习习惯，打下了坚实的科学与人文基础。

1935年，中学毕业后，燕树檀胸怀实业救国的理想，考入北京大学地质系，

1938年转为西南联合大学地质地理气象系，受教于孙云铸、冯景兰、袁复礼等，1939年毕业后进入经济部资源委员会西南矿产测勘处，主要工作于滇东北—黔西北一带。抗日战争胜利后到南京，在国家矿产测勘处工作，是谢家荣的得力助手。新中国成立后，先在中南地区工作，曾任广西桂平矿务局工程师兼探矿队队长、中南工业部地质调查所钻探总队副队长、地质部中南地质局工程师兼技术室副主任、地质部南方地质总局主任工程师。1956年调到北京，在地质部工作，1958年从地质部调到贵州，历任贵州省地质局总工程师、总工程师兼副局长，技术顾问等职务。曾经被推选为贵州省第三、第五届人大代表，贵州省政协第四、第五届政协委员、常委、科技组副组长；贵州省科协常委，中国地质学会理事，贵州省地质学会理事长等。改革开放后，加入了中国共产党。1985年1月9日逝世于贵阳市。

二、严谨求实，善于管理，开拓创新，成果卓著

大学毕业，燕树檀面临着去科研单位从事科学研究、去大学从事教育工作、去野外从事找矿探矿的三种选择。最终他选择最艰苦、最具挑战性的最后一种，到谢家荣领导的资源委员会西南矿产测勘处工作。20世纪40年代，他和柴登榜一起对昭通附近地层做了研究，著有《云南昭通龙洞附近地质》一文；与谢家荣一起研究了昭通龙洞泥盆纪剖面，根据化石群详细划分了中泥盆统的层位；开展了贵州水城、威宁、林东、独山等地的煤矿调查勘查。

1942年，他率先在贵州开展铁矿的工程勘探和评价工作，在水城观音山布置和施工了贵州的第一批探槽。该矿后来成为水城钢厂的矿石基地。

20世纪50年代初，燕树檀主持了广西桂平八步银矿的勘探。在中南地质局工作时，他担任探矿处长，负责钻探管理工作。他干一行，爱一行，学一行，专一行，系统自学了有关探矿工程的知识，指导实践，成绩显著，1956年被评为全国先进生产（工作）者。

1963年由他和廖士范任正副主编，组织领导完成的第一代1:50万贵州省地质图编制出版，综合整理了此前各部门所有有关地质资料，填补了贵州的空白，并在地层、构造、岩石等方面均体现了当时的较高水平，在全省地质工作中起到了战略性的指导作用。

1965年他主持完成了1:100万昆明幅G-48内生金属成矿略图说明书（科技报告）。1965年9月主持完成了1:100万昆明幅大地构造图G-48（附说明书），为《中国地质图及亚洲地质图》的编制提供了资料。

"大跃进"时期，贵州地质工作受到了高指标、高速度的压力和虚报浮夸风气的影响，地质报告存在严重失实的问题。1961年，根据地质部的指示，他领导和主持了贵州省1958年以来成果的复审核实工作，抽调骨干力量，成立一个审核组，由何立贤副总工程师负责；一个报告修改组，主要由各地质队技术负责人组成。两班人马，各自独立工作。分金属组和非金属组对100多份储量报告进行了实事求是、客观公正、程序严密的民主评定，该否定的坚决否定，该补课的补课，该返工的返工，然后严肃认真地检查验收。由此贵州地质工作"拨乱反正"，迅速转入了严肃的、实事求是、重视质量、履行规范的正确轨道。为后来各类地质勘查工作、报告编写、图件编制及其提交打下了坚实的质量基础，树立了榜样，培养了人才。

在担任总工程师期间，领导和指导了全省的1∶20万区域地质调查和局部地区的1∶5万的区域地质调查，在人才选用、工作布置、工作设计、确定方法、调查过程、报告编写、检查验收等环节，在涉及基础地质、矿产地质、水文地质、地理地貌等广泛领域的科技方面，都给予了认真的考虑、正确的见解和具体的指导。

20世纪50年代末60年代初，区域地质调查工作由于受到"大跃进"时期高速度的影响，采用目测剖面的方法，质量存在问题。1962年地质部派李春昱带一个专家组到镇远区调队，燕树檀也带了一个专家组去，纠正有关质量问题。燕树檀一行在那里工作了很长时间，对六个地质调查分队的每一个图幅逐一审查，指出问题，提出建议，指导修改，并安排必要的返工或补做工作，由此建立起了严格的贵州省地层系统，使全省1∶20万区调工作纳入了严格正规有序的轨道，树立了实事求是、一丝不苟、开拓创新的学风，使该队基础地质特别是地层古生物方面取得国内领先乃至国际先进水平的成果。造就了一批热爱地质、献身地质、成果优秀、能干实事的地质专家和管理干部。

20世纪70年代早中期，按照上级指示，集中了全省地质科研、教学和地勘单位的相关专家学者约50人，成立了贵州省地层古生物工作队。在燕树檀的技术管理指导下，分成地层组和古生物组分别从事地层古生物综合研究和地层编图以及古生物图册编制工作。其成果有《西南地区区域地层表·贵州分册》和《西南地区古生物图册·贵州分册》；在编表的基础上地层组还对贵州各时代地层加工整理，编写了贵州自前震旦系到侏罗系各时代地层总结共10册，约200万字，对半个多世纪以来贵州的地层资料进行了全面总结。所编制的古生物图册展示了贵州寒武纪至第四纪各时代的古生物资料，对古无脊椎动物、古脊椎动物及古植物中20多个门类的1303个属3274个种，采用新的分类方案，进行了特征描述，大大提升了贵州省地层古生物研究水平。由于工作方法正确，研究深入细致，在国内具有很好的借鉴作用，得到普遍好评。这一专业性、基础性和实用性很强的奠基性重大地质成果，获得了全国科学大会奖和地矿部科技成果二等奖等政府奖励。在人才使用、协调关系、统一认识、学术技术等方面燕树檀付出了许多智慧和心血，提出了许多指导意见。他经常到区域地质调查大队和地质队员一起，研究讨论贵州省区域地质和地层古生物等方面的问题。贵州三叠纪地层复杂，层段划分意见不一，1979年冬，对该地层划分集中讨论了一天一夜，一直到第二天上班。他充分听取不同意见，厘清地层关系，提出划分见解，为贵州三叠系地层划分奠定了基础。

1980年底地质部召开全国区域地质调查工作会议，程裕淇总工程师亲自主持会议，听取了贵州区域地质调查的经验介绍。会议还举办了1∶20万区调图幅展览，与会专家对展出的图幅纷纷发表评论，四川局总工程师王朝钧、云南局总工程师李希绩赞美有加，对燕树檀说："您领导指导有方，贵州的地质图幅填得好、编得好，1∶20万图上100多个地层单元，界线划得细，区域构造轮廓清晰，我们比不上。"燕树檀很高兴，第二天自己掏钱在北京有名的酒家"翠华楼"宴请了贵州地质局和区调队的参会同志。他把工作的成绩归功于第一线的地质人员，在大量的调查报告中没有留下"燕树檀"的名字。

20世纪七八十年代，在全省1∶20万水文地质调查工作中，他也倾注了大量心血，特别是帮助水文兵团配备了专业干部，指导了有关工作。在完成提交第一幅水文地质报告前，燕树檀亲自到水文兵团住下来，指导报告的编写、修改，甚至亲自动手写部分章节，20多天和官兵吃住、工作在一起，不仅使这份报告成为后来报告的范本，顺利通过评审验收；而且在工作作风、严谨学风和质量意识上做出了表率，赢得了水文兵团的广大官兵的敬重。

燕树檀主持完成的《贵州矿产资源汇编》，60多万字，是对新中国成立以来贵州全省矿产资源的第一次全面总汇，包括《贵州省矿产资源概况》《贵州省主要矿区简况》和五幅图件：1∶50万贵州主要矿产分布图、贵州黑色金属矿产分布图、贵州省有色金属矿产分布图、贵州省化工非金属矿产分布图和贵州省建材及其他矿产分布图，1978年获全国科学大会奖。

燕树檀主持，和115地质大队杜祥林、周茂基等共同完成的《扬子地区晚震旦世陡山陀期磷块岩成矿远景区划》1985年获得了地质矿产部科技成果二等奖。20世纪80年代初，他安排布置和指导了"贵州汞矿地质研究""黔南岩溶研究"等科研工作，成果分别获得部省级科技成果二、三等奖。

晚年，他卸下了总工程师重任以后，想把全省的岩溶研究作为自己的主要课题，亲自主持这方面的研究工作。去世前的一年里，他多次到地质科研所里给中青年地质人员讲解、研究、讨论地貌和贵州岩溶等地质问题，还查阅了大量国外文献，从大处着眼，从地球动力学、地球热力学等基础问题到工作方法，跟地质人员讲解讨论，准备高起点地开展野外调查和研究。

三、勤于实践，厚积薄发，地质找矿，业绩辉煌

地质找矿就是为国家寻找宝藏，为社会经济发展提供资源，是地质工作者的神圣职责和人生追求；地质找矿是最具有挑战性的一种科学探索的求真过程，是对科技预测的实践检验，找矿成果就是最实在的科研成果。因而，找到矿，特别是找到大矿，就是他们人生价值的体现，事业成功的标志，是最荣耀、最欣慰的事情。为此，燕树檀不怕恶劣气候，不避毒蛇猛兽，不惧灾患土匪，跋山涉水，深入野外；为此，他呕心沥血，倾心竭力，废寝忘食，日思夜想，如醉如痴，乐此不疲，一心扑在地质找矿工作中。

燕树檀担任贵州省地质局总工程师期间，正是贵州主要优势矿产磷、铝、金、汞、锰、锑、重晶石等的找矿勘探蓬勃发展的时期，他对这些矿产资源储量的探明做出了重要贡献，奠定和巩固了贵州省主要优势矿产在全国的地位。他部署了特大型磷矿瓮福磷矿的找矿勘探、储量提交、矿床研究，亲自主持完成了成矿远景区划，在此期间贵州省地质局 115 地质队完成的找矿成果"贵州瓮福磷矿高坪矿区"提交矿区地质储量 35809.24 万吨，获得地矿部找矿成果一等奖；115 队、106 队共同完成的"贵州省瓮福磷矿白岩矿区"获得地矿部找矿成果二等奖。他领导、部署了贵州金矿找矿的战略转移，指导了黔西南金矿的找矿勘查，实现了卡林型金矿找矿的重大突破。

在诸多地质工作业绩中，有以下两件找矿业绩，堪称他人生中最为辉煌的亮点。

1. 隐伏煤田的发现者

著名科学家巴斯德说："机遇只偏爱那种有准备的头脑。"所谓有准备的头脑，既有知识的积累，又有实践的经验，还有智慧的灵感与能动的创造。是德才学识的厚积薄发，是偶然中寻求必然。燕树檀在勘查途中"小憩"发现地下大煤田踪迹，正是如此。1945 年抗日战争胜利后，由谢家荣领导的全国矿产测勘处迁到南京，燕树檀仍然在该处工作，按照谢家荣的部署，1946 年 6 月，谢家荣、燕树檀、颜轸等到淮南山王集东南一带寻找煤矿。燕树檀在一个僻静的"奥陶纪"石灰岩露头处"小憩"，意外地发现石灰岩中含有纺锤虫化石。从而发现了原来对这种灰岩的年代

认识上有错误，这不是奥陶纪的石灰岩，而是石炭纪—二叠纪石灰岩——其下是含煤地层。于是，他们继续追踪，发现这种石灰岩在平原中隐隐出露，延长达3千米。于是他们预测地下有煤层存在，遂布置钻探，结果很快在距离地面仅19米深处发现了厚达3.6米的煤层，继续钻探共发现24层厚薄不等的煤层，总厚度达38米以上。由此在中国南方发现了隐伏的南八公山煤田。经过三年系统勘探，不仅解救了当时淮南煤矿等米下锅的燃眉之急，而且大大增加了淮南地区的煤炭储藏量，满足了上海—南京一带工业发展对能源的需求，受到当时国家资源委员会的嘉奖。中华人民共和国成立后，在他们发现的基础上，按照他们的思路继续勘探，使淮南煤田范围不断扩大，成为宁沪杭工业区主要能源基地之一。

2. 贵州找金工作战略转移、黔西南新类型金矿发现和取得重大突破的主要决策者

燕树檀是一个战略型的科技管理专家。20世纪70年代中期，国家提出了加强金矿找矿工作的要求。燕树檀时任局总工程师，分管地质勘查工作。1975年地质局以117地质队为基础，组建成立了金矿地质专业队。从1976年起工作转移为以金矿普查勘探为主，以黔东南地区为重点；与此同时，103地质队、108地质队和物化探队也在梵净山、从江等地开展了金矿普查工作。经过两年多努力，完成了十多处金矿产地评价，除增加少量伴生金储量外，收效甚微。这促使燕树檀对全省找金工作做了全局性的深入思考。

1977年，燕树檀带队参加了国家地质总局在山东招远召开的全国黄金地质工作交流会，会上学习了国务院领导同志关于加强黄金地质勘查工作的指示精神和国内外金矿找矿的新理论、新方法，部署了金矿找矿工作，开拓了找矿新思路（新地区、新类型），给燕树檀带来了巨大的工作动力和对贵州找金工作的系统反思。1978年1月28日，根据招远会议精神，经燕树檀提议，地质局发出了"召开黄金地质工作座谈会"的通知，要求根据金亲近金属硫化物、常与砷和锑伴生共生的成矿特性，有关的10个地质队务必做好副样或采样的化验等会前准备工作，以取得金的含量信息，供会议研究、讨论。在他的主持下，3月22~27日座谈会在117地质大队开阳县羊场举行。会上，根据全国黄金会议要求，结合贵州地质特点和找矿实际，燕树檀提出跳出传统的思维定式，在贵州寻找新类型金矿的思路；要求加快贵州金矿地质工作步伐，努力突破新类型金矿的找矿。大大激发了与会代表找矿热情和信心。会后，根据这次会议精神，局领导做出了新的决策和总体部署，狠抓金矿新类型的普查找矿工作，力争1978~1979年两年突破新类型，找出2~3个勘探基

地。这样,贵州金矿找矿工作的重心从黔东南转移到了黔西南,从找传统石英脉型金矿转移到寻找新类型金矿上来了。

在羊场会议期间,区调队(108队)提供了板其锑矿的副样含金信息。根据会议的部署,1978年下半年,117地质大队根据108队联测分队首先在黔西南板其已经发现含金线索的基础上,通过重复取样测试证实后,探槽揭露,进一步证实了含金信息。1978年12月10日,向地质局汇报1979年地质工作设计时,局指示板其金矿由117队进一步普查。1979年3月117队四分队全面开展对板其金矿进行普查,5月首次编写提交了《册亨县板其锑金矿初步普查报告》,估算地质储量金807千克,锑6.38万吨,肯定了板其金矿的工业价值。从此揭开了黔西南新类型金矿找矿的序幕。与此同时,通过1979~1980年两年的工作,相继在安龙县戈塘、册亨县丫他、望谟县大观豆芽井等地发现了同类型金矿。

由于贵州找金的重大突破,1984年6月下旬,地矿部金矿汇报会在贵州召开,参加会议的有地矿部地矿司的领导和来自14个省(区市)的17个地勘队和三个研究所的代表,与会人员实地参观、考察了黔西南若干金矿,听取了汇报。燕树檀带病坚持作了总结性学术报告,全面总结了黔西南新类型金矿找矿经验,系统地阐述了黔西南金矿的成矿条件、控矿规律和成因类型等;确认黔西南微细浸染型金矿的主要特征与美国卡林型金矿大致相似,向全国地质同行表明在中国西南的贵州发现了卡林型金矿。他在贵州找金的建树,极大地促进了全国相似成矿条件地区卡林型金矿的找矿工作。

20世纪80~90年代,在黔西南继续发现了紫木凼、烂泥沟等大型微细浸染型(卡林型)金矿床。在贵州找到新类型金矿的启迪下,广西和云南地矿局也相继在桂西北发现了金牙、高龙和马雄等金矿;在滇东南发现革档、金坝等金矿,从而使黔—桂—滇三角区的金矿勘查进入了高潮,至1993年仅贵州省就累计查明了黄金资源储量150多吨,取得了金矿勘查工作的重大突破,促使黔西南—滇东南—桂西北成为中国的又一个"金三角"。使贵州结束了无工业产金的历史,一跃而成为全国产金的大省,为国家和地方经济和社会发展做出了不可磨灭的贡献。此中,燕书檀敢冒风险、承担压力、开拓创新、科学决策,倾注了大量的智慧、心血和汗水,功绩有口皆碑。

四、知人善任,爱惜人才,保护人才,甘为人梯

20世纪50~70年代,燕树檀是一位党外知识分子,是统一战线的一员。他对

领导从来不吹吹拍拍、拉拉扯扯，而是不卑不亢，正正派派。由于他为人真诚，学识渊博，德高望重，对工作尽心尽力，尽职尽责，与领导干部感情融洽，合作良好。除"文化大革命"期间外，局里的历届领导干部都很尊重他，听取他的意见。他在地质勘查找矿、科技研究和专业人才使用等方面有职有权。甚至在"文化大革命"期间"靠边站"的时候，地质队的地质人员有什么科技问题，总是到他家里向他请教，他总是来者不拒，有求必应，循循善诱，诲人不倦。

地质局分配来的大中专学生，一年又一年，一批又一批，分布在全省各地的地质队，只要他见过、谈过一次话，再过一年半载，甚至三年五载，他都能喊出姓名来，并且知道他们的专业特长。"文化大革命"结束后，要启用知识分子，他对地质局技术13级以上的成百的地质科技人员的名字几乎都排了出来。这本身就是对人的尊重，也是他知人善任的基础。他以他的职权和影响力保护、储备了一大批专业人才；他以他的渊博学识，言传身教，楷模垂范，培养了地矿局一代知识分子，各方面的地质专门人才。他对工人也十分尊重，和工人师傅也很谈得来。为他开车的司机总是由衷地说："燕总对我们太好了！"

燕树檀家有个特殊的常客，孩子们管他叫韩叔叔，是燕树檀的老朋友。新中国成立前，他原本是一个年轻的钻探工人，燕树檀到矿上工作，见他聪明好学，教给他许多地质知识，讲地层，看断层，看剖面，认煤种，讲煤质，给他学习资料，成了知心朋友。新中国成立后，老韩也成了这方面的专家，50年代就当上了福建一个地质大队的队长，对燕树檀的知遇之恩、师友之谊、为人之德，感佩终生。

燕树檀用人，坚持德才兼备，尤其重德。108地质大队（区调队）是一个以基础地质为主要工作的专业队，这里容纳了多方面的地质科技人才近300人，知识分子很多。他选择为人宽容厚道、德才兼备、对人谦和的刘裕周为主任工程师，给他工作上支持，帮助他出主意，使该队能充分发挥科技人员的聪明才智，聚集和保护了一批知识分子，出了很多成果。

1961年国家实行"调整、巩固、充实、提高"的方针，要求地质部门工作收缩，人员压缩。1962年全局专业技术干部1300多人，有的地质队撤销了，组织部门要求把一些地质干部调到地方财贸系统。燕树檀尊重知识、尊重人才、爱惜人才。得知这一情况后，他深谋远虑，考虑到将来经济发展对地学人才的需要，面对当时严峻的情势，他主持采取了三种方式避免了专业人才的转行流失，保护和储备了人才。一是在苗岭队基地炉山，举办地质人员培训班，收罗了一批专业人才；二是当时区调工作没有下马，还有工作要做，把部分地质人员调到区调队；三是当时成立西南地质矿产研究所，需要专业技术人才，他推荐调出了何立贤等专业人员。后来，这些人中有许多成了单位的技术骨干和专业学术带头人。一些得益于燕树檀的有成就的专家满怀感激地说："没有燕树檀，就没有我的今天。"

北京地质学院毕业的廖能懋，因1957年被错误地划为右派，到贵州后又被强行送农场劳教，后来又被安排在水城的一个地质队，与她的未婚夫魏家庸隔得很远。1962年，她写信给燕树檀，要求调到地质局区调队。燕树檀阅信后，很同情她，认为她学有专长，记得她多才多艺。于是跟有关部门协商，把她调到了区调队，使他们喜结良缘，夫妻团聚，双双专心致志地致力于地质事业，并做出了很大贡献。

燕树檀把自己领导下的科技人员出成果看得比自己出书写论文更加重要。他的老师、老同学、老朋友，许多都是学界名人，深知他学养深厚、知识渊博、思维严谨、实践经验丰富，认为他是能出、也应该出大部头成果的，都希望他著书立说。他的姐夫、土壤地理学家马溶之曾经多次建议他写文章出书，说："你有那么多第一手资料和第一线工作的经验，应该把它们写出来，留给后人。"燕树檀总是以"工作太忙，没有时间"而推脱。他把自己的时间和精力倾注在指导他人、培养人才，提携后学上。

1982年冬，燕树檀从地质部参加"第五届国际磷块岩讨论会"筹备会议刚刚回到贵阳，马上给区调队队长万朝元打电话，要他通知王砚耕到贵阳接受紧急任务。王砚耕来到后，燕树檀说："砚耕，我领了个紧急任务，要你写一篇上扬子地区磷矿区域地层的论文，作为中国代表团出席'第五届国际磷块岩讨论会'的重点文章。你看如何？"当王砚耕说到难度大，没有把握时，燕树檀对他进行鼓励和开导，使王砚耕乐意地接受了任务。在燕树檀的指导和精心修改下，王砚耕终于写出了《中国上扬子区晚前寒武纪含磷地层》的论文。1982年11月在昆明召开的第五届国际磷块岩讨论会上，作为中国代表团第一个发言，取得了良好的反响。这得益于燕树檀的悉心指导和帮助，也凝聚着知人善任、培养人才、奖掖后学的良苦用心和无私关爱。

20世纪70年代末80年代初，贵州省地质局磷矿勘探和科研都取得了很大成就，燕树檀部署和指导了有关工作。当得知115队地质人员首次在国内运用当时先进的福克碳酸盐岩分类观点来研究磷块岩，突破了过去对磷块岩的认识时，非常高兴，查阅有关资料，指导了研究的全过程，参加野外考察，观察岩矿石薄片，鼓励、指导他们进一步深入细致地研究、撰写学术论文，参加第五届国际磷块岩讨论会，为国争光，为贵州省地质局争光。他们的论文在会上得到与会中外同行专家的高度评价，认为贵州磷块岩研究达到了世界先进水平。因为贵州成绩显著，会后地质部在115地质队举办了全国岩相古地理学习班。周茂基、盛章琪等把在燕树檀指导下写成的有关贵州磷块岩的 3 篇学术论文，在《地质学报》发表前请燕树檀署名时，却遭到了他诚心诚意的坚决拒绝。像这种例子还很多很多。

在贵州工作的 27 年里，他虽然没有著一本书，甚至没有单独署名公开发表过一篇论文，但是全局地质工作和科学研究取得了丰硕成果，大多是在他的领导和指导下取得的；有的报告或论文完全是在他构思、指导下完成的，而他从来不在上面署名。可以说，贵州地质局许多中青年科技人员的成果里都渗透着燕树檀的心血和智慧。他不是不能写不会写，也不是不想写，而是他倾心于国家需求的地质找矿，忙于更需要他对全局地质工作的指导管理，多找矿，找大矿，找富矿，指导全局科技人员出更好、更多的成果上去了。众多科技人员有口皆碑：他的论文写在贵州的大地上，写在高原上，写在矿山上，写在深山峡谷里，写在他人的成果中。实际上，他也有自己的科研计划和著作安排，他准备退休后，全身心地研究贵州的地质地貌，研究喀斯特环境。

五、热爱地质，重视实践，学而不厌，诲而不倦

燕树檀地质基础扎实，学养深厚，博学多能，大学毕业后长期在谢家荣领导下工作，知识扩充，能力拓展，经验丰富，业绩显著。在他的同学中不乏国家领导人、省部级领导干部，还有许多是中国科学院院士、国际知名的地质学家，而他工作中指导性事务繁忙，没有时间著述，个人学术成果少，但是他并不自卑，始终爱岗敬业，献身地矿事业。在他主持贵州省地质矿产勘查和科技管理工作 20 多年里，一年 365 天，大多数时间深入基层或野外，家里的事全交给了贤内助陈友莲。当妻子责备他"把家里当旅馆"时，他就报以感激和请求原谅的微笑。他特别重视实践，重视野外工作，尊重地质人员，从来不满足于在办公室里听汇报。他到野外、下基层，不是到大队部，而是到矿区、到分队，到野外实地观察。听野外地质工作汇报，他直接找第一线亲历其境的勘探队员。

1973 年 7 月，燕树檀已经是年届六旬的老人了，并患有严重的支气管炎，还亲自到江口县主持 1∶5 万梵净山区区域地质调查的野外验收。他不顾年迈体弱和这里山路的崎岖和阴湿闷热的气候，坚持要到实地检查。沿着梵净山黑湾河泥泞的小路，边走边观察各种地质现象，特别对有成因争论的基性-超基性岩与围岩的接触关系看得特别仔细，并不时提问，要求地质人员回答，不放过每一个细节，对现场的工作人员帮助很大。到黑湾河中间站，只能涉水过河，从北岸到南岸虽然只有二三十米，但是水流湍急，水底很滑，虽然有人搀扶，还是摔倒在河里了，全身衣服湿透

了。同志们把他扶上岸后，都劝他休息，但他不肯，坚持把那条路线检查完。这种克己奉公、吃苦耐劳、极端负责的忘我精神使在场的数十名地质人员深为敬佩和感动。

燕树檀没有琴棋书画、吹拉弹唱之类的业余爱好，唯一的爱好是地质及其相关科学，他的整个身心和全部生活就是地质。在工作之余的闲谈，三句话不离本行——地质矿产和相关科学。他的一生都在学习新知识、新理论、新方法、新进展，总是在不断地充实自己；并且把学得的新东西或者指导工作，或者传授给属下的同志。他全身心都投入在工作中，在家里讲话不多，老是琢磨着工作上的事；但是，一听说野外地质队的人来了，住在招待所，就去招待所看他们，和他们讨论地质上的事，科学技术上的事，一谈就谈到深更半夜，很晚才回家。对年轻人提出的问题，他讲解指导，不厌其烦，诲人不倦。一次，他出差到区调队，晚饭后，见郑启铃等几个地质人员在闲聊，他以普通一员参加进去讨论，就黔西南金矿成矿背景和控矿条件，让他们各抒己见，畅所欲言，十分热烈，一直到凌晨两点才回到队招待所的住处。给大家许多的新知识和认识上的启迪，这种事例不胜枚举。

燕树檀既是一位博学多才的地质学家，又是一位善于管理的技术领导。虽然他是学地质的，新中国成立前他更多地致力于矿产地质工作，然而根据工作需要他不断开拓知识面，自学和研究了地质科学的许多其他领域，对地层古生物、钻探工程达到了精通的程度；水文地质、工程地质也很在行，造诣很深，基础扎实，甚至对很专业的裘布依方程也能推导，给水文地质专业人员提出的水文地质问题很专深；对地球化学、地球物理，乃至地质测量、环境地质、胶体化学、地质测试等学科也有全面精深的了解。

1965年仲夏，为迎接地质部区测局对1∶20万区测工作的检查验收，燕树檀亲自到1∶20万都匀幅野外进行实地检查。由于该图幅翁项群的时代一直被定为中上志留统（S_{2-3}），燕树檀对此心有存疑。在凯里洛棉的该地层露头上，他仔细地观察，并敲打化石，终于在该岩群下部的页岩中，采到了笔石化石。燕树檀当场鉴定为Stomatograptus sp.，属于早志留世。从而证明了该岩群下部地层为下志留统，厘定其地层时代为早中志留世（S_{1-2}），从而提高了区域地层的研究水平。显然，这与他渊博的学识和精益求精、严谨求实的工作态度是分不开的。

他对全局地质工作中所涉及的科学技术问题，都要搞个清楚明白，从不一知半解。有时涉及其他学科，他总是不耻下问，哪怕是刚出校门的学生。对于新矿种、新项目的有关新知识，他总是自己先学，然后给有关人员讲，并促进他们学习。20世纪80年代初，数学、电子计算机与地质学的交汇融合，地质学产生了新的分支——数学地质。60多岁的燕树檀紧跟时代,为推动数学地质在贵州的应用,他刻苦学习,不耻下问。当他学到趋势面分析时,读到大篇大篇的线性方程、矩阵时,他不能完全读懂,就主动向数学地质学得较好的冯济舟请教,问数据如何采集?怎样进入公式进行计算?计算出来的结果如何运用在地质上?冯济舟给他讲,他聚精会神地倾听。还有,他在指导黔东南金刚石的找矿、罗甸压电水晶矿的勘查、黔西南微细浸染型金矿找矿等,都是如此。

燕树檀的学术民主作风尤其突出,从来不以权威自居,从来不把自己的观点强加于人,以势压人。他讲课时,从来不问学员"听懂了没有?"而是问学员"我讲清楚了没有?"对于不同的意见或者观点,总是平等地讨论,求同存异,沟通商榷,以理服人。鼓励年轻人敢想、敢干、敢于创新,多出成果。对于学术上错误的评论、甚至指责,他从不生气,总是耐心听取,然后讨论清楚。他特别能团结各种不同性格的人一道工作,发挥个人特长。他的同事和下级大多比他年轻,对他有一种如师如父的亲近感。

六、结 语

"天行健,君子以自强不息""地势坤,君子以厚德载物"。

在贵州地矿系统,燕树檀的君子风范、人格魅力、精神品质、做人为学、工作业绩在人们心灵里树起了永不磨灭的丰碑。他健在时,人们发自内心地敬重他,亲近他,学习他。他去世已经二十多年了,他的音容笑貌、楷模形象,大家都一直记忆犹新,引以为榜样,引以为良师益友,深切地怀念他。现在一提起他,不论科技人员,还是领导干部,或普通工人,都由衷地赞美他,景仰他,缅怀他。他的确是一个平凡而伟大的人:一位德高望重的长辈,一位博学多才的学者,一位诲人不倦的良师,一位以身作则的领导,一位谦恭和气的友人。凡与他共过事、在他下面工作过的同志,都以有他这样的良师益友、业务领导而深感荣幸,为得益于他的教诲而无限感激。他的高尚人格将永远激励后学,代代相传。

七、燕树檀主要论著

柴登榜,燕树檀.1942.云南昭通龙洞附近地质.地质论评,(Z1):54-69.
燕树檀,陈庆宣.1942.贵州威宁二堂拱桥间煤田地质.西南地质调查所.
燕树檀,陈庆宣.1942.贵州威宁水城纳雍、赫章等县地质矿产.西南地质调查所.
燕树檀,马子骥.1943.贵州平越猫猫营铝土矿初勘报告.地质部中南地质局地质资料处.

谢家荣, 燕树檀, 杨博泉. 1944. 贵州贵阳西部（林东）煤田简报. 西南地质调查所.

谢家荣, 燕树檀, 杨博泉. 1950. 贵州都匀独山煤田说略. 西南地质调查所.

燕树檀, 陈庆宣. 1956. 贵州水城小河边煤田地质. 西南地质局.

燕树檀, 韦天蛟, 彭义仙, 等. 1978. 贵州矿产资源汇编. 贵州省地质局.

燕树檀, 杜祥林, 周茂基, 等. 1985. 扬子地区晚震旦世陡山陀期磷块岩成矿远景区划. 贵州省地质局115地质队.

主要参考文献

贵州省志·地质矿产志编纂委员会. 1992. 贵州省志·地质矿产志. 贵阳: 贵州人民出版社.

中国矿床发现史·贵州卷编委会. 1996. 贵州矿床发现史. 北京: 地质出版社.

张以诚. 2003. 各具特色比翼飞——漫话1949年前全国三大地质机构. 国土资源, (6): 49-51.

何立贤, 陈履安, 王砚耕. 2006. 无私奉献的楷模 做人为学的典范. 贵州地质, 23 (4): 5-13.

贵州省地质矿产勘查开发局. 2007. 贵州省地矿局局史. 贵阳: 贵州人民出版社.

撰写者

陈履安 (1942~), 湖北武汉市新洲人, 贵州省地质矿产局地质科学研究所研究员, 中国科普作家协会会员。曾经在燕树檀领导下工作, 主要从事地质地球化学研究。

刘家仁 (1950~), 贵州织金县人, 贵州省地质矿产局研究员, 贵州省地质学会秘书长,《贵州地质》杂志执行主编, 从事地质矿产调查研究。

高文泰

高文泰（1914~2001），陕西米脂人。煤田地质学家，中国煤田地质教育的开创者之一。1939年毕业于西南联合大学（清华大学）地质系。主要从事煤田地质学、构造地质学的教学和科研工作，曾任北京矿业学院地质系系主任，中国矿业学院北京研究生部地质专业领导小组组长，中国第一批博士研究生指导教师，为煤田地质专业高层次人才培养做出了重要贡献。研究领域涉及煤田地质学和构造地质学的一系列重大问题，是中国煤田构造研究领域的先驱之一。参与了第一次全国煤田预测的学术指导工作，为新中国煤炭资源勘查事业的发展和建立中国煤田地质学理论体系奠定了坚实基础；是率先倡导将板块构造理论应用于中国煤田地质研究领域的先驱，强调板块构造格局与中国煤田分布的关系，从战略上指出了找煤方向；重视构造地质与煤田地质之间的紧密联系，对中国煤变质特征和有关煤岩问题进行了有益的探讨，强调构造格局和构造作用对煤变质的影响；积极倡导加强隐伏煤田构造研究，提出隐伏煤田构造研究的思路和技术方法体系，在找煤实践中取得良好效果，为中国东部隐伏区煤炭资源勘查提供了科学依据。

一、生平简介

高文泰于1914年8月出生于陕西省米脂县，陕北的黄土地造就了他宽广的胸怀和刚正不阿的性格。1934年，高文泰毕业于天津南开中学，同年考入清华大学理学院地质系。他怀着为古老而贫穷的祖国寻找宝藏、科学救国的良好愿望，师从袁复礼、冯景兰、翁文灏等地质界前辈，刻苦学习、不懈求索，为毕生所从事的地质事业打下了坚实的基础。1937年七七事变后日本侵略军占领北平，抗日战争全面爆发，高文泰不愿做亡国奴，随学校南迁至长沙，1938年迁至昆明，在颠沛流离中仍不辍学业。1939年从西南联合大学毕业后，进入资源委员会川康铜业管理处地质调查队工作，在冯景兰的领导下从事铜、铅、锌、铁等矿产资源的普查与勘探，编有《西康省天全县、宝兴县铜矿与铅锌矿初勘简报》（1939年）、《四川洪雅县、文兴厂铜矿勘测简报》（1940年）等地质勘查报告，为抗战期间大量内迁的冶炼厂、兵工厂找到了宝贵而又急需的矿产资源，为抗战胜利做出了贡献。1941年，高文泰进入西迁四川乐山的武汉大学矿冶系（该系在1952年调入中南矿冶学院，即现在的中南大学）任教，向同学们传授找矿与勘探的地质知识，为艰难抗战中的中国延续了矿产资源勘探人才的血脉。抗战胜利后，作为国民政府的矿产资源顾问，他历任鞍山钢铁公司工程师、武汉华中钢铁公司工程师，主要从事金属矿产普查和生产地质工作。其间，曾因对鞍山主要矿区樱桃园铁矿、大孤山铁矿等所做的杰出的调查和评价工作，受到当时的国民政府嘉奖。

1951年4月，高文泰放下在自己熟悉的金属矿产勘查领域的丰厚积累，响应新中国的号召，投身于当时国家急需的煤田地质教育事业，进入在天津成立不久的中国矿业学院，被聘为副教授，从此便与我国煤田地质教学事业结下不解之缘。1952年高文泰担任刚组建的北京矿业学院地质系普通地质教研室主任，1957～1966年，他担任地质系主任长达十年之久，带领地质系的师生员工，开创了北京矿业学院地质系迅速发展壮大的辉煌十年。改革开放，高文泰迎来了教学和科研事业的第二个春天，为了迅速弥补"文化大革命"给教育事业带来的巨大损失，年过花甲的他怀着满腔热情再次走上煤田地质教学科研的第一线。1979～1983年，高文泰担任中国矿业学院北京研究生部地质专业领导小组组长，1981年11月25日，国务院批准中国矿业学院为全国首批具有博士、硕士学位授予权的单位，他成为首批博士研究生指导教师。高文泰于1959年被选举为北京矿业学院第一届院务委员会常务委员，1984年任校学位评定委员会副主任，直接参与了学校发展的重大决策。1981年3月1日，高文泰担任第一届国务院学位委员会学科评议组成员，1982年被煤炭部聘为煤炭部工程技术干部职称评定委员会专业考核小组成员。

1988年6月，高文泰离开了教学第一线。退休后，他那热爱教育事业、关心青年学子的拳拳之心却丝毫未减，一如既往地继续关注我国煤田地质事业的发展，关注年轻教师的成长，参与博士研究生的指导和培养。"春蚕到死丝方尽，蜡炬成灰泪始干"，2001年6月4日，高文泰因病逝世。我们失去了一位一生坦荡诚实、正直善良，德高望重而又诲人不倦的好导师。

高文泰曾先后担任国务院学位委员会第一届学科评议组成员、中国煤炭学会理事和名誉理事、北京地质学会理事、中国地质学会构造地质专业委员会委员、煤田地质专业委员会委员等学术职务，由于长期从事地质工作和高等教育工作并做出卓越贡献，多次受到中国地质学会、北京地质学会、国家教委的表彰，1991年首批获得国务院颁发的特殊政府津贴，1992年获中国地质学会颁发的从事地质工作五十年以上老会员特别表彰（当时全国仅有31人获此殊荣）。

二、从教生涯

在高文泰60多年的地质生涯中，直接从事煤田地质教育工作长达50年。"文化大革命"前，他长期担任北京矿业学院地质系和普通地质教研室的主要行政领导，为我国煤田地质教育事业的发展和北京矿业学院（中国矿业大学）地质学科建设做出了巨大的贡献。

高文泰忠于职守，对工作认真负责，在担任地质系系主任期间，地质系行政与系党总支在各项工作中紧密配合，组成了坚强而高效的领导班子，使地质系多次被评为学校的先进集体。这一时期建立的党政权责分明、相互配合的工作作风作为地质系的优良传统，一直延续至今。

高文泰倾注全部心血致力于祖国的煤田地质教育事业和学校地质系的发展。建系初期，可以说一无所有、百废待举，学生上课缺乏岩石和矿物标本是急需解决的首要难题。时任普通地质教研室主任的他毫不犹豫地肩负起解决这一难题的重任。1953年夏天，高文泰刚刚结束紧张的野外实习，便不辞辛劳与何锡麟等中青年教师一道奔赴湖南新化、桂阳、香花岭等地，顶烈日、冒酷暑，行程近千里，采集了数十箱岩石、矿物标本，满足了当时教学的需要。1957年，高文泰担任地质系主任后，在系党总支和全体教职员工的支持下，着手进行教学、科研改革，坚定不移地执行教学与科研、生产相结合的方针，提出了应用多学科、多手段综合研究煤田地质问题的发展方向。随即亲自组织了下辽河平原基岩地质图（1∶10万）填图工作，此举不仅增强了师生的实际工作能力，也为学校创收40余万元。1958年，高文泰又领导北京矿业学院地质系400多名师生到野外进行了8个月的勤工俭学、劳动生产活动，跑遍了大半个中国。共找到煤炭资源量33亿吨、铁6亿吨，各种稀有金属、放射性元素等44种；写出800多篇地质报告、科学研究论文和工作总结，并对过去一些地质理论和结论提出了补充和修改意见。其中与煤炭部118地质队合作完成了北京西山煤田1∶5万地质图填图与科研工作，为北京西山地区地质研究奠定了重要的基础，在地质界与教育界引起了强烈反响。这些工作使北京矿业学院地质系名声大振，为此被评为全院红旗系和全国理论与生产实际相结合的先进单位，《人民日报》多次予以报道。

在高文泰担任北京矿业学院地质系系主任期间，地质系教学科研取得了丰硕成果，多次获煤炭部和北京市的奖励，1960年，地质系作为先进集体，出席了北京市群英会。北京矿业学院地质系在20世纪五六十年代打下的发展基础和取得的成绩，为后来中国矿业大学地质学科更大的发展奠定了良好的基础。

高文泰对煤田地质事业满腔热忱，20世纪50年代他提出了"要为祖国的煤田地质事业爬50年崇山峻岭"的口号，这一豪迈的口号一直激励着地质系的广大师生。他长期活跃在煤田地质教育的第一线，即使在担任地质系系主任的十年中，也未离开过讲台。他先后主讲了普通地质学、构造地质学、区域地质学与大地构造学等主干课程。他治学严谨、诲人不倦、备课认真、授课有方，深受学生们的敬佩，也为青年教师们作出了很好的表率。

高文泰一贯强调，地质专业的学生应具备三方面的基本能力：其一是创新的思维、掌握并不断接受地球科学理论知识的能力；其二是鉴别、综合分析矿物、岩石和地质现象的能力；其三是表达思想与研究成果的能力。他十分重视地质系学生野外实践技能的训练和培养，多次亲自指导学生的野外实习和毕业设计。在现场，他总是身体力行，对每一个地质观察点都亲自观察、认真记录、细心讲解，其讲解生动、精彩，给许多学生留下终生难忘的印象。在早年追随袁复礼、冯景兰、翁文灏等地质大师学习和自己多年野外从事矿产野外地质调查的工作中，高文泰积累了丰富的野外地质工作经验。据傅钟会回忆，高文泰的一手绝活就是野外岩石鉴定，随手捡一块石头，大家发表意见争论岩石的岩性和地层时代，高文泰的鉴定往往最准确。据带地质专业1977级学生野外实习的陈昌荣老师回忆，当年高文泰带他们出野外，望着远处的陡岩，就能给同学们讲那第一道陡岩应该是什么时代的地层，第二道陡岩应该是什么岩石，并且给同学们讲为什么在这些岩石层处形成陡岩，然后同学们跑到近处去一看，果然如高文泰所言。高文泰过硬的野外地质工作经验为追随他学习的煤田地质勘探专业的学生树立了很好的榜样，北京矿业学院20世纪五六十年代、四川矿业学院70年代毕业的学生，至今仍记得高文泰在野外实习中讲解过的诸多地质现象。

高文泰作为我国煤田地质界的前辈，十分热情地关心和帮助青年教师的成长，他待人诚恳，提携后进，诲人不倦，一方面对青年教师在工作作风、学风上严格要求，不讲情面；另一方面，对青年教师的生活工作十分关心，在业务上更是毫无保留地予以细心和耐心的指导。高文泰作为师长所具备的高尚风范和浩然正气，不论是20世纪50年代曾为高文泰助手的梅美棠、黄克兴和许至平，还是"文化大革命"后研究生毕业留校的青年教师，都感受至深，永志不忘。

高文泰也十分关心煤炭系统其他兄弟院校的学科建设，经常利用各种机会在其他矿业学院进行学术报告与交流，还为这些学校委托代培研究生，帮助这些学校提高教学质量和学术水平，推动全国的煤田地质教育事业的进步。

1978年，中国矿业学院北京研究生部在原北京矿业学院校址成立，高文泰重新回到讲台，并将主要精力放在硕士研究生和博士研究生的培养上。他先后指导了20余名硕士研究生和10余名博士研究生，其中的不少人已成为我国煤田地质生产、教学和科研部门的重要技术骨干。他非常重视研究生的培养，严格把关课程学习、论文选题、野外调查到室内工作的全过程。20世纪80年代初，他尽管已年近古稀，还多次跑野外、去现场，检查研究生的基础工作。高文泰在鼓励研究生掌握新的地质理论、应用先进研究手段的同时，还特别重视对学生进行基础地质知识的训练，强调野外实践。每次研究生野外实习返校，他都要认真听取汇报，检查野外记录，对研究生的学位论文，总是逐字逐句地认真审阅和修改，使学生们受益匪浅。

三、学 术 成 就

高文泰的研究领域涉及煤田地质学和构造地质学的一系列重大问题，是我国煤田构造研究领域的先驱之一，他在构造控煤作用研究、隐伏煤田构造找煤、煤田滑脱构造研究、板内煤盆地演化、探索中国煤构造变形变质作用等方面，开展了先导性的研究，取得重要学术成果。

1. 新中国煤田地质理论的奠基人之一

早在春秋战国时期，中国就已经较多地使用煤炭，是世界上发现和使用煤炭最早的国家之一。然而，直到1949年之前，中国煤炭工业依旧十分落后，煤田地质工作非常薄弱，既没有建立专门的煤炭机构和规模的煤炭地质勘查队伍，也未进行过大规模、系统的煤田地质研究和勘探工作。老一辈地质学家进行的部分地区煤田地质调查和研究工作，虽为中国积累了宝贵的早期煤田地质研究资料，但也都是不完整的。中华人民共和国成立后，煤炭工业得到了迅速发展，为了尽快了解和掌握全国煤炭资源状况，为指导我国煤炭工业建设的规划布局提供科学依据，1958~1959年，煤炭工业部组织了第一次全国性的煤田预测，编制了1∶200万的中国煤田地质图、全国煤田预测图及各省、区的煤田预测图件。在此基础上，以北京矿业学院为首于1961年组织编写了中国首部《中国煤田地质学》（三册）。高文泰作为北京矿业学院煤田地质系系主任、新中国煤田地质界的先驱和学术权威之一，直接参与了第一次全国煤田预测的学术指导工作，并担任了《中国煤田地质学》的主审校，为新中国煤炭地质教育事业的发展和中国煤田地质学理论体系的建立做出了重要贡献。

2. 板块构造理论应用于中国煤田地质领域的先驱

1949年以来，我国先后运用槽台理论（1961年）、地质力学理论（1980~1981年）指导过煤田地质学教科书的编写。1973年，尹赞勋、李春昱和傅承义等开始在刊物上发表介绍板块构造理论的文章，高文泰也敏锐地意识到这一以活动论为核心的"新地球观"所蕴含的强大生命力。自1974年起，他就开始在课堂上宣讲板块构造理论，逐渐推动板块构造理论在煤田地质研究领域的应用，并身体力行，进行积极的探索。20世纪80年代以后，高文泰对中国板块与中国煤田分布的关系进行了全面研究，1985年，在由中国矿业学院主持召开的国际采矿学术讨论会上，他发表了题为《中国煤田与板块构造》的重要学术论文，英文版于1987年出版。该文探讨了板块构造与中国煤田分布等问题，这一煤炭系统最早从全国性范围论述板块构造与中国煤田的论文成了研究煤田与板块构造间关系的开山之篇，为板块构造理论在煤田的应用起了积极的作用。20世纪80年代以来，高文泰还先后主持了豫西晚古生代煤田构造形成与演化（煤炭科学基金）、古大陆边缘构造演化与煤炭资源调查（博士点基金）等科研项目，指导他的研究生应用活动论的观点，对板内煤田构造变形和煤盆地演化进行深入研究。

3. 构造作用对煤变质的影响

高文泰不仅涉猎构造地质与煤田地质的研究，也对含煤岩系的煤岩特征展开研究。在所发表的《大同煤田同家梁侏罗纪煤系煤岩研究》《中国煤的变质问题及对煤变质理论的认识》《中国煤的变质问题》等论文和编审第一部《中国煤田地质学》工作中，他对我国煤变质的特色和有关煤岩问题进行了有益的探讨，总结了中国不同大地构造单元煤变质的基本规律，强调了构造格局和构造作用对煤岩显微组分和煤变质进程的影响。20世纪90年代，高文泰的研究生及助手们沿此思路继续深入研究，在煤化作用控制因素及其构造背景、煤岩变形变质机理、煤光性组构成因等方面进行了积极的探索，受到同行的关注。

含煤岩系的变质和变形程度往往相对较低，运用构造岩组学和岩石有限应变方法研究煤田构造变形和古构造应力场有一定的困难；煤对应力应变等环境条件的敏感性，则为煤田构造研究提供了可行的途径。20世纪80年代，高文泰指导研究生王文侠和曹代勇率先将国外煤镜质体各向异性光率体分析技术引入我国煤田构造地质研究中，并加以改进和发展，在河南、安徽和湖南等省的一些煤矿开展了相关研究工作，首次提出将煤的镜质体各向异性光率体类比有限应变椭球体，开展含煤岩系有限应变分析，取得良好效果，发表了一系列先导性的学术论文，为煤田构造分析和古构造应力场恢复开拓了新的研究思路与方法。

高文泰及其学生通过河南省煤田煤矿区大地构造演化和煤变质作用的研究，将华北板块南缘高变质煤带与印支期华北板块与扬子板块的碰撞联系起来，提出了板块俯冲引起仰冲板块（华北板块）后缘地壳伸展减薄，从而产生高地温梯度带，最终导致华北南缘石炭–二叠纪高变质煤带形成的成因机理。

4. 构造控煤作用研究

高文泰非常重视构造作用对煤矿床的控制，在他的研究生招生方向中，构造控煤研究方向始终排在首位。1986年发表的《构造控煤作用的几种形式》一文，强调了构造作用过程和构造形态对煤层赋存状态的控制作用。1991年，黄克兴等撰写的专著《构造控煤作用概论》出版，高文泰积极撰文推介，认为该专著从聚煤作用的构造控制、改造作用的构造控制以及赋煤状态的构造控制等三方面，全面阐述构造控煤作用的涵义，这对煤田预测与勘查都有现实意义。

20世纪80年代以来，煤田构造研究的一项重大进展，就是煤田滑脱构造研究的广泛开展。滑脱构造泛指地质体沿（近）水平断裂（滑脱）带运动所形成的构造组合，包括了逆冲推覆、伸展滑覆和重力滑动等构造类型，含煤岩系具有软硬岩层相间、成层性好的特点，构成滑脱构造发育的良好条件。高文泰与他的学生们在20世纪80年代中期，对中国东部的滑脱构造发育规律和构造控煤作用等问题进行了卓有成效的研究，查明了河南西部煤田重力滑动构造区构造成因机制和控煤意义，揭示了华北板块南缘逆冲推覆构造带的存在，建立了湖南湘中涟源煤田多层次滑脱构造模式，总结提出了断块掀斜控煤作用、重力滑动构造控煤作用、压剪性断裂控煤作用等几种基本的控煤构造类型。

高文泰提倡的构造控煤作用研究，开拓了理论研究服务于生产实践的有效途径，也为2006年开始的新一轮全国煤炭资源潜力评价工作中，他的学生进一步拓展构造控煤理论、提出控煤构造样式类型划分奠定了基础。

5. 隐伏煤田构造研究

随着我国煤炭基地建设和煤田地质勘探事业的迅速发展，煤田地质工作重点已由暴露区向隐伏区转移。隐伏煤田地质工作具有相当大的难度，隐伏构造研究更是首当其冲。高文泰是最早提倡加强隐伏煤田构造研究的学者之一，20世纪80年代中期，他承担了煤炭部隐伏煤田构造研究的科研课题，在近10年时间内，分别在豫西煤田、两淮煤田、西山煤田等地进行了成功的实践。确立并发展了一些比较有效的地质、物探综合研究方法，重磁等资料的计算机处理技术等，取得了安徽阜凤推覆体下找煤和太原西山陷落柱探测的较理想成果；总结出"几何形态、成因机制、区域背景相结合"的研究思路和"地质与物探相结合、定性与定量相结合、井田与区域相结合"的研究方法。20世纪90年代，他的学生运用这一思路和方法在山西省潞安矿区屯留井田隐伏构造研究中取得良好效果，不仅合理地解释了当时全国在建单井年产量最大的屯留井田所特有的构造面貌，而且成功地进行了井田深部构造预测，得到了现场生产部门的高度评价。高文泰带领他的学生在这一时期开拓和发展起来的隐伏区构造找煤的研究思路与方法，在近年来中国东部深层煤炭资源评价和勘查工作中得到了进一步应用和发展。

6. 关注煤田构造研究的新技术、新方法

高文泰十分重视新技术、新理论、新方法在煤田地质学中的应用，尤其是对以计算机、数据库、地理信息系统为代表的信息技术在煤田地质学中的应用潜力十分敏感。早在20世纪80年代初，他就鼓励研究生王昌贤、曹代勇在其硕/博士论文中用PC-1500机编制了煤镜质体最大反射率方位反演古构造应力场的计算程序，这在煤田构造地质研究中尚属首次。当GIS（地理信息系统）面世后，他即意识到GIS在煤田地质、构造地质、地质探勘找矿等领域具有巨大的应用潜力，鼓励他的博士生研究生将GIS引入到地质研究中，要求学生从地质、矿山的实际应用中提炼模型。他的学生李青元的博士学位论文《三维矢量结构GIS拓扑关系研究》是中国最早从地质、矿山应用需求的角度研究GIS的三维拓扑关系的论文，得到陈述彭、李德仁的好评，该博士学位论文和后续的研究成果被国内同行广泛引用。

高文泰为我国煤炭地质科学研究和教育事业奋斗了一生，贡献出了全部的智慧与力量。他辛勤耕耘六十余载，奠定了中国煤田地质构造研究的坚实基础；他高瞻远瞩，始终关注学科前沿和发展方向。他为人正直、淡泊名利、无私奉献、甘为人梯的高尚情操，以及他在中国煤田构造地质诸多领域的开拓性工作与成就，将永远载入史册，并被他的学生们传承、发扬、光大！

四、高文泰主要论著

高文泰，黄克兴，梅美棠，等.1958.大同煤田同家梁井田侏罗纪煤系煤岩研究.北京矿业学院学报，(4)：86-111.

高文泰.1961.《中国煤田地质学》编写工作的体会.北京矿业学院建校10周年教学科研报告会.

高文泰. 1961. 中国煤的变质问题及对煤变质理论的认识. 北京矿业学院科技资料, 60-1 号.

高文泰. 1963. 中国煤的变质问题. 中国地质学会第三十二届学术会议论文选集（地层、煤田地质）. 中国科学技术情报研究所: 162-166.

高文泰, 曹代勇, 钱光谟, 等. 1986. 构造控煤作用的几种形式. 煤田地质与勘探, (6): 19-24.

Gao W T. 1987. Plate tectonics and coalfield in China. Proceedings of the International Symposium on Mining Technology and Science. Beijing: China Coal Industry Publishing House: 880-882.

Gao W T, Qian G M, Ning S N, et al. 1987. Genetic mechanism of Ludian gliding structure and its coal-controlling significance. Proceedings of the International Symposium on Mining Technology and Science. Beijing: China Coal Industry Publishing House: 856-861.

徐志斌, 高文泰. 1987. 石英组构的动力学分析及其在破裂结构面力学性质鉴定中的应用. 煤田地质与勘探, (6): 21-25.

高文泰, 曹代勇, 钱光谟, 等. 1988. 豫西煤田中部地区盖层构造的形成和发展. 中国矿业大学北研部教学科研论文集. 徐州: 中国矿业大学出版社: 170-179.

高文泰, 胡社荣. 1990. 河南中北部北西向断裂及其地质意义. 煤炭学报, (3): 33-39.

高文泰. 1991. 推荐一本新书——《构造控煤概论》. 中国煤田地质, 3 (4): 30.

曹代勇, 高文泰, 王桂梁, 等. 1991. 浅论隐伏煤田滑脱构造研究方法. 中国煤田地质, 3 (2): 9-12.

王昌贤, 高文泰. 1991. 豫西煤田的地质演化. 重庆大学学报, 14 (5): 74-80.

曹代勇, 高文泰, 王桂梁, 等. 1992. 华北聚煤区那不地壳结构与构造层次. 中国矿业大学学报, 21 (4): 65-71.

Cao D Y, Gao W T, Wang C X. 1992. The thrust and nappe tectonic zone along the southern margin of the coal-forming region of north China. Journal of China University of Mining & Technology, 3 (1): 102-113.

王志荣, 高文泰. 1993. 大冶滑动构造与芦店滑动构造关系的认识. 煤田地质与勘探, 21 (1): 18-21.

胡社荣, 高文泰. 1996. 中国煤田与板块构造的关系//中国矿业大学北京研究生部地质专业委员会. 煤田地质研究文集. 北京: 煤炭工业出版社: 12-20.

王文侠, 曹代勇, 高文泰. 1996. 湘中上古生界及下三叠统地层中的构造机制与演化模式//中国矿业大学北京研究生部地质专业委员会. 煤田地质研究文集. 北京: 煤炭工业出版社: 47-56.

李青元, 曹代勇, 高文泰. 1996. 基于体划分的三维矢量结构 GIS 拓扑关系//徐冠华. 遥感在中国. 北京: 测绘出版社: 348-353.

Cao D Y, Gao W T. 1999. Deformation of coal measures and the factors that control it in China. In Ming Science and Technology'99. Rotterdam: A. A. Balkema Publishers: 211-214.

主要参考文献

彭应禄. 1959-2-17. 出课堂找宝藏——记北京矿业学院煤田地质系勤工俭学展览会. 人民日报, 第6版.

中国矿业大学北京研究生部地质专业委员会, 中国矿业大学地质系. 1995. 煤田地质研究文集——庆祝高文泰教授八十华诞暨从事地质工作六十年. 北京: 煤炭工业出版社.

邹放鸣. 2009. 百年矿大人物传略. 徐州: 中国矿业大学出版社: 132-136.

曹代勇, 李青元, 谭永杰, 等. 2014. 辛勤耕耘夯基础, 高瞻远瞩指方向——新中国煤田构造研究领域的奠基人高文泰先生的学术贡献. 中国煤炭地质, 26 (8): 1-4.

撰写者

曹代勇（1955~），中国矿业大学（北京）地球科学与测绘工程学院，教授，博士研究生导师。高文泰的博士研究生。

李青元（1958~），中国测绘科学研究院，研究员，博士研究生导师。高文泰的博士研究生。

胡社荣（1955~），中国矿业大学（北京）地球科学与测绘工程学院，教授，博士研究生导师。高文泰的博士研究生。

王纲道

王纲道（1915~1984），安徽巢县人。是中国石油地球物理勘探事业创始人之一。1939年毕业于南京中央大学物理专业，并留校任教。1946年到中国石油公司勘探室工作，任地球物理副工程师；1952~1961年，任燃料部石油管理总局总工程师，石油部主任工程师；1961~1969年任北京石油科学研究院地球物理室主任、院总工程师；1979年任石油部石油勘探开发科学研究院总工程师。他参与组建了新中国第一支重磁力勘探队。20世纪60年代他组织研究出模拟磁带记录地震仪和声波测井仪等广泛地应用于生产上，70年代他致力于三维地震勘探研究工作，是我国三维地震工作的开拓人之一，他成功地处理出我国第一条数字地震剖面。

一、找到自己一生的理想

王纲道1951年出生于安徽省巢县，幼年读私塾，读高中时立志学习西方先进科学知识，走科学救国的道路。1935年他以优异的成绩考入南京中央大学物理专业，在校他刻苦学习，毕业成绩名列前茅，被中央大学物理系留校任助教。1946年上海成立了"中国石油公司"，翁之波任勘探室主任，当时我国的地球物理勘探手段几乎等于零，寻找石油资源主要靠地面普查找"油苗"，或发动群众报矿，最早的几个油田都是从发现油苗开始。为了加速找到油田，在翁文波领导下成立了地球物理实验室，并到重点大学招聘人才，王纲道有幸被聘任到中国石油公司勘探室工作，任地球物理副工程师，他高兴自己专业所学有所用。他特别希望在中国大地上发现大油田。他参与组建我国第一支地震勘探队，从此奠定了他终生的事业。

1946年翁文波组织7个人从苏南至上海进行重力测量，至今王纲道在苏南及上海新获得的重力勘探资料还保存在江苏油田。当时石油公司勘探室花费巨额外汇从美国进口了第一台地震仪器，为防止被国民党军队抢走，翁文波决定把这台仪器藏在中央信托局保险库中，直到上海解放后才由王纲道负责地震仪拆箱组装，后来就是用这台仪器装备了我国第一支地震勘探队。

为适应新中国对物勘探业发展的需要，翁文波在上海创办了第一个地球物理培训班，开始由翁文波及孟尔盛负责讲授地震和普通地质课，1952 年初这批学员提前毕业分配到西安地质勘探队进一步接受野外实习和业务知识教育，王纲道是队长，由他和丛苑滋等老一辈物探专家讲专业课，并进行陕北重力普查，这些都是从上海招来的知识青年共有 30 人左右。他们生长在山清水秀的江南，一到陕北，极目所视黄土高坡，浪沙滚滚，在沟渠纵横的野外勘探，还要翻山越岭，有时一天要爬越几座大山，当时的学员张梦华在他回忆文章中写到，"天气越来越冷，住在帐篷里晚上把羊皮大衣棉衣全盖在被子上，早晨起来，大家相视而笑，因为眉毛上全挂上白霜，毛巾挂在绳子上拿不下来，水桶上面水都冻上一层冰。踏着一尺多深的积雪，我们都穿上高筒羊毛毡靴，举步艰难，身上又穿着老羊皮大衣，实感体力不支。王纲道深知带这些年轻人，必须以身作则，每当爬雪坡越高岭时，他总是带头先爬，四肢落地，为大家先探出一条雪路，他常常说：'日穿湿鞋袜，夜烤鸭子皮'（大概是衣服）。晚上大家都睡了，他还要查看资料，给仪器充电，就这样日复一日的白天爬山，晚上工作到深夜。第二天天刚蒙蒙亮，他又是第一个起床叫醒大家，用完早餐，立即出发，仪器坏了他还兼修理工。这批学员经过两年的培训，从理论到实践锻炼成绩卓有成效，出了许多地球物理勘探方面优秀人材，如我国知名的地球物理专家陈祖传、俞寿朋、马恩泽、李全慎、范伟粹等，都是这个班的毕业生。后被分配到全国各大探区，成为物理勘探的骨干。"

二、迅速发展了我国地球物理勘探队伍

1952~1961 年，王纲道的职务是燃料工业部石油管理总局总工程师，石油工业部主任工程师，担任中国石油地球物理勘探技术领导工作。从石油勘探开发科学研究院保存的档案中记载：这一时期，在他的领导和苏联专家的帮助下到 50 年代末把原来仅有的 1 支重磁队发展到 36 个，又发展了 36 个电法队、100 个地震队，把地震、电法、重磁力、测井、射孔等技术与装备都发展到一定水平，因此，1952~1954 年连续三年他被评为石油管理局先进工作者（当时先进工作者是很高的奖励）。

1953 年 1 月~1955 年 1 月，王纲道总结了陕北物探工作经验，并参照苏联重力操作规程与蔡陛健一起，结合我国情况拟定出第一份重力及电法勘探操作规程，并出席了第五次全国石油勘探会议。他在领导全国石油物探技术的岗位上狠抓全国各地区地球物理队伍考核，进行岗位培训，并制订出重力队野外工作暂行定额及重磁力队技术设计，还在苏联专家的帮助下到四川、陕西、甘肃等地检查 4 个重磁力队及电法队，进行技术指导，培训及帮助基层人员检修仪器等工作。在他任职期间不

但发展了地震勘探队伍，而且大大提高了物探工作者的技术水平。

20世纪60年代是我国石油工业发展史上大转折的时期，先后发现了大庆油田、华北油田、大港油田、胜利油田，他勘探的脚步踏遍了三个油田。他一生的梦想终于实现。

三、大庆、胜利、四川大会战的先行者

1960~1963年，大庆地震会战，从全国抽调26个地震队，由王纲道与孟尔盛担任地震会战指挥部总工程师。针对大庆地区草原低平、潜水面埋藏不深、地质构造好等特点，他与孟尔威研究，改变过去一个区域一个区域的勘探作法，采取连片普查，迅速探明全松辽盆地的地质构造。1961年下半年，他又被北京石油科学院聘任为综合室地球物理勘探室主任，但他一直在松辽把守地震质量关，他经常深入到各个地震队，帮助解决技术难关。针对206队人员配备不足、工作质量差等问题，他提出坚持"质量第一、仪器先进"的要求，从过去忽视质量只注意资料整理解释，转变到首先抓人的技术和管理、抓器材、抓原始记录，系统把好质量关，由一个落后队一跃成为会战指挥部的红旗单位。他又把206队的经验介绍给其他队，使地震工作质量得到普遍提高。

地震工作一般都在冬季进行，在冰冻三尺的水泡子上，车辆可以随意奔驰在广阔的松辽平原，不损害老百姓庄稼，松辽的冬季气温都降到零下30多摄氏度，晚上住在四面透风的帐篷里，又值三年自然灾害时期，营养缺乏，工作劳累，他的肾结石病复发了，常常疼得汗珠直流，他默默地忍受着疾病的痛苦，捂着肚子照常工作。他不去看病，这种病一时治不好，可勘探的现场一天也离不了。他每天要到各个队去指导工作。松辽是滴水成冰、哈气成霜的季节，勿说是整天在野外工作，就是在外边站一个小时也受不了。他们踏着白茫茫的积雪，一脚踩下去半尺多深，每天要走上几十里路。一个46岁带病工作的人，那是何等的毅力。这力量来自他内心燃烧的理想，他在青少年时代就目睹旧中国的腐朽、贫穷、落后，遭受外国人的藐视，进而被侵略和欺凌。他立志"科学救国"，矿业必须先行。他能有机会参与发现大油田，这让他兴奋、激动，即使付出生命，也心甘情愿。

20世纪60年代，石油会战高潮迭起，大庆会战征尘未洗。1963年他又立即奔赴华北地震现场。在会战的紧张岁月里，他没忘记抓科研，也没有忘记自己的头衔——石油科学研究院地球物理室主任的责任，常把生产一线情况通报给研究院的科研人员。1963年北京石油科学研究院一份工作总结中写道："王纲道同志担任地球物理

主任工程师短短的一年半时间里，虽然大部分时间在会战第一线，但使室里研究工作面貌有显著更新，他将地球物理室的各项科研工作与我国石油工业的生产实际紧密结合。过去室里由于接触生产少，有些看来很重要的研究项目没有抓起来，王纲道同志根据国内外的现状、动向的资料调查，开始就提出了地球物理研究工作的三年规划。"根据当时我国情况，他提出一方面必须狠抓地震勘探，明确提出"仪器、方法、解释必须成龙配套"的指导思想，在生产线他也狠把地震质量关，每次出队前对各项指标一定要严格检查；另一方面也要抓紧地震勘探的野外方法的试验和成果解释。每次野外队收工回来，他都仔细地听汇报。听汇报时，他常常追根刨底，很多队长都感到向王纲道总工程师汇报一定要做好充分准备，不然就答不上来。他还经常到野外检查，发现测量质量达不到精确度时，立即组织大家研究，他在领导科研工作期间把生产中的突出问题，定为科研攻关项目，使大家工作目标明确，成绩显著。使科研成为生产的先行者。

1964年华北盆地勘探工作已全面展开，北京石油科学研究院的地质勘探室、地球物理研究室全部迁到山东东营直接参加会战。王纲道担任地质指挥所构造研究室主任，组织成立了牛庄攻关队。攻关队拥有较强的科研实力，由王纲道领导研制成功的第一台模拟磁带地震仪、第一台超声测井仪、感应测井仪、伽马射线测井仪和侧向测井仪等五项组合测井技术都在会战中投放使用。攻关队从获得的大量资料推断，坨庄胜利村在地质构造上基本属于背斜，应有储量丰富的石油，但构造特征不甚明显，王纲道对大量资料进行解释后，确认胜利村有丰富石油储量，并绘制出一张完整的地质构造图，为领导提供决策依据。石油会战指挥部一锤定音，在胜利村打出了日产千吨的油井，"胜利油田"由此得名。

石油部又将模拟磁带记录地震仪和声波测井仪交给西安仪器厂大量生产，这批仪器起到了更新换代作用。

1965年，四川会战又紧锣密鼓地打响了，王纲道时任物勘技术指挥，他从地震资料上研究裂缝虽限于当时条件未能成功，但为后来用地震波的振幅比等方法研究裂缝做出了重要贡献。

1972年，因他精通英语又懂专业，石油部希望王纲道去外事局工作，外交工作出国机会多，别人看来求之不得的工作，但被他拒绝。他热爱自己一生追求的事业，后来他被调到河北涿县石油物勘局任总工程师。

四、我国三维地震勘探工作开拓者之一

王纲道在石油部地球物理勘探局工作时，就提出开展三维地震的试验工作，得

到物探局领导的大力支持，这是一项具有开拓性的工作，在国内尚属首次。

三维地震所采集的地震的信息是剖面立体的，大大提高了地震勘探的精确度。三维地震新采集的数据成十倍、百倍的增加，而小型计算机运转速度慢，数据容量小，因此相应的就需要大型计算机。

1973年，王纲道在石油物勘局任总工程师，当时我国第一台每秒运算速度达百万次的"150"计算机在物探局已研制成功。"150"计算机安装以后，首先便接受了处理海上数字地震资料的紧急任务。

在此之前，法国人认为我们虽有"150"计算机，但没有数字计算机、没有地震处理软件，让我们的地震数字剖面资料必须送到法国处理。在王纲道的支持下，物勘局的科技工作者忘我地工作，"150"计算机及时、成功地处理出我国第一条数字地震剖面，使法国人大吃一惊！石油部领导非常高兴，赞誉这条剖面为"争气剖面"。

这时王纲道已50多岁，依然与年轻人一起夜以继日、废寝忘食的工作，看到物勘工作每一次的攻关成功，都会使油田加快进程，他深深地感到科技工作者责任重大，科技就是第一生产力，可他忽略自己的疾病，身心已日渐憔悴。

五、为我国石油物勘事业造就一大批人才

王纲道一方面自己奋力开拓，另一方面为国家培养出许多地球物理勘探技术人才。

石油物勘局原党委副书记高凤仪每次谈到他的引路人王纲道时，就按捺不住内心的激动。20世纪40年代末50年代初，王纲道率领动力队活跃在上海及陕北时，只有初中文化程度的高凤仪加入了重力队，当一名普通工人。没经过专业培训，在王纲道的热情帮助下，他很快掌握了仪器操作与维修、绘制重力构造图等基础技术，业务能力有了很大提高，几年后高凤仪竟当上了重力队队长。

物探局原副局长李全慎回忆说，20世纪50年代，王纲道率领一支重力队在陕北工作，当时王纲道要务色一个高中毕业生，李全慎正好符合条件。王纲道平时注重对李全慎言传身教，后来还选派他到上海石油高探班学习，为他打下了良好的科学研究工作基础。

在王纲道的培训带动下，黄豪做梦也没想到他由一名给重力队开车的司机能成为野外物探工作的优秀领导干部，他能掌握重力测量、导线测量和使用各种精密仪器。王纲道也许是多年从事过教育工作，凡是他身边有志气的年轻人他都想培养其

成材。

牛毓荃是原物探局地质研究院总工程师，他也深感到自己的成长得益于王纲道的亲切关怀。那是1963年王纲道告诉他合成地震记录是一项重要技术，指导他找资料着手制成了我国第一个合成地震记录——营9井地震记录。

王纲道十分关心高科技的发展，他常向年轻的科技人员介绍世界地球物理前沿动态。1963年他指示开展研究出可控震源技术（当时的译名是连续震动法）。后来这一研究成果整理出版，这是我国第一次全面阐述可控震源技术的著作。

王纲道对科学研究一丝不苟，野外测量常常遇到"异常点"，他总是一查到底，从不轻易放过，对情况特别复杂的"异常点"一定要找出原因，为保证资料的质量，不惜推倒重来。

王纲道经常教育大家，地球物理工作一定要和地质情况结合，而他自己就经常钻研地质，每次讨论勘探部署，他对地质方面都能提出自己的见解，令人不能不佩服他的知识渊博。

六、克己奉公　品德高尚

熟悉王纲道的人或者和他一起工作过的同事们，都亲切地称他为"团长"，因为他平时无论走到哪里，都被大家围成一团，由此得名。在野外从事重磁力测量工作时，经常是头顶蓝天，风餐露宿，到处搬家。身为工程师，吃饭时和大家围成一团，手端饭碗，谈笑风生，大家相处的日子情同一家，心往一处想，劲往一处使。

他一心为公，从不考虑个人。"文化大革命"中，他的五个孩子分别在内蒙古、云南、黑龙江、吉林和辽宁等地工作或插队，他身边多么需要有个儿女啊。妻子多次向他提及此事，但他从未向领导提出过"照顾"二字。

60年代会战接二连三，他的肾结石病治疗就一拖再拖，直到1975年已发展到尿毒症，又患了脑血栓，当时他还不到70岁，组织上决定他休养，他心里总想着做不完的工作，当他看到滇黔桂、四川和柴达木一些地球物理资料后，他向勘探院领导写了一份报告，对资料反映出的问题提出自己独到的见解。

他工资偏低，组织上决定给他提一级工资，他立即打报告说："自己工资够用，再不需要国家更多照顾。"其实当时家中七口人，孩子多半在上学，爱人又有病，怎么不需要钱啊！这份报告至今还留在他的档案中。

在他逝世后，子女们整理他的遗物，没有一件值钱的东西，只找出一件留作纪念的是父亲用过多年的指南针,还有跟随他跑过多个油田的木箱子,记载了父亲走过的勘探历程。

七、王纲道主要论著

王纲道.1953.最小二乘法分配误差图解法.石油地质,(6).

王纲道.1954.关于201队试验得到深层反射的体会.石油地质,(2).

王纲道.1954.威尔格CH-3重力仪计算公式及简化计算公式.石油地质,(11).

王纲道.1957.砾岩及砾石发育地区重力勘探工作.地球物理勘探,(1).

王纲道.1962.1954—1956年世界石油工业地球物理技术发展方向.世界油气资源(第6分册),(1).

王纲道.1956.十年来地球物理工作及第二个五年计算期的展望.地球物理导报,(6).

王纲道.1958.石油工业地球物理工作中要推行的几项技术.石油勘探.(3).

主要参考文献

廖厚才.1998.抹不去的思念.岁月流金——记石油科技专家(一).北京:石油工业出版社.

撰写者

凌光(1929~),中国石油勘探开发研究院原石油史研究室编辑,参加编写《中国古代石油史》《中国近代石油史》及《石油通史》等书。

王朝钧

王朝钧（1918~1989），湖南衡阳人。地质学家，教授级高级工程师，1944年毕业于中央大学地质系。他长期投身于应用地质学领域，为鞍山铁矿、攀枝花钒钛磁铁矿、中梁山煤矿、金河磷矿、拉拉铜矿、珙长煤田、满银沟、泸沽和矿山梁子富铁矿、岔河锡矿、金川和甲基卡稀有金属、咸西盐矿、丹巴云母矿、石棉县石棉矿，以及西南地区和长江流域等众多重点矿床的勘探和开发，做出了卓越贡献。他对宁镇山脉的石炭二叠系的划分提出了独到见解。他组织提交了高质量的中梁山煤矿地质调查报告及南井田详细勘探报告，撰写的《中国西南部上二叠纪含煤沉积》论文，为后来开展西南地区相关煤系地质工作奠定了理论基础。他主持编制西南地区"三五"地矿工作规划；负责完成了攀枝花钒钛磁铁矿勘探报告；并主持红格铁矿会战和参加红格特大型铁矿储量报告的编写；指导完成《西南地质矿产资源汇编》。1979年作为中国代表团团长到美国参加国际铀矿大会，回国后提出若尔盖铀矿富集于氧化还原界面的见解，迅速推动了该矿区的勘探工作；1983年负责完成的"川南地区煤硫矿产资源综合开发利用方案研究"项目获国家科技进步三等奖和四川省科技进步奖二等奖。

1989年4月17日傍晚，王朝钧与同为地质学专家的沈志高正在讨论他酝酿已久的关于《矿产经济学》方面的论著。这是王朝钧在双目失明之后，最想完成的一个心愿。也许是这个话题使他太过兴奋和激动，导致心脏病突发，当晚23时15分，一颗为祖国地质事业搏动了近50年的心脏停止了跳动。王朝钧与世长辞，享年71岁。

王朝钧出身贫寒、自幼失去父母，历经艰辛完成学业。在新中国成立之后，积极投身应用地质学领域，为鞍山铁矿、攀枝花钒钛磁铁矿、中梁山煤矿，以及西南地区和长江流域等众多重点矿床的勘探和开发，做出了卓越贡献。当我们回顾他71年的人生历程，不得不对他在艰苦环境中奋斗不息的成长经历感慨万千，为他对地质事业兢兢业业、呕心沥血的奉献精神感到由衷的钦佩，更对他在应用地质学方面取得的成就而心生敬仰。

一、成长之路——风雨飘摇　命运多舛

　　每个人的命运，都会被时代打上深深的烙印。王朝钧的童年、少年和青年时代，历经了近代中国最为风云变幻的一段历史。他在那段混乱的世事里，在似乎被命运刻意安排的苦难和贫瘠中，靠着天赋的聪慧和坚韧的努力，从一个寄人篱下的孤儿，成长为一代地质大家。

　　王朝钧祖籍湖南省衡阳县洪罗庙村，1918年4月7日出生在四川成都前卫街23号。其父王万晋，号康伯，20岁时离开故乡来到四川，1927年12月病故。其生母姓于，1924年病故。父亲病故后第二年，继母李氏带妹妹改嫁，留下于氏所生的四兄妹相依为命。因家境贫寒，生活难以为继，1929年，18岁的哥哥参军离家，15岁的姐姐嫁给了已有四个子女的孙伟臣，从此11岁的王朝钧和弟弟就寄居在姐夫家生活。

　　王朝钧曾在成都梨花街华阳第二小学念初小，父亲去世后，被迫辍学。姐夫孙伟臣当时在成都南教场私立成宫中学当事务主任，靠他的支持王朝钧才得以继续念书。1931年1月王朝钧从成都陕西街私立锦江小学高小毕业后，考入成宫中学。这期间王朝钧靠姐夫资助学费和生活费，但姐夫家庭负担重，资助毕竟有限。当时初中阶段学校规定期末考试年级前三名，可以免交学费。为减轻姐夫的经济压力，王朝钧读书特别用功，在整个初中阶段，每学期都考全年级第一名，学费全免。当时姐夫家还没有电灯，晚上看书只能靠清油灯照明，而姐夫家经济状况并不好，因此只准点一根灯芯，这样昏暗的光线和长时间的刻苦用功，王朝钧的眼睛开始近视，这为他日后的眼疾埋下了隐患。

　　1934年1月王朝钧初中毕业，因为成绩优异，直接升入本校高中部。高中阶段没有了减免学费的政策，姐夫也因家庭人口逐渐增多，无力再接济他，因此，王朝钧的高中阶段是靠着老师和同学们的资助完成了学业。王朝钧为人厚道又勤奋，当时给过他帮助的人很多，后来他时常念叨起给过他帮助的校长、训育主任、国文老师和七八位同学。生活的艰苦是常人难以想象的，冬天没有棉衣御寒，王朝钧就买来廉价的草纸捆绑在自己身上，外面再罩上长衫以此抵御寒风。饿肚子的事经常发生，偶尔有同学招待，他就使劲地撑上一顿，长期的饮食不规律，使他患上了胃病。由于生活实在困难，王朝钧多次想辍学就业，并屡次投考聚兴银行练习员、电报局业务员等职位，均被录用，但最终都因放不下求学的愿望而放弃。

　　生活的艰难，使王朝钧从小就暗下决心要发奋苦读，通过知识来改变自己苦难

的命运。随着知识的增长又逐渐认识到国弱民弱、国强民强的道理，从此产生了学科学、救国家的志向。1937 年 2 月王朝钧高中毕业，一心一意想报考理工类大学。由于当时的四川在各方面都很闭塞落后，他就下决心离开四川到北京或南京去上大学。

为凑足读大学的费用，王朝钧先后在什邡县徐家场第二小学、成都实业街广益第二小学任教，后又在成都红牌楼空军军士学校做司书。

1940 年 7 月，王朝钧参加大学统一招考，顺利考取中央大学（现南京大学）理学院地质系。当时中央大学的教材全部使用英文，由于中学时期的教学质量整体较差，且为读大学的费用问题，又辍学了三年半，要尽快跟上大学的功课，王朝钧那时是不分白天黑夜的加倍努力。凭着毅力和天赋的聪慧，在很短的时间后他又成了班上的优等生。

生活方面始终是那个时期困扰王朝钧的一大问题。三年半勒紧裤带积攒起来的两百多元钱，经过 1940 年秋季的货币大贬值，应付了两个多月，就所剩无几了。后来就靠给系里写点讲义、卡片等，挣一些零钱维持生活。王朝钧刻得一手好蜡版，写得一手好小楷，就是在此期间磨炼出来的。

1944 年 2 月大学四年级上半期刚结束，当时政府就在各大学征调所有当年暑期毕业的学生为来华抗战美军担任翻译，王朝钧所在系的学生被全部征调。在经过短暂的译员训练后，王朝钧被分派到战地服务团四川广汉机场盟军第二招待所任职。

艰难的生活经历，使王朝钧对旧社会的黑暗腐败，有了直观而深刻的认识，在被征调做翻译期间曾因订阅《新华日报》被审查。

1945 年 2 月，王朝钧回到中央大学继续学业，1945 年 7 月离校（政府对他们那批被征调当翻译的学生，仍按 1944 年暑期发放毕业证）。他报考了当时位于重庆北碚的中央地质调查所，以优异成绩被录取。1946 年 7 月随中央地质调查所由重庆北碚迁回南京。1947 年 8 月，与毕业于四川大学法律系的廖淑秀结婚。

1948 年 10 月南京解放在即，此时的王朝钧对共产党已有较为深刻的认识，在中央地质调查所同事黄孝夔的介绍下，参加了中共地下党的外围组织"锥社"，主要是在地下党的领导下从事护所工作。国民党在撤离时，计划将中央地质调查所迁往广州。为防止国民党在最后进行强行搬迁或搞破坏，他们成立了巡查队，大家轮流日夜值守，最终保护了中央地质调查所的全部图书资料和仪器设备未受丝毫的损伤。1949 年 4 月 23 日，南京解放，王朝钧协助党组织完成了对中央地质调查所（后改名为南京地质调查所）的接管和清点工作。因工作积极、表现突出，王朝钧曾任清点工作小组组长、接管工作组福利委员、所务会议民选委员等职。1949年11月王朝钧奉命赴皖北定远进行地质普查，工作月余。1950年南京地质调查所工会成立，王朝钧历任生产委员、合作社经理、工会主席等职。1950年4月，王朝钧奉命北上，参加政务院财经委员会东北地质矿产调查队工作，并任该队临时工会主席。10月返南京被选为代表参加在北京召开的地质工作计划指导委员会扩大会议。1951年调西南地质调查所工作。1956年四川省地质局成立，王朝钧任总工程师，直至1983年离开一线工作岗位。

二、奉献事业——一丝不苟　呕心沥血

抗日战争胜利后，经济部中央地质调查所、资源委员会矿产测勘处、中央研究院地质研究所等3个部门着手开展地质工作。王朝钧参加了宁镇山脉、皖北煤田和鞍山铁矿的地质调查工作，对宁镇山脉的石炭二叠系地层的划分提出了新的见解。当时，王朝钧有幸与黄汲清一起到安徽工作，在工作中他以扎实的专业知识，勤勤恳恳、兢兢业业的工作态度给黄汲清留下了深刻的印象。多年后黄汲清任西南地质调查所所长时，将王朝钧从南京地调所调到了西南地调所工作。

新中国成立之初，年轻的王朝钧更是倾注了他全部的工作热情与精力，投身到百废待兴的新中国的建设事业之中。在他工作的各个矿区，特别是中梁山煤矿和攀枝花钒钛磁铁矿的野外勘探工作及两份储量报告的编写工作中，他夜以继日、废寝忘食，工作几乎就成了他每天唯一的事情。

1964年国家开始大规模地上"三线"建设项目，四川省为此专门成立了"三线"建设委员会，四川省地质局也成立了"三线"建设指挥部，工作重心南移攀西。王朝钧作为四川省地质局总工程师，更是将主要的精力都放在了攀西，每年有七八个月都在那里的野外工作。

1966年"文化大革命"开始了，各行业的工作都受到了严重的影响。1967年春天，王朝钧在对西昌岔河锡矿、拉拉铜矿进行考察后，就很少有机会再去矿山了。随着"文化大革命"的扩大化，王朝钧也受到了冲击，1971年，他被下放到崇庆县西河滩"五七"干校劳动。一年以后，落实知识分子政策，王朝钧恢复四川省地质局总工程师工作。

20世纪70年代中期，王朝钧主持了红格铁矿会战，直接参加了红格特大型铁矿的储量报告的编写。为攀枝花钢铁基地的建设做出了巨大贡献。红格铁矿会战时，王朝钧已是年近60岁的老人，眼睛又是1600多度的高度近视，加之地质工作常年

在野外风餐露宿，他的胃病越来越严重了，身体明显虚弱。但即便如此，他仍然坚持亲临一线具体指导，甚至还多次参与扛套管、抬钻杆这一类重体力活。在提交四川省第一个大型铜矿基地——拉拉铜矿落水凼矿区储量报告中，王朝钧针对设计部门对控制成矿条件、矿体圈定中提出了不同的认识，多次以充分的证据说服设计部门，坚持合理的勘探工作部署，为国家节约了大量的勘探经费。在珙长煤田，满银沟、泸沽、矿山梁子富铁矿，岔河锡矿，若尔盖铀矿，金川和甲基卡稀有金属，威西盐矿，丹巴云母矿，石棉县石棉等重要矿山基地的勘察工作中，王朝钧经常风雨兼程深入野外进行具体指导，并一一解决技术工作中的难题。也是在这段时期，王朝钧积极参与主持了当时四川省委提出的西水东调的长征渠渠首和主干渠的水文工程地质勘察。他还和云南、贵州两省地质局的总工程师一起指导完成了《西南地区矿产资源汇编》。为了积极贯彻周恩来总理关于在1980年完成全国水文地质调查任务的指示，王朝钧在带领同事们加速完成四川省1∶20万区域调查工作的同时，与相关部门一起组织领导完成了全省的水文地质普查。王朝钧所参与编写的地质报告或者经他审查的资料文档，其周密细致，工整严谨堪称范本，至今仍为人们所记忆。

王朝钧在长期的技术管理工作中重视质量，重视工种之间的协调，重视推广新技术和技术革新。早在西南地质调查所工作时，他就注重探矿工艺在地质勘察工作中的作用。1979年，受国家地质总局的派遣，王朝钧以中国铀矿地质代表团团长的身份赴美国参加国际铀矿大会。在会上宣读了论文《中国南岭花岗岩中热液型铀矿地质特征及成矿作用》，考察了美国砂岩型铀矿。回国后，王朝钧结合在美国考察铀矿的体会，深入川西高原若尔盖铀矿区，提出了该铀矿富集于氧化还原界面的见解，从而迅速推动了该矿区的勘探工作。王朝钧还进一步主张推广小口径金刚石钻进和绳索取芯等先进探矿工艺；对测绘、实验、物化探等各项工作的质量管理和仪器设备的更新、新技术新方法的推广应用提出了许多建设性的意见和建议。

王朝钧在担任四川省地质局总工程师的27年中，始终把将四川建设成为国家矿产资源基地和地质工作为经济建设服务放在首位，并视为自己的最大职责。在工作中既重视宏观布局，也抓具体指导，早在60年代初期，根据中央建设西南"大三线"的布局，他就主持编制了四川省地质局的"三五"规划，按重点成矿区带和重点矿区部署了工作。1982年12月6日，王朝钧在地质矿产部《地质工作研究》上撰文，提出了四川省地质矿产局今后18年的奋斗目标："在不断提高地质找矿效果和经济社会效益的前提下，提前五年、十年为我省和全国工农业年产值翻两番，提供矿产资源和地质资料。而当前的工作是，在为农业发展服务方面，着重为解决川中、川东干旱和成都平原稳定而不高产的问题，进行水文、工程、环境地质综合勘察，并为发展化肥工业寻找更多的富磷、富硫矿产；在为开拓新的能源基地服务方面，主要是查明全省煤炭（包括西部地区的褐煤、泥炭）和川西北铀矿资源远景，再经过对口进行勘探，并按水电部门规划，承担一两条河流的流域规划勘察工作；在为发展钢铁、冶金工业服务方面，除继续查明钒钛磁铁矿远景，寻找更多富铁矿，为四川省钢铁产量翻一番创造条件外，主要应为四川省大力开展有色、贵重金属冶炼事业寻找金、锡、镍、锰、汞、铅、锌、银等矿产资源；在为城市建设服务方面，主要是在大中城市附近和铁路沿线开展建材、化工等非金属矿产和城市水文、工程、环境地质工作；在逐步实现地质工作现代化方面，要切实加强各项基础工作并组织好科学技术攻关，以便提高地质工作的效率和质量，缩短地质工作周期，更好地为经济建设服务。"

1983年初，王朝钧退居二线，受聘为地矿部地矿司和四川省地矿局的技术顾问。王朝钧1987年9月10日提出建议：加强长江地区（他提出长江地区，是想与长江流域和长江沿岸的提法有所区别。因为长江流域范围太大，而长江沿岸范围又太窄。因此，用长江地区一词，其范围大约是长江两岸的数十至一百多公里内的地区，具体范围应按当地自然条件、交通以及资源分布情况而定）的地质工作，为建设黄金水道提供更多的矿产资源和地质资料。他认为：长江整治后，其年运输量相当于十多条铁路干线，加上它的许多支流和横跨其上的南北向铁路，可形成纵横交错脉络通畅的强大的运输网络，不仅可以把我国华东、中南、西南各大区连成一片，而且可以推动西北、西藏等地的经济建设更快发展。这将意味着我国经济发展的梯形模式（即以东部沿海为基础，逐步向西北推进的模式），很有可能演进为"T"型或弓箭型模式（即沿海和长江地区为基础，更快地推动全国经济发展的模式）。而在矿产地质方面，长江地区应从经济建设发展的角度作全面考虑，不仅应注意金属和能源矿产，对非金属矿产也应予以足够重视。对一个城市的导向矿产，不仅应注意其数量和质量，还应注意研究这种矿产的市场需求情况，是否有较好的竞争能力和能否取得较高的社会经济效益。对导向矿产应探明一定的工业储量供近期建设使用，还应查明其远景储量，以便合理确定其开发规模和服务年限，不仅应当注意主矿产的开发利用，还应该注意与主矿产共生、伴生组分的综合利用。对配套矿种也应该探明一定储量，并大致查明其远景。对矿产资源、能源开发后引起的生态、环境的变化，也应进行研究，并提出预防的措施和意见。这时候的王朝钧虽然已经双目失明，但视野却是更加开阔了，他每天思考的问题仍旧是他钟爱一生、为之奋斗一生的地质事业。

三、卓越建树——高山献宝 丰碑无言

在王朝钧从事地质矿产事业的一生里,发现的大大小小的矿床和组织完成的各种各样的工程不计其数,曾有媒体将其归纳为四大乐章——中梁山前奏曲、攀枝花狂想曲、马槽滩创意曲、川南矿区凯旋曲。

1. 中梁山前奏曲

新中国成立初期,资源紧缺,煤比金子还贵重。尤其是西南重镇重庆市,由于没有足够支撑居民生活以及工业运转的煤田,依靠北煤南运,一是远水难解近渴,二是成本也非常高昂。当时要在西南找到大煤矿,中梁山无疑是开山之作,其意义是非同凡响的。在这样的时刻,王朝钧被任命担任了勘探中梁山煤田的总指挥。

在中梁山进行煤矿勘查,其地质构造复杂,属于隐伏矿,同时又无现成的技术资料和基本的勘查设备。在这样的条件下,王朝钧带领中梁山地质队的全体工作人员,仍然在当年就提交了40万字的《中梁山煤矿南井田详细勘察地质报告》,而且两年内就把工程地质、水文地质、煤层含量搞了个一清二楚,技术难度之高,工作难度之大,是可想而知。

要探明地下的情况,最有效的办法就是实施钻探作业,但当时却连一台最简易的钻机也没有。王朝钧经过四处打听,得知了长江三峡的沙滩上,有一台非常破旧的手摇钻机。他让工友们大老远把这个破旧的铁疙瘩搬回来检修后,亲自发动了机器。那时正值盛夏,头上是骄阳的炙烤,脚下是滚烫的岩石,他仍然紧握着摇柄,认真地操作,机器的剧烈抖动把他手上打起了多处的血泡……就在这样的条件下,钻探工作开始了。由于设备简陋,每天的钻探进尺只有2米,什么时候才能找到煤啊。王朝钧心里比谁都急,他恨不得自己能直接遁入地下,把煤层一层一层的揭露出来。但作为总指挥和技术总负责,他只能镇静地安慰大家:"不怕慢,只怕站,只要坚持,总会找到煤田的。"有了这种坚韧,才有了蚂蚁啃骨头的精神,艰难钻进8个月后,在700米深处的地层中,终于发现了乌黑的原煤。王朝钧手捧煤块,既高兴又忧虑,因为他清楚:发现煤,其实并不是最困难的事,更困难的是要在这起伏蜿蜒的山峦中,对煤层的含量、分布以及走向做出精确的判断和计算。

王朝钧更加忙碌了,为了能尽快提交储量报告,他经常是几过家门而不入,完全忽略了妻子和孩子,对此王朝钧一直非常愧疚。有一次,王朝钧从工地回到局里汇报工作,结束时已凌晨一点,他轻轻叩响了自家的房门,妻子看到他非常高兴,

以为这么晚了，丈夫无论如何也能在家住一宿了。但王朝钧只是亲了亲熟睡中的孩子，抱歉地说了声"淑秀，我走了"就一扭头又跨出家门。这么晚还要上矿山，妻子怎么也不放心，第二天匆匆赶往中梁山矿区，当看见王朝钧满身泥浆，正在围着钻机解剖岩心，记录数据，妻子才算放心了。但当她"参观"了王朝钧每天"下榻"的棚子后，鼻子一酸，忍不住流泪了：两个马扎子，上面放一张凉板，就算是床，床脚堆着满是泥土的衣服，床下长满了茅草、黄荆，不远处一股股的地下水还直往上冒，几天前，托人给他送过来的他最喜欢吃的泡粑，还没来得及吃。这次探访后不久，妻子就带着两个孩子来到矿区，也住进了茅草棚。

1954年12月，40多万字的《重庆中梁山煤矿地质报告》终于完成，这是新中国成立后四川省第一份高水平高质量的矿产储量报告，受到地质部表彰，其部分工作方法作为样板，在全国推广。不久，20台崭新的钻机，开始在嘉陵江畔、中梁山上昼夜轰鸣……西南第一个年产90万吨的大煤田横空出世。

此后，王朝钧根据中梁山煤矿勘察工作实践，分析研究了云、贵、川二叠纪煤田地质特征，撰写了《中国西南部上二叠纪含煤沉积》论文，为后来开展西南地区相关煤系地质工作奠定了理论基础。

2. 攀枝花狂想曲

王朝钧与攀枝花结缘，是在1955年。

在开展攀枝花铁矿前期的野外勘探工作时，其野外的工作条件非常恶劣，交通也极为不便。当时的攀枝花还没有通铁路，从成都南下，先要坐汽车，翻过大凉山，然后汽车就进不去了，改骑小毛驴，等到上矿区兰家山时，小毛驴也不能骑了，就只能一步一步靠自己的双腿攀登。那时，山上不但有狼群出没，还有土匪流窜，而山下正流行令人闻之色变的麻风病。更让人提心吊胆的是，王朝钧他们去的那阵儿，攀枝花一带刚刚发生了地震，有人造谣说那是地质队开动的钻机惊动了地下的鳌鱼，煽动不明真相的彝族老乡要轰走地质队，因此地质队不得不荷枪实弹地在那里工作。野外工作中会有很多突发事件。一次王朝钧带领勘探队技术人员一行四人，背着仪器，去宝鼎山矿区踏勘。平素温柔如绢的仁怀河那天却如脱缰野马一样异常湍急起来，一时半会找不到船，他们着急完成任务，只好选择一处水位相对较浅的齐胸深的激流跋涉过河，脚下卵石滚动，越往河流中央，人越是摇摇晃晃，还要保护好仪器，人随时都有被河水卷走的危险。为他们当向导的老乡事后捏了一把冷汗说："太险了，这里每年都要淹死几个人呢！"

趟水过河艰难，却比不上在陡峭的岩壁上攀登艰难。过了仁怀河后，他们开始攀登宝鼎山，同事小周身手敏捷，很快就把王朝钧甩到后面。王朝钧一边攀登，一边检查标记，查看露头。突然，攀援在上的小周脚底一滑，一眨眼就滑到了王朝钧身旁，王朝钧一把抓住小周，可地势太窄，二人无法站稳脚跟，哗啦啦跟着下滑，幸亏中间减速停住了，避免了葬身崖底。还有一次，王朝钧陪同地质部一个工作组到攀枝花矿山考察，崖壁陡峭，王朝钧脚底打滑，好在走在他后面的一个同志用肩膀顶住了他的一只脚，才没有落入金沙江。王朝钧和地质队员们就这样在攀西地区一直坚持工作了整整3年半。

钒钛磁铁矿，人称"呆矿"，勘探难度很大。当时中共中央十分关注西南建设，1958年的中央工作会议在成都召开，毛泽东主席指示：骑着小毛驴也要征服攀枝花。

什么叫征服？没有公路，没有汽车，三十多台钻机，上千吨的套管、钻杆，地质人硬是靠肩扛背驮，从金沙江边运到了海拔1600多米的山顶。

随着地质工作的不断深入，兰家山、宝鼎山、朱家山相继敞开了胸怀，一座座宝库被洞开，一个足够开采数十年的矿山终于掀开了他神秘的面纱。

就在提交报告的日子一天天临近时，一场突如其来的大火，差一点将前期的工作成果全部化为灰烬，好险啊！王朝钧和技术员们带着抢救出来的地质资料，苦战了90多个日日夜夜，在他的具体指导下，终于完成了长达60万字的攀枝花铁矿勘探储量报告。

王朝钧背着报告刚回到成都，还没来得及休整，四川省地质局的领导就急匆匆地通知他："快！王总，准备准备，中央领导中午就要听一听攀枝花的情况汇报，很急！很急！"

在成都金牛坝招待所的一个宽敞的会议室里，王朝钧和同事们忙活了一个多小时，把地图、图纸、矿石、标本，整齐地摆放在了会议桌上，生怕有半点疏漏，王朝钧再次检查了一遍。面对国家领导人，王朝钧非常激动，略微有些拘谨。但一说到攀枝花铁矿，说到他熟知的工作时，他又是那样的镇定，娓娓道来，如行云流水。刘少奇同志对王朝钧的汇报十分满意。

1964年，攀枝花铁矿的开发被列为国家重点建设项目，毛泽东主席号召：全国人民支援攀钢。几年以后，我国第二座钢城，在祖国的大西南当时的渡口拔地而起。

随着攀枝花铁矿源源不断地开采。1981年，在全国第三次矿产会议上，攀枝花地质报告得到了高度的评价。

3. 马槽滩创意曲

1959年，四川省为了发展农业，决定开发一个用于化肥生产的磷矿。经过地质队员勘察，什邡县金河磷矿是个理想的富磷矿。但这个磷矿的开发却遇到了"水"这样一个"拦路虎"。

原来金河磷矿的马槽滩矿区属于石灰岩，溶洞星罗棋布、互相贯通，形成了纵横交错的许多暗河。即使在地面上，水也跟人捉迷藏似的，忽而从这里冒出来，瀑布飞泻，忽而又神秘消失得无踪无影。有关磷矿的地质报告，在地质部部长的案头一放就是半年，因为水文地质条件不明，谁都不敢妄下批示。当时地质部派出了一个专家考察队现场考察后，提出了打16个孔的解决方案。

1960年，对于共和国来讲，那是"一天等于二十年"的时代，任何工程的上马都得只争朝夕。四川省委几乎是一天一个"令牌"，要求尽快投产。但能不能投产还是需要四川地质局的调查报告来拍板，任务落在了王朝钧的身上。王朝钧深知，这个任务非常困难，是关乎国家和人民利益的大事。勘探队已经花了一年的工夫，如果再打16个钻孔，还得再花两年的时间，100多万元的经费。有没有省时省力又省钱的方法呢？王朝钧在思考……

在鞍山的坑道中，在中梁山的钻机旁，在攀枝花的峭壁上，王朝钧一次又一次地冲破技术上重重迷雾，找到了令人惊叹的路径。这次他决定亲赴马槽滩看个究竟。

在马槽滩，王朝钧白天看地形，查资料，走访当地老乡，捕捉地下水的轨迹。晚上收集汇总资料，进行认真分析研究，眼界渐渐开阔，思绪渐渐明朗，一年后王朝钧终于拿出了自己的方案，到北京地质部进行论证。那天地质部顶楼会议室座无虚席，来自地质部、化工部、煤炭部、北京地质学院的教授、专家济济一堂，那气氛严肃而紧张。会议一开始，专家们对于"十六孔"的理论和声音在会议就占了上风。主持会议的宋应副部长走向前台，把目光落到了王朝钧的身上："王总，你的意见如何？"这时王朝钧不慌不忙地摊开他实地研究精心绘制的图纸，然后不紧不慢地开始阐述他独辟蹊径的见解："打16个钻孔，从理论上讲是高明的，但实际价值不大，即使打32个孔，也难探明地下水的脉络，若打在石灰岩上，将一无所获。我考虑可将山体横切一刀，再顺着岩层打两个坑道，有水放水，无水放心。"王朝钧的话音刚落，全场一片哗然。有人立马发言反驳："这种设想，理论上是站不住脚的，在水文地质学上也没有先例，科学不是儿戏。"王朝钧据理给予了回击："难道只能做有先例的事情，才叫科学吗？我做了计算，若打孔，山高坡陡，一次只能开动一台钻机，16个孔得花两年的时间，费用上百万。若打两个坑道，可节约四分之三的时间，三分之二的费用，而且坑道本身可以用来采矿。这一举多得的好事，何乐而不为呢？"宋应副部长连连点头："好，有见地，就按这种方案搞吧。有水放水，无水放心。"

事实证明，按照王朝钧设计施工的两条坑道，仅仅花了半年时间、三十一万元经费就解决了问题。水，果真没有进入矿层，磷矿石源源不断地流出了马槽滩。有人说，光王朝钧的这个构想，就可以为其颁发一个特别大奖。

4. 川南矿区凯旋曲

王朝钧退居二线后，仍旧十分关心国家四化建设。1984年四川省委请出500诸葛共商巴蜀发展大计时，王朝钧凭借一个地质专家敏锐的视觉，把目光锁定在了川南矿区。那可是一块宝地啊，有全国最大的硫铁矿，藏量45.4亿吨，还储藏着丰富的无烟煤、天然气以及得天独厚的水利资源，全国罕见的威西盐矿。邓小平同志说过，我国应发展高级复合肥料，川南若配套制磷铵，那可是全国独一无二的地区了。王朝钧越想越振奋：对！就在川南矿区搞综合开发利用，为开发祖国的大西南打开一扇窗户。

其实早在28年前，也就是1956年的春天，王朝钧曾陪同一位苏联专家到川南考察铜矿。在纳溪，高鼻梁蓝眼睛年轻气盛的苏联专家看见地面上有星星点点的铜矿石，就不假思索地报出了一个惊人的储量数据：3000万吨。王朝钧不敢对这样的判断苟同，但当时一位省领导却信以为真，决定立即出兵川南。当时地质局局长李亚明忐忑不安地找到王朝钧："老王啊，川南究竟有多少铜？"王朝钧知道那是一个冒进的年代，但是科学必须实事求是，绝对来不得半点虚假。于是王朝钧根据已掌握的资料回答说："依我之见，只不过50万吨。"他的回答，让当时有些头脑发热的领导冷静了下来。但川南却是一座"乌金"宝库，从那时起，就一直让王朝钧牵挂着。因此，这次一定要拿出一幅宏伟的蓝图，让川南的乌金激情燃烧光照人间。

1984年3月，王朝钧带领一支考察队，进入川南。经过一个多月的野外工作，他们考察了六个县七个矿区，带着大量的标本和第一手资料回到成都。当时该课题组人员是由九个单位的专家组成的，个个都是身兼数职。无奈，远比野外工作烦琐得多的室内资料整理工作，几乎就全部压在了王朝钧的肩上。这段时间，为赶进度，王朝钧每天伏案工作的时间都长达十五六个小时，完全是废寝忘食。那双近视高达1600度的眼睛长时间工作，又涩又胀，就在报告即将完成的一天晚上，王朝钧已感觉到视力特别不好，但仍然不敢怠慢，看不见时就紧闭双眼休息一会儿，看得见时就赶紧加班加点。一个通宵的苦熬，他和专题研究组的同志们一起，终于完成了《川南地区煤硫矿资源综合开发利用方案研究》报告。

太阳出来了。王朝钧推开窗户，深深呼吸着远处飘来的新鲜空气，但眼前却是茫茫一片，这时的他并不知道，从此他将再也看不见这个美丽的世界了。王朝钧被四川华西医科大学诊断为视网膜脱落，因耽误了最佳治疗时间，视网膜已经枯萎，虽然华西医科大学为他配备了最好的医生，做了视网膜复合术，但依旧无力回天。

1985年，长达50万字的《川南地区煤硫矿资源综合开发利用方案研究》报告荣获四川省科技进步二等奖。同年，王朝钧被评为优秀共产党员。

1987年9月，《川南地区煤硫矿资源综合开发利用方案研究》报告申报国家科技进步奖，已双目失明两年多的王朝钧在小女儿将三大本报告为其通读了一遍后，就在相关人员陪同下，前往郑州参加答辩。答辩完后，到场的所有专家评审全都起立为他鼓掌，一致称赞王朝钧超凡的记忆力，一致钦佩他为地质事业的呕心沥血。

《川南地区煤硫矿资源综合开发利用方案研究》项目，为加速川南煤硫矿产勘查和综合开发利用提出了行之有效、节约大量资金的可行性方案，被国家科委列入"国家重大科技成果"，并荣获国家科技进步三等奖。

……

"春蚕到死丝方尽，蜡炬成灰泪始干"。王朝钧用自己的一生为这句名言做了最好的注脚和诠释。王朝钧，为中国的地质事业，燃烧了最后一丝光明，为后来者照亮了前行之路。

四、王朝钧主要论著

王朝钧，等. 1946-01. 四川北碚地质志. 地质科学研究，经济部中央地调所.

鄢士，王朝钧. 1947. 构造地质学. 地质评论，(Z2)：136-142.

黄汲清，王朝钧. 1947. 积石山区探险略史. 内部资料.

王朝钧，沈永和. 1947-00-01. 江苏省南京镇江间煤矿区地质简报.

姜达权，王朝钧. 1947-09-10. 长江下游煤田初步调查简报. 内部资料.

王朝钧，翁礼，广承茂，等. 1947-00-01. 辽东省鞍山市小房身铁矿地质. 政务院财政经济委员会.

王朝钧. 1951. 四川綦江赶水綦江铁路松坎河及藻渡河桥基地质初勘报告. 西南地质调查所.

路兆冶，杨登华，王朝钧. 1952. 四川綦江铁矿区第四五六号钻眼位置说明. 西南地质调查所.

王朝钧. 1952. 经过两年勘探工作后对于四川綦江铁矿储量及今后工作的意见. 西南地质调查所.

王朝钧. 1953. 重庆中梁山煤田勘探队1953年地质勘探工作报告. 西南地质局中梁山煤田勘探队.

崔子玉，叶子英，王朝钧. 1954. 西南地质局中梁山煤田勘探队1954年度修正勘探设计书. 西南地质局中梁山煤田勘探队.

王朝钧，赵叶，王君碧，赵纯昭. 1957. 中国西南部上二叠纪含煤沉积. 地质学报，(3)：69-87.

王朝钧. 1980. 对四川地质矿产工作的几点意见. 四川地质学报，(00)：138-140.

王朝钧，吴萍生，王再霞. 1984. 川南地区煤硫矿产资源综合开发利用方案研究. 内部资料.

王朝钧，缪以琨，黄淑德. 1985. 攀枝花钒钛磁铁矿床勘查历史的回顾与展望. 中国地质，(2)：20-23.

黄淑德，王朝钧.1986.从四川地质工作谈谈找隐伏矿的问题.中国地质学会矿床普查勘探专业委员会寻找隐伏矿床讲座会论文.

主要参考文献

地质矿产部政研室.1982.地质工作研究，87.

四川省科技协会编.1985.四川科技精英（第二集）.成都：四川科学技术出版社.

地质矿产部科技顾问委员会.1987.地质矿产部科技顾问委员会专家建议，(7).

撰写者

罗会江（1962~），四川省地矿局宣传处处长，高级政工师。

刘金光（1963~），四川省地矿局《四川地矿通讯》编辑，政工师。

韩德馨

韩德馨（1918~2009），江苏如皋人。煤田地质学家、煤岩学家、教育家，中国现代煤田地质事业的先驱者之一。1995年当选中国工程院院士。1942年毕业于西南联大，1943~1945年北京大学研究所进行研究工作。1950年毕业于美国密歇根大学研究院。中国矿业大学教授，参加领导创建了中国高校第一个煤田地质系；首次把煤中的微量元素划分为五种成因类型，并对不同微量元素在淋滤和燃烧过程中侵入水体和大气的动态规律建立了教学模型；首次提出中国泥盆纪聚煤模式及聚煤作用的演化；在煤变质的研究领域里，提出了"燃烧变质"和"热液变质"新类型，并制定了构造变质作用的鉴定标志；组织编写了《中国煤田地质学》，主编了《中国煤岩学》。被国务院授予"有贡献的早期回国专家"称号，获"李四光地质科学荣誉奖"。

一、生平简介

韩德馨，江苏如皋人，生于1918年9月6日。其祖父韩锦堃出身于贫苦农民家庭，曾为太平军翼王石达开的副将。太平军失败后，几经危难，隐名在如皋定居，生活十分贫寒。韩锦堃对子女规训很严，他顽强的反抗精神和正直的性格，深深地影响着他的后代。韩德馨幼年就读于如皋实验小学，吴镜影老师的一次讲课，使他至今难忘，吴老师在黑板上写了"金瓯残缺"四字，手指中国地图，讲了东北三省被日本侵略军强占，人民陷于水火的苦难。"保卫祖国，要做一个对国家有用的人"的壮志，从此深埋在他幼小的心灵中。1935年，他考进南京中文实验学校（南京师大附中前身），初步了解到"科学救国"的道理，"救国不忘读书，读书便是救国"的思想深入脑际。但是，20世纪30年代的历史是中华民族的屈辱史，日本侵略军步步进逼，国事危殆，不容青年学子安心读书，他积极参加了"一二·九"学生运动，在街头乡村演出《放下你的鞭子》，宣传抗日的道理。1937年卢沟桥事变后，他随学校向内地迁移，沿途做抗日宣传。在长沙停留期间，他和几位同学决心投笔从戎北上抗日，行至武汉，因患鼓膜穿孔，未能如愿。在老师和同学的帮助下，他决心继续走科学救国的道路，经过六省的颠沛流离，辗转数千里，于1938年考入昆明西南联大地质地理气象专业学习。四年大学生活不仅奠定了他一生从事地质矿产事业的人生道路，也养成了他严谨治学和理论与实践相结合的工作作风。1942年毕业后，又继续攻读了研究生。抗日战争胜利后，他参加了"一二·一"学生运动，反对国民党发动内战。迫于当时的环境，他"深感不深造就很难实现科学救国的理想"，于1946年前往美国密歇根大学研究攻读经济地质学和沉积学。在美国学习期间，他坚持大学时代养成的野外实践与室内基础理论研究相结合的科学方法，从北美第四纪冰川沉积到前寒武纪地层都进行过考察，尤其对北美晚古生代含煤沉积进行了较深入的研究。此外，还参加了"北美科学工作者协会"，时刻关心着祖国的情况。学业告一段落后，在该协会看到华罗庚的告同学书，他毅然于1950年返回祖国，受到了党和国家领导人的接见和欢迎。在选择工作单位时，受到当时燃料工业部陈郁部长的邀请和他的老师孙云涛、袁复礼、冯景兰等老一辈地质学家的引导。陈郁部长曾深情地对他说："我们要建立燃料工业，一边要建井开采，同时要大力培养技术干部，没有干部一切都无从谈起。"陈郁的话使他深受启发和感动，他以"天行健，君子以自强不息"为座右铭，全力以赴地投入到煤炭工业高等教育、科研和工矿建设的实践中。多年后，在回忆这段经历时，他仍热满怀激情地说："当时百废待兴的新中国急需建设，作为刚刚回国而又风华正茂的年轻人，能够投身于这场史无前例的建设中觉得无上光荣和自豪，陈部长的话使我明白了所从事工作的重要性，也懂得了今后工作的方向。"

1951年，他奉命来到刚开始兴建的中国矿业学院担任地质教研室主任，参与创建我国高校第一个煤田地质系。那时的办学条件简陋，一切都要从头开始。没有教科书，就从编写大纲和讲义开始；没有实验设备，就从最基本的实验台和样品陈列柜开始做起，并带领教工亲赴野外采集实验样本，在较短的时间里建立起我国最早而又完整的煤田地质实验室和陈列室，吸引了附近院校的师生和外国专家参观，以后又成为北京市中学生进行科普教育和爱国主义教育的场所。在此期间，他先后开设了6门专业课，还亲自带领学生进行野外实践；他讲课时精神饱满，语言生动，旁征博引，从不照本宣科；他理论严谨，诲人不倦，备受学生们欢迎，多次获得优秀教师称号。在第一、第二个五年计划期间，韩德馨还任全国矿产资源储量委员会评论员、煤炭部技术委员会委员。他和老一辈煤田地质学家王竹泉、谢家荣一起，组织评审全国重要煤田（如河南焦作、平顶山，山西大同、轩岗、潞安，四川中梁山，河北峰峰，开滦等）的勘探报告；制订了勘探规范初稿；参与全国重点煤矿的设计论证、矿井开发和地质灾害的防治工程；对我国煤炭工业的发展和布局提出了许多科学性的建议等。他热情满怀，不辞辛劳地为新中国成立初期煤炭工业的奠基做出了重要贡献。他热爱祖国、热爱党，贡献突出，于1956年光荣地加入了中国共产党，1960年出席了北京市群英会。20世纪50年代他还受命为兄弟院校煤田地质专业的建立和发展培养骨干教师，在各煤炭院校中，都有他亲自指导过的进修教师发挥着骨干作用。他还协助苏联专家培养研究生，学校成立研究生指导小组后，他担任组长，为培养研究生倾注了大量的心血。1978年后，他作为煤田地质专业首批博士生导师，为国家培养了40多位研究生，其中博士20人，博士后4人，与国外联合培养博士3人。

几十年来，他的学生遍布全国各地，其中大多已成为煤炭领域的骨干、各级领导或卓有成效的专家和教授。他是大家尊敬的教育家、也是受人爱戴的科学家。

二、研究聚煤规律　参与指导煤田预测

中华人民共和国成立后，在煤炭部领导下进行了两次全国煤田预测工作，每次都动员数百名工程技术人员和部分高校师生参加。这是一项宏大的工程，对掌握中国煤炭资源的储量、分布、煤质及指导煤炭工业布局和制定我国煤炭工业长期稳定发展战略都具有重要的意义，韩德馨两次都作为领导成员参加了此项工程。

第一次全国煤田预测是在20世纪50年代末至60年代初进行的。在此之前，韩德馨作为国家储委评论员和煤炭部技术委员会委员，接触了大量勘探报告和实际资料，从中发现了一些理论和实践中的问题；同时，他和教师及学生一起对京西、太原西山、大同、轩岗、兴隆等煤田进行过考察研究，发现我国北纬40°附近存在一条石炭系太原组厚煤层分布带。他随之扩大了研究范围，从华北晚古生代煤炭资源分布、变化、煤岩与煤质特征，到古地理环境、古构造、古气候、古植物的影响等方面进行更深入的探索，结果发现晚古生代石炭-二叠纪煤系在华北具有明显的分带分布特征，这种分布特征主要与聚煤作用发生时的构造运动有关。构造运动旋回影响到海水的进退，而海水的进退又直接控制着聚煤环境的分布和演变，从而控制着聚煤作用的发生和发展。在这一认识地基础上，他明确地提出了"一定时期的聚煤作用与当时的古地理环境、古构造运动、古气候特点和古植物类型具有密切的关系，而在这些因素中古构造运动的影响相对更重要，构造运动的影响是动态的、发展的，它在一定程度上控制着沉积环境的演变和其他方面的变化"，还指出："地质历史中聚煤作用是不断演化发展的，具有阶段性特征。这种变化规律不仅体现在古生代，而且直到第四纪泥炭聚集时也具有相似的特征。"这一聚煤理论的提出可谓经典之作，在第一次全国煤田预测中起了重要的理论指导作用，也写进了他此后组

织编写的我国第一部《中国煤田地质学》专著中。

第二次全国煤田预测是在20世纪70年代中期进行的，由中国煤田地质局直接组织领导，韩德馨既是全国煤田预测领导小组成员，又是学校参加煤田预测课题组组长。他一方面积极组织教师参加这一项目并亲赴江西、福建、广东、广西、湖南等地开展工作，同时又深入思考和总结第一次全国煤田预测以来国内外在煤田地质理论和实践中的新进展。他依据李四光的地质力学观点，明确地提出了"构造控煤"理论。他指出："地壳运动形成的各种构造格局决定聚煤坳陷形成和分布的规律，而在时间、空间上的演化及其表现形式不同，导致聚煤环境和成煤作用在时间上的盛衰演化和空间上的规律性迁移，且演化和迁移具有阶段性、连续性和继承性。"这一观点很好地解释了不同地质时期、不同地区煤炭资源分布的不均衡性，从战略上为煤田预测和勘探找煤提供了理论依据和指导。同时这一观点也是"聚煤理论"的补充和发展，并写进了第二次编写的《中国煤田地质学》专著中，现在这种观点已经成为地质学界的共识。这一成果获煤炭部科技进步一等奖。

三、为缓解"北煤南运"做贡献

我国华南地区工商业发达，但煤炭资源贫乏，严重地影响了经济发展，每年都需要花费大量的人力、物力和财力，由北方运去大量煤炭，称为"北煤南运"。为缓解这一状况，1976年，在煤炭部地质局的领导下，开展了国家重点项目"南方九省构造体系对煤系沉积与分布的控制作用及煤田预测"，韩德馨任该项目的领导小组成员，负责科技指导和成果评审，积极参加了该项目的实施，组织了各省有关单位和科研院校采用多学科、多手段对南方九省构造运动的发生、演化及对聚煤环境、聚煤作用的影响进行了综合性研究，对不同聚煤时代的聚煤作用及其演化进行了重新认识和评价，划出了远景找煤区，预测了煤炭资源储量。许多当时划定的远景找煤区都陆续被证实，并成为今天华南地区的重要煤炭生产矿区，为缓解华南地区煤炭资源的紧张局面做出了重要贡献，该项目获煤炭部科技二等奖。

四、科学论述 形成和发展中国煤岩学

韩德馨在科学研究中，善于把从生产实践中获得的大量资料进行分析归纳，透过复杂的表面现象探索事物的本质，从而上升到理论，反过来用理论促进生产的发展。

20世纪50年代末到60年代初，随着煤田地质勘探事业的发展，对我国煤炭资源状况的认识也日益深入，为了全面反映我国煤炭资源分布、富集特点，寻找富集规律，更好地指导煤田地质勘探，在煤炭部地质局及中国矿业学院的领导支持下，在全国煤田预测的基础上，第一次编著了反映我国聚煤作用及煤炭资源分布特点的《中国煤田地质学》。韩德馨作为一名组织者和参与者，积极投入到这一专著编写中。在这本专著里，首次系统地从古构造、古地理、古植物和古气候等影响因素入手，分析总结了我国不同聚煤期煤炭资源分布格局和变化特征；从煤岩、煤质、煤变质等方面系统分析了我国煤质分带及影响因素，提出了符合中国特点的煤田地质学基础理论，初步建立了中国煤田地质学的基本骨架，为中国煤田地质学基础理论的形成、发展及中国煤炭工业长期稳定发展战略的制定提供了翔实的理论和实际资料，煤炭部副部长钟子云为该书作序，该书受到各级领导和同行们的高度评价。

1974年，他受煤炭部的委托，组织四川、山西、西安、焦作4所矿业学院编写《煤田地质学》并担任主编，这本书出版后在煤炭高校和其他学校煤田地质教学中被广泛使用。该书在煤变质作用类型方面根据我国许多地区煤变质特征，突破了长期限于国际上公认的几种类型，提出了"热液变质"理论和类型。后来他指导研究生在河南进行研究时，对这一变质作用类型进行了补充论证。1987年，在我国召开的"国际采矿大会"上他宣读了《河南省煤的热液变质作用与煤级分布关系》的论文，受到各国专家的重视。目前，这一煤变质类型已被人们普遍接受。

此外，对于动力变质作用，他强调要加强构造变形和破碎的研究，并依此制定了构造动力变质作用的鉴定标志，他还根据我国西北地区广泛存在的煤层自燃及造成的煤质变质现象，提出了"燃烧变质"新类型，丰富了煤变质作用的理论。

20世纪70年代，在全国第二次煤田预测的基础上，在煤田地质总局领导下，成立了由矿业学院院长陈一凡担任主任委员会的《中国煤田地质学》编写委员会，对该书进行第二次重编。韩德馨作为编写委员会的常务副主任和主编之一，数次拟定修改编写大纲，为全书的编写列好提纲。该书上册系统地反映了我国煤炭地质学基础理论；该书下册中，以大量具体而又翔实的资料，系统全面地总结论述了我国不同聚煤期煤炭资源分布、富集规律，聚煤作用的发生演化过程，富煤带分布特点及控制因素等。这部专著资料丰富，立论有据，分析深入，受到普遍好评，于1981年获煤炭部优秀教材一等奖，1989年获国家教委优秀教材特等奖。这部专著的出版，标志着我国煤田地质学作为一门学科已经进入成熟阶段。

他在长期的煤岩学研究中，掌握了我国不同地质时代煤的大量煤岩资料；同时，从20世纪50年代以来，随着煤田地质勘探事业的发展，广大煤田地质科技工作者对我国不同地区的煤进行了煤岩研究，积累了丰富的资料。为了把几十年的研究成果充分反映出来，同时也为了向世界反映我国煤岩学研究的最新成就，1996年，他主编出版了《中国煤岩学》。这本书是他和其他老师从事煤田地质学，煤岩学教学和科研成果的结晶，全书近百万字，系统阐述了煤岩学基础理论、方法和最新研究进展，全面总结了中国各聚煤时代煤岩特征及影响控制因素，并对全国20对个重点煤田进行了剖析研究，科学地论述了煤岩学在煤岩、石油、化工等科学中的应用。该书的出版标志着中国煤岩学学科体系的形成，为今后煤岩学的进一步发展奠定了基础，受到有关专家的高度评价；该书获国家煤炭工业局科技进步奖。

五、对我国的泥炭和特种煤进行了开拓性研究

研究现代泥炭的形成和第四纪埋藏泥炭的形成特点，是煤田地质学中成煤理论的基础研究内容；同时，泥炭还是化工、医药等工业的重要原料。鉴于对泥炭研究的重要性，煤炭部于20世纪60年代设立了专门机构对泥炭进行调查研究。韩德馨从20世纪50年代起就开始对泥炭沼泽和第四纪泥炭进行研究，他先后奔赴东北兴安岭、长白山以及高黎贡山等地，了解中国的泥炭发育。20世纪70~80年代，他对我国云南泥炭聚集特征和沉积环境作了更深入的解析，其成果受到国内外学术界的广泛关注。1989年，他应邀出席了美国举行的国际泥炭及利用会议，在大会上作了"中国云南泥炭聚积特征及沉积环境"的报告，受到各国专家的好评，当地报纸和电视及时地作了报道。

早在20世纪40年代，他对滇东泥盆纪地层进行过调查，注意到其中含有特殊矿层。泥盆纪是地质历史中最早的陆生高等植物形成腐植煤的时代，在世界上也仅分布在中国、俄罗斯和加拿大等少数几个国家。20世纪50年代，他注意到有关报道称滇北泥盆纪地层中发现油页岩。为弄清真相，他克服了许多困难，在滇北禄劝中泥盆世底层中采集了样品，在随后进行的煤岩学和成因研究中发现，它不是油页岩，而是含有大量角质体的残植煤，是一种特殊煤种，故把它命名为"禄劝煤"。随后发现在我国华南许多地方均发育有泥盆纪煤，泥盆纪聚煤作用十分广泛。他兴致勃勃、不辞辛劳地又西去云南，北至内蒙古，南行广西，东至江浙、山东，对全国泥盆聚煤作用、聚煤模式、煤岩特征、成因特点进行了系统研究，首次提出了泥盆纪聚煤作用的三种环境类型，并在泥盆纪煤中发现了标志性化合物。这一成果丰富了煤田地质学的基础理论。随后，他对我国其他地质时代零星分布的特种煤如华南晚二叠世龙潭煤系中的树皮残植煤、山西繁峙的"紫皮炭"、山东的"卡卡炭"、

东北地区早白垩世煤系中的树脂残植煤以及辽宁、山西、内蒙古等地腐泥煤和腐植腐泥煤等进行了系统的煤岩学和有机地球化学研究。根据大量的研究成果，对残植煤形成于氧化环境的传统认识进行了补充，提出在还原环境下也能形成残植煤的观点，从而恰当的解释了特种煤中残植煤的成因与成分的特殊性。

由于他对泥盆纪煤及其他特殊煤中的研究成果卓著，1992年被邀请出席了我国桂林召开的"国际泥盆系级固体矿产与油气学术会议"。他的有关泥盆纪沉积特征的论文被收录在美国Lyons和法国Alpen两位著名学者合编的《煤炭、煤成因、相合沉积模式》一书中，并在《国际煤田地质》杂志刊登，多次被转载和引证。

六、首次提出煤中微量元素及煤地球化学

我国煤中伴生的稀有分散元素和放射性元素多处富集，形成具有工业价值的矿产，在进行煤的勘探中应作出评价。韩德馨在20世纪50年代初期讲授煤田地质学时，就殷切地希望同学们毕业后为此做出贡献。这是他首次提出这一问题。进入20世纪80年代以来，随着环境问题的日益重视，对煤的利用提出了更高的要求，尤其是燃煤带来的环境问题越来越受到人们的关注。他从20世纪80年代初与研究生一起，从地球化学方面对煤中微量元素的分布、迁移、富集规律及影响因素进行了系统的研究，对不同地质时代和不同成因类型的煤进行系统测试、统计和分析，然后从成因的角度把煤中的微量元素划分为原生型、叠加型、流失型、再生型和复合型五种类型。此外，他还对煤中不同微量元素在淋滤和燃烧过程中侵入水体和大气的动态规律建立了数学模型，为认识煤在加工利用过程中不同微量元素对环境的污染程度提供了可靠的依据，对合理开发利用煤炭资源及保护环境均具有重要意义，受到了国内外专家的重视和好评。

20世纪50年代末，京西矿务局急需解决煤层对比及煤质问题。1958年，他受命组织并领导了"京西安家滩晚古生代煤系与煤层对比综合研究"课题，率先在国内采用了多学科研究方法，从沉积、煤岩、煤变质、光谱分析及煤质预测等方面进行综合研究，深入讨论了煤层对比和煤质问题，并提出了"煤的二次变质"观点。该项目获煤炭部"火箭奖"。20世纪50年代末到60年代，他应用煤岩学基础理论和方法，在国内较早地开展了依据煤岩学对煤的可选性进行评价的工作。

硫是煤中最有害的杂质，在燃烧和加工利用中对环境和煤质影响最大。他指导研究生采用现代高科技方法对煤的结构及煤中黄铁矿的赋存、分布规律和影响因素进行了研究，证实局限碳酸盐台地潮坪形成的高有机硫以噻吩系列为主；发现显微

组分中有机硫的分布规律,为解决煤的利用及硫的环境污染问题提供了可靠依据。煤成烃是一种与煤层伴生的清洁能源,但极易在煤矿开采中造成严重危害。20世纪70年代以来,他指导研究生、青年教师把煤岩学的理论和方法应用于煤成烃的研究,特别着重矿区煤层气的研究。首次揭示了我国煤层气存在3个明显的富集阶段,提出成煤作用过程中煤层气具有多阶段性的论点;系统地研究了我国东部瓦斯突出煤的煤岩、煤质和地球化学特征,促使煤岩学成为研究煤层气和对煤矿瓦斯突出进行预报的重要手段之一。

韩德馨在长期的科学研究中不仅致力于基础理论的研究,而且把地质应用与煤炭开发紧密结合起来。他常教导学生说:"作为一名从事煤炭科学研究的工作者,要急国家之所急,应生产之所需,随时注意解决生产中出现的问题。"

韩德馨还热心于学术活动和社会活动,他历任煤炭部工程技术职称评定委员会地质组副组长、国家发明奖励委员会地矿专业评审委员、煤田地质专业委员会名誉主席兼煤岩学组副组长、北京地质学会第14届常务理事、中国地质学会第32和33届理事、国务院学位委员会学科评议组成员、中国泥炭专业委员会主任委员、全国自然科学名词术语地质委员会委员、中国岩矿地球化学学会常务理事、中国科学院地球化学所有机地球化学国家重点实验室学术委员会委员、《中国煤炭大百科全书》地质编委会顾问、国际沉积学家协会会员等。韩德馨治学严谨,成果卓著,但从不恃之自傲。他不断激励后进,表现了高尚的道德情操,在80高龄时依然想着为祖国的煤田地质教育事业做贡献。1998年10月20日,中国矿业大学隆重举行庆祝活动,庆祝韩德馨80华诞并转为资深院士。全国政协副主席、中国工程院院长宋健在贺信中写道:"新中国肇始,您负笈而归。在半个多世纪中,无畏无遗,悉心献身于祖国的科学事业,在我国能源工业的发展、煤田地质勘探科学研究和培育数代科技人才等方面做出了卓越贡献。作为煤田地质先驱,您的大作将撰铭于祖国科史,影长范远。"

七、韩德馨主要论著

韩德馨,等.1963.北京附近煤田建造沉积特征及煤质研究.中国地质学会第32届学术年会论文选集.

韩德馨.1964.云南禄功泥盆纪角质残植煤的煤岩研究.煤炭学报,1(1).

韩德馨,吴志莲,张秀仪.1965.中国东部中生代含煤建造的大地构造基础和沉积环境.煤炭学报,2(1).

韩德馨,杨起.1980.中国煤田地质学.(上册).北京:煤炭工业出版社.

杨起,韩德馨.1980.中国煤田地质学.(下册).北京:煤炭工业出版社.

韩德馨,王池阶.1990.中国聚煤作用特征及其演化规律.冯景兰教授诞辰90周年纪念文集.北京:地质出版社.

韩德馨.1996.中国煤岩学.北京：中国矿业大学出版社.
韩德馨.2008.韩德馨院士学术研究论文集.北京：中国矿业大学出版社.

主要参考文献

北京矿业学院，北京地质学院，煤炭科学研究院地质研究所.1961.中国煤田地质学.煤炭工业出版社.
四川矿业学院，焦作矿业学院，西安矿业学院，等.1974.煤田地质学.北京：煤炭工业出版社.
王泽九，苗培实，马秀兰.1997.李四光地质科学奖获得者主要科学技术成就与贡献.北京：地质出版社.
邹放鸣.1999.中国矿大九十年.北京：中国矿业大学出版社.
宋健.1999.庆祝韩德馨院士80寿辰的贺信.中国矿业学院学报，（1）.

撰写者

晁吉祥（1935~），中国矿业大学（徐州），韩德馨的学生和同事。

张咸恭

张咸恭（1919～），江苏沛县人。地质学家、教育家，中国工程地质学的先驱者和奠基人之一，先后主持了北京地质学院和兰州大学工程地质专业的创建工作。1944年毕业于西南联合大学地质地理气象系地质组，早期从事岩石学的教学与研究。1952年开始致力于工程地质学的教学与研究工作，先后执教于北京大学、清华大学、北京地质学院、兰州大学、中国地质大学。1964年他主持编写了中国第一部《工程地质学》高等院校教材；1979～1983年，再次编写了《工程地质学》上、下册，被评为全国优秀教材。此外，他还编著了《专门工程地质学》《中国工程地质学》等教材和专著，发表过《断层岩工程地质分类》《地下水对工程与环境的作用》等大量的科研论文，先后获得过全国科学大会奖、国家教育委员会科技进步奖等多项奖励。历任中国地质学会、中国地质学会工程地质专业委员会等专业学会的理事、名誉理事、主任委员等学术职务；还受聘担任多家学术研究机构的学术委员会委员或主任委员。任《工程地质学报》名誉主编、《中国地质灾害与防治学报》主编。

一、成 长 经 历

1. 山的呼唤

张咸恭1919年4月16日出生在位于微山湖西岸的江苏省沛县。幼年时在家乡村外玩时，每逢骤雨初歇，空气十分清新，透明度极好，在远远的北方地平线上就会出现一道青山，峰峦起伏，蔚蓝的颜色，衬着天空的朵朵白云，令人神往，若是在夕阳西下时分，山上还变幻着霞光，他久久地凝望着、痴想着，联想到读过的一些寓言小说，更是沉浸在美丽的想象之中，山上长满了奇花异草，装点着珍贵宝石，一片仙境。山，在张咸恭幼小的心灵中留下了深刻而美好的印象。

1926年他进入本村小学，念了一年多书学校就因为军阀混战而停办。1928年恢复学业，1931年入沛县实验小学，1933年沛县实验小学毕业之后，张咸恭到徐州去考中学，1933年考取江苏省立徐州中学。徐州中学高中部和初中部不在一起，初中部在市内，规模不大，每年招收两个班，约100人。张咸恭在徐州初中三年学习刻苦，为以后的学习打下了较好的基础。整个年级的学生学习成绩都较好，高中升学考试无论是考本校还是考外校，不录取者较少。所以他在徐州中学毕业后既考取了徐州中学高中部，又考取了镇江中学高中（简称镇中）。1936年10月，张咸恭选择了去镇中继续读书。镇中新营建的校舍在镇江西南黄山脚下，金山屹立江心，四周岩壁陡峻，突兀高耸，经受着江流的冲刷，只有乘船才能接近它。山上建有山寺，佛殿僧舍高低参差，非常秀美，比起黄山来，别有风姿。此外还有焦山、北固山，在镇江的一年多时间，他领略到山的情趣，培养了对山的感情，对张咸恭的一生影响甚大。

1937年日本发动了侵华战争，学校宣布解散，并发给学生肄业证书，各自回家。但他并没有就此停止学习，1938年元旦到达西安，寻找继续学习的机会。3月上旬招收流亡学生的布告贴出来，他凭镇江中学肄业证书被录取了。录取后张咸恭被安排到安康校区学习，在安康国立四中学习。1939年10月高中毕业，他考取了西北大学先修班，那里的教师均由大学选派，水平较高。从1939年11月中旬到1940年7月，张咸恭扎扎实实地在西北大学先修班学习了半年多时间，学业上充实多了，不但夺回了由于战争失去的时间，也为以后的学习打下了较好的基础，并在那段时间确立了他的学习志愿，选择了他一生的从事地质的道路。

2. 大学生活

先修班结业考试张咸恭总成绩名列前三，获得了保送大学的资格，他填报的志愿是西南联合大学。由于担心战事影响上学，他又参加了统考，报考了重庆中央大学地质系。1940年9月大学招考发榜，如愿被中央大学地质系和保送的西南联大地质系同时录取。1940年7月，日本侵略者攻占安南，西南联大所在地昆明形势吃紧，在此情况下张咸恭决定去重庆到中央大学入学。11月中央大学开始注册、上课，讲普通地质学的是李学清，助教是郭令智。两周后突然看到报纸上关于西南联大一年级新生到四川叙永报到的消息，他喜出望外地实现了到西南联大地质系学习的愿望。1941年1月，张咸恭开始在西南联大叙永分校上课，教普通地质学的是袁复礼，苏良赫是助教，普通地质学是整个地质科学的缩影，学好这门课程也为后续课程的学习打下了基础。4月份地质课老师组织到红岩去爬山做地质实习，分析岩石的组成矿物和结构，在新打下的断面上观察其成分和结构，用罗盘量岩层产状。那时候的他抓紧每一分每一秒学习基础和专业知识。

由于战争形势好转，大二时候叙永分校回迁到昆明本部。1941年9月张咸恭开始在昆明上课，一起学习的同学还有涂光炽、陈鑫、王忠诗、吴达文、竹淑贞、许冀闽、祝宗权等人。西南联大的学术氛围很浓，常请校外名人和校内教授讲演，同学们都很爱听。例如请老舍讲《抗战以来之文艺》，罗家伦讲《二次欧战之发展及我国抗战之国际性》，梁化中将军讲《国军入缅作战经过》，朱自清教授讲《诗的语言》，沈从文讲《短篇小说》，冯友兰讲《哲学与诗》，刘文典讲《红楼梦》等。

在大学二年级的暑期，张咸恭做了地层对比表、矿物分类和特征表。地层对比表是以地层年代为纵坐标、以不同地区为横坐标，制成表格，在某时代某地区的格子里写上该地的地层名称，显示出同一时代不同地区地层名称的异同。这种做法带有一定的科研性质。后来一些区域地层表的发表大体上也是这么做的。他这样做是为了搞清楚同一时代的地层名称在各地区是如何变化的，以便理出一个头绪，增强认识。也可以知道一个地区的地层由老到新是如何变化的，哪些时代有缺失和上下接触关系。大三课程基本上都是专业课。岩石学由王恒生讲授，张炳熹助教；构造地质学由德国教授米士（Peter Misch）讲授，他擅长野外地质，观察敏锐，填图迅捷，功底很深，素描图画的准确美观，这些长处给予了学生基本功教育，都喜欢和他出去考察，星期天和假日在昆明郊区作地质旅行。三年级暑假张咸恭在指定地点，进行地质实地调查，填绘地质图，搞清地质时代，地质构造特点、岩石矿业类型，搜集材料、采集标本，准备于四年级进行分析研究，编写一份毕业论文。

3. 征调从军

大学四年级时日寇占领滇缅公路，中国通向国外的陆路运输线被截断，为了东线反攻，必须打通一条由印度通往昆明的陆路运输线。由于美军增加十分迅猛，需要大量的翻译人员，临时培训来不及，于是当局下令征调一部分大学的应届毕业生充当译员。梅贻琦校长向四年级同学郑重传达了这一决定，并明确以下几点：①全体男生一律参加；②提早半年结束学业；③完成服役后发给毕业文凭，否则不予毕业。1944年3月初，张咸恭和同班同学们一起进入译员训练班，学的是英语翻译，过的是军事生活，被分配到步兵训练中心（ITC），接受美国军官讲授各种美国新武器，如反坦克炮、无坐力炮、高射炮、卡宾枪、轻机枪等，而且还打靶实习，十几天后结束，改派到炮兵训练中心（FATC），承担炮兵军官训练的翻译工作。其间，经历了松山战役、龙陵之战，到1945年1月20日我方攻进畹町，滇西失地全部收复，中印公路全线打通。1945年4月1日返回昆明，8月15日日本宣布无条件投降。抗战胜利，人人高兴。

4. 从南京到北京

抗战胜利后，张咸恭于1946年1月21日又恢复了西南联大的大四学习，主要选修了矿床学、中国天气、中国经济地理等课。那时候张咸恭主要愿望是报考研究生，但是由于从军活动耽搁学业，考研准备时间太短促，考试成绩不够理想。幸而考取了南京中央地质调查所，通知到南京报到，遂决定到南京中央地质调查所工作。在南京中央地质调查所，张咸恭进入岩石矿物研究室。当时的中央地质调查所学者名流荟萃，学术活动频繁。年近古稀的最老一代地质学家章鸿钊还在所里工作，岩石矿物研究室室主任程裕淇、古生物地层研究室主任尹赞勋、地质研究室主任黄汲清以及所长李春昱等都在任。在这里张咸恭获得了难得的学习机会。在南京期间，张咸恭四中时候的老同学王凤璋来信，热情地把他在北大医学院读书的妹妹王凤连介绍给张咸恭做女友。

在中央地调所工作的张咸恭报考研究生的初衷未改，一边工作，一边准备报考，最终考取了北大地质系的研究生。1947年10月他离开南京来到北大地质系，住在东厂胡同研究生宿舍。张咸恭与王凤连于1948年10月举行了订婚典礼，1950年10月与王凤连结婚。

1948年6月北大聘他在地质系做助教，安排他担任岩石学实习课，还担任系里的财务工作。为更好地完成教学任务，他深入阅读各种岩石学教科书、参考书和相关刊物，制作中国地形模型和地质构造模型，制作岩石、矿物、矿床标本、薄片，并进一步说明怎样观察和描述岩石标本和镜下鉴定，指导同学写实习报告，对此同学们曾贴出了表扬信。这些工作促使张咸恭从理论和实践上对地质学进行了系统的学习，打下了坚实的地质基本功。

5. 开始工程地质教学

1949年1月下旬北京和平解放。解放后应国家建设的需要，地质系的招生名额逐年增加，还招收特殊需要的专门班。其他专业也是如此，原来的大学慢慢不能适应这种发展的形势。1952年春季开始酝酿院系调整，北大地质系、清华地学系的地质组，还有北洋大学地质系、唐山铁道学院地质系等合在一起成立了北京地质学院，同时还成立了长春地质学院。张咸恭受命从事工程地质教学工作，他走访工程建设部门，借鉴苏联工程地质学科经验，为后来的教学科研奠定了基础，也开始了他的数十年的工程地质生涯。

二、主要研究领域和学术成就

1. 创建中国的工程地质学科

在北京地质学院的创建中，张咸恭承担了繁重的教学任务，不仅参与了教学实验楼的规划，还主持了工程地质学科一系列主干专业课程的初创，把全部精力投入到教学中，经过两年多的积极准备，理论上有了一定的基础，实践上也得到一定的锻炼。

工程地质专业初创后，张咸恭承担的第一个工程任务就是为人民英雄纪念碑选择底座石料。他凭借着岩石学的专业功底，对不同产地的石料进行了综合比较，以不同地区塑像的风化程度作为佐证，推荐房山汉白玉作为天安门广场人民英雄纪念碑底座石料。这一意见被采纳，收到了工程管理方的来信致谢。

1954年9月应清华大学邀请为水利系讲授工程地质学，张咸恭带着几位青年教师到三家店一带作野外实习的预习和准备，然后一起带学生去野外实习，之后几年经常亲自带学生去野外实习。

在多次讲授工程地质课和参加生产实践的基础上，讲稿逐渐完善，为满足同学们的要求，他于1959年编写了工程地质学讲义。1953年起应陈梁生的邀请，张咸恭参加了土木学会北京市土木组的活动。1959年上半年还开展了大搞科研运动，张咸恭编写了三大本《中国区域工程地质学》科研成果（手稿），内容非常丰富，编绘了《中国区域工程地质图》内容丰富准确。后来张咸恭又在此基础上加以精炼改编成一本教材《中国区域工程地质概要》。

1960年他带领同学们实习，承担了三峡水库至丹江口水库间引水线路的工程地质勘察任务，提出了围绕渠道渗漏问题、渠坡稳定性问题、渠基变形问题、潜蚀流沙及管涌问题、区域稳定性问题等，详细查明有关的工程地质条件，并将这一要求通知了承担相邻渠段工程地质勘察的兄弟院校。

1960年底，张咸恭拟定编写大纲，组织力量编写工程地质学教材。教材分为两册，上册主要内容是与工程有关的自然地质作用和现象——物理地质现象，包括：岩石风化、海岸和湖岸冲蚀与堆积、与流水作用有关的现象、斜坡土石的移动、喀斯特、多年冻结、新构造运动、地震等九章。下册为工程地质勘察，从勘察原则、技术方法到各类建筑专门性勘察。在各章的内容安排上，以工程地质问题的分析为重点，包括定性分析与定量分析。这一安排基本上形成了我国工程地质学的理论体系。上册于 1963 年由中国工业出版社出版发行，下册 1964 年出版，供各高等院校采用，生产部门和科研单位也广泛参考应用。

1978 年的春天，也即全国科学大会"科学的春天"之后，张咸恭应邀重编《工程地质学》教材，1983 年 6 月正式出版发行。后来，他又编写了《专门工程地质学》教材，于 1988 年 5 月正式出版。

2. 创建兰州大学水文地质工程地质专业

1970 年 1 月的隆冬季节，张咸恭随老伴王凤连走"六·二六"道路，下放到了酒泉。1972 年又奉调到兰州大学工作。

西北地区特殊工程地质环境和工程建设迫切需要工程地质勘察与研究，迫切需要工程地质专业人才。鉴于这种情况，张咸恭和王井尊、孙志文、杨锡金等共同提出在兰州大学设立水文工程地质专业的建议，经系领导同意，由学校向高教部提出申请，于 1977 年得到批准，年底招收了第一班学生（77 级）。由此，推动了兰州大学水文地质工程地质专业的建设工作。首先是师资队伍建设，其次是专业实验室建设，再就是教材建设。经过辛勤的劳动，取得了良好的专业教学效果。77 级学生分配到各单位，工作都很出色，受到重用，反馈的意见是：兰大学生工作踏实，解决实际问题的能力强，能吃苦耐劳，敬业精神好。

3. 参与重大工程项目研究和决策

在数十年的工程地质专业教学和研究生涯中，张咸恭曾参与了许多国家重大工程项目的研究和决策过程。他曾参与了川汉铁路、湘渝铁路、成昆铁路、南疆铁路线的工程地质勘察和考察，参加了黄河流域规划工程地质勘察，包括龙羊峡、刘家峡、黑山峡、李家峡、公伯峡和积石峡水电站等黄河水利工程选址论证，还参与三峡大坝水利工程的坝址工程地质研究并多次参加大坝工程选址的论证。通过这些工程实践活动，一方面丰富了工程地质专业的实际内涵，另一方面也为国家建设做出了切实的贡献。

4. 推动工程地质专业学术活动和学术交流

作为中国工程地质专业的创始人之一，张咸恭参与了 1979 年中国地质学会工程地质专业委员会的创建，并积极参加专业委员会的活动，长期担任常委和副主任委员、名誉委员和国际工程地质协会中国国家小组副主任委员，并担任《工程地质学报》的主编、名誉主编以及地质矿产部工程地质课程指导委员会副主任、顾问和中国国家自然科学基金评审委员会委员。他还参与了1989年中国地质灾害研究会的创建工作，担任研究会的理事、名誉理事，并一直担任《中国地质灾害与防治学报》的主编。此外，张咸恭还是中国水利发电学会地质勘测专业委员会的首届副主任委员和顾问，并担任过中国地质学会理事和甘肃省地质学会副理事长。

作为中国工程地质学的开拓者之一，张咸恭非常重视推动工程地质学科的发展，鼓励学术研究。1986年"中国科学院岩体工程地质力学开放研究实验室"成立，张咸恭被聘为实验室学术委员会副主任。1989年底，张咸恭应邀参加"中国地质灾害研究会"成立大会，讨论了地质灾害的定义、类型、监测预报、防治措施以及在全国开展研究的步骤等，并受托担任《中国地质灾害与防治学报》主编。1990年8月，张咸恭被聘为刚成立的"冻土工程国家重点实验室"学术委员会主任委员，此后每年召开学术年会，讨论研究方向，课题设置，评审申请项目和提交的成果。此外，张咸恭还为部分专著写序。先后有李兴唐著《活动断裂研究与工程评价》（1991），文宝萍著《典型黄土滑坡研究》（1996）、王兰生等著《浅生时效构造与人类工程》（1994）、孔德坊著《裂隙性粘土》（1994）、马国彦等著《黄河下游河道工程地质及淤积物物源分析》（1996）、徐家谟和李毓瑞等著《露天矿边坡稳定性研究》（1998）。

为推动中国工程地质学研究走向世界，加强中外学术交流，年近90高龄的张咸恭提出了编撰英汉-汉英工程地质、岩土工程词典的倡议，并亲自组织实施这一倡议。经过几年的努力，这本词典终于在他90华诞之际由地质出版社出版，为工程地质界提供了一本非常好的工具书。

张咸恭，一生热爱地质，为地质事业做出了很大贡献。在多年教学和实践工作中，张咸恭一直勤勤恳恳，成为我国工程地质学专业的奠基人之一。

三、张咸恭主要论著

张咸恭. 1959. 澧水中上游地质与筑坝问题. 水文地质工程地质论文选集. 内部资料.

张咸恭. 1960. 中国区域工程地质概论. 北京地质学院铅印教材.

张咸恭. 1964. 工程地质学. 全国高校统编教材. 北京：中国工业出版社.

张咸恭. 1980. 岩体工程地质分类的现状与方向. 兰州大学学报，(1)：113-122.

张咸恭. 1979. 工程地质学（上册）. 北京：地质出版社.

张咸恭. 1983. 岩体工程地质分类的初步探讨. 全国工程地质大会论文选集. 北京：科学出版社.

张咸恭. 1984. 工程地质学（下册）. 北京：地质出版社.

张咸恭. 1985. 我国工程地质学的发展与瞻望. 工程勘察，(1)：48-52.

Zhang X G. 1986. The gentle-inclined faulting structures and the anti-sliding stability of dam-foundation rockmass of the

Ankang water power plant on Hanshui river. Engineering Geological Problems in Asia, Science Press.

Zhang X G. 1986. Engineering geological classification of fault rocks. Proceedings of the 5th Congress of IAEG.

张咸恭. 1988. 专门工程地质学. 高校教材. 北京：地质出版社.

张咸恭. 1990. 围压效应与软弱夹层泥化的可能性分析. 地质论评, 36（2）：66-73.

张咸恭, 黄鼎成, 韩文峰, 等. 1990. 人类活动与诱发地质灾害. 地质灾害与防治学报, 1（2）：3-10.

张咸恭. 1993. 地下水对工程和环境的作用. 工程地质学报, 1（1）：7-12.

Zhang X G. 1993. A development history of engineering geology in China. Development of Geoscience Disciplines in China. China University of Geosciences Press.

张咸恭. 2000. 中国工程地质教育50年//中国地质学会工程地质专业委员会编. 中国工程地质五十年. 北京：地震出版社.

张咸恭, 等. 2000. 中国工程地质学. 北京：科学出版社.

张咸恭. 2001. 南水北调西线工程地质灾害刍议. 中国地质灾害与防治学报, 12（2）：4-9.

张咸恭, 等. 2005. 工程地质概论. 北京：地震出版社.

主要参考文献

程国栋. 1999. 山的呼唤——工程地质学与可持续发展. 北京：地震出版社.

撰写者

孙进忠（1955～），博士学位。中国地质大学（北京）工程技术学院土木工程教研室主任、教授。中国地质学会工程地质专业委员会委员等，张咸恭的学生和同事。

张咸恭

何立贤

何立贤（1920～2014），贵州水城人，矿床地质学家。1946年毕业于中央大学（现南京大学）地质系。曾任贵州省地质局总工程师、贵州省地质学会理事长、中国地质学会理事。长期致力于矿产资源的勘查和科研工作，对贵州矿产资源勘查做出了重要贡献，主持了贵州水城观音山铁矿、遵义锰矿、松桃铅锌矿、炉山铁矿等矿产的勘查；主持了中国汞矿、贵州汞矿、汞矿带中的金、黔西南卡林型金矿等的科学研究，取得了丰硕成果。以他为首撰写的《汞矿地质与普查勘探》是中国汞矿勘查实践的经验总结和矿床研究的重要成果，荣获全国科学大会奖。主持编写了《汞矿地质勘探规范（暂行）》和《中国矿床》中的汞矿部分，为《中国汞矿》一书出版做了奠基性的工作；参与领导了"贵州汞矿地质研究"的前期工作，为中国汞矿研究做出了突出贡献。著作《贵州金矿地质》首次建立了汞（锑）矿带中汞–锑–金矿4阶段成矿模式；创建了黔西南金矿"热、液、矿"同源成矿模式和成矿理论。1994年获得贵州省科技进步奖三等奖。

一、勤奋好学　基础扎实

1920年6月12日何立贤出生在贵州西部高原偏僻小城——水城县一个耕读之家。7岁启蒙，读私塾两年，后进水城二小，勤奋好学，成绩名列前茅。1936年小学毕业，进水城师训班学习。那时中央军刚刚进驻水城，搞新生活运动，重视国民教育，与军阀时期相比很有进步，年仅16岁的何立贤因为品学兼优，被集体加入了中国国民党。

在出水城县城的三岔路上有一个牌坊，纪念民国初年的开明县长吴舜之，上面雕刻着"身是神仙心是佛，民之父母士之师"的对联，给少年何立贤留下了深刻的印象，每当经过这里总要再三念诵，立志走出大山、学好本领，长大后也要为民谋福。1936年冬季师训班毕业，在哥哥何尊贤的带领下，在崎岖的山路上步行5天，到贵阳达德学校插班读初中二年级。

贵阳达德学校是久负盛名的新式学堂，这里聚集着贵州学界精英，老师们既有良好的国学功底，又接受过现代科学民主的教育。他们以振兴国家和贵州为己任，教书育人，使达德学校成为贵州爱国进步、科学民主的堡垒。1937年抗日战争爆发，这里成为爱国抗日救亡运动的中心，民主运动的堡垒，内地和贵州的许多优秀教师云集这里。"好学、力行、知耻"的校训牌匾高高地挂在达德书院的屋檐下。在学校的小礼堂金字匾上的"富贵不淫，贫贱不移，威武不屈；智者不惑，仁者不忧，勇者不惧"对联和"智仁勇"横批，教育、激励着一批一批朝气蓬勃的学子，何立贤至今不忘，受用终生。因为他积极活跃，品学兼优，总分常常是全班第一，不仅几个学期免去了学费，而且被选举为达德学校学生自治会主席。他参加了贵阳中学生抗日救国会，组织抗日宣传，办板报《同仁》《雪耻》，请校友黄齐生、张铁军到校讲演等，把抗日救亡活动搞得轰轰烈烈。1938年冬他以第一名的成绩毕业于达德学校初中。

进高中，何立贤读了三所学校：修文高中、内迁贵阳的中央大学实验学校和内迁四川长寿的国立十二中。国立十二中原为湖北联中，从湖北恩施搬到四川。此时，何立贤发奋读书，每学期成绩总分都是全班第一，而且游泳打球、吹拉弹唱、琴棋书画，样样都不落人后，受到老师和同学的好评和欢迎。班主任李寿季老师很喜欢他，还为他申请上了补助贷学金。

李寿季是地质学家李四光的弟弟，日本帝国大学毕业。何立贤说："我走上地质之路，是受李老师的影响。他还兼地理课教师，在讲地理课时，告诉我们中国矿产资源丰富，矿石能提炼各种金属，造枪造炮打日本鬼子；开发矿产能使国家富强……"这使青年何立贤对地质科学产生了浓厚的兴趣。在毕业前（高三上学期）他就报考了中央大学（现南京大学）地质系，并顺利被录取。从此和地质结下了不解之缘。

在中央大学，有全国一流的地质学家当教授，系主任是朱森，他经常邀请名家到系里讲学，何立贤如饥似渴地学习，成绩也是名列前茅。中央大学毕业后，1946年何立贤以第四名的优秀成绩如愿以偿考进一心向往的地质学家的摇篮——中央地质调查所。当年，他随中央地质调查所迁回南京，这里聚集着全国有名的地质精英，新中国成立后地学界许多中国科学院院士、中国工程院院士、各省地质局总工程师都出自这里。何立贤有幸得到中国地质学家黄汲清指导和训练。他向黄汲清、李春昱等科学家学习做人道理、做学问的科学思想、做地质工作的方法。从标本分类编录做起，学到了重视实际资料、重视野外调查的地质工作理念，受到从实际出发、重视实践的求实学风的熏陶。何立贤说，他好动，喜欢到野外工作，不怕艰苦，在学校就选择了地质构造专业。到了这里，所里凡是有野外工作的任务，他就主动争取去。在中央地质调查所两年多的时间里，他基本都在野外度过。1946年冬，他跟随浙江大学史地系教授朱庭祜和中央地质调查所盛莘夫调查钱塘江下游地质。跟高振西到湖北南部的咸宁、大冶、阳新等地填图。在那兵荒马乱的年月，浙江、鄂南山区的艰苦和危险是不言而喻的，但是何立贤却非常高兴。事后，总是欣喜地说，看到了许多地质现象，得到了优秀地质专家的言传身教，增长许多见识，学到了许多书本上学不到的东西；取得了不少野外工作的经验。现在谈起那段经历，他总是滔滔不绝：学到的东西受用终生；经历的故事回味无穷。这位个子不高的贵州小伙子，能吃苦、能干事、能跑野外、会动脑筋，给黄汲清、李春昱、高振西等地质调查所的专家和同事留下了深刻的印象。

二、地质勘探　业绩显著

1948年底，何立贤送爱人回贵州老家。因为解放战争战火正酣，他就留在贵州了。于是受贵州大学之聘，任丁道衡、乐森璕两位教授的助教。1949年黄汲清从美国讲学归来，为新中国地质工作振兴延揽人才，于是专门写信邀何立贤到重庆北碚中央地质调查所，参加成渝铁路工程地质调查。

新中国成立后，将之前属于四川、西康、云南、贵州等省区地质调查所人员集中于重庆，于1950年3月成立西南地质调查所，负责西南地区的地质、矿产调查工作。按照西南行政区要求，该所首先开展贵州水城观音山、赫章铁矿山的铁矿勘探工作，成立了由地质学家乐森璕任队长、路兆洽为副队长的西黔探矿队。何立贤满怀豪情壮志，主动要求参加西黔探矿队，返回故乡，进入贵州水城观音山开展铁矿详细勘查工作，开始了他找矿探矿的征程。

观音山是有名的高寒山区。1950年，这里真是贫瘠荒凉的未开垦的处女地，工作和生活条件十分艰苦。这是西南地质调查所派出的第一支地质勘查队伍，并首次在贵州使用钻探手段（手摇钻）进行勘探。在这里何立贤第一次与中国共产党的官兵近距离接触，被他们不怕苦、不怕累、吃苦在前、对知识分子十分尊重和照顾的精神深深地感染和激励。当年因为工作需要，乐森璕、路兆洽两位队长被调回去，这里的技术人员只有他一人。何立贤成了"全能选手"，区域地质测量、矿区填图、岩心记录、槽坑编录等工作，全由他一人独立承担。没有老师求教，没有先例借鉴，他夜以继日地边干边学边实践。1952年底，野外工作基本完成，两年多的时间他们编制提交了《水城观音山铁矿初步地质调查报告》和《水城观音山铁矿地质简报》等成果资料，计算出矿区铁矿资源储量326.7万吨，为贵州地质勘查工作做出了示范；为该矿区继续勘查打下了良好的基础，为水城钢铁基地提供了资源基础。

1953年观音山铁矿区工作告一段落后，何立贤奉调西南地质调查所332地质队任技术负责，他们又转战到遵义团溪和尚场一带开展锰矿的勘查找矿工作。迎接新的工作、新的挑战，何立贤朝气蓬勃、劲头十足、大展才智、发挥专长，经过几个月的艰苦工作，他们终于发现了新型碳酸锰矿。先后于1954年2月与1955年1月编制提交了《遵义和尚场锰矿勘探报告》（探获储量188万吨）与《遵义县和尚场堂子寺1954年地质勘探报告》（探获储量105万吨）等重要成果，肯定了该区锰矿价值，使其成为具有工业价值的中型锰矿。这是从发现地表氧化锰矿到找到深部原生碳酸锰矿的找矿突破，既扩大了资源储量、提高了应用价值，又取得了找矿经验。何立贤满怀成功的喜悦，乘势追寻，根据区域地质背景、地质构造的调查研究，通过相似类比分析，推断铜锣井可能有相同的锰矿。1953年底，立即与队员一起前往该矿区普查勘查求证，在小林湾巴蕉湾沟中发现了碳酸锰矿，推断得到了证实。1954年开始初勘，到1955年上半年已探明储量约2000万吨；后来的同志继续他们的工作，1958年完成铜锣井矿区的勘探，提交了《遵义铜锣井锰矿储量报告》，探明可供开发利用的储量3335万吨，其中原生碳酸锰矿石占总量的93%以上。以何立贤为首，先后探明的中型团溪锰矿和大型铜锣井锰矿，不仅使贵州成为中国的重要锰矿资源基地，并使铜锣井成为全国储量名列前茅、海内外知名的大型锰矿；为以这两个锰矿床为原料基地，建成全国规模最大、集采选冶为一体的锰系铁合金生产基地（遵义铁合金厂）做出了重要的贡献。

找到矿，是地质队员最感荣耀的事情。遵义锰矿的找矿突破和勘探成果，这是他们自身价值的体现，也是地质队的功劳！更证实了作为技术负责的何立贤的价值、能力和贡献！然而，何立贤从不居功自傲。他说："凡是大矿的找矿勘探，都是集体智慧的成果。"

1955年何立贤调入新组建的西南地质局526队任技术负责，开展松桃地区铅锌矿的普查勘探工作。8月地质部矿产司司长、矿床学家孟宪民率莫柱荪等到贵州松桃现场指导工作，召集西南地质局副局长燕登甲、总工程师路兆洽、苏联专家兹维列夫等专家在铜仁召开黔东松桃地区铅锌矿找矿勘探工作会议，当时权威专家学者和部里来的领导大多认为这里的铅锌矿类似于美国密西西比河谷型铅锌矿，储量可能达20万吨，前景良好，要求上20万吨的勘探任务；要求526队接受任务，就看何立贤的意见。但是，作为队技术负责，他顶着压力，不唯上、不崇洋、不迷信权威、不怕"保守右倾"的指责，提出了否定的意见。以他扎扎实实的野外地质观察调查成果，实事求是，力排众议，指出松桃地区铅锌矿的矿石分布特征是星星点点的星散状分布，前景不明，得到燕登甲等领导的支持，改变计划"提交20万吨储量"的勘探任务为详查评价。通过一年的工作，只探得了平衡表外2000吨的储量。几十年来的找矿实践也证明了何立贤当时的判断。1955年何立贤被评为贵州省劳动模范。

1956年9月，何立贤调到贵阳参与贵州省地质局的筹建工作。省局成立后，何立贤任副总工程师。主要负责野外队地质工作的管理和检查指导。他说，在贵州工作的前十多年中，最难忘的是"大跃进"的三年。

1958年春节，水城大河边煤矿需要建井，设计部门要求5月初提交储量报告，地质局抽调何立贤到大河边队，指导、帮助编写1井~4井田的储量报告，要求两个多月完成任务。而这4个井田的18个可采煤层需要提交48张储量计算图，其中上万块的小块段需要用求积仪人工量算，工作量非常大。参加奋战的同志夜以继日，终于按期完成任务，提交了《水城大河边煤矿1井~4井田储量报告》，为水城煤矿建设提供了可靠的地质依据。如今的六盘水市，以矿产资源为依托，已成为一座繁荣昌盛、四通八达的中型工业城市，矗立在贵州西部高原。看到家乡翻天覆地的变化，也有自己的辛劳和汗水，何立贤感到无比的自豪与欣慰。

1958年，全国上下大办钢铁急需铁矿，为了满足对铁矿资源的急需，根据上级指示，1959年末开展了以苦李井为重点的炉山铁矿（新类型菱铁矿型铁矿）"大会战"，提出"政治任务"要求完成储量1亿吨。副总工程师何立贤与副局长李子杰、副书记何永源等一同前往指挥"大会战"，作为会战的技术负责人，他后来直接兼任凯里苗岭地质队技术负责。从各队调来20多台钻机，"轰轰隆隆"地昼夜钻个不停，半年打了4万多米，何立贤与技术干部、工人一起日夜奋战，采用含矿系数计算储量的方法，提交可供利用的储量8000多万吨。回忆起那段"脱离实际、不讲科学"的历史，何立贤至今深有感触："地质工作需要艰苦奋斗的精神，但一定要建立在科学的实事求是的基础之上！"

1959年贵州省地质局黔中地质大队开展清镇林歹铝土矿的勘探，何立贤亲临勘探工作现场作技术指导，并参与报告的实际编写，于1959年10月和队上技术人员一起，编制提交了《清镇铝铁矿林歹矿区最终储量报告》，探明储量2340万吨。在贵州率先完成的林歹铝土矿勘探成果，为贵州铝厂在该区建立矿山基地打下了资源基础。

1961年，根据地质部的指示，燕树檀总工程师领导和主持了贵州省1958年以来成果的复审核实工作。由何立贤副总工程师负责成立一个审核组，分金属组和非金属组对100多份报告进行了实事求是、客观公正、程序严密的科学民主评定，何立贤等提出了许多具体意见，交修改组修改。该否定的坚决否定，该补课的补课，该返工的返工。然后严肃认真地检查验收。由此，贵州地质工作拨乱反正，迅速转入了严肃、实事求是、重视质量、履行规范的正确轨道。为后来各类地质勘查工作、报告编写、图件编制提交打下了坚实的质量基础。

三、科学研究　务实求真

1961年国家实行"调整、巩固、充实、提高"的方针，1962年，地质部门工作收缩、人员压缩；地质部为了储备人才，加强研究，成立了西南地质矿产研究所，燕树檀推荐了何立贤等。于是1963年何立贤被调入了隶属于中国地质科学院的西南地质矿产研究所，担任矿床研究室的主任。

当时国家正值经济困难时期，何立贤到成都后，仍心系贵州，特别关注贵州特色重要矿产汞矿的研究。在科研单位里，何立贤不仅加强了成矿理论的学习，而且有时间系统地梳理自己多年的找矿实践，总结成矿规律，探索矿床成因。还多次深入铜仁、务川、丹寨等汞矿矿山，实地考察研究。正待深入室内研究之时，1966年"文化大革命"开始了，何立贤被打成"反动学术权威""历史反革命"。在那场浩劫中，何立贤受到了不公正待遇。

1976年后，特别是中共十一届三中全会以来，何立贤又心怀畅快、放开手脚、尽展才智地大干他所钟爱的地质事业了。

何立贤不仅直接从事矿产的勘查，而且长期进行汞、金等多种矿产的科学研究，取得了丰硕的研究成果，公开发表了许多论文，出版了有关专著。他长期以来还对中国及世界著名汞矿（意大利）进行了全面的实地考察和深入研究，造诣颇深。何立贤主编，同时具体参与编写的专著《汞矿地质与普查勘探》，于1978年出版，并荣获全国科学大会奖；该书1998年又修订重版。这本专著是中国汞矿勘查实践的经验总结和矿床研究的重要成果，是从事汞矿普查勘探必读的教材。同时在何立贤指导下，1984年由贵州省矿产储量委员会编写完成了《汞矿地质勘探规范（暂行）》。《中国矿床》中汞矿部分也是由他来执笔撰写的。

燕树檀、韩至钧和何立贤等领导组织完成的"贵州汞矿地质研究"，被列入"六五"期间地矿部与贵州省科委重点研究课题，何立贤在研究前期和第一阶段，课题立项、子课题设置、人员选配，乃至具体研究，都亲自主持和参与，倾注了大量的心血与智慧。该项目1991年荣获地矿部科技成果二等奖。

在成都地质矿产研究所工作期间，何立贤的研究方向主要是中国汞矿，曾若兰是何立贤的得力助手。何立贤调离成都后，曾若兰接手了何立贤的中国汞矿研究，由曾若兰研究员等撰写的《中国汞矿》（1988）是在何立贤研究基础上进一步深化完成的。

20世纪70年代末期至80年代初期，何立贤经常出差来贵州工作，并与贵州同行合作开展汞矿科学研究。由于何立贤在矿床地质方面的造诣，更因为何立贤对贵州地质情况的熟悉，对贵州家乡这片热土的深切眷恋，与贵州地质局一些老领导和老专家、同事们的深厚情谊，经贵州地质局申请、地质部批准，于1981年何立贤被调回了贵州省地质局，开始担任贵州省地质局副总工程师，1983年担任贵州省地矿局总工程师，负责地质矿产的技术领导工作。

1987年，由贵州省地矿局何立贤主持，与成都地矿所联合组成的金矿研究组承担并进行了"七五"国家科技攻关项目75-55-金-20号中的子课题"汞矿带中金矿赋存规律及找矿靶区研究"及地矿部"贵州南部金矿成矿规律及找矿预测"的研究任务。于1990年6月和12月先后编写并且提交了研究报告。报告以微细浸染型金矿为重点，对全省金矿做了广泛研究。结合地球化学勘查成果，在黔西南地区3100平方千米内，发现金矿床（点）40余处，赋矿层位众多。最低产出层位为下二叠统栖霞组，最高层位是中三叠统边阳组，其间龙潭组、长兴组、大隆组、夜郎组、紫云组、新苑组（许满组）均有金矿产出。总结出了5个方面的找矿标志：地球化学与相关元素的标志、构造标志、层位和岩石标志、矿物标志和蚀变标志。根据大量同位素和包体测试资料，初步分析区内成矿作用经历了三个阶段：矿源层形成阶段、热液成矿阶段和次生改造阶段。同时，根据"汞矿带中金矿赋存规律及找矿靶区研究"的研究成果，何立贤、林立青、曾若兰合著了《汞矿带中金矿赋存规律》的长篇论文，收编在沈阳地质矿产研究所编的《中国金矿主要类型找矿方向与找矿方法文集》（第一辑）一书中，于1992年由地质出版社出版。该文深入地分析研究了中国汞（锑）矿带的含金性，重点研究了两个产金汞矿带的区域地质、地球化学背景、典型矿床地质特征、金和汞矿床的分布与富集规律。首次在四相厂汞金矿床中发现了多种金-汞系列矿物，并基本查明了金以多种形态赋存于主要为黄铁矿、毒砂，次为黏土矿物及有机质中。同时还分析和论证了大气水可参与成矿作用而成为成矿溶液的组成部分而不是带矿热液；带矿流体是沉积岩在长期发展的地质历史过程中封存的建造水，并借鉴成油理论，论证了带矿热液形成机理；以实际控矿构造地质剖面为例，首次建立了汞（锑）矿带中汞-锑-金矿4阶段成矿模式图。

总结研究成果，1993年何立贤、曾若兰、林立青撰写的《贵州金矿地质》出版，该书对贵州全省金矿区域地质背景、矿床类型及其特征、成矿条件及成矿规律、矿床成因、成矿成因模式等进行了系统的归纳与总结。1994 年获得贵州省科技进步奖三等奖。

四、乐于思考 独具见解

1995 年何立贤退居二线后，曾担任地矿部两届科技顾问委员会通信委员，长期担任贵州省地矿局专家咨询委员会委员。耄耋之年，仍念兹在兹，不断思索，尽心尽力，积极建言献策，提出精辟的见解，对地质工作一往情深、充满激情，不忘找矿勘查工作。

理论思维是一个人的创新能力的基础。一位哲人说："思想吧，思想引人入胜。"何立贤是一个善于哲学思考、乐于思考、独立思考的人。他积极参加朱训部长发起、领导的地学哲学研究会的活动，长期担任研究会的理事，运用地学哲学的思维方法，指导地质勘查、总结经验教训。他经历丰富、见多识广，在中央地质调查所接受过黄汲清等地学大师的严格训练，在地质找矿的基层地质队当过地质队员、技术负责，担任过地矿局（地质局）的副、正总工程师，在地质矿产科学研究单位从事矿床研究 18 年，对地球系统、成矿过程、基础地质、地层、构造有扎实的基础；对贵州地质和成矿规律有深切的了解；对野外地质工作有丰富的经验；对科研成果、勘查报告、论文专著中存在的问题有敏锐的识别与判断能力。

何立贤对现行的地质科学研究与地质调查勘查体制机制有全局性战略性的独立思考。1995 年，在地质矿产部科技顾问委员会的会议上，他从实际出发，高屋建瓴，直陈弊端，提出批评性、建设性建议。发表了对地质科技改革与调整的一些想法，指出现行研究机构设置重叠、研究项目存在低水平重复、管理层次太多、研究效率不高、科学研究与找矿脱节、许多成果缺乏实用价值、难以指导找矿勘查等问题。提出把科研单位改革与组建"野战军"结合起来，把战略性地调查研究工作与战术性找矿紧密结合起来。主张基础研究集中于中国科学院和若干大学研究所；中国地质调查局与中国地质科学院合二为一，把应用基础研究、应用研究与地质调查、地质找矿融为一体，按重要成矿区（带）组建跨行政区的综合研究室（队）——地质调查找矿的"野战军"。

古人云："勿因群疑而阻独见，勿任己意而废人言。"会议纪要也把他的"个别人"的建议列入其中，向上反映。而他的这些独特建议，直到现在仍然很有参考价值。希望决策者在深化改革、制度创新中冲破各种障碍而得以实施。

作为一个矿床学家，以找矿探矿为价值追求，以找矿实效为科研成果的价值判断,对地质勘查和地质研究中存在的问题,何立贤有系统的思考,并且善于归纳凝练,成为短小精悍、令人警醒、难以忘却的格言、警句,直白地表达出来。而且,这些思想常常是针对一些流行的弊端、错误、疏忽、风气等,他不怕孤立,不避风险,不赶潮流,不事逢迎,不图己利,耿耿直言。一经讲出,真能一针见血,入木三分,或引人入胜,或振聋发聩,或催人奋进,或促人醒悟。

何立贤鼓励贵州第一线的地质科技人员,有一个讲法尤其令人深受鼓舞。他说:"搞地质研究、矿床研究,容易出成果,容易'国际先进','世界领先',因为研究对象是独一无二的。贵州的汞矿就是如此,务川汞矿更是这样。"确实,只要站上世界的共同舞台,运用当代人类的最新科技,我们贵州特有的矿床、特有的地质事件、特有的地质现象、特有的化石、特有的喀斯特,都是近水楼台。

针对有些科研院所的少数人,不重视实践、闭门造车写论文的虚浮情况,他认为这种作风害国害人,浪费人力、物力、时间、金钱,所谓成果对找矿没有丝毫用处。

针对一些人坐在办公室里坐而论道谈创新,他指出:"野外是地质工作创新的源泉。""要学习,要多跑野外,对前人不要迷信,对书本不要迷信,对老师也不要迷信。""知识要到实际中去运用,真理要到实践中去检验。"

针对找矿中的虚报浮夸,他告诫他的弟子:"一定要实事求是。找到矿是成绩;找不到矿而把它评价清楚也是成绩。"

针对现代科技进步,有些人怕吃苦,图享乐,轻视野外工作,过分依赖先进仪器设施和西方文献。他强调:"重视野外工作,倡导求实学风。"

思考矿床勘查和研究的心得,指出从事矿床勘查和研究的人要有渊博的知识,多方面的训练和经验,要加强学习,多跑野外。认为搞矿床的应该是学有专长的通才,指出:"搞矿床要全能冠军。"重视学科交叉,重视体能锻炼。

最近,"找矿突破"成为政府的要求和媒体的热门话题,使这位一生奉献于找矿和探矿的矿床学家非常兴奋。年届九旬的他,激情满怀,俨然就要奔赴找矿第一线。他说:"如果我现在四十多岁,我要去找矿,我就组织一群热爱地质、献身地质、理论基础好的中青年人,成立一个'敢死队',带着他们去云南三江地区。"

在讨论如何实现找矿突破时,他积极建言献策,强调理论与地质实践结合,说:"选好热爱地质、基础扎实的年轻人,去填图,填图,再填图。从1:200000,到1:50000,再到1:10000,乃至1:5000,步步深入,自然能够有所发现。"

他说,找矿,地质是基础。大矿不是一蹴而就找到的。要捕捉信息,追根溯源,由浅入深,由小到大;要根据实际需要,运用有效的一切先进技术。但是不能生搬硬套。针对有些人生搬硬套外国人的理论、迷信洋人观点，他不唯书、只唯实。强调："小疑则小进，大疑则大进，不疑则不进。"

针对技术工作中的自我吹嘘和弄虚作假，何立贤说："搞科学技术不实事求是，总是长久不了的。"他还说："人对客观世界认识有错误，很正常。但是故意造假，害死人！不能原谅。"

在一次部级科技成果评奖会上，针对有的科研单位虚报研究成果产生的效益，把人家地质队在"六五"期间的找矿突破说成是他们"七五"科研项目产生的效益，申请奖励。何立贤不怕得罪人，毅然指出，说："这种风气不能放过，别的省的情况我不了解，但我们贵州的，我就要指出来！"

老年的何立贤不仅看书读报，关心时事和社会进步，而且对地质情有独钟，一直细看《贵州地质》杂志，对地质问题非常敏感，经常发表他的真知灼见。2007年第4期上有一篇文章谈到"在威宁岔河向斜东冀发现了一个铜铁稀土矿化层"，他看了以后，立即想到20世纪50年代在水城二塘发现的贫铁矿，也是这个层位，想到现在铁矿石涨价，想到这个矿规模大。立即撰文《"铜铁稀土矿化层"发现的信息值得重视》，并且在学术会议上报告宣讲，鼓励相关技术人员开展这方面的研究和勘查工作；还亲自前往威宁野外现场考察。

对社会人生、为人处世、健康长寿等何立贤也有系统的哲学思考，充满智慧与良知，并且身体力行。表达起来发自肺腑、实话实说、不遮不掩、明白晓畅。使人为之震撼、得到启迪、受到教育、从中受益。他这种不唯书、不唯上、不盲从、不附和、只唯实的性格正与竺可桢倡导的"只问是非，不计利害"的精神不谋而合。

"实事求是"是人们践行的至理名言，但是，现实中常常有人大言"实事求是"，却捏造事实、歪曲实事、弄虚作假。何立贤说：实事求是，首先要"事"是真实的，才能去"求是"，寻求到规律或者真理。如果"事"不是真实的，那么就求不到真理了，那就很危险，就要走到邪路上去。

针对社会上道德滑坡，他指出："用人之道，德才兼备，德为先。""为官之道，第一是要不谋私，第二是知人善任。"

面对用人上的唯学历、唯学位的倾向：他十分认同"工人里面有人才，博士里面有庸才"的判断，强调"要重道德、重业绩"。

他鼓励年轻人要敢想敢干。说："人们常常祝愿别人'心想事成'，一定要敢想。心不想，事不成。"

在工作和生活中，他总是遇事亲自躬行，严格要求自己。他奉行"自己能做的事，不依赖于他人；今天能做的事，不拖到明天"。开会或约定，一贯守时，他说：

"宁可我等人，不可人等我"。

他健康长寿的经验是：起居有时，饮食有节；脑动防呆，体动防衰。

何立贤是抗战时期走出贵州大山，进入中国名牌大学学习地质，新中国成立后又回到贵州、服务贵州发展时间最长的地质学家之一。90多年的人生历程，坎坎坷坷，跌宕起伏，有惊无险。有忧愁，有欢乐；有恐惧，有幸运；有痛苦，有欣喜；有无奈，有开心。晚年才智充分发挥，成果丰硕，事业有成，身心健康，家庭幸福，其乐融融。

何立贤是仁者、德者、乐者、勤者、清心寡欲者，因而他健康长寿。何立贤总结90多年的人生感悟，"自力更生，艰苦奋斗，淡泊名利，健康长寿"。

五、何立贤主要论著

何立贤，等.1978.汞矿地质与普查勘探.北京：地质出版社.

何立贤，曾若兰.1989.中国汞矿床//中国矿床编委会.中国矿床.北京：地质出版社.

何立贤.1990.汞矿带中金矿成矿条件及赋存规律.贵州地质，7（3）：187-195.

何立贤.1990.沉积岩中金矿床的基本特征及成矿模式探讨.黄金地质科技，(1)：1-7.

何立贤，曾若兰，林立青.1992.汞矿带中金矿赋存规律//沈阳地质矿产研究所.中国金矿主要类型找矿方向与找矿方法文集（第一辑）.北京：地质出版社.

何立贤.1992.关于金属矿床的成矿流体性质及成矿、改造深度问题.贵州地质，9（4）：315-325.

何立贤，曾若兰，林立青.1993.贵州金矿地质.北京：地质出版社.

何立贤.1995.陆坡带以碳酸盐岩为容矿岩石的（万山式）汞矿床模式//裴荣富.中国矿床模式.北京：地质出版社.

何立贤，韩至钧，等.1996.汞矿地质与普查勘探（修订版）.北京：地质出版社.

何立贤.1996.黔西南金矿"热、液、矿"同源成矿模式.贵州地质，13（2）：154-160.

何立贤.1996.关于"中国铝土矿的成矿机理及矿层贫化深度问题"的讨论.华北地质矿产杂志，(1)：111-115.

何立贤.1997.上扬子板块沉积改造金属矿床赋存深度问题的讨论.华北地质矿产杂志，(4)：85-90.

何立贤.2001.滇黔桂微细粒金矿床开发利用问题讨论.黄金地质，7（4）：67-72.

何立贤.2006.热液矿床水来源的哲学思考.贵州地质，23（3）：237-239.

何立贤，陈履安，王砚耕.2006.无私奉献的楷模 做人为学的典范——追记贵州省地质局原总工程师燕树檀先生.贵州地质，23（4）：5-13.

何立贤.2006.重视野外调查，倡导求实学风.贵州地质，增刊.

何立贤.2007."浊积岩型金矿"质疑.贵州地质.24（3）：196.

何立贤.2008."铜铁稀土矿化层"发现的信息值得重视.贵州地质，25（1）：20.

何立贤.2009.怀念，希望，祝愿——《贵州地质》百期感言.贵州地质，26（3）：161.

主要参考文献

何毓敏.2007.一片丹心献地质//贵州省地质矿产勘查开发局.丹心献地质.

贵州省地质矿产勘查开发局. 2007. 贵州省地矿局局史. 贵阳：贵州人民出版社.

陈履安. 笃实求真 勘者师表——记贵州籍老地质学家何立贤先生. 贵州地质, 27（2）：81-90.

撰写者

陈履安（1942~），湖北黄冈（现武汉市新洲区）人，贵州省地质矿产局地质科学研究所研究员，中国科普作家协会会员。曾经在何立贤指导下从事汞矿等的地质地球化学研究。

李文达

李文达（1920~1997），浙江建德人。矿床地质学家、地球化学家，开创区域成矿模式研究领域。1945年毕业于昆明国立西南联合大学地质地理气象系，同年考取北京大学研究生。曾任南京地质矿产研究所所长、博士生导师。长期致力于区域成矿模式研究。他在长江中下游铁帽评价及铁铜矿床形成条件、宁芜玢岩铁矿、华南红土型金矿、东南大陆中生代构造岩浆与成矿作用等众多研究领域做出了重要贡献。他主持的"长江中下游硫化物矿床氧化带及铁帽的研究"和"宁芜玢岩铁矿"项目以创造性的研究成果荣获1978年全国科学大会奖和1982年全国优秀科技成果奖。他首次系统地研究了中国中纬度湿温地带硫化物矿床氧化带和红土化作用的成矿地球化学作用，总结出一套成矿理论。他首次系统研究了火山-侵入过程与不同产状铁矿成矿作用，是"宁芜玢岩铁矿"区域成矿模式的主要创造者。通过对中国东南部中生代构造岩浆与成矿作用研究，他首次提出了中生代大规模火山-侵入活动及成矿主要发生于大陆伸展地壳减薄期，并叠置在华夏和扬子陆块之上的见解。他的研究成果和学术思想在国内外都具有广泛影响，并对找矿实践有着切实的指导意义。

一、成长经历

1920年9月21日，李文达出生于浙江省建德县南部的一个偏僻落后、贫穷而闭塞的半山村，名为李村，家贫，小学曾一度辍学。后全凭勤奋努力考取浙江金华初中、杭州高中的公费生，1941年春毕业。因日军侵略中国，1941年与同学张绥流浪到昆明，考入西南联大地质地理气象学系，依靠沦陷区学生救济贷金度过了大学四年，并从此走上了地质科学研究之路。1945年毕业，考取北京大学理科研究所研究生。抗日战争胜利后，北京大学于1946年迁回北平，李文达留在昆明师范学院博物系任助教，并赴滇东收集其研究生论文资料。

1947年，李文达返回北京大学，任助教。在此期间，李文达参加了北京大学地下党的外围组织，曾被选为"讲助会"干事，积极参与学生运动及护校等活动。同时加入了由大学教师组成的华北地区文化工作者联盟，其间发表了不少地质科普作品。1952年，李文达加入中国共产党。

20世纪50年代初期，由清华大学地质系、北京大学地质系、北洋大学地质工程系和唐山铁道学院地质系合并组成北京地质勘探学院。李文达担任学院教务科长，吸收国际上最新的理论和方法，组建了我国第一个找矿勘探教研室，率先开设了找矿勘探及取样与储量计算方法课程，兼讲结晶学和矿物学，培养了大批急需人才。聆听过李文达讲课的50年代北京地质勘探学院同学，都有深刻的印象：讲学认真，条理清楚，实例丰富。

1958年，李文达到青海工作，为青海化隆镍矿的地质勘探做了大量的工作。

1963年，李文达调入新成立的华东地质科学研究所（现南京地质矿产研究所），万事开头难，一切从零开始，从头做起。李文达是矿床室主要技术骨干，领导和组织部重点项目、国家自然科学基金项目、国家攀登项目。在矿床地质和矿床地球化学领域卓有成就，多次获奖。同时为研究所培养了一批技术人才。

20世纪80年代初期，他开始担任副所长、所长等领导职务，除了繁忙的行政工作外，他仍然坚持科学研究工作。

20世纪90年代他虽然已年逾古稀，身体状况每况愈下，但仍兢兢业业，夜以继日地从事地质科研工作，即使因病住院期间还在写稿、审稿。

李文达曾任南京地质矿产研究所研究员、副所长、所长、博士研究生导师，曾任江苏省地质学会理事、副理事长，中国地质学会矿床专业委员会委员，国际火山学及地球化学学会（IAVCEI）中国分会会员，中国矿物岩石地球化学协会委员，中科院地球化学研究所矿床地球化学开放实验室、南京大学成矿作用开放实验室学术委员会会员。曾任江苏省第六、七届人大代表，中共江苏省省级机关第五次代表大会代表，江苏省劳动模范，原地质矿产部劳动模范，享受国务院政府特殊津贴，1984年获原地质部"献身地质事业四十三年荣誉证"。

二、主要研究领域和学术成就

李文达在矿床地质和地球化学领域具有很高的造诣，成果斐然，共出版《宁芜玢岩铁矿》等8部专著，国内外刊物上发表论文40余篇，译著近百万字。

1. 长江中下游硫化物矿床氧化带及铁帽评价研究

长江中下游地区有大量的铁帽褐铁矿堆积，这些褐铁矿具有一定的层位，缺乏肉眼能见的原生硫化物残余和贱金属氧化物矿物，因而过去大部分仅仅被当作铁矿看待。1958 年这些铁帽大部被作为铁矿开采，部分并打过普查孔。开采和打钻结果表明：绝大部分褐铁矿都是硫化物矿床的氧化铁帽。这样，如何评价这些铁帽褐铁矿就成为普查工作中迫切需要解决的课题。"长江中下游硫化物矿床氧化带及铁帽评价研究"是 1964 年 4 月原地质部副部长宋应在南京召开的会议上确定的，由华东地质科学研究所承担的研究项目，主要任务是评价未知矿床的氧化露头和铁帽。该项目由李文达领衔，并组成近 30 人的科研队伍进行攻关研究。李文达在项目实施过程中注意与生产紧密结合，在工作过程中，明确要求项目组每完成一个地区的工作，对主要铁帽点都要有相应的地质评价报告，并及时将项目组的评价研究成果提供给安徽、江西、江苏、湖北省有关地质队和矿山参考，因此此项研究工作得到了各地地质队和矿山的大力支持。

在研究已知矿床氧化剖面与评价 50 多个铁帽点的基础上，李文达率领项目组同志奔走在安徽、江西、江苏、湖北省之间，几乎踏遍了长江中下游地区出露的氧化带和铁帽点，积累了这一地区硫化物矿床及矿点铁帽及氧化带发育特征的大量资料，根据这些资料总结出关于这一地区气候条件下硫化物矿床表生变化的特点。系统阐述了影响氧化带发育的地貌、新构造运动、气候、地下水及围岩渗透性的主要特征，系统介绍了铜矿床氧化剖面、黄铁矿矿床氧化剖面、铅锌矿床氧化剖面和含硫化物的菱铁矿矿床铁帽的基本特征和分带情况，系统剖析了铁帽的结构构造、矿物成分和化学成分。

李文达和项目组同志系统采集了大量样品，磨制了大量薄片和光片，亲自鉴定并和项目组同志一起分析研究，先后在氧化带中发现表生和少数原生残余矿物 60 余种。其中金、铜、硫等自然元素 4 种，辉铜矿、铜蓝、黄铜矿等硫化物 9 种，针铁矿、水针铁矿、赤铁矿、硬锰矿等氧化物及氢氧化物 17 种，水绿矾、铁矾、胆矾、重晶石等硫酸盐及含水硫酸盐 14 种，孔雀石、蓝铜矿、方解石等碳酸盐 7 种，绿松石、臭葱石等 4 种，绿高岭石、多水高岭石、异极矿等硅酸盐 7 种。此项研究填补了当时长江中下游硫化物矿床氧化带矿物研究的空白。

在描述硫化物矿床氧化剖面分带性特征、氧化带的矿物及其共生组合的基础上，李文达和项目组同志经过细致的工作，提出了长江中下游硫化物矿床氧化带先后经过了硫酸盐阶段、碳酸盐阶段、氧化物和氢氧化物阶段、硅酸盐阶段、络盐阶段的发育过程。认为含多量二硫化物的铜矿床与黄铁矿矿床，在氧化带发育过程中硫酸盐阶段有可能超越碳酸盐阶段直接转入氧化物和氢氧化物阶段，其后阶段（硅酸盐和络盐阶段）只是在已形成的铁的氧化物和氢氧化物中进行必要的修饰和改造，附加在铁帽中的硅酸盐和络盐是极次要的；对于铅锌矿床的氧化带发育情况，重要的是碳酸盐阶段，氧化物和氢氧化物阶段以及硅酸盐阶段。同时结合铜官山铜矿、城门山铜矿、武山铜矿、枫林铜矿、铜绿山铜矿、丁家山铜矿等矿床，提出了除气候和地貌条件外，有利于我国南方铜矿床形成次生硫化铜富集的条件是：①原生矿体富含硫化物，特别是富含二硫化物如黄铁矿；②矿体顶、底板——尤其是底板，岩层透水性差，或基本不透水；③矿体透水性好。探讨了利用氧化带及铁帽评价原生矿的可能性，对找矿实践有着切实的指导意义。

"长江中下游硫化物矿床氧化带及铁帽评价研究"以创造性的研究成果获1978年全国科学大会奖。1982年，以李文达为第一作者的《长江中下游硫化物矿床氧化带及铁帽评价研究》一书获第一次全国优秀科技成果奖，同年获全国优秀科技图书出版奖。

2. 宁芜玢岩铁矿成矿模式

20世纪六七十年代，地球科学在世界上突飞猛进，国外的矿床学研究也日新月异。科学家的生命属于人类，而"文化大革命"造成的置科学于不顾的情况是最令科研人员痛心疾首的。李文达曾经做过两次大手术。20世纪50年代初，医生在他的胸腔里摘去了一个肿瘤，同时他也落下了胸膜增厚引起肺气肿的病根。70年代初，他的阑尾整个儿烂在了腹腔里，医生说："这种情况早就该没命了，还跑野外，真是奇迹了。"1年后，他和同事在江苏省地质局会议室研究宁芜铁矿有关课题，"噗"一口鲜血突然从他嘴里喷出来……他被病魔一次次地打倒，又一次次地站起来。就是这样，处在那种特殊的环境里，为了科学的真谛，在1972～1976年，李文达和陈毓川等同志顶着压力，一起组织、领导了由17个单位、近200人参与的"文化大革命"期间唯一的地质领域科技攻关项目——华东（宁芜）火山岩地区铁、铜矿成矿规律、找矿方向研究，以宁芜盆地中段为主，与当地矿山和地质队密切合作，深入解剖了火山-次火山岩型铁矿特征，研究并提出"宁芜玢岩铁矿成矿理想模式"，即宁芜地区分布在各地段的矿床，如梅山型铁矿、凹山型铁矿、陶村型铁矿、象山型铁矿、凤凰山-姑山型铁矿、龙旗山型铁矿以及龙虎山型铁矿，这些类型铁矿主要与大王山旋回的岩浆喷发、侵入活动有关，它们在成因上均受本火山旋回的岩浆活动所控制，分布上具有一定的时空规律，构成了一个区域性的成矿模式。这也是国内外第一个区域成矿模式，填补了我国中生代火山岩地区地质找矿理论的空白，推动了全国火山岩地区的地质研究与地质找矿的深入开展。更重要的是，自此之后，我国区域成矿模式的研究工作得到很大发展，成为指导区域找矿的一盏"明灯"。

1974年8月，全国火山矿床会议在昆明召开。会上，宁芜地区研究项目的阶段成果引起了各方面的关注。一时间，全国各省（区）地勘单位来宁芜地区参观考察络绎不绝，掀起了地质界的"火山热"。整个项目研究成果——宁芜中段铁、铜矿床地质特征、成矿规律及找矿方向获1978年全国科学大会奖。1978年，《宁芜玢岩铁矿》一书获得出版图书奖和全国科学大会奖，1982年，该项目获得国家自然科学奖三等奖。"宁芜玢岩铁矿"成矿模式的提出，不仅具有国际领先学术水平，找矿效果突出，而且由此奠定了南京地质矿产研究所在国内火山矿床及区域成矿模式领域的学术地位。

3. 火山作用与成矿作用研究

1980年，李文达受联合国教科文组织（UNESCO）资助，作为访问学者访问了日本地质调查所、东京大学及日本许多矿山，参加了在日本北海道举行的札幌三矿学术讨论会。1982年，李文达担任中日合作项目"与火山–侵入岩有关矿床研究"的中方负责人，并率队赴日本大馆地区考察黑矿及Akenobe地区考察钨锡多金属矿。中日双方通过野外地质考察、室内研究、专题报告和出版论著等相互促进学术交流，并结合国内的实际情况，提出了找矿有利的火山喷发中心、破火山构造的分析和恢复。

1986年，李文达出席了国际火山学会（IVC）在新西兰召开的Tarawera火山喷发100周年纪念大会，会后考察了新西兰热泉及南岛的火山矿床。1987~1989年，李文达负责筹划"环太平洋地区火山作用与成矿作用"国际学术讨论会。通过李文达的不懈努力，1989年，由南京地质矿产研究所主办的"环太平洋地区火山作用与成矿作用"国际学术讨论会在南京成功举行。以李文达为代表的南京地质矿产研究所科研团队，在本次国际学术讨论会上，向国际同行系统介绍和阐述了"东南大陆火山地质与矿产"的研究成果，得到了与会国际同行的认可，由此奠定了南京地质矿产研究所在国际火山作用与成矿领域的学术地位。

4. 华南红土化作用地球化学及红土型金矿研究

我国南方有相当大一部分位于北回归线以南，气候炎热，地表红土发育。20世纪90年代以前除了土壤学界对南方红土进行过研究外，地质学界仅有少数人进行过玄武岩的风化壳研究。土壤学界的研究侧重于土壤的成因，对影响土壤肥力的某些微量元素也特别注意。而地质学界，最早只是注意三水铝石以及若干地区的锰矿、褐铁矿、钴土矿，后来也曾注意到风化产物中的残余矿物可作为宝石利用的刚玉

（蓝宝石）、红锆石及橄榄石，而对红土剖面中是否有金的富集，则从未作过探讨。这在当时除了缺乏对红土型金矿的认识外，金的分析技术未过关也是一个原因。在勘探海南岛铝土矿过程中曾发现浅井中有金，当时只能采用人工重砂方法分析，对不可见的微细粒红土型金矿显然是无能为力的。20世纪60年代大家都只注意冲积、残坡积中的"砂金"，实际现在看来在残积或坡积红土层中的砂金很可能部分是红土型金矿，这是在过去淘砂金的尾砂今天仍可再淘出金屑的原因——红土中微细的分散金的再次表生富集。

红土型金矿是20世纪80年代由国外发现的，诸如澳大利亚的布丁顿、巴西的马托格罗索、泰国的侬丹、印度的萨拉肯纳，以及南太平洋许多岛弧地区如新喀尼多利亚、斐济等。随后，引起了我国地质工作者的兴趣，以李文达为首的研究小组于20世纪80年代末开始了研究，并得到了国家自然科学基金的资助（1990~1993）。

在研究过程中，70岁的李文达亲自带领他的研究小组三下海南岛、雷州半岛、粤西山区和闽南地区，充分利用过去的勘探浅井、采石场、公路切割的山坡以及某些天然冲沟进行实地观察，对华南地区11个典型红土化剖面进行了深入调查研究，取得了大量扎实的第一手野外地质资料。室内分析与测试，除了没有用红外光谱外，其他主要方法均用上了。对于化学分析资料的整理，对主要元素组合的变化采用了淋溶系数、残积系数、水化系数及红土化指数的概念，对微量元素则采用富集因子的概念；在处理红土化剖面中的化学平衡时，由于主要组分SiO_2、Al_2O_3及Fe_2O_3的迁移与再沉积的复杂性以及剥蚀速度随地貌不同而引起的变化，采用等容法换算存在一定困难，尤其是对那些处于山区或丘陵区的红土化剖面，风化作用与剥蚀作用几乎是同时进行的，风化产物多处于红土化剖面发育的初始阶段，即使采用等容法估算意义也不大，但在微量元素的迁移与沉积中，为了探讨红土化过程中金富集的可能性及计算岩石和风化产物的体积变化，需要采用富集因子的概念。这样，应当说对主要元素氧化物的地球化学活动行为的讨论只能是定性的，即使如微量元素的富集是否考虑了等容条件，由于剥蚀、体重或比重的不稳定性，所进行的探讨也只能是半定量的，好在这方面并不影响关于华南红土化作用过程中地球化学方面主要问题的探讨。

李文达认为，红土化的原岩包括玄武岩、辉长岩、中酸性火山岩、花岗岩以及前寒武纪变质岩，在相同的气候条件下，由于原岩岩性不同，所处的地貌位置有差别，红土化剖面的发育程度也不同。由于剖面上的红土化产物剥蚀程度的不同，红土化作用所处的阶段也就有差异，这正好给研究小组提供了一个红土发育过程对比研究的机会，不同岩石原来的矿物成分和化学成分不同，对红土化进展速度是有影响的。富SiO_2的岩石,例如花岗岩,要形成三水铝石,所需的时间在同样条件下比玄武岩要慢得多。根据红土化指数公式SiO_2(摩尔)/{Al_2O_3(摩尔)+Fe_2O_3(摩尔)}可知,花岗岩中去铁的风化作用可以很快完成,但去硅就需要较长时间,所以花岗岩风化过程中,高岭石是长久存在的矿物,要把所有高岭石都转变为三水铝石就更需时间了。对红土化作用过程——阶段和速度的定性研究是这次研究的另一个特点。通过研究,李文达提出了"三水铝石的出现应当是红土化的标志"的结论,在红土化指数公式中,把指数等于1时作为达到红土化的界限,把这一指数大于1时作为红土化前期或初始阶段,把指数小于1时作为红土化成熟阶段,这样就可以把化学成分与矿物演化统一起来。高岭石的数量超过三水铝石和针铁矿,SiO_2的含量还可以包括在次生石英及其他未分解的铝硅酸盐中,由于三水铝石的出现是红土化作用已开始的标志,就不必把这一过程排除在红土化作用之外。这样,花岗岩及其他酸性岩石,含有大量SiO_2,经过高岭石化(包括埃洛石化、蒙脱石化等),进到三水铝石,也就应当作为进入红土化阶段。由于这些岩石的石英和硅酸盐含量多,风化作用中矿物的转化和最后的脱硅作用需要较长时间,铁铝分离速度虽然相对较快,但去硅作用却仍是一个较长过程,把它们称作红土化的初始或前期阶段是合适的。

对于我国热带亚热带地区是否存在红土型金矿,李文达认为,形成红土型金矿主要取决于红土化基岩的含金性。国外的红土型金矿的例子是如此,我国华南地区大致也如此。红土剖面中含金富集较高的是前寒武纪变质岩区(处于粤西、海南金矿带上),有可能存在值得开采的红土型金矿。此外,在桂西北、黔西南、滇东南已知有卡林型金矿分布的石灰岩地区的岩溶红土发育地区,也可能存在红土型金矿。

该项目于1993年7月通过了以业治铮和宋叔和等组成的专家评审组评审通过,认为野外工作扎实、数据可靠、论证有据、推理严谨,对红土化过程的研究有独到之处,研究方法上也有创新,成果达到了国内先进水平,在研究红土剖面发育、矿物演化及红土化作用中元素的活动规律学方面达到了国内领先水平。在研究报告的基础上,于1995年1月由地质出版社出版发行了李文达等著的《华南红土化作用地球化学及红土型金矿形成的可能性》一书。

5. 中国东南部中生代火成岩与成矿作用

1991~1995年,李文达主持了地质矿产部"八五"重大基础研究项目"中国东南部地质构造、岩浆活动和成矿",在"七五"期间南京地质矿产研究所承担地质矿产部重点攻关项目"东南大陆火山地质与矿产"对火山地质、火山-侵入杂岩、基底变质杂岩、构造地体与矿床整体研究的基础上，根据研究中发现的问题进行了更高更深层次的研究。项目以系统总结为主，选择有代表性的矿区及构造带辅以必要的野外工作和测试工作，充分利用地质、地球化学和地球物理资料，采用多学科配合的方法，从整体上研究中国东南部构造、岩浆和成矿作用特征。李文达充分运用大陆边缘块体的碰撞和伸展的最新理论，以东南大陆的基底构造单元为基础，以重要边界断裂带为边界，将研究区划分为6个构造-岩浆-成矿区，深入探讨中生代、新生代岩浆作用产物和矿床地球化学特点与中下地壳演化和壳-幔相互作用等深部构造效应的关系。这一系统研究当时在国内尚属首次，获得的成果概括为以下几点：

第一，讨论了东南大陆区域构造的总体格架、构造边界、前寒武纪基底特征，简要回顾了东南大陆岩石圈构造问题，尝试性地阐述了东南大陆岩石圈构造演化历史，提出中生代大规模的火山-侵入作用和成矿作用主要发生在大陆伸展地壳减薄期，并叠置在华夏和扬子陆块内几个性质明显不同的基底构造单元之上。构造环境经历了 176～150Ma 的挤压，145Ma 由挤压向伸展扩张的转换，125～105Ma 的扩张增强以及92Ma±进入裂解阶段，这一理论总结为中生代区域构造演化提供了有效的年代学制约，具有实用价值。

第二，建立了区域构造演化年代学框架与岩浆作用产物之间关系的总体特征。176～150Ma，在诸广山地区壳源 S 型二长花岗岩-花岗岩组合；145～125Ma，在浙闽粤赣地区，壳-幔混合源 I 型高钾钙碱性英安质-流纹质火山-侵入杂岩带，在中下扬子地区有高钾富碱钙碱性闪长岩类；125～105Ma，在东南沿海地区，有不对称双峰式低钛玄武岩-英安流纹岩组合，中下扬子地区为橄榄安粗岩系粗安岩-响岩质火山-侵入杂岩；在赣南地区为 S 型高氟流纹岩-黄玉花岗岩；92Ma，在浙闽沿海形成幔源 A 型碱性（长）花岗岩以及大量基性岩脉。随时间更新，壳-幔混合源花岗质火山-侵入杂岩中的幔源组分增加。

第三，在华夏陆块内，挤压作用后，岩石圈伸展塌陷的重力驱动导致地幔上涌，142～139Ma 的玄武岩和基性岩脉的存在，是东南大陆地壳开始扩张的标志。

第四，将华夏陆块内具经济价值的金属矿床概括为三大类：①斑岩型 Cu、Sn、W 和 Ag-Pb-Zn 矿床；②浅成低温热液型 Ag、Pb、Zn 和 U 矿床；③中低温浅成热液型 Sn、W、Nb、Ta 和 REE 矿床。有关岩体中长石和矿石硫化物中 Pb 同位素以及岩石 Sm-Nd 同位素特征表明：岩石和矿石的 Pb 同位素很相似，说明两者是同源的。

第五，华夏和扬子两陆块内中生代壳-幔混合源火山-侵入杂岩在岩石系列、空间展布、物质来源、壳-幔混合类型以及矿床地球化学方面的差别是明显的，可以推论两陆块在岩石圈结构组成、壳–幔相互作用过程以及动力学背景也是有差别的。大约在220～210Ma，受特堤斯构造域的影响，华北与扬子陆块碰撞，而华夏西南部是离散块体的拼合，在145Ma±两陆块都进入了太平洋构造域的左旋走滑–拉张体系，但是在扬子陆块内，自碰撞对接后约有50～60Ma没有岩浆活动的记录，而华夏陆块内壳源型岩浆活动一直持续到155Ma±。因此，两陆块的碰撞–伸展模式应各具特征。这一工作为进一步研究东南大陆岩石圈演化的动力学模型奠定了坚实的基础。

第六，本研究区与东太平洋安第斯、美国西部成矿带的对比表明，它们的区域构造演化尽管都经历了挤压–扩张–裂解的演化过程，但东太平洋活动带主要由大洋板块向大陆包括俯冲增生以及俯冲角度变化的机制所制约，而中国东南大陆主要是多个微陆块碰撞拼贴及其后的伸展扩张，深部壳–幔作用、岩浆作用和成矿作用受微陆块边界性质的影响，造成了两岸迥然不同的岩浆–成矿作用分带性，因而不能用统一的模式来解释。这无疑为创立具中国特色的大陆边缘地质理论提供了科学依据。

李文达在两次住院期间抱病参考了参加报告鉴定的专家的建议，在原报告的基础上加以修改定稿成书（即《中国东南部中生代火成岩与矿床》一书）。遗憾的是李文达没来得及见到它的出版就于1997年2月溘然长逝了。矿床学家、地球化学家涂光炽、矿床学家张炳熹在1998年对这部专著做出如下评价：讨论的范围和深度，特别是它的学术构思，实际上远远超出了书名所限定的。顾名思义，《中国东南部中生代火成岩与矿床》应当主要涉及岩石学和矿床学的内容。但在该书中，除了这方面的内容以外，作者以相当多的篇幅论述了中国东南部岩石圈发育及演化问题，并提出了中生代大规模火山–侵入活动及成矿主要发生于大陆伸展地壳减薄期，并叠置在华夏和扬子陆块之上的见解。这一论述无疑深化了当前学术界对我国东南部中生代成岩（火成岩）成矿历史与机制的认识。以此学术见解为前提，作者试图建立区域年代学框架与不同类型成岩成矿之间的关系，及讨论壳幔间的相互作用，并得出了有意义的成果。总的成果无疑使我国东南沿海中生代地质构造、岩浆活动、区域成矿的研究在深度和广度上都有大步的前进。作者还讨论了本区与太平洋东岸安第斯造山带成岩成矿之间的异同。可以说，这本书是作者多年来对中国东南区域构造岩浆活动及成矿作用深入系统的野外观察与剖析，加上大量与必要的地球化学理论和方法（微量元素、同位素等）的运用，集其大成而又高度精练写出的学术专著。它不同于一般的岩石学和矿床学著作，它囊括了岩石学和矿床学，但又超越了它们。它将区域成岩成矿理论扎根于岩石圈，结出了丰硕的果实。

6. 地质科学普及

李文达博学多才，文笔流畅，热心地质科学普及事业，从事地质科普作品创作。李文达以罗邨、笔石等笔名，撰写出版了《风水新谈》《石油》《煤的常识》3本科普读物，这套由文化名人秦牧、徐懋庸、周建人、陆地等参加撰写的中国百科小丛书，1949年起由三联书社陆续出版。其中《风水新谈》，是用地质学的科学知识去破除风水迷信，很受欢迎，到1950年时已出了第三版。后来，李文达陆续撰写出版了《地质探矿讲话》《怎样认识矿物》《矿是怎样生成的》等十余部科普读物，并在一些杂志上撰写了许多科普文章，如《地球的起源问题》《伟大地球内部的探索者》《猛犸之谜》等。其中《矿是怎样生成的》由于文字简洁规范，被加注汉语拼音，成为当时中小学生的科普精品读物。中国地质学会根据李文达在普及地质学上的贡献，授予他陈康科学纪念奖金。李文达曾任王天一先生创办的《科学大众》大众地质专栏编辑。他鼓励和引导年轻人对地质科普创作的尝试，我国著名科普作家陶世龙就是在李文达先生的引导下走上普及地质科学的道路。

三、高尚的人品

李文达一贯坚持地质调查和科研相结合的治学精神，强调实事求是。力倡科研工作既要重视文献资料的收集分析，更要重视野外观察和力所能及的实验测试。他对长江中下游地区大多数硫化物矿床和各类铁矿床，从野外调查、采集标本和样品，回到室内后，从相关矿物挑选、分析测试项目的确定、镜下鉴定等都亲自参加。他认为地质科研工作只有在野外调研和室内镜下观察的基础上才能获得科学的结论。

李文达治学严谨，自己动笔的文章，认真核定数据和实例，提出的新观点和新认识，都是在长期的地质观察和室内研究分析的基础上建立起来的，绝不赶时髦、抢新潮。他对年轻同志和研究生的送审稿件，逐字逐句认真审阅，连标点符号都不放过。

李文达为人诚恳，极富感情，工作任劳任怨、高度负责。他最大的特点是勤于写作，无论是专业论著，科普读物，或国外访问，地质旅行见闻，他都乐于执笔。

李文达看淡个人名利得失，默默献身地质事业50余载。他虽受过不少奖励，但总不满足自己的成绩。他把学习作为自己终身的任务，几十年如一日，勤奋学习、刻苦钻研地质科学是他一生中最大的快乐。

李文达坚持学术民主，集中群体智慧，不同观点可以相互讨论，在百家争鸣中互相补充，鼓励年轻人有突破、有创新。他作风平易近人，从不以自己的学术观点强加于人。

李文达一生热爱党、热爱社会主义祖国、热爱地质事业；对工作精益求精，一丝不苟；对同志诚恳谦虚；有强烈的事业心和责任感，从不追求个人名利，为我国地质科研、地质教育和地质找矿勘探工作贡献了毕生精力，做出了突出贡献。

四、李文达主要论著

罗邨（李文达）. 1949. 风水新谈. 上海：上海生活·读书·新知识上海联合发行所.

普罗科菲耶夫. 1954. 实用金属矿床储量计算法. 李文达译. 北京：地质出版社.

李文达. 1955. 地质探矿讲话. 中华全国科学技术普及协会.

《宁芜玢岩铁矿》编写组. 1978. 宁芜玢岩铁矿. 北京：地质出版社.

李文达, 等. 1980. 长江中下游硫化物矿床氧化带及铁帽评价研究. 北京：地质出版社.

李文达, 等. 1982. 铜矿地质及铜的经济评价. 北京：地质出版社.

李文达. 1982. 日本黑矿考察见闻. 地球（双月刊）.

佚名. 1983. 火山成矿作用. 李文达, 等译. 北京：地质出版社.

李文达. 1985. 加强矿床研究的必要性. 中国地质,（3）：14-16.

Li W D, et. al. 1986. Characteristics of cretaceous magmatism and related mineralization of the Ningwu Basin, Lower Yangtze area, eastern China. Bulletin of the Geological Survey of Japan.

佚名. 1987. 稀土元素在矿床研究中的应用. 李文达, 等译. 北京：地质出版社.

佚名. 1990. 矿床及构造背景. 李文达, 等译. 北京：地质出版社.

李文达, 等. 1990. IUGG 中国火山与地球内部化学国家报告——火山矿床研究新进展（1987-1990）. 北京：气象出版社.

李文达, 等. 1992. 中国东南沿海火山地质与矿产论文集. 北京：地质出版社.

Li W D, et. al. 1994. Studies on the mineralization in volcanic rock area（1991-1994）. Beijing：China Meteorological Press.

李文达, 等. 1995. 华南红土化作用地球化学及红土型金矿形成的可能性. 北京：地质出版社.

李文达, 等. 1997. 长江中下游火山–侵入杂岩研究中值得探讨的几个问题（一）. 火山地质与矿产,（2）：1-20.

李文达. 1997. 矿床研究急需加强. 火山地质与矿产,（2）：88-92.

李文达. 1997. 漫谈艺术石材——大理石. 火山地质与矿产,（3）：219-220.

李文达, 等. 1998. 中国东南部中生代火成岩与矿床. 北京：地震出版社.

主要参考文献

石忆文. 1997. 李文达研究员生平及业绩. 火山地质与矿产,（2）：84-85.

一凡. 1997. 地质工作者的楷模——读《矿床研究急需加强》有感. 火山地质与矿产,（2）：93-94.

撰写者

程忠富（1966~），南京地质矿产研究所，高级工程师，李文达研究生。

贡素珍（1931~），南京大学国际关系研究院，副教授，李文达夫人。

边 效 曾

边效曾（1922～1990），山东济宁人。教授级高级工程师，地质学、矿床学家，福建地质事业的奠基人之一。1946年重庆中央大学地质系毕业后，在南京中央地质调查所工作。1956年获全国及地质部先进生产者称号。1958年3月奉调福建省地质局任第一任总工程师，直至1986年退居二线（其中1980～1983兼福建省地质局副局长；1964～1969年任地质部援越专家组副组长，在越南工作）。在近30年的福建省地质局总工程师任职期及其后的顾问工作中，致力于福建基础地质研究，对福建地质构造及成矿规律有较深的认识，为福建省发现一大批矿产，特别是一些大、中型矿区，起着决策、筹划与指导的作用。1952～1954年参与领导湖北大冶铁山矿区普查勘探工作，找到尖林山隐伏矿体，扩大了矿区储量，为重要的武钢基地奠定了基石。1957年出版了当时中国的第一部关于铁矿普查与勘探的专著，此后，参加了一系列的铁矿普查与勘探工作，对铁矿成矿类型的划分有较深的研究。曾任中国地质学会第三十二、三十三届理事，福建省地质学会理事长，《福建地质》编委会主任，福建省第一、三届矿产资源管理委员会委员，福建省矿产储量委员会委员等职。

一、简　历

边效曾1922年7月出生于山东济宁，小学跟随父亲边大钧在济南学习，初中阶段的学习则分别在济南和天津完成。抗战时，跟着他的三叔到河南开封中学读完高中，1941年考入重庆中央大学地质系，当时一个年级只有五六个学生，不细分专业，李学青、陈旭、俞建章都是他的老师。大学期间，生活费是靠政府的贷金，生活艰苦，曾因心脏原因休学一年。休学期间，为了生存，他到小学教书，由此，认识了同为小学老师的何作瑞，从此，两人在生活上互相帮助，大学毕业前喜结良缘。

1946年边效曾自重庆中央大学毕业，获理学士学位，至1949年4月，在南京中央地质调查所当练习员、技佐。1949年4月～1952年5月，为南京地质调查所（现中国科学院地质研究所）技佐。1952～1954年，为地质部四二九勘探队技术员、副科长。1954年10月～1958年3月，分别在地质部海州304队（副科长）、华北地质局（工程师）、地质部北方总局（工程师）工作。

1958年3月受地矿部调遣，到福建省地质局任总工程师，直至1986年退居二线（其中1980~1983年兼福建省地质局副局长）。其间，1964年8月~1969年3月任地质部援越专家组副组长，在越南工作；1970~1974年4月在福建省地质三团工作，1974年4月~1977年为福建省地质资料综合研究室技术负责。1986~1990年为福建省地矿局技术顾问。1980年由国家科技干部局授予地质矿产高级工程师职称，1989年由地矿部授予教授级高级工程师。

1956年，边效曾在华北地质局当选为地质部系统先进生产者代表大会代表，出席了地质部系统全国先进生产者代表会议。

边效曾为人坦诚，平易近人，团结同志，谦虚谨慎，诚恳待人，一生清廉。他作风正派，实事求是，严重的关节炎病长期困扰着他，但他仍然经常下到基层野外与地质人员一起翻山越岭，风餐露宿，踏遍福建的山山水水，八闽大地留下了他的足迹。作为领导和技术上的负责，他善于发现人才、培养人才。他能如数家珍似的了解各类干部特点、特长，总能用其所长，并安排在合适的岗位上发挥其作用。他还及时了解干部的困难与疾苦，尽力帮助解决。"文化大革命"后，边效曾恢复了福建省地质局总工程师职务，利用他的影响，着力帮助和促进一批技术干部尽早地重新走上了能发挥他们才能的岗位。他的学术思想比较活跃，善于接受新的学术理论和观点，具有不断追求，勇于开拓，兢兢业业，永不满足的精神。他多次出国考察，参加国际学术会议，进行学术交流，在学术界享有崇高的声誉，他的业绩得到了国内外科学界的赞誉。他为我国的地质工作发展和国家的经济建设做出了卓越的贡献。

二、主要研究领域和学术成就

（一）参与早期的三峡坝址工程地质工作及留茶坡组地层命名

1947年3~5月姜达权、刘秉俊、边效曾、张兴仕与当时的全国水力发电工程总队地质总工程师琼斯（中文名钟佛鸥，美国工程地质专家）组成中美合作工程地质队，在平善坝开展坝址勘探，目的是对萨凡奇计划拟议中的三峡坝基开展更为深入的地质调查，并选择关键地段由美国马力生钻探公司进行工程地质钻探。此次工作属于长江三峡工程第一次坝址地质勘察的一部分，其成果是该区工程地质资料原始积累的一部分，也是中国地质学家对萨凡奇计划中拟定的三峡大坝坝址评价和重新提出坝址选择建议的基础工作之一。

1949年在资江中游进行地质调查时，王超翔与边效曾一起将南沱冰碛岩之上的一套硅质岩命名为留茶坡硅质层，命名剖面位于安化县留茶坡村北面，时代归属震旦—寒武系。后由湖南区调队重新厘定，改称留茶坡组，代表晚震旦世晚期的沉积，纳入中国地层典。

（二）参加全国第一轮固体矿产普查

中华人民共和国成立初期，国家需要有计划地发展工业，在全国范围内开展了大规模的第一轮固体矿产普查。边效曾参与的工作有：

1949年负责组织开展湘西资水流域中下游各钨锑矿区的预查，提交《湖南资水流域钨锑矿调查简报》，调查了17个矿区及安化花岗岩冲脉金矿区1处。

1950~1954年，先后参加江苏省江宁县王府山高岭土矿普查、吉林和龙石人沟钼矿地质预查、吉林延吉天宝山地质矿产预查、湖北源华煤矿公司矿区桐梓堡至胡家湾一段煤田地质普查、江苏海州磷矿勘探。

（三）破解"尖林山"之谜，翻开大冶铁矿储量新一页

大冶铁矿位于湖北省黄石市铁山区，目前，铁矿石主要供应武汉钢铁基地。

大冶铁矿发现于1877年，其铁矿蕴藏量丰富、质优，可与英、美等国大型铁矿媲美。大冶铁矿开采历史悠久，自公元226年开采迄今已有1700余年。

大冶铁山区包括铁门坎、龙洞、尖林山、象鼻山、狮子山、尖山等6个山体，除尖林山外，其他5个山体均可见矿体出露地表。

尖林山地处大冶铁山象鼻山和龙洞之间，20世纪初，英、法、美、日等国家的地质学家曾多次进行勘探，一致认为此山是无矿的"空白地带"。1936年，中国地质学家孙健初奉中央研究院地质调查所之命到大冶调查矿产资源，经过几个月的艰苦工作，提出铁山尖林山有潜伏矿体存在的论断，建议施钻加以证实。但因抗战爆发，未能实施。抗战期间，日本制铁株式会社在黄石的"大冶矿业所"，曾在该山打钻，未找到矿体。抗战胜利后，国民政府资源委员会矿产测勘处派马祖望等到铁山，利用伏角罗盘仪在该山探测地磁变化，用以指导施钻，仍未接触到矿体。尖林山两边的山都有铁矿，唯独中间一山无矿，这是无法解释的。尖林山成了"地质之谜"。

中华人民共和国成立后，国家百废待举，钢铁成为重中之重。中央决定在华中地区兴建中国第二钢都，为此首先要有铁矿和煤炭基地。1950年12月，中央重工业部及所属钢铁局负责人偕苏联专家马洛歇夫来到华中，视察汉冶萍公司厂矿旧址

和安徽淮南煤矿，调查新建华中钢铁基地的资源条件，重点考察了湖北黄石的大冶铁矿和大冶钢厂。淮南煤矿可以为新钢铁厂提供所需煤炭，可铁矿资源尚未探明。在新中国成立前勘探大冶铁矿的资料中记载，大冶铁矿的铁矿石储量只存有3000多万吨，显然不能满足新建大型钢铁厂的需要。

为查清大冶铁矿的资源情况。1951年5月，中国地质工作计划指导委员会派黄懿、边效曾、辛奎德等组成大冶地质勘探组到黄石铁山工作，同时派秦馨菱、曾融生等到铁山进行磁力探矿。1952年1月，大冶地质勘探组采用纵剖面法和胡维尔定律计算，算出大冶铁矿矿石储量尚存5300多万吨。

1952年3月15日，中央人民政府政务院决定以大冶铁矿资源为基础，筹建新的钢铁厂，但需要进行地质勘探，准备充足的铁矿资源。中国地质工作计划指导委员会决定组建一支大型地质勘探队，对大冶地区进行大规模的勘探。5月1日中国第一支大型地质勘探队——大冶资源勘探队在湖北黄石铁山成立（同年8月，改称为四二九勘探队直属地质部管辖），程裕淇任队长，戚涛任副队长，边效曾是其中的技术员之一，后为副科长。四二九地质勘探队的构成是从东北工业部调来煤炭钻工100人，接收一支营以上建制的抗美援朝返国复员部队，全队职工达千人以上，下设地质分队6个，物探分队3个，测量分队2个，钻探分队4个，还设有化验、磨片、修配工场等辅助单位。

边效曾在大冶工作期间，和同事一起总结中外地质学家勘探成果，运用侵入体与围岩接触及围岩蚀变理论，结合地球物理勘查资料，接受苏联专家克罗特基的建议，在尖林山结合物理探矿进行深部钻探，设计10个孔位，钻探中采用"一次投砂法"和"混浆作业法"，使钻孔效率成倍提高，终于找到了尖林山的隐伏矿体，揭开了困扰中外地质学界多年的"地质之谜"。边效曾于1954年作为第一完成人，组织编写了《湖北大冶铁山区铁矿地质勘探报告》《湖北大冶铁矿地质勘探报告》《湖北大冶铁山矿区铁矿补充地质勘探报告》，探明其铁矿石储量在1亿吨以上，并确认大冶铁矿（铜）矿床为接触交代型矿床。

此后，以接触交代型矿床找矿标志为指导，武汉地质勘探公司、武钢地质队、中南冶金地质勘探公司和大冶铁矿先后进行补充勘探、深部勘探和生产勘探共8次，到2003年累计新增铁矿石资源储量5811.9万吨。

（四）探索铁矿成因与类型，指导铁矿普查与勘探，寻找铁矿资源

继大冶铁矿工作之后，边效曾在地质部华北局和北方总局工作期间，负责管理

北方铁矿的普查勘探，参与指导北方几个重要铁矿区的勘查，如指导了泰山南麓的铁矿普查，对发现莱芜铁矿起到了积极的作用。1957 年编著了《铁矿的普查与勘探》一书，在总结当时我国有关的铁矿成矿特征及指导找矿实践方面，具有较高的参考价值，是当时国内第一部有关铁矿普查勘探的重要专著，也是野外勘探金属矿床的重要参考书，在国内有着广泛的影响。

1964~1969 年，他作为我国地质部的专家并任副组长，参加援助越南工作，指导越南的铁矿、铜矿及黏土矿等普查工作，他充分研究了当地的地层构造和岩石对矿床的成因，提出了自己的独特见解，经勘探实践证明，他的判断是正确的，铁矿储量得到扩大。

在 20 世纪 70 年代全国铁矿会战期间，地质部为指导全国开展的富铁矿会战，迫切需要将 20 世纪 50~60 年代全国找铁矿的理论、经验加以总结，应地质出版社的邀请，由福建、北京、河北、安徽等局抽调的地质与物探专家成立了铁矿普查勘探编写组，边效曾为主要负责人，编写组考察了从新疆到海南岛的中国几十个著名铁矿区，通过攀登险峻高山和下到地下 1000 多米深的坑道观察铁矿体的变化，在中国大规模的铁矿勘探开采的丰富实践资料里，他的铁矿理论得到了进一步的升华，在铁矿成矿类型的划分、找矿方向及工作部署等重大问题上有了突破。提出的铁矿类型及其组合概念，在 1978 年国家地质总局在上海召开铁矿会战会议上做了发言，在福建省《地质科技情报》上发表，1980 年他在地矿部铁矿短训班做了系统讲述，受到地质界广泛的关注。他还为《区域地质调查野外工作方法》丛书第三分册撰写了铁矿部分。

总结多年对铁矿的研究，他认为铁矿床是在地壳演变中发生发展的，在时间上与地壳发展的一定阶段相联系，空间上与一定的大地构造相依存。地壳演化的规律性，决定了铁矿空间和时间分布上的规律性；在地壳演化过程中，构造岩浆活动的差异，原始地幔的分异和演化以及海陆变迁和气候变化等因素，又决定铁矿类型的多样化。在多种多样矿床之间，既互相联系又互相区别，故可以进行分类。为此，有别于以往多从成因类型考虑的，常忽略地质发展中矿床生成之间的联系，孤立地考虑成矿深度、压力、温度来确定其归属的分类方法，提出铁矿类型应综合考虑铁质来源、大地构造条件和成矿作用的全过程，并将铁矿按成矿作用划分了四个基本类型组：①与岩浆喷发-侵入活动有关的；②与沉积作用有关的；③与铁硅质建造变质作用有关的；④与多因素叠加改（再）造作用有关的类型组。在每个类型组中，根据不同的控矿条件分为若干亚组。成矿类型是同一成矿作用在不同大地构造条件下形成特点不同的矿床；一个区域内的某个大地构造发展旋回，常形成与其发展演变特点有关的一系列成矿类型，称为成矿类型系；一个区域中常有几个构造旋回，其中的铁矿成矿类型系组成了这一地区的铁矿成矿类型群。在以他为主撰写的《永梅坳陷铁矿类型系群的探讨与找矿》一文中，从"永梅坳陷"的大地构造背景分析着手，研究了该区铁矿成矿类型特征，用类型—类型亚组—类型组—类型系—类型群的概念探讨"永梅坳陷"区成矿条件和成矿规律，总结"永梅坳陷"区的铁矿成矿类型群是由海西期铁矿成矿类型系和燕山期铁矿成矿类型系共同组成，前者是由台槽过渡型的火山沉积铁矿成矿类型和地台型沉积铁矿成矿类型组成，后者是由地台型晚期岩浆铁矿、陆相火山铁矿、气液交代铁矿、沉积叠加改造型铁矿等成矿类型组成。"永梅坳陷"的铁矿成矿类型系、群的探讨，是对这一地区成矿模式的认识，其目的是为找矿全局服务，可供在这些区域内找矿时进行类比。

（五）组织福建地质调查和基础地质研究

"地层是基础，岩浆是条件，构造是关键，找矿是目的，地物化探综合普查，综合评价，是三十年地矿工作所遵循的原则。"（边效曾《回顾与展望》），这也是边效曾在福建地质局任总工程师三十年组织开展地质工作所遵循的原则。

1. 参与组织领导福建区域地质调查

1958年，边效曾奉调福建地质局任总工程师。他根据福建地质基础资料薄弱的实际情况，首先在1959年着手组建福建区域地质测量大队，主编出版1:100万福州幅地质图，组织指导福建省的1:20万区域地质调查，选择永安幅为试点开展1:20万区域地质调查工作（于1965年作为第一负责人提交《永安幅G-50-22 1:20万区域地质矿产调查报告》），这是福建正规的按国际分幅进行区域地质调查的开始，1960年又组织开展南平幅和三明幅2个图幅的调查（福建区域地质测量大队在1965年全面展开福建省其他19个图幅1:20万区域地质调查工作，全省22个图幅在1977年全部完成）。

1961年边效曾组织编制了第一版1:50万福建省地质图，1976年在1:20万区调的大量实际资料，以及各地质单位、科研机构、院校工作成果的基础之上，组织编制了第二版1:50万福建地质图及说明书，较第一版有了划时代的变化，在地质研究程度上，达到一个新水平。

福建1:20万区域地质矿产调查，基本上查明了福建的地层层序，岩石类型，岩浆活动，构造形态，各种化学元素的分布，各阶段的成矿作用，以及矿产资源的分布规律，为国民经济建设，寻找矿产资源提供了科学依据，并标志着福建省基础地质的研究，已进入了一个新阶段。以此成果为基础，边效曾主编出版《福建省区域地质志》（1985年）。

2. 研究福建岩浆活动、构造与成矿的关系，建立成矿理论，指导找矿

1982年边效曾等将福建的大地构造划为闽北加里东隆起区、闽西南海西坳陷区、闽东沿海中生代火山岩活动带等单元。这与目前福建的三个一级构造单元划分基本一致（闽西北隆起带、闽西南坳陷带、闽东火山断坳带）。

边效曾等的"福建花岗岩类及其演化"与"略论福建燕山旋回的成矿系列"，是当时对福建有关的基础地质问题最全面而较深入的阐述，其主要论点有：

燕山期是福建最重要的与成矿有关的造山旋回，其成矿系列由六种主要成矿类型组成：①与混合岩化、花岗岩化有关的成矿类型；②与重熔花岗类有关的成矿类型；③与同熔花岗岩类有关的成矿类型；④与超基性、基性岩有关的成矿类型；⑤与火山作用有关的成矿类型；⑥与层控有关的成矿类型。这6种主要成矿类型组成了燕山旋回成矿系列。除第二种、第六种类型主要分布在福建省西部外，其他均主要分布在福建省东部。岩浆活动受北东、北西、北东东、东西及北南向断裂构造控制，而以前二者为主。火山喷发中心常出现在北东向断裂构造与北西或北东东向断裂构造交汇处。

福建燕山旋回成矿系列的成矿模式是：成矿元素主要来自前泥盆纪老基底地层的重熔或部分重熔，在福建东部混入地幔成分，越靠近沿海地幔成分越多。构造对岩浆活动及成矿作用有着控制作用，控制着重熔花岗类有关的成矿类型、与同熔花岗岩类有关的成矿类型、与火山作用有关的成矿类型的空间分布；而福建西部则仅出现与陆壳改造有关的矿床。

对福建燕山旋回有关矿产的成矿预测是：①沿海已在多处自然重砂中发现金片，其来源可能是上三叠—下侏罗统的混合岩化变质火山岩，应注意寻找与混合岩化作用有关的黄金矿床；②沿福安—南靖北东向断裂和长乐—南澳大陆边缘断裂与北西或北东东断裂交汇处，往往有中心式火山喷发，对形成与火山作用有关的成矿类型有利，因此对寻找隐爆角砾岩和浅成侵入体中的铜、铅锌、金、银、稀土等矿产是很有前景的；③在福建东南部，由于南园组火山岩、下侏罗统砂岩和燕山早期侵入岩中含锡丰度高，应注意找寻层控锡矿床和含锡斑岩矿床；④福建的重熔型、同熔型花岗岩类岩体，多为复合岩基，其演化晚期为富含碱质的小岩株或小岩瘤，有利于成矿元素富集，因此应注意在小岩体中及其附近找寻金、钨、锡、铍、铅锌等矿床，并注意寻找斑岩型矿床。在闽西下古生代和震旦纪地层中，某些层位的上述成

矿元素丰度较高，应注意侵入这些地层的重熔型花岗岩岩体中及其与围岩的接触带找寻有关矿床。

"福建古生代至中生代大地构造演化的格架"是边效曾生前负责的最后一项科研工作。该研究运用航磁、重力场、人工地震测深、大地电磁场、大地热流值特征等地质地球化学资料分析得出，福州—永定断裂带及松溪—长汀断裂带是福建省极为重要的基底断裂带。运用构造地层地体概念，以北东东向的松溪—长汀断裂带、福州—永定断裂带及北东东向的平潭—南澳断裂带为界，将福建由北向南划分为四个地体：闽北地体、闽中地体、闽东南地体和滨海地体。福建古生代至中生代大地构造演化以地层地体的演化为特点：加里东期沿松溪—长汀断裂带发生了大规模的陆陆碰撞活动，在碰撞带沿线分布了构造混杂岩、变质超基性岩体、具有角闪岩相和中压矿物的变质岩、同碰撞型花岗岩体；在海西期在加里东构造层上发育了张裂运动，在形成海西期的福州—永定海峡的同时，产生了流纹质火山碎屑岩和玄武岩、辉长绿岩组成的双峰式火山岩组合及层控铁矿；印支期挤压运动使海西期的海峡发生封闭并发育 A 型俯冲作用，使闽中地体与闽东南地体碰撞，燕山早期滨海地体与闽东南地体拼贴。

边效曾在福建工作 30 多年来，对福建发现一大批矿产，特别是一些大、中型矿区，起着决策、筹划和指导的作用。如马坑、潘田、洛阳铁矿；龙岩、大田煤矿；行洛坑钨矿、螺岗水晶矿；夏山、庙前铅锌矿；邵武萤石矿；龙岩高岭土矿；东山、晋江、平潭砂矿；福州叶蜡石矿等，这些矿区的发现和勘探，为福建工业奠定了基石，提供原料基地，为福建经济的发展和振兴做出了重要的贡献。

（六）积极学习新理论，促进国内外、海峡两岸的地质学术交流

1. 开启福建地质界与台湾地质界的学术交流

台湾和福建同处于统一的亚洲大陆边缘的构造格架中，尽管各自有不同的演化历史，但可以互相借鉴，并可探索共同的演化规律。为此，边效曾着手搭建福建地质界与台湾地质界的学术交流桥梁，1976 年地矿部台湾地质研究室挂牌在福建地矿局，开展台湾地质研究工作。1979 年初，他作为福建地质学会理事长，同台湾地质调查所原所长毕庆昌等故交联络，毕庆昌等表示此乃其心愿，使隔绝 30 余年的两岸学者首次有了初步交往。1985 年，他写信给台湾地质学会理事长，要求加强两岸地质学术交流。20 世纪 80 年代后期两岸地质界实现了互赠刊物和标本，他促成了 1991 年在福州第一次召开的海峡两岸地学学术研讨会。此后，两岸学者互派人员考察，在两地召开研讨会，开展了地质矿业、地质构造研究等一系列学术交流。

2. 促进福建地质界与国内外学者的学术交流

20世纪70~80年代，是国内地质界学术研究大变革时代，国际上有许多新学说、新理论不断涌现，不同学科相互渗透，边缘学科日益发展，为借鉴这些新的论点，迎接地质科学的新发展，边效曾以容纳百川的胸怀，来接受新鲜事物。

当板块碰撞是当时世界地质科学的热点时，美国科学院院士、华人地质学家许靖华在1985年提出了造山带的分布，并认为华南属于大陆与大陆碰撞的特提斯型造山带。为在福建地质引进新的理念，边效曾积极与1948年毕业于南京中央大学地质系的许靖华联系，福建地质学会于1987年9月邀请了许靖华从福州出发，沿古田、建瓯、邵武、建宁、三明、泉州路线考察福建西北山区和沿海地质剖面，并在福州进行了中国东南地区地质构造运动问题作了演讲，所提出的闽北是造山混合带论点，引起福建地质工作者的深思。

3. 着眼未来，注心年轻地学人才的培养

地学的发展与未来，年轻地学工作者的成长，是边效曾长期关注和关心的。

他曾兼任福建地质学校校长；在他与其他一批知名地质专家的倡导和支持下，经省政府批准，福州大学于1972年"地质测量与找矿专业"正式开始招收本科生；他在福建地质系统主持举办了化验，绘图，外语等各种训练班，向下一代传授新技术和新方法。

他经常深入野外一线指导工作，关注一线青年地学工作者业务水平的提高。为年轻技术人员发展提供科技平台。1986年在边效曾的主持下，成立了福建青年地学研究会，他亲自到会，为青年地学科技工作者讲课，为青年地学科技人员点评学术论文。支持青年的地学新观点，支持青年的创新思维。大力支持青年科技人员在学术刊物上发表科技文章。他亲自修改论文，不署名。他不计名利，为青年科技人员的成长甘当人梯。在他的关心下，一批批青年科技人员迅速成长，成为福建地矿地学界的骨干力量。

为促进福建地质的发展，边效曾从不故步自封，而是积极学习，为引进新的学术理念，邀请南京大学、同济大学、中科院等单位在福建开展研究，形成百家争鸣的局面，在福建打造了一个朝气勃勃、具有很强凝聚力的地质工作团队。

（七）倡导的基础地质与找矿理论研究理念

"概念不是僵化的，不是永恒不变，而是不断地运动着，概念的矛盾是客观事

物矛盾运动的转化的表现。研究客观地质体的矛盾运动，以及认识的矛盾转化，贯穿于福建省地质矿产调查工作三十年。"（边效曾《回顾与展望》）总结边效曾在福建地质工作30多年的历程，其基础地质与找矿理论研究的理念梳理如下。

1. 强调在地质工作中实践"认识论"

科学发展是无止境的，人们对自然的认识不断深化，决不会停留在一个水平上。边效曾强调要眼光放远，思路更新，要吸收和消化当今世界的新理论，不断用新的理论来审视已做出地质结论，提出并研究问题，经过反复认识，探索出一个符合客观实际的找矿指导思想。

2. 要重视各种地质资料的综合研究

福建省在地球物理学方面已经取得了大量的地壳-上地幔结构资料，应该在先进的地质理论指导下，充分利用并进行合理的地质解析，以提高基础地质研究水平。因此，必须扩大知识面，具有研读各类地球物理学报告的能力。

3. 对与找矿密切相关的基础地质问题要进行反复探讨

要对一些与找矿密切相关的基础地质问题进行反复探讨。例如，对于福建省应关注：①推覆构造对寻找福建省前上古生代地层下的二叠系煤层的意义；②卫星重力资料所提示北西向深部构造与金、铜等幔源矿产的关系；③福州—永定断裂带及松溪—长汀断裂带与成矿的关系；④地震资料所揭示的洋壳物质或地幔物质的分布，积极寻找相关矿产。

4. 充分利用已有地质资料进行二次开发

应依靠科学进步，发挥科技优势，对地质资料进行二次开发，用少投资或不投资的方法增加储量，扩大建井规模。尤其要充分利用地球物理、地球化学的各种比例尺的资料。例如，针对福建省煤田具有规模小构造复杂，断裂褶皱发育，以薄和极薄煤层为主，煤层层次多，因此万吨掘进率高，开采成本大，地质勘探费用贵的特点。为解决地勘投资不足与提交新的煤炭开发基地的矛盾，提出：①对已经勘探和建井的煤田，特别是老矿外围进行构造地质的重新认识；②对煤层层位进行重新对比，可以找到过去勘探时被漏掉的或对比错误的煤层，从而增加储量。

5. 合理布局找矿工作的基础是区域成矿模式的研究

在布置找矿工作时，首先要研究区域内地壳演化的历史，对于在一定历史时期制约着地质演化诸因素的特征及其相互关系以全面进行研究。研究各成矿类型的特点，找出该地壳发展阶段内的主要类型。在研究每个成矿类型的基础上，建立区域的成矿模式。随着工作的深入，不断修改对成矿模式的认识。在明确了主攻类型之后，类比该类型产出的地质条件，确定主攻地区。

感谢福建省地质局第二任总工程师石礼炎、福建省地质局原副总工程师高天钧和福建省地质局现任总工程师陶建华对本文的审阅，感谢他们提出了许多宝贵建议。

三、边效曾主要论著

王超翔，边效曾.1948. 湖南资水东平峡筑坝区之地质. 地质论评，13（Z3）：28-35，85-86.

王超翔，边效曾.1950. 湖南资水流域之钨锑矿（节要）. 地质论评，15（1~3）.

边效曾.1957. 铁矿的普查与勘探. 北京：地质出版社.

边效曾.1957. 华北地台深成地下水的研究（节要）. 地质论评，17（2）.

程裕淇，边效曾，张宗斌，等.1958. 中国已知铁矿类型的特征、分布与生成的地质条件及今后普查方向// 全国第一次矿产会议文件汇编.

边效曾，高天钧.1982. "永梅坳陷"铁矿成矿类型系群的探讨与找矿. 福建地质，（02）：56-71.

边效曾，刘金全.1982. 福建省花岗岩类及其演化. 花岗岩类地质及其成矿关系国际研讨会会议论文，南京.

边效曾，张金章，常印佛.1983. 迅速开展第二轮固体矿产普查. 中国地质，（7）：11-14.

边效曾，陈春光，吴克隆.1987. 略论福建燕山旋回成矿系列. 地球学报，（2）：230-238.

边效曾.1988. 回顾与展望. 福建地质，（2）：9-11.

边效曾.1988. 深化改革把1/5万区调提高到世界先进水平. 中国地质，（4）：15-17.

边效曾.1989. 为开辟区域地质的新领域而努力——为纪念福建区域地质调查队建队三十周年. 福建地质，（3）：5-6.

边效曾，周伟栋.1990. 福建省古生代地体构造的演化. IGCP与国际岩石圈演化对比工作会议交流材料.

边效曾.1990. 矿产资源开发与环境保护结合：为纪念臧胜远同志而作. 中国地质，（3）：7-8，15.

边效曾.1990. 依靠科学开展地质资料的二次开发. 中国地质，（7）：16-17.

边效曾.1991. 加强福建省基础地质研究 树立正确的找矿指导思想. 中国地质，（10）：20-22.

边效曾，褚志贤，周伟栋.1993. 福建省古生代至中生代大地构造演化的格架. 福建地质，12（4）：45-56.

主要参考文献

徐盈.1948. 三峡水库与工作者——（中国实业人物之三十一）. 新中华，复刊6（1）.

高天钧.1990. 深切怀念福建地质事业卓越的指导者开拓者——边效曾同志. 福建地质，（4）：4-6.

褚志贤，周伟栋.1992. 边效曾. 中国地质，（4）：35.

地质矿产志编志办公室.1995. 福建省志·福建地质矿产志.

张以诚.1996. 长江三峡工程第一次坝址地质勘察. 前地质调查所（1916~1950）的历史回顾.

撰写者

边际（1957~），边效曾的四女儿，中国城市规划设计研究院，研究员。

边崇林（1954~），边效曾的二女儿，福建省地质局处级退休干部，岩矿测试工程师、高级政工师。

边宁（1951~），边效曾的大女儿，无锡亨瑞商贸有限公司副总经理。

刘广志

刘广志（1923～），北京人，祖籍广东番禺。地质探矿工程专家，1995年7月当选中国工程院院士。1947年毕业于天津北洋大学矿冶系。新中国成立前夕任中国地质计划委员会勘探局钻探组工程师，主持竖起了新中国地质界的第一座钻塔。1950年翻译完成了《中英日钻探名词对照》（油印本），并于1951年在北京举办了第一期钻探工程师培训班。他曾奔赴白云鄂博、白银厂、攀枝花、铜官山等大型矿区组织多工种综合勘探工作，并制定了符合中国国情的第一部《岩心钻探规程》和《钻探六大质量指标》，使中国钻探水平迅速提高。20世纪60年代，他分析了上海地面沉降的原因并提出解决方案，经多年实践证明，沉降问题得到了有效控制。在担任地质矿产部探矿司主任工程师期间，他积极倡导并促成了中国第一颗人造金刚石的诞生，拉开中国超硬材料事业的序幕。经过近20年的艰苦奋斗，使中国人造金刚石钻探技术达到了国际先进水平。1985年"人造金刚石钻探配套技术研究与应用"获得了国家科学技术进步一等奖。积极倡导在中国开展大陆科学钻探，并首次提出筹备中国施工亚洲第一口科学深井的钻探方案。"中国大陆科学钻探先行研究"由国家科技领导小组批准列为"九五"重大科学工程项目。所编著的《科学钻探专题情报系列（1～8集)》获世界华人重大科学技术成果奖。

一、求学生涯

1923年3月11日，刘广志在北京出生。他的祖籍原本在广东番禺，祖父刘艮同在番禺地方是一个有着家传手艺，且厨艺极高的世家子弟，只因厨艺高超，声名远播，因此被人推举，经皇家管事遴选，确定入册宫廷御厨，不得不携妻入京，侍奉皇家膳食，并有"膳房刘家"美号，内务府给他定了一个五品官职的待遇，掌管御膳房的光禄寺，还在北京东城的腊库胡同拨给一处不小的住房，让他在京城安家。20世纪初，大清帝国由盛而衰，刘艮同告老去职，在家安享晚年。其子刘恩铎是一位中国语言文学功底深厚，且精通外语知识的教书先生，娶妻张琏养育了7个子女，刘广志排行第五。九一八事件后，刘恩铎失业，家庭没有了经济来源，被迫搬出了老宅。

刘广志七岁时，入私塾启蒙，不久考入北京一小，直接插班进二年级就读。十二岁时，考入孔德学校读初中。后又考入北京四中就读高中。高中毕业，刘广志即与同学结伴，逃离日军占领区。流亡到非占领区洛阳后，参加了河北省政府教育厅主持的"全国大学联考"，获得"大学考取证"。凭此证辗转来到昆明，进入西南联合大学机械系读书。

大学生活开始不久，刘广志因参加反对孔祥熙的学潮运动而被捕，被营救后为躲避国民党特务的迫害，转学到地处陕西汉中的国立西北工学院航空系就读。大学三年级时，因经济困难，无法续读航空系，因而转入矿冶系。

抗战胜利后，刘广志跟随学校迁天津，并于1947年6月从天津北洋大学矿冶系毕业，获得工学学士学位。同年，赴甘肃玉门参加钻探和采油工作，任实习工程师。实习结束后，正式担任国民政府资源委员会玉门油矿钻井工程师。

1949年1月，刘广志因实习成绩优秀，经国民政府资源委员会批准，获得赴美国科罗拉多矿业学院的进修资格。为迎接北京和平解放，他放弃了出国研修深造的机会。4月29日，受华北人民政府企业部指令，到北京地质调查所负责筹备新中国的地质钻探事业，并担任中国地质计划委员会勘探局钻探组工程师。刘广志带领钻探队伍，在北京门头沟区耿王坟工地竖起了中国地质部门解放后的第一座钻塔，于10月1日前完成了钻孔500米的计划工作目标，并以此向中华人民共和国开国大典献礼。

二、钻探事业

新中国成立后人民政府很快就将工作重点转移到了经济建设上。刘广志预计到新中国的钻探事业将有一个大发展的前景。为及时做好迎接大发展的准备，首要的事情是尽快培养出钻探事业所急需的专业技术人才。为此，他立即行动，分别在北京、武汉、重庆等地先后招收了一大批高中毕业生，对他们进行专业培训。

北京地区，1951年是在重工业部的大力协助下，由刘广志主持在恭王府花园（当时为北京重工业学校），开办了第一期的钻探工程师培训班。钻探界曾在很长一段时间里，都一直戏称这批培训班的学生，是新中国成立后钻探行业的"黄埔一期"。

这批学生在培训班里系统地学习了政治、制图、地质学、钻探工程师学、工程地质、水文地质以及坑道掘进等课程。培训以后，他们立即被分配到白云鄂博、铜官山、大冶、攀枝花、永仁、渭北、白银厂等大型矿区开展钻探工作。中南地质局、西南地质局在燕树檀、李贤诚等地质学家的主持下，也举办了几期钻探专业培训班。这些培训班出来的学生，都是我国第一批具有专业知识又能理论联系实际的钻探青年。在工作实践中，他们很快就成为钻探队伍里的中坚支柱和骨干力量。

1952年6月，刘广志的译著《钻探机规格手册》，由中国地质指导委员会印行。他为组建新中国地质部门的第一支探矿队伍，做出了不可磨灭的贡献，成为新中国成立以后，开展正规化、大规模找矿钻探工作的主要奠基人之一。

地质部建部初期，刘广志带领由刚从培训班毕业的学员组建的钻探技术队伍，跋山涉水，南北驰骋，先后在白云鄂博、铜官山、白银厂、攀枝花、大冶、永仁、渭北等八大勘探基地实现了综合勘探，并在白云鄂博矿区率先竖起了钻机群，开始进行较大规模的钻井勘探工作。在第一个五年建设计划期间，刘广志为改变钻探工作"效率低、质量差、事故多"的被动局面，在全国各地奔波，每年达8个月之久。

新的探矿技术队伍刚刚成立时，仅有钻机10多台，也遇到不少意想不到的困难。探矿工人队伍中的一些懂技术的老工人，分别是给日本人、英国人做工干出来的。同一个零件、工具、技术术语的名称，叫法都不一样。由于大部分专业名词是译音，说出来谁也听不懂，互相之间难以沟通，无法配合工作。例如有的人管钻探用的铁砂叫"小豆"，另一些人就听不明白，整天在一起工作却很难在技术上进行交流，由此也产生了不少的麻烦。为了统一使用中国的专业技术名词，刘广志立即着手编辑了《中英日钻探名词对照》（油印本），发给大家对照学习，统一叫法。

为打破资本主义几个经济大国对我国实行的严密技术封锁，满足国家在经济恢复期对各种矿产资源的急切需求，刘广志克服种种困难，与同行们共同努力实现了自中国有史以来未曾有过的"多工种地质找矿"工作，至1953年，全国开动钻机，连同备用钻机已经达到3000台之多，猛增了300倍。地质探矿工作初步形成了"大发展，大转变"的局面，以适应整个经济恢复时期对矿产资源的急需。

为了恢复国民经济，特别是急切需要振兴重工业，新中国对矿产资源的开发利用更为迫切。因此，开展地质事业以配合经济发展的形势，就要解决地质事业人才奇缺的问题。虽然由中国地质委员会、中南地质局和西南地质局分别在北京、武汉、重庆等地招来了不少高中生，开办了几期培训班，解决了中级探矿工程建设人员的急需问题。但高级专业技术人员的奇缺问题，仍是迫在眉睫。教育部为此发出指示，要求立即在大学筹办探矿工程系（含钻探、坑探、探矿机械专业）。

教育部的这一决定，首先落实在北京地质学院（现中国地质大学）、长春地质学院（现吉林大学工程学院）。新中国成立前中国的大学教育体系，从没有设置过探矿工程系，因此既没有专业教学书籍，也没有专业教师。于是从清华大学调来李世忠和屠泽厚,负责筹办北京地质学院探矿工程系。长春地质学院则请苏联留学归来的张祖培负责,并临时从重工业部请来两位采矿工程专家,担任坑探工程的教学工作,而钻探工程这门课的教学任务,就落到的刘广志的肩上。

长春地质学院初建时,利用伪满时期溥仪在长春的皇宫旧址,及其所遗留下的旧建筑作为校舍。由于探矿工程系是新中国刚刚建立的一个全新教育学科体系,所有专业设置,完全照搬苏联的模式。专业设置移植到位,可教材和师资还都是空白。但从全国各地新招收的学生都已来学校报到。刘广志临危受命,按上级的指示精神,接到通知后马上收拾好简单的行装,立即奔赴长春去担当教师的责任。要说为学生教课,他也不是完全陌生。地质部门的"黄埔一期"技术队伍,就是他组织培养出来的。授课,写讲义,他曾费尽了心血,但那毕竟是一个短训班,属于非学历教育,与正规的大学教育终究还是两回事。

一到长春,刘广志刚刚安排好住处,就跑到学校办公室向领导索要教材,请示授课专业的范围。哪知学校领导稍稍表示出几分歉疚,却又非常爽快地说道:"一没有专门教材,就连参考书籍都很缺;二授课专业范围,咱们可以商量,主要由你的意见为准,提出专业设计想法,学校批准即可实施。"听到这样一个答复,刘广志这时才真正感到肩上的担子非同一般。教材没有,正规的教学经验,自己也还不具备,一切都要从零开始。

现实困难就摆在面前,如何应对眼前的这种让人有些不知所措,还有些令人尴尬的局面,刘广志没有临阵退缩。事不宜迟,他首先翻出自己随身携带的两本探矿专业书籍,以此作为主要参考资料,再理清思路,很快设计出教学大纲,报送学校领导审查批准。

地质学院的学制基本上都是按照苏联的模式照搬来的:凡是在地质学院各专业的学生一律都要学探矿工程学这门课程。这是一个有远见的决策,但对刘广志来说却要在能容250多位学生的大型阶梯教室里上课,这是一个全新的尝试。他清楚地记得第一次登上讲台,自己在给这么多学生讲课时,面对500只注视他的眼睛,两腿微微发抖,说话声音也有些发颤,紧张而又快速跳动的心,都快蹦到嗓子眼了。他感到非常局促,心中暗想:"当个大学教师咋这么难呢!"亏得那时他还年轻,有股冲劲,也幸亏在刘广志的手里有平时爱读的两本专业书籍:一本是英文的 *Petroleum Engineering*(《石油工程学》,Uren 著);另一本是由俄文翻译过来的《钻井工程学》,该书是俄国专家伍兹德维任斯基的著作。有这两本早已熟读的重要参考书,刘广志每天晚上都在赶写讲义。无论多晚,一定要把第二天的授课内容准备充分,这样他讲起课来,还算得上得心应手,紧张的心很快就平复下来,讲话也能抑扬顿挫，流利了许多。他知道如无充分准备，课堂上可能会发生的情况还真是不堪设想。一个多星期后，他讲起课来已显得非常自如。不久，学生们的听课反映也反馈回来，说他讲的课："脉络清晰，层次分明，深入浅出，通俗易懂。"

经过一段时间的积累，一部手写讲义《钻探工程学讲义》于1954年5月完成。这本颇具纪念意义的手写讲义，记录了刘广志第一次在大学讲堂上授课时的难忘经历。他感觉这段经历既是为国家培养地质人才的需要，也是自己一次难以遇到的考验。这一期讲课任务完成以后，他因工作需要，又重回到地质钻探工作的一线，加入到开始筹建的石油普查勘探部门。

中国地质钻探事业在中共中央和人民政府的重视与支持下，从无到有，取得了很大发展，为战后国民经济的恢复起到了非常重要的作用。在地质勘探注重矿产资源开发利用的同时，理论研究也很快被重视起来。一个与之相适应，名为《探矿工程》的专业学术期刊也于1957年及时创刊。刊物初创，刘广志就在创刊号上发表了《回顾我国地质钻探事业并展望其将来》以示庆祝。文章既介绍了我国地质钻探事业的发展情况，也提出了未来探矿工程的努力方向。

在《探矿工程》发刊后的短短三年时间里，刘广志就在这一专业学术期刊上发表了《介绍瑞典克芮留式K-3型双层岩心管》《介绍几种克芮留式金刚石钻头》《确保钻探工程质量六项要求和复杂岩层取心、安全钻进问题》等多篇专业文章。此外，他的两部专业性很强的著作也由地质出版社出版，分别是《采矿探矿工程用硬质合金样本及使用说明》（1956）和《克芮留式XH-60型金刚石钻机构造与使用说明》（1957）。

1959年广西田东113煤田地质队发生钻孔瓦斯喷气大火事故。喷发的火柱高达20多米，无法灭火止喷。当时，正值中秋佳节，刘广志奉地质部副部长何长工之命，顾不得与家人团聚，星夜赶往火灾事发现场。

当地党政主要领导听说北京派专家来，亲往车站迎接，当看到前来灭火的专家竟是一个身高体胖、相貌平平的年轻人时，感到有些疑惑，脸上露出了怀疑的表情。见面时的第一句话就是："你能把火灭掉吗？"刘广志听到此话并没在意，只是紧迫的说了一句："马上去现场。"便坐上前来迎接的小吉普车，疾速奔往失火现场。

在现场，刘广志看到冲天的火柱，任凭环绕四周的消防水龙如何喷射，火势丝毫不减。他立刻提出："快去找两枚手榴弹来！"现场领导很是怀疑，两颗手榴弹就能灭掉这冲天的大火吗？没有时间做更多的解释，刘广志凭着自己的经验，知道爆炸所产生的气浪会将井口处的空气瞬时挤走，瓦斯大火失去空气供氧，定然就会自行熄灭。

刘广志创造性地运用油田灭火经验，指挥8台消防车，在井上造成一层密布的高压水幕，测好准确距离，利用长杆将一枚手榴弹置于喷火口，用爆破法先将火柱熄灭。紧接着，他又指挥现场工作人员，安装起双台高压水泵和高压管道，计算好泥浆用量，清理现场杂物，亲自与机长一同进入井口处强制下钻，快速向井内灌入高比重泥浆，彻底消除了火灾再次发生的可能。这次灭火行动的胜利，是实现用小型地质钻探设备，成功处理小井眼喷火严重事故的第一例，成为国内外的首创。

刘广志认为四处奔波，到处抢险，处理突发事故是他义不容辞的责任。可要是能够提高钻探职工素质，懂得如何预防与处理事故的发生，更是他应尽的义务。为此，他将自己多年积累的知识，及从各种文献资料中查阅到的经验经过系统整理，科学地总结出在钻探施工中，对于事故的预防措施和事故发生时的处理方法，编著了一部名为《岩心钻探事故的预防与处理》专业指导性书籍，及时地交付地质出版社，于1959年10月出版发行。

该书一经出版，受到广大钻探职工的欢迎，相关专业人士争相购买，在整个钻探行业引起了重视，可以说是一次不小的震动。而他并没有停留在单纯的探矿技术指导和钻井意外事故的处理上，这一年，他又开始领导并组织实施人造金刚石钻头的研制工作。

"大跃进"时期，地质系统进入了开放矿业的高潮期。但由于盲目"跃进"，管理不善，技术水平又低等诸多因素的存在，钻探工程施工的"效率低、质量差、成本高"的局面不可避免地同时出现。刘广志打破传统，大胆地提出了一个新的工艺概念，认定开展金刚石钻探是一项创新科技，是扭转钻探事业大发展时期所凸现出被动局面的有效方法。

在广泛征求意见的基础上，刘广志开始着手领导并组织实施人造金刚石钻头的研制工作。他首先是抓组织工作，要通过上级的协调一项一项落实。金刚石从何而来？我国尚未找到大型天然金刚石矿，上级领导提出："必须立足于国内，立足于人造。"为此，他制定了切合实际的技术方针，即：钻探设备要"改与造并举，逐步更新"的设想。

刘广志不畏艰难，全力投身于开创性的工作中。他作为金刚石钻头磨具研发的协调人与带头人，在地质部的支持下，奔走于各研究所之间协调技术合作与研发进度。经过科技工作者的多方努力，在地质部探矿工程司和几个科研机构的通力合作下，短期内即将人造金刚石钻具研制成功。经过对比试验，我国自行研制的人造金刚石钻头的钻进效率和质量明显超过日制金刚石钻头。

1963年12月6日我国成功地研制出了第一颗人造金刚石，这是探矿界的特大喜讯。从此开始，地质矿产部对国产人造金刚石钻头进行了全面的技术推广。1965年，地质部总工程师地震学家谢家荣在一次六级以上工程师座谈会上曾指出："战后地质工作已向'外太空'（用地球资源卫星进行探测）和'内太空'（地球科学钻探）两个方向发展，从而使地质学取得长足发展。"我国自行研制的人造金刚石钻头，使中国的探矿事业如虎添翼，发展迅速。技术更新，人员培训，科技队伍建设都有了空前的发展，先后探明全国有储量的矿种达103种，推翻了国外地质学家关于"中国贫铁、缺铜、少油"的结论，为发展新中国的工业建设做出了巨大贡献。

三、沉 降 治 理

地面沉降是一种地质灾害，它导致区域性的地面标高降低，进而会促成一系列次生灾害，造成严重的危害。由于地区不同，地面沉降危害的表现也有所不同。地面沉降能引发以下几种次生灾害：地面沉降致使海水上岸，防潮大堤必须加高加固；地下潜水位抬高，加重滨海平原土壤的盐渍化、沼泽化；河道泄洪能力降低，市区因此更易被洪水侵扰；河道因沉降不均而变形，船舶航运会因此受阻；排水管道因不均匀沉降而破损，既污染了地下水，又影响了城市排水；井管普遍相对上升，输水管受影响。地面沉降严重的话，市区甚至有被海水淹没的危险。

上海地面沉降问题，实际从开埠初期即已存在。1889年（清光绪十三年）至20世纪初，江海关和租界当局就在租界内和张华浜埋设了水准标志，发现这一问题。此后，租界工部局于1921年、1926年、1934年、1938年前后四次分别于不同地区进行测量，确定上海地面沉降实有其情，就当时从100余个观测点上所得数据推算，年平均沉降量约为0.025米。1947年，国民党上海市政府也展开一次从佘山水准基点到外滩、张华浜、吴淞一线的精密测量，认定上海地面沉降年平均量仍为以上数值，从1938年后的约10年间，外滩下沉了约0.2米，张华浜下沉了约0.26米。上海市人民政府成立以后，也对这一问题予以高度重视。1951年上海区港务局对此进行测量，发现沿黄浦江的外滩自张华浜一线，沉降速度明显加快，较1947年又下降了0.17米，其他地区也有不同程度下降，建议市政府对此予以重视。

新中国成立以后，上海的城市和工业建设都取得了快速发展。尤其自1958年以来，明确形成了杨浦、沪西（普陀、长宁和静安一部分）、吴淞几个工业区域及桃浦、吴泾、浦东几个集中点。由此也带来了这几个地区及至整个市区的地面沉降问题。1953~1956 年，沉降量在 0.05 米的约占 50 平方千米；1956~1959 年，市区年沉降量在同一水准的扩大至 160 平方千米。当时的最大年均沉降量达 110 毫米，地面开裂、建筑物倾斜、防汛墙受损等现象随之出现。

1960 年春，刘广志接受特别邀请来到上海，参加由上海市政府举办的上海地区沉降问题专门研讨会。参会的各方面专家提出了造成地面沉降的诸多因素：海平面上升、新构造运动、静荷载、动荷载、开采天然气、地下取土、深井出砂、人工填土和黄浦江疏浚等。而刘广志根据自己在玉门油矿多年采油的实践中所积累的经验及对国外相关资料的了解，对前述诸多因素提出了不同的意见，认为这些因素还不是造成大上海地面沉降的主要原因。因为，他知道在集中一地大量开采石油的过程里，地面沉降问题时有发生，但由于油田处于荒郊野外，这一问题从未被真正重视过。当他提出上海地面沉降现象的形成，最大的可能性是由于过量提取地下水资源所造成的意见时，立刻遭到了一些专家学者的反对。他们认为提取在地下深度达 300 米以下的地下水，不足以造成沉降的发生，这种提法没有充足的依据，是凭空想象。

讨论会上，各方专家站在自己的立场上各抒己见，有时甚至还争得面红耳赤。他们各自根据自身所从事的研究方向，列举出近代新有的科学发现作为论据，如地壳板块运动学说等，如华东师范大学一位教授认为，沉降原因为正常地壳运动结果和海平面上升，证据是有记载以来上海地面始终沉降，但遭大多数专家否定。他们认为这些自然变迁必须历经很多年才产生影响，不符合目前阶段性强的特征。专家们所提出的论点、论据很多，而刘广志所提出的意见差点就被忽视掉。

20 世纪 50 年代，上海工业建设大发展是中共中央和国务院的要求，而且又多是在短期内上马的大工程，对与工业生产直接相关的水源问题缺少经验和研究，因此采取了直接抽用深井水的办法。为了慎重，地质、勘测、土力学等方面专家反复研究，意见逐渐统一，认为刘广志提出的过量抽取地下水是造成上海地面快速沉降的最直接原因，并形成了一份论证报告提交上海市政府。这份《上海市地面沉降问题研究报告》提出了"地下水开采、海平面上升、新构造运动、静荷载、动荷载、开采天然气、地下取土、深井出砂、人工填土和黄浦江疏浚等"可能是影响地面沉降的十大因素，并提出大量开采地下水是上海地面沉降主要原因的初步结论，为今后工作奠定了基础。

根据这份报告，上海市政府立即采取了两项措施：①加强观测，加快研究。包括建立基岩水准基点，编制城市测量水准，掌握沉降动态信息；另外进行市内的地下分层观测分析和国内外资料搜集开展综合研究。②压缩、编制和加强对深水井事业的管理。包括在一两年内争取以自来水取代深井水的使用，核心开凿的深水井必须得到主管部门批准；同时必须用深井低温水作冷却用的，限定数量，采取冷却循环技术措施，争取重复使用降低用量。为加强上海市地面沉降的研究与防治工作，地质部于1962年下达了"研究上海市区地下水区域下降漏斗的扩大和市区地面沉降问题，进行水文地质工程地质及长期观测工作"的任务要求，从而拉开了上海地面沉降系统监测与研究的序幕。通过对市区水文、工程地质条件系统勘查与市区水准点、地下水动态观测孔和分层标的定期监测，查明了地面沉降与地下水开采在时间、地区、层次上的"三集中"关系，指出地下水开采是引起地面沉降的主要原因。与此同时，刘广志、李世忠等也受到委托利用钻探技术协助上海市打了不少观测井。通过不间断地多点科学观测，进一步证实了他所提出的观点是合乎实际的。随后，他又提出了向含水层回灌淡水治理开采过量的补救方案，上海的地面沉降问题开始有所缓解。

四、科 学 钻 探

1973年开始，刘广志捕捉到大陆科学钻探这项先进的处于世界科学前沿的新兴学科。早在"文化大革命"时期，刘广志从"五七"干校回到北京时，由于当时的形势，加之身体不好，所以实际工作并不很多。这样，他便利用这段较为充裕的时间翻阅那些久违了的科学杂志。一个偶然的机会，在一本 American Scientist 的杂志上看到一篇《深海钻探十年》的文章，讲的是深海钻探的来龙去脉，今后钻穿地壳到达上地幔，以研究大洋洋底的沉积和演化，并进一步证实大地扩张说、板块移动说……这一宏伟的科学依据方略引起刘广志的浓厚兴趣。

1980年，刘广志任国际大陆岩石圈计划CC-4组中国协调员。他代表中国赴苏联出席联合国亚太经社理事会（ESCAP）钻探、采样、测井研讨会，赴加拿大参加联合国技术合作促进发展署主持召开的联合国地区间矿产工业钻探学术讨论会。为纪念中国地质学会成立60周年，他于1983年1月在《地质评论》上发表了他的第一篇关于大陆科学钻探的论文《超深井钻探与深部地质学》。

由于现代科学技术的飞速发展，促使地球科学向外层空间和地球深部（内层空间）两个方向发展，特别是对地球深部的研究已成为许多发达国家具有战略意义的工程。1974年，美国在俄克拉荷马州钻成了罗杰斯1号孔，深9583米，这一世界纪录一直保持到1980年，被苏联在科拉半岛的СГ-3井（孔深达12262米）打破。此外，日本、澳大利亚、法国、英国、瑞典等纷纷参加美国领衔的深部钻探计划和大洋钻探计划。其中，苏联的 СГ-3 井号超深孔中令人不可思议地发现了"不该出现的深部循环流体"，它们在深达 11500 米的地方均匀平稳地进行循环。这个钻孔在地震、地电、地磁等方面的新发现推倒了许多传统理论，一经公布便立即震动了全世界的科学家们。

为追踪这门前沿学科的动态，刘广志组织了多位钻探、探矿机械方面的教授、专家、翻译人员，编印出版了八册《科学钻探文集》，共约 250 万字。特别是他的《关于迅速在我国开展大陆科学钻探的建议》《中国开展科学钻探的重要性与可行性》伴随着国内宣传、国际交流，已引起了地学界的广泛关注。

1985 年，由刘广志领导的"人造金刚石钻探配套技术研究与应用"获得了国家科技进步一等奖，此项成果使我国钻探工程技术跻身于国际先进行列，成为世界上全部采用人造金刚石钻探的第一大国。1986 年 1 月，刘广志的《超深孔钻探信息资料专集》由地质矿产部探矿工程研究所印行。

国际岩石圈计划的 CC—4 组大陆协调组于 1987 年正式确认了我国的代表席位，刘广志被推荐担任负责主持中国科学钻探方案的研究。1989 年中国正式组成了"大陆科学钻探科研规划小组"。作为小组重要成员的刘广志在经过 4 年多的调研与论证，初步形成了可供选择的实施方案——中国大陆科学钻探计划的总原则。此方案由浅入深制定了近期目标：5000 米左右的中浅孔，优选地区：大别山——胶南地带；长远目标：10000 米以上的超深井，优选地区：世界瞩目的青藏高原。他根据世界范围内地球科学的飞速发展，积极倡导在我国开展大陆科学钻探。刘广志除向有关领导部门提出建议外，还积极组织专家对中国开展大陆科学钻探的重要性和可行性进行科学论证。经过多方呼吁努力，地质矿产部为"中国大陆科学钻探先行研究"立项，并申报国家重大科学发展项目。

刘广志于 1995 年 7 月当选为中国工程院院士。他以创新思维提出建立"探矿工程学"的理念，在多年的探矿工作实践中，总结出我国探矿工程的发展水平及现状，提出了探矿工程的发展前景。他强调探矿工程以其不可磨灭的实际贡献证明：探矿工程是地质勘查的重要方法之一。它取得的地下实物地质资料是第一手地下信息资料；探矿工程理论是确定矿产资源储量的根本性技术方法；钻孔、坑道还是地球物化探查的测量通道。国外地质学家称探矿工程是：通过钻探观察陆壳的方法（Observation of the Earth's Crust through Drilling）；探矿工程在当前以至今后很长时期，对探明深埋的隐伏矿体（床），将起到至关重要的决定性作用。

中国的探矿工程走出了一条蓬勃发展具有中国特色的道路，并跻身于世界先进行列之林。刘广志将中国近 50 年探矿工程的发展水平和现状简要地概括出如下几点：第一，钻探从铁砂钻硬岩起家已闯入了金刚石钻探王国；第二，小口径受控定向钻探勘查深部矿体与坚硬致密打滑岩层钻探技术居世界领先；第三，金刚石钻探工艺学已经形成，工艺与产品的类别品种齐全，质优价廉，满足国内的需要，还有少量出口；第四，坑道掘进已从打眼、点炮到背石挑土的纯人工作业跃入机械化作业时代（已能开凿100平方米以内各类隧洞，开凿出的最大隧洞断面达223.5平方米）；第五，探矿机械工业从零开始，形成了一个名副其实的探矿机械生产大国（能生产九大系列的各类地质钻探机械设备和工程施工设备）；第六，大中专院校培养高中级专业技术队伍的骨干；第七，科研院所为"科学兴业"提供了上千项研究成果；第八，高科技的应用，微机自控试验台、监测系统，使优化钻（坑）探技术迈上了一个新台阶；第九，液动潜孔锤、低密度冲洗介质、反循环系统作了充分的技术准备；第十，大陆科学钻探这项重大科学工程的准备工作为地球科学研究做出了重大贡献。

关于探矿工程的发展前景，刘广志以科学发展观的方法论做出了相应论述。他认为：探矿工程的发展远景是与未来的地质工作前景密切相关，应着眼于21世纪人类对矿产资源、能源日益增长的需要，着眼于21世纪以后人类生存环境、生态环境的进一步恶化，保护环境，预防地质灾害，治理已污染的环境，将是一个势在必行的长期任务。因此，探矿工程的未来任务着重涵盖三大方面，即：勘查钻探与坑探工程、大陆科学钻探、岩土钻掘工程。其具体内容为：

勘查钻探坑深：以绳索取心为主体的深孔金刚石钻探系统，使探矿深度达到2000~3000米，孔底动力机驱动绳索取心深度达2000~4000米；高级受控定向钻探；空气冲洗钻探（低密度介质）；反循环钻探；液动冲击回转潜孔钻探；坑道掘进；钻进液；探矿机械。

大陆科学钻探（CCSD）：通过观察深部地壳，地幔结构成分，先导孔钻探2000米左右，科学钻探5000~10000米，验证重点GGT大剖面，长期观察地震、火山、预报灾害，寻找非生物源油气，对国际岩石圈计划做贡献。

岩土钻掘工程：包含工程钻探，应用于市政、港口、水域、水电、建筑、国防工程、基础改造、加固等。如灌注桩类、连续墙类、帷幕类、隧疲乏、洞室掘进、锚杆、锚索工程等。地质灾害治理，如泥石流、滑坡、锚固工程、地面沉降、坝址加固、山崩防治等。环境治理工程，如引水、改水环境治理工程、提水泵站、曝气井、污水治理工程、地下帷幕、淡水截流人工地下水库、定向爆破、静态爆破、交通安全隧道工程、溶洞采水后真空沉降治理等。

科学钻探直接关系到环境工程与地质灾害预防。国际知名地质学家国际前地科联（IUGC）主席费斐（W. W. Fyfe）曾说过这样一句名言："人类生存在一个星球上。人口快速增长，环境日益恶化，动植物灭绝加快，人类面临严重挑战。地球科学家为了人类的未来，不仅仅要研究地球的'今天'，还要重视研究地球的'昨天'和'明天'。研究重点应放在人类赖以生存的水资源、矿产资源、能源、核废料处理、地震与火山喷发预报等。21世纪以后咸水将成为最好的饮水。"刘广志指出：他只谈到了水，是因为水是生存环境恶化的集中表现之一。而水、工、环三者又是密切联系在一起的，今后水、工、环的研究应该从整体考虑，单独从环境地质学角度去考虑已经非常不够了。环境的恶化与地质灾害是密切相关的，环境恶化是因，地质灾害是果。

刘广志敏锐地观察到近十几年来环境科学研究已成为世界瞩目的课题，并已取得了一些突破性的进展。如：由欧洲科学基金会组织并提供800万美元的"格陵兰冰心钻探计划（GRIP）"于1990年开始执行。钻孔孔位选择在冰盖最厚的制高点处。经历两年多时间，到1992年7月12日，冰心研究计划负责人之一的尼尔其·贡德斯特罗普宣布：钻孔深度在3029米处贯穿了20万年的冰盖到达了岩盘。这是全世界最深的一口冰盖取心的科学钻孔，创下新纪录，取得了3000多块冰盖完整的冰心样品，科学家们拟重建过去20万年地球气候与环境史的模型，用以研究冰川活动、全球气候变暖以及火山喷发与大气层变冷之间的种种内在、外在关系。又如：俄、美、日合作的贝加尔湖钻探项目，始于1989年，目的是从湖底提取古环境信息记录，以追寻全球气候变化信息。1995~1996年冬季，用高级钻探设备又取岩心300~500米，用另一只新采购的辅助船，并排冻结在原钻探船的旁边，以支持技术与科研工作，加快学术研究进度，预计将把气候变化记录向前推几百万年。

刘广志又进一步提示，还有许多问题也日益突出。如：氡气的危害，实际上也是一种地质灾害，需要引起高度的重视；核废料的处理也已成为各个国家关注的重大问题。随着核发电、核武器以及和平利用原子能工业的发展，核废料日益增多，若无长期无泄漏储存，将对人类、动物、水、粮食以及植被造成不可挽回的危险。为此，利用科学钻孔储埋核废料的计划正在实施，而且科学钻孔兼作核废料储埋实施将提供非常有价值的深部地质信息资料。

由此可见，环境恶化正在日益加重，环境科学研究已是急不可待、迫在眉睫。从地球科学的整体考虑，就是需要研究来自大气圈、水圈、生物圈和岩石圈中的各种影响，对生态环境的各种危害，也可以称之为"地球大环境的研究"，大环境的研究将演变成为一个"大科学项目"（Mega-Science Project）。刘广志认为大科学项目的做法，一是在现有的基础上，逐步加以拓宽；二是由许多相关部门联合起来共同协作。

1999年1月5日,《科学钻探专题情报系列（1-8集)》获得世界华人重大科学技术成果评审委员会颁发的世界华人重大科学技术成果证书。

中国大陆科学钻探深入地下5158米,终于在2005年6月胜利竣工。这是当前正在实施的国际大陆科学钻探计划20多个项目中最深的科学钻井。中国大陆科学钻探工程项目的实施,对于我国钻探技术的发展起到了巨大的推动作用。面对这一获地球深部众多最新信息的辉煌成果,刘广志思绪万千,对此也感到十分欣慰。他从20世纪70年代末开始多年倡导,开工后又经过了近4年的努力才取得成果。在此重大科研项目的基础上同时取得了一系列重要科研成果,这标志着我国"入地"计划获得了重大突破。

五、刘广志主要论著

刘广志. 1952. 钻探机规格手册. 中国地质计划指导委员会.

刘广志. 1954. 探矿工程学讲义. 东北地质学院手写大学讲义.

刘广志. 1957. 克芮留式XH-60型金刚石钻机构造与使用说明. 北京：地质出版社.

佚名. 1971. 海底勘探方法. 刘广志译. 国家计委地质局技术调查组、地质科学院勘探技术研究所内部资料.

刘广志. 1981. 岩心钻探事故的预防与处理. 北京：地质出版社.

刘广志. 1982. 钻探工程文集. 北京：地质出版社.

佚名. 1985. 热塑性塑料水井井管选择与安装手册. 刘广志译. 北京：地质出版社.

刘广志. 1986. 超深孔地质钻探信息资料专集. 地质矿产部探矿工程研究所.

佚名. 1987. 科学钻探文集（一）. 刘广志,耿俊峰译. 地质矿产部探矿工程研究所.

刘广志. 1991. 金刚石钻头手册（中文版）. 北京：地质出版社.

刘广志. 1992. 刘广志钻探工程文集. 北京：地质出版社.

刘广志. 1992. 特种钻探工艺学. 武汉：中国地质大学出版社.

刘广志,周志彰,林元雄. 1998. 中国科学钻探技术史. 北京：地质出版社.

刘广志. 2000. 刘广志探矿（钻掘）工程文选. 北京：中国物价出版社.

刘振铎,张洪叶,孙绍伟. 2003. 刘广志文集. 北京：地质出版社.

赵国隆,刘广志. 2003. 中国勘探工程技术发展史集. 北京：中国物价出版社.

赵国隆,刘广志,李长茂. 2003. 勘探工程技术. 上海：上海科学技术出版社.

刘广志. 2005. 刘广志论科学钻探（修订版）. 北京：地质出版社.

刘广志,汤凤林. 2005. 特种钻探工艺学. 上海：上海科学技术出版社.

主要参考文献

刘广志. 1992. 刘广志钻探工程文集. 北京：地质出版社.

刘广志. 2005. 刘广志论科学钻探（修订版）. 北京：地质出版社.

马新生. 2008. 二十世纪中国著名科学家书系中国工程院院士刘广志. 北京：金城出版社.

撰写者

马新生（1955~），中央民族大学信息工程学院，博物馆馆员。

裴荣富

裴荣富（1924～），原籍山东省聊城市，出生于河北省秦皇岛市。矿产勘查地质学和成矿学专家。1998年当选美国纽约科学院院士，1999年当选中国工程院院士。1948年获清华大学理学院地学系理学学士学位。1952～1972年在地质部先后任429、304地质队技术员、地矿司黑色金属处工程师、矿物原料研究所综合地质方法研究室主任工程师，其间曾赴瑞典、芬兰考察综合地质普查勘探方法和赴巴基斯坦援建卡拉巴赫铁矿勘查；1973～1978年任地质部援苏丹铬铁矿地质队总工程师及苏丹地质矿产部技术顾问，负责英格萨纳山珞铁矿普查勘探和红海山区铁矿调查；1979年起任地矿部矿床地质研究所、矿产资源研究所研究室主任、副所长、所长、研究员；1994～1997年任中国地质学会矿床地质专业委员会主任和矿产勘查专业委员会副主任；1992～1996年当选国际矿床成因协会（IAGOD）主席；1995～1999年当选国际地质对比计划IGCP-354项目首席科学家；1999～2002年在中日科技合作1T1T项目中任首席科学家；1988～2012年参加4年一届的共6次国际地质大会（IGC），4次作专题讨论会主持人，并作超大矿学术报告。1999年在国内主持召开第九届国际矿床成因协会（IAGOD）会议。2004在意大利召开的十二届国际矿床成因协会（IAGOD）被授终身荣誉。

一、学术成长经历

裴荣富是在从事大量野外地质工作实践基础上，对矿产勘查地质学和成矿学进行长期研究和系统积累而成长起来的，尤其是他有较多国际交流和国际合作经历，促进其研究工作的国内外比对和取得国内外较高知名度。他已从事和参与国内外15个大矿山的普查勘探并具有满足矿山建设设计要求的地质勘查经历，他专门在北欧考察综合地质普查勘探技术方法和在乌克兰、俄罗斯、日本讲学，在编制全球成矿图的研究中，掌握了全球6大洲121个国家21个矿种大-超大矿床数据库（SCA），为他开展国内外矿产勘查与成矿学研究奠定了坚实基础。

他在矿产地质勘查与成矿学研究方面，按成矿地质事件和控矿空间体系进行成矿史分析，提出"时间维造就空间维"成矿作用3Dt和金属成矿省演化动态成矿新思维；根据中国东部区域成矿研究，提出岩浆岩定位的五种类型和四种组合样式的控制机制，以及岩石组合的地球化学成矿专属性；根据南岭地区与花岗岩类有关成矿研究，提出区域的、矿田的和矿床的三重矿化分带互补模式，以及成矿作用在开放体系非平衡态演化过程中，产生相对平衡的成矿新认识；在成矿模式研究中，他首次完成全国 92 个普适性模式，并提出多期成岩成矿共岩浆补余分异成矿新观点；在金属成矿省研究中，提出"景""场""相""床"四个等级体制的耦合性成矿规律，发展了 de Lauay 传统的成矿省概念；在成矿系列研究中，提出壳幔不谐调运动是深部成矿发动的"引擎"及其与表壳有利控矿场地最佳耦合是成大矿的新概念，并据此重新划分了华南大花岗岩省为六个岩带及其有关成矿系列和不同岩带成矿系列的成矿专属；在成矿预测中，他从因袭成矿概念，提出"衍生矿床导向，成矿轨迹追踪"预测超大型隐伏矿床的新方法，并按岩石、矿物、构造、成矿元素四组合渐变轨迹的研究，在代表性矿带中取得成功预测；在超大型矿床研究中，他首次完成全球 121 个国家 21 个矿种的四大成矿域 21 个巨型成矿区带的全球成矿体系，创新地提出成矿偏在性和异常成矿构造聚敛（场）控矿，以及超巨量金属工业堆积的异常成矿新学术观点；他率先在全国 30 余个矿山开展矿产勘查与开采工程验证对比研究，提出固体矿产地质勘查的矿床研究程度与开发技术经济条件"双控论"和划分矿产勘查阶段的"合理域""矿山开采合理时限""风险投资决策支持系统"和"5R 循环经济矿业可持续发展"四项科学技术模拟，为当代计划经济有序过渡到市场经济的矿产勘查改革起到重要理性认识和有效开展整装勘查。总之，他不但在矿床理论研究中做出了重要贡献，对矿产资源勘查工作也卓有成效。

他先后完成矿产勘查和研究报告 15 部，发表科技论文 130 余篇，由于成绩突出，曾多次受到有关方面表彰。1979 年援助苏丹国，受到该国能源矿产部锦旗表彰；1988 年和 2007 年获两项国家科技进步二等奖，1990 年和 2006 年获两项地矿部科学技术进步一等奖，2004、2006 和 2008 年获三项国土资源部科技进步二等奖；1995 年获李四光地质科学研究最高奖等。

他先后培养新生力量，硕士和博士研究生 14 名，在学博士生 3 名，并指导博士后 5 名。他仍在积极开展国际合作项目全球海洋矿产资源图编制，以及为"十二五"立项开展世界地质图委员会（CGMW）批准编制亚洲成矿图的首席科学家。他现拥有较高素质的科研团队，能够促使其成就继续迈入国际领域。

二、初出茅庐，苦练野外地质调查基本功

20 世纪 40 年代，他目睹当时中国积贫积弱、内忧外患、民不聊生的旧社会，

立志科学报国，选择探索地球奥秘、寻找地下宝藏为终身职业。

1948年8月，他以优异成绩获清华大学理学院地学系理学学士学位。1949年3月，北平宣告和平解放，他受聘参加了华北人民政府北平地质调查所任实习技术员，先后随华北人民政府留用的日本专家森田日子次在山西大同煤田开展大比例尺区域地质调查工作，随南京原中央地质调查所高级专家宋叔和在辽宁青城子一带开展有色金属矿产普查评价工作，随地质专家王曰伦在山西五台山一带开展区域地质和铁矿资源调查工作。他不遗余力地向这些专家学习，不怕辛苦地积累了野外地质工作经验，从而在短期内使他地质调查工作能力得到很好的锻炼和发展。

1952年，中央人民政府地质部成立，他主动请赴调地质部429地质队任地质技术员。在程裕淇的指导下开展大冶铁矿普查勘探工作，参与尖林山盲矿的发现，主持程潮铁矿勘查，发现了西延的新矿体，提交了满足矿山建设的《湖北大冶铁矿地质勘探报告》和《湖北大冶程潮铁矿地质勘探报告》，为武汉钢铁公司建设做出重要贡献。

1954年初，地质部为开展锦屏磷矿的普查勘探组建了304地质队，次年裴荣富被调该队任地质技术员，主持对该矿的初步勘探。作为主要执笔人提交了两份地质勘探报告，以他在大冶苦练基本功的能力，很快发现和总结锦屏磷矿的锰、磷矿层变质-变形规律，探明磷矿石储量达1800万吨，同时查明中元古界海州群含磷地层从锦屏至徐庄长达10千米范围内的层序分布规律稳定，为继续开展磷矿普查找矿、扩大海州式磷矿的矿石储量提供了重要地质科学依据。

以上是他在名家指导下苦练基本功，积累了较丰富的野外地质工作经验，长期在生产第一线的扎实工作，为以后从事矿产资源勘查和研究工作奠定了坚实的基础。

三、主攻黑色金属矿，总结矿产资源合理勘查理论与综合勘查方法

1956年，为充实国家地质部门管理机构，裴荣富被调入地质部地矿司黑色金属处任工程师，负责全国黑色金属勘查技术管理，指导白云鄂博、攀枝花、海南岛、庞家堡、镜铁山等铁矿和瓦房子锰矿、内蒙古铬铁矿按期完成地质普查勘探工作；1957年，为加强矿产勘查研究工作，他又被调地质部矿物原料研究所任主任工程师，领导综合地质勘查方法研究室，直至1972年参加援外。

在此期间，他在全国率先探索综合地质技术方法获取多方面的信息与标志，使其相互补充与相互验证，以期经济合理地和科学有效地发现、认识和评价矿床。据

此，他曾赴瑞典、芬兰专门考察金属矿床地质及综合勘查方法，他是引进国外地质勘查先进技术与综合方法先河人之一。以他为首发表了《铁矿工业类型与矿床评价主要地质因素》《论我国富铁矿已知重要类型的成矿地质特征》等论著，为加速全国铁矿勘查、满足矿山建设设计做出重要贡献。他最早编制的《中国铁矿勘探规范》，首次应用数学地质方法完成的《湖北大冶铁矿合理勘探控制》研究报告，迄今对铁矿勘查仍然具有重要指导作用。

1979年，由他领导地质部综合地质大队等单位近30人组成的研究队伍，首次在全国完成10个矿种、30多个矿山的固体矿产地质勘探与矿山开采工程验证对比研究，获得了大量的第一手资料，为指导地质勘查工作、制定勘查法规提供了宝贵的地质数据，也为进一步探索矿产资源合理勘查理论奠定了实践基础。

他创新地认为矿床地质条件及研究保证程度、矿床技术经济条件及可行性研究保证程度是决定矿产普查勘探与开发过程阶段性的两个基本因素，称之为矿产勘查的"双控论"，这一论断改变过去那种主要以地质研究程度作为阶段划分标志、地质研究程度与技术经济研究程度相互脱节的状况。另外，矿床地质条件及研究保证程度、矿床技术经济条件及可行性研究保证程度应是在要求（任务）与可能（地质–技术经济条件）两者的辩证关系中达到合理平衡范围，即作为可供矿产勘查与开发决策的"合理域"。据此建立了矿产资源普查勘探与开发程序与合理域以及风险投资决策支持系统的合理勘查理论模型，受到国家主管部门领导的肯定并被国内外广泛引证：澳大利亚Promoli企业引用；国家行政学院贯彻科学发展观转载他的论文；2007年在爱尔兰召开应用地质学会（SGA）；2004年和2008年在中国和在巴西召开世界工程师会议（WEC）均选用他的论文并作专题报告。

20世纪70年代以来，随着直接出露地表的易发现的矿床数量明显减少，隐伏矿床已逐步成为矿产勘查和开发的主要对象。在找矿难度日益增大的新形势下，他组织地质矿产部矿床地质研究所等28个科研、教学及生产单位的专家、学者编辑出版了《中国矿床模式》专著，首次在全国范围内划分出4大构造成矿域和27个成矿堆积环境，相应地建立了92个普适性矿床模式，该模式达到既见矿床成矿模式之"木"、又见成矿模式环境之"林"。这是我国固体矿产地质勘查实践经验的总结和理论研究成果的大荟萃，集中反映了当时中国矿床学的最新进展。

四、经纬时空，发展金属成矿理论

时间和空间是运动着的成矿物质存在的动态方式。在地壳的一定空间区域和地质构造部位往往有规律地集中着某些金属矿床及其自然组合，称为金属成矿省或矿集区。在金属成矿省或矿集区内部，存在着什么样的内部结构与成矿规律，是成矿学的一项基本研究内容，也是人们长期关注的一个重要科学问题。

他认为，在金属成矿省的内部，存在着成矿地质背"景"、成矿构造聚敛"场"、金属成矿"相"和金属矿"床"，即"景、场、相、床"四个从宏观到微观的不同层次、不同等级的成矿组成，它们随地质历史演化、按不同层次的耦合规律成矿。不耦合不成矿，一般耦合成中小矿，最佳耦合成大到超大矿。他把这一成矿机制称为四个等级体制成矿（Hierarchy systematic metallogeny）运用金属成矿省等级体制成矿概念有层次地研究矿床的空间分布特征及成矿演化规律，尤其研究其最佳耦合机制，不仅可以提高区域以及全球的成矿学研究水平，发展成矿学理论，而且对有序次地进行矿产合理评价与勘查均具有重要科学和实用意义。

实际上，金属成矿省是随时间而不断演化的。裴荣富（1996，2003）以华北地台北缘及其北侧金属成矿省为例，进行了大量的探索，并出版了《金属成矿省演化与成矿年代学》专著。建立了华北地台北缘及其北侧金属成矿省的成矿年代演化模式，深化认识了成矿学的时空规律，发展了"演化成矿学"，提出"成矿演化是一切成矿因素的函数"，并根据他创新提出的"时间维"造就"空间维"的动态成矿概念创新地从华北地台北缘及北侧太古-古元古-中新元古代、新元-古生代和中、新生代三个时间维造就形成华北地块北缘、兴蒙-吉黑造山带及滨西太平洋构造岩浆带三大空间背景场以及其隆起区、裂谷带、拗陷槽、岛弧带、岩浆活动带等多达30处控矿聚敛场。这些时间维造就空间维的成矿演化规律，为资源评价提供了重要科学依据。特别是他还从一个矿床由成岩到成矿、由成矿初期到成矿终结，需要经过先兆成矿（Tp）→初始成矿（Ti）→高潮成矿（Tt）→成矿尾声（Te），有时还会出现滞后成矿（Th）等多期多阶段的成矿演化过程，建立成矿历程和成矿跨度（Ts）的概念。同时他还按成矿演化的历程可以建立"成矿定时钟（Timing clack）"的成矿年代学新设想。根据他对全球大-超大型矿床的大量研究还提出成矿跨度演化的时间越长，越有利于成矿物质的长期堆积。但在长期堆积的一定时限内出现成矿异常时，又可在短时限内促发正常成矿发生异常造成大规模、超巨量金属工业堆积的论断。显然，成矿演化是一切成矿因素的函数，时间维造就空间维，这一新概念和新思维是他对矿床学一些旧有定式的突破，是对区域成矿学的新发展。

五、独辟蹊径，创立异常成矿学说

超大型矿床（或特大型矿床）仅占矿床总数的5%～30%，却提供了全球矿产资源量的 50%~80%，对一个国家乃至全球经济和社会的可持续发展具有举足轻重的作用。但成矿机率很小，找矿难度也极大。

裴荣富在"八五"期间就开始主持了地质矿产部重要基础究项目"中国特大型矿床形成的地质背景和预测研究"，"九五"期间承担了国际地质对比计划 IGCP-354 项目（岩石圈超巨量金属工业堆积）和国家科技攀登计划所属课题"大型特大型矿床地质预测研究"，"十五"期间又任世界地质图类委员会（CGMW）编制大–超大型矿床成矿图首席科学家，同时在中国地质调查局建立"1：2500 万世界大型超大型矿床成矿图编制及全球矿产成矿规律研究与评价"项目。他通过大量资料探索中，首次提出超大型矿床具有成矿偏在性（Preferentiality）并受控于异常成矿构造聚敛场。超大型矿床偏爱产在某一特定地质背景（环境）的构造位置上。它们对成矿元素（矿种）、成矿类型、成矿时代、成矿背景等均具有十分明显的选择性，而异常成矿构造聚敛场则表现为一定成矿地质构造背景上发生的成矿环境突变、使成矿流体流在开放体系的非平衡态物化条件下骤然变为相对平衡态并释放出大量能量，促使成矿物质的巨量堆积。这一论断的意义就已反映超大矿成矿有异于一般矿床。特别是在裴荣富担任世界地质图类委员会编制世界大–超大矿成矿图首席科学家的优势地位的条件下，使他能够开展国际合作而能够掌握了全球 121 国家，21 矿种，1285 个大矿的权威信息库（SCA）的基础上，创新地运用大量矿床储量量变的线性趋势分布的回归方程规律划分出不同量变组，从而从量变的规律中分出大矿、超大矿和特大矿。超大和特大矿的量不只比大矿大 5~10 倍，可达数十倍至百倍。据此，裴荣富根据量变是控制量变地质因素的函数，从而创新地提出超大矿床是正常成矿作用发生异常才能激发成矿作用发生巨大量变的。他又受气象界出现异常天气的规律，即在一定时限期间因受拉尼那–厄尔尼诺事件激发正常天气"引潮共振"出现异常而巨量下暴雨成灾的启发，他综合分析了全球超大型铁、铜、铅锌、镍和钾等大量成矿信息的地质历史发展全过程中，通过大量成矿信息的统计提出晚太古至早元古代出现氧大气变态（Oxyatamoversion）即过氧事件。异常形成 570 亿~1000 亿吨超大的沉积变质型铁矿如澳大利亚的哈墨斯科克和俄罗斯的库尔勒克磁异常区；晚元古–古生代出现还原大气变态（Reoxyatamoversion）即缺氧事件异常形成 7000 万吨超大的沉积岩容矿喷流型铅锌矿床如朝鲜检德；中、新生代出现构造圈热侵蚀形成大规模构造岩浆事件异常形成 5000 万~7000 万吨斑岩型铜矿如智利的丘吉卡马塔等。其他还有陨石冲击事件形成超大型镍矿和萨布哈事件形成超大型钾盐矿等。

异常成矿论是裴荣富的重大创新，其基本内容可以概括为：（1）异常成矿作用是常规成矿作用（过程）发生"引潮共振"而爆发异常、促使成矿物质超巨量堆积的特殊地质作用（过程）；（2）异常成矿作用在特定空间及时间中导致多种有利控矿因素的异常汇聚、形成异常成矿构造聚敛场（成矿场地准备）和超大型矿床（成矿物质实体）；（3）异常成矿作用的发生与全球性重大异常地质事件有关，如太古宙氧大气变态（过氧事件）、元古宙还原大气变态（缺氧事件）和显生宙构造圈热侵蚀（大规模构造岩浆事件）等；（4）深部构造作用（过程）是成矿"引擎"，表壳控矿构造（体系）是成矿"温床"，深部构造作用激发表壳构造的耦合成矿是爆发异常成矿作用的关键；（5）根据矿集区及矿汇（ore cluster）中矿产储量（资源量）相对丰度（Relative Aboundance of Ore Reserve，RAOR）及其与成矿时限（Forming Time Interval，FTI）的相关关系，可以判断和探究在长期成矿时限期的短时限出现储量丰度大的部位可能是超巨量成矿物质堆积的异常成矿作用发生的部位。

六、放眼全球，走向国际地质科学舞台

地球科学是一门全球性的学问，只有通过全球科学家密切合作和共同努力，才能逐步解决全人类赖以生存所必需的能源与资源问题以及重大地球科学问题。20 世纪 60 年代中期参加中国援助巴基斯坦铁矿勘查与钢铁工业建设工作和受国家地质部派遣赴瑞典、芬兰专门考察金属矿床地质及综合勘查方法的经历，使裴荣富从年轻的时候起就对开展国际合作与交流的重要性有非常深刻的认识与体会。

20 世纪 70 年代初，他任地质部援助苏丹铬矿勘查地质队总工程师。他带领 100 多人组成的队伍在远离故土的异国他乡进行 5 年的地质勘查工作，在系统完成区域地质调查和深化认识东非裂谷北段多期活化特征和超基性岩岩相变化控矿规律的基础上，发现 12 个新的具有工业利用价值的铬矿体，探明 70 余万吨铬矿石工业储量，为促进苏丹矿业开发事业做出了重要贡献。两年后，他再次受聘于苏丹能源矿产部，任科学技术顾问，负责红海山区铁矿勘查评价，发现该矿为海底喷流沉积新类型铁矿床，探明 1530 万吨富铁矿，可经苏丹港出口欧洲创收，为发展苏丹矿业经济立了大功，获得苏丹能源矿产部锦旗表彰奖。

1988 年，他与程裕淇等一起赴美国首都华盛顿参加第 28 届国际地质大会，这是他正式走向国际地质科学舞台的开始。他这次"从地质历史研究成矿演化"列为专题进行广泛讨论，在日本召开的第 29 届国际地质大会（1992）上，他和日本地质学家渡边询共同主持了"金属成矿省地质历史演化"专题讨论，在中国北京召开的第 30 届国际地质大会（1996）上，由他主持"金属成矿省演化和成矿年代学"专题讨论会，并首次将他提出的"金属成矿省等级体制成矿与演化"的概念。

1990年他当选为国际矿床成因协会（IAGOD）第八届理事会副主席，1994年当选为第九届理事会主席并在北京成功地主持召开了第九届IAGOD国际科学讨论会，也为两年后在我国成功举办第30届国际地质大会奠定良好基础。2000年他被邀请为在巴西召开的31届国际地质大会的"大型铁矿成因"专题讨论主持人，发表了"正常成矿受氧大气变态激发异常成矿"观点，引起国际关注，2004年他再次被邀在意大利召开的第32届国际地质大会期间主持"大-超大型矿床成矿"专题讨论会，发表"超大型矿床成矿偏在性和异常成矿聚敛场控矿"学术思维，引起了广泛影响。国际矿床成因协会为表彰他对国际矿床成因协会和国际矿床地质科学事业做出的突出贡献，决定授予他终身荣誉（Honorary Life Membership）称号。这是国际矿床地质科学界的最高荣誉，当时世界上只有8位国际著名矿床学家获此殊荣。2008年他再次被邀为在挪威召开第33届国际地质大会期间主持"巨型矿床"专题讨论主持人，发表了世界大型-超大型成矿图全球成矿体系，提出全球成矿统一性，区域成矿特殊性、超大型成矿偏在性和超巨量金属成矿异常性的论述，并获得巨大反响。2012年在澳大利亚召开第34届国际地质大会他又被邀作"顶峰矿"专题讨论会主持人，并在会上展出他编制的"1∶25M全球大-超大矿成矿图"，受到大会赞赏。

2006年2月在法国召开世界地质图类委员会（CGMW）再次批准以他为首席科学家编制"1∶25M全球海洋矿产资源图"，编完大陆再编大洋，从大陆裂解增生和大洋开合全球海陆演化把矿产资源成矿系统地扩展到全球。此外，他还参加国际地质对比计划项目IGCP-200和282"花岗岩类成矿"和任首席专家承担IGCP-354项目"岩石圈超巨量金属堆积"以及参加了中美"天山—阴山深部构造与成矿"、中日"ITIT"等国际合作项目。先后2次援外、3次出国讲学、5次参加国际地质大会，访问了近30余个国家，在多个国际学术组织中担任重要职务并承担了多个国际合作项目，被誉为国际型的矿床地质学专家，为提高我国的国际声誉、增进我国与世界的地质科学交流与合作做出了积极贡献。

七、展望未来，评点矿床学与矿产勘查学的发展前景

矿床学和矿产勘查地质学是两门互有联系、既古老又年轻的学科。积60年的科学实践经验，裴荣富对它们的发展前景非常乐观，并提出未来展望。他认为矿床学已走过了近百年的发展历程，从早期的描述矿床学、中期的实验矿床学发展到近期的理解矿床学。人们对矿床的成矿地质特征、成矿控制因素、时空分布规律以及成

矿作用过程与机制等，都进行了广泛而深入的探究，取得了大量的理论性认识，促进了矿床学的空前发展。当前，矿床学正在大力开展以地球各圈层互动作用过程为基础的成矿动力学研究，提出了"动态成矿学"与"演化成矿学"新思维，甚至把全球成矿与宇宙演化相联系。矿床学已有的科学成果主要是研究和解决（或基本解决）"矿床及矿带是怎样形成的"问题，而对"矿床及矿带为什么形成"的问题则迄今尚未有系统的认识。因此，进一步探讨和发现矿床成因的原因（基因），从知其然到知其所以然，努力从当前的理解矿床学阶段进入理论矿床学的新境界，是矿床学原始理论创新的基础，也是展望未来应当引起足够重视并有广阔发展前景的重大科学问题。

最后，裴荣富认为地质工作是对大自然地质现象的认识成果，必须通过几代人逐年搜集的地质信息，尤其是大量野外地质信息的综合分析，才能逐渐逼近客观地质体的实际。据他60年地质工作的经历，总结出DECUT五个字的综合研究方法。D（description）即描述野外地质观察研究是基础；E（experiment）即开展实验室内测试是野外基础地质的锦上添花；C（Correlation）即已有研究成果的国内外对比，避免坐井观天；U（understanding）即对客观地质的理解，达到知其然和所以然；T（theory）上升为理性认识和达到自主创新。这个五字真言是他研究工作多年实践的总结。

八、裴荣富主要著作

裴荣富，钟自然，吴良士. 1993. 中国钨矿资源经济评价. 北京：中国科学技术出版社.

裴荣富，翟裕生，张本仁. 1999. 深部构造作用与成矿. 北京：地质出版社.

裴荣富，梅燕雄，等. 2003. 金属成矿省演化与成矿年代学——以华北地台北缘及其北侧金属成矿省为例. 北京：地质出版社.

裴荣富，吕凤翔，范继璋，等. 1998. 华北地块北缘及其北侧金属矿床成矿系列与勘查. 北京：地质出版社.

裴荣富. 1995. 中国矿床模式. 北京：地质出版社.

陈毓川，裴荣富，等. 1989. 南岭地区与中生代花岗岩类有关的有色及稀有金属矿床地质. 北京：地质出版社.

陈毓川，裴荣富，等. 1998. 中国矿床成矿系列初论. 北京：地质出版社.

张宏良，裴荣富，等. 1987. 南岭地区有色稀有金属矿床的控矿条件成矿机理分布规律及成矿预测（总论）. 武汉地质学出版社.

裴荣富，等. 2001. 难识别及隐伏大矿、富矿资源潜力的地质评价. 北京：地质出版社.

裴荣富，等. 1998. 中国特大型矿床成矿偏在性与异常成矿构造聚敛场. 北京：地质出版社.

裴荣富，梅燕雄，毛景文，等. 2008. 中国中生代成矿作用. 北京：地质出版社.

Pei R F, et al. 2009. 1:25000000 Explanatory notes on the world metallogenic map of large and superlarge deposits. Geological Publishing House.

裴荣富，汤中立，郑大瑜，等.2011.中国东部危机矿山深部找矿.工程科技咨询研究报告集，中国工程院.
裴荣富.2013.裴荣富文集.北京：地质出版社.

撰写者

裴荣富

王浩琳（1973~），裴荣富学术秘书，根据梅燕雄编写《踏遍青山人未老　探矿寻宝乐融融——祝贺裴荣富院士从事地质工作65周年》资料和裴荣富口述编写。

翟光明

　　翟光明（1926～），出生于湖北宜昌，祖籍安徽泾县。石油勘探专家，1995年当选中国工程院院士。1950年6月从北京大学地质学系毕业后赴甘肃玉门老君庙油田工作，此后参加了20世纪50年代至80年代中期历次石油勘探大会战，参与或主持制定整体勘探部署和组织实施，是大庆、胜利、辽河、大港、华北、泌阳、长庆等一批油气田的发现者和执行者之一；20世纪80年代后期至90年代，为了挖掘中国油气资源的勘探潜力，他精心组织科研队伍，开创油气勘探科学探索井工程，为吐哈油田、靖边气田、冀东油田以及酒东盆地长沙岭油田等油气田的发现做出突出贡献。20世纪末至21世纪初，他通过《2050年之后的中国石油工业依然有希望》《中国油气勘探前景》等文章为中国油气的勘探坚定信心，指明前景和方向，同时倡导要长期坚持包括非常规油气在内的油气勘探新区新领域的探索。21世纪过去的十年勘探成果证实了他的判断。他曾任中国地质学会副理事长、中国地质学会名誉理事、中国石油学会常务理事、第十五届世界石油大会秘书长、世界石油大会执行局成员、美国石油地质协会国际联络委员会委员、环太平洋矿产与能源理事会理事、英国《海洋与石油地质》杂志编委员会委员等职。

一、成长经历

　　1926年农历八月二十一日，翟光明出生于湖北宜昌一个普通的家庭，自幼家境贫寒，童年生活在非常艰苦的环境中度过，后来随母亲在战乱中辗转南北，在亲友的鼎力相助下，先在天津汇文中学就读初中，后来转入北京市第一中学，1945年9月以优异成绩考入北京大学学习。

　　进入北京大学后，恰逢祖国刚经历八年抗战的战争洗礼，百业待兴，为了国家战后恢复和建设寻找急需矿产资源，他求学报国，于是选择了地质专业，潜心钻研，除较好地完成专业课程学习之外，还利用所有课余时间学习英语，除普通的交流和阅读，很多难于记忆的地质专业词汇他都能熟练读写，这为他后来和国外同行讨论和交流业务互相研讨以及博览众多外国文献和技术资料奠定了扎实的基础。

1950年大学毕业，他服从国家统一分配，投身于中国西部地区，开展资源调查工作，成为新中国首批在大西北开展石油地质调查人员之一。他先是奔赴中国石油工业的摇篮——甘肃玉门老君庙油田，不久就被派遣到四廊庙地质队实习，也就是在这里真正开启了他奉献石油工业的人生之旅。他刚到甘肃河西走廊就开始为期半年多的野外地质调查，从祁连山的南端徒步考察到北部，时值冬季，白天在寒风凛冽中翻越荒山野岭，进行野外工作，夜里就近宿营自带简易帐篷。当时，西北偏远地区尚未土改，土匪、地主残余势力依然存在，在野外工作过程中偶遇刻骨铭心的险情。在四廊庙地质队工作期间，他有幸得到孙建初、陈贲等老前辈的指导，陈贲当时任甘肃石油勘探处副处长，除了在业务上进行指导外，对翟光明的工作和生活也关怀备至。他们二位都是中国最早参加石油勘探的工作者，对新来加入石油工业队伍的成员非常热情，因当时还没有一套在所勘探地区和油田工作的技术手段和方法，陈贲就将自己当年在留美期间收集的有关石油勘探的英文原版专著和文章拿给他参考和阅读，他一边阅读一边将重要的专著和论文都翻译出来，与大家共享，更重要的是从中补充学习了很多有关石油勘探方面的知识和技术，这些知识和技术在当时国内均是空白，他加以综合分析并结合现场工作应用，提出了国内首个录井新方法——岩屑百分比录井法，随后又提出荧光录井法。在1953年北京石油管理总局召开的一次石油地质工作总结培训会议上，他将自己在四廊庙地区勘探开发实践中总结的成果和参会者交流，包括油区构造图、等厚图、油砂识别方法以及如何利用测井方法计算油层孔隙度等参数，引起了石油部领导和专家的极大兴趣，启示大家原来石油勘探开发过程中存在一系列的科学研究问题。

1956年初，石油部刚成立不久，我们国家石油工业的发展和石油勘探面临很多挑战和困难，石油部康世恩副部长亲自率团赴苏联对石油工业的发展进行考察，感到石油勘探研究的重要，提出并指示翁文波成立一个勘探研究所筹备小组。石油部又从全国石油系统挑选优秀青年专家代表组团赴苏联开展技术考察学习。1956年6月，他作为优秀青年专家代表之一，前往苏联进行为期8个月的考察访问学习，负责调研了解苏联在石油勘探、开发方面的科研机构及人员配置。他先后参观访问了苏联乌里伊石油勘探开发研究所和列宁格勒（圣彼得堡）地质研究所两个研究机构，以及乌发杜伊玛斯（第二巴库）油田和费尔干纳盆地的油田群。取得丰硕成果，回国以后借鉴苏联的科学研究机构建设的经验，提出了加强我国石油勘探开发研究、加快成立正规的研究机构的建议和设想，为1958年9月石油部石油科学研究院的成立奠定了基础。

1958年2月，他参加了石油部领导就全国石油勘探问题在中南海向邓小平同志的汇报（由他准备材料）。此次汇报后，邓小平同志指示要对松辽、华北、东北、四川、鄂尔多斯地区多做些工作，实施我国石油勘探战略的东移。此后他在石油部领导下，提出并组织编制中国八大沉积盆地的油气勘探规划，在1958～1986年，他编制了历年中国油气勘探规划和具体措施，并组织实施，为中国大庆松辽、胜利、中原、大港、华北以及辽河和四川等地区的勘探突破和发现一批新油田做出了重要贡献。

1986～1993年，他任石油部石油勘探开发研究院院长。赴任之初，他就召集院内各专业的专家、教授座谈、讨论将近一个月时间，畅谈科研工作如何进一步发展，如何更有效地为寻找油气和开发钻井等一系列问题，以及研究院的体制和建设问题。在中国石油勘探开发研究院工作期间，为了研究院现代化管理与建设，规划提出科研工作"十二条"新规定，广泛引进石油工业系统内外的优秀人才，加强了科研工作与生产现场的紧密结合，同时规划并实施与科研工作配套的基础设施（包括研究主体大楼改建、科技交流中心、实验工程中心及后勤接待中心等）在内的四大工程及其软硬件配套建设，从科研工作的整体软硬件条件方面在较短的时间内缩小了与国外大型石油公司研究机构的差距，也为研究院后来的新发展奠定了重要基础。

为了国家石油工业的健康持续发展，他先后组织实施了三次全国油气资源评价。分别是1986年开始组织实施中国油气资源潜力评价研究，1991～1993年组织实施全国第二次油气资源评价，2003～2005年，作为首席科学家参与实施全国新一轮油气资源评价。历次的资源评价成果，为我国石油和天然工业的发展摸清了自家的"家底"，为不同时期的油气勘探发展规划、国家能源发展的科学规划和编制提供了翔实的基础数据和依据。

1988年末至1989年初，在中国石油天然气总公司领导的支持下，提出并组织实施了"科研生产联合体"规划，在原属大港油田矿区的冀东探区进行重新评价，实行新的油田勘探开发管理机制，作为勘探院"科研-生产一体化"的重要的实验基地，精干队伍、精细研究、精细管理，为后来冀东油田的成立和发展奠定了重要基础。

2003年4月至2004年12月，作为中国工程院启动的"中国可持续发展油气战略研究"项目的倡导建议者，他向温家宝总理做了汇报，受到温总理的嘉奖和鼓励，之后策划组建项目研究组并担任总项目副组长、资源和供需研究组组长。研究成果受到国务院领导的高度重视，该项成果为我国"十一五"能源战略的规划与实施提供了相关依据。

2006年以来，在中国工程院和中石油、中石化、中海油等单位和部门的支持下，他组织实施中国油气勘探新区新领域的研究和规划，从全球板块构造的演化与油气分布的关系的角度，创新思路、创新理论，重新认识我国油气地质条件的复杂性和油气聚集成藏及分布的有序性，以挖掘我国油气资源的勘探潜力，寻找更多勘探新地区、新类型、新层系和新领域，支持实现我国油气资源可持续发展。

二、主要研究领域和学术成就

翟光明长期从事我国石油勘探及油气资源发展战略研究工作。在油气勘探方面，他主张"区域上整体考虑油气分布，开展多学科综合研究，多工种协同作战，将研究与工程实践进展及时沟通与互动，不断探索新区新领域"；在国家油气发展战略方面，他提出"立足国内，拓展海外；重视勘探，科学开发；稳定石油，加快天然气；做强炼化，扩大储备；厉行节约，积极调控"的国家油气发展战略。

1. 为老君庙油田的增储上产做出了积极贡献

新中国成立后，国家石油物质资源极度紧缺，累计探明石油地质储量不到 0.3 亿吨，探明天然气地质储量不足 4 亿立方米，1949 年石油年产量仅为 12 万吨，其中一半为油页岩油。当时很多外国专家调查研究认为，海相沉积是主要勘探油气的领域，而中国大量分布的是陆相地层，因此将中国评价为"贫油国"。1950 年 8 月翟光明大学毕业后，积极投入到新中国在大西北开展的石油地质勘探工作中，在祁连山地区和玉门老君庙油田做地质勘探研究、录井等工作。他工作非常认真负责、肯钻研，利用陈贲总地质师提供的有关石油勘探的英文原版专著和文章资料，在研读的同时他将重要的专著和论文资料翻译，并加以综合分析，结合油田勘探开发现场探索应用，在国内首次提出了录井新方法——岩屑百分比录井法，随后又提出了荧光录井法，滴水鉴别油砂方法等，这些方法应用于生产，不但进一步加强了勘探研究工作，而且使老君庙油田储量由 2000 万吨增加至 6000 万吨。在玉门油田的开发实践中，他运用所学新知识，在有关同志的合作下，编制了我国第一个油田注水开发方案，也为以后编制正规的油田储量报告和开发方案打下了基础。

2. 为改变我国"贫油国"的面貌做出了突出贡献

在老君庙油田工作期间，因工作成绩突出，1955 年 7 月 30 日石油部成立之后，在筹建石油部石油科学研究院之前，作为全国石油系统挑选的优秀青年专家代表，派往苏联考察学习，回国后不久调入石油部工作。1958 年 2 月，在时任石油部部长李聚奎、勘探司司长唐克的领导下，他组织汇报材料由唐克司长就石油勘探问题在中南海向邓小平汇报。根据邓小平同志会上的指示，石油勘探战略东移，要对中国东部松辽、华北、四川、鄂尔多斯等地区多做些工作。之后在石油部领导下，他参与制定全国石油勘探大会战的整体勘探部署和组织实施。他作为石油部地质勘探司地质处负责人参与松辽大庆会战，参加制定了松辽盆地勘探规划，参加确定松基3井（大庆油田发现井）基准井井位，是发现大庆油田的主要科技工作者之一；20世纪50～70年代，他亲历了四川盆地油气勘探的历次大会战；1964年，他在石油部领导下组织渤海湾盆地的石油勘探会战，包括方案的制定和实施，相继发现了胜坨油田、东营—辛镇油田、北大港油气聚集带，并提出开展辽河地区石油勘探，拟定了辽河西部兴隆台油田发现井兴1井井位，从而发现了辽河凹陷的主体油气区（辽河油田）；1972年翟光明完成了《渤海湾盆地油气聚集和分布规律》的研究，对该区油气分布规律有了新的系统地认识，使渤海湾盆地的油气储量和产量逐年上升，成为继大庆油田发现后的第二个大油气区。

3. 开创实施油气勘探科学探索井工程，取得巨大成功

进入20世纪80年代，也即全国石油产量突破1亿吨后，中国石油工业总体发展渐缓，石油产量增长幅度减缓。1985年他调任中国石油天然气总公司石油勘探开发科学研究院院长之后，开始从另一个角度深入研究中国的石油地质特征及油气资源前景。经历了十余次全国石油勘探大会战的中国，油气资源勘探究竟还有多大潜力，是他日夜思考的主要问题。面对中国相当复杂的石油地质条件，与国外一些油气大国相比很不相同，他思索更多的是如何从复杂条件中找寻"简单的"、独特的资源分布规律，从而挖掘资源潜力。按照这种思路，1986年，他提出在全国开展油气勘探新地区、新层系和新领域研究，实施科学探索井工程，在总公司领导的重视和支持下，由他组织编制规划和实施，并取得了成功。先是经过综合研究，认为中国西部地区侏罗系是一个潜力很大的勘探新领域，于1988年在吐哈盆地确定了台参1井并且实施获得成功，不仅发现了吐哈油田，而且打开了我国西部地区广泛分布的侏罗系地层油气勘探新局面，极大地推动了整个西北地区的油气勘探工作，改变了曾经很长一段时间认为中国的侏罗系沉积从含油气的角度"不够朋友"的看法。与此同时，在我国鄂尔多斯盆地也开展新一轮勘探潜力再认识，根据黄土塬覆盖地区得不到地下深层的资料的情况，他大胆提出横贯黄土塬地区实施五条钻井的剖面的规划，这个规划的实施，极大地改变了鄂尔多斯盆地含油气条件的看法。首先发现第一个侏罗系油气田马岭油田，随后发现华池、城壕、直罗、安塞等含油气区；

提出鄂尔多斯盆地不仅在中生界中蕴藏有丰富的油气资源，而且在下伏古生界中应具有较大的油气远景，由此，经过综合分析研究，于1989年在陕西靖边地区部署了陕参1井，在古生界奥陶系中发现了世界级的天然气气田，打开了鄂尔多斯盆地天然气勘探的新局面，也成为京津、西安和银川等地区天然气能源供应的重要基地。新区新领域的探索，不仅是在勘探程度低的地区，在勘探程度相对较高的地区同样可以进一步挖掘潜力，例如在我国东部渤海湾盆地是勘探程度相对最高的盆地之一，但是剩余油气资源仍比较丰富，如何挖掘剩余油气资源的潜力呢？为此，他提出要将渤海湾地区的浅层新近系作为一个重要的新领域来进行勘探评价，经过综合分析，1990年在原大港油田矿权区冀东探区部署实施了高科1井，在浅层新近系获得了工业油流，初步展现出渤海湾地区浅层的较大潜力，后来逐渐被中石油、中海油的勘探开发实践进一步证实。他还提出在华北地区寻找类似鄂尔多斯盆地古生代含油气层系等新的领域。以上成果，曾获国家科技进步二等奖，中国石油天然气总公司科技进步一等奖，1995年中国石油天然气总公司重大成果奖一等奖。他本人也因此于1991年获全国五一劳动奖章，并授予"石油工业有突出贡献科技专家"奖章。

4. 注重油气分布规律研究总结，在勘探实践中不断创新勘探理论

他主张油气勘探要综合运用地质、构造、生储盖等多种因素、多学科进行综合研究，从一个沉积盆地的整体去考虑油气分布的基本规律，综合采用地质、地球物理、地球化学、分析化验等多种技术手段去勘探和发现油气田。20世纪70年代，他根据历次石油勘探会战的实践经验，总结提出的油气藏形成诸变量时空配置和组合的理论，因在生产上见到明显成效，于1978年获全国科学大会奖。在渤海湾盆地不同地区的石油勘探中，他根据遇到极其复杂的地质情况以及在勘探开发中的得失，进行"渤海湾复式油气区地质规律研究及应用"项目研究，提出"复式油气聚集带"理论，该理论成为渤海湾盆地多年来各油田滚动勘探开发、增储上产的重要基石。该项成果于1985年获国家科技进步特等奖。

对于中国西部地区的勘探，客观的地质构造条件的复杂性是多年来油气勘探一直没能有大发现、大突破的关键制约因素，为了解决复杂问题，他提出要对盆地的"三史"（即盆地构造史、沉积史、烃演化史）进行恢复研究，结合油气运移和聚集的综合分析，进一步探寻油气田的勘探理论，在该理论的指导下，在新疆吐哈盆地、陕甘宁等地区的油气勘探发现了新的油气田。1994年以来，他主持完成"板块构造演化与含油气盆地形成"等研究项目，在研究全球板块构造和含油气沉积盆地、油气田分布之间的关系的基础上，提出了油气勘探过程中区域构造背景的研究是基本

的出发点，在我国复杂地质条件下油气分布具有有序性分布特征，以及中国中西部发育 15 个前陆盆地和三大台盆区的继承性古隆起领域具有较大勘探潜力等一系列新观点和理论，在这种理论指导下，极大地推动了西部地区前陆盆地的勘探和研究，先后对塔里木北缘库车地区、准噶尔南缘、祁连山前等地区都有新的重要发现。初步证实了我国中西部诸多沉积盆地中赋存有大量油气资源及众多勘探区带及目标有待进一步勘探，东部勘探较为成熟的盆地中仍然具有较多新领域、新层系、新类型和新区块。近 10 年来，在塔里木盆地库车地区、鄂尔多斯盆地、四川盆地以及渤海湾（含海域）盆地等地区的勘探实践和成果，进一步证明了中国中西部勘探潜力和远景。

近年来，他在研究中国不同地区石油地质特征的差异性和相似性的基础上，2008 年提出了开展块体石油地质研究的框架，认为众多的地质块体的沉积构造演化控制并形成数量众多、分布广泛、复杂而有序的含油气地质体，而含油气地质体则决定了油气的有序分布。因此，油气勘探过程中更应注重块体油气地质体的整体解剖，根据地质体的发育规律和油气分布的有序性去勘探发现油气藏。中国大陆是由不同时期多个小块体、经历多旋回构造演化和强烈的陆内活动等拼合而成，块体之间基底、沉积盖层、构造演化和含油气性等方面各不相同，由此造成非常复杂的石油地质条件，油气资源虽然丰富，但油气在平面上和层系上分布相对不够集中，勘探难度大。

5. 开展我国可持续发展油气战略研究

国家的油气资源战略选择离不开本国的资源国情。他在中国石油勘探开发研究院工作期间，从 20 世纪 80 年代后期开始 1992 年结束，组织全国各油田地区及研究院的专家，开展我国第二次全国油气资源综合评价工作，也是利用一系列新技术，对 150 个沉积盆地 618 个区带 7792 个构造圈闭逐个分析，深入评价，首次系统重新评价和调查了我国油气资源的家底，为我国今后石油天然气的发展提供了十分重要的科学依据。2003~2005 年，他又作为我国第三次油气资源评价项目的首席科学家，指导和参与了我国新一轮油气资源的评价工作，提出了国际新形势下我国油气资源可持续发展的战略措施和建议，以及适时科学、客观评价我国油气资源可持续发展的基础与潜力。该成果是我国新时期能源资源发展规划和勘探部署的重要基础和参考依据。

他曾作为中国工程院启动的"中国可持续发展油气战略研究"项目的总项目副组长，在该项研究中担任资源和供需研究组组长，对我国进入 21 世纪后油气供需态势发展做出客观分析和估计，认为我国石油需求正处于快速增长时期，必须尽最大努力合理控制石油消费量的增长，尽管国内原油产量将在 2010~2020 年进入高峰期，但供需缺口将逐渐增大，而解决我国石油供需缺口的主要途径是在大力加强国内油气资源勘探的同时，积极开拓利用海外油气资源，全面推进节约用油和提高石油的利用效率，同时我国应加快建立有效应对世界石油风险的安全战略保障体系。基于国内国外油气发展态势的估计和判断，提出了我国石油和天然气资源可持续发展的总体战略与措施建议，受到国务院领导高度重视，该项成果为我国"十一五"能源战略的规划与实施提供了依据。

他常说：我几十年的石油战线工作，伴随着我国石油工业的发展而成长，经历了各种不同的艰难条件，有成功、也有失败，既有成功的经验，更多的是失败的教训。如果说有所成就，这些成就的取得并不仅仅是属于他个人的，而是凝聚了多年曾经与他共事的、几代石油人的艰苦努力而取得的。现在虽然退出了一线的工作，仍愿尽余生的力量为我国石油事业的新发展再尽微薄之力。他的主要著作有《中国石油地质志》《中国石油地质学》等 8 部，其中他历时 5 年主编的《中国石油地质志》共 16 卷 20 册，获中华人民共和国新闻出版署"全国优秀科技图书一等奖"。在国内外杂志、刊物及国内国际大型会议等发表论文 50 余篇。

三、翟光明主要论著

Zhai G M. 1980. Exploration practice in and prospect of the buried-Hill Oil Fields in North China, Petroleum Geology in China, pp. 92-100, Principal Lectures Presented to the United Nations Lnternational Meeting on Petroleum Geology, Beijing, China, 18-25.

Zhai G M. 1982. Oil, Gas accumulation in China's continental basins. Oil and Gas Journal, (12): 129-136.

翟光明. 1983. 中国南海石油地质特征及油气远景. 英国伦敦世界石油会议报告专辑（卷二）.

翟光明. 1986. 一个重大的决策. 大庆油田的发现–大庆文史资料（第一辑）. 哈尔滨：黑龙江人民出版社.

翟光明. 1987-1993. 中国石油地质志. 北京：石油工业出版社.

翟光明. 1991. 对鄂尔多斯地区大气区的形成条件的认识和几点意见. 长庆油田技术座谈会.

康竹林，翟光明. 1995. 中国的前陆盆地与油气聚集. 石油学报，(4): 1-8.

翟光明，高泳生. 1998. 2050 年之后的中国石油工业依然有希望. 世界科技研究与发展，(5): 86-88.

翟光明，王建君. 1999. 对塔中地区石油地质条件的认识. 石油学报，(4): 3, 9-14.

翟光明，王建君. 2000. 论油气分布的有序性. 石油学报，(1): 3, 9-17.

翟光明. 2000. 21 世纪中国石油工业将持续发展. 世界石油工业，(1): 10-13.

翟光明，宋建国，靳久强，等. 2003. 板块构造演化与含油气盆地形成和评价. 北京：石油工业出版社.

翟光明，何文渊. 2004. 煤层气是天然气的现实接替资源. 天然气工业，(5): 3, 20-22.

翟光明. 2004. 中国油气工业可持续发展的思路. 当代石油石化，(10): 4-9, 52.

翟光明,何文渊.2005.从区域构造背景看我国油气勘探方向.中国石油勘探,(2):6,9-16.

翟光明,高维亮.2005.中国石油地质学.北京:石油工业出版社.

翟光明,等.2007.中国油气勘探理论与实践.北京:石油工业出版社.

翟光明,王玉普,何文渊.2007.中国油气勘探综合工作法.北京:石油工业出版社.

翟光明.2008.关于非常规油气资源勘探开发的几点思考.天然气工业,(12):7-9,139.

翟光明,王世洪,靳久强,等.2009.论块体油气地质体与油气勘探.石油学报,(4):5-13.

撰写者

翟光明

王世洪（1971~），重庆梁平县人，中国石油天然气集团公司咨询中心，高级工程师，是传主的博士研究生和助手。

欧阳宗圻

欧阳宗圻（1926～），祖籍福建省福州市。勘查地球化学家，中国冶金工业、有色金属工业系统地球化学勘查工作的开拓者与创始人之一。1949年6月毕业于北平辅仁大学物理系，1962～1984年先后任冶金部北京地质研究所化探研究室主任、桂林冶金地质研究所化探研究室主任、北京冶金地质研究所预测室主任，1984～1991年任中国有色金属工业总公司北京矿产地质研究所技术开发室主任、物化探管理中心主任。中国地质学会勘查地球化学专业委员会第一、二届副主任委员、中国岩石矿物地球化学学会元素及构造地球化学专业委员会副主任委员。20世纪50年代受重工业部地质局指示筹建化探队伍，引进技术，在重工业部系统开展化探生产与科研工作；在中国率先开展有色金属矿床地球化学异常模式和金矿床地球化学找矿模型的研究，开拓了化探模式（模型）找矿新局面；开创性地参与提出在冶金、有色系统开展成矿区带地球化学普查，在找矿工作中发挥了巨大作用；在化探找矿新方法新技术研究方面取得了一批高水平成果；为冶金工业系统和有色金属工业系统培养了一大批地球化学勘查专家。

一、生平概要

欧阳宗圻于1926年12月10日生于天津市，祖籍为福建省福州市。1939～1945年在天津市新学中学学习，1945～1949年求学于北平辅仁大学物理系，获理学士学位。1949～1952年任东北地质调查所（长春）物探队技术员、物探队队长，从事物探工作；1952～1954年任重工业部有色局地质勘探公司物探队队长，1954～1956年任重工业部物探总队实验室负责人，从事物探科研工作。

1956～1959年任重工业部物探总队工程师，受重工业部地质局指示负责引进化探技术，筹建化探队伍，开展化探工作。举办两次大规模培训班，培养化探技术人员，开展化探分析测试方法研究，创建化探生产及科研队伍，在全国范围内开展化探生产工作，并取得成效。1958年重工业部在西北、西南、东北、华北、华东、中南各物探区队均配有化探力量和分析室，开展化探找矿工作。1962～1972年任冶金部北京地质研究所化探研究室主任，进行次生异常形成机制研究，矿区钻孔坑道原生晕找矿方法试验，引进的原生晕浓度分带特征研究方法，制定原生晕工作方法，预测深部盲矿，发展多元素化探分析方法，开展岩浆矿床和矽卡岩矿床找矿研究。

1972~1981 年任冶金部桂林冶金地质研究所化探研究室主任，开展矽卡岩型铜矿化探异常特征、斑岩铜矿地球化学特征与找矿标志、化探找矿模型、成矿区带化探异常评价研究，组织及指导卤素找矿、汞气测量、热释法测汞、地电化学找矿方法新方法新技术试验研究；1981~1984 年任冶金部北京冶金地质研究所预测室主任、高级工程师，1984~1986 年任中国有色金属工业总公司北京矿产地质研究所技术开发室主任，1985 年 2 月加入中国共产党。1986~1991 年任中国有色金属工业总公司物化探管理中心主任，负责有色地质系统物化探生产技术与科研管理，在有色地质总局领导下组织实施有色地质系统成矿区带地球化学普查和区带化探异常查证评价，组织冶金、有色科研院所及大专院校联合研究有色金属矿床地球化学异常模式，指导寻找隐伏矿床化探新方法新技术研究。

1988 年 6 月晋升教授级高级工程师，1991 年享受国务院政府特殊津贴。1993 年离休，离休后至 1998 年任中国有色金属工业总公司北京矿产地质研究所技术顾问。

二、主要科技成就与贡献

（一）创建我国冶金、有色化探队伍，培养大批技术人才

1956 年根据苏联专家建议，重工业部地质局委派欧阳宗圻引进化探技术，创建化探队伍，在全国范围内开展化探工作。1949 年毕业于北平辅仁大学物理系的欧阳宗圻当时正在重工业部物探总队从事物探工作，接到上级指示后立即放下了他从事多年的物探工作，开始为在我国重工业部系统开展化探工作进行各项准备。首先向地质部学习取经，然后去北京地质学院听苏联专家讲化探及地球化学专业课，并进修矿床学、第四纪地质学等相关课程。利用寒暑假，在重工业部物探总队举办化探培训班，培养化探技术人才。与此同时开展化探比色分析方法的试验研究工作，制定化探分析操作规程。1957 年组建了五个化探专业组，夏季开始在辽宁、湖南、云南、山东、陕西、江苏等省已知铜、铅锌、钨、锡、钼等已知矿区外围，开展土壤测量（当时称金属量测量）试验性生产，配合物探方法做大比例尺面积性土壤测量工作，并在较短时间内取得成效。1958 年在辽宁清原发现次生晕异常，经与物探磁法、电法异常综合研究预测和工程验证，找到了红透山铜镍硫化物型铜矿床。从而

完成了从理论、技术方法、分析测试、技术力量到生产实践和取得示范成果的全过程。

为了扩大化探技术培训的规模，尽快把化探方法推广到全国，1957年末至1958年先后在沈阳、昆明两地举办有近200人参加的重工业部化探学习班，欧阳宗圻和梅友松一起讲授地质学、矿床学、地球化学及化探技术方法，同时在《地质与勘探》杂志上刊登化探技术相关论文，在全系统推广化探方法，使化探在较短时间内成为一种重要有效的找矿方法，并在找矿生产中发挥作用。1957年末编写了《重工业部金属量测量工作手册》，这是冶金系统第一个化探次生晕工作规范。1958年冶金部在西北、西南、东北、华北、华东、中南各物探区队均配有化探力量和分析室，开展化探找矿工作。

1959年针对生产矿山寻找深部盲矿和后备资源的问题，开始通过试验研究，引进开发了化探原生晕工作，并在河北寿王坟铜矿及辽宁清原树基沟铜矿利用钻孔及坑道原生晕找到了新的深部盲矿体，这个方法也很快推广用于生产。

在组建化探生产队伍的同时，积极开展专业科研队伍的创建工作。1957～1962年在重工业部（后改为冶金工业部）已经形成有近40人，包括化探和分析专业在内的具有相当技术能力和专业水平的化探研究室。这支科研队伍为以后冶金、有色系统化探技术水平及找矿能力的提高，扩大预测矿种，加大找矿深度，在不同景观条件下化探工作的开展都起到了重要作用。此外，在冶金部、有色金属工业总公司地质主管部门的领导下，多次组织编写冶金、有色化探技术规范和发展规划，明确冶金、有色化探发展方向、重点研究领域。

在冶金部和中国有色金属工业总公司地质主管部门的领导下，1972年、1980年、1990年多次举办化探学习班和进修班，每次学习班欧阳宗圻都是主要组织者和讲课专家，邀请北京地质学院地化系（现中国地质大学）、北京大学部分教授讲授地质-地球化学基础理论课，讲授理论、技术、方法新进展，介绍国内外化探现状、发展趋势和最新研究成果，如汞气测量、多元统计分析方法、偏提取技术等新方法新技术，同时组织总结本系统成功经验及案例，为冶金、有色系统培养了大批化探及化探分析专业人才和专家。

通过近50年的矿产勘查与科学研究实践，冶金、有色地质系统化探技术力量不断壮大，工作领域和研究内容不断拓宽，方法技术不断完善，逐步形成本系统重要有效的普查及详查找矿手段，到80年代初期，发展成为技术力量雄厚，仪器设备先进，掌握现代勘查理论和方法技术，能够从事成矿区带地球化学普查、矿区化探、油气勘查以及资源环境领域有关科研和方法技术试验研究工作的全面发展的专业技术队伍。冶金、有色地质系统化探专业从创建到不断发展壮大，凝聚着欧阳宗圻的心血和创造性劳动，为冶金、有色化探乃至中国化探专业的发展做出了重要贡献。

（二）化探方法技术研究开发与创新

1. 指导研究卤素找盲矿有新突破，开创了土壤热释卤素新方法

应用卤素（F、Cl、Br、I）找盲矿，国外有不少报道，在欧阳宗圻的指导和组织下，冶金部北京地质研究所王真光引进、研究使用离子选择电极分析卤素（F、Cl、Br、I），提高了卤素分析灵敏度，1978年研制出了一套简单、快速、灵敏度高的分析方法，使卤素元素的分析灵敏度分别达到：I-0.1×10^{-6}、Cl-200×10^{-6}、Br-10×10^{-6}、F-50×10^{-6}。在广西两江铜矿、江西德兴斑岩铜矿和甘肃白银火山岩型铜矿上试验，结果表明，厚层黄土和厚层基岩覆盖区的深部盲矿在地表岩石和黄土中卤素元素发现有明显异常。1979年由冶金部桂林冶金地质研究所李惠、曾永超与广西272队合作，首次系统研究和总结了两江热液型铜矿床的卤素的地球化学特征及找矿标志，并取得了很好的找盲矿效果；同年，由李惠、张茂忠与广西271队合作对广西栗木铌、钽、钨、锡矿床中氟的地球化学行为及其指示意义进行了深入研究，总结出了应用氟找铌、钽、钨、锡矿盲矿的指标，并对卤素找盲矿方法研究进行了系统总结。"两江热液型铜矿床的卤素的地球化学特征及找矿标志研究"成果，1980年获冶金部科技进步四等奖，1980年被中国金属学会评为优秀论文，选入《中国金属学会1979—1980年优秀论文选集》，在国内系统研究卤素找矿尚属首次。

1980年以后，拓宽了卤素找矿思路，冶金物勘院物化探研究所又开创性地研究了土壤热释卤素法，在黄土和冲积层厚覆盖区找隐伏矿试验研究表明，卤素和土壤热释卤素法在厚覆盖区找隐伏矿是一种有效新方法、新技术，并取得了好的效果。

2. 开展汞气测量、土壤热释汞测量研究

在冶金部地质司的支持下，由欧阳宗圻组织指导，20世纪70年代初冶金地质系统开始研究汞气测量方法，并从加拿大引进HGG-3测汞仪。1975年冶金部桂林冶金地质研究所以栾继琛为首、冶金部物探公司以胡国廉为首的冶金系统（包括华东814队、甘肃物探队、中南物探队、冶金一局、华北519队等）一批化探专家开始研究汞气测量。在中国地质大学教授阮天健指导下，研究原子吸收测汞仪。随后甘肃地质勘探公司研究所王维熙运用高灵敏度气体传感器原理研制成功高灵敏度金膜测汞仪，其检测限低达10^{-12}，比国外同类型仪器低两个数量级。且仪器体积小，重量轻，可以现场测定。该成果获得中国有色金属工业总公司科技进步三等奖、

1978年全国科学大会奖。土壤汞气测量与其他地球化学勘查方法共同组成的综合找矿方法试验研究课题成果，多次获得中国有色金属工业总公司科技进步奖，其中一等奖1次、二等奖1次、三等奖2次。并在矿产勘查中发挥了一定作用。

在研究汞气测量方法的同时，又组织开拓研究出了具有效率高、效果好的土壤热释汞测量方法，并在各种厚覆盖区（黄土、冲积层、戈壁等）的有色及贵金属矿山进行了试验，总结出了汞气测量、热释汞测量的一套有效方法和技术，并应用于许多矿山和地区，取得了显著找矿效果。如在广东厚婆坳多金属矿山外围覆盖区找隐伏矿取得了显著效果，发现了一个铅锌银大型矿，使该矿有色金属生产得到了持续发展。成果1982年获冶金部科技进步二等奖，1985年获国家科技进步三等奖。该方法在万山汞矿找到深部盲矿，起到了很好的找矿效果。

3. 引进并组织研究的"地电化学法"

20世纪70年代中期开始引进研究地电化学方法，80年代初期桂林冶金地质学院罗先熔等对地电化学勘查方法进行试验研究。通过十多年工作，对基本原理、成晕机制、方法技术、仪器装备、影响因素、应用条件和找矿效果等进行了大量试验研究，取得一系列研究成果。先后在国内14个省区20多个矿床各种矿床类型的隐伏矿及各类覆盖条件掩埋矿进行方法有效性研究，取得良好的试验效果。有关研究成果以论文形式在刊物和全国性学术会议上多次发表，并于1996年出版了专著《地球电化学勘查及深部找矿》。

土壤电导率测量、土壤H^+浓度测量方法是澳大利亚的G. J. S. Govett于1971年提出的，中国有色金属工业总公司矿产地质研究院化探室（张茂忠，1986）、桂林冶金地质学院（罗先熔，1987、1991）、北京矿产地质研究所等单位1981~1991年对方法的基本原理、仪器设备、工作方法、应用条件、影响因素、不同类型矿床方法有效性等方面进行试验研究。研究结果认为，这是一种快速、经济、有效的化探方法，可用于面积性工作，特别适合在厚覆盖区开展工作。由于这是一种间接找矿方法，其异常主要受Ca^{2+}、Mg^{2+}、HCO_3^-等离子浓度控制，需与其他方法配合，方能对隐伏矿床起到良好的指示作用。

地电化学机理研究和现场提取试验结果表明，野外电提取测量所提取的物质组分来自提取电极附近较短距离，即人工电场供电前已经在地表形成的后生地球化学异常。根据这一成果，桂林矿产地质研究院研制出轻便、灵敏、高效的室内电提取测量（周奇明，1998）。该方法野外采样加工后，在室内的特定装置中溶样、吸附、提取、分析测定。经在若干已知矿床试验，证明该方法在一定条件下有效。"九五"期间，作为国家科技攻关项目96-914-03-02专题"矿床（体）快速追踪的地球化学新方法新技术研究"，在我国北方和南方多处金、铜矿床试验对比结果表明，室内电提取测量结果与元素活动测量结果基本一致，对隐伏矿勘查效果明显。

地电化学测量与其他化探方法共同组成的综合方法试验研究有关专题研究成果，曾获得中国有色金属工业总公司科技进步二等奖1次、三等奖1次。

4. 多元统计分析方法及计算机技术

1972年由欧阳宗圻主持举办的化探学习班上，阮天健等介绍了多元统计方法在化探中的应用。1974年在欧阳宗圻带领下，向地质部学习了多元统计方法及计算机在化探中应用，同年组织了全国冶金化探计算机数据处理学习班，由李惠、唐元骏和龚仙湖介绍了上述方法及在鄂东矽卡岩铜钼矿区应用效果。1978年在保定举办了冶金化探计算机学习班，由侯景儒具体负责，邀请北京地质学院教授於崇文、蒋月松讲课。对推动冶金化探应用计算机进行数据处理、提高异常评价效果起了重要作用。

（三）地球化学勘查理论研究与创新

20世纪70年代中后期，冶金地质系统在欧阳宗圻领导下，开始研究矿床地球化学异常模式。1978年6月他们在《地质与勘探》上发表的《富家坞斑岩铜矿床的地球化学特征及地球化学找矿标志》论文中，已建立了该矿床的地球化学异常模式及预测评价指标；1980年在第一届全国勘查地球化学学术会议上，发表的《两江铜矿卤素的地球化学特征及找矿效果》论文摘要中，总结出了两江铜矿床地球化学异常模式；1982年在第二届全国勘查地球化学学术会上，刘泉清、欧阳宗圻发表了《成矿—成晕地球化学模式及其研究意义》论文，并在大会上发言，率先提出了化探找矿系统研究模式化的新思路、新方向。"六五"期间，冶金部立项研究有色金属矿床地球化学异常模式，在刘泉清的支持下，以欧阳宗圻为首组织了冶金系统17个科研院所及大专院校联合研究有色金属矿床地球化学异常模式，共研究了15个典型矿床模式，包括金、铅锌、银、铜、钨钼、锡、锑、铌钽等矿种，矿床类型包括热液型铜矿、金矿，矽卡岩型铜钼矿、脉状钨矿、层控铜铅锌矿等。每个矿床的地球化学异常模式和找矿模型，都总结出了区（带）异常评价模型和矿床或矿体盲矿预测模型及判别矿体剥蚀程度的模型、指标或数学模型及其找矿效果。

15个有色金属矿区深部及其外围盲矿预测地球化学异常模式是：①赣南脉钨矿床（包括西华山—杨眉寺成矿带的西华山、汤坪、木梓园、漂塘和盘古山、黄沙等十多个大型钨矿床的研究成果）；②广西两江热液型铜矿床；③中国斑岩铜钼矿床（包括江西富家坞、铜厂、砾砂红，安徽沙溪，黑龙江多宝山等 10 个斑岩铜、钼矿床的研究成果总结）；④鄂东矽卡岩型铜矿床（包括鄂东地区的铜绿山、石头咀、冯家山、下四房等 10 个矿床的研究成果总结）；⑤河北寿王坟矽卡岩型铜矿；⑥陕西金堆城-黄龙铺钼矿田；⑦云南个旧锡多金属矿床；⑧广西栗木钽铌钨锡矿床；⑨湖南锡矿山锑矿床（包括老矿山、飞水岩、物华、童家院四个矿床的成果）；⑩贵州半坡锑矿床；⑪康滇地轴北段层控铅锌矿床；⑫湖南大乘山层控铅锌矿床（包括禾青铅锌矿床、洪水坪黄铁矿床、白云铺铅锌矿床的研究成果）；⑬内蒙古狼山层控铜铅锌矿床（包括东升庙、霍各乞、炭窑口等三大层控铜、铅锌矿床）；⑭山东招掖金矿带（包括焦家、新城、望儿山、玲珑等十几个典型金矿床的研究成果）；⑮吉林夹皮沟金矿床等 15 个典型矿床地球化学异常模型。其中有①、②、③、④、⑧、⑬ 六个模式是在欧阳宗圻直接指导下由李惠为专题组长完成的。

该成果经专家鉴定认为：这是我国研究有色金属矿床地球化学异常模式的一项重大成果，不但提高了化探找有色金属矿的效果，而且使化探模式找矿研究成果达到了国内领先水平，具有广泛应用和推广价值。1986 年荣获冶金部科技进步三等奖。该成果 1986 年国家"六五"地质科技重要成果交流会上制作成彩色模式图展板，在大会展厅展出，受到与会者高度评价，并于 1990 年出版了专著《有色金属矿床地球化学异常模式》。

"八五"期间，国家科委把"建立我国主要类型金矿地质—地球物理—地球化学异常模型和找矿模型"作为国家黄金地质重点攻关项目的重要课题，由邹光华、欧阳宗圻负责的国家重点黄金地质科技攻关项目"我国主要类型金矿床综合方法找矿模型研究"，项目组成员有李惠、薛裕鹤、郭端栋。组织了由地矿、冶金、有色、核工业、武警黄金五个系统的 150 多名物化探专家参加的联合攻关。共设有 30 个专题，研究了胶东地区、冀东、冀北、陕西小秦岭、桐柏—大别山、川西北、黔西南、桂西北、内蒙古乌拉山—大青山、西秦岭、甘南、甘肃北山、湘中、河南熊耳山—崤山、海南、云南、吉林夹皮沟等 21 个金矿区带的 68 个典型金矿床的地质—地球物理—地球化学异常模型，总结出了绿岩型、变质碎屑岩型、沉积岩系和火山—次火山岩型等 4 种主要类型金矿床（田）的地球物理—地球化学特征、异常模型（四种主要类型金矿床及其综合地质—地球化学找矿模型及预测指标）。

根据不同的成矿地质条件和矿床成因系统地研究和总结了中国主要类型金矿床的地球物理、地球化学找矿模型，为不同类型的金矿床提供了物、化探技术指标和技术参数，大大提高了我国金矿的物化探找金的技术水平，专家鉴定这是我国第一次系统而全面的研究和总结我国主要类型金矿综合找矿模型的重大成果，研究成果达国际先进水平，建议尽快出版以推动和指导我国金矿的找矿勘查工作。1996年出版的专著《中国主要类型金矿床找矿模型》1998年获地矿部科技进步二等奖。

为了解决判断矿体剥蚀深度及盲矿预测问题，在进行原生晕及找矿模型研究工作中引进苏联原生晕分带理论和技术，为提高原生晕找盲矿的效果做出了贡献。50年代末~60年代初，欧阳宗圻等在研究河北寿王坟铜矿、辽宁清原树基沟铜矿、吉林石咀子铜矿的原生晕中，发现了原生晕有明显的元素垂向分带。此后，欧阳宗圻在领导、组织冶金系统研究原生晕找盲矿工作中，就明确提出了原生晕轴（垂）向分带是原生晕找盲矿的关键，研究已知矿床原生晕必须突出研究原生晕轴向分带。在冶金、有色及全国各种化探学术会或学习班上他多次强调原生晕找盲矿的关键是轴向分带。

在欧阳宗圻领导和指导下，冶金系统化探广泛开展了原生晕研究，李惠等人在研究鄂东矽卡岩型铜矿、江西富家坞、安徽沙溪、黑龙江多宝山、内蒙古八八一等斑岩铜矿、广西两江热液型铜矿、栗木铌钽矿、赣南脉钨矿矿床、金矿床等原生晕中，以及70年代末~80年代中，欧阳宗圻主持冶金系统完成的15个典型有色金属矿床的地球化学异常模式研究中，始终把研究原生晕元素轴向分带及矿体晕不同标高地球化学参数变化规律作为关键技术，提高了原生晕的找盲矿效果。

90年代发现某些热液矿床原生晕出现"反分带"现象，致使一些人对原生晕轴向分带理论产生了疑问。在欧阳宗圻坚持原生晕具有轴向分带规律同时，李惠同志根据热液矿床成矿具有多期多阶段叠加成矿成晕特点，提出了原生晕叠加理论，解决了这个疑问，并指出研究原生叠加晕，也必须在研究单一期次成矿形成原生晕轴向分带这一关键的基础上，研究不同期次成矿形成原生晕在空间上的叠加特点，提出了原生晕叠加-构造叠加采样方法。充实提高了原生晕分带理论，进一步提高了盲矿预测效果。

（四）成矿区带地球化学普查

20世纪70年代西北冶金物探队先后在几个成矿区开展了1：50000分散流普查工作，冶金部地质司主管化探工作的刘泉清经过调查研究认为该项工作具有快速、有效的特点，1979年底化探工作汇报会刘泉清、欧阳宗圻等向冶金部地质司领导提出了在冶金系统开展成矿区带1：50000化探普查的建议。地质司领导同意了这个建议，设立了专项资金，制定规划，并开展了各项技术准备工作。如：引进分析仪器设备，开展分析方法系列的试验研究，研制了微量元素定量分析方法系列及质量监控要求，制定了对样品加工设备方案的要求，研制了标样，编写1:50000地球化学普查技术规定，欧阳宗圻参加组织开展这些工作。自1980年开始冶金、有色地质系统先后在全国20多个省、自治区全面开展成矿区带1:50000地球化学普查工作，欧阳宗圻参加了历年设计审查及组织报告的验收工作。与此同时，为了提高化探异常评价水平及预测效果，在领导的大力支持下，欧阳宗圻组织开展了一批有色金属矿床地球化学找矿模型的研究和区带化探异常评价方法技术研究工作，对成矿区带地球化学普查取得找矿成果起了重要作用。

有色地质系统成矿区带1:50000地球化学普查1980~1999年共完成434个测区，工作面积751561平方千米，其中一、二类资料面积630219平方千米，为有色地质系统提供了大量找矿信息。发现具有重要找矿价值的区带化探异常数千处，提供具有大中型矿床成矿远景的找矿靶区数百处，为有色地质部门成矿区带找矿工作部署和制定找矿规划提供了重要依据。有些区带化探异常通过异常查证和进一步地质工作已成为大型、特大型矿床，如：内蒙古乌努格吐山铜矿、甲乌拉-查干布拉根铅锌银矿、陕西八卦庙金矿、银硐子银铅矿、新疆可可塔勒铅锌矿、甘肃李坝金矿、小柳沟钨矿、河南铁炉坪银矿、蒿坪沟银金矿、湖南界牌岭锡多金属矿、云南新寨锡多金属矿等。成矿区带地球化学普查的实施，获得了丰富的区域地质-地球化学资料，反映出各成矿区带元素及其地球化学异常的分布规律和分布特点、区域各类地质因素与地球化学场的空间关系，总结出一批不同矿种、不同类型矿床区域地球化学异常模式，为区域地质研究、化探异常筛选评价和成矿预测提供了依据。冶金、有色地质系统成矿区带地球化学普查实施20年取得了多项重要找矿成果，在冶金、有色地质系统找矿工作中发挥了巨大作用。

获科技进步奖：

（1）"中国斑岩铜矿床研究"，地、物、化、岩矿、同位素等综合成果，1981年获冶金部重大科技进步奖，化探获奖者：欧阳宗圻、李惠、黄书俊、初绍华、扬佳聪、张美娣、陈志金、王继华、郭英才、张茂忠、吕秀峰、邓国英、王雅静、余平等。

（2）"有色金属矿产地球化学异常模式、成矿预测及方法研究"1986年获中国有色金属工业总公司科技进步三等奖，欧阳宗圻、李惠、刘汉忠等，包括完成15个模式的17个生产、科研单位及大专院校的70余名科技人员。

（3）"多种地球化学找矿方法试验研究及应用效果"1992年获中国有色金属工业总公司科技进步一等奖，黄书俊、栾继深、欧阳宗圻、李惠、贾国相、靳德荣、张茂忠、扬佳聪、张美娣、曾永超、王雅静等。

（4）"中国主要类型金矿床找矿模型"1998年获地质矿产部科技进步二等奖，邹光华、欧阳宗圻、李惠、薛裕鹤、郭瑞栋、郑兆芬等，包括有地矿、有色、冶金、核工业、武警黄金指挥部五个系统完成的30个专题的160余名科技人员。

（5）"华北地台北缘确定隐伏层控铅锌矿床靶区的综合物化探方法的应用研究1991年获有色总公司科技进步三等奖，欧阳宗圻为项目负责人。

三、欧阳宗圻主要论著

欧阳宗圻.1957.应用金属量测量的初步经验.地质与勘探，(15)：16-18.

欧阳宗圻.1958.地球化学探矿知识介绍.地质与勘探，(1-6).

林明章，欧阳宗圻.1958.分散流工作简介.地质与勘探，(20)：25-26.

赵明昌，欧阳宗圻，孙德武.1973.物化探规范.冶金工业部.

桂林冶金地研所化探室斑岩铜矿组.1978.富家坞斑岩铜矿床的地球化学特征及地球化学找矿标志.地质与勘探，(6)：31-38.

欧阳宗圻.1981.七十年代金属化探的主要进展//现代成矿理论及勘查地球化学汇编（第二集）.秦皇岛冶金地质进修学院编：78-125.

谢学锦，欧阳宗圻.1982.中国的勘查地球化学的回顾与展望.地质论评，(6)：97-101.

刘泉清，欧阳宗圻.1982.成矿-成晕地球化学模式及其研究意义.第二届全国勘查地球化学学讨论文选编.

欧阳宗圻，刘泉清.1984.斑岩铜矿找矿模式论文摘要.1984年参加在加拿大多伦多市召开的国际化探会.

欧阳宗圻，邵跃，李美生，等.1984.第二届勘查地球化学学术讨论会论文选编.中国地质学会勘查地球化学专业委员会.

欧阳宗圻，李惠，刘汉忠.1986.某些有色金属及金矿床（田）地球化学异常模式.国家"六五"地质科技重要成果论文汇编.

欧阳宗圻.1989.提高地球化学异常评价水平的途径//吴昌荣.地球化学异常评价文集.中国地质学会勘查地球化学专业委员会出版：60-97.

欧阳宗圻，李惠，刘汉忠.1990.典型有色金属矿床地球化学异常模式.北京：科学出版社.

欧阳宗圻.1991.成矿区（带）1:50000化探工作的几点想法.中国地质学会勘查地球化学专业委员会会志.

邹光华，欧阳宗圻，李惠，等.1996.中国主要类型金矿床找矿模型.北京：地质出版社.

邹光华，欧阳宗圻，周庆来.1996.中国主要类型金矿床找矿模型论文集.北京：地质出版社.

孙培基，韦永福.1996.化探找矿.当代中国金矿地质.北京：地震出版社.

欧阳宗圻，等.1996.地球电化学勘查及深部找矿.北京：冶金工业出版社.

陈毓川，李兆鼐，母瑞身，等.2001.化探找矿.中国金矿床及其成矿规律.北京：地质出版社.

主要参考文献

谢学锦，李善芳，吴传壁，等.2009.二十世纪中国化探.北京：地质出版社.

方维萱，金浚，李惠.2005.继续发扬欧阳宗圻先生的创新精神，迎接新世纪的挑战.矿床与地质，19（112）：

583-587.

贾国相. 2005. 创建发展,开拓奋进. 矿床与地质,19(112):588-591.

欧阳宗圻,李惠,刘汉忠. 1990. 典型有色金属矿床地球化学异常模式. 北京:科学出版社.

邹光华,欧阳宗圻,李惠. 1996. 中国主要类型金矿床找矿模型. 北京:地质出版社.

撰写者

金浚(1944~),北京市人,北京矿产地质研究院教授级高级工程师,长期从事有色金属、贵金属矿产资源地球化学勘查工作。是欧阳宗圻的同事,在专业上经常得到欧阳宗圻的指导。

熊光楚

熊光楚（1927~2005），江西南昌人，地球物理勘探专家。1952年毕业于清华大学物理系。他系统地研究了磁法勘探理论和方法，创建了倾斜磁化条件下三度体磁异常解释理论与方法，用于勘探铁矿及铜、铅锌、钨、锡、钼等矿床，取得了显著的找矿效果。在此基础上，深入研究了重、磁异常数据处理的理论与方法，建立了统一的最佳线性滤波器的表达式及理论，发展了滤波技术；进而组织和指导有色地质系统开展隐伏地质构造与矿产预测方法的研究，建立了隐伏有色金属矿床综合找矿模型。"八五"计划期间，他主持和指导国家科技攻关新疆305项目的课题，开创了新疆金属矿产快速勘查方法技术系统的应用研究，成果卓著，获得国家计委、科委和财政部"八五"攻关项目重大科研成果奖。从事物探科研工作50余年，悉心研究磁法勘探理论与方法和重、磁异常数据处理，以及富有创意性地将信息论、系统论引入到矿产快速勘查方法技术系统中规划和组织地质找矿工作；公开出版专著11部，发表论文70多篇，为开发矿业勘查铁矿及有色金属矿产资源做出了杰出贡献。

一、生平概要

熊光楚，1927年1月9日生于江西省南昌县中熊村，2005年11月13日因病，卒于北京，享年78岁。

熊光楚中小学时期在家乡求学，努力学习，品学兼优。1946年10月考入天津北洋大学冶金系，1949年7月肄业，1949年9月转入清华大学物理系，1952年7月毕业分配到鞍山钢铁公司地质处物探队从事地球物理勘探工作，任技术员、野外队队长，开展鞍山—本溪地区物探工作。1954年调入北京重工业部（后更名冶金部）物探总队任工程师，分队技术负责和分队长等，先后承担武汉钢铁公司厂址工程地质考察和其他省区的矿区物探工作。1958年随物探总队实验室合并到冶金部北京地质研究所（现北京矿产地质研究院），历任课题组长、项目负责人、所学术委员会副主任等，并被选为中国地球物理学会第四届理事会副理事长，北京地球物理学会第一、二届理事长、第三届名誉理事长，以及《中国大百科全书》固体地球物理学编委会委员和分支学科《地球物理勘探》主编、《地球物理学报》、《中国有色金属学报》（第一届）等刊物编委。1988年晋升为教授级高级工程师，并兼成都地质学院教授、中南工业大学（现中南大学）研究生导师、中国有色金属工业总公司地质勘查总局高级技术顾问。1989年加入中国共产党。

熊光楚自1952年从清华大学物理系毕业后，走上工作岗位一直从事物探工作长达50多年。物探是勘探地球物理学（习称地球物理勘探）的简称，是由物理学和地质学相结合而成的一门交叉学科，并分为磁法勘探、电法勘探、重力勘探、地震勘探、地温勘探和放射性勘探。其中，磁法勘探、重力勘探是熊光楚的主要研究领域。尤其对磁法勘探理论与方法的研究，颇有建树。

一是建立了磁法勘探应用的理论基础。熊光楚自20世纪50年代至80年代对磁法勘探研究建立的应用理论基础，包括岩石、矿石的磁性研究，倾斜磁化条件下三度体磁异常的解释理论和方法，低缓磁异常的评价（即区分矿与非矿磁异常的问题），剩余磁异常找深部矿的方法技术，复杂磁异常的解释方法以及各种二度体、三度体磁异常正演公式的系统推导和反演方法等一系列的磁法勘探理论。

二是在20世纪80~90年代，系统地研究了重力和磁异常数据处理的理论和方法。包括将现行频率域的各种滤波器统一到一个公式，建立了频率域，最优化滤波器的统一理论，研制了几个滤波效果非常好的空间域非线性滤波器，发展了滤波理论与技术。他所领导的科研组在80年代初期为冶金和有色地质系统在华东、广西、天津等地建立了计算机处理重、磁异常处理中心，有效地推进了计算机在地球物理勘探工作中的应用。

三是针对80年代以来地质找矿进入勘查隐伏矿的阶段，开辟隐伏地质构造与深部找矿预测研究。包括应用地球物理方法预测隐伏有色金属矿床的方法学，建立了有色金属矿产地球物理异常标志、评价异常准则和地球物理—地质模型。进而扩展为地质—地球物理—地球化学综合地学找矿模型，初步形成"有色勘探者"专家系统。熊光楚指导的科研群体以专题论文集方式1966年出版了《隐伏有色金属矿床综合找矿模型》专著，熊光楚是主要作者之一。

四是著述多，出版专著11部，发表论文70多篇。其中发表在《地球物理学报》14篇、有关地质院校学报7篇、国际地质和地球物理等学术会议2篇、其余50多篇发表在有关地质、物化探等技术刊物上。

综上所述，熊光楚的物探科研成果取得显著的经济社会效益。如在勘探铁矿方面，在20世纪60年代根据其研究成果，应《中国地质》特约所写的《关于低缓磁异常的对话》一文发表后，依据其中理论，在山东、安徽、长江中下游等地发现多处大中型隐伏铁矿床。接着，在 1966 年又在《地球物理学报》发表了某铁矿区磁异常的定量推断论文，后经勘探队和矿山探矿实践，在新疆天湖、陕西铜厂、山东莱芜、湖北大冶、程潮、金山店等地已勘探过的矿区，相继又发现了深部矿体、矿床。在 70 年代后期，他领导的研究组根据磁各向异性研究，对山西岚县及五台等地区提出了 17 个异常区段进行验证，当时验证 5 个异常，全部见矿，可获得铁矿储量上亿吨。90 年代初期，对内蒙古东部航磁及地面磁异常的处理结果，发现了有色金属矿产新区。

熊光楚和他指导的科研群体做出的科研成果，已在冶金、有色地质系统和地矿部门得以推广应用，取得了显著的找矿效果和经济效益。同时也产生了良好的社会效益，国内大学磁法勘探教程和教学参考书广泛引用。如中南工业大学供物探专业高年级及研究生用的参考书《重磁波谱理论及其应用》一书多处引用。

熊光楚为勘查钢铁和有色金属矿产，勤奋工作，业绩卓越，多次受到嘉奖。1979 年被评为冶金部科技系统先进工作者，1989 年被授予有色金属工业系统全国劳动模范称号，1991 年起享受政府特殊津贴，1997 年荣获李四光地质科学奖。科研成果也多次获奖，1978 年获全国科学大会奖，1980 年以来获省部级科技进步奖 7 项，以及"八五"科技攻关重大成果奖等。

二、主要研究领域和成就

（一）磁法勘探

磁法勘探（简称磁法），是物探方法中最古老的一种方法，有百余年的发展历史。其优点是操作简便、成本低、效率高、宜推广，在矿产勘查、工程地质勘察和考古学等领域中得以广泛应用。熊光楚作为《中国大百科全书》固体地球物理学编委和分支学科《地球物理勘探》主编，在撰写的磁法勘探目条中，对磁法勘探给出一个简明的表述：即测量地磁异常以确定含磁性矿物的地质体及其他探测对象存在的空间位置和几何形状，从而对工作地区的地质构造、有用矿产分布及其他情况作出推断的一种物探方法。

熊光楚鉴于磁法对勘查铁矿和有色金属矿产以及研究地质构造等颇有实用意义而作为他的主要研究领域，经多年来潜心研究，注重实践检验，求真务实，取得一系列的创新成果。

1. 研究磁法解释理论与方法技术取得突破进展

磁法对找铁矿而言，是一种公认的有效方法。但在实际工作中也存在一些问题。

如20世纪五六十年代，在河北武安地区找矿有的在正异常部位见矿，有的在正负异常之间见矿，有的在低缓异常部位见矿，甚至还有的在负异常地区也见矿。这样看来，矿体分布与磁异常之间似乎无规律可循。特别是五六十年代找铁矿时，有人见到异常区不问具体情况就布置钻孔，但却没有打着矿体。熊光楚带着这样急待解决的最现实最迫切的问题进行研究。他认为，从物理上讲，磁场在空间分布的特点决定于磁源形状、产状及磁化强度方向。因此，磁铁矿体的空间分布与磁异常分布特点之间的关系应该是规则的。可是在五六十年代，我国许多地方在磁异常图上布置的钻探工程却没有打着矿体，何故？熊光楚进一步研究和查阅俄文科技文献，发现当时我国所用的磁异常解释方法，是苏联地质和物探学家在库尔斯克及克里沃罗格两个超大型含铁石英岩型铁矿区所用的解释理论与方法。而这两个地区处于地磁高纬度地区，矿体走向长度很大，产状近于直立，可简称为垂直磁化的二度体磁异常解释理论及方法。熊光楚研究认为，我国大部分地区是处于地磁中低纬度，河北武安地区也是处于地磁中低纬度，而且铁矿体走向长度有限，形状与产状复杂，与库尔斯克及克里沃罗格的情况大不一样，不能套用这种方法技术。他抓住这个关键性的问题，探索新的途径。针对我国大部分地区处于地磁中低纬度的实际情况，研究倾斜磁化条件下三度体磁异常的解释理论和方法，取得了一系列创新成果，开创了勘查隐伏铁矿的新局面。

一是研究了矿体沿走向磁化对磁异常特点的影响，在垂直矿体走向的横剖面上，矿体形状所产生的消磁效应对矿体磁化强度方向的影响及其计算公式。熊光楚和他所领导的磁法研究小组对武安地区几十个已勘查过的铁矿体编制了磁异常卡片，并根据矿体走向对异常分类，结合磁法理论研究，总结出一套倾斜磁化条件下，三度体磁异常半定量解释方法，推广应用后，取得了显著找矿效果。如青海地质局物化探大队曾对一个大型含磁铁矿的铜矿，用教科书上的公式计算矿体产状效果不好，而改用熊光楚推荐的方法作推断，布置的钻探工程，就及时打到了矿体。

二是研究低缓磁异常，区分矿与非矿磁异常的方法。低缓磁异常通常是由埋藏深、规模大的磁性体所引起的。如何区分矿与非矿磁异常是找矿工作的一个关键性的问题。在20世纪60年代，为邯郸钢铁公司扩大铁矿资源，在邯邢地区急待深部找矿。为此，勘探队对3个磁异常极大值在3000伽马以下、分布面积较大、而变化梯度不大的磁异常（物探工作称此类异常为低缓磁异常）进行钻探验证。结果在一个异常的地下200多米处见到产状平缓的磁铁矿体，还发现了灰岩下隐伏的岩体；在另外两个异常的地下几十米处即见到磁性岩体。因而提出了"低缓磁异常的评价，即区分矿与非矿磁异常问题"。为此熊光楚领导磁法小组对这3个磁异常做了深入研究和野外方法试验。最后得出两个可用的方法系统：一个是综合方法系统，即在磁法精测剖面上做重力及电法，矿体上有重力异常，有低阻各向异性等；另一个是对磁异常作向上及向下延拓，对铁矿而言，向下延拓时磁异常极大值急剧增大，宽度变窄，而在磁性岩体上，极大值只略有增大，宽度变化也不大。这些方法推广应用后，取得了极好的找矿效果。在邯郸、山东、安徽及新疆等地区发现许多单个矿床储量在亿吨以上的铁矿。

三是在低值、负值磁异常地区里研究寻找铁矿，成效显著，为太原钢铁公司勘查铁矿做出了重要贡献。20 世纪 70 年代末，奉冶金部的指示，熊光楚跟冶金部地质司的领导去太钢调研铁矿供需问题。当他们到峨口矿山和选厂考察到太钢炼铁主要用的是难选冶的菱铁矿矿石，因其铁品位低，且矿石成分复杂，要用 6 吨矿石才能选出一吨精矿，致使太钢炼铁成本过高。因而，急待寻找易选冶的磁铁矿矿石基地。于是熊光楚根据他在其他地区研究的磁法找矿成果和经验，决定会同冶金部物探公司及山西冶金物探队合作，成立专题组设立太钢找铁矿科研项目，从研究含铁石英岩型铁矿矿石的磁各向异性入手，对晋北已发现的航磁异常及地面磁测异常进行再评价。专题组分两部分，一部分是编程序，用有限元法计算各种结构构造矿床上的磁异常特点；另一部分是总结晋北岚县及五台等地区勘探过矿床的磁异常特点，重点研究矿床呈向斜型构造时磁异常的特点（向斜型构造轴部矿体厚度增大），通过理论计算及野外已知矿床上磁异常的研究，发现向斜轴部矿体增厚处磁异常为低值，甚至为负值，而近东西走向的矿床，其北翼上磁异常往往不明显。据此，提出 17 个异常进行验证，有 5 个验证后全部见矿；有一处原被否定的异常，也获得铁矿石储量在 1 亿吨以上，可以露天开采，解决了太钢急需的铁矿石基地问题。

四是研究剩余磁异常，勘查隐伏铁矿取得极好的找矿效果。20 世纪 50 年代"大跃进"时期，受浮夸风的影响，打了许多钻孔质量不合格，不少已勘探的铁矿床要加密勘探工程，需要大量资金。为此熊光楚指导研究小组在一定数量钻孔的资料条件下，用磁法绘制矿体剖面，寻找钻孔附近及钻孔底部的矿体，即所谓剩余磁异常的研究问题，并指出这里的关键技术是：测准岩石及矿石的磁性，计算已知矿体的磁异常，消除各种干扰（包括磁性岩体的异常，其他磁性体引起的区域异常，即正常场）及对剩余异常（即实测异常减去所有已知磁性体引起的异常）作出较接近实际的定量解释。在山东莱芜马庄矿区，根据研究结果，布置的 16 个钻孔，15 个见矿。这项技术在冶金地质系统得到广泛推广，取得良好的经济社会效益。如在鄂东地区铁矿经钻探验证，使程潮铁矿储量由几千万吨增加到 2 亿多吨，金山店铁矿储量也由几百万吨上升到近 1 亿吨，为武汉钢铁公司提供后备资源做出了积极贡献。同时，熊光楚还及时总结了这些科研成果，编著了磁法勘探方面的专著，成为当时勘探铁矿的重要工具书，在大专院校的教材上也被广为引用。

熊光楚自20世纪50年代以来，一直悉心研究倾斜磁化理论和方法技术。到70年代末，他用统一的坐标系统，系统地推导了从简单到复杂形状磁性体在空间域及频率域正演公式。至此，他领导的专题组较系统地完成了倾斜磁化条件下三度体磁异常的解释理论和方法。这些研究成果，反映在他撰著的《磁铁矿床上磁异常的解释推断》《金属矿区地面磁法研究工作中的几个问题》和《金属矿区磁异常的解释推断》等著作中。

2. 研究重力和磁异常数据处理的理论与方法技术取得重要成果

熊光楚在完成磁法应用理论的研究及磁异常解释推断方法之后，自20世纪80年代以来，将物探科研工作转移到研究重力和磁异常数据处理方面上来，在前人工作基础上，发展了滤波理论与技术，建立了统一的最佳线性滤波器的表达式及理论，研制不适定问题专用滤波器、空间域的非限性滤波器、能自动消除干扰及确定拟合多项式方次的新最小二乘拟合法，以及根据重力及磁异常特点，首次研制了频率域的方向滤波器等。其研究成果，以论文和专著方式从1979~1992年在《地球物理勘探》等学术和技术刊物上发表10余篇论文。其中，在《地球物理学报》上发表了《二度体重、磁异常频谱与三度体重、磁异常频谱关系的理论问题》《重、磁异常走向与其振幅走向的关系》《畸变—残余补偿滤波器》《位场向下延拓组合滤波器的设计和应用》《重、磁异常反演中的若干问题》，在冶金工业出版社出版了专著《磁（重力）异常的变换及滤波技术》。1992年在北京召开的计算机在地学中应用国际学术讨论会的大会上宣读了《高精度重、磁数据的滤波技术》论文。

这些研究成果，从理论到实践上系统地研究了滤波技术以及重、磁异常数据处理的理论与方法，颇受物探界关注并被广为引用。特别是在矿产地质勘查物探工作中发挥了重要指导作用。如他设计的几个空间域的非线性滤波器，曾对10多个矿区、200万左右数据进行了处理，均取得较好的效果，超过了法国地球物理公司的非线性滤波器。

熊光楚在较系统地研究了滤波器技术以及重、磁异常数据处理的理论与方法的基础上，于20世纪90年代从已编制的各类程序中整理并推出60多个程序，编写了使用说明，组成一个软件包，无偿提供使用。这些程序分为5类，即数据预处理程序，数据变换及滤波程序，重、磁场正、反演程序，模式识别程序和彩色图像显示程序。这些程序，不仅解决了科研工作中的许多问题，而且加深了对信息技术的理解，同时也提高了工作水平。

3. 开辟第二找矿空间研究隐伏地质构造与矿产预测方法取得显著成效

矿产资源是经济社会发展的重要物质基础。开发矿产资源以矿山为基础，地质应先行。熊光楚作为冶金、有色系统的物探领域学术带头人，针对地表矿、浅部矿经多年来的大规模勘查开发，自20世纪80年代以来，日益减少，找矿难度增大，势必要向深部勘查转移，开辟第二找矿空间（地质工作将勘探金属矿床深度500～2000米的蕴矿空间称为第二找矿空间）研究、勘查、开发隐伏矿。为此关键是要用什么方法，从什么地方着手和怎样组织研究工作。熊光楚从1975年起就开始考虑这个问题，并认为许多黑色、有色金属等矿产赋存空间均与地质构造有关，因而，决定以地质为基础运用物探等新技术方法，研究隐伏地质构造与矿产预测方法。于1980年，申报了"六五"计划科研项目，得到冶金部地质司和中国有色金属工业总公司地质局大力支持。定为部（总公司）重点地质科研项目。1980～1985年，熊光楚作为项目负责人，组成了由物探队、勘探队和科研院所、院校共14个单位80多名科技人员的科研群体，并以找矿为目的，以研究矿产预测为基础编制了整体切实可行的科研设计。各单位根据科研和找矿任务，成立课（专）题组，有效地组织实施。熊光楚每年年初主持召开一次技术研讨会，各课（专）题组汇报科研工作进展情况和取得的研究成果，存在的技术问题及下一步的工作安排。会后熊光楚与课（专）题组一道赴野外进行实地调查研究，针对关键性的技术问题进行研究解决，确实起到了项目负责人的技术指导作用。

实践检验，熊光楚主持的这个科研项目取得了科研、找矿双丰收。在科研期间，野外队相继在云南文山地区发现大型锡矿一处，在广西大厂发现中型锡矿一处，预测赣东北银山铅锌矿下部有大型铜金矿也被当地勘探队的工作所证实。课题组及时总结了科研成果，以内部资料形式，供各单位使用。熊光楚还出版了专著《地球物理调查预测金属矿产》，课题组成员王钟、邵孟林、肖树建主编了《隐伏有色金属矿床综合找矿模型》，并谨以此书献给1996年在北京召开的第30届国际地质大会。

（二）研究新疆金属矿产快速勘查方法技术系统

中国西部地区蕴藏着丰富的矿产资源，随着国家经济社会发展，急待开发新疆矿产资源。自20世纪80年代以来，地质勘查矿业开发向西部战略转移，加速查明新疆有色、贵金属矿产资源。为此，自"七五"计划来，前国家科委在新疆地区设立国家地质科技攻关项目,由新疆维吾尔自治区人民政府国家三〇五项目办公室组织实施。即"75—56加速查明新疆矿产资源的地质、地球物理、地球化学综合研究"项目和"85—902加速查明新疆贵重、有色金属大型矿产资源基地的综合研究"项目,统一简称新疆三〇五项目。

三〇五项目办公室聘请熊光楚为该项目技术指导委员会副主任兼物探组组长。他建言献策,提出找矿科研应从寻找与矿产有关的地质信息开始,重点是金矿,并积极支持谢学锦院士提出的化探扫面,席卷全疆的策略。这些建议被采纳并实施,取得显著的经济社会效益,查明了一批可供勘查、开发的大中型金矿和铜铅锌等有色金属矿产基地。

"八五"期间,熊光楚承担"85—902"项07课题,即"新疆金属矿产快速勘查方法技术系统的应用研究",为课题负责人之一,下设8个专题。他与课题组其他负责人真诚合作,精心组织课专题研究工作,提出新的研究思路,即用信息论指导找矿,按系统论安排工作,利用模拟技术建立待找矿产的地质—地球物理—地球化学模型及相应的综合找标志。经85—902—07课专题组共同努力,求真务实开展科研工作,圆满地完成了攻关合同规定的科研任务,取得了丰硕科研成果,获得了国家计委、科委、财政部"八五"攻关重大科技成果奖。熊光楚作为课题负责人积极有效地组织课题组科研人员认真总结"七五""八五"科技攻关成果及找矿经验,以专著形式出版,作为国家科技攻关三〇五项目系列研究成果向全国介绍。即由熊光楚、邓振球、谢德顺主编出版了《新疆主要大中型金、铜等矿床的发现简史与找矿策略》和熊光楚、谢德顺、张文斌等著的《新疆金属矿产快速勘查方法技术系统》。

(三) 为武钢建设提供建厂设计急需的工程地质考察成果

熊光楚不仅在磁法勘探应用理论研究方面成就卓著,而且,在运用物探技术方法进行工程地质考察也卓有成效。20世纪50年代,为共和国建设新钢都——武汉钢铁公司选定厂址做出了积极贡献。

武汉钢铁集团公司(前称武汉钢铁公司,简称武钢),是新中国成立后由国家投资兴建的第一个特大型钢铁联合企业,是第一个五年计划156项重点工程之一。厂址选择经国家计委、建委批准选定在武汉市青山区,并确定第一期工程于1955年10月动工兴建。为防止钢铁厂建在断层上或附近,必须查明青山地区工程地质情况(诸如断层、基岩分布情况等)。这是关系到武钢建厂百年大计的问题,而且时间紧迫,任务繁重。1954年冬季,重工业部物探总队遵照部的指示立即组织物探科技人员到武汉市青山地区开展工程地质考察工作。总队派熊光楚带队急速前往工作。当他们到达青山地区时正值冬季是一片白雪覆盖的稻田，看不见任何露头岩石。于是熊光楚走访中南地质局了解青山地区地质情况，得知南部出露梧桐石英岩，推断青山区为近东西走向的开阔向斜构造，基底岩石是大冶灰岩。熊光楚据此考虑两个模型模拟断层方案：一个模型是断层错动了石英岩，而石英岩是高电阻，据此可用南北向剖面做中间梯度法扫面，根据高电阻层位走向错动，圈定近于南北走向的断层；另一个模型是灰岩中的断层因含水而呈低电阻，可用东西向剖面做联合剖面发现低电阻交点，直接圈出近南北走向断层。

他们按模拟的断层方案进行现场调查和试验，认为第一个方案可行，便立即设计钻孔验证。通过钻探工程验证了电法查出的全部断层分布的情况，并发现了灰岩之上有一层第三系红色砂岩，其中有东西走向的玄武岩侵入，于是又用磁法物探圈定玄武岩脉的分布情况。熊光楚带领物探小分队夜以继日工作，白天在现场紧张而细致地进行观测数据，晚上及时整理资料进行综合研究编制图件，很快地完成了这项紧迫而艰巨的任务，并将报告和图纸译成俄文，及时提供给援建单位苏联有关设计部门作为武钢建厂设计的依据之一。这是熊光楚率先在国内用物探技术方法勘察大型钢铁企业的厂址，及时查明了厂址青山地区的工程地质情况，为武钢建厂设计提供了可靠的工程地质资料。1957年他在《地球物理勘探》上发表了《地球物理在地质填图方面应用一例》，总结了应用物探技术方法快速勘察厂址的工作经验及可发表的一些研究成果。

武钢经历了半个世纪的几次跨越式大发展，现已成为拥有现代化装备和先进技术的跨区域发展的大型钢铁集团。

（四）抗癌13年奋发工作伏案疾书

1993年下半年，熊光楚作为"八五"国家科技攻关项目课题负责人带领专题组紧张工作时，发现颈部长了一个大肿块，经肿瘤医院诊断为大细胞型强恶性淋巴肿瘤急需立即治疗。

熊光楚面对病魔的突然袭来，以顽强的斗志，奋力抗癌，积极配合医生抓紧治疗。由于在京有较好的医疗条件，组织上的关心，家人的照顾，医院的精心治疗，他战胜了疾病。1995年身体逐步恢复，他又开始奋发工作起来，为完成国家科技攻关课题任务，主持课题组编写科研报告，及时提出报告书编写详细提纲并承担撰写报告书中的部分章节和对大家分工编写的部分做最后的审定工作。经专题组同事们共同努力按时完成了《新疆金属矿产快速勘查方法技术系统的应用研究》报告书，接着又积极有效地组织课专题组编写科技攻关成果专著。1996~1997年先后完成了《新疆主要大中型金、铜等矿床的发现简史与找矿策略》和《新疆金属矿产快速勘查方法技术系统》两部专著。

熊光楚善于吸收学术上的新思想、新理论、新成果。他思维敏捷，认为当今进入知识经济和信息时代，将信息论及系统论成功地引入到新疆金属矿产快速勘查方法技术系统中来。认为整个地质工作过程都是获取、处理和解释信息的过程，其最终产品地质报告书也是信息，供给开发矿业。1996年冬，熊光楚身体进一步恢复，在其研读引用信息论、系统论的基础上，结合"六五"以来的科研成果，撰著了一本颇有新意的《信息论系统论与地质找矿工作》的专著。这是地勘业少见的一部较全面地论述信息论、系统论与地质找矿工作关系的专著，得到业内广泛关注。书中的主要论点是：第一，地质找矿工作本质上属于信息行业，应该用信息论来指导找矿工作；第二，地质找矿工作日益工程化，使找矿工作发展成为独立于一般地质工作之外的一个新的工程系统，应该根据系统论的原则来规划和组织地质找矿工作；第三，在市场经济条件下，发展地质找矿的唯一途径是在地质找矿的全过程中，充分应用现代的信息技术去获得信息、处理信息和解译信息。

熊光楚在抗癌13年过程中，与病魔争时间、抢速度，以坚强的意志奋发工作，伏案疾书。13年来，完成了如上所述的国家科技攻关项目，撰写了3部专著。此时，他已年逾古稀，仍奋不顾身地工作思考着地球物理勘探的发展。在2004~2005年，他患的恶性淋巴肿瘤再度复发，迅速蔓延、扩散并伴有并发症。虽经医院全力抢救，仍医治无效，于2005年11月不幸与世长辞。冶金和有色系统失去一位卓有成就的地质物探领域里的学术带头人。

熊光楚一生勤奋好学，刻苦钻研，治学严谨，勇于创新，一丝不苟，求真务实工作，为发展中国钢铁和有色金属工业研究物探技术方法勘查开发矿产资源，做出了杰出贡献。他为人谦虚谨慎，平易近人，关心青年同志的成长，跟他在一起工作的人都受益于他的真诚指导，深为大家敬佩和怀念。他有崇高敬业精神，热爱地球物理勘查事业，几十年如一日，一心一意地投入地质物探科研工作上。即使在抗癌期间，也以坚强的毅力，忍受难以言喻的病痛，坚持工作，把毕生精力奉献给祖国地质勘查事业。

三、熊光楚主要论著

熊光楚. 1959. 金属矿区地球物理探矿的若干问题. 北京：地质出版社.

熊光楚. 1960. 磁法勘探. 北京：地质出版社.

熊光楚.1964.磁铁矿床上磁异常解释推断.北京：中国工业出版社.

熊光楚.1966.金属矿区地面磁法研究工作中的几个问题.地球物理学报，15（1）：1-15.

熊光楚，张志鸿.1966.关于低缓磁异常的对话.中国地质，(4)：15-20.

熊光楚.1981.金属矿区磁异常的解释推断（上、下册）.北京：地质出版社.

熊光楚.1983.畸变—残余补偿滤波器.地球物理学报，（增刊）：1-13.

熊光楚.1986.地球物理调查预测金属矿产.北京：地质出版社.

熊光楚.1990.磁（重力）异常的变换及滤波技术.北京：冶金工业出版社.

熊光楚.1990.重、磁异常反演中的若干问题.地球物理学报，（增刊）：1-6.

熊光楚.1994.金属矿区磁法勘探的进展与展望.地球物理学报，（增刊）：437-443.

熊光楚，石胜滕.1994.个旧锡矿区物理—地质模型及应用效果.地质论评，(1)：19-27.

熊光楚，邓振球，谢德顺.1996.新疆主要大中型金、铜等矿床的发现简史与找矿策略.北京：地质出版社.

熊光楚，谢德顺，张文斌，等.1997.新疆金属矿产快速勘查方法技术系统.北京：地质出版社.

熊光楚.1998.信息论系统论与地质找矿工作.北京：地质出版社.

熊光楚.2000.自适应滤波器.物探化探计算技术，(2)：147-153.

熊光楚.2000.自调节趋势分析及其应用.物探与化探，(4)：268-277.

主要参考文献

固体地球物理学编委会.1998.中国大百科全书（固体地球物理学、测绘学、空间学）.北京：中国大百科全书出版社：26-28，106-109.

王泽九，苗培实，马秀兰.1999，1997.李四光地质科学奖获得者主要科学技术成就与贡献.北京：地质出版社：135-146.

中国科学技术协会编.2002.中国科学技术专家传略·工程技术编（有色金属卷2）.北京：中国科学技术出版社：178-187.

撰写者

孙延绵（1934~），教授级高级工程师，系熊光楚的同仁好友。

刘广润

刘广润（1929～2007），天津宝坻人。工程地质与环境地质学家，1999年当选中国工程院院士。1952年毕业于南京地质探矿专科学校。1955～1957年留学苏联。历任地质部野外大队技术负责人，总工程师，湖北省地矿局副总工程师，三峡省（筹备阶段）地矿局总工程师，湖北省地矿局技术顾问，华中科技大学教授，中国地质大学（武汉）教授，中国地质调查局高级技术顾问。是五六十年代长江三峡大坝工程地质勘察的技术负责人，三斗坪坝址首先推荐者。曾任三峡工程科技攻关课题专家组组长，指导完成坝区地壳稳定性、水库岸坡稳定性、水库诱发地震等专题研究，为三峡工程决策和优化设计提供了科学依据。同时，从事三峡水库沿岸地质灾害防治工作，曾任链子崖危岩体和黄蜡石滑坡防治工程指挥部副指挥长，三峡库区地质灾害防治专家组组长，他是国务院三峡工程验收委员会成员，参与完成了三峡二期和三期工程的全面验收。曾负责完成了成昆铁路北段和襄渝铁路地质复杂路段的勘察任务，保障了两大铁路干线的顺利建成和安全运营。成功地指导了武汉市深基坑灾害防治及岩溶地面塌陷防治工作。负责完成了"长江中游主要水患区环境地质调查评价"，阐明了水患险情的地学成因及其防治对策。

一、成 长 经 历

1929年4月，刘广润出生在河北省宝坻县（现为天津市）的一个农民家庭。在他读小学和初中的时候，家乡遭日寇侵占，人们都过着被凌辱、受欺压的亡国奴生活，生命朝不保夕，痛苦不堪。中国人民抗日战争的胜利，才把他和他的家乡从侵略者的奴役下解救出来。他的高中生活是在国民党统治下的北平（现北京）度过的，那时他感到社会黑暗，前途渺茫。解放战争的胜利，新中国的诞生，才给他和全国青年开辟了成材报国的广阔道路。在党和人民的关怀培养下，才使他成为一名具有深厚学术素养、成绩卓著的工程地质与环境地质学家。

刘广润曾经这样描述自己的一生：当我坐下来静静地回忆往事的时候，我就想起了50年代年轻人爱读的一本书，叫《钢铁是怎样炼成的》，其中有一段激励人心的话：人最宝贵的是生命，生命对人只有一次，它应该这样度过：当他回首往事的时候，不因虚度年华而悔恨，也不因碌碌无为而羞耻……回顾我走过的几十年生活历程，我感到充实和欣慰。在那过去的岁月里，既有乌云密布，也有阳光灿烂，既有遭受委曲打击的苦闷，又有获得成功和胜利的喜悦。我的人生道路丰富多彩，无悔无愧。使我感受最深的是，每个人的命运都与国家和民族的命运紧密相连。国家的富强，社会的安定，是关乎每个人生活命运的大事，也是每个人都应为之奋斗的大事。

20 世纪 50 年代初，新中国刚刚建立，穷困落后，百废待兴，急需迅速恢复和建设。地质行业被视为经济建设的基础和先锋。当时地质部的前身——中国地质工作指导委员会与南京大学联合开办了南京地质探矿专科学校（简称南京矿专），是新中国成立后第一个专门培养地质人才的高等学府。刘广润怀着对地质事业的浓厚兴趣和对新中国的热爱，毅然考进了南京矿专，决心为祖国的伟大建设事业当一名侦察兵。南京矿专师资力量雄厚，校委会主任是地质学家谢家荣，教师都是来自南京大学地质系、南京地调所、南京地质古生物研究所等单位的知名教授。他们学识渊博，经验丰富。刘广润在学校如饥似渴地努力学习专业知识，并不断提高自己的思想觉悟，在各方面都取得了满意的成绩。1952 年毕业分配到地质部水文工程地质局工作，主要任务是进行黄河流域规划的地质调查。众所周知，黄河是一条多灾多难的河流，经常洪水泛滥，给两岸人民带来深重灾难。新中国成立后，国务院组织制订治理黄河流域的规划，要在黄河上修建多座梯级大坝和水电站。宏伟的规划蓝图深深地鼓舞和吸引着他，他参与了龙口水库、小沙湾水库、万家寨水库及各坝址的工程地质调查，熟悉了坝区工程地质条件初步评价方法，并利用标志层追踪法进行区域地质填图，测制了从河曲到包头之间的区域地层剖面图，它是我国黄河中游地区从寒武系至三叠系的第一份连续标准地层剖面图，填补了以前这方面的区域地质空白。同时，在地质调查中，他第一次接触到石灰岩的岩溶问题，初步了解到岩溶发育现象和性质，这为他以后研究长江三峡和其他地区的岩溶问题积累了初步的知识和经验。

1954 年 10 月，野外工作告一段落，回到地质部水文工程地质局，组织上派他去苏联留学，进修学习水利工程地质。这个激动人心的好消息使他久久不能平静，庆幸自己能获得这样的学习机会。1954 年 10 月～1955 年 10 月，脱产学习一年俄语，1955 年 10 月他赴苏联水电科学院列宁格勒分院进修学习苏联大型水电站建设的工程地质勘察先进技术和经验，以及相关的各种先进实验手段。在导师萨维里耶夫的指导下，对苏联当时的水利水电工程地质勘察研究工作，从编制勘察工作设计，到坝址及天然建材勘察评价，室内外岩石力学实验及钻孔压水实验，直至报告编写，进行了比较系统的学习考察。在具体勘察工作中，获益较大的是对花岗岩区断裂构造的工程地质调查研究和钻孔压水试验的理论方法。通过在苏联学习，开阔了眼界，提高了技术能力，增强了业务胆识。对他回国后的工作，特别是在长江三峡工程地质勘察研究中发挥了重要作用。

二、主要工作业绩和贡献

1. 精心勘察为长江三峡工程选择优良坝址

1957年春，他怀着报效祖国的极大热忱，从苏联回国，到地质部报到后，即被分派到地质部三峡工程地质大队（简称三峡队）工作，任工程师、大队技术负责人。当时该队的主要任务是进行长江三峡大坝的选址勘察。从此，他就担负起了我国乃至全世界规模空前的这座特大型水电站的工程地质勘察重任。组织上这样信任他，他感到无限光荣和鼓舞。此时他才28岁，他感到更多的是自己的责任重大，暗下决心，工作上绝不能懈怠，拼命也要把这个光荣的任务完成好。

长江流域是中华民族物质文明繁荣的发源地，它造福于人类，浩荡无穷的长江水不仅供两岸人民饮用和灌溉，同时它还和茫茫的大自然交织在一起，构成一幅山明水秀的美景，供人们去欣赏、旅游。但是人们不要忘记，当它发怒的时候，也和黄河一样，会给中下游人民带来惨重灾难。两千多年来，长江洪水泛滥，据有史以来不完全统计，灾难性的水患曾发生过200多次。1954年长江洪水再次泛滥，在党和政府的领导下，虽然保住了武汉，保住了荆江大堤，但仍导致三万多人丧生，几千万亩土地被洪水淹没。1998年的长江大水，大家还记忆犹新，党和国家领导人亲临前线下大力气组织抢险抗洪，保住了武汉及长江下游各大城市，但损失是巨大的。

为了治理长江洪水泛滥，并充分利用长江的水资源，修建长江三峡大坝的想法由来已久，民国初期，革命先驱孙中山先生即有过此种设想。抗战时期，美国专家萨凡奇在三峡出口段南津关地区搞过一个修建高坝的规划方案，人称"萨凡奇计划"，但是只是纸上谈兵。新中国成立后，很快就把三峡工程提到议事日程上来，决心要付诸实施。1954年毛泽东主席在《水调歌头·游泳》词中，就以"更立西江石壁，截断巫山云雨，高峡出平湖"的恢弘词句展示了这一宏伟目标。那时由周恩来总理兼任主任的长江流域规划委员会，制定了以三峡水利枢纽工程为中心的长江流域开发规划。由长江流域规划委员会办公室（简称长办）着手进行三峡工程的全面规划、设计工作。地质部根据国务院的指示，专门组建了三峡工程地质大队，从

1956 年开始，负责进行相关的地质勘察工作，三峡坝址选择主要是以南津关为代表的石灰岩坝区和以三斗坪为代表的花岗岩坝区上进行。1958 年以前，设计方面参照"萨凡奇计划"一直把研究重点放在南津关。当时在长办的苏联专家们也倾向于南津关。因此当时对南津关的勘察工作做得比较多，而对三斗坪地区的勘察工作做得少。1957 年 3 月刘广润到地质部三峡队主持技术工作以后，他主张在两个坝区都应做细致的勘察工作，以便进行对比。为查明南津关地区的地下喀斯特溶洞发育情况，不仅要布置足够的钻孔勘探，还要加强抽压水试验，以及一些相关的试验，如岩石的溶解度实验和洞穴连通试验等。对三斗坪地区也要适当增加勘探钻孔，以查清风化层的厚度分布。经过他所带领的三峡队技术人员深入细致的勘察研究工作后，刘广润认为：三斗坪坝址的地质条件优于南津关。南津关地区的石灰岩体，外表看起来坚硬完整，地下深处却隐藏着很多溶洞溶蚀缝隙，它们不易查清，且处理起来较困难。而在该处建坝，因地形条件限制，必须做大量的地下工程，因之更加大了工程难度。而三斗坪地区的花岗岩体，主要问题是顶部有较厚的一层风化壳。但经过钻探发现，三斗坪坝段上的风化层只有二三十米厚，风化壳下面，是坚硬完整的新鲜花岗岩，是非常可靠的坝址，且风化层存在于地表，容易处理。

1958 年 2 月底~3 月上旬，周恩来总理乘船视察三峡。随同视察的有李先念副总理、李富春副总理，还有地质部和水利部的领导，及其他有关部委和省市的领导及专业人员，还有驻长办的苏联专家。刘广润被指派随从视察，负责向总理汇报坝址地质情况。他非常高兴，能有机会亲自向总理汇报他们的勘察成果，并反映自己对坝址比选的意见（本文作者是随从总理视察的身边工作人员）。3 月 1 日上午总理视察南津关坝址，南津关是三峡的出口，河谷狭窄，岸坡陡峭。在汇报中，他利用多处钻孔岩芯向总理展示了地下洞穴、裂隙发育情况，并说明了其对建坝工程的可能影响。然后，请总理到山顶上去看一看有名的"三游洞"，总理说"咱们是来看坝址的，那种文人游览的地方就不去了吧！"他说"那也和坝址有关"。总理随即健步登上了山顶，进入"三游洞"，望着一二十米高和宽的溶洞大厅，他汇报说：这个大溶洞也是原先在地下深处形成，而后被抬升剥露出来的。现在坝区地下同样岩层中不能排除仍存在此等溶洞的可能性，要全部查清不容易，所以在南津关建坝风险较大。引起了总理的片刻沉思。3 月 1 日下午总理视察三斗坪坝址，这里河谷较宽，地形较开阔，坝基岩石为花岗岩。他当时凭借众多钻孔岩芯资料，向总理如实地汇报了他们深入细致地勘探情况，以及对两个坝址的看法和意见。他认为从地质条件看三斗坪比南津关优越。他大胆地向总理首次推荐了三斗坪坝址。同时也大胆地否定了美国专家"萨凡奇计划"。总理看着他们用钻机打出来的一箱箱坚硬完好的岩芯，喜形于色，取出一块拿在手中，仔细观察，然后说："我要把这块岩芯拿去给毛主席看看"，并高兴地在岩芯的记录牌上签了名字。

在两个坝址现场考察汇报完以后，回到船上召开了讨论会，会上，大家在听了刘广润现场汇报的基础上，地质部其他随从考察人员和他一致正式推荐选用三斗坪坝址。总理在征询了设计方面关于两处的投资比较情况后（经计算，三斗坪加上其下游葛洲坝，总投资与南津关差不多）毅然做出指示决定：将坝址研究重点从南津关转到三斗坪；同时对南津关的喀斯特溶洞问题也再做些研究，以便说服萨凡奇。这是三峡坝址选择中，有历史意义的重大决策。此后就开始了以三斗坪为坝址的三峡初步设计阶段的勘察、设计工作，并随即围绕三斗坪展开了一场大规模的地质勘察和设计、科研大会战。

经过会战研究，通过施工开挖，证明了三斗坪坝址确实是一个难得的好坝址。这里坝基岩体非常坚硬完整，稳定性好，透水性微弱，建坝安全可靠。反观南津关，在80年代的旅游开发中，从一个泉口（白马洞）挖进去，就在当年南津关的重点坝段（南Ⅲ）左坝肩底下发现一个盘旋两层，延伸数百米，局部可以行船的大溶洞网，已被开发为地下公园。回想起来，令人后怕不已。当年如果将坝址定在那里，后果不堪设想。

2. 风云过后再次投入三峡论证和地质科研攻关

1961年以后，三峡工程准备工作，基本上处于停顿状态，中央给下面的口号是"雄心不变，加强科研。"他和三峡队的绝大部分队伍转到大西南去支援"三线"铁路建设。其后发生了那场"文化大革命"，三峡工程的准备工作又被拖后十年之久。1976年10月，国家政治生活和经济建设等各方面都恢复了正常，三峡水利工程又被提到了议事日程。听说三峡工程又要上马，他心里有说不出的高兴，盼望有机会再为三峡大坝做点贡献，实现他要为三峡工程奋斗终生的夙愿。1977年9月地质部将他从陕西省调到湖北省地矿局任副总工程师，主要从事以三峡工程为主的工程地质和环境地质方面的工作。

时隔十多个年头，由于世界科学技术水平的进步和环境保护等方面要求的提高，对三峡工程兴建的必要性和可行性，有必要从经济、技术和环境等方面重新进行一次全面的科学论证，以作为国家对三峡工程决策的科学依据；同时对一些关系重大的科技难题，组织国家级攻关研究以供优化工程设计。在由400多位专家组成的十四个专题论证专家组中，他参加了"地质、地震"和"生态、环境"两个专家组；在国家"七五"三峡工程重大科技问题攻关研究项目中，他担任"长江三峡工程重大地质与地震问题研究"课题专家组组长，指导完成了有关坝区地壳稳定性、坝基及船闸边坡岩体工程问题、水库岸坡稳定性、水库诱发地震、水库对大坝下游地质环境影响等问题的研究。"八五"期间又倡导进行三峡水库对三峡旅游景观的影响、三峡库区移民地质环境安全等为题的研究。先后取得了多项突破性成果，为国家三峡工程决策和优化工程设计提供了地质科学依据。由他主编的《长江三峡工程重大地质与地震问题研究》一书，获得了国家优秀科技图书二等奖。

3. 防治地质灾害，保证三峡移民工程安全

三峡工程的可行性经过重新论证后，1992年由全国人大会议审议通过决定兴建。于1994年开工。在施工阶段，因地质条件好，未遇到什么大问题。水库的移民工程，包括13个县城及100多个集镇移民迁建新址和沿岸水陆交通工程建设。移民工程及前沿压线（跨迴水线）的滑坡体上部的居民安全问题，因受滑坡、崩塌及泥石流等地质灾害的危害与威胁，成了必须解决好的重大课题。为防治库区地质灾害，国家已经投入40亿人民币，还将再投入60亿专项经费，并专门成立了以国土资源部部长，各个有关部委领导参加的三峡库区地质灾害防治领导小组及其下设的专家组，他被任命为专家组组长。

三峡水库从坝前的宜昌市三斗坪镇至库尾的重庆市江津县，总长600余千米，其中奉节以下200千米的"三峡"峡谷段，两岸山高坡陡，主要由石灰岩及砂泥岩组成，崩塌、滑坡众多；奉节以上约400千米位于四川盆地，河床较宽缓，但皆由较软弱的砂泥质岩组成，滑坡发育甚广。在三峡水库修建前的天然条件下，这里就是崩塌、滑坡、泥石流（简称崩滑流）的多发区，降大暴雨是其主要激发因素。水库修建后，受水库蓄水淹没及水位升降影响和大规模移民工程施工的扰动，崩滑流灾害活动更显著增强。据湖北省和重庆市的统计报告，水库沿岸移民区和与水库蓄水有关需要加以防治的大小崩塌、滑坡点共有2500余处之多。三峡库区地质灾害防治工作，在三峡工程施工前即已开始在一些重大灾害点上进行。经他做过指导或指挥工作比较著名的有新滩滑坡监测预报，鸡扒子滑坡、链子崖危岩体、黄蜡石滑坡、豆芽棚滑坡、二道沟滑坡等工程治理。其中对新滩滑坡他做出了准确的中期预测，因而加强了近期监测预报和防范，未造成人员伤亡。滑后他不顾个人安危，亲自奔赴现场勘查，对长江复航做出了准确安全评价，为国家挽回了巨大的经济损失。为此，他受到湖北省委和省政府的表彰和奖励。对链子崖危岩体和黄蜡石滑坡的防治，国家已于1989年成立了"长江三峡链子崖、黄蜡石地质灾害防治工作指挥部"他担任副指挥长，指挥勘察研究并制定了该两大地质灾害点的防治工程可行性方案。

经过多方案对比研究，最后确定分别采用支垫加锚固、地下与地面排水的方案，然后交由相关负责部门组织实施。完工后经过135米水库蓄水和多年降雨的考验，证明已见成效。

三峡库区的地质灾害防治，对于135米水库蓄水有关需要加以防治的滑坡、崩塌（统称为二期防治对象）进行了统一的防治规划。按防治对策划分为工程治理、搬迁避让和加强监测预警三类，其中进行工程治理的有198项，搬迁避让的有151项，其余为监测预警。按统一的技术要求进行勘察、监测和治理工程的设计与施工。结果在2003年6月蓄水前，治理工程全部按时完工，经过蓄水后两年多的考验，治理过的滑坡均没出现什么问题；个别未予工程治理而纳入监测的地段，出现过滑动，但由于监测预报准确，抢搬及时，未造成人员伤亡。这反映二期地质灾害防治工作获得了成功。为保障156米及175米水位水库蓄水期移民工程的安全，三峡库区的第三期地质灾害防治工作又已开始，其规模比第二期还要大。专家组全力以赴，尽到技术指导和质量把关的责任。

4. 参加三峡二期和三期（部分）工程验收，严格把关

伟大的三峡工程从1994年开工，至2003年6月，与水库135米水位蓄水及首批机组发电有关的二期工程陆续完工。国务院成立了以当时的吴邦国副总理为首的验收委员会，刘广润作为地质方面的专家成为三峡工程验收委员会成员。从2000年开始至2007年，他参加验收的工程有：永久性通航船闸工程；左岸（电站及泄洪段）大坝工程；水库二期移民工程；水库135米和156米及175米蓄水前的岸坡防护、库底清理及水环境保护等准备工程。主要是评定有关工程的地质环境条件，施工开挖后与原先勘察成果有无变化，及有关地质灾害的防治情况等，审查其是否满足工程安全运营的要求，对有问题者提出整改意见。本着千年大计质量第一的要求，确保工程建成后营运中的绝对安全，在验收工作中，他曾提出过对库区与蓄水活动有关、影响移民工程安全的滑坡要及早治理，以保证在蓄水前完工；对船闸进口左岸局部岩体缓慢变形现象应加强监测及对其成因机制进行研究，以防不测；对库区丰都等地，将大批垃圾在水库未来水下岸坡上进行堆埋处理的做法，他认为不妥，提出了整改建议。

5. 顶着"文革"沉重压力完成"三线"铁路勘察任务

如前所述，由于国内外形势变化，为加强国防，毛泽东主席提出要快上大西南"三线"建设。为响应号召，1964年，三峡队的主要力量转向大西南支援"三线"

铁路建设。当时地质部组建了两个野外大队，即南江大队和北江大队，分别负责成昆铁路南段（金沙江渡口以南至昆明）和北段（渡口以北至夹江）的地质路基勘察。刘广润被任命为北江大队总工程师，技术负责人。工作地区是大小凉山，这里居住着少数民族，人烟稀少，崇山峻岭，交通是羊肠小道。深山里还常有土匪出没。地质条件也极其复杂，成昆铁路是在有名的川滇构造活动带中穿行，沿线地震活动强烈，断层多，岩体破碎，滑坡、泥石流发育十分普遍，是铁路建设的主要拦路虎。面对非常艰苦的工作、生活条件和复杂的技术问题，他们队上每个人都精神饱满，斗志昂扬，一个共同的心愿，就是要把成昆铁路修好，把"三线"建设好。从1964年10月到1965年10月，他们仅用了短短一年的时间完成了成昆铁路的初测任务。在配合施工方面，通过精心调查勘探，查明并会同设计方面处理了上百处滑坡和泥石流灾害，以及隧道涌水及地热等问题，提出了多处改善线路的建议。从地质上保障了铁路干线的顺利建成和安全营运。

1967年10月，完成成昆铁路勘察任务后，紧接着又接受了襄渝铁路的路基勘察任务。经过大家的努力奋战，至1970年初，他们又按时完成了襄渝铁路安巴段的初测、定测和配合施工的全部勘察任务。在完成上述两大铁路勘察任务的基础上，刘广润认为应该很好地总结一下山区铁路工程勘察的技术经验，以便为后人提供一些可借鉴的经验教训。为此，他主编了《山区铁路工程地质》一书。1978年，打倒"四人帮"以后，在北京首次召开的全国科技大会上，获得了"全国科技大会奖"。

1966年5月开始的那场"文化大革命"浪潮中，他精神和身体遭受摧残打击，人格上受尽了凌辱。那种敢怒而不敢言的痛苦，如果不是亲临其境的过来人，是很难体会得到的。当时他是队上的技术领导，又是党委成员，运动一开始就把矛头指向了他，大字报满天飞，将一个个莫须有的罪名像一把钢刀一样刺向了他。他每天白天抓紧工作跑野外，晚上或下午还要在礼堂挨批斗，弯腰、罚站、戴高帽子、游街，有时还要在他的头上敲打几下。游街完了回来帽子一取，他又开始工作到深夜。就是在这种精神高压下，生产挨斗两不误，他艰难顺利地完成了两大铁路的勘察任务。为什么他在那样残酷斗争无情打击下还能坚持努力工作？那是因为他心中有一种坚定的信念：共产党是不会让坏人长期得逞的，真理终究要战胜邪恶。他坚信：不管你给我乱扣什么罪名，我努力完成党和国家交给的地质工作任务，把铁路勘察好，绝对没错。反之才是一个罪人。

6. 立足当地，放眼世界，开展环境地质勘察研究

随着人类工程经济活动快速发展，人类生活的自然环境日益遭到破坏和恶化。

环境问题已经和人口问题及资源问题并列为当今世界三大忧患问题。保护地质环境，促进人类社会的良性发展，已成为地质学科的重要内容。他从20世纪70年代末开始，即已注意到开展环境地质调查研究，保护地质环境的重要性。调回湖北工作初期，他在参与三峡工程地质工作的同时，即积极倡导和安排进行这方面的调查研究工作。首先指导进行了"鄂西山区山体稳定性与滑坡、崩塌发育规律区域环境地质调查研究"，该项目曾获得地矿部科技进步二等奖。同时安排对湖北武汉、黄石、宜昌、沙市、襄樊等主要城市的水文地质、工程地质、环境地质进行综合调查研究，也取得了开创性的成果。1980年6月发生在湖北远安县盐池河的大崩塌惨剧，致使284名矿工及家属惨死在崩石堆下。悲剧发生后，他作为劳动部组织的专家组成员赶赴现场考察，为了查明原因，顾不得个人安危，他和其他成员一起深入山崩地带和地下矿洞进行观察。经过一番调查研究，他当即指出：山崩主要是由矿山采空区的不均匀沉降所引起。而矿山居住区选址在自己大规模挖掘的陡崖脚下，是招致重大人员伤亡的环境地质失误。从而说明了在矿区进行矿产地质调查的同时，进行矿山环境地质调查的重要性。1982年，他受中国地质学会工程地质专业委员会的委托，在湖北孝感主持召开了全国环境工程地质问题讨论会，并作了《关于工程地质学的概念、范畴及发展方向》的主题报告。1987～1989年他分别向北京国际环境工程地质问题座谈会和第28届国际地质大会提交了《斜坡变形破坏的动力成因分类》和《采矿活动有关的山体变形破坏机制》的文章，强调了人类工程活动对山坡稳定性的破坏作用，是保护地质环境的重点克制对象。1999年和2003年，他作为项目负责人，主持完成了"以武汉为中心的长江中游沿岸经济开发区环境地质调查评价"和"长江中游主要水患区环境地质调查评价"，比较全面深入地调查了人类工程活动与自然地质条件的相互（结合）作用对水患形成、河道港口稳定及经济发展的影响。前者获地矿部科技成果二等奖，后者获国土资源部国土资源科学技术二等奖。2000年他在中国地质调查局南京环境地质研究中心成立大会上发表了题为《论城市环境地质研究》报告。在总结这些勘察研究成果的基础上，他在2000年中国工程院院士大会上作了题为《关于环境地质学若干基本问题的探讨》的学术报告，全面论述了有关环境地质的学科概念、范畴，与相邻学科的地位关系及其基本理论、方法。2003年主编了《1∶25万区域环境地质调查技术要求》。

武汉市有两大环境地质问题，一是岩溶地面塌陷；二是深基坑的变形破坏。新中国成立前在武昌区武泰闸附近的江边发生过较大规模的地面塌陷，形成了"倒口湖"。1977年9月，又在汉阳中南轧钢厂内发生了三个直径20米左右的塌陷坑。他被派去主持此处地面塌陷的勘察防治。经调查、勘探，查明该处塌陷系由附近一家工厂的深井抽取岩溶地下水所引起。建议用黏土填坑，并停止该井的抽水活动，此后再未见塌陷。后来在武昌区又多次发生塌陷灾害。市里请他任技术顾问，指导进行调查处理。于是他结合这些塌陷灾害的处理，组织对武汉市主要石灰岩分布区岩溶塌陷的形成条件与作用机制进行调查研究，并进行了危险区划分。为武汉市在城市建设中对岩溶塌陷问题的防治提供了区域性地质依据。他根据亲自调查过的武汉和黄石、大冶地区及应城汤池地区的塌陷实况，并参考湖南、广东等地的有关资料，撰写并发表了《岩溶塌陷的类型、成因机制及防治途径》文章，被认为是这方面的创新论述。武汉市深基坑变形问题是改革开放后，随着高楼大厦及高层小区蓬勃兴建而出现的。修建高楼需要将基础向下深埋，因而也就必须开挖较深的地基基坑。武汉市区很多地方，主要是沿江阶地平原区，地质条件复杂，地下常有淤泥质软土和含承压水的沙层存在。在这些地方开挖深基坑，很容易引起边坡土体变形，底板凸起，涌泥涌水，影响基坑的正常施工，并会引起早打下去的地基基桩倾斜、折断和基坑周围的地面沉陷、开裂，房屋开裂变形，地下水管、汽管破裂等灾害。针对这种情况，1993 年他以武汉市基础工程协会专家组组长的身份，建议并主持编写了《武汉地区深基坑工程技术指南》，经市建委颁布实施后，大大减少了基坑灾害事件的发生，保障了数百栋高楼的安全兴建。此书将深基坑的各种工程活动，作为一个系统工程，对其相关的技术工作进行了全面的技术规范，当时在全国尚属首次。1995 年获得建设部科技进步二等奖。

三、治学思想和学术成就

1. 基本治学思想

集思广益，独立思考，求真务实，勇于创新，抓住要害，科学概括，找出规律；在工作方法上，主张土洋结合，新老结合，定性与定量相结合。

2. 主要学术成就

第一，工程地质及水文地质方面：对岩体工程地质划分这个基础性问题，明确提出了岩体单元划分与岩体类型划分两个平行划分体系和相应的工程地质制图原理。在斜坡稳定性分析方面，划分坡体结构类型并建立相应图解。在断裂构造的活动年龄鉴定方面，提出了宏观岩性鉴定法。将建筑物工程地质勘察评价的要害问题归结为：地壳稳定性、地面（斜坡）稳定性、地基稳定性和地下洞室围岩稳定性。工程地质工作的最大效益机会存在于工程的规划选址之中。对钻孔压水试验方法方面，对从苏联引进的试验方法，提出了全面改革意见。1∶50万水文地质图编制中，首先采用按覆盖层孔隙水，基岩裂隙水和岩溶水进行地下水三大类型划分。提出水库地下库容的新概念及其对水库水量调控的影响。

第二，对环境地质学科的属性、涵义、范畴，与其他有关学科的地位关系和基本理论方法，以及地质环境在整个人类自然环境中的地位等重要问题，都作了有创造性的阐述。首先系统地提出了地质灾害发育的群生性、链生性规律，斜坡变形破坏的动力系统划分。具有独创性地提出滑坡崩塌等突发性地质灾害的形成过程，常需经过致灾地质作用的发生与受灾对象的遭遇两个环节。

在他所从事的工程地质与环境地质勘察实践和科研中，为了总结经验，阐述自己的学术思想，曾先后在国内外发表了100余篇论文及多部著作，主编有《长江三峡工程重大地质与地震问题研究》《山区铁路工程地质》《武汉地区深基坑工程技术指南》和《岩土体工程地质分类标准》外，还有专著《工程地质与环境地质概论》。

刘广润在1980年由地质部授予"有重大贡献的地质工作者"称号，1991年获得"李四光地质科学奖"，1999年当选为中国工程院院士。刘广润的一生是战斗的一生，奉献的一生，他为祖国地质事业忠心耿耿，呕心沥血，奉献出了全部心血和青春。他在去世的前几个小时还在和他的助手谈论工作。他的光辉业绩将永远造福于人民。

四、刘广润主要论著

刘广润，胡海涛. 1959. 长江三峡水利枢纽初步设计要点阶段工程地质勘察报告. 宜昌：地质部三峡水文地质工程地质大队.

刘广润. 1959. 三峡水库的工程地质条件. 水文地质工程地质论文集（三峡专集）. 北京：地质出版社.

刘广润，叶升安，郭希哲. 1960. 长江三峡水利枢纽坝线选择工程地质勘察报告. 宜昌：地质部三峡水文地质工程地质大队.

刘广润，叶升安，郭希哲，等. 1965. 长江三峡水利枢纽初步设计阶段工程地质勘察中间性总结报告. 宜昌：地质部水文地质工程地质第三大队.

刘广润，吕贵芳，江丕光，等. 1977. 山区铁路工程地质. 北京：地质出版社.

刘广润，郭希哲. 1979. 长江三峡水利枢纽坝区结晶岩风化壳的工程地质特征. 苏州第二届全国工程地质大会论文集.

Liu G R. 1979. Engineering geological investigation of tectonic fractures in the region of Changjiang gorges water conservancy project. Tbilist. Bulletin of IAEG, 20：85-91.

Liu G R, Cheng B Y. 1982. Landcollaps induced by pumping and draining groundwater. New Delhi. Proceeding of IV congress IAEG.

Liu G R. 1986. Discussion about engineering geologic division of rockmasses for engineering geologic mapping. Buenos Aires.

Liu G R. 1987. Dynamogenetic classification of slope deformation in mountainous region of western Hubei // Proceeding of international symposium on engineering geological environment, Beijing.

刘广润, 徐开祥. 1988. 鄂西山区滑坡区域性发育规律研究. 滑坡论文集. 北京: 铁道出版社.

Liu G R. 1989. Environmental geological investigation of rockfall and landslide hazards induced by mining in mountainous area of western Hubei. progress in geosciences of China (1985-1988) -papers to 28th IGC.

刘广润. 1989. 论城市环境地质问题研究. 水文地质工程地质, (4): 47-50.

刘广润. 1991. 长江三峡链子崖危岩体和黄蜡石滑坡防治可行性研究阶段的工程地质勘察研究. 中国地质灾害与防治学报, 2 (3): 12-17.

刘广润, 郭希哲, 楚占昌, 等. 1992. 长江三峡工程重大地质与地震问题研究. 北京: 地质出版社.

Liu G R. 1992. Structural analysis of slope stability. Proceeding (3) of Regional Crust Stability and Geological Hazards IGCP-250.

Liu G R. 1996. Discussion on environmental geological problems of Three Gorges Project // Advances in engineering geology-papers to 30th IGP.

刘广润. 1997. 工程地质与环境地质概论. 武汉: 中国地质大学出版社.

刘广润, 程伯禹. 2001. 岩溶塌陷的类型、成因机制及防治途径. 工程地质学报, 9 (4): 79-82.

刘广润, 徐开祥. 2003. 三峡水库沿岸移民区地质灾害防治研究. 工程地质学报, 11 (1): 85-88.

撰写者

宋翠华 (1935~), 华中科技大学水电与数字化工程学院, 高级工程师。刘广润夫人。

李庆忠

李庆忠（1930~），江苏省昆山市人。石油勘探专家，1995年当选中国工程院院士。1952年毕业于清华大学物理系，曾任大庆、吉林、胜利、塔里木、新疆、中原、青海、玉门等油田的高级顾问。1965年首次提出三维地震勘探的方法和原理，并在东营-辛镇油田组织实施。此后，又在胜利油田组织了世界上第一片束状施工的三维地震勘探，发现了新立村油田，后来该油田探明储量1100万吨，建成年产15万吨的规模。1972年发表长篇论文，系统地阐明了地震波的波动理论，使地震勘探技术从几何地震学进入到波动地震学，并提出了"积分法绕射波扫描叠加偏移"技术。1975年该技术在国产150计算机上应用，取得了很好的效益：华北商河西油田的资料经过偏移处理后，断棱准确、深层反射清晰，在临邑大断层下方发现不少高产断块。短短两年时间内探明石油地质储量5400万吨。1974年首创两步法偏移技术，当时其效率比一步法高数百倍，该方法的论文比国外早5年发表。1993年出版专著《走向精确勘探的道路》，全面评述了高分辨率地震勘探的理论及发展方向。1985年荣获国家科技进步特等奖，1995年被中国石油天然气总公司授予"石油工业杰出科技工作者"称号。现任东方地球物理勘探公司副总工程师，并兼任中国海洋大学海洋地球科学学院名誉院长，博士生导师。

一、把青春献给祖国的石油物探事业

李庆忠，1930年10月10日出生于江苏省昆山市。5岁时父亲到上海行医，举家迁至上海。1935年入学，先后就读于上海实验小学、崇真小学，毕业于尚才小学。1942年，进上海震旦附中读初中。1944年，回昆山继续学习，于1945年7月初中毕业于昆山县立中学。9月，返震旦附中读高中，后转入上海市立格致中学。1949年2月高中毕业。在家自修半年后，9月考入清华大学。

进入大学后，李庆忠就读于清华大学电机系，第二年转到物理系。1952年，由于国家建设事业的需要，提前一年从清华毕业。当时正赶上我国第一个五年计划的开始，他满怀着报效祖国、建设祖国的激情在毕业分配的志愿书上写下：第一，到祖国最需要的地方去。第二，到最艰苦的工作岗位去。第三，坚决服从组织分配。结果，他被分配到燃料工业部石油管理总局当实习生，接着又被分配到新疆中苏石油公司（现新疆石油管理局）地质调查处，在茫茫戈壁滩上迈出了他物探事业的第一步。

李庆忠在新疆一干就是八年，度过了自己的青春年华。刚到新疆，在地调处做重磁力测量，跑了三年野外。夏季赶着骆驼穿越荒无人烟的准噶尔大沙漠，白天冒着似火的骄阳，晚上就天当被地当床，在沙丘上铺开行李包宿营；冬季，工区穿过很大的芦苇塘，他和勘探队员们趟着结着薄冰的塘水向前行进，冰水灌满了皮鞋，冰凉刺骨。那个时候，工作虽然很艰苦，然而他都以苦为乐，以苦为荣。

由于物质条件的匮乏，意外事件经常发生，有些战友甚至被夺去了生命，如地质队女队长杨拯陆（杨虎城将军的女儿）和队员张广智冻死在三塘湖盆地，另一个地质队女队长戴健在阳霞牺牲于山洪暴发，电法队长陈介平在塔里木河边被狼群吃掉。每当谈到这些献出了宝贵生命的同志，李庆忠总是说："他们已经为祖国的石油工业贡献出了自己的生命，我们吃这点苦又算个啥？"

1961年，走出茫茫戈壁的李庆忠又走入了皑皑白雪覆盖的大庆，参加轰轰烈烈的大庆石油会战。当时全国正是困难时期，粮食严重缺乏。长时间以黄花菜充饥，李庆忠得了浮肿病，每天耳鸣不止，但他坚持工作，始终严格地要求自己，在艰苦的环境中锻炼自己。对于艰苦的条件他没有任何怨言，心里只有一个念头：只要能让祖国摘掉贫油国的帽子，再苦再累也心甘。东北的冬天很冷，站在出工探勘的敞篷车上，李庆忠他们每次两腿都冻得发僵，以致下车后要直立蹦跳好久才能正常行走。但无论是戈壁滩漫天风沙的无情磨砺，还是东北雪原难以忍耐的寒冷与痛苦，都阻碍不了他如火的热情与执著的追求。他抓紧一切可以利用的时间，大量攻读地质、数学、物理等方面书籍，结合大量的勘探资料，进行地球物理勘探中地震方法的研究。凭着满腔热情和吃苦精神，他取得了出色的工作成绩，每年代表地调处在大型技术座谈会上作勘探成果报告，连续三年被评为"五好红旗手"。

1964年，华北石油会战打响，李庆忠又来到山东东营参加会战。这个时候，生活条件稍微好了些，但大会战紧张的工作使每个人处于高度紧张的劳动状态。李庆忠每天夜晚不到十二点半不离办公室，早上七点半闹钟一响，立即起床，连早饭也顾不上吃，就去工作。这期间他和妻子梁枫住在离露天厕所不远的简易平房里，一住就是十几年。他领导的牛庄地球物理攻关队在会战中立下了许多战功：我国第一台模拟磁带地震仪、第一台超声波测井仪、第一台伽马测井仪等新仪器都在牛庄这个小园子里试验成功并投入了生产。李庆忠在东营地质指挥所任副指挥时，负责地球物理勘探及井位的审定工作。在胜利油田的 14 年里，他为孤岛油田、永安镇、郝家、现河庄油田、利津、商河西、义和庄及五号桩等油田的第一批发现井的拟定做出了贡献。每当看到这些探井喷出高产油气流来的时候，他的心里就感到无比的喜悦，感到自己的生活与工作充满了意义。

这些在艰苦条件下的经历，磨炼了李庆忠的意志，使他在以后的工作生活中不论碰到什么样的困难，都能以百倍的勇气去面对。更重要的是，这些经历激发起他对石油勘探事业的满腔热忱。

二、从几何地震学到波动地震学

从 1957 年开始李庆忠就开始做综合研究工作，长期搞综合研究培养了他对地球物理勘探技术的执著追求。李庆忠毕业于清华大学物理系，对地质解释方面过去没有学过专门的知识。于是他抓紧一切时间自学构造地质学、大地构造学、沉积岩石学、地史学等。大庆石油会战期间，李庆忠开始搞地震方法研究，又下决心在数学方面再打些基础。他总觉得每天的时间不够用，即便在出差途中，在汽车、火车上，也抓紧一切时间自学复变函数、数学物理方程等课程。在工作方面，不管做什么，李庆忠总是追求更高的水平。每天夜深人静的时候，他就把白天未能解决的问题从头到尾思考一遍，许多新的思路就是在这种反复思考中产生的。他从不轻信前人的结论，而是从事物的本质出发，独立思考，并从实际中得出自己的结论来。

1965 年在胜利油田会战时期，当时的地震资料在复杂构造上往往与钻井资料不符，不是深度有较大误差，便是断层位置不对。前人在地震方法研究方面也曾经做过大量的试验：例如缩小排列、非纵排列、低频反射、平面波前法、方向调节接收等，但其结果都不能解决问题。

传统的几何地震学认为，地震波像光一样直线传播，入射角等于反射角，恰似乒乓球的反弹射状。这种简单的类比法也是传统的地震勘探成图计算的理论基础。

李庆忠从物理光学和几何光学的差别出发，想到地震波的波长很大，一般为 80~150 米，它的传播与其说像乒乓球的弹射不如说它主要以波动的性质在地层中传播，并且遇到断层就会产生绕射波，造成地震记录上"层断波不断"的现象，并且小断块反射能量下降，消失在干扰背景之中。于是，他想：如果不把绕射波收敛起来加以归位，就不能真实地反映地下断块的形态。

这些想法得到了俞寿朋、刘雯林的支持和帮助。1965 年，他们共同计算了大量地震波的衍射波动性质和特征。1966 年，李庆忠进行了系统地论述，写成《波动地震学》手稿，说明了"一个反射主体、两个绕射尾巴"，"地层断、波形不断"，"短小断块的反射波消失在背景之中"，"反射记录上的同相轴和地下反射段并不总是简单地一一对应"等一系列推论。

但是不久，"文化大革命"冲击到李庆忠的头上，他被批判成"三脱离"的典型，"反动学术权威""抹断层的专家"，多种帽子扣到了他的头上，还剥夺了他的工作权利，没收了他的手稿并拿去作为"罪证"。无休无止的批判，使他一气之下把床底下六箱书籍手稿全当废纸给卖掉了，只身下到小队去劳动。

直到1972年，刘雯林把代李庆忠精心保存而幸免于难的"物理地震学"的手稿和图幅交还给他。在刘雯林、王良全及柴振弈的帮助下，李庆忠终于完成了《地震波的基本性质——复杂断块区的反射波、异常波和干扰波》这部21万字的长篇论文。誊印100份发至各油田后，引起了很大的反响：大港油田组织技术人员学习该文；辽河油田派出一个小组专程到胜利油田听课；物探局当时总工程师孟尔盛给予该文以高度评价，认为是我国地震勘探发展史上的重要论著。《石油地球物理勘探》杂志于1974年以1-2期合刊的方式，全文刊登了这篇文章。

此后，各石油院校的教科书，在阐述地震波的性质及特征时，均采用了李庆忠这篇文章中的附图。

1972年，李庆忠建立在波动地震学基础上的"绕射波扫描迭加偏移"技术也得到了广泛应用，这种波动方程偏移技术的最初形式的提出，与国外几乎是同时的。1973年，胜利油田地调指挥部的赖正乐工程师等人，在当时没有电子计算机的情况下，用国产模拟回放仪实现了偏移成像。接着，全国其他油田也争相仿效。1975年，该技术在物探局国产150计算机上应用，取得了很好的效益：华北商河西油田的资料，经过处理后，断层准确，深层反射清晰，在临邑大断层下方发现不少高产断块。短短两年时间内探明地质储量5400万吨，从一个不为人知的新区建成年产40万吨的石油基地。现在地震资料的偏移技术已经发展到更高的水平，大家再也不会认为物理地震学是脱离实际的空想，偏移成像技术也成为地震勘探中不可缺少的重要一步。

三、世界上最早的三维地震勘探

20世纪60年代中期，石油地震勘探资料的成像技术正从剖面到立体，即从二维到三维发生着历史性的变化。

与大庆油田不同，胜利油田是有名的复杂断块油田，用常规的二维地震方法很难搞清地下情况。当时任地质指挥所副指挥的李庆忠坚持"从实际出发，认真调查研究，不因循守旧，努力创新"的思想路线，总结了二维地震资料与钻井资料不符的原因，提出改进地震勘探的八字方针：去噪、定向、辨伪、归位。1965 年，他和俞寿朋、刘成正等同志提出了一个三维地震勘探的具体实施方案，设计了一套线距为 260 米的密集型"小三角"测网进行野外采集。当时使用的是国产 51 型地震仪，同时采用了解放波形、面积组合的接收方式。在资料解释中，从三个方向识别反射波，计算侧向偏移距离，然后人工进行偏移归位（又称"剖面搬家"），这实际上就是我国最早也是世界上最早的一种三维地震勘探，使东辛油田在 1967 年获得了第一张三维偏移校正的沙一段反射标准层构造图，这是我国第一张三维归位构造图。

事后于 1978 年，李庆忠又和同志们总结了我国东辛油田第一个三维地震偏移校正查明了复杂断块油田的实例经验，在美国勘探地球物理学家协会（SEG）旧金山年会上，代表中国地球物理界作了第一个出国技术报告，博得了与会外国专家长时间的鼓掌声，为祖国争得了荣誉。人们看到了长时间受技术封锁的中国地球物理工作者依靠自己的聪明才智，在三维地震技术方面走到了世界的前沿。

但是在 1967 年，"文革"风暴席卷全国，李庆忠、俞寿朋受到了不公正的批判，三维地震勘探的试验工作中断了。尔后，李庆忠被下放劳动，俞寿朋也被调离了胜利油田。

1974 年，李庆忠恢复职务后，又积极开展了三维地震的试验。他利用当时国产模拟磁带仪进行多次覆盖采集。当时美国的三维地震还停留在"十字放炮法""环线地震法"上，都不能克服多次波的干扰；法国的"宽线剖面法"也只能称为半三维工作法；李庆忠设计了"束状三维地震"采集测线，有效地克服了多次波的干扰。由于种种原因，"束状三维地震"采集的资料直到 1982 年才由张明宝处理出来，并完成了 T4 构造图，提供了井位。结果发现了新立村油田，在沙三段上部发现高产的厚油层，一年之中探明储量 1100 万吨，当年就建成 18 万吨的生产能力。

现在，愈来愈多的人认识到三维地震勘探的重要性，这项技术已经是我国勘探发现油气田的重要措施，以及老油田进一步挖潜的重要手段了。

四、领先世界的两步法偏移技术

1979 年 7 月，作为中国南海中外合作地震勘探项目的中方代表，李庆忠成为驻美国埃克森石油公司的资料处理监督，当年 10 月份去新奥尔良参加第 49 届勘探地球物理学家协会（SEG）年会。西方地球物理公司的拉纳（1991 年为 SEG 协会主席）在会上作了关于两步法偏移技术的报告。李庆忠告诉坐在他身边的物探界老前辈顾功叙先生："中国其实很早就提出了这种方法，比国外早。"事实上，李庆忠早在 5 年之前就提出了用两步法实现三维偏移的归位，发表在 1975 年的《石油地球物理勘探》杂志上。该文不仅提出了两步法偏移的具体方法，而且论证了它与三维一步法全偏移的误差均在允许精度范围之内，使我国在只有中小型计算机的条件下就能实现三维地震数据的偏移成像，因为一步法偏移要将大量的数据同时输入计算机，计算效率极低。当时世界上最大计算机的内存远比今天的笔记本微机还要小得多，而利用两步法偏移两次将倾向和走向偏移输入，这样数据量小，且效率要比用"一步法"高数百倍。

SEG 年会后，李庆忠书信一封，把他文章的复印本转寄给拉纳，拉纳不懂中文，但一看图幅就明白早在 5 年前中国人就提出了这种方法。他十分友好地把李庆忠接到西方地球物理公司去访问座谈。后来，拉纳在他正式文章发表的序言中写下"最早提出两步法偏移的是中国的李先生"的字样。

20 世纪 80 年代，我国三维地震资料处理中，绝大多数油田一直都在使用两步法偏移。在我国缺乏巨型计算机的条件下，两步法偏移有着重要的意义。

五、地震地层学的重要补充

地震地层学是地震勘探解释工作的一个重要变革，它改变了过去只研究构造起伏的局面而走向与岩性、岩相紧密结合的崭新道路。在我国引起了高度重视并产生良好效益。

早在 1975 年，地震地层学的基本概念已在我国胜利油田的一些地球物理解释人员心中萌芽。他们经过多年的实践得出认识：地震剖面上的每一组好反射波，基本上反映一套储盖组合；沙三段的高压油层往往伴随着一个不很稳定的 T5 反射强波。

1972 年，李庆忠总结了这些认识，并在《地震波的基本性质》一文中加以系统化。他提出反射地震波与地下的岩性条件有着内在的联系，并论述了海相、深水湖相等七种岩相带的地震反射特征，同时指出了不同岩相的波形变化情况以及可追踪的范围。很可惜，这些认识在当时并没有引起人们的重视，直到 1977～1979 年，从美国考察学习的石油部领导回国后，才把美国系统化的"地震地层学"介绍给国内，并着力推广。于是，地震地层学于 80 年代中期在我国推广，而且产生了很好的勘探效果，地震勘探由过去只能研究地质构造发展到能够分辨地层的沉积相和研究砂岩储集层的分布变化规律，开拓了勘探的新领域。

然而，李庆忠没有人云亦云，他注意到国外的地震地层学的一些研究方法大多是针对海相地层的，生硬地套用到中国的陆相地层，就产生了不少问题。1985～1986年，他用计算机做了大量的正演模型，并收集了河流沉积的各种研究资料，根据黄河4000年中河道变迁的记录以及长江流域江汉曲流河的发展历史，有力地证明了陆相沉积的复杂性以及地震地层解释中的各种"陷阱"。

1986年，他在《石油地球物理勘探》杂志上发表《陆相沉积地震地层学的若干问题》。他把英文稿寄给了美国创导"地震地层学"的埃克森石油公司总地质师桑格里。桑格里来信给李庆忠说："这篇文章是对地震地层学文献的有用贡献。你文中的图件，尽是出色的图件……"。美国哥伦比亚大学的郭宗汾教授也来信祝贺："你的高作我非常欣赏，还望再接再厉，为国争光。"1991年刚从美国留学归来的王克宁也谈到：李庆忠所表述的观点正好与美国最近发展起来的"事件沉积学"所持的新观点完全一致，即"自然界的沉积作用在许多灾难性的事件中不断地改造着沉积体的面貌"。这种思想认识将引起传统地质学观念上的变化，同时也会使地震勘探的解释朝着更为准确的方向前进。李庆忠的文章，可以说是对现代地震地层学的一个重要补充或是重要发展。

六、坚持真理，维护物探技术的科学性

作为一名科学家，李庆忠始终坚持实事求是的科学精神，坚定不移地维护物探技术的科学性。1985年开始，美国的GI地球物理国际公司（Geophysics International Corp）声称它发明了一种直接找油、找煤、找水的先进技术，称作Petro-Sonde（中译为岩性探测技术）。该方法是凭一个像收音机样子的仪器，既不拉天线，也不接地线，就凭操作员用耳机听声音，并旋动接收机上的旋钮（据说它能指示探测深度），就能听出多深处有油气。这实际上是一个骗局。他们到任丘油田、胜利油田演示试验后，据报刊报导说：探测油层的深度误差仅22米；到开滦煤矿找煤时，煤层深度误差仅5米。消息传开后，我国有不少"热心人"从事这项研究，到90年代发展到我国有6家单位能生产这种骗人的仪器，不少有名的研究所及大学科研人员还为之"创造"探测理论。

李庆忠绝对不相信还有这样简单这样省事的找油方法，他说："有这样好的方法，还要物探做什么？"他对这种不科学的找油技术的风行感到十分气愤，于是他着手进行研究，对其理论和实际资料加以分析，得出结论：它是伪科学。1996年他发表了《对Petro-Sonde岩性探测技术的质疑》一文，全面揭露了伪科学在理论上有6

个关键问题站不住脚，在实际结果上又错误百出：这种仪器在同一点上既没有重复性，调试前后也没有稳定性，各台仪器之间也没有一致性。它所接收的所谓信号只是电磁波的一种脉动噪声，根本不是来自地下的信号。通过他的文章的批判，这种伪科学就此销声匿迹了。

美国另一家世界地球物理公司（World Geophysical Corp）在80年代发明了一种重力直接找油的新仪器，称为 Affinity System（艾菲亲和系统），它实质上只是一架灵敏度很差的重力梯度仪，然而他们诓称是专利保密，不准别人打开仪器，也不告诉别人他测的是什么物理量。他们到中国到处招摇撞骗，声称用了该方法便可使探井成功率达到70%～80%，滚动开发中成功率达到80%～90%。尤其是1992年与胜利油田的某些人挂钩后，成立了中美合资东营艾菲石油勘探有限公司，更加扩大了其勘探领域，每年营业额高达数百万元，全国各油田委托他们找油的"艾菲"项目总经费超过了两千万元。他们在报纸上大登广告，声称"艾菲直接找油是油气勘探的新坐标"，"能够直接检测油气丰度，圈定含油范围"，真是"既省钱、又快速的找油新技术"。不少油田受其蒙骗，甚至在做过三维地震的工区里还来补做艾菲直接找油。李庆忠本着实事求是的精神调查了"艾菲找油"在各油田上的实际资料，发现资料的精度极差，交点上的闭合差远远超过油气异常的幅度；经重复观测后，所谓的油气异常面貌可以完全改观。于是他写了《评艾菲微重力直接找油》一文，发表在1997年《石油地球物理勘探》第2期，从理论到实践的各方面揭露了艾菲伪科学的本质，从而使其退出了勘探市场。

"伪科学"之所以能够欺骗世人，就是因为它穿上了科学的外衣，一些看不到事物本质的所谓专家和一些"宁可信其有，不可信其无"的普通百姓都可能成为它盲目的追随者，这些追随者有时数量很大。所以，反对伪科学并不是写一两篇文章就能解决问题的，它需要反伪者具有加倍的勇气和信心。

李庆忠自己知道，他发表这两篇论文是冒着风险的。他的文章无情地揭露了这些"新方法"的不科学或者伪科学的本质，必然引起许多人的责难。李庆忠不怕别人的责难，也做好了"对簿公堂"的充分的思想准备，他反对伪科学的决心从来没有动摇过。1992年，在一次石油部科技大会上，李庆忠指出："从概率论的观点可以说明，完全不科学的胡猜瞎蒙，对某井含油不含油的预报成功率是接近50%。如果加上一定的地质知识再猜，预报成功率就大于50%。"因此，"预报成功率"不等于"钻探成功率"，它们是两个不同的概念，劝大家不要上当。

由于李庆忠从理论到实践的各方面揭露了岩性探测及艾菲伪科学的本质，从而终于使它们退出了勘探市场。

七、走向精确勘探之路

"为祖国找更多的石油"是李庆忠毕生的追求,为了提高地震勘探精度,年届六旬、鬓角微添霜丝的李庆忠开始攀登起新的高峰——着手建立高分辨率勘探系统工程:从野外地震资料的采集、计算机处理到解释研究,都采用最先进的技术、最优化的方法。

李庆忠在理论上和实践中总结出了影响地震勘探精度的各种因素,并从物理的本质入手,结合严密的数学理论,运用现代计算机技术,对物理勘探中各种现象与技术方法作了本质性、机理性的研究,提高了高分辨率勘探的方法及措施。

他常常在计算机前忘记了时间,忘记了休息,一干就是十几个小时,沉浸在新的认识、新的突破的喜悦之中。

他提出了大地吸收(地震波)作用的经验公式;推算出中、新生界地层的吸收指数;研究了"地震子波零相位化方法",并提出波阻抗反演中存在的五大难题和解决的办法;完成了"用剥除拟合法求取纵波正入射剖面"的技术,使之取代水平叠加,更好地克服多次波,获得高分辨率的剖面。

1993年,凝结着他十年心血的《走向精确勘探的道路——高分辨率地震勘探系统工程剖析》一书问世了。此书由石油工业出版社出版后,得到读者的高度评价,是理论与实践结合的一本好书,是"打开高分辨率勘探之门的一把钥匙","这是一个资深的物探专家正确地看到并选择了地震勘探的明天之路,对今后提高地震勘探的精度将起到重要作用。"第一版2000册被抢购一空,再版后亦销售完毕。此书获石油地球物理勘探局1993年科技进步一等奖,被誉为地球物理界的一部经典著作,直至今日,很多文章和著作还在引用这部专著。

八、老骥伏枥,不断为物探事业做贡献

现在李庆忠已经年过八旬,鬓发微霜,但他仍不知疲倦地在辛勤工作着,活跃在物探科研前线。

李庆忠带领他的研究生科研团队开展了一系列地球物理新方法、新技术研究工作。瞄准了当前地震勘探的重大课题,开展攻关研究。

例如:从"地震次生干扰波形成机制与压制方法"研究出发,提出了使用横向拉开组合方法可以显著改进我国西部山区地震资料品质,使得近年来新疆库车山地

及青海油南地区地震资料品质获得了明显提高，发现了深层含油气构造。

《浅层强反射界面的能量屏蔽作用》一文指出了我国西藏羌塘盆地及江西鄱阳湖盆地等地震勘探至今尚未攻克难关的根本原因，并指出今后的技术出路。

《井间地震的误区和出路》一文阐明了井下地震波场的复杂性，其复杂性使传统工艺的井间地震误入歧途，文中指出了全新的勘探思路。

《基于自适应免疫遗传算法的地震弹性参数叠前反演》一文首次将免疫遗传算法用于叠前 AVO 反演，可以较稳健地获得准确的地震弹性参数。

"地震资料多次波压制处理技术方法研究"项目中提出了新的多次波压制方法。

以上研究成果解决了当今地震勘探的重大疑难问题，为我国陆地、海洋的地震勘探指明了方向，对推动地震勘探发展有较好的指导意义。

岩性油气田勘探是当前的热门话题。2006 年，李庆忠与张进的《岩性油气田勘探——河道砂储集层的研究方法》一书具体分析了我国陆相沉积岩性油田的复杂性，创造性地提出"视同相轴"的新概念，分析了国内外岩性油田勘探河道解释及切片分析的误区，指出今后应该在高精度三维地震勘探基础上，做好叠前时间偏移及应用可视化显示手段，才能获得更好的勘探成效。

近年来，多波地震勘探在我国兴起了一股热潮，很多人认为"全数字、全波场地震勘探的时代已经到来"。2007 年李庆忠与王建花在深入研究多波地震的基础上，共同编写出版的《多波地震勘探的难点与展望》一书系统地分析了多波地震勘探难以解决的技术难点，以反潮流的思路指出三分量数字检波器的缺点，最后指出储层研究今后的出路在于用纵波资料直接反演多波弹性参数。

以上两本书出版以后，受到了业内人士的广泛好评。地球物理学家熊翥评价说，这两本书"倡导独立思考"，"用事实说话"，指导"如何分析问题，做好科研"，是"很有新意的两本书"。

九、结 束 语

从"波动地层学"理论的建立到两步法偏移技术的提出；从第一张"土法三维"地震构造图的诞生到《陆相沉积地震地层学的若干问题》和《走向精确勘探的道路》的问世，我们看到了新中国第一代知识分子艰辛跋涉的足迹，看到了李庆忠在现代物理勘探两大支柱性技术（即三维地震和偏移技术的基本理论）发展道路上洒下的汗水。

50 多年来，李庆忠勤奋工作，治学严谨，勇克技术难关，曾多次被评为局级先进工作者、劳动模范、石油部先进科技工作者。1985 年，他的"渤海湾盆地复式油气藏聚集勘探理论与实践"荣获国家科技进步特等奖；1991 年他被授予"国家级有突出贡献的专家"称号；1995 年 5 月光荣当选为中国工程院能源与矿业工程学部的院士；同年 9 月，在总公司第四届科技大会上被授予"石油工业杰出科技工作者"称号。一项项的奖励和荣誉，饱含着李庆忠的智慧和汗水，饱含着他几十年不懈的追求和梦想。

十、李庆忠主要论著

李庆忠. 1974. 地震波的基本性质——复杂断块区的反射波，异常波及干扰波. 石油地球物理勘探，(1-2)：4.
李庆忠. 1979. 东营-辛镇油田的勘探历程——一个最早的三维地震勘探实例. 地球物理学报，(2)：46-61.
李庆忠. 1993. 走向精确勘探的道路——高分辨率地震勘探系统工程剖析. 北京：石油工业出版社.
李庆忠. 1997. 院士文集——李庆忠集. 北京：中国大百科全书出版社.
Li Q Z. 1999. On strategy of seismic restricted inversion. Chinese Journal of Applied Geophysics.
李庆忠. 2001. 地球物理勘探技术推动了我国石油工业的迅猛发展. 中国工程科学，3（8）：25-28.
Wang J H, Li Q Z. 2006. A pitfall in crosswell seismic exploration and a way out. The Leading Edge, 25（4）：420-424.
李庆忠，张进. 2006. 岩性油气田勘探——河道砂储集层的研究方法. 青岛：中国海洋大学出版社.
李庆忠，王建花. 2007. 多波地震勘探的难点与展望. 青岛：中国海洋大学出版社.

主要参考文献

石志. 1990-7-13. 在物理、数学和地质的交汇点上. 石油物探报.
岁月流金编委会. 1997. 岁月流金——记石油科技专家（一）. 北京：石油工业出版社：106-113.
魏世江，吕小霞. 2004-11-5. 我为祖国找石油. 人民日报（海外版）.

撰写者

张进（1978~），中国海洋大学副教授，李庆忠的学生。

赵文津

赵文津（1931~），北京市人，地球物理学家。2001年当选为中国工程院院士。1952年6月清华大学物理系毕业，现为中国地质科学院研究员，曾先后任安徽321物探队队长、西南物探大队副主任工程师，地质部物探研究所主任工程师；还先后担任过中国地质学会地质科技管理研究会会长，中国地球物理学会常务理事、副理事长，勘探地球物理委员会主任，国家科技进步奖和发明奖评委以及地质矿业专业评委会主任，担任过国土资源部国际合作"喜马拉雅和西藏高原深剖面计划"中方首席科学家；国家探月二、三期预研专家委员会成员，国土资源部探月科学家小组组长；中国地球物理学会中国大陆动力学专业委员会主任；国家地震局地震预报评审委员会评委，中国遥感应用协会专家委员会主任等。主要从事矿产勘查，地壳上地幔深部构造勘查，探月研究和李四光学术思想研究。因对中国物探技术发展做出贡献而获得中国地球物理学会颁发的首届顾功叙地球物理科技发展奖，因青藏高原深部研究成果突出而获国家自然科学二等奖，因对中国地质勘查的贡献而获得何梁何利基金科技进步奖及李四光科技奖荣誉奖，因对中国地震预报工作而获得全国地震科技工作先进个人荣誉称号（2007）。美国《科学》杂志曾刊文肯定他在喜马拉雅造山带研究所做的贡献。

一、从小爱好学习，立志想为国家做些贡献

赵文津，自幼家境贫寒，生活一直在温饱线上下挣扎。小学、中学是在日本侵略者统治下的北平（现为北京）度过的，当了8年的亡国奴，受尽了服劳役和被欺凌之苦。1945年他初中二年级时，日本投降，国民党接管北京，美国大兵招摇过市，耀武扬威。成长经历和生活环境，使赵文津养成了简朴刻苦的生活习惯、不向困难低头的性格和爱国图强的思想。

1949年高中二年级的他就试着投考了大学，并提前一年开始了大学生活。1952年6月他加入了中国共产党，使他的决心更加坚定了，一是要为国家做些实事、大事；二是懂得了事物都是在不断地进步完善之中，社会发展是如此，科学技术也是

如此，一个人必须站在发展的方向上去思考问题，学会一分为二，不断追求进步；三是学习了科学的逻辑思维方法，讲求推理关系，遇事要问一个是否真有道理，不盲从盲信。这三点给予他深刻的影响，并使其终身受用，他常说"每每回忆起来过去在清华大学的学习生活深感幸福，对母校给予自己的宝贵的精神财富深为感激。"由于国家的需要，1952年6月大学提前毕业后，他便参加了野外地球物理探矿工作，承担起为国家找矿的任务。

二、从找矿开始了人生之路

赵文津认为一个人的成长总是由一系列的机遇铰链起来的。他把从事地质找矿工作看成为"自己人生的第一个机遇"。

由于新中国建设发展需要大量的石油和铁、铜等矿产，不解决矿产资源问题，国家建设就是无米之炊，地质部领导分派他到安徽铜官山矿区从事找矿工作，使他深深地感受到这是国家的信任与期待。可是，学物理的他对地质矿产的知识知之甚少，且思维方式的转变也要有个过程，为此他差不多用了五年多的时间。当时，要找矿，可是找矿用的物探仪器没有见过，需要自己试制物探仪器并立即应用于野外找矿，困难是很难设想的。年轻人有一颗火热的心，不会，大家就努力学习，虚心向物探老专家顾功叙和许多地质矿产专家求教，1952年经过一个多月的短训班突击学习后，他便与同学们一起到了铜官山铜矿野外现场开始了找矿实习。1953年初他就接替顾功叙担任安徽321物探队队长，当时他才22岁。

1. 沿着红军长征路找矿

1952~1953年321队工作在刚刚解放的皖南地区，1956~1958年西南物探大队工作在将要进行民主改革的四川西部凉山地区，除工作生活条件异常艰苦之外，治安条件也很差，土匪、叛匪、恶势力很猖狂，虎、豹等野兽也很多，容易感染血吸虫病和麻风病的池塘和村寨分布很广。当时四川凉山地区搞奴隶主叛乱，形势非常恐怖。工作在当地的一个物探分队就配备了有12支卡宾枪的一个警卫班。一次在喜德县的一个工区工作时，分队的一位警卫班长刘英在保护物探组上山探矿时，突遭叛匪的伏击而身亡；在驻地附近的小镇登相营天天都可以看到受伤的解放军战士被抬下火线，使大家思想上受到了深刻的火与血的洗礼。在严重的困难面前，他的思想斗争也很激烈，曾多次想打退堂鼓，但在物探局何善远、周镜涵、田实斋、田树本等老局长以及321地质队的滕野翔书记和郭文魁队长，西南物探大队队长萧尊一和副队长娄云峰等的帮助开导下，他坚强起来，经受住了考验。他说"我从他们那里得益很多，懂得了要建设就要奋斗，要奋斗就要有牺牲，这是一种宝贵的生活理念。回忆起来我非常感激这些老领导的友谊和关怀"。这样，大家硬是挺了过去，成长起来，找到一个又一个矿产地，为国家做出了贡献。经过全国人民的努力，现在不但在金沙江畔的攀枝花建起了巨大的钢铁基地，还建成中国的钛金属生产基地，它所占有的二氧化钛储量几乎占到中国钛资源的90%，钒金属量的30%。还建起了西昌卫星发射中心。

由于在皖南池州铜山铜矿、铜陵凤凰山铜矿等的发现中起了重要作用，1954年底321物探队被地质部物探处（物探局前身）评为甲等模范队，赵文津也被评为模范队长。1980年地质部评30年找矿奖时，西南物探大队虽已撤销，还是获得了地质部颁发的"30年找矿功勋物探大队"称号（集体奖）。

2. 在找铜矿和有色金属矿产工作中认识到必须不断探索找矿技术的创新

在皖南找矿时，主要找接触交代型铜铁矿床。这类矿床矿体的地球物理类型复杂，埋藏深度变化大，形状也复杂，当时的磁法、自然电场法和直流电剖面法老三样物探方法找矿的作用很有限。要找矿而方法技术手段不适应，成为当时的主要矛盾。实践中他们逐步形成了"应想法避开自己的短处，并通过发挥自己的长处"以争取更好的找矿效果。后来在西昌地区开展了大普查找矿时，赵文津提出：第一，要采用综合找矿方法。发挥地质方法、地球物理方法和地球化学方法的各自优点，相互取长补短，取得对地下矿产的信息，再及时打钻验证物化探推断的矿致异常。当时物探大队配备了约90名地质专业人员及4台浅钻机，并规定地质人员除进行地质工作外还负责指导化探采样和对地球物理异常和地球化学异常做综合地质解释；第二，要加强实验研究。大队还建立了以会理为基地的方法试验队，希望通过加强试验，找出提高勘探有色金属矿产（如硫化铜镍矿、非磁性铜矿、锡矿、铅锌矿等）效果的途径。

1958年6月西南物探大队一分为三，赵文津调到云南省物探大队；1958年9月，由于赵文津身体原因，局领导决定将其调到了地质部地球物理探矿研究所工作。

三、抓物探化探新技术开发及其综合运用以提高地质找矿效果

地球物理探矿研究所的任务是发展物探化探的新技术新方法，提高找矿效果。赵文津调到研究所任主任工程师，协助顾功叙所长处理全所日常的科研业务工作。

赵文津把这一次调动看成是自己成长的第二个机遇。他积极贯彻物探所研究工作的"三新方针"（即以发展新技术、新方法及新原理为主），大力推动技术创新性研究，以求改变物探方法技术落后局面。同时他还强调了，在发展新方法新技术的同时也必须从新方法综合应用找矿实效的角度来评价新方法、新技术的优缺点。他着重推动了以找细脉浸染状斑岩型金属硫化物矿床为对象的激发极化法（以张赛珍为首），以找深部良导电性的硫化金属矿床（针对中国白银厂和长江中下游找深埋的良导电性层状矿体）的电磁法（以何之棣、冯昭贤、赵举孝为首），针对中国找深部铅锌、铁铜矿、铬矿体问题的井中无线电波透视法（以吴以仁、舒世光为首），以寻找个旧隐伏花岗岩起伏为目标的地震勘查方法试验（以李发美、蒋宏耀为首），以及研制新型航空磁力仪、航空电法、微波技术和核子技术的应用探索等。并从20世纪60年代起，在全所推广应用电子计算技术，建立了地质部第一个计算机实验室（DJS103），完成大量的重力模型和南方低纬度地区航磁数据的计算和处理解释用量板。此外，还成立了综合方法找矿研究室，并先后参与或组织了1959年广东大宝山含铜多金属矿，1960年辽宁关门山和青城子铅锌矿，1964~1965年赵文津还亲自在长江中下游连续蹲点两年，进行物探化探新技术、新方法试验，研究找深部矿体的有效性。

1963年初赵文津写了《发展物探新技术、新方法以提高地质找矿效果》的万言书，论述要依靠提高物探化探科学技术提高找矿效果，以及如何建立一个现代化的物探化探研究中心问题，向部领导正式系统进言。

四、系统深入地研究了地质科技管理

1972年在郭云麟支持下，中国地质科学院调赵文津到新组建的院生产办公室工作，这给了他又一个新的机遇。他从多年的实践中认识到抓好科技管理，搞好科技资源的合理配置是提高科技工作效益的关键。1977年地矿部成立了科技局（司），赵文津又被调去负责科技发展规划与科技攻关的组织工作。他提出了地质科技管理工作要科学化问题，号召地质系统科技管理工作者要积极学习科学管理学有关的著述，认真总结工作经验，提高自身管理水平。并于1980年与成都地质学院合办研讨班多期，出版了《地质科技管理》杂志，培训科技管理干部。赵文津自己带头写文章总结，深入探讨了地质科技管理各方面的经验和理论问题，总字数达50多万，在1997年出版发行了《地质科技管理要论》一书。书中着重论述和讨论了：

1. 科学技术的重要性

强调了除在物质生产和征服大自然（如登月、上天、下海、开发大沙漠等）方面外，另一层含义是在思想精神方面。即通过科学技术的发展和推广应用，人们提高了科学知识水平，使得人们对自然界和社会上的许多事物的现象和本质有了更多的认识，有利于树立起科学的世界观，并作为反对各种形形色色的愚昧落后和封建迷信的强大思想武器；增强了掌握自己命运的自信心，树立起自信、自强、自为的思想意志，重视处理好人与自然之间的关系，不要再干蠢事傻事。这是社会主义精神文明建设的重要内容，是培养教育一代新人的要求。

2. 地质科技管理的五个环节

人、财、物等各种资源，不管是多是少，都有个如何组织起来，如何发挥作用，以求得最好的科技成果和最大的投资效益的问题。这是科技管理要解决的中心问题。具体内容可以分为以下五个环节：第一，破除束缚科技生产力发展的各种规章制度，解放科技生产力，最大限度地调动科技人员的积极性；第二，按照国家和部门领导对科技发展的要求，提出研究、开发的目标和发展战略，选准研究项目和课题，将人、财、物等各种资源给予合理的组织与配置；第三，具体地组织和推动科研项目的进行，以保证完成科技研究计划；第四，对取得的科技成果进行认真的客观的评价；第五，负责成果的宣传和推广应用，进行成果转化工作。其中成果评审是检查和评价整个科研项目工作的好坏，科研方针是否落实的最后检验。他强调成果评审不是科研课题结束时要走的形式，更不是进行歌功颂德说好话的机会，重要的是通过评审广泛听取意见，正确地评价工作成果，弄清前一阶段工作的不足，作为下一步工作的改进。这对研究人员来讲是一个极好的学习提高的机会。认为它是科研工作的生死攸关的关键问题。成果的转化则是通过社会实践对成果进行的再检验，以完成认识的全过程。

一定不能把科技管理与一般行政管理及生产管理混同起来。

3. 人才培养和队伍建设是核心

发展科技和探索自然规律都需要发挥人的主观能动作用，因此，科技人员选用与发挥其积极性至关重要。配备好、管理好、培养好科技人才是关键问题。在中国组织好人、财、物资源的配备和使用，减少浪费更是一大难题。要以为国争光，为中华民族争气，要敢于立足于世界先进国家之林的思想教育人们，并在奖罚制度上、在工作使用上和收入分配上做到公平合理。他提出科技人才有三类：一类是适合从事开发工作的，善于搞技术创新活动的；一类是喜欢从事事物机理探索的，即适合作基础科学研究的；一类是习惯于做具体技术观测和操作工作的。他提出，要承认这种差别，发挥他们各自的特长，防止"一视同仁"地使用人才。强调了 20 世纪的下半纪世界已进入大科学时代，大科学时代需要的是科学大导演，需要他们来推动一个学科或一个事业的发展。

4. 科技选项上强调具有前瞻性的项目

他举出以下四个例子，作为说明：

一个是深部地球物理调查和大陆动力学研究。认为这是 21 世纪地学的主要发展方向和内容，是要从全球角度、三维角度重新认识地球的形成与演化的问题。1978 年赵文津在陪同孙大光部长访问法国之时，积极推动了与法国的谈判合作共同开展喜马拉雅和青藏高原地壳和上地幔研究，并在以后长期主管着这方面的研究工作，任地矿部深部调查领导小组副组长（组长是张炳熹）；在任中国岩石圈委员会地学断面协调组组长之际组织了四大部门联合编制了全国 11 条地学大断面计划，组织召开了东亚地学大断面学术研讨会，组织和推动了亚东—格尔木地学大断面研究（吴功建负责），完成地学大断面数字化开发等。20 世纪 90 年代初，他任"国际合作喜马拉雅与青藏高原深剖面调查与综合研究"（INDEPTH）项目的中方首席科学家亲自负责指导开展了高原深部多学科调查研究工作，一直持续 20 年，取得了较好的成果，在《自然》《科学》等国外杂志发表了几十篇论文，被国际地质科学联合会 30 届地质大会（北京）上主旨报告中推荐为国际合作进行技术攻关的一种模式。

一个是城市地质。城市化是 21 世纪中国社会发展的主要方向，城市又是人们最集中，大型土建工程多的地区，因而是人与自然相互作用最激烈最广泛的地区，地学研究的任务将不再是矿、矿、矿，更多的是水资源与环境问题。地质工作必须做好准备迎接它的到来。在张同钰副部长的支持和领导下，地矿部与北京市政府、建设部合作开展了 8301 工程，创造了北京市城市地质工作的丰富经验。会战是成功的，最后经国家计委组织专家验收，并被评为国家科技进步一等奖。赵文津是项目的具体主管和国家评委。

第三个是矿物介电分离技术。非金属矿物的高纯分离是一大难题，而未来非金属矿的开发应用前景极为广阔，发展新的选矿分离技术意义很大。赵文津大力推动了这项技术的研究与开发，经过 20 多年努力，克服了多种困难，现在已成功用于生产，显示了极好的应用前景。

第四个是南方海相碳酸盐岩油气评价。南方海相碳酸盐岩地区是中国寻找石油的新领域，地矿部列为"七五"重点攻关项目。具体由赵文津主管。其内容包括两个方面：一是含油气的前景和运移成藏的可能性；二是解决高陡复杂构造的探测技术攻关，以发现油气可能聚集的部位。后来由于地震勘探技术、地球物理测井技术上有突破，地质认识上的深化，而使四川盆地的油气（主要是海相三叠系中的油气）有了重大突破。

五、研究和探索了地质科研机构的技术开发问题

1986年赵文津从部科技司调回到中国地质科学院任常务副院长，分工管理院的科技体制改革与技术开发工作。这既是一个机遇，也是又一次挑战。从推动中国地质科学院科技体制改革出发，赵文津以院开发公司为依托，组织推动了：第一，非金属矿产资源的开发利用。当时选择了轻工产品为主要攻关对象，以无磷洗衣粉、高档陶瓷、造纸涂料等为突破口。以充分发挥中国地质科学院非金属矿产地质研究力量的优势。院所开发了一种制作4A分子筛的新工艺，利用铝土矿废石来生产，成本低，质量也好。轻工部和日本公司都看上了这项技术，并且日本已选定在郑州建厂。第二，进军环境保护领域。以燕山石化总厂的环保问题为主攻目标，发挥地科院在矿物学和分析化学方面的技术优势。在燕山石化总厂要排污而与农民发生矛盾激化的情况下地科院的开发公司介入了这一工作。院所联合开发了一种工艺可以使主要污染物，也是工业原料的对苯二甲酸加速沉淀和回收。燕山石化厂领导十分重视，开展合作，提出总结一套经验后转向全国42个大型石化企业开展治污工程，后因"故"搞不下去了，但是院水文所还是将其进行下去并成功治理了牛口峪水库污染问题。第三，向高新技术产品和新材料进军，特别是利用矿山废石加工制作新材料取得了成果。

六、对青藏高原形成演化及环境资源效应研究取得很多的成果

1991年赵文津任国际合作项目"喜马拉雅山和西藏高原深剖面及综合研究"（INDEPTH）的中方首席科学家，具体负责这项研究工作。这是一项地学基础理论研究工作，是国际地学研究的热点。青藏高原面积达200万平方千米，海拔平均在4500米，海拔高于7000米的大山就有20多座，是地球的第三极。这一地区为什么会形成世界上最大最高的高原？为什么出现喜马拉雅山这样世界第一高山？为什么这一地区出现我国温度最高的地热田，其热源来自什么地点？为什么这一地区大地震不断？矿产分布的规律是什么？沿雅鲁藏布江又是地球上最新的大陆碰撞带，碰

撞带深部结构是什么？构造是如何演化的？等等。这一些问题长期以来一直是世界地球科学家关注的热点。希望通过这一典型区域的深部地质构造研究，对它们形成和演化机理获得一个更为深入全面的了解，为地球科学的深化、高原的经济发展及防震减灾事业做出贡献。

通过与美国、德国及加拿大三国合作，引进了资金和技术，利用了国外的先进仪器设备，开展了大规模的地壳和上地幔的深剖面探测研究工作。合作中坚持了"以我为主，高科学起点，运用高技术，通过多国合作，多学科综合"工作路线，四国科学家发挥了自己的优势，既合作又竞争地进行了长达20年的合作，先后有几十位外国科学家参与，加上中方科学家和200多人的施工队伍，上百部的各种汽车，带着多种先进的探测设备，浩浩荡荡地开上喜马拉雅山、冈底斯山、唐古拉山以及昆仑山，向地球深层进军，取得了大量的宝贵数据，经过分析研究得到许多成果，获得了一些很重要的发现，发表80多篇文章，其中在《科学》和《自然》杂志上发表就有10篇以上。通过这一项目他们创造了新形势下国际科技合作的一种新模式。

项目前三个阶段，取得的主要科学成果有10项。如：发现喜马拉雅地块下面的隐伏的大型拆离带。它从喜马拉雅山脊下26千米深，以9°~10°向北延伸到雅鲁藏布江缝合带下面42千米深，延伸总长在150千米以上，5~6千米厚，向南与印度大陆的中壳界线相连，为一低速层，代表一低速拆离层。它对上、下地壳起着解耦作用，使之分别以不同机制增厚；喜马拉雅山的造山作用总体上为一向南的双重逆冲推覆构造，使老的结晶基底岩层向南推覆抬升很高，再经过强烈地表风化剥蚀（Dewey给出剥蚀量为20千米，1988）后，形成了现在高耸的喜马拉雅山脉；查明雅鲁藏布江缝合带的深部详细结构，确定下面存在一高密度的中、下地壳物质，可能为洋壳残片或下地壳基性岩类；在谷露地堑内发现了安岗、羊八井、当雄等处4个地震反射亮点，可能为部分熔融层的花岗质岩浆层显示，深15~20千米，厚约20千米，它直接与冈底斯带斑岩铜矿及羊八井地热资源有关；1996年《科学》杂志上刊出一组5篇文章，对这一结果给予了很高的评价。推定印度大陆岩石圈地幔，在向北迅速加深过程中发生拆离，分成上层（厚30~40千米）和下层（可能为30~40千米厚），后沿地壳底部向北伸展出去，2011年《自然-地学》杂志刊出了这一成果；进一步验证了在金沙江缝合带（35°N）南北，地下150千米深处的一个负（4%~5%）的低速体。低速体沿近南北向剖面宽度约150千米，下延有250千米，这一低速带断断续续向上形成一个很宽的带，总体呈向北陡倾斜，使整个地壳速度变小了。这一结果可以很好说明藏北火山活动、各向异性及Pn速度偏低的现象。这是高原内非常重要的特征等。INDEPTH项目综合应用了近垂直深反射地震法，密集流动数字地震台阵与多炮点广角地震结合；将宽频（320~2000周/秒）与超长周期（10~30000秒）大地电磁仪器结合进行观测，将高精度重力磁力，构造地质等一起进行综合研究。INDEPTH的工作部署是以缝合带为中心查明从新到老的碰撞带结构，而不是以各个地块或地体为中心。

1996年《科学》杂志主编之一来北京专访了赵文津，并发表专论，赞赵文津在这项研究中的重大作用，并称其为"移动大山的人"。中国青年报称赵文津为"切开喜马拉雅的人"。

1996年美国国家科学基金会大陆动力学部主任L. Johnson书面评论说"这一研究组过去在喜马拉雅山-西藏高原区域的工作，已经对我们了解造山带和与之相关联的高原做出了重要贡献，并已赢得了全球的认可，……你们肯定地以能在推动这样一个复杂的多国合作的新事业中的成功而获得很大的自豪""中国方面由深剖面可以得到大量的潜在社会收益，如在油气和矿产勘查方面抢了先，获得了新技术，赢得了国际上对中国专家们的承认"。

前国际岩石圈委员会主席K. Burke在1998年的30届国际地质大会的主旨报告《大陆动力学进展》中提出"中国地球科学家在西藏建立起来的国际性协作模式很可能被世界上其他重要的科学研究领域所效仿"。就是说这为今后解决重大地学基础问题找到了一种好的工作方式。

1998年由国家科技部组织的全国专家将本项目的成果评为1998年"基础科学研究十大进展"之一。

七、研究与推动李四光科学思想的学习与发展

李四光近些年一直遭受无端的丑化与污蔑，特别是围绕大庆油田发现的问题。赵文津认为这些争论涉及一系列重大原则问题。为弄清事实，他结合自己研究工作着重探讨了以下三个问题。

1. 关于大庆油田的发现与李四光的指导

他系统地研究了李四光油气勘探理论并先后写了《中国石油找矿的战略东移与大庆油田的发现》《"黄汲清与中国石油的大发现"一文严重失实》《李四光与中国石油的大发现》。文中阐明了，在国内"陆相地层贫油论"的舆论声中，1953年毛泽东主席向李四光征询意见，他提出中国油气藏是有希望的，过去投入的石油普查

工作太少,情况不明,建议中央开展全国油气大普查。随后1954年12月,中央政府下令由地质部负责开展全国油气普查工作,石油部门负责勘探,中科院负责科研工作。李四光强调的是油气生成不是根据海相地层或陆相地层,只要大陆湖盆有机物来源丰富,后期保存条件又好,同样可以生成大油气田;地质力学只是在构造形成和应力驱动油气流动上起主导作用。鉴于大庆所在为北大荒,草甸广泛,地表地质工作受限,物探局提前部署了区域性航空磁测,又部署了5条综合地球物理大剖面调查平原区深部构造。地球物理大剖面首先发现了大庆长垣。两部领导春节在何长工副部长家开会商定在长垣打松基三井。随后康世恩决定亲自带队下松辽指挥打钻,导致大庆找油气获得重大突破,大庆当时突破的是构造油气藏。而在后来的鄂尔多斯盆地找油气突破则是另一种。1969年鄂尔多斯石油普查队已在盆地工作了14年(西部六盘山和北部乌兰格尔)没有结果,全队提出要撤出盆地转到其他地方。年底李四光接见了普查队的几位代表,听了汇报后发表两点意见,一是盆地肯定有油,队伍不能撤走;二是到盆地中部找油气去。盆地内部地层成一个大缓坡,倾角不到1度,没有什么构造,显然不能去找大庆式的构造油藏。1970年中,盆地中部庆阳县的庆参1井和华池县的华参1井见到了很好的油气流,随后导致了长庆油田大会战。现在盆地内已找到多处大油气田,将建成中国的第二个"大庆"。这是一个大型岩性油气藏,很多地区是属于现在所定义的非常规气藏。显然,这是李四光油气勘探理论的新发展。

2. 学习李四光开展地震预报的思路,推动学习与发展这一思想,改进我国地震预报工作

赵文津担任国家地震预报评审委员十多年,非常关注中国开展地震预报研究的科学思路。为此先后研究了各国地震预报作法(包括中国地震局的地震预报作法),他积极宣传推动李四光地震预报思路方法,并结合汶川等新的地震事例来研究和发展。先后发表了《继承和发展李四光地震预报思想——加强活动构造调查与地应力观测》《汶川地震为什么失报?》《地震研究,要在反思中前进》及《就汶川地震失报探讨地震预报的科学思路——再论李四光地震预报思想》等文章,2008年还向温家宝总理提出改进地震预报工作的9点建议。2014年12月22日中国地震局在年度会上提出类似的以地应力为主线的地震预报思路。

3. 关于地质力学理论方法

赵文津结合当代的地球动力学发展研究了李四光有关著述,深为李四光科学思

想所折服。多年来他探讨了地质力学思想的创新点；与魏格纳的大陆漂移学说的关系；与现代板块构造理论的关系；与现代板块构造理论登陆后的大陆碰撞与拼合的关系。应当说，李四光系统提出的全球构造体系、大陆构造体系思想与现在大陆碰撞形成的构造体系思想是一致的，但李四光的思想更超前，现在仍未达到他工作的广度与深度。他提出的研究地壳变形、地壳运动的一套综合方法体系是完整的，仍未过时，可以继续指导现代的大陆动力学研究以及矿产分布规律研究。赵文津先后发表多篇文章，如《沿着李四光开辟之路，自主创新，建立中国的地学理论》《大陆漂移、板块理论与地质力学》《李四光留给我们的五大宝贵遗产》等。

赵文津说："今天，人口、资源、环境问题已突出地摆在中国人民面前，是需要我们尽快地解决民族生存与发展的大事，必须处理好人与自然的协调问题，地球科学将会更多地介入国家社会发展进程，地球科学工作者应承担更大的责任。探测地球、了解地球，解决中国能源、资源、环境问题是我毕生的奋斗目标，回忆过去的85年深深感自己还做得太少，太少，太少！"

"胸怀祖国，放眼世界；抓住机遇，奋力拼搏。实践第一，讲求科学；永不满足，积极开拓。"赵文津愿与年轻人共勉之。

八、赵文津主要论著

赵文津.1986.抓科技攻关，促油气勘查——论述南方海相碳酸盐岩油气探测技术的发展和深剖面研究.石油物探，25（1）.

Zhao W J, Nelson K D, et al. 1993. Deep Seismic reflection evidence for continental underthrusting beneath southern Tibet. Nature, 366（12）：9.

赵文津.1994.科技总导演，大科学时代的需要.地质科技管理，2.

Nelson K D, Zhao W J, Brown L D. 1996. Partially Molten Middle Crust Beneath Southern Tibet：Synthesis of Project IN-DEPTH Results. Science, 274（5293）：1684-1694.

Brown L D, Zhao W J, Nelson L D. 1996. Bright Spots, structure, and Magmatism in Southern Tibet from INDEPTH Seismic Reflection Profiling. Science, 274（5293）：1684-1694.

赵文津，纳尔逊 K D，车敬凯，等.1996.深反射地震揭示喜马拉雅地区地壳上地幔的复杂结构.地球物理学报，39（5）.

赵文津，等.1997.雅鲁藏布江缝合带的深部结构和构造.中国地质，2.

赵文津，等.2001. Crustal structure of central Tibet as derived from project INDEPTH wideangle seismic data. International Journal of Grophysics, 145：486-498.

赵文津，赵逊，史大年，等.2002.喜马拉雅和青藏高原深剖面（INDEPTH）研究进展.地质通报，21（11）.

赵文津.2003.中国区域地质调查现代化与加强深部调查.中国工程科学，5（6）.

赵文津，等.2004.西藏高原上地幔的精细结构与构造——地震层析成像给出的启示.地球物理学报，47（3）：

449-455.

赵文津. 2004. 中国区域地质调查现代化与加强深部调查. 中国工程科学, 5（6）: 25-32.

赵文津. 2004. 我国西北地区水资源开发利用对策的建议. 中国工程科学. 6（8,）: 21-26.

赵文津. 2005. 李四光与中国石油大发现. 中国工程科学, 7（2）: 26-34.

赵文津. 2007. 大型斑岩铜矿成矿的深部构造岩浆活动背景. 中国地质, 34（3）: 179-205.

赵文津. 2008. 长江中下游金属矿找矿前景与找矿方法. 中国地质, 35（5）: 771-802.

赵文津. 2009. 从汶川地震失报探讨地震预报的科学思路——再论李四光地震预报思想. 中国工程科学, 11（6）: 1-8.

Zhao W J, Kumar P, Mechie J, et al. 2011. Tibet plate overriding the Asia plate in certral and north tibet. Nature Geo-Science Letter, 30 october.

赵文津, 吴珍汉, 史大平, et al. 2014. 昆仑山深部结构与造山机制. 中国地质, 41（1）.

赵文津, Mechie J, 冯梅, et al. 2014. 祁连山造山作用与岩石圈地幔的特型结构构造. 中国地质, 41（5）.

撰写者

赵文津

许绍燮

许绍燮（1932～），浙江绍兴人。地震学家。主要从事于对地震（天然地震与核爆地震）事件监测分析研究。1999年当选为中国工程院院士。2002年当选为第三世界科学院院士。1951～1956年南京大学、北京大学物理系学习，1956～1958年中国科学院地球物理研究所在职完成副博士学位课程。历任中国地震局地球物理研究所研究员，副所长，学术委员会主任；中国地震学会副理事长，地震学专业委员会主任；国际地震灾害与预报委员会副主席，国际地震预报委员会秘书长，国际地震及地球内部物理协会执行局委员。配制标准计时钟用补偿摆，克服了"一五"期间建设地震台站的瓶颈。创制弹性铰链连接器，排除了国内外传统机械地震仪中的软肋。实现了常时观测地震仪的电子器件化，为地震监测的高灵敏、可见、快速、实时开辟了一个广阔天地。监测河源水库地震，明确阐述"水库地震"新观念。监测国内外核爆炸地震，为国防与外交做出了贡献。力主"地震应可预测"，其雄辩的论据与锲而不舍的实践，受到他人的爱戴。获国家科学技术进步奖二等级3项，三等级2项，部委级与科技大会奖多项。

一、成长经历

1932年，许绍燮出生于浙江绍兴，西郭门内下大路一家大户人家。祖父母生育有四子二女，全都住在一个大宅内。大宅内有七进，前后纵深约150米，其规模可能比鲁迅先生绍兴故居还大些，鲁迅先生念书的私塾"三味书屋"是在鲁家宅外的河对面，许绍燮上的私塾是在他自己家宅内。许家孙辈最初几个都是孙女，许绍燮与其堂兄是同龄的长孙，所以特别受到全家的宠爱。他在学业上并不开窍早，但可能擅长说话，伯父们曾戏谑称其为"喳喳婆"！（意为似小鸟般地叽叽喳喳！）其好奇心自幼很突出。例如一次得到一个透明赛璐珞作的乒乓球，球内装有半满的水，上面浮有一只可爱的小鸭子，他非常喜欢。他发现，不管他如何摇晃、转动、颠倒，那只小鸭子总是浮在水面上，不会沉到水里去。他想知道这只小鸭子为什么会有那么大的本领，最后他悄悄地拿了剪刀，把那乒乓球剪开，结果球内的水流出，小鸭子什么本领也没有！例如，他见到郊外有许多土堆在冒烟，别人告诉他是在烧制木炭。他想木材火烧后都成了灰，难道只要冒烟就能成木炭吗？回家他找了一个有洞的破脸盆，去后花园点着了木材，用破脸盆一盖，洞中就开始冒烟了，他等着制成木炭！结果被伯父扑灭了，说是会把宅子点着的。他下棋不错，常能战胜同龄人。后来，堂兄与许绍燮父亲联合，都不能战胜他。

小学读书，正值抗日战争期间，他记忆中的主课倒是躲警报，逃难，整天充满着恐惧与压抑，而学业上平平无多大展进。直到抗日战争胜利后，他念初三，记得上第一节物理课时，老师说：要当科学家不学好物理是不行的。他当时不知道物理是什么，奇怪物理为什么有那么大能耐？但他很想当科学家，因为中国弱，受人欺负，他要科学救国。于是他开始非常认真地听物理老师讲课，结果发现物理的内容竟是如此的有兴味。他有幸在杭州高级中学高三时又遇到了一位非常好的物理课老师。他在高中毕业时，实际上自己已经通读了大学的多种版本的普通物理课本。高中前两年是在杭州蕙兰中学学习，蕙兰是教会学校，英语由教会人士美国人直接授课，上课不允许说华语。周末为宣传教义，美国老师们还邀请同学去他们家中做客，这段时间对他学习英语发音很有帮助。1950年大学考试前一天，天气非常炎热，他贪凉多吃了几根冰棍，结果上吐下泻，天昏地转，发烧了！第二天由亲友扶着到考场，写卷子都是躺在考场旁体育馆的垫子上，结果是考上了第五志愿厦门大学。但这一大病，身体非常虚弱，那时从浙江去厦门需要五天路程，父母亲不放心他启程。正好当时中国科学院地球物理研究所首次登报招生，说是要培养科技人才。他想能进研究所正是他的愿望，况且厦门大学毕业后也未必能进中国科学院，不如现在就进研究所，倒是一劳永逸了。事后知道那次考试报名的有五六百人，通过考试录取的还不足十人。研究所领导非常器重这批精选的学生，不但给他们在所内开课，也送他们到其他的大学旁听。赵九章所长还亲自带他们去拜师学习。例如他曾选修过陆钟祚的《电子管线路理论基础》，陆钟祚的课讲得非常精彩。许绍燮后来敢于冲破多种阻力，设计电子微震仪，就是得力于陆钟祚给他的功底。当时研究所人数不多，经常全所人聚成一个大组开会学习，他们刚进研究所的这些学生就有机会直接听到老前辈如付承义、李善邦等科学家的高见。有时会上大家的意见不一致，付承义就会出来点评。每当付承义说到"许绍燮说的是对的"，他就特别高兴，这又就愈益鼓励他去组织自己发言的精准。1956年国家倡导向副博士进军！付承义为全所有可能攻读副博士学位的研究人员开课。付承义授课极为严格，每堂课前十分钟必考上次讲的重点内容。许绍燮记得有一次考地磁场的勒让德展开，他答了有好几张纸，付承义给他批了5分。

研究所外事活动很多。许绍燮又有幸于1983年就当选为国际地震与地球内部物理联合会（IASPIE）的执行局委员，这是当时我国参与国际学术活动的最高职位了。这使他有机会直接接触国际上第一流的地球物理学家，组织国际会议，访问诸多国家。这些经历使他后来（1986～1996年）在参与全面禁止核试验地震核查的国际谈判中，能独当一面地顶住西方国家对我国的压力，取得了重大成功。

二、主要科研领域和成就

（一）配制标准计时钟用补偿摆，克服了"一五"期间建设地震台站的瓶颈

地震的定位是依靠从震源同时发出地震波到达不同台站的时间差来计算的。故每个地震台必须配备有统一时间的精确标准计时钟。当时地震台站多用瑞士生产的船钟。"一五"期间我国计划新建近二十个地震台站。研究所尚库存有几个不能运转的坏船钟，许绍燮将其修好了两三个，李善邦知道了高兴得不得了。但这也无济于事，当时需要的是两位数的钟。那时帝国主义封锁，进口精密时钟根本不可能，即使原材料也不行。许绍燮因地制宜，根据国内能收集到的原材料，配制成了铁木铜的补偿摆标准计时钟，日差可以调节到优于1秒，完全可以胜任当时的建台要求了。这其中成功的关键点是创造性地采用了木制摆杆——收购了古代红木衣架，取其木材已历经悠久年代性质稳定，膨胀系数小，易于用铁铜金属补偿，成功配制成了精密时钟用温度补偿摆。研究所领导也很高兴，当年他荣获了"研究所颁发奖金300元"。当时他21岁，每月工资仅20元，300元可是一笔大财产了！

（二）创制弹性铰链连接器，排除了国内外传统机械地震仪中的软肋

灵敏的机械地震仪，能把很微小的地面振动放大刻画在记录图纸上，是依赖于多级杠杆，逐级地放大。杠杆间的连接是高灵敏机械地震仪的一个关键技术。连接点一般都采用轴承式，有摩擦，要耗能，影响着地震仪放大倍数的提高。同时连接点极易滑脱、崩落。具有讽刺意义的是有时大震时，地震仪的放大杠杆还会掉下来！许绍燮创制的弹性铰链连接器，是用薄簧片构造，没有摩擦力，也不会滑落。通过振动台测试对比，效果甚佳。付承义见了很欣赏，主动提出要以他学部委员（即现在的中国科学院院士）名义，公开标注著名推荐到《科学记录》上，用中英文同时发表。地震仪中插入了弹性铰链连接器，对地震仪的性能将会有什么样的影响，应该有一定的分析评估，许绍燮首次作这样的弹性力学计算分析，心中尚没底。付承

义就将他介绍到郑哲敏那儿,请郑哲敏给予了指导。唐山大地震时,我国诸多地震仪都收记失败,唯有安装了这种弹性铰链连接器的513地震仪,获取了良好的记录。

(三) 实现了常时观测地震仪的电子器件化,为地震监测的高灵敏、可见、快速、实时开辟了一个广阔天地

监测微弱振动,机械地震仪的惯性重锤要配制得非常巨大。德国生产的大维肖尔机械地震仪,可以监测到远在千、万公里外大地震传到的微弱振动,但这种地震仪却配制了重达17吨的重锤。重锤占用了如此大量的物资,厂商也只肯权且用粗矿石来配重了。这种地震仪,据说全世界只定购生产了三台(我国南京有一台)。俄国皇子伽利津创制的电流计记录地震仪,克服了笨重巨大的重锤,但又必须要在暗室中用光学设施在大张照相纸上记录。一套地震仪,每天约需消耗如一张大报纸面积的照相纸。大照相纸的供应、每天冲洗、管理极其费钱、费时。许绍燮思考,地震仪设计中,为什么不引入电子放大器件呢?考查世界各国,包括地震监测最先进的国家,苏联、美国、日本、德国等都没有在地震仪长时观测中引入电子器件的。他请教过地震界的多位前辈,以及有关外宾,都一致认为天然地震观测仪是需要长年累月连续观测的精密定量仪器,引入电子器件,既不能长时稳定,又不能定量标定,故未敢采纳。学习过陆钟祚讲授的电子管应用基础的许绍燮则认为完全有可能克服国内外地震专家们担心的问题。他自己设计了电路,安装了器件,计算全仪器的运动方程,运用加密标定的办法来加强监控地震的精度可靠性。通过在北京地震台站上连续的经年观测记录,记录到的地震效果很好,定量可靠性也完全得到了保证。

机会是属于有准备的人。许绍燮在地球所也是协助钱骥先生(以后钱先生成为两弹一星功勋科学家之一)管理全所器材的助手。当时为了研制卫星,通过特殊渠道地球所获得了一批高精半导体管。许绍燮近水楼台先得月,选出其中一些噪音最低的半导体管,用在了他设计的微震仪上。这样从上述已试验成功的第一代电子管线路(当时称为581型)很快就产出了第二代半导体管线路(582型)。为了彰显第二代半导体管582型微震仪不需市电的优越性,特将该仪器还装设于无市电的北京地区齐家庄山村。采用半导体放大器微震仪在齐家庄地震台记到的1959年6月27日08时的一次M2.5级地震已发表于1959年11月的《地球物理学报》上。从而意味着我国已成为首先实现无需市电即可实现长时观测并取得了微震观测记录的国家。采用半导体管线路的582微震仪,优点更多了:极高的灵敏度、轻便灵巧的体积、做成便携式一人背负即可跋山涉水到任何地方观测。加拿大著名地球物理专家

威尔逊来华参观了这种仪器，在回国途经香港记者采访时说，他非常惊讶中国已能做出如此先进的常时地震仪。保加利亚科学院院长看到这种仪器，向我中国科学院郭沫若院长提出，希望能获得一套这样的地震仪。此外，在仪器研制过程中，因专业队伍内部一直有人质疑为什么苏、美先进国家不做这样的仪器？研究所组织上为了慎重，决定恳请苏联派专家，携带他们的最好仪器，帮助我们对比鉴定。结果1959年12月苏联派来了聂尔谢索夫与阿克塞诺维奇专家，带来了他们的仪器（他们的仪器还是在黑箱中用照相纸记录）。经过在鹫峰地震台上平行记录对比与测定，最后苏联专家说，中国走在了他们前面。

1966年3月邢台发生了大地震，华北震情紧张，周恩来总理提出要保卫北京。许绍燮代表地球所向总理建议在北京地区组建电讯传输地震台网。得到总理认可，由李先念副总理具体指挥落实，于1966年4月在北京地区建成了八条线的电讯传输地震台网，基本实现了人类对地震的准实时速报。在此前的地震定位，要等到各地震台的观测记录邮寄到研究所后才能进行，故一般要等到地震后的数周或数月。遇大震紧急情况，各地震台借民用电报将地震波到时快速发报给研究所，但也得等到地震后数小时、半天。现在利用长途电话线路，将地震波形的电讯号传送集中到中关村地球所的台网中心记录，只要有震警报器一响，有经验的地震分析人员察看可见记录上地震波到达的先后，立即可以估计出震中的大致地区，即具有了准实时的速报能力。特别是对于一个大地震余震的速报是非常方便的了，一看便知，例如当时对邢台余震的速报。八条线台站覆盖的面积具有相当的规模，南北达到了450千米，东西也有近400千米。1966年5月日本地震学家河角广来华参观时说，这样一套系统日本还做不到。鉴于北京八条线电讯传输地震监测台网实用效果甚佳，全国各地区省市，纷纷仿效跟进，从而形成了我国地震观测现代化蓬勃发展的大好局面，同时也培养了大批人才，遍布全国各地。今日我国在数字化地震观测系统方面，也能占据世界市场的一定份额，出口到美国、日本、印度尼西亚等26个国家，我国家领导人还出面把这些仪器援助到乌兹别克斯坦、智利、印度尼西亚、古巴等国家。这与我国早年领先进入常时观测地震仪电子器件化，首先建成准实时电讯传输地震台网并在全国推广，大规模培养了科技人才是有密切关系的。1959年许绍燮当选为全国青年社会主义建设积极分子。

（四）监测河源水库地震，明确阐述"水库地震"新观念

广东河源新丰江上建设了一个水库。1957年开始蓄水后，逐渐感到有地震。1960年7月中央指令中国科学院组织专家前去现场考察。许绍燮他们研制的582型

便携式微震仪对考查新丰江水库地震这类问题是最合适不过了。他一到现场立即架设仪器进行了观测。发现微小地震确实不少,并发现那些地震间波形很相似,纵横波到时差变化不大,这就意味着这些地震有可能发源于一个较为集中的地域。许绍燮突发奇想:这就很有可能用他携带的仅一个582型地震仪,可在很短时间内将震源集中的地域找出来。于是他马不停蹄,每天更换一个地点,环绕着水库进行流动观测。最后仅用了一周时间,对多个观测地点的纵横波到时差分别获得了平均值,从而找到了这个震源集中地域,原来在大坝西北,水库边上的勾排地区。这一很短时间所获得的绝对可靠信息,对于考查队判断地震的性质,与后继紧急布设台网起到了极其重要的作用。考察结果是上级决定,立即在新丰江水库地区布设一组地震监测台网。鉴于对现场地震特点已有所了解,故有针对性地设计了观测系统。考虑到布台可以非常靠近震源,其中特别采用了读数显微镜量度地震波形,使震相到时差可度量精确到百分之几秒。这样就可保证微、小地震的精确定位。前后共测定出地震达三十余万次。近半个世纪后,许绍燮回访新丰江水库地震台网,现任台网负责人自嘲说:"现在他们测控的地震还不如许绍燮他们1961年初建时的好!"如此众多的地震,为什么建水库会发生地震!传统的观点一是构造地震,此处本来就有地震,建水库碰巧发生了;二是蓄水渗漏如加油,易引发断层滑动。许绍燮认为地震发生在库边(左岸),与水库形状有关,而不是在深水区;地震活动的高低与水库的涨落有关联,仅用上述传统的观点解释不充分,应该切实考虑与水库的关系,应该将这类型地震称为"水库地震"为妥。但尽管如何刻画其成因,当时未有共识;但地震的危险性需要加固大坝则是当时的共识。当两年后,1962年3月19日河源M6.1级强震发生时,因大坝已经加固,故大坝未曾发生事故。

(五)监测国内外核爆炸地震,为国防与外交做出了贡献

1. 核爆地震测定

一次核爆炸究竟有多大威力——即相当于多少吨TNT炸药当量——是核试验必须要测定的参数。测量核爆当量的方法有多种,其中用其爆炸时的地震效应以评估其当量是最简易可行的。特别是需要快速远程告示天下,并使人们确知其威力,核爆的地震当量具有不可替代的优越性。我国首次核试验对此给予了特别的关注。教科书中都讲到了爆炸的几何相似律:1000吨的爆炸在100米处观测到的效应与1吨爆炸在10米处观测到的效应是相同的。即几何相似律中存在着$W \sim L^3$关系;当量与长度的三次幂关联。这是非常诱人的公式,因为据此仅用小当量的试验结果可以推断在大当量时的状态!但事实上他们在野外观测中完全不能得到这样的规律。后来

他们知道了在实际地震观测中，客观存在的地层结构是不会按当量 W 的大小而按几何比缩放的，同样重力加速度等也是这样。但是通过大量的观测记录，分析综合，他们发现了另一种相似规律。定途径，定观测系统，定低频震相，地震波形振幅与爆炸当量具有一定的相似律。在这种新规律思想指导下，许绍燮他们在我国首次核试验前后，在爆炸近场，做了许多化爆地震观测。据此测定了我国首次核爆炸的当量。鉴于用地震方法测定核爆炸当量的方法，特别简便易行，许绍燮他们开发的这种方法已为后来我国试验场的科技人员继承作为了常规测定法，据此获得了国家科技进步奖。许绍燮在我国首次核试验中荣立了中国人民解放军科技二等功。

2. 国外核试验侦察

远程能否侦察核爆炸试验，国际上有时说行，有时又说不行。1958 年前后，初期，禁止地下核试条约差不多即将签订，但稍后，美国又说从地震中识别核爆炸可靠性不够，禁止地下核试条约不能签订。其中可能确实存在着一定的科技难度，但毋庸否认，各国对外交政治上的利害考虑，则起着重要作用。我国对此需要做出有自己依据的判断。此外核试验中，可能出现的漂移烟云，也是须要及时掌控的信息，以保护我国人民的健康安全。60 年代时，苏联的谢米帕拉金斯克核试验场进行了频繁的核试验，它离我国国境线较近。有一次核试验泄漏了大量的烟云，并飘经我国上空。对这个试验场的核爆炸，许绍燮他们做了系统的分析研究，结果找到一组相当有效的判据。特别是其地震波形中有一列非常发育的面波，其识别的成功率很高。除了特别小当量的试验外，我国台站已基本上可以全部将其及时识别速报。

3. 禁核试地震核查

西方国家可能意识到，通过全面禁止核试验，以阻止中国在发展核武器上的快速势头，更有利于保持他们核武器的相对优势。到 20 世纪 90 年代初，美英一改以往的口风，不再强调地震识别核爆不够可靠，而是迫不及待地要签订全面禁止核试验条约了。签订全面禁止核试验条约，必须具有地震核查机制，以便及时发现违约者的秘密地下核试验。因之，西方国家也就迫不及待要在全球建设一套国际监测系统（IMS），以保证条约的核查机制得以执行。如何布设国际地震核查监测台网是日内瓦国际地震核查专家会议讨论的主要议题。当时各国间的共识是要监控核查当量 1KT（千吨）的爆炸。因目标当量设定太小，观测系统的投资很高，长期经年的维护开销太大。初步估计监测 1KT，全球需 50~200 台站即可胜任。但在具体落实台站的实际位置时，参与谈判的许绍燮发现，西方国家实际上有意要更加严密地监控我国的核试验场地，甚至不断地提出要在我国境内、我国核试验场近区这儿、那儿增设监控站。面临这种情况，如果你简单地提出反对，西方国家却会反讥说：你们既已同意了停止核试验，为什么又不让设近台呢？许绍燮考虑到实际上西方国家早在我国国境线周边建了许多高灵敏的地震台阵，对我国的地震监控能力已远大于对全球其他地区。地震台站的监控能力，并不在于简单的数量个数，更重要的是缩减缺乏台站的失控张角。许绍燮仔细研究了全球已有的优良台站，特别核对了对各地区的失控张角，必要时可在这种失控张角中再增设个别新台。如此选配的全球台站分布网，数量比西方少，但监控能力优于他们。结果通过将多种方案均送至巴黎，经法国软件计算成图，他们承认中国方案效果最好。此外地震波约在1000千米处有一隐区。在距震中2000千米处的台站能记录，但若在1000千米处再增加的那个台站反而测不出来，因为它处在隐区中。若要测得更小的事件，台站要增设到距震中更近，例如500千米处。所以要在中国建议的方案上再提高监控能力，不是再增加若干个台所能奏效的，而是要增加近十倍的数量。这是当时国际社会所不能承受的负担。鉴于已有台站的方案中，对中国的监控能力已不低于世界其他地方，如再一味只对中国加密台站，只加强对中国的监测能力，那是有失公平原则的，这是明目张胆对中国的欺侮，这是决不能接受的。一个敏感的国际图谋，许绍燮用科学的论据、科学的方案给予了破解，使对手哑口无言。因之得到了日内瓦使团的高度赞扬，为此使团向我国领导人江泽民主席、李鹏总理发送庆功电报，表扬了许绍燮为外交、国防做出的贡献。

（六）力主"地震应可预测"

有人认为地震的发生犹如一个沙堆被堆积时的不断的坍塌。各次坍塌可大可小。因为沙堆中没有结构，坍塌是一种临界自组织，即使第一粒沙子已经开始滑动坍塌，仍不能预测其结束时会有多大（体积）规模。因之，地震根本不能预测。1997年，Geller等在 Science 撰写论文《地震不可预测》。1997年3月19日，《科学时报》在报道该文时将其文题标志为《几位科学家联合撰文断言地震根本不能预报》。记者称其为：对地震预报断言根本不能，更贴近了原作者的核心思想。许绍燮认为：说"地震犹如沙堆坍塌无结构"，实际是一种错觉。若当你用不同震级档地震，研究同一个地区的地震活动性图像时，可以发现不同震级档地震的图像对应着鲜明的不同地形构造特征。从而只能表明发生不同震级档地震的地层是分层的，它们与地表的地形关联各具特色。这也就展示了地震具有的一种结构。我们知道大地震不是任何地方都能发生的，大地震不是任何时刻都能发生的。地震是有其特定的时-空结构。

不可认为地震根本不能预测。

(七) 地震发震大尺度结构

大地震不是任何地方都能发生的。一次大地震发生前,地震活动在其未来震中区近处,常会表现平静。但着眼于全球大尺度规模,则可观测到颇具特色的地震活动性图像。较为普遍出现的图像是直线形与圆弧形,以及构成这些图像的主要地震事件的等间距性。

直线型的尺度可展布达整个地球,甚至连续环绕地球可达两周。多条直线组成了平行与共轭性的网格。相应的大地震可以位在它们的格点上。(或换成严谨的语言应是:按照已发生大震的点位,可以构造出平行与共轭的线性网格。)

圆弧型的尺度也可展布于整个地球,以致自身成为地球的一个大圆。小型圆弧的直径可为 10°、20°等。不同圆弧间的交会、相切,或与上述网格直线的交、切部位就是大震发生的场所。

构成上述诸类图像主要地震事件具有等间距性。以及发震顺序的从不依次扩展迁移,犹如断裂扩展所应表现的;而却是相嵌着交替发生。这些正是变形的屈曲成因所具有的特色。

(八) 探索地震预测尚须关注"天外来客"

大地震不是任何时刻都能发生的。大地震多发生在午后至夜间,上午与正午前后较少发生。在四季中(夏至、冬至)两至前后多于(春分、秋分)两分点。或两至、两分前后大震较多。一般高纬地震易发生在两至。太阳黑子高值(大 M)年与低值(小 m)年大震较多,而最大的那些地震更易发生在低值年前后。太阳黑子活动的世纪涨落,17 世纪的蒙德尔极小期与 20 世纪前叶极小期,我国大陆迎来了以 1668 年郯城 M8.5 与 1920 年海原 M8.5、1950 年察隅 M8.5 为代表的 8 级地震活跃期。据此表明在百年、十年、周年、周日不同时间尺度中,地震的发生均与太阳活动具有关联性。现代卫星技术的进展,获得了更丰富的空间信息。从法国 DEMETER 卫星测得的电磁数据中,可分析得到太阳活动的周期性波动,而这种同样的周期性波动,也可在相应的地面地震活动性数据中分析获得。初步查明 2008 年汶川强余震具有显著的周日发震时辰,且对应着特定的月相。回归年的分周年周期性〔例如 1/10 回归年(365.24 日)≈ 36.524 日分周年周期〕控制其强余震的发震时刻也非常显著。这些特征,在 2010 年智利地震的强余震中几乎得到完全重现。对于 1973 年以来全球 $M \geq 7.8$ 大震,以上所述的特征也大体存在。

重演). 华县大地震450周年纪念暨学术研讨会文集: 3-6.

许绍燮. 2009. 从汶川地震震前现象认识其发震动力应具有的大尺度与深层次性. 中国工程科学, 11 (6): 16-18.

许绍燮. 2010. 地震发震大尺度结构. 科技导报, 28 (23): 26-33.

许绍燮. 2011. 地震应可预测. 科技导报, 29 (13): 2.

赵树贤, 许绍燮, 吴平静, 等. 2011. 地震发生与日月运行之关联. 科技导报, 29 (13): 18-23.

主要参考文献

范兴川, 佟旭. 2009. 探索地震预报尚需关注"天外来客". 科学中国人, (2): 64-71.

王静. 2008-06-02. 地震预报研究应调整思路和策略——中国工程院院士许绍燮谈大尺度地层运动的启示. 科学时报.

撰写者

许绍燮

邱中建

邱中建（1933～），祖籍四川广安，生于江苏南京。石油地质勘探专家。1999年当选中国工程院院士。1953年毕业于重庆大学地质系。曾任中国海洋石油总公司总地质师、石油部勘探司司长、塔里木石油勘探开发指挥部指挥、石油勘探开发科学研究院院长、中国石油天然气集团公司咨询中心主任、中国石油学会理事长。毕业60多年来一直从事油气勘探、研究及管理工作。1957年他是石油系统最早进入松辽盆地进行综合研究的地质工作者之一，是大庆油田发现者之一。1964年参加胜利油田会战，参与发现了胜坨大型油田。1965年参加四川石油会战，参与发现了一批气田，并成功地评价了威远气田。1979年参加海洋石油对外合作，评价了珠江口盆地，对发现流花及惠州等大中型油田做出了贡献，并通过自营勘探在辽东湾发现了绥中36-1大油田。1989年组织领导了塔里木石油会战，发现了克拉2等大型气田，为"西气东输"奠定了资源基础。曾获国家自然科学一等奖1项，国家科技进步特等奖、一等奖和二等奖各1项。1989年获国家人事部"中青年有突出贡献专家"称号。1991年获中国石油天然气总公司"石油工业有突出贡献科技专家"称号。

一、与地质结缘

邱中建1933年端午节出生在南京市的一个知识分子家庭，父母都曾留学日本，回国后从事教育工作。1937年抗日战争爆发，为了躲避战乱，全家先后辗转来到了重庆。但在重庆住了不长一段时间，日本飞机连续轰炸，全家又被迫搬到重庆附近的农村。

邱中建在重庆上了小学和初中前半段。1945年抗战胜利后，他们全家又搬回了南京，他在南京读了初中的后半段和高中的前半段，1948年他和父母又回到了重庆。1949年底，重庆解放了，邱中建于次年高中毕业，并通过西南区的统一高考，考入西南工业专科学校（即原中央工业专科学校）化工科，这是他的第二志愿，他并不喜欢这个专业。当时正好在重庆大学的校园里贴了一张海报（西南工专和重庆大学同处一个校园），说重庆大学地质系受石油总局的委托要办一个石油地质专业，这个专业不仅国家急需，而且可以游遍祖国的名山大川。"名山大川"对年轻的邱中建太有吸引力了。他曾经几次坐船经过长江三峡，望着两岸不断移动的山川，每次都会被深深吸引及震撼，呆呆地站在甲板上，脑海中留下了无限的遐想和难忘的印象。

根据自己的兴趣，他又积极地报考了重庆大学地质系并被录取。第一学年开了一门专业课普通地质学，第一节课由刘祖彝教授，他说："同学们，你们看石头怎么看的？是一堆一堆的，还是一块一块的？这都不对，石头应该是一层一层的。你们经常在地面上看到了煤矿，其实我们重庆大学也有煤，就在我们的脚下1000多米的深处。"邱中建恍然大悟，下课后他跑到校园附近的嘉陵江边一看，果然是一层砂岩、一层泥岩平行叠置在一起，与他原来的印象完全不一样了，这就是他进入地质学领域的启蒙教育。良师的循循善诱不仅拓宽了邱中建的视野，还引导着他在随后几年的专业学习上突飞猛进。

二、野外调查增加阅历，引发勘探程序的争议

1953年因国家建设急需人才，邱中建他们班的同学提前一年毕业。他和同学们都怀着一种虔诚和渴望的心情，要到最艰苦的地方去报效祖国，寻找石油。他如愿以偿地被分配到甘肃祁连山一带做野外调查。他与同事们跋山涉水，风餐露宿，几年时间跑遍了祁连山北麓和贺兰山东边的山山水水，获取了大量野外地质资料，积累了丰富的野外勘查经验，为他以后的石油会战生涯奠定了坚实的基础。

勘探工作是发展石油工业的首要问题，而油气勘探必须遵循必要的程序。但是在新中国成立初期，我国的石油勘探工作白手起家，所有技术装备、操作规程、工艺技术、工作标准都来自苏联，勘探程序也全盘照搬苏联老的一套，这一套程序对发现油气田并不有利。当时是西安地质调查处A-106队的技术员兼队长的邱中建结合工作实践，发现这套程序有的地方不符合国情，有待改进，于是分别于1956年和1957年在《石油工业通讯》第10期和第14期上发表了《关于石油及天然气勘探程序的商榷》和《再谈勘探程序》的论文，提出优化和改进老的勘探程序的建议，在全国石油勘探界引起了一场历时半年的大讨论。《石油工业通讯》编辑部于1957年5月29日举行座谈会，专门研讨邱中建提出的建议，王尚文、孟尔盛、黄先训、李德生、田在艺、杜博民、曾鼎乾、张传淦、张恺、谢庆辉等地质、物探专家参加了会议并发表了意见。这次讨论反响很大，这些讨论意见构筑了我国实行油气区域综合勘探的原始模型，推动改进了我国石油天然气勘探程序，加速了我国油气勘探的进程。

三、大庆油田发现者之一

1957年，石油部西安地质调查处组成了松辽平原地质专题研究队，编号为116队奔赴松辽盆地现场调查油苗，观察露头和岩心，实测典型地层剖面，搜集以往地质资料及地球物理资料，开展含油气综合研究及远景评价工作。邱中建担任队长。他们用相当多的时间，进行野外工作，白天采集岩石标本，晚上在农家村舍的土炕上点着煤油灯整理资料。一次，他带领三名队员在开鲁凹陷测量一个地质剖面，老哈河洪流暴涨，挡住了去路。等了一天，又一天，汹涌的浊流依然咆哮不止。再也不能等了，第三天，他们四人把工具、衣服顶在头上，手拉着手，踏进了齐胸深的洪流，艰难地淌过了老哈河。当他们完成任务傍晚返回的时候，老哈河水声如雷，翻卷的浪头一个接一个。他们四人还是手拉手趟进了河里。突然，一个浪头高高地冲压过来，走在前面的雷茂文一下子被打进水流，冲出很远，邱中建的水性较好，他急忙向前游去，紧紧抓住雷茂文，终于化险为夷。

他们长驻在地质部松辽普查大队，收集资料并经常一起观察地层剖面；有时去地质部松辽物探大队收集航磁图、重力图及横穿盆地的地球物理大剖面，结合浅钻资料，发现松辽盆地地层起伏平缓，并有很多大型隆起显示；他们还派个别同志参加松辽普查大队野外小队一起深入到松辽平原北部小兴安岭的原始森林之中，请鄂伦春族兄弟做向导，穿越深山密林，广泛调查地质情况，工作虽然辛苦，但收获很大。经过一年的努力，邱中建在其执笔的《松辽平原及周边地区综合研究》中指出"松辽平原是一含油远景极有希望的地区"，有三个重要的论点：一是主要勘探目的层系为白垩系松花江系，生油条件好，储油条件好。二是松花江地台（即松辽平原中部和北部）油气远景最为有利，特别是青岗-扶余陆背斜的西侧地区是石油聚集的有利区域。三是生油凹陷中的隆起是最有利的构造，当时报告认为"第五号重力正异常，突出于凹陷之中，地位非常优越"，提出该重力高为可供选择的基准井井位，这个井位实际位于大庆油田南部葡萄花构造上。石油部勘探司同意该报告的主要观点，并于1958年全面部署了松辽平原的勘探工作，加速了发现大庆油田的进程。

1958年6月，石油部决定成立松辽石油勘探局，邱中建任地质室地质师兼综合研究队队长，参与确定了松基1井、松基2井井位以后，又参与提出在黑龙江安达县大同镇隆起上打一口基准井，力争贯彻既探地层又要探油的原则。在松基3井井位议而未决之时，邱中建奉命调往北京，到石油部勘探司工作。8月底他到勘探司上班的第一件事，恰巧就是处理松辽平原第三号基准井井位问题，当时有一个正式的意见，建议第三号基准井井位位于吉林省开通县乔家围子附近。这个井位他和松辽局地质界的主要骨干都反对，因此他当机立断，签署了反对意见，指出："井位未定在构造或隆起上，不符合基准井探油原则。""南部已经有深井控制，探明深地层情况不是平原南部最迫切需要解决的问题。"后来，松基3井井位经过反复论证，得到了地质部松辽地震大队和普查大队的同意，最后得到石油部的批准。松基3井于1959年8月发现了油砂。石油部极为重视，派赵声振、邱中建等4人组成工作组，奔赴松基3井现场蹲点，参与并组织该井固井与试油的全过程，他们夜以继日地和工人们一起在井口工作，衣服上沾满了油泥，仍始终坚持操作试油。9月26日，松基3井排尽清水，终于成功地喷出了工业油流。邱中建从1957年石油系统首批进入松辽平原开展地质调查综合研究开始，经过井位论证，蹲点射孔试油，到1959年国庆前夕松基3井喜获喷油，参与了大庆油田发现的全过程。1982年获国家自然科学一等奖，项目名称是"大庆油田发现过程中的地球科学工作"。

四、在胜利油田参与了胜坨大型油田的发现

1964年，邱中建受石油部勘探司派遣，赴山东东营参加胜利油田会战并进行地质综合研究工作，被任命为地质指挥所综合室副主任，到东营之后的第一项工作就是参与建立"铁柱子"地质资料。"铁柱子"是指每口探井从上到下的，一切地质资料都要齐、全、准，像铁柱子一样十分牢靠。邱中建参照大庆的资料管理经验，结合东营地区的地质特点，参与制定了25类，135项齐、全、准资料的标准要求。

1964年四五月，上级要求地质研究人员要奔赴现场，了解实际情况，邱中建背着铺盖卷，奔赴胜利油田坨1井井场，观察掌握坨1井的动态。不久坨1井钻到下第三系沙三段没有发现预计的油层，却发现了沙二段油层，经试油，日产原油达400多立方米，预示了胜坨油田的诞生。同时也突破了当时以勘探沙三段为主要目的老框框的束缚。他们认真分析了坨庄-胜利村地区的钻探资料，惊喜地发现，早在一年前钻探的胜利村营5井，也有这一整套很厚的沙二段油层，只是当时误解释为含油水层和可疑层（原本有油层65米，只解释了油层2.8米）。坨1井的喷油驱散了勘探认识上的迷雾，进一步提高了对胜坨油田的认识和评价。据此，营5井重新在沙二段试油，果然日产原油高达360吨。

坨1井、营5井获得高产油流之后，胜利油田会战总指挥部集中了十多个钻井队钻探胜坨构造。新的地质问题又相继出现，即首批钻达油层的井，油层和水层交互出现。邱中建与油藏组组长陈斯忠、副组长陆荣生反复研究地质资料，得出结论

认为"胜坨油田有两套油水系统,即上下油组各有自己的油水系统,中间有一段隔层。这是一个'两层楼'的油田,每段油柱高度和构造闭合度密切相关。"钻探结果完全证实了这一解释的正确性。胜坨油田的发现和评价,扩展和丰富了地质学家们对新层系和新油藏类型的认识。

五、成功地评价四川威远气田

1965年下半年,邱中建被派往四川参加石油会战,任四川会战地质指挥所地质室主任。当时,威2井已经喷出了天然气,日产只有1万多立方米。当时会战领导小组组长张文彬决定派他带一个工作组到威2井蹲点。张文彬对他说:"威2井在酸化、试油技术上需要加强力量,你要把那里的技术工作抓起来,争取在近期有好的消息。"

邱中建等人到达威2井后,和井队同志一起认真系统地研究威2井的地质情况和酸化、测试资料,经过持续酸化、压裂,终于把震旦系白云岩压开,天然气日产量猛增到70多万立方米,开创了威远探区的新局面。

然后,邱中建又参与另一个小组去探边井威3井蹲点。按上级要求,必须取准寒武系和震旦系界面的岩心。邱中建等和井队地质技术员经过反复严格的地层对比和岩性分析以后,预测了界面的地层深度。结果,首战告捷,第一筒取上来的5米多长的岩心,正好准确地显示出了寒武系和震旦系的界面。大家都感叹地说:这筒岩心取得真神呀!当然这筒岩心有一点运气,但更重要的是他们辛勤的工作和科学的预测。

邱中建等完成了威远气田探边井威3井的钻探工作以后,该井进行了试油,从而明确了威远气田的分布面积。之后,邱中建在泸州负责勘探期间,相继发现和评价了合江等一批气田。同时,系统研究了泸州古隆起油气分布规律,明确指出古隆起的主体包括向斜范围在内是大面积的无水含气区。

六、与同事们合作,首次系统提出复式油气聚集区的新认识

1967年从四川回到北京后,"文化大革命"早已开始了,1969年邱中建及全家人被送往湖北省潜江"五七"干校接受再教育,他在那里既当过厨师也做过泥瓦匠。1972年,他和他的家人重新回到了北京,他到石油勘探开发规划研究院工作,担任地质室渤海湾组的组长。当时,渤海湾盆地的胜利、大港、辽河等几个油田都

在进行大规模勘探工作，各种构造断裂困扰着油气藏的发现，地质情况十分复杂。为了搞清渤海湾盆地的含油气情况，邱中建和同事们常年跑油田，下现场，看岩心，查资料。他们花了两年多时间，对渤海湾盆地的二级断裂构造带的油气富集规律及勘探过程进行了系统研究，对胜坨、大港、临盘、东辛、兴隆台等5个二级断裂构造带进行了重点解剖，认识到由于存在凹陷多、凸起多、断裂构造带多的渤海湾盆地，沉积建造受构造、断层、岩性、超覆、不整合等综合因素控制，有规律地相互补充和重叠，最基本地控制了石油的生成、运移和聚集。形成了规模巨大的复式油气聚集区，区内油源丰富，砂泥岩交互，生储盖组合发育，有成排的断裂构造带，有大范围的岩性岩相变化，有大量的地层超覆、不整合，有丰富多彩的油气聚集形式，是多种类型油气藏组成的复合体，并预测随着勘探的深入，将逐渐打出断裂构造带，进入斜坡和凹陷，直至整体解剖凹陷。这个复式油气聚集区的认识是邱中建在1974年8月燃化工业部全国石油勘探座谈会上以《加速渤海湾油气勘探的几点想法》为题目的技术报告中首次系统提出的。这项新认识，丰富了我国的陆相石油地质理论，拓宽了油气勘探领域，成功指导了渤海湾盆地油气勘探工作，对加速推进渤海湾的勘探进程产生了重大影响。因此，"渤海湾盆地复式油气聚集（区）带勘探理论及实践"项目，获1985年国家科学技术进步特等奖，邱中建是主要参加者，受到了奖励。

七、奠定海洋石油勘探早期对外合作基础，自营区发现绥中36-1大型油田

20世纪70年代末期，随着我国陆上石油工业的逐渐强大，发展我国海洋石油工业的任务也被提上日程。我国海洋石油工业一缺资金，二缺技术，三缺人才，党中央决定通过引进外资和技术合作来勘探开发我国海洋石油资源，请外国石油公司在南海和南黄海进行大规模地球物理勘探工作。同时决定通过招标，各外国石油公司可获得在我国近海进行风险勘探的权益。

1980年，石油部决定在石油系统调集一批勘探研究骨干，与外国石油公司平行地做招标区域的地震解释和地质综合研究工作。当时，邱中建、龚再升等人组织领导了100多人的队伍开展了南海珠江口盆地的研究工作。为便于管理，成立一个技术领导小组，由邱中建担任组长。1982年成立中国海洋石油总公司，邱中建被任命为总地质师。

在珠江口盆地早期油气资源评价的工作中，邱中建本着发展我国海洋石油工业，

"洋为中用"的指导思想，力争使我国海洋石油地质研究工作迅速与国际接轨。于是他系统学习和考察了国外含油气盆地资源评价方法、工作流程及工作内容，组织并参与了珠江口盆地对外合作的招标及评标工作，评议了国外多家石油公司的油气资源评价报告，并亲自组织和参加了南海珠江口盆地的油气资源评价研究工作，编写了《南海珠江口盆地油气资源评价总结报告》，并结合我国实际海洋地质特点总结出适合我国地质情况的油气资源评价方法，为我国海洋石油首次对外合作取得成功做出了重要贡献。邱中建和同事们积极地将这套油气资源评价工作程序和方法，进行推广，并在《石油学报》上撰文介绍资源评价技术和经验，卓有成效地改进了区域地质研究、区域及局部地震地层学研究、生油层研究、局部构造综合评价、风险分析及早期储量预测等。

邱中建参与并协助外国石油公司在珠江口发现了流花11-1大型油田、惠州21-1等一批中型油田，取得了良好的勘探成果。1985~1987年，他组织并参与了我国海上自营区辽东湾海域的油气资源综合评价，进行了大量的实际勘探工作，连续发现绥中36-1大型油田及一批中型油田，1987年获得国家科技进步二等奖，获奖题目为"辽东湾海域油气资源评价及油气区的重大发现"。

八、组织领导塔里木石油会战，奠定"西气东输"资源基础

1989~1999年，邱中建组织领导了塔里木石油会战。

塔里木盆地地表被沙漠、戈壁所覆盖，地面条件十分艰苦，地下地质条件非常复杂，但是它所蕴藏的油气资源十分丰富。在勘探过程中，邱中建经常遇到意想不到的困难，但他从不灰心丧气，经常讲"我就是过河卒子，誓不回头"。他提出用"艰苦奋斗、真抓实干、五湖四海"的塔里木精神来团结和凝聚会战队伍，鼓舞大家勇往直前找油找气，而且提倡头脑里要有新思维，要以创新精神去勘探新地区、新层系和新领域。

塔里木石油会战克服了很多困难，在沙漠腹地发现了塔中和哈德逊大型油田，在沙漠边缘发现了英买力、牙哈等油气田。从1992年开始，他又组织开展了塔里木盆地北部库车凹陷的勘探工作，这个地区山势陡峭，地形崎岖，开展油气勘探极为困难，同时地质结构十分复杂，逆冲断层和推覆体广泛发育，深埋地下的岩盐石膏地层受地应力影响，呈塑性变形，厚度忽厚忽薄，最厚可达数千米，最薄仅有几十米，使地下状况呈复杂变化，很难选定钻探目标。钻探的地层也十分复杂，有煤层、盐层、石膏层、坚硬层、易塌层、易漏层、高压水层、高压气层，广泛分布，交替

出现，再加上地层倾角陡峭，钻井极易顺层倾斜。因此尽管这个地区油气远景评价很高，但勘探工作一直停滞不前，被视为勘探禁区。1992年以后，根据少量的地震资料，打了一轮探井，耗费了两年多时间，探井艰难打成，但均未获得油气，从1994年开始，邱中建组织并参与了关键技术山地地震攻关，复杂地层深井钻探攻关和地质综合研究的攻关，特别是一直持续到1997年，组织更大规模和系统的攻关，取得一系列突破性进展，一是山地地震剖面质量变好，能清晰反映盐层以下的构造面貌。二是复杂地层深井钻探能顺利安全钻开盐下构造，并能获得高压、高产油气。三是综合研究认识到库车地区逆冲断层是构造面貌的主线，大型逆冲断层面就是盐膏等塑性层的滑脱面，在滑脱面的上下，地质结构、构造面貌差别很大，滑脱面以下形成了大量有利于油气聚集的圈闭构造，对气藏模式取得了新认识。因此，于1998年发现了克拉2大型高产气田，为"西气东输"工程奠定了资源基础，并于2001年获国家科技进步一等奖。他在塔里木工作期间，参与油气勘探全过程，并经常与同志讨论并提出重要的勘探方向和油气分布规律的认识，对所有探井包括井位选择及重大措施的实施均参与决策。他还组织领导了国家重点科技攻关项目"塔里木盆地油气资源"（85-101）的科研工作，该项目是国家"八五"科技攻关十大成果之一，同时还组织领导了纵贯塔克拉玛干大沙漠全长522千米流动性沙漠公路的建设，依靠专家攻克一系列技术难关，成为南疆人民的幸福路。

克拉2气田发现以后，他与同志们一起深入研究，发现克拉2气田是一个典型的三新气藏，即构造形成非常新（新近纪至第四纪），油气生成时间非常新（新近纪至近代），油气聚集时间非常新（第四纪至近代），展望塔里木全盆地，均有新构造运动的重要影响，因此，他提出了塔里木盆地"晚期成藏"的新概念，指出塔里木新构造运动对油气聚集和改造有强烈的影响。他与中海油的同志交流，发现他们持同样的观点，而且早已发现一批大型浅层油田都是晚期成藏的，使他受到很大的鼓舞，他仔细分析了全国各主要沉积盆地后，指出"晚期成藏的概念将对中国广大地区的勘探产生重要影响。"同时指出，中国是一个新构造运动十分发育的国家，最后一次构造运动使青藏高原隆升，对中国构造面貌影响巨大，对油气生成与聚集的影响也很巨大。因此在中国的广大地区应该重视"晚期成藏"问题，包括渤海湾陆地、塔里木、准噶尔、柴达木、吐哈、四川、南海莺-琼等盆地。这些论断引起同行的高度重视。

九、继续前进，谋划油气发展战略

1999年2月，邱中建离开了塔里木后，回到北京。1999年，他当选为中国工程院院士，继续关心我国油气勘探事业，为油气勘探工作提供咨询，出谋划策。

2003～2006年，在侯祥麟主持下，邱中建参与了"中国可持续发展油气资源战略研究"课题，该课题成果已被国家有关部门作为参考。邱中建特别关注我国天然气的发展，对此进行了持续和重点的研究，提出了一个新的论断，认为中国天然气的产量最终将超过石油，大致在2030年前后，他认为自然界天然气的来源比石油广泛得多。有机质生成油气时，气生成的时间段要比石油长得多。天然气要求岩石的储集性能比石油的门限低得多，美国天然气的发展，它的产量一直比石油高，而且持续的时间长，可作为我国的借鉴。因此，他提出当前是中国天然气大发展时期，也是中国石油工业第二次创业时期，这个论断已逐步为同行认同，为我国的天然气发展提供了重要的参考意见。

2006年后，邱中建多次到中国各个油气田和美国的油气公司和油气田考察，他敏锐地意识到美国页岩气的发展，使得美国天然气快速发展并在2010年前后超过俄罗斯成为世界第一产气大国。在工程院领导支持下，他和行业内一些院士积极向国家呼吁，认为页岩气和致密砂岩气作为我国非常规天然气的主体部分，在我国天然气工业发展和能源结构改善过程中也必将起到重要作用，受到国家领导人的重视。2012年，邱中建通过承担中国工程院重大项目"我国非常规天然气开发利用战略研究"之"我国页岩气和致密气开发利用战略研究"系统阐述了我国致密气和页岩气资源潜力、发展现状以及未来发展路线图，受到相关能源管理部门的关注和重视。

十、邱中建主要论著

邱中建.1956.关于石油及天然气勘探程序的商榷.石油工业通讯，10.

邱中建.1957.再谈勘探程序.石油工业通讯，14.

邱中建，龚再升.1980.国外对含油气盆地早期油气资源评价的某些特点.石油物探新技术方法报告集.北京：石油工业出版社.

邱中建，龚再升，等.1983.含油气盆地早期资源区域评价.石油学报，4（3）：39-48.

邱中建，等.1999.我国石油勘探的经验和体会.石油学报，20（1）：3，9-15.

邱中建.1999.我国西部天然气东输的可行性.中国工程科学，1（1）：94-98.

邱中建，龚再升.1999.中国油气勘探.北京：石油工业出版社.

邱中建，徐旺.2000.中国油气勘探前景与展望.勘探家：石油与天然气地质，5（1）：5-8.

邱中建.2000.关键技术的突破，促进塔里木气区的发现.中国工程科学，2（9）：38-41.

邱中建，康竹林，等.2002.从近期发现的油气新领域展望中国油气勘探发展前景.石油学报，23（4）：1-6.

邱中建.2002.中国天然气工业大发展的时代即将到来.世界石油工业，9（1）：31-34.

邱中建.2004.中国天然气在能源需求增长中的地位和安全供应.世界石油工业，11（3）.

Qiu Z J, Fang H. 2004. Petroleum resources and its prospects in China. 中国–蒙特尔能源圆桌会议, 北京.

邱中建, 方辉. 2005. 对我国油气资源可持续发展的一些看法. 石油学报, 26 (2): 1-5.

邱中建, 方辉. 2005. 中国天然气产量发展趋势与多元化供应分析. 天然气工业, 25 (8): 1-5.

Qiu Z J, Fang H. 2006. Analysis on sustainable development of petroleum resource in China, AAPG international conference and exhibition, November 5-8, Perth, Australia.

Qiu Z J. 2006. China's Energy-Today and Tomorrow. 美国: 西雅图. "中国和平发展道路与中美关系的未来"论坛.

邱中建, 方辉. 2008. 天然气大发展–中国石油工业第二次创业, 院士论坛.

主要参考文献

岁月流金编委会. 1998. 岁月流金–记石油科技专家（三）. 北京: 石油工业出版社: 248-256.

中国科学技术协会. 2005. 中国科学技术专家传略·工程技术编（能源卷2）. 北京: 中国科学技术出版社: 286-298.

范兴川, 杨洁. 2006. 五十载孜孜求索路, 七十年无悔报国心——记著名石油勘探专家邱中建院士. 科学中国人, 14-19.

撰写者

方辉（1975~），中国石油天然气集团公司，曾任邱中建助手。

邓松涛（1981~），中国石油天然气集团公司，现任邱中建助手。

胡见义

胡见义（1934~），北京市人，祖籍安徽。石油天然气地质与勘探专家，在油气地质理论与勘探方法等方面颇有造诣。1997年当选中国工程院院士。1959年毕业于莫斯科石油学院获硕士学位。曾任中国能源研究会副理事长。建立和发展了中国陆相石油地质和成藏理论，并将其应用于油气勘探实践，为发现大庆和胜利等许多油区的油气田做出了重要贡献；探索与研究了海相天然气田的形成规律，为陕甘宁盆地中部大气田的发现和中国天然气工业的发展发挥了重要作用；主持完成了中国第一部《中国油气资源评价研究总报告》，对中国石油地质条件、油气藏形成分布和油气资源做了系统研究和评价，提出了中国陆上油气勘探的战略方向，获得了具有国际先进水平的成果；推动了中国非构造油气藏和重油油藏的研究和勘探工作，为非构造油气藏储量的增加和重油油藏资源潜力评价做出了突出贡献。成果获全国科学大会个人突出贡献奖、国家科技进步特等奖和一等奖、部级科技进步一等奖和重大科技成果奖多次，并获中国科技基金会孙越崎能源大奖、李四光地质科学奖和光华工程科技奖"工程奖"。

一、成 长 历 程

胡见义，1934年3月25日生于北京市。1952年9月就读于北京地质学院，后到苏联留学，1959年毕业于莫斯科石油学院。曾先后任大庆油田石油勘探指挥部副主任地质师，大港油田副主任地质师，胜利油田总地质师，北京石油勘探开发科学研究院副院长、总地质师，教授级高级工程师，博士生导师，曾任石油大学、西北大学兼职教授。1997年当选为中国工程院院士。

1952年的秋天，18岁的胡见义迈着坚实的步伐，走进了北京地质学院，他的目标是要做新中国的地质学家，因为新中国百废待兴，建设新中国需要各方面的技术人才。一年后，他被选入北京外国语学院专攻俄语。

1954年，胡见义进入苏联乌拉尔矿冶学院石油地质系学习，继而转入莫斯科石油学院学习石油地质专业。赴苏前他在北京地质学院学的是矿产地质专业，到苏联后转学石油地质，师从于A. A. 巴基洛夫。他在那里学习石油地质知识，了解大油气田的分布规律。他希望中国除了数量有限的延长、老君庙油矿外，能找到大油田。他希望年轻的共和国能早日脱离"贫油"。在校期间，他发奋学习并放弃一切假期，获取更多的理论知识和技术。

五年后当他和 400 名留学生乘坐的专列到达中国满洲里国门时，一向性格内向深沉的他也有些按捺不住激动的心情，有一种"漫卷诗书喜欲狂，青春作伴好还乡"的感觉。

回到北京，石油部干部司司长征求他的意见："新疆、青海、松辽，愿意去哪？"他只问了一句话："哪儿的工作量大？""松辽盆地！"。

1959 年，正值松辽石油会战的前夜。广阔富饶的三江平原，源于长白山和大兴安岭而奔腾向前的松花江水，地下赋存的石油资源，神奇地吸引着年轻的胡见义。

9 月，他来到了大庆。二话没说就下到现场。已是深秋，大雨不断，到处是盐碱水泡，芦苇丛生，蚊虫集结，甚至有野狼出没。在研究大队综合组跑现场，他及时地跟踪每一口井，尤其是录井、测井和试油重点井的动态，并及时地与邻井进行对比。根据油气水性质及时正确判别油气层和油气藏类型。他常常步行几十公里到重点井去收集第一手资料，往往一天只能吃上一碗高粱米饭和几块煮萝卜。

松基 3 井喷油，宣告大庆油田的发现。调集精兵强将，集结千军万马进行石油大会战，这在中国石油工业的历史上还是第一次。胡见义置身于这波澜壮阔的会战中，他想到了、看到了、学到了很多。对于困难和吃苦更有思想准备。几十年后的今天，他还颇有感触地说："当时正处在困难时期，干好任何一件事都要吃苦，苦中也有乐。"

一年半以后，他被任命为油田地质综合研究大队综合研究室主任、副主任地质师。研究大队负责更大的研究领域，有几十部钻机，给他提供了广阔的天地。担子重，使胡见义更增加了几分勤奋和思考，他跑遍了所有能跑到的现场，不仅研究地质勘探，还研究地球物理、地球化学生油等问题。

20 世纪 60 年代初，在石油地质理论上，除在 40 年代根据陕北地区陆相地层中的含油气情况，潘钟祥等老一辈地质学家发表过"陆相可以生油"的观点以外，西方的海相成油理论仍占统治地位。随着从局部构造-区块-区带-整个盆地的各类地质信息和资料的不断积累、丰富与充实，在大量勘探实践与理论研究的基础上，胡见义逐步确认了湖相暗色泥岩能够大量生烃和排烃的事实，并搞清楚了其生烃、排烃的特征与条件。用了两年的时间，终于在 1962 年首次从一个陆相盆地出发，系统完成和发表了《松辽盆地陆相生油地球化学若干问题》的论文。这是我国石油地质方面第一篇关于一个大型盆地陆相生油的系统而完整的文章。随后，他又分析研究了大量的第一手地质、地球化学和地球物理资料，反复对比，综合研究，对松辽盆地内部湖相泥岩生成油气的运移，并在圈闭中聚集成工业规模、形成油气田，提出了自己的见解和认识，总结出了《松辽盆地石油地质和油气分布的九大规律》。这也是我国首次有关在一个大型盆地内陆相油气藏形成与分布系统完整的综合研究报告。

这两份报告构成了我国陆相油气生成与分布理论的雏形，为陆相石油成藏理论的建立打下了基础，为当时大庆油田勘探提供了重要的科学依据，也为后来发现一系列油气田起到了重要的作用。

当胡见义在技术座谈会上提出陆相生油和聚集的观点，并从地质理论和实践中加以阐述后，石油部领导康世恩称赞他是"真正的博士"。其实，胡见义还真没攻读过博士学位。

在大庆会战的四年多时间里，他参与制定了大庆长垣、泰康隆起、三肇坳陷、安广隆起和黑帝庙凹陷等勘探项目的部署，在发现一系列油气田中起到了重要作用。他三次被评为"五好红旗手"，1963年被评为"五好技术干部标兵"、"科学技术能手"。

几十年后的今天，胡见义幽默地讲述当年："每个职工一年是140斤黄豆，而技术能手是160斤，还发了一件绒衣，上面印着'技术能手'，我从来没敢穿过。我只是想为找到大油田做点事情，总带着这几个字，我受不了。"胡见义谈到所取得的成果时说："我得益于多年的现场实践和与工人在一起。不深入现场实践，就很难提出技术观点，理论上也不容易做到分析深刻。"

松辽盆地勘探，从1955年开始普查到基本探明大油田，总共用了7年。大庆油田的发现进一步确立了陆相沉积可以形成大油田的观点，丰富和发展了陆相成油理论，并初步形成从盆地勘探到油田评价的一整套战役部署和战术方法，使中国油气勘探水平达到了一个新的高度。胡见义和同时代的地质工作者为此默默地奉献着自己的智慧和青春。

20世纪60年代是中国石油工业开始翻天覆地、气吞山河的时代。在全国油气勘探的重点放在松辽盆地的同时，渤海湾盆地的勘探也在紧锣密鼓地进行。

1964年起，石油勘探的重点转向渤海湾盆地。1963年的最后一天，大庆会战征尘未洗的胡见义，便告别黑土地，踏上新征途——大港油田。3个月后一纸调令，他又马不停蹄地转战齐鲁大地，参加胜利石油大会战。此时，胡见义已是而立之年。

1964年3月中旬，胜利油田工委成立。石油部领导余秋里、康世恩坐镇东营，调集新疆、玉门、青海、四川、陕甘宁和大庆的诸路石油大军开赴济阳坳陷。胡见义任勘探综合研究室副主任。

1965年2月，成立会战指挥部，胡见义任副总地质师兼地质指挥所指挥。

胜利油田位于济阳坳陷，断层多，地下情况复杂，是渤海湾盆地典型的复合油气区，与松辽盆地的情况截然不同。针对这一情况，他全身心地投入到东营地区油气勘探研究与部署的工作中去。他十分重视第一手资料，要求有关单位取全取准资料，自己也坚持深入现场，及时掌握各类动态信息。胡见义如饥似渴地熟悉和研究着济阳坳陷这个新地区。渤海湾盆地自早第三纪以来，经历了多次断块活动，地下情况极其复杂。

行政指挥与研究工作集于一身，使胡见义感到有些紧张，但他全力以赴。油田钻探初期，发现地下油层忽有忽无，忽高忽低，忽厚忽薄，忽油忽水，油质忽稀忽稠。这与松辽盆地情况大不一样。经过广大科技人员研究总结，认识到这种复杂现象是由极发育的正断层造成的。

胡见义住在办公室兼宿舍的板房里，除了床铺就是资料，要不就是下现场时穿的工作服，就这样他掌握了各口勘探井的地质动态。作为副总地质师，下现场从不提前打招呼，长途驱车到井场，赶上吃饭就到食堂领两个馒头夹点咸菜，边吃边聊，边布置工作。

他直接组织主持研究和制定了东营沾化、临邑和车镇等凹陷的不同地区十多个勘探项目的实施方案。方案实施后，滨南等若干油田被陆续发现，其中渤南油田属于砂岩上倾尖灭型亿吨级大油田。他对自己组织和参加制定的油气勘探项目及其部署的每一条断层、每个断块、每套层系和每一个油气藏特征都了如指掌。也正是在这个基础上，经过大量的对比和研究，他逐步构思了克拉通内裂谷盆地断块油气藏形成与分布的地质理论。

在胜利油田工作了五个年头，刚对济阳坳陷有了较深入的了解，石油部又抽调他参加中国援助阿尔巴尼亚专家组。

1969~1972年，他两次赴阿尔巴尼亚，曾任阿尔巴尼亚工矿部石油总局中国专家综合组组长。他记得第二次赴阿尔巴尼亚下飞机后，当时外经部负责人方毅告诉他们，阿方要求我们援建一个大型尿素厂，你们的研究成果将决定能否有足够的天然气资源供尿素厂做原料，国家能否有把握在这个协议上签字。

阿尔巴尼亚近亚德里亚海盆地的天然气勘探是德国、意大利和苏联等国专家工作过的地区，胡见义带领中国专家组常常从清晨一直工作到凌晨。从原始资料入手，在长期封存的库房内，一包一包、一米一米地观察、描述岩屑和岩心，一口井一口井地对比砂体小层，找到了真正的对比标准层。经过研究，取得重要成果并进行勘探部署。勘探实施后，扩大了一个气田，使其储量增加了数倍，并在一个多国专家已放弃的构造上，通过对已有钻井资料的复查，重新评价为气层，修井并射开该层位，获得工业气流。同时，提交了《近亚德利亚海盆地天然气形成与分布》系统研究报告，全面分析了这一地区天然气地质条件，从地质理论上阐述了天然气藏勘探方向与目标，制定勘探项目意见书。根据这一报告，我国政府为阿尔巴尼亚援建了一个年产 5 万吨的尿素厂，中国驻阿尔巴尼亚大使馆对他们的工作精神和取得的成果非常满意。为此，阿尔巴尼亚国家领导人接见了专家组成员，并高度评价和赞扬了中国专家组的出色工作。

1972 年，从阿尔巴尼亚回国后，迎接胡见义的是更重的担子：任胜利油田总地质师。既做勘探技术的组织者和领导者，又承担着地质理论研究，工作量成倍增加，他以加倍的勤奋和效率与时间赛跑。

胡见义与同事们经过多年的实践和研究完成的"渤海湾盆地复式油气聚集（区）带的形成理论与实践"研究项目，对胜利油田乃至渤海湾的油气勘探提出了指导性意见。这项成果在 1985 年获得国家科技进步特等奖。报告中提出的中国东部早第三纪箕状凹陷复式油气聚集规律，是中国陆相成油理论的主要组成部分。在提出和发展这一理论中，胡见义作为重要贡献者之一与渤海湾地区各油田的地质专家一起在当代中国的石油工业发展史上书写了辉煌的一页。

渤海湾盆地勘探从 1964 年到 1979 年，先后发现并基本建成了胜利、大港、辽河、任丘、中原五大油田。

胡见义因在胜利油田地质勘探中取得的成绩，1978 年获全国科学大会个人突出贡献奖。在人民大会堂，他从党和国家领导人手中接过象征着荣誉与艰辛的奖励证书。这是他第一次获得国家级奖励。同年，他被调往北京石油勘探开发科学研究院任副院长、总地质师。经过大庆精神的培养教育和两次石油会战的锻炼实践，他已成长为一名优秀的石油地质专家。

到北京后，正值壮年的胡见义把全部精力用在工作上，不管外出开会、出国考察还是大量的各种会议，他都把占去的时间想办法补回来。不管如何挤，每天也只有 24 小时，一年只有 365 天，胡见义太需要时间了。有一次，重庆市政府邀请各路专家为其做发展咨询。完成咨询任务后，市政府请专家们游览长江三峡，胡见义婉言谢绝，立即返京。有人劝他，一年忙到头你就缺这三天 72 小时不成？胡见义却认为，3 天在一年中占的比例也不算小了。

近十几年来，他把工作的重点由地区转向了全国的油气地质理论和油气勘探战略领域选择及石油工业中、长期规划上来。历时 5 年，主持并参与了全国首次的油气资源研究与评价，完成了我国第一部《全国油气资源评价研究总报告》。这一报告系统研究了中国石油地质理论，分区、分层系研究了石油地质条件和油气的形成与分布，进行了分区、分层系、分盆地、分坳陷的油气资源评价，提出了中国石油天然气资源勘探战略布局，成为石油工业"稳定东部，发展西部"战略决策的重要依据。1987年荣获国家科技进步一等奖。

随着油气勘探实践的深入，胡见义十分重视中国陆相石油地质条件的进一步分析和总结，完成了《中国陆相石油地质理论基础》和《非构造油气藏》等专著，首次系统总结、分析和研究了陆相含油盆地油气藏的类型系列，深入探讨了油气藏形成和分布的理论，尤其是非构造油气藏和重油油藏。非构造油气藏是油气藏系列的重要组成部分，由于形态不规则，常称隐蔽油气藏。国外许多学者长期认为此类油气藏在分布上无规律可循。胡见义立足于海相、陆相各种沉积环境分析、储集层分布、古地貌和地层超覆等特点，指出非构造油气藏的分布是有一定规律和方向的。重油油藏系列（包括沥青和地表油砂）是重要的后备石油资源。在他的带领下，以矿藏形成的地质和地化条件为基础，对该类资源的潜力和分布进行了研究，指导了各矿区的勘探。在上述研究成果的推动下，从80年代开始，我国发现这两类油气藏的比例逐步增加，由百分之几增加到百分之五十以上。他领导完成的"中国东部陆相盆地地层岩性圈闭油气聚集（区）带的形成与远景评价"获石油工业部科技进步一等奖。

20世纪80年代初，全国加强了对天然气的勘探，但始终没有大的突破。长庆油田在盆地西侧勘探发现一些小型气田，又在东部进行勘探。而北京勘探开发研究院提出在盆地中部钻一口科学探索井，有可能出现较好的情况。胡见义依据前人对陕甘宁盆地的研究与勘探资料，着重研究了古生代海相地层的含气潜力，提出了寻找大的天然气聚集区新的观点和思路，认为盆地西部天环向斜和东部隆起所发现的天然气均为零星分布的小型气藏，而中部由古隆起演化成的中部广大平缓斜坡有存在非构造地层岩性圈闭型气藏的有利地质条件。他的这一技术思路，很快得到勘探开发研究院科探井领导小组认同。在盆地中部古隆起地带部署陕参1井——科学探索井，此井钻进到约3500米时终于出气，当时我国最大的气田就此诞生。陕参1井出气预测储量后，在现场召开座谈会，胡见义提出拿下这个整装大气田的勘探部署和方案，后又参与组织勘探的实施，主持与组织研究完成了"陕甘宁盆地中部气田规模预测"大型研究成果报告，和参与研究的项目组一起获得了石油天然气总公司重大科技成果奖。

进入90年代，随着我国国民经济的快速发展，对烃类能源的增长提出了更高的要求。胡见义进行了世界主要能源（如煤、木柴、石油、天然气、核能、水能和重油沥青等）结构变迁与预测研究，认为我国引进国外油气资源是可行的。同时依据对全球石油地质和资源的分析研究，认为引进周边国家的石油和天然气资源是现实的，并与俄罗斯地质学家合作，进行了东北亚石油天然气形成地质基础和资源潜力研究，预测了资源的规模，提出了我国利用俄罗斯远东石油与天然气的可行性。这一方案现已开始研究与实施。

胡见义能取得如此多的研究成果，重要的一点是惜时如金。只要他不离开院里，他的办公室的灯光大部分都亮到很晚，节假日几乎都用在加班工作上。几十年来，他的精力几乎全部投入到工作和研究中。家务事自然是非妻子莫属。前一时期老伴几次提出能否一同出去疗养，他答应了，但很少兑现，组织上几次都安排好时间、地点，可经常因为他时间紧张，离不开的工作而放弃。

他勤于笔耕。已出版了《中国陆相石油地质理论基础》、《非构造油气藏》、《中俄土天然气地质研究新进展》、《中国石油地质与勘探进展》（英文）、《东北亚油气潜力图和报告》（英文）等多部著作，在国内外完成成果著作和发表学术论文近百篇（部）。

作为北京勘探开发研究院的总地质师、副院长，他多次接待不同国家和地区的石油公司负责人，与他们进行学术交流和协作。一位外国公司总裁在给他的信中这样写道："真心感谢您在我公司一行访问贵公司时的亲切接待，您和蔼宽厚的品德使我深受感动……我也被您的地质专业技术所征服。"

胡见义觉得时间不等人。他说："凡事只要立足目标，全力去做，任何事情都是可以成功的。"如今他仍然是那么脚步匆匆，仍然是喜欢经常站在办公室硕大的中国石油勘探成果图前沉思，他希望勘探成功的红色区域更多更大。

他说："我最后冲刺的目标，就是要为我国石油工业多培养出一些优秀人才。"他已经指导了数十名研究生、博士生。他要把丰富的学识和宝贵的经验传授给青年人。现今，他曾指导过的一批年轻人已走上不同的领导岗位，或成为年轻的专家、教授和院士。

二、主要学术成就

1. 长期研究中国陆相油气藏形成分布

全球石油地质学的建立过程，就是以海相环境油气藏形成的研究与勘探过程为基础的，已发现的油气田和资源，海相成因占有绝对的优势。而在中国，已发现的油田基本上为陆相成因，95%以上的石油资源来自陆相盆地。自中生代初（印支运动后）中国大陆已基本形成，构造格局已由古生代大陆与大洋板块的对峙，转变为中生代造山褶皱带与盆地的并存对立，盆地主要接受了陆相沉积。而陆相沉积环境形成油气藏，特别是大型油气田，长期以来被认为几乎是不可能的，不具备大量水生生物发育、保存和转化为烃类的地质环境。在探讨陆相油气藏形成因素的基础上，经过系统研究，特别是在大量勘探实践的基础上，胡见义与同行学者合作完成的《陆相石油地质理论基础》专著是建立中国陆相石油地质理论的重要尝试。油气藏形成分布是石油地质和勘探的核心部分，他通过系统的油气藏分布规律研究，参加与制定许多重要地质勘探部署方案并参与组织实施，指导发现许多大型油气田。

2. 海相地质环境油气藏形成与勘探研究取得了重要成果

在以陆相石油地质研究为重点的同时，他始终对海相石油地质基本特点做平行对比研究，重点进行了几个大型海相石油地质研究与勘探实践的项目。

在阿尔巴尼亚期间，他研究完成了《近亚德利亚海盆地天然气藏形成与分布》的成果报告，全面分析了这一地区天然气地质条件，从地质理论上阐明了天然气藏勘探方向与目标，制定了勘探项目意见书，勘探实施后发现一个气田，扩大了一个气田，取得良好的效果，获得了阿政府高度评价。

自1985年开始，他分析研究了陕甘宁盆地大量的先人研究与勘探成果，着重研究了古生代海相地层的含油气潜力，提出了寻找大的天然气聚集区新的观点思路，认为盆地西部天环向斜和东部隆起所发现的天然气均为零星分布的小型气藏，而中部由古隆起演化成的广大平缓斜坡具有存在非构造地层岩性圈闭型气藏的有利地质条件，根据这一技术思路，对矿区反复做了大量研究，参与组织勘探的实施，发现了当时我国最大气田，对发展我国天然气工业起到了重要推动作用。主持与组织研究完成了《陕甘宁盆地中部气田规模预测》大型科研成果报告，获得了石油天然气总公司重大科技成果奖。

1990~1996年对东北亚古老克拉通元古界-古生界海相盆地石油地质条件和油气藏形成与保存进行对比研究，包括亚洲大陆东北部的俄罗斯西伯利亚、中国的塔里木和华北盆地。认为它们都具有一些石油地质上的共同特点，如：广泛发育的烃源岩、较好的储集层和封盖层，以及多期多次成藏的地层岩性圈闭类型等。这些认识对勘探的实践起到重要的推动作用。

3. 主持完成《全国油气资源评价研究报告》

1981~1986年，他作为项目负责人和主要研究者，在上千人参与下，完成了

"中国油气资源评价研究"大型科研项目。系统总结了中国石油地质基本理论,阐明各大油气区与各含油气盆地的油气分布特点。在对国外和国内资源评价理论和方法进行充分分析的基础上,结合我国石油地质条件和评价技术,形成了我国油气资源评价系统,进行了我国第一次全国的整体油气资源评价。研究评价工作与勘探部署实际紧密结合,发现了许多油气勘探新领域,探明储量稳定较快地增长。所制定的我国油气发展战略布局被采纳实施,取得了显著的经济效益和社会效益。这一大型科研成果被评为"具国内和国际先进水平,具有重大理论和实践意义",1986年获石油部科技进步一等奖,1987年获国家科技进步一等奖。

4. 研究非构造油气藏和重油油藏

非构造油气藏是油气藏系列中的重要组成部分,由于用常规的技术手段很难被发现,常称隐蔽油气藏。在长期的研究过程中,主要立足于海相、陆相沉积环境分析,储集体分布特点,古地貌和地层超覆等特点,指出非构造圈闭油气藏的分布具有一定的规律和方向(国外许多地质家长期认为这一类油气藏是无分布规律的)。在这一研究成果推动下,从80年代勘探的实施中我国发现这一类油气藏逐步增加,所发现储量的比例由百分之几增加到百分之五十以上。完成的"中国东部陆相盆地地层岩性圈闭油气聚集(区)带的形成与远景评价"项目获石油部科技进步一等奖。

重油油藏系列(包括重油、沥青与油砂)是全球石油烃类资源中的重要组成部分,也常称非常规石油资源,它具有比常规石油资源高出数倍的巨大资源潜力。通过重油沥青的地质与地球化学特征、重油沥青的形成与演化机制和中国重质油藏的形成与分布及其资源远景的研究,发现重油油藏的形成大多是新构造运动的产物,而且重质原油与常规石油有共生和过渡的关系,因此重油油藏系列分布是有规律可循的,它的远景不可忽视。这一研究成果促进了各矿区的勘探与发现,这一类型资源的探明,自80年代中期逐步增加,达到当年探明石油总储量的25%~30%。

5. 天然气地质和天然气藏形成研究

他先后在中亚土库曼斯坦与乌兹别克斯坦的阿姆河含气盆地、俄罗斯东西伯利亚和陆架北萨哈林盆地等,通过国际合作对天然气田形成与资源做了实际的研究,先后完成《中俄土天然气地质进展》著作和"东西伯利亚科维克金大气田形成与资源评价"大型研究成果。尤其对中国不同类型盆地天然气的成因类型、气藏形成与分布以及资源评价做了深入的研究。有关天然气形成分布和资源评估研究成果,已多次为中央有关部门、中国工程院和中国石油天然气总公司所采纳。

6. 对周边国家石油地质和资源潜力的深入研究

20世纪90年代初开始，胡见义对世界主要能源结构变迁与预测进行了研究，认为我国引进国外油气资源是可行的。同时，依据对全球石油地质和资源的分析研究，认为引进周边国家的石油和天然气资源是现实的，并与俄罗斯地质学家合作，进行了东北亚石油天然气形成地质基础和资源潜力研究，预测了资源的规模，提出了我国利用俄罗斯远东石油与天然气的可行性。

三、结 束 语

胡见义将中国石油地质条件下油气藏形成分布的研究与油气勘探紧密结合。一方面结合中国的地质特点，在不同油气区大量勘探油气矿产；另一方面不断地建立和完善中国的石油地质理论，指导新领域、新地区和新层系的油气勘探，发现许多大中型油气田。除了学术思想和理论方面的重大成就外，胡见义学风严谨，为人正派，待人友善，尊重和热爱科学，重视实践，实事求是，对研究成果决不署虚名。重视培养青年科技工作者，创造机会把他们推到一线，使其更快成长。培养硕士和博士研究生40多人，他把丰富的学识和宝贵的经验毫无保留地传授给年轻人。他对科学的执著追求、高尚的情操和不求名利的品质时刻激励和鼓舞着年轻人！

四、胡见义主要论著

Hu J Y. 1984. Oil and gas accumulations in the mesocenozoic block faulting in eastern. China. Proceeding of 27th IGC, Moscow, Russia.

胡见义，徐树宝，等. 1986. 非构造油气藏. 北京：石油工业出版社.

胡见义，徐树宝，童晓光. 1986. 渤海湾盆地复式油气聚集（区）带的形成与分布. 石油勘探与开发，(1)：5-12.

Hu J Y. 1988. Stratigraphic-lithologic oil and gas pools in continental basins, China. Proceedings of Petroleum Resources of China, Houston, for Energy and Resources Earth Science Series.

Hu J Y. 1989. The Bohai bay basin (Chinese sedimentary basins), Elsevier, Amsterdamp.

胡见义. 1990. 渤海湾盆地地质基础与油气富集（中新生代盆地）. 北京：石油工业出版社.

胡见义. 1991. 中国陆相石油地质理论基础. 北京：石油工业出版社.

胡见义. 1992. 未来石油地质理论的发展趋势. 石油学报，(3)：8-13.

胡见义，牛嘉玉. 1994. 中国重质油沥青资源的形成与分布. 石油与天然气地质，(2)：105-112.

Hu J Y. 1995. Detailed petroleum exploration in Bohai bay basin. Proceedings of The 14th World Petroleum Congress. Published by John & Sons London.

Hu J Y. 1996. Petroleum exploration frontiers and resource potential in old cratons of the northeast Asia. Progress in Geology of China, Paper of the 30th IGC by China Ocean Press.

Hu J Y. 1996. Nonmarine petroleum geology of China. Petroleum Industry Press.

Hu J Y. 1996. "Petroleum Potential Map of the Northeast Asia" and its synopsis. Petroleum Industry Press.

Hu J Y. 1996. Advances in petroleum geology and exploration in China. Petroleum Industry Press.

胡见义. 1996. 海相石油天然气地质综论. 海相油气地质，(1)：61.

胡见义. 1996. 东北亚克拉通油气勘探领域及资源潜力. 地质论评，42.

胡见义. 1997. 吐哈盆地煤系油气田形成与分布. 北京：石油工业出版社.

胡见义. 2001. 全球天然气的发展特点与趋势. 世界石油工业，(3).

胡见义. 2004. 石油地质学前沿和勘探新领域. 中国石油勘探，(1)：6，16-22.，30.

胡见义. 2007. 石油地质学理论若干热点问题的探讨. 石油勘探与开发，(1)：1-4.

胡见义. 2009. 高海拔与超深地层石油地质若干问题. 石油学报，(2)：159-167.

胡见义. 2014. 中国石油地质与成藏文集. 北京：石油工业出版社.

主要参考文献

胡见义，徐树宝，童晓光. 1986. 渤海湾盆地复式油气聚集（区）带的形成与分布. 石油勘探与开发，(1)：5-12.

胡见义. 1996. 中国陆相石油地质理论基础. 北京：石油工业出版社.

胡见义. 1996. 海相石油天然气地质综论. 海相油气地质，(1).

胡见义. 1996. 东北亚克拉通油气勘探领域及资源潜力. 地质论评，42.

胡见义. 2004. 石油地质学前沿和勘探新领域. 中国石油勘探，(1)：6，16-22，30.

撰写者

牛嘉玉（1963~），中国石油勘探开发研究院教授级高工，博士生导师。1984年成为胡见义的硕士研究生，毕业后长期与其开展合作研究。

何继善

何继善（1934~），湖南浏阳人。地球物理学家，工程管理学家，双频激电法、人为随机信号电法和广域电磁法的奠基人。1994年当选为中国工程院首批院士。1960年毕业于长春地质学院物探系。曾任中南工业大学校长、中国有色金属学会副理事长、中国地球物理学会副理事长、中国工程院能源与矿业工程学部主任、湖南省科协主席；现任湖南省科协名誉主席、中国工程院第五届主席团成员、美国勘探地球物理学家协会（SEG）终身会员。他提出了三元素群的自封闭加法，实现了2^n系列伪随机信号的快速递推编码，创立了伪随机信号电法体系；创立了高分辨率检测堤坝管涌渗漏入水口的"拟合流场法"，为病险水库隐患探测和汛期堤坝查险提供了必不可少的技术支撑和科学抢险决策依据；统一了频率域电磁法全区电阻率的定义和算法，创立了广域电磁法，为电磁勘探开辟了崭新的研究领域；创建了中国第一个以地电场与观测系统为特色的国家级重点学科；发明了一系列具有国际先进水平和自主知识产权的地电场观测仪器和装备，为中国资源勘探和工程勘察事业做出了重大贡献。他创立和发展的以伪随机信号电磁法和双频激电法为特色的勘探地球物理理论体系，被国际上誉为应用地球物理界的重大事件。他的研究成果和学术思想对中国地球物理学的发展有重要指导意义。

一、成 长 经 历

1934年9月1日，何继善出生于湖南浏阳县，因为家里穷，何继善出生后就和父母寄居在湖南浏阳普迹镇的外婆家里。后来，父母从外婆家搬出来，租住在镇子通往山区的路边一处房子里。每到日寇临近，形势紧急的时候，人们推着独轮车，扶老携幼进山躲难，何继善至今仍清楚地记得，那独轮车轮与轴摩擦发出"吱扭吱扭"刺痛心弦的尖叫声。

何继善从小就渴望学习，渴望知道他不知道的东西。然而，日本的侵略、国民党的统治，使他幼年的梦想破灭。6岁那一年，他刚要读小学二年级，便随父母亲四处流浪。期间，通过自学考上省银行的父亲，由于没有背景，被分配到湘南偏僻的新田县开办业务。由于浏阳越来越频繁的轰炸，本已开始入校读书的何继善被母亲带着去新田与父亲团聚。放在今天只需六七个小时的车程，可在日本侵略下的中国内地，哪怕一个省份之内的交通也是异常的艰难。他们从浏阳搭乘运货的小木船到长沙，再转火车到郴州，途中经渌口时桥被炸断，车被卡了两天，没有吃的，还不时有敌机来袭，人们只得下车四处躲藏，直到工兵将桥修好，才得以通行。但衡阳江上的桥亦被炸断，而且一时无法修复，母亲和他只好下车，过渡到对岸，爬上煤炭车，这样才算到了郴州。那时郴州有句话叫做"船到郴州止，马到郴州死，人到郴州打摆子"（打摆子就是患疟疾），饱受饥困和流离的何继善一到郴州，就开始生病，又拉又吐，又无法就医，只能挺着，差一点死掉。在一个全民族遭受外敌入侵的年代，年幼的何继善几次与死神擦肩而过。

在新田，一家人总算有了落脚点，父母亲外出打工，家境稍微好一点，何继善便到新田的一所公立小学上了三年级，由于他聪明好学，虽学习时断时续，但他竟从小学三年级插班跳到小学六年级就读。1944年秋季，由于日本侵略军临近，学校决定停课，学生们各自回家逃难。近两个月的时间里，十来岁的何继善跟随父母走遍了湘南的好几个县，常常每天要走六十多里路。

1948年下半年，得到在长沙盐店当先生的姨父资助，何继善到长沙就读云麓中学，这是一所由湖南大学教师开办的私立学校。在顺利度过第一个学期后到了1949年春季，时值新中国成立前夕，国民党统治区的经济非常糟糕，物价飞涨，在盐店帮工的姨父也失业了，无法供他上学。父亲从他工作的宁远将学费汇来，却由于通货膨胀，等一个多星期汇到时，本来够数的学费已经贬值了三分之一。又加之学校不收法币（钞票），只收光洋（银元），何继善取了钱之后又得去银元贩子手里兑换。一经盘剥，只能交一半的学费了，到学期中，学校出告示："何继善自即日起，停课、停餐"。再次辍学的何继善心里非常痛苦，不得已跟着失业的姨父回到了浏阳。直到新中国成立，何继善都是以打柴、挑担子为生。

1950年初，何继善回到父母身边，同年3月报名参加干部训练班（培训到农村工作的干部），正式参加了工作，起草一些农村"减租反霸"活动的文稿。一年后，受国家大力发展工业的宣传号召，他报考了中南有色局办的中南有色化验训练班，学习一年之后分派到湘东钨矿化验室工作。那时矿山刚从私人手中收归国有，条件艰苦，没有电，没有机械，全靠手工，下矿井带着电石灯，爬木梯子，坑道十分低矮狭窄，有的地段几乎要爬着向前，何继善的工作是将矿样采上来再进行化验。

工作之余的何继善仍然不放弃学习，哪怕白天再忙再累，每天晚上都要坚持看书。系统自学那套东北人民政府出版的初中到高中的教科书和一些有关化学分析的书，当时，这些书都是从苏联翻译引进的。1956年，中共中央号召"向科学进军"，鼓励在职技术人员报考大学。何继善以同等学力考进东北地质学院（长春地质学院前身）。刚进校时，按俄语成绩分班，压根没有学过俄语的何继善利用学校准他免修化学课程节约下来的时间学俄语和预习其他功课。功夫不负有心人，到毕业时，何继善由刚进校时的一个成绩并不出色的学生一跃成为全年级唯一一个全优的学生。如果说人生像一场戏剧，有高潮和低潮，那么何继善在学校独自完成毕业论文的经历可算是他人生中值得回忆的记录。1958年"大跃进"风潮，这段被认为是错误的历史，但对何继善而言反而成了一种机缘。在那个鼓励全民要"敢想敢干"的年代，何继善从文献中看到的零星报道中得知苏联发明了一种"二次谐波磁力仪"，一想到自己的国家还没有这样的仪器，身为学生的他，猜测到仪器的原理，认为有可能研制出来，就大胆向系里提出申请。没想到竟然同意了，而且系里还允许他领一些元器件。经过没日没夜的奋战，何继善设计的"二次谐波磁力仪"做成了。后来他的毕业论文写的即是关于"二次谐波磁力仪"的原理和研制。"当时做这些没有任何经费，甚至连老师也搞不清楚，无法指导，所以我的论文是没有指导老师的。"但按规定毕业论文必须有指导老师，没办法他找了一个比他高一年级已经留校的学长在论文上签了名。这些，对于何继善这个大学在校生来说，无疑都是难得的锻炼。

1960年何继善分到中南矿冶学院（现中南大学）当助教，同期从各个学校分去的另外15个人都按时开始参加工作了，但何继善却由于档案上一个小误差，学校审查时说他出身不好，不适宜在大学教书，想把他退回去。中间几番周折，直到当年10月，何继善才落实工作，报到上班。"这件事情对我的打击很大，于是就发奋工作，除了吃饭睡觉，其余的时间我都在实验室做实验、备课。"他的辛勤努力，得到了大家的认可，一年后被评为学校的先进工作者。和进大学时的经历相似，他再一次通过自己的努力，扭转局面，改变了人们的看法。就在同年，只是一名助教的他还被任命为物探实验室主任。

在此之前，中南矿冶学院的地球物理专业刚刚成立，师资、科研力量薄弱：数学家吴树基因为20世纪40年代在美国普林斯顿大学进修时，旁听了一些地球物理的课程，1952年从湖南大学调到中南矿冶学院担任物探教授；任怀宗是苏联专家荣可夫的研究生，主要搞重力；另有一位原来学探工的老师，没有多少专业方面的知识。一切都处在草创期，有待建设。年轻的助教何继善用他满腔的热情发奋地工作，一点点地建设实验室。但即便如此，一心干工作的他到学校相关部门领做实验的器材时，经常会听到管理人员的讽刺和数落："又来领什么东西？1958年我们已经浪费很多了。"

1966年"文化大革命"爆发，何继善自然被扣上"走白专道路"的帽子，卷入那滚滚的洪流，好在很快工作组就撤销了，除了在一些大字报上被点名之外，倒也没什么大的灾难。这是何继善的幸运，但更大的幸运是在那个陷入疯狂的年代里，他只被卷入一年多，之后就给"复课闹革命"的学生们上课，"我想着与其天天开会、发言，容易讲错话，还不如去给学生上课，反正已经被扣上'白专道路'帽子了"。身为一个教育工作者，何继善任何时候都恪守着他的职责，那段时间，所有不同的课，都由他一个人来讲，每天从上午的第一节一直上到下午的最后一节。

以原来使用的教材有很多封资修的东西为借口，何继善提出要重新写自己的教材，得到同意后，从长沙出发，历时8个多月，在广西、贵州、云南、四川、陕西等省份搞调查研究，搜集资料。何继善永远不会忘记在贵州桑朗山上的那段经历，对于他个人，对于"双频激电法"以及后来获得国家奖的"双频激电仪"，那是非常重要的一个节点。在那里，何继善到当地的野外工作队去调研，正赶上对方的仪器出故障，大家都在窝工，谁也不去想办法修理，因为如果修不好，反而会担上"故意破坏抓革命促生产"的罪名。业务精通的何继善一眼就看出了问题所在，但他为了谨慎起见，等到两三天后才对工宣队的头头表示自己能够修好仪器，并且为了消除对方的疑虑，他提出让大家都来现场看他如何修理。就这样何继善成功地将仪器修好，仪器修好后，要进行校验。何继善笑称自己当时就多了个心眼，在工宣队并不知情的情况下，对机器做了变更，完成了双频激电的初步实验，这即是后来在何继善科研生涯中占据重要地位的发明——"双频激电法"。"事实上，'双频激电法'第一次很粗糙的野外试验就在那儿做的。"回顾40多年前的往事，何继善感慨之中颇有一份自豪和得意。

云南有色金属资源非常丰富，个旧有"锡都"之称，何继善到云南时，正好赶上云南冶金局要在个旧地区找锡矿，但一直苦于无法解决地形因素对地电场分布的影响。此前，地质科学院已有人提出一种叫做"坐标网转换法"的地形改正方法，作为无产阶级革命的成果，已经向阿尔巴尼亚等推广。何继善发现它存在本质性的缺陷，为了论证它，在野外落后的工作条件下，"用大张的方格纸翻过来，列出长长的公式，一步一步，用手摇计算机计算出一条条曲线。证明了'坐标网转换法'在理论上就是错误的。"他以自己的科研热情和不懈的探求，结合实际，否定了这项"无产阶级文化大革命成果"。而何继善提出的"点源电场地形改正方法"通过实践，得到了云南省冶金局的支持和赞赏，给他列了科研课题，还提供了2000元的研究经费，这在当时是一笔可观的经费。

他对掌握的大量宝贵资料进行归纳、整理，撰写了不少论文。尽管当时无处发表，但他仍然乐此不疲。为了探索地球勘探的新理论、新技术，他甚至卖掉了自己的衣服去买电子元件，为了实地检测，何继善带着自制的仪器和学生们几乎跑遍了中国各种类型的山区及不同矿种的矿山。野外崇山峻岭，十几里地渺无人烟，风餐露宿也是常事。何继善一出去就是几个月。大自然给他馈赠了大量第一手材料，也给他留下了备受折磨的胃病。然而，即使是有时疼得难以忍受，也丝毫不能阻挡他向着科学的殿堂顽强挺进。功夫不负有心人，1978年是"文化大革命"后中国科学的春天，这一年国家召开了全国科学大会，虽然何继善当时只是一名小助教，没有人注意他，他没有能够参加这次盛会，但湖南省代表团领回来一张"电阻率法消除干扰异常研究"的奖状是何继善的成果。

二、科 学 研 究

针对在中国影响很大、根据苏联学者提出的"电阻率法地形改正方法"中存在的不少问题，经过夜以继日的反复计算、实验、论证，1975年，何继善发表了自己第一篇关于《电阻率法地形改正》的文章。

此后，何继善的科研成果如雨后春笋般，陆续拔地而起。截至目前，他及领衔共完成各类科研项目107项，获国家发明二等奖1项，国家科技进步奖及省部级奖33项，出版专著12本，发表论文370余篇，SCI检索20篇、EI检索72篇，美国发明专利授权1件，国家发明专利授权13件，"均匀广谱伪随机电磁法理论及应用研究"2006年获国家技术发明二等奖，数字式双频道幅频仪1985年获国家发明奖三等奖，"中国双频激电研究与应用"1995年获国家科技进步二等奖，"电阻率勘探干扰异常消除方法的研究"1978年获全国科学大会奖，"双频激电法"2005年被中国地质调查局列为重点推广技术。1992年被授予"全国有色金属工业劳动模范"。2005被授予"全国先进工作者"称号。

何继善长期致力于勘探地球物理理论、方法与观测系统的研究，以及相关领域的才人培养。创立了双频道激电法，提出了伪随机信号电法和广域电磁法，发明了"流场法"，形成了具国际领先水平的地电场理论体系，自主发明并研制出一系列独具特色和国际先进水平的地电场观测仪器，并在实践中获得广泛应用，是国际上少数既能提出理论、又能研制仪器，并推广应用的勘探地球物理学家，享有很高的声誉。

1. 一鸣惊人，创立双频道激电法

国内的激发极化研究始于20世纪50年代。初期都是沿用苏联的方法技术，多

是在时间域进行。大约在60年代后，国内学者开始对频率域激电方法产生浓厚兴趣，并取得了初步的应用效果，所应用的方法技术是变频法。由于存在精度低、效率低等问题，在我国的应用并不成功。何继善于1976年提出双频道激发极化法，后来又发展成为以多频为特色的伪随机地电场理论。

双频激电法的中心思想是把两种频率的方波电流叠加起来，形成双频组合电流，同时供入地下，接收来自地下的含有两个主频率（也含其他频率成分）的激电总场的电位差信息，经过仪器内部的放大、选频、检波等一系列步骤，一次同时得到低频电位差和高频电位差，并计算视幅频率，也可根据需要测多组双频信号以形成频谱测量。

双频激电法与变频方案和奇次谐波方案相比有一系列重要的优点：①两种频率的频差可根据需要而人为选择，二者的振幅是接近的，在减小供电功率的条件下，可准确地测量视幅频率或相对相位差；②发送电流的变化对双频观测结果的影响可以忽略；③双频激电的抗干扰能力强；④双频激电的观测装置轻便，频率域中，由于测总场，在同样情况下，其电流可减小50倍，不需要很大的供电电流，就能可靠地获得异常；⑤双频激电法快速、灵活；⑥双频仪稳定性好，观测精度高；⑦双频激电法可以方便地抑制电磁耦合影响。

根据双频道激电理论研制的双频道激电仪已获国家发明奖、国家发明专利、电子工业部科技进步奖、国际发明展览（北京）银奖。"我国双频激电研究与应用"获国家科技进步二等奖。双频激电法经过多年的发展，形成了系列产品，包括"SQ-1双频道数字激电仪""SQ-2双频道数字激电仪""SQ-3双频道数字激电仪""SQ-3C双频激电仪""SQ-5双频道轻便型激电仪""DQ-1000大深度双频激电仪""WSJ-3伪随机信号激电仪"等，成为了金属矿勘探和工程探测利器，双频激电法已经发展成为激电法中的一个成熟的独立方法。

双频激电法问世以来，得到广大物探和地质工作者的支持，已在全国推广应用。从地域来说，除中国台湾外包括从黑龙江到西藏，从新疆到福建，遍及全国各地。从矿种来说，包括金、银、铜、铅、锌、钼、锡、锰、硫等，还在地震监测、地下水勘查和工程地质等方面得到了成功的应用。从所属部门来说，除原中国有色金属工业总公司外，主要有地质矿产、冶金、石油、核工业、煤炭、化工等部门。通过全国许多物探工作者的辛勤探索，已在各种地质环境、各种气候条件、不同矿种上进行了大量工作，发现了许多有价值的异常，经过验证，找到了一大批工业矿体，取得了良好的地质效果，创造了巨大的经济价值和社会效益。

2. 开域继踪，创立伪随机电磁法

何继善提出了三元素群的自封闭加法，实现了 2^n 系列伪随机信号的快速递推编码，从而创立了双频道激发极化法，形成了包括伪随机三频电法、伪随机多频电法等在内的伪随机信号电法的理论方法体系。

矿产资源是一个国家国民经济发展的根本保证，中国是世界上最大的有色金属和贵金属生产国和消费国，然而中国的矿产资源保有储量严重不足，许多老矿山因资源枯竭而面临破产关闭，因此必须尽快寻找新的有效勘探方法技术，在生产矿山深边部和西部中高山地区寻找新的接替资源，走资源自给之路。这就要求勘探方法技术具有抗干扰能力强、勘探深度大、分辨精度强、观测参数多、勘探设备轻便、能耗低、机动性好，能快速进行矿与非矿异常属性区分。

何继善早在"八五"末期，就针对上述问题开始寻找一种能解决上述问题的地球物理方法。在广泛研究分析已有地球物理勘探方法技术和中国金属矿产资源的赋存特点的基础上，针对原有电磁法"变频"方案工作效率低、不能实现一机发送多机同时接收、观测精度难以保证；"奇次谐波"方案设备的笨重、机动性差、不适应在西部中高山区开展面积性工作；常规激电法测量参数单一、不能有效区分异常源性质等缺点，发明并提出了"2 的 n 次幂系列均匀广谱伪随机电磁法的主动源方法技术"，并研制了相应的观测系统。

国家科技部将伪随机信号电磁法关键技术进行充分论证后列入国家"九五"科技攻关计划，在"九五"攻关结束后又将示范应用研究列入"十五"攻关计划，同时国家"863"计划在海洋领域又将其作为海洋资源勘探的探索性研究项目列入"820"专题。何继善经过近十年的艰辛努力，逐步形成了"均匀广谱伪随机电磁法"技术方法体系，并于 1997 年、2000 年、2003 年将该核心技术申报了 3 项中国发明专利，均获得了专利授权。

伪随机信号电法的核心是发送机将不同频率的电流合成为伪随机电流后向地下供电，接收机则同时接收这些频率电流经大地后的响应并将其分离，具有以下特点：①波形所含的主频率均按 2 的 n 次幂步进；②各主频率点的振幅值基本相等，系统电源利用率高；③各主频点起始相位相同，可进行每组多个频率的振幅值、绝对相位等参数测量，能实现相位谱精确测量；可根据振幅谱和相位谱特征判别地下异常源性质，进而判别"矿与非矿"异常；④观测系统轻便，能实现一机发送多机接收工作方式，能满足西部中高山地区快速面积性探测；⑤能压制生产矿山工业电磁干扰，可在生产矿山深边部开展接替资源勘探。

简单而言，伪随机信号一次供电，便可以完成所有频率的测量，具有快速、高效、电源利用率高、仪器轻便、抗干扰能力强、相对观测精度高、异常可靠等优点。

伪随机电磁法已在国内外成功应用，取得了令人惊叹的成果。伪随机信号电磁法在湖南、山西、河南、四川、黑龙江、福建、云南、内蒙古等矿区得到推广应用。据不完全统计，到2013年为止所找到的各种矿产资源量潜在经济价值已达1300多亿元人民币。

伪随机信号电磁法为中国生产矿山深边部隐伏资源的勘探和西部中高山地区的资源勘探提供了一种轻便、快速、观测精度高的新方法和一种异常源性质快速评价新技术和评价指标，是唯一由中国人发明的、在广袤的中国大地上应用的电磁勘探方法，为中国矿产资源可持续供给做出了突出贡献。

何继善就该理论方法发表专著3本，论文200余篇，这些专著已成为地球物理领域管理者、技术人员的必备专业书籍，大部分成为地球物理学科研究生教材。其中，双频激电法是唯一的一种由中国人提出原理、由中国人发明仪器，在辽阔的中国国土上取得成功应用的电法勘探方法，《双频激电法研究》和《双频激电法》这两部专著已成为物探领域的扛鼎之作。

3. 尽展长才，建立拟合流场理论

何继善论证了水流场与电流密度场的理论关系，通过高精度测量流体中电流密度矢量，创立了高分辨率检测堤坝管涌渗漏入水口的"拟合流场法"，为病险水库隐患探测和汛期堤坝查险提供了必不可少的技术支撑和科学抢险决策依据。

水患自古以来就是中华民族的"切肤之患"。溃堤是汛期最大的灾害。研究表明溃堤几乎都是管涌渗漏没有及时发现或处险不当引起的，因此快速准确查明管涌渗漏的进水部位是汛期处险的关键。

1998年夏季，何继善正在巴西访问，从电视中看到中国正遭受百年不遇的洪水袭击，洪水的肆虐深深地震动了他的心，深感作为一位科学家，应该为抗洪做出自己的贡献。他考虑到溃堤是汛期的最大灾害，而管涌是堤坝的"第一杀手"，90%以上的溃堤是由管涌渗漏造成的。国内外当时都没有查找管涌的科学方法和仪器，只能人工拉网式沿堤巡查或派潜水员水下摸探，不仅效率低、危险性大，而且探测结果又不精确，对深水处的管涌无法查找。何继善决心利用现代技术，探索一条查找管涌的全新思路。

经过一年多的研究取得突破性进展，他根据电流场和水流场的相似性原理，创立了全新的探测堤坝管涌渗漏隐患的"拟合流场法"理论，研制出了世界上第一台

能在汛期恶劣环境下快速准确探测堤坝管涌渗漏入水口的仪器设备——"普及型堤坝管涌渗漏检测仪"。

1998年11月，他得知浏阳株树桥水库严重漏水，水量达1600升/秒，居世界同类大坝第二位。该水库蓄水水位海拔160米，高过长沙100多米，由于水深达50多米，漏水上面覆盖了六七米厚的石渣等，准确渗漏点几年都没有找到。如果大坝一旦发生险情，其后果不堪设想。1998年底，他带着几位助手，带着仪器，冒着严寒，驾船在库区测量，很快找到漏水部位，经水下电视录像和工程实践证实，准确率达100%，为水库堵漏提供了准确的信息。

1999年、2000年汛期，从湖南到湖北、从湘、资、沅、澧、洞庭湖水系到长江、汉水流域的20多个县市的抗洪现场应用流场法堤坝管涌渗漏检测仪快速准确探测出近100个管涌渗漏的进水部位，为多个重大险情的成功抢险发挥了巨大作用。仅在湖南省汉寿县阁金口闸溃垸性特大管涌抢险过程中，就及时准确地找到了多个漏水点和闸前的集中涌漏区，为现场抢险提供了不可替代的科学决策依据。

十几年来，何继善和他的科技小组，带着"堤坝管涌渗漏探测仪"，先后到湖南、湖北、江西、广东、海南、江苏、福建、四川、山东等十多个省市，为当地堤坝探测管涌。他们探测发现110多处堤防险情和20多处水库大坝渗漏点，准确率达到了百分之百，为这些地方及时准确地排除重大险情提供了极其重要的依据。该方法具有灵敏度高、分辨率高、抗干扰能力强、操作简便、工作高效、可靠性强的特点。获国家发明专利授权2项，获教育部"1999年中国高校十大科技进展"、2001年获湖南省科技进步一等奖。科技部、水利部还在长沙召开堤坝隐患探测技术交流大会，重点向全国洪涝灾害地区推广何继善研制的堤坝管涌渗漏检测仪。"堤坝管涌渗漏检测仪"2005年被国家发改委列为重点产业化支持项目，目前已装备了中国主要省份的水利技术单位和防汛管理部门。

4. 通外弘中，创立地下水勘探多元信息获取与处理技术

水资源是生命的重要保障。21世纪人类将面临水资源严重短缺的局面。何继善发明的多元信息获取与处理技术及仪器在地下水资源勘察中获得了巨大成功。1991年，在长沙市星沙开发区找到日产8000吨的地下水；1994年，在海南省为南新农场勘探出日产万吨的地下水资源，不仅解决了农场的生活用水，也保证了农场芒果汁的开发与生产用水。1996年，在海南三亚南山文化旅游区勘探出日产6000吨以上的地下水，保证了该区的生活与工业用水，取代了原设计中从几十公里外暗渠引水的供水方案，不仅节约了大量资金，还大大缩短了工期，如今的三亚南山公园已

成为亚洲最大的佛教文化旅游区。1998年，何继善应邀在阿联酋的总统庄园、夫人农场、艾茵市市长庄园等处找到了优质地下淡水，受到了阿联酋总统扎依德的高度评价。

5. 高屋建瓴，发明广域电磁法

何继善统一了频率域电磁法全区电阻率的定义和算法，构建了包括广域三维电磁场全波形数据采集、分析、处理和信号提取、三维电磁场张量的全波形正反演理论技术体系，成功研制了广域电磁法的仪器和装备，并在油气勘查、固体矿产、工程勘察等领域应用，取得了突出的地质效果和经济效益，为电磁勘探开辟了崭新的研究领域。

广域电磁法的核心是采用电磁场的全域精确公式迭代计算提取视电阻率，这样可以在"非远区"进行测量，大大拓展了人工源电磁法的观测范围，提高了观测速度、精度和野外勘探效率，形成了独具特色的一种新的电法勘探方法。

广域电磁法已在新疆吐哈盆地、青海柴达木盆地、宁夏固原地区、山东招远、安徽淮南、内蒙古查干、江西宜春、湖南龙山、保靖、花垣等地开展了大量野外实验与研究工作，在油气藏探测、页岩气勘探、金属矿探测、煤田采空区探测等方面取得了很好的效果，为石油天然气，特别是湖南省非常规天然气勘探做出了重要的贡献。

何继善就广域电磁法出版专著1部，获国家发明专利授权5项，其中一项为美国专利授权。

6. 励精图治，解决众多地球物理难题

何继善的理论和方法不仅在矿产资源与水资源勘查上取得了突出成果，而且还拓展到了工程领域。他研制的微测深仪在铁道、文化等部门得到了成功应用，成为乐山大佛维修精确检测的主要仪器。针对中国加大基础建设投入、工程质量难以保障的实际情况，何继善率先引进了高精度地质雷达，研究开发了有自主知识产权的处理解释软件，将解释区分精度提高到了毫米级，该系统已在湖南省的长-张、耒-宜、临-长、长-永、潭-邵等高速公路的路基和路面检（探）测中得到了广泛应用，并已推广到工程勘查、桥梁选址、高压直流换流站选址等领域，从源头上杜绝了豆腐渣工程，为中国的基础建设做出了巨大贡献。

7. 继往开来，推动工程管理发展

何继善长期重视并积极推动工程管理学科的发展。20多年来，对我国古代、近

代，特别是现代工程管理的理论与实践，进行了大量的系统、深入的调查与研究。主持了多项中国工程院重点项目，包括"工程管理理论体系建设研究"、"中国工程管理现状与发展关键问题研究"、"我国工程管理科学发展现状研究——我国工程管理专业领域范畴界定"、"国家科学技术思想库建设研究——世界重要思想库研究"等。编写了许多研究报告并公开出版了专著和一批有影响的文章。提出了"以人为本，协同创新，天人合一，构建和谐"为核心的工程管理理论体系。提出并长期推动我国工程管理发展的"四个一"方针：组织一个全国性工程管理论坛；创办一本工程管理期刊；创办一个工程管理学科；建立一个全国性的工程管理学会。

从2007年开始，发起并组织了每年一届"中国工程管理论坛"，担任学术委员会主任，组织社会各界以"重大工程管理成就与经验"、"工程管理理论与方法"等为主题展开深入研讨，为政府、学术界、实践界搭建了相互交流、学习、研讨的平台，取得了一大批丰富的理论和实践经验成果。并担任中国工程管理论坛编委会主任，组织出版了论文集7本，专刊10本，引起了巨大社会反响，已成为中国工程院的品牌，有效地扩大了工程管理的社会影响力。

鉴于我国工程建设规模巨大，大量工程管理工作者来自工程专业，亟须提高管理理论水平，积极推动设立工程管理硕士（MEM）专业学位。主持起草并完成了《关于设置工程管理硕士（MEM）专业学位的建议与培养方案》和《关于工程管理设置为一级学科的报告》两个重要文件并递交到国务院学位办与教育部。MEM专业学位已经获得国务院学位办批准并正式招生，这些工作实质性地推动了工程管理学科的建设与发展。

作为建立全国性的工程管理学会的一个过程，2012年发起并成功创办了全国第一家省级工程管理学会"湖南省工程管理学会"，为湖南省工程管理界搭建了共同发展的平台，为全国其他省市创办工程管理学会和为全国工程管理学会的筹备和创办提供了借鉴，有力地促进了我国工程管理事业的发展。

8. 诚心善教，芬芳满园

何继善从事高等教育近60年，亲自指导博士后12人，博士70人，硕士32人，他的学生遍布相关的管理、教学、科研岗位，其中不少在国内已晋升为教授、副教授，成为所在单位的骨干力量和相关领域的领军人物，也有不少在国外做出了突出的成绩。由于何继善在教书育人方面的杰出贡献，1990年被授予"全国高等院校先进科技工作者"，1993年获得地质学界最高荣誉奖——第三届"李四光地质教师奖"，2000年获"宝刚教育特等奖"。

三、科普院士

何继善历任三届湖南省科协主席，现任湖南省科协名誉主席，积极推动科普教育，并强力推动了湖南省科学技术馆的建设，为全民科技素养的提高做出了突出贡献，1996年获湖南省科技兴湘奖，2002年被评为全国科普先进工作者。

何继善学识渊博、文化底蕴极深，他不仅是一位出色的地球物理学家，而且文理兼修，爱好非常广泛，对教育学、心理学、社会学、管理学、历史、传统文化和书法艺术等方面都颇有造诣。在他案前的墙面上，挂着他泼墨挥洒而就的李太白的名句："长风破浪会有时，直挂云帆济沧海"。这不仅是他鞭策激励自己的座右铭，更是他在科研、科普两条战线上辛勤耕耘的真实写照。何继善作为科学家，时刻不忘以提高全民族的文化科学素质为己任，他在进行科研的同时，率先向广大的群众进行科普宣传。十多年来，他根据不同的对象，针对不同的问题，深入基层，做各种科普报告200多场，足迹不仅遍及三湘四水，而且报告还做到了北京、甘肃、黑龙江、湖北、四川、重庆、广东、深圳、南京等地。

科普报告应该力求形象生动、明了易懂，于是何继善购买了许多科普教育书籍，充实自己。早在十多年前，他就筹集了6万元，购置了一套多媒体放映系统和数码照相机，每到一地，都要将当地情况和有关图景添加到讲稿里，力争使所做报告亲切感人，直观感强。

在何继善开展科普过程中有许多感人的故事。2000年中秋节，晚饭后本应在家休息的他又来到了办公室，精心准备去北京的一个科普报告。忙至深夜，下楼时一脚没踩稳，摔倒在地，造成左脚严重骨折！北京的报告在中秋节后的第二天，怎么办呢？他身边的工作人员都认为：何老师这次是不会去北京了。可他却认真地说："不去怎么行呢！这是早就定好了的，那么多人等着我，不能因为我一个就浪费那么多人的时间。"结果，只好派人背着他上下飞机，并一路从长沙护送到了北京的开会地点，顺利完成了那次报告会。在左脚骨折住医院治疗近一个月的时间里，他仍没有间断做科普报告和讲座。坐在轮椅上的他先后为中南大学的大学生、湖南省望城县一中全校师生及有关单位和人员做了六场科普报告！为了查阅每一篇资料、翻阅每一本书，他都是艰难地从轮椅上站起来，慢慢地挪动着手中的拐杖，在办公室的书架上搜寻着……在这段时间，每次做报告，他挂着拐杖艰难地走上讲台时，许多听众感动得热泪盈眶，会场上长时间响起雷鸣般的掌声。何继善凭着这种精神，为20万人次的听众做科普报告和讲座。他的报告深入浅出，形象生动，深受广大听众的喜爱。在这些听众中，有省市一级的高层领导，有干部、职工、工人、农民，而更多的是青少年和学生。

何继善很喜欢青少年学生，跟他们在一起，使何继善忘记了自己的年龄，感到一种青春的涌动，对青少年学生的成长他看得很重，只要是学生们的邀请，他就是再有困难，也一定出席他们的活动。看到青少年学生挤满教室、趴满窗户的情形，何继善内心感到无比的快乐，也感到培养青年学子的责任重大。爱国，是一个人成才的首要条件。在纪念七七事变71周年的特殊日子里，何继善将自己花费十年心血译著的中美共同抗击日本帝国主义的《虎口拔牙》一书赠送给大学生们。他带着这本书到了省内部分大中小学校，开展"纪念七七事变，发扬飞虎队精神"的巡回演讲及赠书活动，目的就是为了更多学子受到爱国主义教育的熏陶。

何继善时常对人们说，我们要在青少年的心目中，播下科学的种子，为未来的科研事业培养后备军。

何继善还结合国史国情，积极撰文著书，宣传科技。他先后主编了《现代科技写作》《继续教育科目指南丛书》等科普丛书，并在《科学中国人》《送你一朵蓝玫瑰——科苑撷英》书刊上发表了一系列富有新意、有深度的科普文章；并根据实际，撰写了发展高技术及高技术产业考察报告，为提高湖南经济增长的质量和效益提供了重要决策，他关于建立湖南水利体系与防洪决策系统等建议作为湖南省领导及有关部门重要参考。1998年，他还和几位院士发起成立了湖南省院士专家联谊会，为湖南经济发展出谋划策。

四、何继善主要论著

何继善. 1980. 金属矿电法勘探. 北京：冶金工业出版社.

何继善. 1988. 双频道数字激电仪. 长沙：中南工业大学出版社.

何继善. 1990. 双频激电法研究. 长沙：湖南科学技术出版社.

何继善. 1990. 可控源音频大地电磁法. 长沙：中南工业大学出版社.

He J S, Wang S W, Tang J T. 1995. Square wave coherent method of extracting IP effect. Transactions of Non-ferrous Metals Society of China, 5 (4): 1-6.

He J S, Wang S W, Tang J T. 1995. Chopping wave method for removing electromagnetic induction coupling. Transactions of Non-ferrous Metals Society of China, 5 (6): 1-10.

何继善, 李大庆, 汤井田. 1995. 双频道频谱激电非线性效应研究. 地球物理学报, 38 (5): 670-675.

何继善, 李大庆, 汤井田. 1995. 频谱激电非线性效应的理论模型. 地球物理学报, 38 (5): 662-669.

何继善, 吕绍林. 1999. 瓦斯突出地球物理研究. 北京：煤炭工业出版社.

何继善. 2001. 防灾减灾工程理论与实践. 长沙：中南大学出版社.

何继善. 2004. 管理科学: 历史沿革、现状与发展趋势. 湖南: 湖南人民出版社.

何继善. 2005. 双频激电法. 北京: 高等教育出版社.

何继善, 熊彬, 鲍力知, 等. 2006. 直接消除电磁耦合的斩波去耦方法. 地球物理学报, 49 (6): 1843-1850.

何继善, 熊彬, 鲍力知, 等. 2008. 激发极化观测中电磁耦合的时间特性. 地球物理学报, 51 (3): 888-893.

何继善. 2010. 三元素集合中的自封闭加法与 2^n 系列伪随机信号编码. 中南大学学报 (自然科学版), 41 (2): 632-637.

何继善. 2010. 广域电磁测深法研究. 中南大学学报 (自然科学版), 41 (3): 1065-1072.

何继善, 佟铁钢, 柳建新. 2009. a^n 序列伪随机多频信号数学分析及实现. 中南大学学报 (自然科学版), 40 (6): 1666-1671.

何继善. 2010. 广域电磁法和伪随机信号电法. 北京: 高等教育出版社.

何继善. 2012. 海洋电磁法. 北京: 科学出版社.

何继善, 王孟钧, 王青娥. 2013. 中国工程管理现状与发展. 北京: 高等教育出版社.

主要参考文献

何继善. 2005. 双频激电法. 北京: 高等教育出版社.

何继善. 2010. 广域电磁法和伪随机信号电法. 北京: 高等教育出版社.

何继善. 2012. 海洋电磁法. 北京: 科学出版社.

何继善, 王孟钧, 王青娥. 2013. 中国工程管理现状与发展. 北京: 高等教育出版社.

撰写者

李帝铨 (1982~), 广西北流人, 博士。在何继善指导下开展电磁法研究, 2010 年任何继善学术秘书。

金庆焕

金庆焕（1934～），浙江省临海市人。海洋地质、油气地质专家，1997年当选中国工程院院士。1952年9月考入浙江大学，1953年9月考取留苏预备部，1963年5月毕业于莫斯科大学地质系石油地质专业获副博士学位。回国后一直从事海洋地质工作，现任广州海洋地质调查局教授级高级工程师。1995年曾担任马来西亚石油公司地质顾问，赴苏联中亚地区工作。主持或参与主持"北部湾地质构造和油气远景评价"、"南海北部海洋地质综合初查"、"珠江口盆地地质构造特征和油气远景评价"、"台湾海峡及围区中新生代地质构造特征油气地质"、"南沙海域万安盆地油气远景评价"等一批重要地勘和科技报告。为油气远景评价和突破做出贡献，取得明显的经济效益。主持或参与主持完成《南海地质与油气资源》《南海北部大陆架第三系》《南海北部大陆架第三纪古生物图册》和《太平洋中部多金属结核及其形成环境》等专著编写，为南海地质和大洋矿产资源研究做出贡献，取得明显的社会效益。获国家科技进步奖一等奖、二等奖各1次，李四光地质奖1次，地矿部、国土资源部、中科院科技成果一等奖各1次。

一、人生难忘的三次转折

我1934年10月出生于浙江省临海县（1986年改为市）北部山区的一个农民家庭。由于家乡属于山区、人多、耕地少，在我幼年的心灵中就萌芽只有读好书才有出路的念头。忆往昔，在我的一生中经历了三次大转折，这三次大转折充分体现了党和政府的关怀。

（一）第一次转折——逐步走上成才之路

浙江省重点中学——回浦中学已有90多年的办学历史，是由追随孙中山先生革命、留学日本的陆翰文于1912年创办的，校址设在浙江临海。为吸引农村经济困难家庭的子女上学，同时在离我家20公里的临海大田区上沙农村亦设有初中部。

我是于1946～1949年，在非常困难的条件下，在上沙村的回浦中学初中分校完成初中学业的。我清楚地记得，1949年5月下旬家乡获得解放，6月下旬我毕业于回浦中学上沙初中分部。暑假回家后，父母倾向于要我在家种田，并找个民办教师工作，以共同维持家庭生计。当时因刚解放，土匪横行，治安较差。正在我犹豫之际，当时临海县教育局和回浦中学教务处多次给我来信进行劝学，并表示升入高中后可享受政府提供的助学金，劝学使我坚定继续读书的信心。为了路途安全，开学前，我随家乡农民并由驻乡的几名解放军战士带领，翻山越岭30多公里徒步到达临海县城，继续完成我的高中学业。由于家境困难，只好住在郊区的农民家，自己烧饭，当一名走读生。在党和政府的关怀下，加之个人的努力和艰苦奋斗，我读完了高中，并于1952年8月考取浙江大学土木系。

1953年3月上旬，浙江大学政治部、教务处及土木系的领导找我谈话，通知我准备参加8月1~4日教育部设在上海交通大学华东区的留苏考试。1953年国庆节前夕，我收到北京留苏预备部的录取通知书。

1953年底，留苏预备部主任师哲传达刘少奇对留苏预备部学员的指示，刘少奇同志说："国家建设需要培养大批技术干部，其中包括选派一批青年去苏联等国学习。你们知道，我们国家还很穷，供养一个留苏学生需要花费30户农民家庭的全年收入，因此你们出国后一定要刻苦学习，如果谁在苏联考试不及格，请自动卷铺盖回国。"刘少奇同志代表中央对我们的嘱托一直是我们刻苦学习的强大动力。

由于国家的培养和个人努力，我逐步走上成才之路。

（二）第二次转折——服从国家需要，改学地质专业

1953年10月至1954年7月，在北京留苏预备部进行为期九个月的俄语培训和新民主主义革命历史学习，经考试、体检和政审合格后，1954年8月14日我随第一批600多名留苏学生乘专列离京去莫斯科。离京前我们尚不知自己所学的专业和就读的学校，当时我国教育部、驻苏大使馆的有关人员正在莫斯科与苏联高等教育部就此事进行磋商。当我们的专列抵达新西伯利亚时，我国教育部代表和驻苏大使馆留学生管理处人员从莫斯科乘飞机赶来搭乘我们的专列。我们乘坐的专列自新西伯利亚继续西行，我依窗凝视，窗外是一望无际的原始森林和草原。就在这片沃土下，苏联地质学家于20世纪50~60年代在这个面积达360万平方千米的特大型西西伯利亚盆地开展油气勘探，发现了一大批世界上特大型级别的油气田（高峰期西西伯利亚的石油年产达4亿吨）。稍许，专列上的有线广播要大家注意收听我们将要就读的学校和专业的重要广播：根据国家经济建设的需要，我国教育部和驻苏大使馆经过深入研究，并与苏方共同商定，现在宣布1954年第一批赴苏留学生的就读

学校和所学专业。当我听到被分配到莫斯科大学地质系石油地质专业时，感到有些茫然。这是因为自己对数理略感兴趣，而对地质毫无了解所致。离开北京前，国家教育部和国家科委要求每位留苏预备生必须填写四个专业学习志愿，当时我所填写的志愿次序是数学、数学、物理和医学。年轻人总是充满理想，但我深深地懂得国家的需要就是我的志愿。当时，国家开始大规模经济建设，但是对我国矿产资源赋存状况了解甚少，因此当务之急是培养大量的各类地质人才，开展矿产资源普查。

在大学一年级，语言困难很大，幸亏由于数学、物理和化学的基础较好，因此可以将主要时间和精力放在普通地质和语言过关上。通过系统和严格的课堂教育，特别是四次长达 11 个月的野外地质实习，使我对地质和石油地质产生了浓厚的兴趣。

由喜欢数理专业转到地质专业，这应当是一个大的转折，是一次决定我的一生工作取向的重要转折，从此，我与石油地质结缘一辈子。

（三）第三次转折——克服家庭困难，再次出国深造

1959 年 5 月，我大学毕业后回国参加由教育部和国家科委组织的长达四个多月的政治学习（主要学习"大跃进"、大炼钢铁、人民公社三面红旗及各方面政策）和参观，毛主席等中央领导在中南海草坪接见应届归国留学生，周总理、各位副总理及中央各部委主要负责人分别给我们作了报告。学习结束后转入工作分配。记得1959 年 10 月上旬的一个晚上，约 1200 名全体应届归国留学生在北京外语学院大礼堂集中，由教育部和科委有关同志宣布我们的工作单位。结果我又被分配回莫斯科大学，攻读研究生。在出国学习之前，组织给了我们三周的探亲假。

于是，我跨上南下的列车，奔向那山河秀丽的浙江大地，去探望阔别七年多的父母和弟妹。当时农村的生活非常困难。在家探亲期间，父母多次问及我的工作单位，盼我早日参加工作，以帮助家庭解决困难和接济我的五个弟妹读书。当得知我将再次赴苏学习三年半时，父母还是表示理解。

在北上返京途中，我沉思很久，是服从组织决定继续出国学习？还是留在国内工作以帮助家庭共渡困难？

回到北京后，教育部和国家科委有关同志关切地询问我家的生活情况，我如实汇报了回家探亲的经历和见闻，并表示以留在国内工作为好。组织上首先谈及我应马上出去攻读副博士的原委。1958 年 10 月～1959 年 1 月，我的导师依·奥·勃罗特（苏联著名石油地质学家，对含油气盆地学说、含油气盆地类型、油气生成和运

移、油气成藏理论等方面有独到见解）被邀请来华讲学和咨询，并去松辽、华北、鄂尔多斯、四川、江汉等盆地听取油气地质勘探资料的详细介绍，并要求他对上述盆地的油气远景评价、勘探部署和油气突破提出具体指导性意见。当时，地质部和石油部领导多次宴请他，正式提出要求莫斯科大学为中国培养油气地质的科研人才，我的导师依·奥·勃罗特当即把我的俄文名字写给他们，并说金庆焕大学即将毕业，可立即派他继续学习。接着组织上又耐心地对我做思想工作，要我坚决服从分配，马上再次出国深造，并要我留下父亲的姓名及地址，组织上会帮助解决家庭困难。果然于1961年和1962年组织上曾两次给我父亲各寄300元生活补助费，这真是雪中送炭，组织上细致入微的关怀使我十分感动。

1959年11月，我们20多人再次踏上赴莫斯科的列车，去完成更加艰苦的学习任务。我回莫斯科大学后，我的导师依·奥·勃罗特很快给我制定更加严格的学习计划。其要点有：第一用1年时间（每周四个学时），学习唯物主义、自然辩证法和逻辑学等原著；第二用1年时间（每周四个学时），学习英语；第三由导师指定一批石油地质新理论、新技术、新方法等文献，自学半年后，并邀请有关教授组成学术委员会对我进行3小时的口试；第四阅读和收集费尔干纳盆地及周围区域地质及石油地质条件等有关资料，1年后，由我的导师组织的学术委员会进行3小时的口试；第五3次去中亚进行野外地质调查，包括测量几条地质剖面、收集盆地主要钻井柱状图和测井曲线、盆地的地球物理等原始资料、采集钻井岩芯、油样和水样；第六开展各种石油地质测试分析；第七综合研究各种资料、编制图表、撰写论文。

在攻读副博士期间，学习任务之重，学习时间之紧是难以想象的。每天晚上，基本上均在深夜2时以后才能休息。苏联人在大学毕业后，用4～5年的时间，在科研或生产单位，边工作边积累资料，待副博士论文基本写成后，找个名师，再用三年时间，提高理论水平、外语水平和哲学水平。而我们中国人，只能用3年半时间完成副博士的论文。

我的导师常常提醒我，你将来回国后要尊重行政领导，但是不要担任行政领导工作，以便有更多的时间从事科研工作。

1963年5月8日，我获得苏联地质学副博士学位，回国后一直从事海洋地质和油气地质工作至今。

人生易老，天难老。仿佛一瞬间，我已进入花甲之年。但往事、特别是我一生中三次终生难忘的转折仍铭记在心。是党和人民给了我的一切，对此我牢记终生，并全力以报之。

办公室。我回答库特梁采夫说，我是诚心来向你求教的，你不认为你这样的态度有什么不妥吗？更何况我是一个中国留学生。第二天中午，我在该所的走廊里又遇见库特梁采夫，他拍拍我的肩膀说，昨天我对你的态度有些不好，请你再来和我的助手详细讨论。我的导师依·奥·勃罗特听了我的介绍后，又拍拍我的肩膀说，看来你的脑袋还清醒没有被他弄糊涂。然后他又反复强调他的有机生油、油气运移、油气成藏和含油气盆地学说。并一再强调天然气的无机成因不能完全否定，但石油的无机成因是毫无学术价值和实际意义的。

三、主要业绩和贡献

1963年我毕业于莫斯科大学石油地质专业（大学五年、研究生三年半获副博士学位）。回国后分配到地质部南京海洋地质研究所，该研究所多次更名，现为国土资源部广州海洋地质调查局，一直从事海洋地质和油气地质工作。1980～1982年，我任地质矿产部南海地质调查指挥部技术负责，1982～1992年任地质矿产部广州海洋地质调查局总工程师。卸任后主要从事南沙油气科研工作，1995年曾任马来西亚石油公司地质顾问赴中亚工作。

我从事地质工作45年，一直奋斗在海洋地质、海洋石油地质勘查和科学研究第一线，参与主持或主持完成十余项国家级海洋地质与石油地质调查和研究项目，取得了一批极其重要的成果，为我国南海北部、北部湾、珠江口盆地、台湾海峡及南海南部的油气资源勘查、评价和油气突破，以及在太平洋多金属结核研究方面做出了重要贡献。

（一）对北部湾盆地的油气远景作出正确评价，指出了找油方向

北部湾盆地三面邻陆，是由陆及海、立足于海进行油气勘探的一个较理想的盆地。李四光曾多次指示，应将北部湾盆地作为南海油气勘探的跳板。时任广东省领导陈郁多次要求地质部派队伍开展南海油气普查，以解决广东的能源问题。为此1970年地质部决定，将南京海洋地质科研所迁往湛江，改为地质部第二海洋地质调查大队，于1970～1974年开展并完成北部湾盆地的油气勘探。

我作为大队地层油气组组长，直接参与主持了"北部湾地质构造特征及油气远景评价"工作。

我与项目组一起，对粤西、广西陆地、涠洲岛和海南岛的地质构造、盆地地质以及100多口石油钻井、煤田钻井和水文钻井进行详细的观察。根据围区地质资料

和海区的实测地球物理资料,经过反复详细分析和综合研究。在"北部湾盆地地质构造特征及油气远景评价报告"中,我负责该报告的地层、沉积特征及油气评价等章节的编写。经过项目组多次集体讨论,报告指出北部湾涠西南凹陷是北部湾盆地最主要的油气远景区。中国海洋石油总公司西部公司(简称西部公司)根据中法合作采集的地震资料,于1981年编写的北部湾盆地油气评价报告中指出:"地质部二海大队编写的北部湾盆地地质构造特征及油气远景评价报告,对北部湾的油气远景作出了正确评价"。1977年西部公司根据二海大队提供的井位首钻的湾1井见工业油流,尔后西部公司与外国合作或自营勘探发现的油田几乎全位于北部湾涠西南凹陷。

(二) 参与调查、发现和评价珠江口盆地,指出盆地的油气远景区

为进一步提供海上的油气勘探和开发基地,根据国家计委和地质部总的要求,地矿部第二海洋地质调查大队在完成了北部湾盆地的油气评价后,在南海北部29万平方千米的南海北部大陆边缘(西起海南岛,东至汕头外海,南至西沙、东沙和中沙群岛)开展油气战略调查。通过1975～1976年完成的区域地球物理(包括海底地形测量、重力、磁力和地震勘探)调查,与此同时,在广东陆地开展区域地质、构造地质、盆地地质调查和重磁物性测量以及珠江口外35个岛屿的地质、地球物理调查。经室内资料处理和综合解释,初步圈定了珠江口盆地和琼东南盆地。

1976年,我主持了"南海北部海洋地质初查报告"的编写。该报告应用大陆边缘地质理论,对围区地质、钻井和海区各种物探资料进行由陆及海、立足于海的综合分析,深入认识南海北部陆架及广东南部在新生代早期地质环境的相似性(均为分割湖相沉积环境)和晚期的差异性(陆区抬升遭受剥蚀,海域稳定沉降,广泛发育海相沉积),全面、系统地论述了南海北部的区域地质构造、地层发育情况、沉积特征及含油气远景等。

在综合分析地质、地球物理资料的基础上,确认南海北部(包括北部湾和珠江口有5个坳陷区或盆地),而珠江口盆地是其中面积最大的一个大型的含油气远景较好的新生代沉积盆地。

我负责"南海北部海洋地质初查报告"的统稿和定稿,并撰写了报告的第六章油气远景预测。我根据珠江口盆地构造和沉积发育特征,生油条件和储层发育特点,提出珠江口盆地东部的油气远景无疑优于西部,其主要观点是:①珠一、珠三坳陷位于陆架边缘隆起的内侧,早第三纪中、晚期和中新世早期具有以湖相为主的较封

闭沉积环境，生油条件较好；②珠江口盆地总体呈西浅东深的特点，东部的珠一、珠二坳陷新生界更为发育，其生、储、盖组合较多；③珠一和珠二坳陷较开阔；④珠一坳陷主体部位及卫滩隆起（后称东沙隆起）等是最有油气远景的Ⅰ级区，而珠三坳陷属Ⅱ级油气远景区，其余均属油气远景较差的Ⅲ级区；⑤珠江口盆地找油主要目的层是渐新统和上第三系。这些认识均被以后的国内外勘探所证实。

1981年，我主持完成的"珠江口盆地地质地构造特征与油气远景初步评价"科研报告，根据围区地质资料和始新世古气候特点，预测了珠江口盆地始新世湖相沉积的生油潜力。这一预测已被1984年以后的钻探所证实。

通过油—油（下第三系和上第三系原油）、油—岩（同时代或不同时代的原油和生油岩）的大量有机地球化学资料综合对比分析，深入、系统地论证了珠江口盆地的油源。他认为盆地内下中新统海相珠江组泥岩具有一定的生油能力；珠江口盆地上第三系原油海相成因的标志较明显，并可能属低成熟的原生油，这些认识扩展了找油思路。

（三）全面研究南海油气地质，为开展南沙海域油气战略调查提供依据

我国传统疆域范围内的南海面积约198万平方千米，自古以来就是我国神圣的领土。

地矿部广州海洋地质调查局，从1970~1981年完成南海北部陆缘重点盆地油气战略调查和油气突破。但南海海域辽阔、油气资源十分丰富，油气战略调查的任务十分繁重。

为全面认识南海地质和油气资源，地矿部石油地质海洋地质局决定编写《南海地质与油气资源》专著，我被推选担任该专著的主编。

我提出专著的指导思想和章节安排，运用板块构造观点着重阐明晚燕山运动以来的南海地质构造演化进程，对前新生代地质仅作一些简要的概括；根据围区地质和各地球物理特征，分析南海的地壳类型和结构特点，提出南海北部为拉张边缘，南部为挤压边缘，西部为走滑边缘，东部为俯冲边缘的区域地质构造格架；根据海陆结合，深部构造和盖层构造结合，以及地质和地球物理结合的原则，探讨南海陆缘区含油气盆地的发生发展以及油气赋存的地质条件；根据南海发生的各种地质作用的时空统一观，探讨南海的形成。该专著共分为五章：第一章海洋动力环境和地貌；第二章地球物理场特征及其分析；第三章南海地质构造演化；第四章新生代盆地及其地层、沉积特征；第五章南海油气地质概述；全书共63万字。

该专著于1989年出版，它对开展南海油气资源战略调查具有重要的指导意义。

（四）维护祖国权益，开展南沙海域油气资源调查与评价

20世纪50年代以来，南海周边国家在南沙海域开展大规模油气勘探，取得了一大批重要的油气勘探成果。特别是20世纪70年代以来，周边国家侵占了南沙群岛中的大量岛礁。我国南沙群岛海域面对着岛礁被侵占、海域被划分、资源被掠夺、主权被践踏的严峻形势。

鉴于上述的严峻形势，根据国家安排，地矿部广州海洋地质调查局（简称广州局）于1987年开始设立南沙海域重点盆地进行地质地球物理概查。

根据科研紧密结合生产、并以其研究成果指导生产的原则，设立了"南沙海域主要盆地油气资源评价与技术方法应用研究"科研项目（简称南沙油气科研项目）。我负责该项目总体设计编写工作。地矿部石油地质海洋地质局对项目的总体设计进行审批，明确广州局为该科研项目的承担单位，并确定金庆焕、吴进民、谢秋元为项目负责人。

国家批准设立"南沙海域油气勘探专项"的工作目标是：①重点评价万安盆地和曾母盆地油气前景，选出有利区带，钻探6~8口普查井，力争打出2~3口油气发现井，评价2~3个大中型油气田，实现对资源的实际控制；②为自营开发或共同开发南沙海域油气田，使之成为我国新的海上油气战略接替基地创造条件；③为军事部门提供重磁力、水深、航空遥感及底质基础资料；④为我国同邻国划界准备必要的资料。

根据"南沙海域油气勘探专项"所确定的工作目标，南沙油气科研项目下设五个课题和18个专题。由10个单位有关科技人员参加。

为落实国务院批准的南沙海域油气勘探专项的工作目标，广州局于1993年11月12日向地矿部领导汇报并建议将西卫16、西卫24、万安滩7和万安北31等四个重点构造作为首批钻探目标。鉴于稳定周边是我国外交政策的既定方针，因此广州局建议的钻探井位暂缓实施。需要指出的是自1994年以来，外国石油公司在西卫24和万安北31构造进行钻探，并相继取得重大油气突破。

1996年12月地矿部石油地质海洋地质局要求近期内结束项目中的课题一、二、五的10个专题的研究工作，并提交万安盆地研究报告。

在南沙油气科研项目执行过程中，我们采用以下具有国际前沿的石油地质新理论、新技术和新方法。主要有：①进行地震波层析分析，以讨论南沙海域的深部地质构造；②利用收集到的钻井资料对采集的地震资料进行标定，确定主要地震反射界面的地质属性；③利用层序地层学原理，研究重点盆地的层序地层划分及其沉积

特征；④应用盆地的定量模拟，揭示万安盆地油气地质条件，确定各主要凹陷的生油生气强度及生烃量；⑤进行地震资料的精细和特殊处理以分析储层及其流体性质；⑥采用 DIPOG 地震技术，直接预测万安盆地的油气富集带；⑦开展断层封堵分析研究万安盆地油气藏保存条件；⑧运用含油气系统和油气成藏组合新理论，研究万安盆地油气藏在纵向与横向的分布特点；⑨应用综合地质要素分析，提高对圈闭含油气性的认识；⑩运用多种方法对油气资源量进行预测，以利于对比分析。

南沙油气总报告《南沙西部海域沉积盆地分析与油气资源》以专著的形式出版，该专著共分为三篇12章。第一篇盆地基本地质构造特征，第一章南沙海域地质构造基本特征及万安盆地地质构造特征，第二章万安盆地新生代地层划分和对比，第三章万安盆地新生代沉积特征，第四章万安盆地地质构造特征；第二篇盆地石油地质特征及资源预测，第五章万安盆地油气地质条件，第六章万安盆地定量模拟，第七章万安盆地油气资源预测，第八章万安盆地含油气系统及成藏组合分析；第三篇油气评价及重点构造分析，第九章万安盆地油气远景评价，第十章万安盆地重点构造分析，第十一章万安盆地重点构造油气预测，第十二章万安盆地重点圈闭含油气评价。共约55.5万字，其中图172幅，表79张。总报告分别于1999年和2000年通过广州海洋地质调查局和国土资源部组织的专家组进行初审和终审，并给予很高的评价。该报告连同调查报告获国土资源部科技成果一等奖。

（五）对太平洋中部多金属结核矿的研究获得一系列重要认识

大洋矿产资源的研究早已引起世界各国的关注。地质矿产部于1986年开始对太平洋东部多金属结核进行调查和研究。我参与主持的"太平洋中部多金属结核及其形成环境"专项研究就是其中之一，该项目共有19个一级课题和13个二级专题。作为项目负责人之一，1990年，我根据1986~1990年的项目的各课题和专题方面研究工作所积累的大量宝贵资料，提出了总报告编写的总体思路，并起草了详细编写提纲和章节要点，经项目的主要研究人员讨论同意后，正式采用。报告共分9章，约64万字。在总报告中，我撰写引言，主要结论，并参与统稿和定稿。

在主要结论中，高度概括了以下多金属结核形成的几个关键地质问题：①关于研究区的海洋水文及海洋化学；②关于研究区的海底地形、地貌和区域地质；③关于地层及沉积速度；④关于洋底沉积及古海洋事件；⑤关于多金属结核类型及其分布特征和微结核；⑥关于多金属结核的构造、矿物组成及地球化学特征；⑦关于微生物和微体生物在多金属结核形成中的作用；⑧洋底水文地球化学与多金属结核的形成；⑨关于多金属结核的成矿模式。

为了更深入探讨多金属结核形成的奥秘,并在研究中力求创新和突破,必须研究多金属结核与晚渐新世以来的海洋环境变化之间的关系。为此我们克服各种困难,锲而不舍地将多金属结核破开,进行各矿层的微体古生物和各种测年研究,建立多金属结核各矿层生长期和生长间断期的地质年表,深入剖析多金属结核各矿层的整合和不整合关系。研究表明:东太平洋 CC 区的多金属结核大致经历了三个大的生长期和两个生长间断期。第 I 生长期约始于晚渐新世,结束于早中新世晚期;第 II 生长期发生于早中新世晚期至中中新世早期;第 III 生长期自上新世至今(约 4Ma 至现今)。其中两个生长间断期,时间多为 1Ma 左右。结核各构造层组与柱状样沉积层所含的生物化石具有对应关系。确切地说,结核的生长期与沉积物缓慢沉积期相对应;结核的生长间断期与沉积物的沉积间断期对应。

另外,我们对多金属结核的生长速率进行了深入研究。根据生物地层方法、^{10}Be 测年法和铀系法得出以下的多金属结核生长速率的重要数据:成岩成因的多金属结核,其生长速率为 5~10mm/Ma;水成—成岩成因的多金属结核,其生长为 2.8 mm/Ma;水成成因的多金属结核其生长速率为 0.7~2 mm/Ma。

研究区内可以划分出多期(早中新世晚期前,早中新世晚期–中中新世早期,上新世–第四纪)生长结核分布区和单期生长结核分布区。多期生长的结核具备 3 个构造层组(反映 3 个生长期),其形态为菜花状及大型球状。这类结核主要分布在 CC 区的深海丘陵区和深海平原区。单期(上新世—第四纪)生长的结核及形态为小型板状、杨梅状、碎屑状、椭球状结核,这类结核分布区主要位于 CP 区的中央深水盆地区及 CC 区的海山区及台地区。

以上是广州海洋地质调查局在"太平洋中部多金属结核及其形成环境"研究项目中的主要创新点。我、梁德华和黄永样在研究中起了重要作用。

(六)主持编写《海底矿产》科普系列丛书

为普及科学知识和迎接知识经济时代的到来。1998 年 6 月,中国工程院和中国科学院要求两院院士编写 100 部科普系列丛书。根据中国工程院的安排我承担《海底矿产》一书的编写工作,该书分为:第一,方兴未艾的海洋油气勘探(包括:中国近海的海洋油气勘探概况及潜力;中国南沙群岛附近海域的油气前景;波斯湾及其邻域的油气为何如此丰富?;老油区墨西哥湾正在焕发青春;北海——海洋油气的重要产区;南大西洋——新的油气接替区;里海——第二个波斯湾等内容)。第二,天然气水合物——未来的新能源。第三,大洋探秘——多金属结核。第四,海底"黑金山"——富钴结壳。第五,海底其他固体矿产资源,该书由清华大学出版社和暨南大学出版社出版，共12.1万字。院士科普系列丛书于2001年公开出版发行，普遍受到好评。

（七）主持编写《天然气水合物资源概论》

根据中国地质调查局关于天然气水合物院士科研经费的安排，2001年广州海洋地质调查局设立院士科研基金项目。其目的是吸收我局有关年轻的科技人员，系统地收集和深入研究国外有关水合物调查与科研的主要成果，为更好地实施国家水合物专项提供理论和技术方法指导。我作为项目负责人之一，参与项目的总体设计、课题分解、人员安排及项目成果鉴定等。

院士基金项目分设六个课题。以课题研究成果为基础，进行了适当的综合、归并、调整和提升，以专著的形式公开出版。专著共分：第一章天然气水合物形成的地质构造背景，编写人张光学、陈强；第二章天然气水合物形成的温压条件及其稳定域研究，编写人王宏斌；第三章天然气水合物赋存的微地貌、生物群落和矿物学特征，编写人陈芳和陶军；第四章天然气水合物的地球化学研究，编写人付少英；第五章天然气水合物成矿条件与成矿机理，编写人杨木壮；第六章天然气水合物甲烷资源量的评估方法，编写人梁金强。我负责专著的章节安排、撰写绪论，并与张光学、杨木壮一起共同完成统稿和定稿。陈强为本专著的责任编辑，并负责出版工作。

参加工作以来，我先后获得以下的荣誉和奖项：

1981年晋升为高级工程师，1989年被授予教授级高级工程师。1990年被地质矿产部评为有突出贡献的归国留学生；1991年7月起享受政府特殊津贴；先后获得国家科技进步一等奖、二等奖各1次；地矿部地质找矿特等奖1次；国土资源部科技成果一等奖2次；中科院科研成果奖一等奖1次；地质矿产部地质科技成果一、二、三等奖共5次；1997年10月获李四光地质科学奖；1997年11月，当选中国工程院院士。

四、金庆焕主要论著

金庆焕．1964．费尔干纳盆地哈吉阿斯玛油田原油地球化学研究．苏联石油天然气工业，(2)．

金庆焕．1981．珠江口盆地形成机制浅析．石油实验地质，.3（4）：257-263．

金庆焕，曾维军，钟水仙，等．1984．论珠江口盆地的石油地质条件．地质学报，(4)：324-335．

金庆焕．1985．海洋油气勘探概况及石油地质学动向．海洋地质译丛，(1)．

金庆焕，吴征，蒋基平，等．1986．海洋地质与第四纪地质，6，(1) 1-16．

金庆焕.1987.苏联对中太平洋铁锰结核研究的概况——太平洋中部铁锰结核一书评价.海洋地质动态,(10):1-3,(11):5-6.

金庆焕.1987.第十五届南太平洋CCOP会议简介.海洋地质与第四纪地质,7(1):129-133.

金庆焕.1991.珠江口盆地裂谷演化与油气.石油与天然气地质论文集,工业出版社,(3).

金庆焕,刘宝明.1997.南沙海域万安盆地油气分布特征.石油实验地质,19(3):234-239.

金庆焕,李唐根.2000.南沙海域区域地质构造.海洋地质与第四纪地质,(1):1-8.

金庆焕.2000.天然气水合物——未来的新能源.中国工程科学,2(11):29-34.

金庆焕,杨木壮,梁金强.2002.21世纪可能的新能源——天然气水合物.中国科学技术前沿,5:451-470.

金庆焕,刘振湖,陈强.2004.万安盆地中部坳陷——一个巨大的富生烃坳陷.中国地质大学学报,29(5):525-530.

金庆焕,张家强.2005.海洋天然气水合物开发技术发展现状及前景.北京:科学出版社.

金庆焕.1989.南海地质与油气资源.北京:地质出版社.

金庆焕,高天钧.1992.台湾海峡及围区中新生代地质与油气.福州:福建科技出版社.

许东禹,金庆焕,梁德华.1994.太平洋中部多金属结核及其形成环境.北京:地质出版社.

金庆焕,吴进民,谢秋元.2001.南海西部海域沉积盆地分析与油气资源.北京:中国地质大学出版社.

金庆焕.2001.海底矿产.北京:清华大学出版社,广州:暨南大学出版社.

金庆焕.2006.天然气水合物概论,2006年,科学出版社.

撰写者

金庆焕

汤中立

汤中立（1934～），安徽安庆人。地质矿产勘查专家，矿床学家，镍都（甘肃金昌）的开拓者之一。1995年当选中国工程院院士。1956年毕业于北京地质学院。现任甘肃省地矿局与中国地质调查局科技顾问，长安大学教授和中国地质大学（北京、武汉）、浙江大学、兰州大学的兼职教授。长期从事矿产勘查实践和地质矿产理论研究工作，其中最主要的成就是发现了金川镍矿，并组织勘探发现了二矿区深部隐伏富矿体，使金川镍矿一跃成为世界第三大镍矿。其后他又对金川矿床的成矿模式和找矿模式进行了系统深入地研究，提出了"深部熔离——一期或多期贯入成矿"的小岩体成大矿学说。他还是中国"镁铁岩、超镁铁岩及岩浆硫化物矿床"的主要研究者和学科带头人。撰写专著、论文100多万字，译著数十万字。其代表性论著有：《中国镍矿床》《金川铜镍硫化物（含铂）矿床成矿模式及地质对比》《中国岩浆硫化物矿床的主要成矿机制》《中国硫化镍矿床类型及成矿模式》等。被评为全国地质系统劳动模范，荣获多项国家级、省部级科技进步奖，李四光地质科学荣誉奖等。

一、苦难磨炼大志向

1934年10月，冬日悄然降临，一个生命在安徽省安庆市也悄然降临，这就是汤中立。汤中立降生的季节和他所处的时代似乎有着某种暗合：一个动荡而苦难的年代将要开始，一个少年的漫漫人生之路也将从此开始。在他不到三岁的时候，日本侵华战争爆发，战事很快波及安庆。其时，年幼的汤中立学步未稳，但他不得不随着父母跟着逃难的人群，辗转漂泊到湘西的一个小镇——湖南省乾县所里镇暂住下来。父亲汤启仁是一名语文教员，在流亡当地的"国立八中"教书，母亲帮人浆洗衣服，以补贴家用。直到1945年抗日战争胜利，他们才随着难民队伍又回到了家乡安庆市。大概是有感于对八年抗战颠沛流离的苦难生活，父亲对他的教育有两点至今仍然记忆犹新：其一，爱国者可钦可敬：古有岳飞，今有张自忠；卖国者可鄙可恨：古有秦桧，今有汪精卫。其二，男儿当自立，男儿要自立，就得有"一技之长"。父亲的影响潜移默化，无形中一种"国家兴亡匹夫有责"的情怀，从小就根植于他的心中；而"一技之长"的观念，却伴随了他后来的人生。那段颠沛流离的生活，使年幼的汤中立目睹了山河破碎的景象，饱尝国破家亡的痛苦，同时也经受了艰苦生活的磨炼。

新中国成立初期，汤中立高中毕业，他选择了当时最需要、将来工作最艰苦的地质专业。1952年9月，他进入了北京地质学院，开始了他对地质学的学习、认识和理解。在开学典礼上，著名地质学家李四光风趣地说："……同学们，你们应当成为新中国的'土地公公'，像他们那样熟悉和掌握我们脚下的地球。"这番话情切意真，就是希望同学们成为新中国优秀的地质学家，像神话中的"土地神"一样，熟悉和掌握脚下的地球。汤中立至今还记着李四光讲演时的神采。在以后的地质实践中，汤中立常常想，李四光当年说的"土地公公"寓意就是"新中国优秀的地质学家"。从那时起，汤中立就在憧憬着、实践着当好一名新中国的"土地公公"！

在四年的大学生活中，他曾聆听过李四光、孙云涛、谢家荣、尹赞勋、袁复礼、冯景兰、王嘉荫、王鸿祯、涂光炽等学者的演讲或教诲，他们献身地质科学的精神，以及在地质实践中所表现的科学态度，在地质事业上的非凡成就，成为他的人生榜样。

与此同时，汤中立更是如饥似渴地学习地质理论知识，以优异的成绩实践着自己的诺言，为成为一个优秀的地质学家奠定着坚实的基础。

二、中国镍都的开拓者之一

"1958年，甘肃省地质局祁连山地质队汤中立等同志，根据报矿材料，在工程师陈鑫同志的指导下，发现了金川镍矿……"（甘肃省人民政府和地质矿产部在金昌市公园建立的《献给祖国镍都的开拓者》纪念碑，1984）。纪念碑文开篇的这段话，概括了金川矿床的发现过程。

1956年春天，洋溢着青春热情的汤中立，大学毕业来到甘肃，在祁连山地质队开始了他的地质生涯。1958年6月，已经担任祁连山地质队一分队分队长、技术负责人的汤中立，和他所在的一分队奉命从内蒙古撤出，部署到河西走廊东部地区进行地质调查，配合并指导群众报矿。汤中立和他带领的地质员王全仓、化验员邱会鸿、地方干部赵国良、汽车司机秦宗宽等5人，驾驶一辆苏制的嘎斯车在甘肃的河西走廊地区东进西出，经张掖，过武威，出民勤又转到古浪、天祝等地，进行野外地质调查。

1958年10月7日，汤中立他们来到永昌县河西堡，向县委设在那里的大炼钢铁指挥部汇报工作并查看近期群众的报矿成果。县委书记王虎法等热情地接待了他们，并亲自带领他们查看近期群众的报矿成果。面对这里琳琅满目的矿石标本，他们挑出几块感兴趣的标本询问情况。突然，一块大如卵石、布满孔雀石的矿石标本引起了汤中立的特别注意。问清矿石标本的来历后，汤中立等立即驱车赶到永昌县寻找报矿人。当时唐东福（报矿人之一，145煤田地质队放射性操作员）不在家，出野外了。他们又赶到野外驻地，找到唐东福请他引路，前往白家咀子（铜镍矿原名"白家咀子"，后更名"金川"）含孔雀石的露头处。此时已近黄昏，他们稍事观察敲打一阵，在夜色降临之际，就到戈壁滩上一间无人的破土房中住下来。

在随后的两天里，汤中立和同事们对矿化露头、超基性岩体的范围、顶底盘围岩进行了追索和初步圈定，并勾绘了地质草图。根据当时的工作情况看，只是在超基性岩体（后来的一号矿区）的北侧找到两处氧化矿露头，每处露头长20~30米，宽几米，两处露头之间相距约300米；矿化露头上，孔雀石、铜蓝、褐铁矿十分发育，黄、褐、蓝、绿，色彩缤纷。汤中立把现在的发现与两年前发现的辉铜山铜矿进行了比较：两者都发育在基性超基性岩体底盘与白云质大理岩的接触带上，此处发育在内接触带，彼处是在外接触带；按地表矿化程度，这里比辉铜山的情况更好；辉铜山经勘探证实是一个富铜矿，这里肯定是一个更有希望的铜矿。在这种对比基础上，汤中立采集了必要的标本回酒泉大队部汇报，留下王全仓等人继续在现场工作。回到酒泉，汤中立把这次的发现分别向大队技术负责人陈鑫工程师和苏联专家扎库敏聂依作了汇报，并陈述说，"这是一个很有希望需要进一步开展评价工作的铜矿"，这一观点得到大队认可。汤中立便赶回河西堡，到分队其他各组（当时分队还有两个组，分别在离河西堡不远的地方从事地质矿产工作）抽调人员，以便加强白家咀子组的工作，开展更大规模的评价工作。

几天后，工程师陈鑫突然来到河西堡，并带来一份化验单。他告诉汤中立，"你带回的矿石标本进行了铜镍两项测定，结果，Cu 16.5%，Ni 0.9%"。这就是后来举世闻名的金川铜镍矿床最早的一次矿石标本分析报告。其后，陈鑫和汤中立赶赴白家咀子现场，在陈鑫工程师的指导下布置了地面地质填图和两口浅井，六个探槽。汤中立一直留在现场工作，直到12月中旬，几个探槽均见到了氧化矿；与此同时，第一口浅井打到七八米深时，见到了具海绵陨铁结构的原生铜镍矿。1959年元月，省局和大队组织两台钻机施工两个钻孔，不久，两孔深部都见到了厚层原生矿体。至此，已基本证实了该处是一个大型的硫化铜镍矿床基地。这就是后来勘探证实的金川第一矿区。

在以后的两年多时间里，汤中立作为大队技术负责人陈学源的助手，组织了金川矿区的地质勘探技术工作，并完成了该矿区最终勘探报告的编制。经过全体队员的顽强拼搏和艰辛劳动，1959年9月6日，提前14天完成了一矿区初步勘探任务，提交了矿区第一份地质勘探报告——《白家咀子硫化铜镍矿床第一矿区地质勘探中间报告》，经全国储委主持的审察会议批准，提交镍储量90万吨，铜储量50万吨，矿石平均品位镍>1%（1%是富镍矿和贫镍矿的分界线）。那时的钢铁工业急需制造合金钢的"镍"，当时只在四川省有一个万吨级的小镍矿，远远不能满足需要，因此金川镍矿的发现和第一矿区的勘探成功，无疑是中国镍矿勘查的第一次重大突破！这是一个了不起的贡献，为我国第一个镍工业基地的矿山建设和选冶厂设计提供了资源保障和地质依据，并提供了可靠的资源保证。

三、坚定的信念实现重大突破

1965年，是汤中立任大队技术负责人的第三个年头，也是金川镍矿勘察工作最为关键的时期。此时，金川的镍矿已勘查了7年，那时第一矿区的地质勘探已经结束；出露岩体面积最大的第二矿区地表没有矿化，沿走向每200米已经施工19个钻孔，控制岩体东段的深部存在贫矿体，而岩体西段的深部没有重要矿化，已呈尖灭状态；第三、第四两个矿区岩体规模较小，都隐伏于第四纪覆盖物之下，已经钻探探明，主要都是贫矿。

二矿区勘探迟迟未有突破，一个严峻的问题摆在大家面前：金川的矿产资源是否已经勘查完毕？勘探工作是否要结束？当时对第二矿区的打钻显示，成矿岩体在地下200米深度就消失了，按照常规解释，这是矿床生长的一种常见现象，岩体像锅底一样"尖灭"掉了。

面临如此严峻的形势，汤中立仔细对比了第一矿区和第二矿区的情况，认为第一矿区的成矿深度已达地表以下500多米，而与第一矿区相邻的第二矿区西段，才只200多米深，岩体却封闭尖灭了，这种情况不正常。他推测岩体有可能从钻孔控制点之间向深部"漏"下去了。按照这个思路，他负责编制了金川第二矿区深部找矿计划，设计并实施了一批500多米的"深孔"，找岩体漏向深部"岩枝"中的矿体。

果然，ZK22号钻孔打到335米时重新见到了岩体，证实了这一设想。但紧接着问题又出现了：钻孔继续向下又穿出了岩体，而且并没有见矿。钻孔却提前于375.7米打穿岩枝进入围岩，按常规见到底盘围岩就可终孔。上次面临的两难选择再次出现：是停止呢，还是将成本十分昂贵的钻孔进行下去？

对于地下世界的探索，既需要科学的精神，更需要魄力和勇气。汤中立和他的同事们的探索精神，以及所表现出来的魄力和勇气在这种情况下发挥了巨大的作用。他们经过仔细观察，发现在已打到的围岩中有微量矿化现象，而打到的岩石并不是含矿纯橄岩，因此推测主岩体还没有打到，深部还有希望。也许是一种探索地下世界的勇气，也许是一种对科学的直觉，促使他们又一次做出决定：不能终孔，要继续下去。结果在钻探至410.71米时，又见到第二个"岩枝"。汤中立他们再次修改设计方案，继续加深钻探，终于在566.71米时，见到了海绵陨铁结构的富矿体，经过多次调整设计深度，并换了一台千米钻机施工，一直钻到924.87米才穿过矿体，于944.86米终孔。结果发现的隐伏矿体厚度达到358.16米，而且都是富矿体。依据22孔的实践结果，又在2线至26线1000多米长的地段布置了几十个钻孔，几乎是每个孔都见到了下部岩枝中的隐伏富矿体。这一矿体的发现和后来的勘探，使得金川矿床的储量翻了几番，镍储量达到545万吨，铜储量达到350万吨，共生和伴生资源还有钴、铂、钯、锇、铱、钌、铑、金、硫、硒、碲等，致使金川跃升为世界级超大型铜镍矿之一。他们完成了一次对地质科学求知领域进行探索的重大突破，同时也使金川成为中国的镍都，并闻名于世。从此，中国由一个贫镍国进入到世界主要产镍国的行列。

31岁的汤中立，用他特有的智慧、丰富的实践经验和坚定的信念在金川镍矿勘探史上和自己的人生历程中写下了辉煌的一笔。在回想起这段经历时，汤中立却淡淡地说："这些是全体工作者共同努力的结果，而我自己所起的一分作用只是面对困难不灰心，勇敢地去探索而已。"

1986年，甘肃省人民政府和地质矿产部在金昌市公园内建立地质工作者纪念碑，汤中立的名字作为镍都的开拓者之一，被镌刻于碑文中。

四、创立"小岩体成大矿"学说

到20世纪80年代，从事了20余年地质勘查实践的汤中立，积累了丰富的资料和经验，此时他认识到科学研究与科学交流应当贯穿于今后地质勘查实践的始终。从"七五"以来，汤中立开始从事中国镍矿床研究，深化金川矿床研究，提出"小岩体成大矿"的成矿模式，并创建了"小岩体成大矿"学说。

1980年5月，时任甘肃省地矿局总工程师的汤中立，应邀参加《中国矿床》编委会并负责编写了约10万字（文图）的《中国镍矿床》相关章节。在《中国镍矿床》中，汤中立等依据甘肃、云南、吉林、广西、四川、河北、青海等省区的矿床实例，阐述了中国镍矿的基本特征，总结了中国镍矿的成矿规律。提出了中国镍矿床新的成因分类：划分为岩浆熔离矿床和风化壳硅酸镍矿床两大类，以岩浆熔离矿床为主；岩浆熔离矿床又进一步划分为岩浆就地熔离矿床和岩浆深部熔离-贯入矿床两类，以岩浆深部熔离-贯入矿床为主；岩浆深部熔离-贯入矿床再细分为单式贯入、复式贯入、脉冲式贯入和晚期贯入矿床；首次提出中国镍矿成矿时代主要为元古代和华力西期；中国镍矿主要产出于古地块与褶皱带的接触过渡区；中国镍矿的母岩体的面积较小，一般仅1平方千米左右甚至更小等。

通过《中国镍矿床》的编写，汤中立发现中国镍矿床的岩体都很小，即使像金川这样世界级超大型矿床的岩体面积也只有1.34平方千米，和当时国际上流行的关于岩浆硫化物矿床的权威观点相左。差不多在整个20世纪，国际上流行的关于岩浆硫化物矿床的权威观点就是成矿岩体必须巨大，产状要浅具有适宜聚集的底层，基性玄武岩质、辉长岩质、苏长岩质岩浆，底部有利成矿，侵入和结晶分异时间要早，最好在前寒武纪以前。如加拿大的Sudbury矿床，岩体面积1300平方千米具备这些有利条件。但中国境内的发现和国外有别。通过中外对比，汤中立认识到加强代表性的金川矿床基础研究的必要性和紧迫性，并主持完成了地质矿产部"八五"重要基础项目"金川铜镍硫化物（含铂）矿床模式及成矿预测"。其基础研究部分以《金川铜镍硫化物（含铂）矿床成矿模式及地质对比》专著出版。

通过"金川铜镍硫化物（含铂）矿床成矿模式及成矿预测"的研究，在地质构造、岩石学、矿床地质——地球化学、成岩-成矿温度、岩体的Sm-Nd内部等时年龄等方面取得了新进展。其中引人注目的成果是系统阐述了深部岩浆熔离复式贯入成矿模式。该模式以金川矿床为重点，还包括国内的一些主要铜镍硫化物矿床。这是迄今对这一成因观点最详细和完整的论述。汤中立于此再次强调，这就是"小岩体成大矿"的主要机制；深熔—贯入矿床是我国最主要的铜镍矿床类型，也是世界上主要铜镍矿床类型之一。

汤中立等的研究成果被认为"对岩浆深部熔离—复式贯入成矿模式作了系统阐述"，"是近年来此类矿床研究中最有代表性的重要论著。它已达到国内同类矿床研究的领先水平；母岩浆深部熔离—多次贯入成矿历程的构想和观点，已达到国际先进水平。"这项研究获1996年国家科技进步二等奖。

其后，汤中立依据中国岩浆硫化物矿床的实际情况（发现的矿床、矿点约80余处，形成超大型、大型矿床规模者，无一例外皆属小岩体矿床），通过一系列科研项目、出版多部专著和数十篇论文，倡导并创立了较系统的"小岩体成大矿"学说。这一学说包含：小岩体矿床的范畴与概念；"小岩体成大矿"的范畴与概念；

岩浆硫化物矿床的分类；岩浆硫化物矿床的区域构造背景和时代背景；"小岩体成大矿"的机制——深部熔离-贯入成矿作用；"小岩体成大矿"的金川模式和一般模式；"小岩体成大矿"的深部预富集作用；"小岩体成大矿"的主要实例；"小岩体成大矿"的地质属性等。这一学说至今仍被同行广泛引用并指导了新矿床的发现。

直到现在，汤中立仍在主持国家自然科学基金重点项目"小岩体岩浆硫化物矿床成矿的深部过程"（2006~2009年）和其他相关研究，期望进一步丰富和发展这一学说。

五、区域成矿 研究不辍

除对中国镍矿研究之外，汤中立一直致力于区域成矿研究，不断探索区域成矿前景，为岩浆矿床的地质勘查指明方向。

1. 部署实现甘肃金矿勘查突破

20世纪80年代初，汤中立调任甘肃省地矿局总工程师。这使他必须以全局观点来审视甘肃境内的地质实践。古语说"预则立，不预则废"，他感到在部署全局工作之前，必须要有正确的思路。因此，他对全省几十个主要矿产地的区域背景及发现史进行了综合分析，他认为：第一，50年代一些重要矿产地的发现，都属地表具有容易识别的露头矿、古矿坑或矿床氧化带等直接找矿标志的矿床；第二，60年代由于增加了一些新的地质找矿方法和手段，又促进一批新矿产地的发现，如系统的区调规定按图幅、按一定的路线间距进行地质矿产观察，比以往相对局部的普查更有机会发现地表矿；随区调系统进行的重砂法、金属量测量以及大面积开展的航磁法等，也都导致发现了新的重要矿产地；第三，70年代甘肃局地质找矿不景气的原因是：地表易识别的矿产地越来越少，难识别矿产的勘察工作并未开展，地质找矿方法和手段缺乏改进；第四，就矿找矿、以点带面这种方法，在甘肃境内各个地质找矿时期都发挥了重要的作用等。基于这样的认识，进入80年代以后，他们逐步地、坚定地把地质勘察的主要目标，转移到地表难识别的黄金矿种上来。在地质实践过程中，积极引进、部署化探扫面、痕量金分析等新方法和新技术，并大力推广应用。始终坚持以地质为基础，按照有利成金的大地构造单元和区域构造位置，有利成金的矿床类型，有利成金的岩石、矿源和热源，有利富积的砂金河段等各种地质因素，择优选择、部署评价大量的矿点、矿化点、砂金河段和各类化探异常区、异常点。与此同时，密切注意点上突破、就矿找矿，当某一区带一旦发现了金矿，就全力以赴组织评价突破，总结经验和规律，及时地向面上、带上推广，如在西秦岭发现坪定、九原金矿后，及时评价勘探，并在带上加强部署，加大勘察力度，结果又陆续发现了拉尔玛、石鸡坝、鹿儿坝和大水特大型金矿。这些矿产地的发现和勘察，为甘肃在90年代成为黄金大省，提供了丰富的资源保证。

2. 预测龙首山——祁连山区域成矿前景

龙首山—祁连山是斜跨甘青两省的著名山系，也是我国重要的金属成矿区带。"九五"期间，汤中立主持完成《华北古陆西南缘龙首山——祁连山成矿系统与成矿动力学》并出版专著。

该项研究在"活动论""系统论"思想指导下，运用板块构造（地体）学说，厘定华北古陆西南缘构造格局，将成矿系统与成矿环境结合起来研究，是矿床学研究的新思维。依据这种思维，提出和阐述本区属科迪勒拉式造山带。首次提出中祁连为离散型岛弧地体，解释了北祁连西段分布古老陆块的内在原因。认为不同阶段的不同构造背景，发生了不同的成矿作用，形成了不同的成矿系统（组合）。首次根据构造发展阶段及成矿作用特点，确定本大陆边缘成矿系统中，有与岩浆底辟作用有关的金川镍铜（铂）成矿组合，与岛弧裂谷（陆缘弧演化早期）作用有关的白银厂、清水沟铜及多金属成矿组合，与俯冲带岩浆热液作用有关的塔尔沟、小柳沟钨成矿组合，与蛇绿岩有关的铬成矿组合及与韧性剪切作用有关的金成矿组合。这在古大陆边缘成矿系统（组合）中，具有典型性和一定的普遍性，无论是在本区抑或是在其他大陆边缘的矿床勘查中，皆有参考对比意义。首次明确提出华北板块西南缘是中国也是世界重要金属成矿区（带）之一，并包含3个成矿带：①阿拉善南缘龙首山铁、镍、铜、钴、PGE（铂族元素）、金成矿带；②祁连山铁、铜、锌、金、银、钨、铯成矿带；③阿尔金金成矿带。成矿高峰期（主成矿期）为中元古代（龙首山成矿带）和加里东期（祁连山成矿带）。

汤中立等首次系统地对不同地质单元各种地质建造的地球化学特征进行了研究，提出了成矿预测区；并系统总结了本区深部地球物理特征，阐释了本区岩石圈分层结构构造，探讨了深部成矿问题。

在这个项目中，汤中立等对金川矿床的研究也取得了新成果：一是岩体的原生岩浆为高镁玄武岩浆 $[\omega(MgO)\approx 10.8\%]$。二是金川矿区含镍主矿体可能起源于含铂族元素不同的母岩浆；含铂族元素高的矿体起源于原始地幔铂族元素不亏损的岩浆；含铂族元素低的矿体，则起源于原始岩浆分离后形成铂族元素亏损的岩浆。三是物探显示，金川深部-20千米范围内存在高电阻率体，金川磁异常向下延拓亦达-10千米以上，说明金川深部可能存在大的基性、超基性岩岩基等。四是进一步论证并肯定了"深部熔离-分期贯入"是形成金川矿床的主要机制。

系统阐明祁连山区存在4大海相火山旋回及其控矿作用及钨矿的成矿背景与机制，明确提出北大河岩群和朱龙关群的熬油沟组是钨矿的矿源层，具有区域控矿作用。查明阿尔金断裂是一条陆内转换断层，具有长期性、复杂性，加里东早期表现为裂谷，加里东晚期初步形成断层，华力西期起发生左行走滑，直到新生代活动仍十分强烈，控制形成一系列中酸性岩体和金成矿作用。在充分对区域背景研究的基础上，对镍、铜、钨、金4种金属资源量进行了理论预测，得出除已控已采储量之外，区域的潜在资源量仍很丰富等。

该项研究获2003年甘肃省科学技术进步一等奖。

3. 提高古生代矿床研究程度

"十五"期间，汤中立主持完成了"中国古生代成矿作用"。这是"十五"地质大调查综合项目"中国成矿体系与区域成矿评价"的系列专题之一。

在该项研究中，除对古生代内生金属矿床及矿产进行重点总结外，还对非金属及部分能源矿产资料进行了研究和总结。通过对古生代成矿作用区域大地构造背景的研究和分析，结合古生代成矿事件和区域成矿作用特色，建立了中国大陆古生代的四大成矿域（古亚洲、秦祁昆、扬子—华南和古特提斯），划分出11个成矿省，36个Ⅲ级成矿区带。对重要成矿区带古生代矿床成矿系列进行了系统总结，共建立区域成矿系列114个，并将这些成矿系列数字属性化，表达方式新颖简便实用，新编制了中国古生代1:500成矿系列图，建立了相关数据库。通过对古生代33个大型、超大型典型矿床研究，提出了我国古生代区域大规模成矿作用的7种形式。通过Re-Os法和单颗粒锆石U-Pb法同位素测试研究，新厘定了扬子地台西南缘铜镍矿（白马寨）、东昆仑矽卡岩型多金属矿床、南秦岭煎茶岭镍矿的成矿时代分别为$302\pm9.2Ma$、$246\pm3.9Ma\sim278\pm3.6Ma$和$878\pm23Ma$，为正确认识这些地区的区域成矿历史和演化规律提供了重要依据。基于对扬子—华南成矿域华力西旋回晚期与峨眉地幔柱（或镁铁质、超镁铁质岩）有关的成矿作用、克拉通盆地边缘磷块岩成矿作用、华南裂谷热沉降阶段陆缘裂谷与黑色岩系有关的成矿作用和华南活动带泥盆纪层控矿床成矿作用4种大规模成矿作用的背景和机理研究，提出了深部构造岩浆作用是大规模成矿作用的根源所在。与以往的研究对比，对古亚洲构造域古生代4大矿集区的厘定和认识，更能从宏观上反映这一地域的古生代成矿特色和意义。通过对中国镁铁、超镁铁岩浆矿床，特别是古生代该类矿床成矿系列的聚集与演化研究，提出了我国岩浆矿床的 3 种聚集成矿方式，形成 5 类支撑性矿产和两类世界级超大型矿床式、两个主成矿期的新认识。在成矿聚集演化上，提出了我国岩浆矿床具"继承与发展"和"戛然而止"的演化特征。并在与世界同类矿床对比基础上，提出了我国岩浆矿床今后的勘查方向。

通过研究，出版了《中国古生代成矿作用》专著，该专题随项目获得 2006 年国土资源科学技术进步一等奖，2007 年国家科学技术进步二等奖。

六、引领青年学子走进地学殿堂

汤中立尽管已年逾古稀，仍然坚持不断地进行野外考察；尽管已提出成熟的学说，仍然坚持不断地进行拓展和完善；尽管已经成果卓著，仍然坚持不断地进行创新；尽管已经忙碌不堪，却将教书育人看成是地质事业的希望与归宿。

多年来，他先后在中国地质大学、兰州大学和长安大学培养出 9 名博士、5 名硕士，并有在读博士后 1 人、博士生 4 人和硕士生 2 人。已毕业的博士和硕士都已走向各自的工作岗位，并相继担任起重要的技术职务、教学职务或领导职务，为地质事业的繁荣和发展做出了或正在做出重要的贡献。

在教学工作中，汤中立对待科学严肃谨慎的态度影响着学生。在野外考察中，他总是亲自带领学生去现场，对地质露头、岩体、岩芯进行认真观察，对出现的地质现象和问题进行分析、判断。审阅科研报告更是精益求精，不但对报告的内容进行仔细核对，甚至对报告中的错别字、标点符号都会进行认真修订。有时为了核实一处不太确定的内容，他会"翻箱倒柜"地查阅很多资料，直到完全弄清楚并标注出内容的出处。他的身体力行潜移默化地影响着身边的每一个学生：科学来不得半点虚假和马虎，只有沉下心来，踏踏实实、兢兢业业地去做才能取得一定的成绩。

作为一位地质学家、矿床学家、矿产勘查专家，汤中立用渊博的知识让学生们感受着自然的伟大和地质的神奇，引领他们走进地球科学的殿堂。科学需要创新，而创新思想始终贯穿在汤中立的科研和教学工作中，他希望每个学生都在尝试开拓一个新的研究方向和内容。他希望能多培育一些年轻人，使他们成为祖国建设的栋梁。他希望青年人要主动培养不怕困难、敢于探索未知的科学品质，树立远大的人生目标并为之不懈奋斗！

汤中立将自己的实践经验和理论成果无私地传授给了自己的学生，为培养地质科技人才发挥自己的余热，这虽然不能延续他的生命，但这或许是他地质事业的一个归宿。

现在，汤中立也还在对我国大型金属矿山的矿山环境问题进行研究，为矿山环境保护和治理工作提供理论指导，为实现矿山资源的可持续发展，这项开拓性的工作无论从科研还是到实践都具有十分重要的意义。

七、汤中立主要论著

汤中立，任端进.1987.中国硫化镍矿床类型及成矿模式.地质学报，(4)：350-369.

汤中立，任端进，薛增瑞，等.1989.中国镍矿床//中国矿床.北京：地质出版社：205-266.

汤中立.1990.金川硫化铜镍矿床成矿模式.现代地质，4(4)：55-64.

Tang Z L. 1993. Genetic model of the Jinchuan nickel-copper deposit. Mineral Deposit Modeling. Geologcial Association of Canada：389-401.

汤中立，李文渊.1995.金川铜镍硫化物（含铂）矿床成矿模式及地质对比.北京：地质出版社.

汤中立.1996.中国岩浆硫化物矿床的主要成矿机制.地质学报，(2)：237-243.

汤中立.1996.中国岩浆硫化物矿床的组合成矿模式.第三十届国际地质大会论文集.

Tang Z L. A main type of magmatic sulfide deposits in China. Progress in Geology of China (1993–1996), Papers to 30th IGC：499-501.

Tang Z L. 1998. Jinchuan copper-nickle sulphide deposit. Beijing：Geological Publishing House.

汤中立，Barnes S J.1998.岩浆硫化物矿床成矿机制.北京：地质出版社.

汤中立，白云来.1999.华北古大陆西南边缘构造格架与成矿系统.地学前缘，(2)：271-283.

汤中立，白云来.2000.河西走廊两侧山区是世界级金属成矿（区）带//"九五"全国地质科技重要成果论文集.北京：地质出版社：179-183.

汤中立，等.2002.华北古陆西南边缘（龙首山–祁连山）成矿系统及成矿构造动力学.北京：地质出版社.

汤中立.2002.中国的小岩体岩浆矿床.中国工程科学，4(6)：9-12.

汤中立.2003.矿业与环境.兰州大学学报（自然科学版），39（增刊）：12-15.

汤中立，李小虎.2005.白银大型金属矿山环境地质问题及防治.国土资源，8：5-7.

汤中立，钱壮志，任秉琛，等.2005.中国古生代成矿作用.北京：地质出版社.

汤中立，闫海卿，焦建刚，等.2006.中国岩浆硫化物矿床新分类与小岩体成矿作用.矿床地质，25(1)：1-9.

汤中立，钱壮志，姜常义，等.2006.中国镍铜铂岩浆硫化物矿床与成矿预测.北京：地质出版社.

汤中立，李小虎.2006.两类岩浆的小岩体成大矿.矿床地质，25（增刊）：35-38.

主要参考文献

V. M. 戈尔德施密特.1959.地球化学.北京：科学出版社.

Dietz R S. 1964. Sudbury structure as an astrobleme. Joural of Geology，72.

汤中立.2001.整体思考，点上突破//院士思维.合肥：安徽教育出版社，4：188-201.

窦贤.2003.汤中立院士传略.http://www.cug.edu.cn/20031/zhuantiwang/dycz/30_1.htm.

汤中立.2007.难忘的地质生涯//先行颂.北京：中国文史出版社：181-189.

撰写者

窦贤（1961~），甘肃地质矿产报社，主任编辑。

李小虎（1979~），矿产勘查与矿山环境博士，汤中立的学生。

郑绵平

郑绵平（1934~），福建漳州人。盐湖学家、矿床学家，我国盐湖科学及其矿业的奠基人和开拓者之一。1995年当选为中国工程院院士。1995~2001年和2009~2013年当选为国际盐湖学会副主席，2005~2007年任国际盐体系编委，2014年7月被推举为国际盐湖学会主席。现任中国地质科学院盐湖与热水资源研究发展中心主任，国土资源部盐湖资源与环境重点实验室主任。南京大学、中国地质大学和中国矿业大学（北京）、中国地质大学特邀教授。他致力于盐类矿产地质和盐湖综合资源研究已有60年，对青藏高原盐湖和盐矿勘查评价进行了系统和创新性研究，取得若干具有国内外先进水平的成果。参与发现、评价了青海察尔汗盐湖钾盐矿床，为建立"陆相成钾理论"做出实质性贡献；主持发现扎仓茶卡镁硼矿和新类型铯硅华矿床；查明锂在盐湖沉积中的赋存状态，发现新矿物扎布耶石，从而发现具有重大经济价值的新类型扎布耶盐湖锂矿床；他研究了适用于青藏高原特殊地理环境的"盐梯度太阳池"独特技术，取得了低成本提取碳酸锂的技术突破；他三次率队进入罗布泊考察，揭示罗布泊赋存的钾盐矿物，并首先指出罗布泊是"第二个柴达木钾盐湖区"；他提出盐湖学（Salinology）研究方向，提出"盐湖农业"新概念，以此理论研究为指导，为我国钾、硼、锂盐类和铯资源的发现、勘察与综合利用做出了卓越的贡献。近几年来，主持我国钾盐找矿评价研究，如指导发现柴达木新型砂砾岩型富钾卤水矿床等，为建立柴达木钾盐后备基地提供重要依据，为壮大全国锂钾硼地矿人才队伍做出重要贡献。

一、成长经历

郑绵平于1934年11月17日出生于福建省漳州市，早期就读于福建省漳州市第一中学。1956年郑绵平从南京大学地质系毕业后，被分配到北京化工部地质矿山局，参与柴达木盆地盐湖调查队的普查工作。他先后调查了大柴旦、马海和察尔汗三个盐湖，收集到大量的第一手资料，撰写了参加工作后的第一个报告——《青海省柴达木盆地硼砂、钾矿调查报告》（1957年）。他从野外实际观察出发，根据卤水分析结果显示的察尔汗盐湖含钾较高、大柴旦湖水含硼较高等重要成矿证据，提出该区值得进一步进行寻找钾、硼工作的意见。

1957~1960年，郑绵平前后多次在北京地质学院进修，师从柳大纲、袁见齐。1957年进入中国科学院柴达木盐湖科学考察队。同年8月，被派往矿物原料研究所工作。1957年9月，考察队在柴达木盆地的大柴旦湖（又称伊克柴达木湖）布置了一条勘查线，同时在厚度1~3米的盐层下发现了透镜状镁硼酸盐层，后经室内鉴定确认为柱硼镁石，这是我国新类型镁硼酸盐矿床发现和研究的开端。

1957年10月2日，郑绵平与柳大纲一起首先发现大面积光卤石，他主笔撰写了第一份柴达木盐湖的科考地质报告，论证了察尔汗钾盐湖陆相成因及其经济价值，该报告首次估算察尔汗氯化钾资源量为1.508亿吨，这一估算结果被后来（1958~1967年）的地质勘查所证实；该报告还根据温泉中富硼、锂的数据，认为大柴旦湖锂的主要来源与含硼、锂的热水活动有关，这个观点使他成为被后人公认的该区"最早提出盐湖硼锂热水来源"的研究者之一。

1980~1983年，郑绵平主持盐湖队在班戈湖和扎布耶湖打钻取样的时候，曾对扎布耶湖锂含量进行测试分析，在显微镜下发现许多细小的、针状的天然碳酸锂矿物，经国际矿物学会新矿物命名委员会确认并命名为扎布耶石。

1982年，在扎布耶湖发现大面积天然嗜盐菌和嗜盐藻，优于世界上已知的杜氏藻（一种在极端寒冷环境下生存的藻类），这意味着可以扩展世界盐藻生产的期限，从而填补了我国这一领域研究的空白。这一发现引起国内外有关方面的关注。

1990年，郑绵平在扎布耶湖半岛上主持建立了世界上海拔最高的科学观测站，观测气象、水文、生物和盐湖的种种变化，从而取得了连续的气象、水文及卤水天然蒸发等基础科学数据，掌握了扎布耶盐湖全年气象和水盐动态变化规律。

1995年，郑绵平在扎布耶南湖建立了"中国地质科学院盐湖中心扩试基地"，组织地质、选矿、化学、物化等专业人员，充分利用当地气候资源，进行盐田卤水蒸发试验和混盐选矿加工实验，从而形成资源评价、长期观察、加工工艺、工程设计一整套产业化技术，为我国盐湖锂产业奠定了初步基础。

2001年5月，建成扎布耶盐湖北湖100万平方米工业试验盐田和1.6万平方米太阳池结晶池，通过不断的优化实验，于2002年6月从太阳池结晶池获得了品位达81.93%的碳酸锂精矿，形成了"冬储卤—冷冻日晒—太阳池结晶—碳酸锂精矿"的优化工艺路线，标志着扎布耶盐湖锂资源开发工艺走向成熟，进而推动建成我国首条盐湖提锂生产线。

鉴于他所取得的一系列突出成就，郑绵平先后获得多个国家级和省部级奖项及荣誉。1986年,他被授予"国家有突出贡献的中青年科技专家"称号,1989年获省、部级科技进步一等奖各一项,1990年获国家科技进步一等奖(第一获奖人),1991年获李四光地质科学研究奖。他于1992年担任中国地质科学院盐湖与热水资源研究发展中心主任,1994年当选为国际盐湖学会副主席,1995年5月当选为中国工程院院士,同年获何梁何利基金科学与技术进步奖,1997年3月任地质矿产部盐湖资源与环境开发研究实验室主任。他分别于1997年和2003年两次获国家科技进步二等奖(均为第一获奖人),2000年获中国工程科技光华奖,2001年获科技部等四部委联合颁发的"九五"国家重点科技攻关计划先进个人奖;2002年,他当选全国50名"杰出专业技术人才",2006年被授予"全国优秀共产党员"称号,2014年被推举为国际盐湖学会主席。

二、主要研究领域和学术成就

郑绵平致力于盐湖矿产与生物资源、盐类和热水矿产资源的勘查评价、开发利用及成因理论研究已有60年,对中国钾盐矿产勘查和青藏高原盐湖进行了系统和创新性研究,为我国钾、硼、锂、铯等盐类资源的勘查与开发利用、盐湖沉积与古气候变化研究,以及"盐湖农业"的发展做出了卓越贡献。

(一) 寻"钾"之路

1. 察尔汗盐湖钾盐的发现和评价

从1956年起,郑绵平先后参加柴达木、西藏盐湖实地调查研究和科学考察队的创建。在50年代中期,国内外还未发现现代陆相盐湖钾盐矿床(光卤石、钾石盐),已知的钾盐矿床均是海相。某些矿床学教科书和论著中认为,由于内陆盐湖盆地较小,黏土对钾的选择性吸附,使汇入盐盆地的钾量很少,加上周期性气候,难于使盐湖中的钾达到富集沉积固相钾盐阶段。注重第一手资料的郑绵平,不为前人认识所限,根据自己及同事们深入柴达木盆地察尔汗等盐湖实地调查和搜集的资料,执笔撰写调查报告《青海省柴达木盆地硼砂、钾矿调查报告》(1957年,化工部地质矿山局),明确指出察尔汗卤水含钾较高,盐样品分析含钾0.4%~10%,为尔后进一步在该湖找钾提供了重要的找矿依据。1957年,郑绵平代表地质部门参加中国科考队柴达木科学调查队,在队长、化学家柳大纲领导下,负责地质工作。1957年10月,他再次到察尔汗盐湖调查时,最先注意到人工盐坑的四壁有斜方双锥体析出,经确定为新生光卤石。在他主笔的该区第一份钾盐科考报告《1957年柴达木盐湖科学调查工作报告》中，首次估算该湖 KCl 资源量为 1.508 亿吨。这一估算结果，为尔后的（1958～1967 年）地质勘查所证实。他还首次对该湖形成钾盐沉积的成因做了初步阐述，指出察尔汗盐湖盆地较大，有长期湖盆演化史，钾的来源以残余古湖水的分异聚集及第三纪和早第四纪含盐岩系为主，其次来源于周围结晶岩石的风化盐分。他还明确指出察尔汗盐湖的陆相成因。如今察尔汗盐湖已成为我国最大的钾盐生产基地，为缓解我国发展农业急需的钾盐来源做出重大贡献。

2. 挺近"魔鬼城"，开辟"郑绵平小道"，找寻中国"第二个柴达木钾盐湖区"

科学发现没有捷径可走，唯有不畏艰险，勤奋执着。

——郑绵平

罗布泊，蒙古语称罗布诺尔，意为"汇入多水之湖"，位于塔里木盆地东部，若羌县北部，面积 1 万多平方公里，是我国内流区最大，也是塔里木盆地最终汇水湖。地处古代丝绸之路南道要冲，为古代东西交通必经之地，沿岸至今还保存不少古迹。然而，现在的罗布泊，湖水早已干涸，只留下厚厚的盐碱壳，在阳光下闪烁着一片"死亡"之光。

1986 年 6 月 11 日，科学家彭加木失踪在罗布泊，国家曾派出大部队进行寻找未果，这个消息震撼了世界；后来，探险家余纯顺在徒步横穿罗布泊时不幸遇难。从此，罗布泊成了恐怖的象征，死亡的象征，人们称它是塔克拉玛干沙漠中的"百慕大三角"。

然而，对盐湖专家郑绵平来说，罗布泊却有着极大的吸引力。早在 20 世纪 50 年代，在发现柴达木第四纪后期最终汇水中心察尔汗钾盐后，他曾预测与柴达木盆地、与阿尔金山对称的塔里木最终汇水盆地—罗布泊，在那一望无际的盐壳下面，也很可能蕴藏着丰富的钾盐。

新中国成立以来，中国政府很重视钾盐的找矿工作，投入了较大的人力和物力，但是在较长时间内，除了在青海察尔汗盐湖有所突破外，其他地方一直没有较大的进展。据统计，当时中国钾资源总量约为 4.75 亿吨（不含罗布泊），仅占世界总储量的 1.2%。

为了改变我国贫钾的面貌，1989 年，在地矿部直管局特别找矿项目和地科院资助下，郑绵平率领精干团队进入这个令其早已向往的地方。

此次野外地质调查拟由北部哈密进入，因当时新疆地矿局鉴于该局区域地质调查队已进入罗布泊北部地区调查，故改由"大耳朵"湖区西部马兰基地通过"魔鬼城"寻路进入。第一次探索，征途迷茫，几经寻觅，调查组驱车到达罗布泊的边缘，因车辆故障无奈返回；第二次探索，他们改从已经废弃的原子弹爆炸中心插入那由风蚀残丘构成的"魔鬼城"，当时还没有 GPS 地面定位设备，他们只能凭借罗盘"摸索"前进，但最后还是走进"绝境"，只好无功而返；第三次探索吸取了前两次的教训，郑绵平带领调查组成员沿着干涸的孔雀河河床，借助地形图和罗盘认准孔雀河朝"大耳朵"流向，采用"笨"方法，一边走一边探路，没有路的地方就借用干枯的树枝垫路，历尽千辛万苦，终于首次到达罗布泊的"耳环"中心，沿孔雀河岸开辟了到达"大耳朵"湖区新路，这条新路后来被当地地质队命名为"郑绵平小道"。

他们在"耳环"区踏勘、采样，工作了一个多星期，通过罗南调查首次在该湖区发现少量光卤石矿物和含钾卤水。这近一个月的探险经历是我国地质工作者首次进入该罗布泊腹地。

1990 年初，在向部直管局（黄宗轲副局长等）汇报和地科院内部通报中，明确指出罗布泊是"第二个柴达木钾盐湖区"，沉积阶段低陷部位很可能有丰富的含钾卤水聚集。"在第一盐沉积区龟背山南部局部区域和第二盐沉积区'耳轮区'南部凹陷部位"均有地下卤水层的显示（郑绵平等，1991，科学通报，第 33 期，1810-1813），并指出在第一、二沉积阶段低陷部位很可能有丰富的含钾卤水聚集。并通过遥感图像的数据处理得到印证：前者即后来发现开发钾盐湖的"罗北洼地"，后者即最近新疆地质队调查找到新的 KCl 资源量而得到证实。现在的罗布泊已经成为我国最大的钾盐生产基地之一。

（二）遇"硼"之缘

郑绵平最早分析发现大柴旦湖水含 $B_2O_3 0.3\%$，提出"要在湖滨、湖心进行系统的钻探工作"的建议（1957 年），1957 年夏他参加中国科学院柴达木盐湖科学调查队，在柳大纲率领下，作为地质组负责人，亲自参加大柴旦湖中钻探验证，与同队化学人员共同发现湖底硼矿层，并在其主撰的报告中，对湖底硼矿层矿物成分（钠硼解石和柱硼镁石）和固液相矿床特征作了首次报道。1961 年他率队在阿里调查发现扎仓茶卡镁硼酸盐矿床，纠正 S. Hedin（1909 年）将其定为石膏之误。他经过详细对比研究，首先撰文提出大柴旦湖和扎仓茶卡两矿床为新类型的硼矿床（1964 年；1965 年）。经他向西藏有关部门多次建议并亲率队对扎仓茶卡进行勘探，求得该湖各种盐类资源量，其中仅近期可采的 C+D 级富硼矿石储量达 78 万吨。自 1987 年以来，郑绵平又多次带领勘查队深入西藏扎仓茶卡盐湖，对湖中产出的多种盐类进行勘查，证实该湖中蕴藏钾、钠、镁、硼，还有丰富的锂、铷、铯等稀有元素矿产，先后提交硼矿表内储量135余万吨，达到了大型硼矿床规模，潜在经济价值达230余亿元。据此成立了西藏矿业开发公司和阿里矿业公司，仅阿里矿业公司在5年中就已上缴税收1500余万元。该硼矿石可替代硼酸和进口硬硼钙石作玻纤原料，是"用我国特有矿石解决国内工业原料要求的成功实践"（国家建材局学术委员会，1988），"为促进西藏尽快将资源优势变为经济优势，为西藏人民的治穷致富等方面起了较大推动作用，这在西藏是件大事"（国家计委西藏经办简报，1988）。目前西藏开发的主要硼矿山扎仓、基步茶卡、加波错均是郑绵平主持发现并建议与推动开发的，现均成为西藏矿业的支柱。当地盐湖采矿者说，郑院士是我们西藏矿业者心中的丰碑。

（三）解"锂"之谜

楼群荒滩起，晶池锂盐落；欲将功德满，更上一层楼。

——郑绵平

1. 从锂矿床、矿物学–长观基础研究

早在20世纪50年代后期，地质工作者就发现某些碳酸盐型盐湖微相"淤泥"沉积中的锂含量较高，但锂在其中的赋存状态一直不清楚；同时，美国地质调查所的锂矿专家J. D. Vein认为"未知有天然锂盐存在，如果有也是特别难以鉴定"。

1965年，郑绵平经初步研究发现，这种碳酸盐型盐湖"淤泥"沉积中锂与碳酸盐的含量呈正相关，首次推定"锂的碳酸盐沉积是完全可能的"。

在"文化大革命"期间，他们的西藏盐湖研究中断了，到了80年代，他终于有机会重上青藏高原。1980年，郑绵平带领青藏高原地质调查大队盐湖队，在班戈湖和扎布耶湖打钻取样，对扎布耶湖含锂的微细"淤泥"进行深入鉴定，通过各种手段全面测定其物理、化学参数和晶体结构而确定为天然碳酸锂矿物，经国际新矿物命名委员会（IMAC）批准，命名为扎布耶石（Li_2CO_3），新矿物编号：85-18（Zheng et al., 1987）。同时，郑绵平在班戈湖和扎布耶湖还分别发现了矿物变种——含锂菱镁矿和含锂白云石，锂元素在矿物晶格中，以离子替换的形式存在。这一发现解决了我国20余年来悬而未决的湖泊沉积中锂的赋存状态之谜，提供了一个在外生条件下锂可能以类质同象交代镁的首例，因此也引起地质界很大惊奇（Sigril Asher-Bolinder，1986），该研究还预示着发现和确立了一种新型的、沉积固相锂矿床类型。

通过在扎布耶地区近十年的地质资源考察，最终确定该湖为具有Mg/Li比值低

的优良水化学性质的碳酸盐型盐湖，卤水已接近或达到碳酸锂的饱和度；发现卤水铯、铷、溴达到工业/综合利用品位，从而确定为一新类型和具有很高价值的特种盐湖矿床。通过资源勘探，青藏扎布耶盐湖为大型、超大型锂硼综合性矿床，按年产5000吨Li_2CO_3计，可生产近百年。

盐湖是随气候变化的"活矿床"，因此，摸清盐湖水盐动态变化规律是合理开发利用盐湖资源的前提。1990年，郑绵平主持在海拔4422米的扎布耶湖心岛上建立了世界上海拔最高的盐湖科学实验站，并设立气象、水文、卤水天然蒸发实验长观项目，在取得连续的气象、水文及卤水蒸发等基础数据后，基本掌握了盐湖固液相季节变化特点和卤水蒸发固液相变化规律。

2. 自主创新，因地制宜，开发出青藏高原特殊地理环境下的提锂技术

扎布耶盐湖位于西藏北部，湖面海拔4420米，高寒缺氧，人烟稀少。在盐湖科学实验站，郑绵平带领他的科研团队在高寒和经济技术落后、交通不便的藏北高原进行盐田工艺与加工扩试，志在促成产业化，有些人认为这"谈何容易"！

扎布耶盐湖卤水是一种高寒条件下8元体系（Na、K、Li/Cl、SO_4、CO_3、HCO_3、B_4O_7-H_2O），是迄今国际上尚未攻克的低温8元体系，无法用常规的相图方法来揭示其析盐规律，以指导盐田生产作业；同时，藏北条件下碳酸盐型卤水锂盐不易集中，易在卤水太阳蒸发过程中分散析出，而不易于集中提取碳酸锂。郑绵平提出"艰苦奋斗、因地制宜、就地取材、扬长避短"的指导思想，在恶劣的自然条件和没有可借鉴的研究经验情况下，先后试用了沉淀法、碳法、TiO_2离子交换法等对扎布耶湖卤水进行多种小型提锂试验，对这些方法一一进行论证并摒弃。最终根据对扎布耶石研究，明确碳酸锂溶解度具有负温度效应，而扎布耶湖卤水中其他大多数盐类的溶解度具正温度效应。

因此，在加热时，可基本上将Li_2CO_3与其他盐类分开，并经小型实验得到论证。经过碳化法等多种方法试验，虽然可以集中析出碳酸锂，但也需要耗用大量矿物燃料。为此，针对湖区缺乏矿物能源交通不便，经济技术落后，而太阳能资源丰富的特点，另辟蹊径，巧用太阳能，创立具有独立知识产权的"盐梯度太阳池"和"冷法制卤工艺"（N1270A：从碳酸盐型卤水中提取锂盐方法等和CA1398786A：利用太阳池从碳酸盐型卤水中结晶析出碳酸锂的方法），在淡水层与卤水层之间形成一定厚度的盐梯度层（起到阻止热量向上散发的作用），利用淡水与卤水折射率不同，使太阳能量蓄存于池底卤水中，形成储能区，提高卤水的温度，卤水在太阳池内可升温40~60℃以上，实现不蒸发水分而使碳酸锂高温沉淀的条件，促使碳酸锂

集中沉淀，而其他盐类（如石盐）不易大量沉淀。

经过了5年的实践摸索，于1995年，郑绵平提出了基于碳酸锂溶解度具有负温度效应的"冷冻—日晒—积热沉锂"、"清水擦洗—水浸—碳化"方法。该方法充分利用当地太阳能和冷资源，针对冬卤（11月至次年4月时段）和夏卤（5月至10月时段）采取不同的盐田控制技术以制取各时段的优质成卤。从而预先分离大量石盐、芒硝和泡碱等，制出富锂卤水；然后，在盐梯度太阳池中加热集中析出碳酸锂混盐（含Li_2CO_3 60%~85%）；然后用阳光加热淡水擦洗，取得含碳酸锂90%左右精矿。工艺简单且成本低廉，得到了"西藏扎布耶锂资源开发产业化示范工程"项目的资助。

该技术得到国内外锂业界的高度评价，认为该工艺利用太阳能且不加任何化学原料提取锂盐是一种真正绿色产业，且成本低，在国际提锂工业上是一个创举；对经济较为落后的西藏发展和扩大就业也做出重要贡献。

随着盐田扩试工艺逐渐成熟，从2000年开始进入资源勘探和产业化示范工程阶段。

经有关部门组织专家评审认为，该研究从基础研究—应用研究—研发模式，在科技与产业结合上是一范例；该研究形成一套不同阶段技术方法的优选组合的一整套工艺技术，简单易行、经济合理，符合当地自然经济条件的实际，在国内外均是首创。先后得到国家科学技术进步一等奖和二等奖及2项专利；扎布耶锂矿开发产业化示范工程的开展和建成，已引起国外有关锂业的极大关注，为西藏扎布耶锂业高科技有限责任公司提供主要科技支撑。

2001年5月，建成扎布耶盐湖北湖100万平方米工业试验盐田和1.6万平方米太阳结晶池，通过不断的优化实验，于2002年6月从太阳结晶池获得了品位为81.93%的碳酸锂精矿，形成了"冬储卤—冷冻日晒—太阳池结晶—碳酸锂精矿"的优化工艺路线，标志着扎布耶盐湖锂资源开发工艺的成熟。

（四）创"盐湖学"理论体系

经过多年的盐湖理论研究，郑绵平逐渐形成了自己的盐湖理论体系。根据传统的学科划分类型，盐湖研究近似属于湖泊学的一部分，但湖泊学是研究湖泊的物理、化学和生物等性质和特点的科学，其侧重点在于湖泊物化性质和生物资源，不包含矿产和资源工程化研究的概念；同样的，在地学领域，盐湖地质向来不包含盐湖生物资源及其生态学的研究内容。

纵观当代国际盐湖学发展趋势，郑绵平将长期盐湖理论、实践经验与盐湖科学的发展特点和社会需求相结合,提出了符合盐湖资源研究的科学体系,称之为盐湖学。

郑绵平认为,盐湖学是研究盐湖体系的化学、物理和生物与其环境和资源的性质及特点,并推进其工程化的一门边缘应用基础科学。

1999年8月在美国举行的第七届国际盐湖会议上,他的论文《论盐湖学》作为大会特邀报告,在会上宣读后,得到与会同行一致好评和赞同,《论盐湖学》一文被征稿在国际著名的 Hydrobiologia（《水生生物学报》）刊物中发表。

在盐湖研究成果的转化方面,郑绵平有自己独特的见解,认为有条件的学科应当将其研究成果尽可能转化应用。他主张矿床学（即经济地质学）应把矿床成因研究成果引向找矿预测,直至指导找到矿产地,以至推进产业化。他形象指出:要"画龙点睛"。他将自己对盐湖产业化的认识总结成一种观点,即"大盐湖产业"。

郑绵平认为,国内外盐湖研究及其资源开发利用空前发展的现状和趋势表明,当代盐湖产业化已形成多矿种、综合利用高值化盐类化工矿业、生物技术为基础的盐湖农业与盐湖生态农业以及盐湖旅游业。这样大规模、多样性和综合性的盐湖产业可称之为'大盐湖产业'。

同时,郑绵平将"大盐湖产业"概括为"一三二","一"指一个基础——"盐湖学"及其应用基础科学理论体系;"三"指三个立足点——盐湖矿业、盐湖农业和盐湖旅游业;"二"指两个目标——发展大盐湖高新科技产业,促进西部等干旱半干旱地区的大开发;建立盐湖生态平衡体系,改善荒漠环境,促进荒漠化治理。

今天,盐湖科学已逐步走向成熟,完全有必要成为独立于矿床地质学与湖泊学等传统学科之外的新分支学科,其基本任务是为人类与盐湖的协调及其科学管理和合理利用提供科学技术依据,为持续发展"大盐湖产业"服务。

(五) 提"盐湖农业"新概念

盐湖是指含盐量较高的湖泊,地质矿产界和生物学界对于盐湖含盐量界限的划分有所不同。因此,郑绵平在2001年第八届国际盐湖会议提出狭义和广义盐湖概念,前者指盐度>3.5%,通常为地矿工作者采用,而后者指盐度≥0.3%或≥3克/升,因≥0.3%界限淡水生物与咸水生物有着明显差别,亦即广义盐湖包括以往所认定的咸水湖和盐湖。狭义盐湖是湖泊演化到中后阶段的产物,是一种较为极端的生态环境类型,适应中高盐度的少数"盐生生物"属种,因少有天敌,而更加滋生、繁盛。

自20世纪70年代中后期开始,研究发现:①盐湖中嗜盐菌的视紫膜具有太阳能转化功能;②嗜盐的杜氏藻富含β胡萝卜素和甘油;③盐卤虫、轮虫、蒙古裸腹溞等富含蛋白质和氨基酸，可作为高档鱼虾幼体饲料。这些生物资源的发现和应用，吸引了越来越多的生物学家、生物化学和生物工程专家投入到盐湖科学的研究行列。

郑绵平由于在青藏高原盐湖调查中发现了大量盐湖生物，而较早介入盐生物研究。1980年，郑绵平等首次驾驶橡皮船深入西藏第二大咸水湖——色林错湖心，发现该湖西藏拟溞（Daphniopsis Tibetana Sars）繁衍十分丰富，该溞为咸水种，耐低温、低氧，在西藏咸水湖中分布广泛，成为西藏以及新疆鱼类重要饲料。新疆引种高白鲑以该溞为主要饲料，取得良好效果。经他组织研究初步表明，西藏拟溞含多种氨基酸，可满足鱼虾生长对氨基酸的需求，有望填补我国北方冬季活饲料不足。

1982年，郑绵平在扎布耶湖发现大面积天然嗜盐菌和嗜盐藻，优于世界上已知的杜氏藻（一种在极端寒冷环境下生存的藻类），这意味着可以扩展世界盐藻生产的期限，从而填补了我国这一领域研究的空白。这一发现引起国内外有关方面的关注。

1994~1997年，郑绵平和刘俊英等在西藏拉果错做了卤虫观察和地质生态调查，分析显示该湖卤虫的不饱和脂肪酸含量为已知其他产地卤虫品系之冠。

1994年以来，郑绵平提出"盐湖农业"和"咸水耕地"新概念。盐湖（盐田）的生态系统包括盐水域和环湖盐沼带两个亚系统。当代以盐湖盐藻、卤虫、螺旋藻和轮虫、蒙古裸腹溞、西藏拟溞和盐生植物的研究、开发利用及菌紫膜机制的发现为代表，标志着在人类长期经营淡水（低盐）耕地之后，一个崭新的盐水域与盐沼、盐碱地研究开发领域——"盐湖农业"的到来。它既是盐（咸）水域水产养殖，又与盐水域相关的盐沼和盐碱地盐生植物群密切关联，构成水产-农牧业研究开展交叉领域。它是人类索取蛋白质、食物色素、药物和生物质能源以及多种工业科学与抗逆基因资源的新领域，是展露曙光的21世纪新产业。全球盐湖广布的盐碱地达9亿公顷，我国内陆盐湖和东部滨海盐田的盐水域及与其相邻的广袤盐碱土，总计盐（咸）水域达4.9亿立方米，盐碱地达14.87亿亩，"盐湖农业"的发展空间广阔，对改善盐湖区环境，对人口膨胀、农产品和能源不足也是一个重要的补充。

（六）辟"盐湖沉积与全球变化研究"新领域

1960年，竺可桢（时任中科院综考会主任）在查阅郑绵平《藏北东部硼矿调查初步报告》（当时郑是西藏科学考察队成员）时，特别注意到报告中对班戈—色林错滨线地貌和湖成阶地的介绍，并加评注，着重指出要注意对该地貌和沉积进行古气候变化意义的研究，并鼓励将有关部分整理成文发表。当时由于缺少测年数据，他未敢遵嘱成文，但是，从此开始他在盐湖资源研究同时，注意以多学科研究盐湖沉积和环境。在获得多项国家自然科学重点基金等的资助下，先后开展"西藏扎布耶湖链的记录及高原腹地气候变化预测"和"青藏高原第四纪重点湖泊沉积系列及其环境研究"，并且扩展到"中国晚新生代盐湖带演化与全球变化相应"研究。郑绵平根据比较盐湖学研究，率先将盐湖沉积划分为冷相、暖相和广温相，并厘定部分典型盐类矿物的年均温度指标，得到《第四纪研究》编辑部（主编刘东生）的肯定："长期以来困扰第四纪工作者对古气候研究的是缺乏一套有根据的古气候的定量指标的建立。可喜的是我国盐湖的研究已经可以从盐类矿物提出一套有根据的古气候的'温度-湿度计'"（《第四纪研究》1998，(4)：378）。这项创新工作为尔后相关气候研究广为应用，所厘定的冷相芒硝年均温度指标为冰川等研究结果所佐证。

他通过扎布耶21米和82米湖心高分辨率记录，精细刻画了128千年以来全球性和区域性的环境变化过程，首次识别出该期5次间冰期和6个Heinlich（H1-H6）冷事件，揭示8.2千年冷事件在藏北高原发生了放大效应；在青藏高原17个湖区调查基础上，全面揭示高原在132千年以来存在5次高湖面（溢流面），期间有5次以上的次高湖面和低湖面。在高湖面期间也有明显下降波动，以上说明高原温湿/冷湿事件具有不稳定性。

他根据多年对我国白垩-第三纪膏盐盆地的调查，首次从膏盐、煤和动植物古气候综合信息编制了我国第三纪古新世-上新世古气候分带图，而提出中国新生代盐湖沉积具有分带性、长期性、周期性和定向迁移性等特点，并据始新世早期中国盐湖带从南岭以南向北迁移，从此南岭以南变为湿润气候。从始新世-渐新世，中国盐湖带又一次向北西迁移，从此秦岭以南多成湿润气候。这两次气候带的北迁，显示东南季风雏形已启动。该研究成为他申请国家重点科学基金项目的主要科学思路，并提供刘东生先生联合发表，在我国第四纪研究领域有较广泛的影响。近期主持柴达木东、西部获取1~2千米五支系统湖相岩芯，在柴达木东部获得1.17百万年以来高精度年代学和高分辨率古环境记录，揭示晚更新世早期至一百余万年处于凉湿或偏暖湿的古气候环境；而柴达木西部在第四纪早中期发育31期冬季风强盛的冷期沉积，在柴达木盆地中部发现冬/夏季风重要界线和柴中成盐突变带。

（七）获"铯硅华矿床"新发现

1956~1958年，郑绵平在最初调查大柴旦硼锂盐湖时，为探索硼锂物质来源，他多次到该湖北部温泉沟调查，发现温泉水富含硼和锂，并按温泉古沉积年龄，论证大柴旦湖硼锂主要来自温泉水。1958年，他转入西藏后，仍然十分注意湖周热水组分，并"提供了西藏首批地热水分析结果"（佟伟等，1981，西藏地热）。80年代初，郑绵平基于水热成矿和胶体化学原理，进一步推测在稀碱元素作为强电介质促使二氧化硅胶体凝结的同时，稀碱金属 Cs、Rb、Li 有可能富集到硅华中。1982年6月，他在路过我国最大间歇泉——西藏塔格架地热区时，利用调查队在该区休息的时间，采取了一个铯硅华剖面的样品，经分析高者竟达9800ppm！以致引起化学分析者的"怀疑"，提出是否故意考考他们。为了检验该剖面的代表性，他又详测了一个剖面，经分析证明重现性很好。嗣后，经他研究查明硅华堆为含铯的水合SiO_2矿物系列沉积，提出"高铯热水和硅华"作为找寻该类铯矿床的简明找矿标志，相继在预测区"百发百中"找到布雄朗古等4处铯硅华矿床。沿雅鲁藏布地热带铯硅华规模巨大，仅塔格架和布雄朗古的Cs_2O资源量分别达1.45万吨和1.48万吨，均达超大型规模，其潜在经济价值达536亿元。全区已找到的铯硅华矿，为世界铯矿远景储量的1/5。通过吨级提铯（铷）实验，证明为易采易选新型铯矿石，产品主要成分达到美国KBI同类产品质量标准。并首次揭示稀碱元素Cs、Rb、Li在聚合物——蛋白石中的凝结和迁出行为是受控于其原子半径和原子量的，即Cs>Rb>Li，这对稀碱元素地球化学、矿物学研究有重要意义；基于高原铯硅华成矿溶液——高温低矿化度（盐度千分之几）研究，提出大陆低盐度热流体成矿新观点，从而拓广了热流体低盐成矿研究新领域。

（八）谱"中国找钾"新篇章

近年来，他紧跟国家需求，致力于全国找钾和青藏高原盐湖综合研究与评价，在中国地调局和国家自然科学基金委联合资助下，并得到石油部门大力协助，组织国内找钾队伍，开展油钾兼探，取得了卓有成效找钾成果，系统研究了我国不同时代成钾地质构造和成盐找钾规律，提出了较为符合我国成盐地质实际的找钾策略和"油钾兼探"实施方案，有效指导了钾盐找矿实践：①指出在下第四系找钾新方向，取得了柴达木西部深层富钾卤水新的发现和实质性突破，通过地质与地震和钻孔验证发现柴西北部规模巨大的新类型砂砾型储卤层，已取得"334"1.22亿吨KCl资源量，为我国最大的察尔汗钾盐矿山提供后备基地，确定了可靠依据。已成为目前国土资源部完成"358"找钾目标的重点地区；②通过深入调查，对我国唯一的勘野井固体钾矿成矿的时代和成因提出新的认识，指出该矿石由深部侏罗纪盐底辟贯入到上部晚期红层，并得到钻孔验证。在深部钻遇了视厚60余米的侏罗系含KCl盐层，从而提出两层楼找钾模式；③指导岩屑调查，在塔里木库车古近系，首次发现深部厚层钾盐矿层，目前正在开展由深找浅和水采法探索；④发现和初步评价了西藏多格错仁大型锂钾硼盐湖；⑤在陕北奥陶纪盐盆地发现厚度较大的钾矿化层，明确了找钾主攻靶区。

三、郑绵平主要论著

郑绵平. 1957. 青海省柴达木盆地硼矿钾矿调查报告. 化学工业部地质矿山局（内部报告）.

郑绵平. 1958. 柴达木盐湖科学调查报告. 地质部矿物原料研究所（内部报告）.

郑绵平, 刘文高, 向军, 等. 1983. 论西藏的盐湖. 地质学报. 57（2）: 184-194.

郑绵平, 刘文高, 向军. 1985. 西藏扎布耶盐湖嗜盐菌、藻的发现和地质生态学雏议. 地质学报, 59（2）: 162-171.

郑绵平. 1986. 柴达木盐湖科学调查报告//中国地质科学院矿床地质研究所重要科技成果简介. 中国地质科学院矿床地质研究所所刊,（2）: 地质出版社.

郑绵平, 刘文高. 1987. 新的锂矿物——扎布耶石. 矿物学报, 7（3）: 221-226.

郑绵平, 向军, 魏新俊, 等. 1989. 青藏高原盐湖. 北京: 北京科学技术出版社.

郑绵平, 齐文, 吴玉书, 等. 1991. 晚更新世以来罗布泊盐湖的沉积环境和找钾远景初析. 科学通报,（23）: 1810-1813.

Zheng M P. 1993. Chinese saline lakes. Hydrobiologia,（267）: 23-36.

郑绵平, 王秋霞, 多吉, 等. 1995. 水热成矿新类型——西藏铯硅华矿床. 地质出版社: 1-114.

Zheng M P. 1997. An Introduction to Saline Lakes on the Qinghai-Tibet Plateau. Kluwer Academic Publishers, 1-309.

郑绵平, 赵元艺, 刘俊英. 1998. 第四纪盐湖沉积与古气候. 第四纪研究,（4）: 297-307.

Zheng M P. 2001. On salinology. Hydrobiologia.（466）: 339-347.

Zheng M P, Yuan H R, Zhao X T, et al. 2005. The quaternary Pan-lake (Overflow) period and paleoclimate on the Qinghai-Tibet Plateau. Acta Geoscientia Sinica, 79（6）: 821-834.

郑绵平, 袁鹤然, 赵希涛, 等. 2006. 青藏高原第四纪泛湖期与古气候. 地质学报, 80（2）: 169-180.

Zheng M P, Yuan H R, Liu J Y, et al. 2007. Sedimentary characteristics and paleoenvironmental records of Zabuye Salt Lake, Tibetan Plateau, since 128 ka BP. Acta Geologica Sinica, 81（5）: 861-875.

Zheng M P, Liu X F, 2009. Hydrochemistry of salt lakes of the Qinghai-Tibet Plateau, China. Aquat Geochem, 15: 293-320.

Zheng M P, Zhang Y S, Yuan H R, et al. 2011. Regional distribution and prospects of potash in China. Acta Geologica Sinica, 85（1）: 17-50.

Zheng M P. 2014. Saline lakes and salt basin deposits in China. Beijing: Science Press.

主要参考文献

郑绵平, 向军, 魏新俊, 等. 1989. 青藏高原盐湖. 北京: 北京科学技术出版社: 1-403.

郑绵平. 1998. 葛全能//中国工程院院士自述. 上海: 上海教育出版社: 465-468.

郑绵平. 2001. 宋健/盐湖学与青藏高原盐湖的调查研究. 中国科学技术前沿（第4卷）. 北京: 高等教育出版社: 373-426.

中国地质调查局党组.2007.中国工程院科学道德建设编委会//地质调查工作者的楷模 工程科技的实践者——院士的人生与情怀.北京：中国科学技术出版社：310-316.
中国地质科学院.2013.2012年度十大科技进展揭晓.地球学报，34（1）：1-5.

撰写者

张永生（1963~），研究员，郑绵平的学生和合作者。

许文宁（1983~），助理研究员，郑绵平院士学术秘书。

陈文西（1977~），副研究员，郑绵平的学生和合作者。

陈毓川

陈毓川（1934～　），浙江平湖人（原籍宁波）。矿床地质学家。1997年当选中国工程院院士。1959年于乌克兰顿涅茨克工业学院地质勘探系毕业。曾任原地质矿产部总工程师、中国地质科学院院长、中国地质学会常务副理事长，国际矿床成因协会副主席。现任中国地质科学院科技委员会名誉主任、中国地质学会矿床地质专业委员会主任。长期从事矿床地质、地球化学、区域成矿规律、成矿预测研究及矿产勘查工作。深入研究广西大厂超大型锡多金属矿床、矿带地质，为指导找矿及总结成矿规律做出了贡献；深入研究宁芜、庐枞、南岭、阿尔泰及全国区域成矿规律及找矿方向，提出宁芜玢岩铁矿区域成矿模式，开拓区域矿床成矿模式研究领域；系统研究总结华南花岗岩有色、稀有矿床及陆相火山铁矿成矿规律，促进了全国火山岩区及花岗岩区地质找矿工作；与程裕淇等研究提出矿床的成矿系列概念，发展区域成矿理论，广泛应用于指导找矿；1983～1998年负责原地矿部门固体矿产勘查工作，1986～1990年负责全国金矿找矿工作，成绩突出。先后获得国家科技进步特等奖1项、二等奖5项、三等奖1项、国家自然科学三等奖1项。1986年获"国家有突出贡献中青年专家"称号，1997年获"李四光地质科技工作者"奖，2004年获"光华工程科技奖"，2009年获科技部"全国野外科技工作突出贡献者"称号。先后发表学术论文80余篇，出版专著14部。

一、人生起步，学习生涯

陈毓川，1934年12月7日生于浙江省平湖市乍浦镇的一个职员家庭，祖籍宁波市。曾祖父为城市贫民，祖父陈仁友自幼学习中医，后从宁波至乍浦从医，定居乍浦。因祖父医德好，颇得信誉，医业得以发展。后协助他人开办"仁和堂"药店，被赠予股份，并担任坐堂大夫。父亲陈春瑞学徒于上海粮行，满师后回乍浦药店就业。1937年抗日战争爆发，父亲带全家逃难到上海，在粮行就业行商。1940年幼年的陈毓川于同义小学就学，四年后全家搬到南市区，就读教会学校正修中小学。1947年夏，其母张素芳病故，陈毓川得伤寒症一年有余，初中只念了两年，于1949

年夏毕业。1949年5月上海解放，解放前一天父亲带着几个孩子去市区亲戚家住，陈毓川的大哥、大姐留在家里，与同学们迎接解放。第二天一早开门，见到解放军都歇在马路边，纪律严明，父亲感到了安全，带着儿女回了南市区住所。

1949~1952年，高中学习期间决定了陈毓川一生的生活方向。上海解放，他才知道大哥是中共党员，在上海市军事管制委员会工作，大姐参加南下服务团，随解放军南下，后在福建、广东工作。他的父亲由于就业的晨南公司关闭而失业，后由政府安排到华东合作总社下属单位参加工作。

由于受到兄、姐进步思想的影响，陈毓川就读私立经世中学高中三年期间，就积极参加了各项政治活动。1949年10月他被第一批发展加入新民主主义青年团，并担任学校团支部的组织委员，高二开始又担任了团支部书记。当时学校内没有中共党员及党组织，团支部是唯一的政治组织，负责学校的各项政治活动。因此，三年学习期间，他有机会参加多期上海市及蓬莱区团委组织的团干部学习班，聆听党、团领导干部的报告，在学校组织参加各项政治活动，开阔了视野，把自己的生命与祖国和世界的命运联系起来，与共产主义的宏伟目标联系起来，树立了为国、为民、为共产主义奋斗的人生目标。当时军事干校、公安干校在中学招生，很多有志青年积极报名，陈毓川亦多次报名，但均未被区团委批准。三年高中学习期间，陈毓川学习了许多革命道理，明确了政治方向，锻炼了组织工作能力，而科学文化知识的学习只能说是及格水平，只有数学和语文成绩很好。1952年夏，陈毓川高中毕业，区团委要他留校当政治辅导员，他亦做好了留校工作的准备，等待着正式通知。在全国大学统考前三天，区团委领导突然通知他可以参加高考，于是他匆匆准备入场应考。当年大学录取的26000多人名单在报上公布，他考入南京大学地理系。当时他报的志愿是航空，专业从天空落到了地上，但因获得了学习本领报效祖国的机会，心情还是高兴的，这是他一生重大的转折点。

1952年8月底，陈毓川到南京大学报到。当年新入学地理系的学生有80多人，而二年级到四年级的学长仅30多人。地理系主任是任美鄂，系秘书是白秀珍。大学的学习环境、生活条件都很好，一切都很新鲜。一年级成立了团支部，他被选为团支部书记。当时团支部的主要任务是做好班级内同学稳定专业思想的工作，帮助学习困难的同学学习和发展新团员。与中学的团工作相比，工作量小得多，这样他把主要精力放在学习上，学习成绩不错。1953年上半年学校需要推荐一批留苏学生，地理系报了两人，他是其中之一。1953年夏天在上海交通大学进行了选拔考试，9月下旬，刚好是中秋节那天他收到了录取通知。当年南京大学有8名学生被录取。潘菽校长给每一位录取者颁发了一枚刻有南京大学校名的留苏纪念章，系里开了欢送会，照了相。一年在南大的学习生活，使他学了不少基础知识，特别是孙鼐教授的普通地质学，让他受益匪浅，为留苏学习打下了很好的基础，同时与同班同学建立了深厚的友情。

1953年9月~1954年7月，陈毓川在北京俄文专科学校留苏预备班学习俄语，经考试通过及政治审查合格，他和其他9位同学被分配到乌克兰顿涅茨克工业学院地质勘探系学习。这又是一次人生的重要转折，决定了他今后一生从事地质矿产工作的方向。

当年分配到顿涅茨克工业学院学习的中国留学生共25人，三个专业（地质勘探、矿山测量、矿山建设），后来学成归来有23人。学校在乌克兰的斯大林诺城（后来改名为顿涅茨克城），是一个煤矿城，城市与学校非常友好地接纳了这批来自远方的中国青年。五年的学习生活，中国学生以其勤奋好学、遵守纪律、学习成绩优异，而备受赞扬，并与学校教师及同学以及苏联人民建立了深厚的友情。1959年7月陈毓川以优异的学习成绩获得优秀毕业证书及工程师学位，结束了五年留苏学习。

二、科学探索，学术生涯

1. 初出茅庐——一颗"冷子"的起步，五年磨炼

1959年他回到北京后，和归国留苏毕业生一起在外语学院集中学习，等待分配。国庆后，陈毓川接到通知，继续去苏联读研究生，在国内准备一年，选题由地质科学研究院地质研究所郭文魁指导。1959年11月陈毓川到地质研究所报到，即向老一辈矿床学家郭文魁请示，当时正值11月下旬在贵阳市地质部要召开全国铅锌矿会议，郭文魁便和他一起参加了会议。会后，他陪同地质科学研究院副所长朱效成一起去广西大厂矿务局看锡矿，这是他接触到的国内第一个矿床，后来亦成为他进行矿产研究工作的起点。1960年初苏联全苏地质研究所矿床学家，依契克松来华执行中苏合作研究环太平洋矿带的项目，郭文魁是项目中方的负责人，他派陈毓川及另一位留苏回国的研究人员陪同考察，先后考察了吉林的大黑山钼矿、江西西华山钨矿、漂圹钨矿、广西大厂锡矿、广东大宝山铜矿。回京后又进行资料整理，整整用了一个多月时间。对陈毓川来说是一次难得的学习机会，特别又一次到大厂锡矿考察。这位苏联专家是一位从事锡矿研究的行家，他对大厂锡矿表示了极大兴趣，并对其资源远景看好，认为应很好地进行研究与勘查。当他知道陈毓川正在选题准备再去苏联读研究生时，主动表示可以此矿区为研究对象，欢迎陈毓川到他那里去

读研究生。因此，返回北京后，陈毓川向郭文魁汇报了考察情况，并提出选择大厂锡多金属矿区研究作为去苏联读研究生的研究题目，郭文魁欣然同意，并要求他要钻进去，建立自己的标尺。这样研究生的选题就确立下来。朱效成副院长也很赞成，说要放一些"冷子"让他们去安心钻研，以后派大用场。陈毓川这颗"冷子"就这样放到了大厂矿区，一放就是五年。

大局已定，陈毓川即制订工作计划，以大厂矿区为主，进行全面调查研究，并对云南个旧锡矿进行考察对比。当年 6 月即去大厂矿区，工作到第二年初，在矿区工作近 7 个月。在大厂矿务局及 215 地质队的全面支持下，他跑遍了矿区的地表和各个坑道，调查了各个矿床和矿点，对大厂外围矿床亦进行了调查。工作安排比较紧凑，天晴上山跑地表，雨天下坑道，地质队与矿山同志都乐于参加工作。下坑道比较辛苦，一般总是吃了早饭下去，下午四五点钟上来，走斜井下去五个中段垂距 200 米，每次采了样品满载而归，背了样品走上坑口要出一身汗，晚上整理标本、样品，辛苦一天，一觉醒来，又充满活力。矿区地表考察亦一样，早出晚归。矿区的地质奥秘深深地吸引着这个初出茅庐的年轻人，探索追求未知的欲望产生的动力使他淡忘一切。特别是有一段时间，他由 215 地质队一位工人老邱陪同去大厂矿区的外围芒场矿区工作，住在山区的老邱家，山区人烟稀少，深山中考察已废弃的老矿坑及地质现象很不易，山上杂草丛生，要找到观察点，一般草上露水会把下半身的衣服都浸湿，到中午太阳又把衣服全部烤干。但到每天晚上，坐在山坡上的小屋门前，面对暗处的深山，头顶闪耀的星空，村口几棵粗大的桂花树，发出的阵阵香味随风飘来，真使人陶醉，使人完全融入这广阔的自然界，给地质工作者带来美好的享受。当年陈毓川没有回北京，而去了云南省个旧锡矿，考察了马拉格、老厂、松树脚和卡房 4 个矿区，1961 年春节是在马拉格矿区渡过的。考察对比，收获颇大。1961 年 3 月返回北京。就读研究生的资料准备基本就绪，但出国通知迟迟下不来。半年之后才得到通知，由于中苏关系的原因，取消了原定的委派计划。他就留所工作。郭文魁决定成立锡矿研究组，开展以大厂锡矿为主的研究工作，一直到 1965 年 4 月。

整整五年，锡矿研究组在大厂矿区与 215 地质队、大厂矿务局紧密合作，结合矿区的勘查与开发进行了较系统的研究，研究的范围涉及三个矿田几十个矿床。1961 年夏，陈毓川从单位借了显微镜带到大厂矿区，把野外观察与镜下鉴定工作结合起来，提高了野外工作的质量。每年在矿区工作时间都在半年左右，五年宝贵的时间，稳定的、良好的工作环境与条件，使他又上了一次极好的"矿床地质勘查研究大学"，丰富了地质理论与野外、室内工作知识和经验，通过实践，建立了一个今后工作的标尺和较扎实的工作基础。五年工作期间，他与锡矿研究组的唐兴信、张天乐先后完成了 6 份研究报告。这些报告对大厂矿区及外围矿床进行较系统研究，总结了成矿规律，提出了找矿方向，特别是提出龙头山深部找矿远景区及越北陆块北缘马关—文山一带找锡远景区的预测，经 20 世纪 70 年代地质勘查都找到了大型锡多金属矿床。这颗设下的"冷子"已经可以使用。

1963 年 9 月，在捷克斯洛伐克布拉格市召开国际矿床成因讨论会。地质部决定由涂光炽为团长，郭文魁和陈毓川为成员组团参会，这是他回国后第一次出国。这亦说明领导部门对陈毓川的器重与培养。

2. "下楼出院"，参加东乡铜矿会战，初试牛刀

1965 年上半年，地质部根据中央精神，科研单位研究人员要"下楼出院"，到一线开展科研工作。从当时地质工作的需要，地质部从地质科学研究院和北京地质学院调人，组建三个研究队与地质部的重大地质勘查项目结合进行科研工作。其中有一个研究队是参加长江中下游地区的铜矿会战，配合江西东乡枫林、德兴永平铜矿的勘查工作进行科学研究。经研究，任命陈毓川为该研究队的业务副队长，负责研究队业务工作，队长是一位转业的解放军团长，另一位副队长是地球物理专家吴功建，负责物、化探研究工作。研究队科技力量较强，由地质科学院的矿床研究所、地质研究所、物化探研究所 30 多位研究人员组成，与 911、912 地质队结合，在枫林与永平铜矿区开展工作。矿床所郭文魁所长在研究队蹲点指导。研究队在矿区现场整整工作了一年有余，至 1966 年 7 月底。研究主力在东乡枫林铜矿，主要研究的勘查工作提出两大科学问题：矿区地表铁帽分析含钨，究竟钨是什么状态存在，形成规律？铜矿是层控的还是构造岩浆控矿，找矿方向如何？第一个问题通过工作，在铁帽中找到了沿裂隙残留的低温钨铁矿，在地表还找到了钨锰矿、白钨矿。经研究确定铁矿（铁帽）原为块状含铜黄铁矿矿体，其中穿有后期的低温钨矿细脉。矿体出露地表经风化淋滤形成典型的硫化矿床氧化带的铁帽，铜被淋滤到下部的还原带，形成次生富集的块状辉铜矿层，而氧化分解出来的钨以离子状态较均匀地吸附于铁帽中，形成规模较大的含钨铁帽（矿）。陈毓川在现场对作用过程成功地组织开展了模拟实验，获得了"含钨铁帽"。这在国内外首次提出了钨在硫化矿床氧化带中的地球化学行为，并提出了在此地区存在的铜钨共生的新的矿床类型。攻关研究打响了第一炮。对矿床的控矿因素，经研究亦得出了断裂构造控岩控矿，热液交代成因，多期成矿的结论。由于研究成果显著，成果在年底科技攻关成果展览会上展出。一年多的攻关，不但给他又一次研究一类新的矿床和成功地组织团队开展科

研工作的机会，而且牛刀初试，效果不差。1966年7月陈毓川完成了研究报告。

3. 接受"文化大革命"的洗礼

1966年7月28日晚率队返回北京，陈毓川先去办公室，走廊两侧贴满了对他的大字报，办公室门上贴了对联，横幅是"小赫鲁晓夫"。一夜之间红色典型成了黑样板，红色接班人成了反革命修正主义。一直到1971年夏，5年中经历了批斗、抄家、管制和干校劳动，陈毓川又经历了一期"政治大学"的锻炼，增长了不少见识，但为报效祖国而工作的信念始终没有动摇过，在逆境中保持了身心健康。1971年7月地质科学研究院革委会为落实"抓革命，促生产"的批示，把他从干校召回北京。

4. 推进火山矿床研究，建立"宁芜玢岩铁矿区域成矿模式"，开拓矿床区域成矿模式研究领域

回到北京，分配陈毓川当铁矿研究队队长，他经调研提出我国火山型矿床有较大资源远景，建议在宁芜火山岩区及华东地区立项开展攻关研究。建议被采纳，由国家科委立项"华东（宁芜）火山岩地区铁铜矿成矿规律、找矿方向研究"（1972～1976年），这是"文化大革命"期间地质领域唯一的科技攻关项目。项目由地质科学研究院组织，1972年上半年地质科学研究院组建了由地质矿产研究所与华东地质研究所组成的联合研究队承担项目研究，陈毓川为队长，李文达为副队长。研究队联合了中科院地质所、北京地质学院、南京大学、合肥工业大学、安徽和江苏的地质与冶金地勘单位等共17个单位200多位科研人员开展宁芜火山岩地区地质矿产的系统研究；同时组织开展浙江省火山岩地区的地质矿产研究工作。四年多的时间科研工作受到外界干扰较少，研究队伍集中精力搞科研，开展深入、系统的野外、室内研究工作。各单位联合攻关，合作融洽，建立了深厚的友情，研究工作取得丰硕成果。陈毓川与李文达主要从事矿床领域研究，各单位矿床研究人员在分头解剖各类矿床的基础上，重点研究了各类矿床之间的联系，终于在1974年上半年形成了一个概念：即宁芜地区分布在各地段的矿床主要与燕山期大王山火山旋回的岩浆喷发、侵入活动有关，并在岩浆火山喷发与侵入及其后期热液活动的不同时期，以不同的方式，在不同的地质构造部位产出。他们的分布在时空中有一定规律，在成因上均受本火山旋回的岩浆活动所控制。因此，可以构成一个区域的矿床成矿模式，由陈毓川、李文达汇总提出了"宁芜玢岩铁矿成矿理想模式"。当时国际上主要是一些矿床类型的模式，如斑岩铜矿成矿模式、斑岩钼矿成矿模式、黑矿成矿模式等，作为区域性矿床成矿模式在国内外还是第一个。1976年《宁芜玢岩铁矿成矿模式》

一文作为中国代表团的论文集中的论文，提交给了在澳大利亚召开的第二十五届国际地质大会。自此之后，我国区域成矿模式的研究工作得到很大的发展，对指导区域找矿起到了很好的作用。其间，1973年9月陈毓川参加了由地质科学研究院组织的去罗马尼亚考察火山矿床，主要是喀尔巴阡山第三纪火山岩带的铜、铅、锌、金、银矿床，收获颇大。1974年8月以项目为主体，在云南昆明组织召开全国火山矿床会议，由全国各省区地勘单位、科研与院校单位参加，规模较大，300多人参会，会上系统地交流了宁芜地区研究项目的阶段成果，介绍了赴罗马尼亚考察火山矿床的情况，会后组织代表去大红山铁矿考察。会议对促进当时全国火山岩地区地质找矿和科学研究工作起到了很大作用，掀起了地质界的"火山热"。各省、区地勘单位来宁芜地区参观考察络绎不绝。1976年夏，研究项目结束，在合肥市召开项目汇报会，研究成果又一次进行了交流。1978年项目研究成果以《宁芜玢岩铁矿》为书名公开出版，获得了图书出版奖，1982年研究成果获得国家自然科学三等奖。在此期间，1974年国庆节前，陈毓川接到院通知，要他回京参加国庆活动，他作为地质系统青年科技人员的代表参加了9月30日晚庆祝国庆的国宴及次日的游园。八年前的"黑样板"又恢复了红色。

1976~1980年，陈毓川又被任命为中国地质科学院火山铁矿研究队队长，参加安徽罗河铁矿勘查会战和承担国家富铁矿科技攻关项目火山铁矿的研究，先后进行西藏加多岭铁矿、新疆蒙库铁矿、磁海铁矿、内蒙古谢尔塔拉铁矿、黄岗梁铁、锡矿、云南大猛龙铁矿、楚格扎铁矿的研究，并研究总结了全国陆相火山型铁矿的成矿规律，在1980年的全国富铁矿科研工作会议上进行了报告。

5. 在程裕淇率领下提出矿床的成矿系列概念，指导找矿，取得实效

程裕淇长期从事铁矿的研究与勘查，从中得出在一个铁矿区可以同时形成多个类型的铁矿，他们是有成因联系，取名为铁矿成矿系列；陈毓川等以宁芜玢岩铁矿研究为例，说明一个地区一定时期构造岩浆作用过程可形成各类有成因内在联系的矿床；对罗马尼亚第三纪火山矿床的考察，见到一定的火山旋回活动过程可形成一组多金属、贵金属矿床等。这些实践中的认识，使他们认识到一定的地质历史阶段，一定的地质构造环境，一定的地质作用及其有关的成矿作用在四维时空中，可以形成成因联系的一组矿床，这具有普遍性意义，作为矿床的成矿系列概念就诞生了。1979年初由程裕淇、陈毓川、赵一鸣发表第一篇论文《初论矿床的成矿系列问题》。1982年夏在苏联梯比里斯市召开的国际矿床成因讨论会上，陈毓川在大会上宣读了南岭地区与花岗岩有关的矿床成矿系列论文。1983年程裕淇又与陈毓川、赵一鸣、

宋天锐发表了论文《再论矿床的成矿系列问题》，对成矿系列概念进一步加以完善，建立了成矿系列的四级分类序次（矿床成矿系列组合、矿床成矿系列、矿床成矿亚系列、矿床类型）。在此之后的二十多年中，结合承担科技部的攻关项目"南岭地区有色稀有金属矿床的控矿条件，成矿机理、分布规律及成矿预测"（1980～1985年）、"全国固体矿产成矿预测系统综合研究"（1985～1990年）、"阿尔泰成矿省成矿系列研究"（1995～2000年）和原地矿部基础研究项目"中国主要成矿区带成矿系列、成矿模式研究"（1990～1995年），以及其他部门单位的研究。在全国重要成矿区带及大部分省区应用成矿系列概念开展了较广泛的区域成矿规律研究，特别是对南岭地区、长江中下游地区、三江地区、阿尔泰地区、华北地台北缘等地区开展了较深入的研究，都出了专著，有的省区，如黑龙江、山西、湖北、河南、河北、新疆、浙江、山东等省、区亦出了专著。1993年陈毓川等汇编、出版了《中国矿床成矿模式》一书，1998年陈毓川等汇总全国成矿系列的研究成果，编写出版了《中国矿床成矿系列初论》专著，2000年出版了第一轮《中国矿床成矿系列图》。1992～1995年他领导了原地矿部部署开展的全国成矿远景区划工作，进行中比例尺的成矿预测，应用成矿系列概念作为区划工作的主要成矿地质理论依据。对指导找矿起到很好作用。在实际应用过程中亦进一步完善了成矿系列概念。1999年区划工作成果汇总出版了专著《中国主要成矿区带矿产资源远景评价》，本项成果在2004年获得国家科技进步二等奖。在这一时期中值得一提的是1980～1985年他承担南岭有色稀有矿产国家科技攻关项目矿床研究部分，在间隔了15年之后又重返大厂矿区进行为期5年的研究工作，对矿床、矿带又一次进行了较系统的研究，建立了长坡-铜坑锡多金属矿床的矿床成矿模式及大厂矿带的区域成矿模式，提出了找矿方向，出版了专著《大厂锡矿地质》。研究成果与长江中下游矿床研究成果一起获得国家科技进步特等奖。同时对南岭地区矿床的研究建立了五个矿床成矿系列，特别是南岭与燕山期花岗岩有关的有色、稀有、铀矿床成矿系列研究比较深入，分出了四个亚系列。研究成果获得了国家科技进步二等奖。

1994年8月在北京召开的国际矿床成因讨论会上，程裕淇代表研究组就矿床的成矿系列做了主题报告，把这项我国原创性成果又一次同国际交流。

1999～2004年陈毓川和六位院士主持，有关科研、教学单位和各省、区退到二线的总工程师们共39个单位200多位科技人员，共同承担了中国地质调查局的综合性研究项目"中国成矿体系及区域成矿评价"。以成矿系列概念为主线，较系统地研究了中国各主要地质时代的成矿作用、成矿规律；对全国矿床成矿系列进行了一次较全面的研究汇总，建立了214个矿床成矿系列，编制了第二轮全国四个时代

（前寒武纪、古生代、中生代、新生代）的矿床成矿系列图，对成矿系列的概念又进一步加以完善；对各主要成矿区带进行了成矿规律研究，建立了区域成矿谱系，进行了成矿预测，提出了找矿远景区和找矿靶区；初步总结提出了中国成矿体系。提出的找矿远景区已经检查、验证的部分，获得很好的找矿效果。研究成果出版了系列专著，供各界使用。2007 年该成果获得国家科技进步二等奖。2006 年国土资源部部署开展全国 25 个矿种资源潜力评价项目又以成矿系列概念作为研究工作的主要地质理论基础。矿床的成矿系列概念作为我国原创的区域成矿理论得到广泛的应用，对促进区域找矿和探索、发展成矿理论显示了生命力。

三、心系地质矿产勘查事业

陈毓川矿产资源研究之路十分明确，通过对矿产的研究探索，一方面发展成矿理论，同时为指导找矿进行矿产勘查与开发，满足国家经济与社会发展的需要而服务。时代的需要，他获得机遇，进入了矿产勘查工作的行列。

1983 年初原地质矿产部孙大光部长调陈毓川去部地矿司工作，当时陈毓川是矿床地质研究所的所长，正策划着矿床所的发展大业，他去信向部长谢辞，但回复不允。他又提出继续兼顾科研的请求，得到同意。1983 年 3 月到部工作至 1998 年地矿部撤销，在此期间，先后担任了地矿司副司长、司长，地矿部总工程师，地质调查局局长，1986 年又兼任了中国地质科学院院长。在部工作期间主要是负责部系统的地质矿产勘查工作。1983～1984 年组织了跨省的秦岭成矿带的找矿工作，1985 年 8 月组织召开了地矿部新一轮矿产普查会议，当时温家宝任地矿部副部长分管地矿司工作，在会上做主题报告。陈毓川对普查工作强调了要加强综合研究，调查、勘查要与研究结合，开展成矿预测，提高普查工作部署及勘查工作的科学性。同时要加强对各级地质工作人员的业务培训，提高业务素质。在他主持下的矿产勘查工作有重点地开展重要成矿区带的勘查工作，贯彻了面上展开、点上突破、点面结合，五统一部署地质矿产工作（区调、区划、物化探工作、矿产勘查与科研）的原则。组织科研、教学单位承担矿产勘查工作中存在的科学技术问题研究等。"七五"期间（1986～1990 年）矿产勘查工作取得很大成绩。在此期间，陈毓川还担任了全国金矿地质工作领导小组常务副组长兼办公室主任，负责全国金矿找矿工作。他与办公室同志一起在以朱训为首的领导小组领导下，在全国组织金矿储量承包，组织各地质部门队伍承担金矿勘查工作，掀起了全国找金高潮；组织了低品位金矿堆浸提金的科技攻关及全面推广；组织全国金矿科技攻关项目等。五年期间金矿找矿取得重大突破，五年中找到的独立金矿储量等于新中国成立以来35年找到的总和。1992～1995年他组织领导了第二轮全国中比例尺成矿区划工作，为科学部署矿产勘查工作提供了科学依据。他还参与了地质工作体制改革的有关工作，1995年被任命为地质调查局局长，为地质调查局的组建提出过具体方案等。1998年4月国土资源部成立，陈毓川结束了15年地质矿产勘查工作的管理，但还继续关心着祖国地质事业的发展，不断地向领导部门提出加快发展地质事业的建议。

回顾这段经历，陈毓川虽担任了不愿担任的工作，但事业的责任心驱使他把工作做好，为我国矿产勘查工作做出了贡献。他坚持管理工作与对矿产资源的调查、研究相结合。业务性行政管理岗位亦使他有可能更多接触最新的矿产勘查情况，更多地到各类矿区第一线，了解矿床地质与勘查情况，与广大的一线地质科技人员接触、交流，因而充实了自己的知识积累，不断开阔视野，为探索成矿的地质规律创造了很好的条件，反过来又更好地组织指导了矿产勘查工作。因此，基本上实现了管理、研究兼顾，相互促进，受益匪浅。

四、积极参与地质矿产学术交流和科技活动

陈毓川20世纪60年代初加入了中国地质学会，成为一个积极参与学会活动的会员。1978年，陈毓川代表矿床地质研究所受命筹建中国地质学会矿床地质专业委员会，1979年下半年经批准，成立了矿床地质专业委员会，宋叔和任主任，涂光炽、康永孚、徐克勤任副主任，陈毓川担任秘书长，冶金地质部门的孙延绵任副秘书长。陈任秘书长期间办成了三件事：①1980年7月在杭州召开了第二届全国矿床会议，与会代表700多人，1984年8月在成都召开了第三届全国矿床会议；②1982年由矿床地质专业委员会与矿床地质研究所联合创办了《矿床地质》期刊；③组织编写了《中国矿床》上、中、下三册中英文版专著。1996年之后陈毓川担任了矿床地质专业委员会主任。

陈毓川先后五次参加国际地质大会，参与筹备了1996年8月在我国召开的第30届国际地质大会，与孙枢、李廷栋一起担任了大会学术委员会主席，与委员会全体同志一起成功地筹备与组织了大会的学术活动，会后编著出版了《世纪之交的地球科学》一书。陈毓川四次参加国际矿床成因协会组织的国际矿床成因讨论会，并主持组织了1994年8月在我国召开的国际矿床成因讨论会。1996～2000年被选任协会副主席。

1996～2005年，陈毓川当选为第36、37届中国地质学会理事会常务副理事长，

协助理事长开展理事会日常工作，与王弭力秘书长和秘书处全体同志共同努力，使学会连续三次获得中国科协授予的"先进学会"称号。

1986年以后参与了新疆305项目学术委员会的工作，1995年以后参与了中国大洋协会的大洋矿产调查、勘查的组织和咨询工作。对促进这些方面的科技、调查工作起到了一定作用。

五、历史经历中的感受

陈毓川的生活和工作经历可概括为两句话：一是明确的政治信念及奋斗目标；二是学术上从点的深入，到面的扩展，再进入理论的提高。前者是生活和事业的动力，后者是学术道路。他认为个人的成长、发展是与工作的环境及共事的集体密不可分的，个人获得的每一个成果必须树立两点认识：①每个成果都包含了无数前人及共事同仁的辛勤劳动；②地质领域的研究成果大多属于阶段性、探索性成果，都需要继续探索研究，不能有半点满足，而故步自封。他认为科学研究的目标是探索未知、创新开拓，而研究成果是为了发展科学和推广应用，造福于社会。对于科技工作的成功之路，他认为是目标的可行、个人的努力、集体的和谐、研究工作方向的稳定和成果有效的推广应用。作为科技工作者个人，要取得成功，他认为必须：时刻有奋斗目标，不断学习追求；勇于探索创新，不怕苦，不怕困难，不怕挫折；为人正派，淡泊名利；团结、依靠集体。他的感受，亦正是他生活、工作的真实写照。他庆幸自己生活在这段新旧中国伟大的历史变革时期中，亲身经历了旧中国的离去，新中国的诞生、成长和走向文明、富强。他享用了百余年来先烈们浴血奋战换来的胜利果实，他以为国家的发展和人民的幸福做一点有益的事，尽一份责任，作为终生的愿望。

六、陈毓川主要论著

《宁芜玢岩铁矿》编写组．1978．宁芜玢岩铁矿．北京：地质出版社．

程裕淇，陈毓川，赵一鸣．1979．初论矿床的成矿系列问题．中国地质科学院院报，第1号．

陈毓川，张荣华，盛继福，等．1980．玢岩铁矿矿化蚀变作用及成矿机理．国际交流地质学术论文集．（3）．

陈毓川．1983．华南与燕山期花岗岩有关稀有、稀土、有色金属矿床成矿系列．矿床地质，（2）．

程裕淇，陈毓川，赵一鸣，等．1983．再论矿床的成矿系列问题．中国地质科学院院报，第6号．

Chen Y C. 1984. Metallogenetic series of non-ferrous, rare-metallic and rare-earth ore deposits associated wich the Yanshanian granites, South China. Proceedings of the sixth Quadrennial IAGOD Symposiunl: 263-268.

陈毓川，唐兴信，马秀娟．1984．在钨铁矿、含铜黄铁矿矿床氧化带中钨的次生富集．国际钨矿会议论文集．北京：地质出版社．

陈毓川，黄民智，等．1985．大厂锡石—硫化物多金属矿带地质特征及成矿系列．地质学报，（3）．

陈毓川，裴荣富，等．1989．南岭地区与花岗岩有关的有色、稀有金属矿床地质．北京：地质出版社．

陈毓川，黄民智，等．1993．大厂锡矿地质．北京：地质出版社．

Chen Y C, Yin J Z, Zhou J X. 1994. The first and independent tellurium ore deposit in Dashuigou county, Sichuan province, China. Scienlia Geologica sincia, 2 (1): 109-113.

Chen Y C, Mao J W, Wang P G. 1995. The evolutionary history of ore-forming process of metallic doposits in Northern Guangxi. Acta Geologica Sinica, 8 (2): 155-170.

Chen Y C, Tao W P. 1995. Metallic and nonmetallic minerals in China. Episodes, 18 (2): 17-21.

陈毓川，毛景文，等．1995．桂北地区矿床成矿系列和成矿历史演化轨迹．南宁：广西科学出版社．

陈毓川，叶庆同，等．1996．阿舍勒铜锌成矿带成矿条件和成矿预测．北京：地质出版社．

陈毓川，裴荣富，等．1998．中国矿床成矿系列初论．北京：地质出版社．

陈毓川，朱裕生，等．1999．中国主要成矿区带矿产资源远景评价．北京：地质出版社．

陈毓川，朱裕生，等．2000．中国矿床成矿系列图．北京：地质出版社．

陈毓川，等．2001．中国金矿及其成矿规律．北京：地质出版社．

陈毓川，王登红．2002．阿尔泰地区成矿系列与成矿谱系．纪念中国地质学会成立八十周年学术论文集．北京：科学出版社．

陈毓川，薛春纪，等．2003．华北陆块北缘区域矿床成矿谱系探讨．高校地质学报，9（4）：520-535．

陈毓川，裴荣富，王登红．2006．三论矿床的成矿系列问题．地质学报，80（10）：1501-1509．

陈毓川，王登红，等．2006．对中国成矿体系的初步探讨．矿床地质，25（2）．

陈毓川，等．2007．中国成矿体系与区域成矿评价．北京：地质出版社．

撰写者

陈毓川

王思敬

王思敬（1934~），安徽巢湖人。工程地质、环境工程地质与岩石力学专家。1995年当选中国工程院院士。1959年毕业于苏联莫斯科勘探地质学院，1963年获苏联地质矿物学副博士学位。1963年以来在中国科学院地质研究所工作，1987~1995年任所长。曾任中国工程院能源与矿业工程学部主任及中国工程院主席团成员。他致力于地质与力学、地质与工程相结合的研究，在发展岩体结构理论、创建工程地质力学领域中做出重大贡献。探讨了地质环境及地质灾害的地球表层圈相互作用和动力过程，以及人类工程活动和地质环境的相互作用和制约，开拓了环境工程地质学领域。参加并指导了长江三峡工程、雅砻江二滩、锦屏水电站、澜沧江小湾水电站、黄河小浪底、李家峡水电站、红水河龙滩、金沙江向家坝和虎跳峡工程、金川镍矿开采，以及地下核爆炸与工程防护等重大工程的研究与咨询。1987年被授予"有突出贡献中青年专家"称号，曾获中国科学院和国家自然科学奖多项奖励。1987~1995年任国际发展地球科学家协会（AGID）理事长，1998~2002年任国际工程地质与环境学会（IAEG）理事长，获工程地质学界最高学术成就奖——Hans Cloos Medal。培养了博士生102人，博士后12人，在国内外发表论著150余篇。

一、成 长 经 历

王思敬于1934年12月27日生于上海一个贫穷家庭。祖籍为安徽巢县（现安徽合肥巢湖市）石埂塘村，父母都是农民，后到上海打工。他们对子女的最大期望是能识几个字，当个坐写字间的职员，有孝心、有礼貌、尊敬人。所以，家庭教育很简单，只认认方块字而已。王思敬5岁那年到上海进入斯高小学二年级就读，不料几个月后，因为生活困难，辍学返乡，倒是又上了一两年私塾，学了点孔孟之道，对以后的人生道路不无裨益。11岁再回上海时，进入竟成小学，由于不会数学只能从四年级开始，但是，从此进入了班级考试的前三名，享受减免学费待遇，还在自写作文朗诵竞赛中得奖，更增加了他对学习和未来的信心。虽然整整耽误了四年学业，但也得到意外的收获。

在竟成–锡华初中学习期间，受到老师的关心和同学的影响，他在各方面有很大长进。其时家住杨浦区，每个星期日带点干粮，步行到有"书街"之称的外滩福州路的那些书店去看书，最为青睐的是爱迪生发明故事之类的科普书籍。

高中考进了上海市立吴淞中学后，住读三年。优良的校风，扎实的教学，为同学们开启了人生之门。学子们竟直将自己这一代当做民族之光。毕业时刻到了，在操场、在图书馆前同学们相互畅谈着自己的志愿，互相鼓励去追求为国争光的远大理想。王思敬得到的通知是，保送到俄专做留学苏联的准备。他抬头见到学校子增图书馆门前的大幅标语：祖国在召唤。此后，这五个大字他永镌心怀。

1954 年 6 月在学习俄语结业之际，同学们面对几间大教室里张贴的苏联各高等学校招生简章，精心地挑选自己准备为其终身致力的专业方向。可是，一直到动身去莫斯科之前，谁也未拿到录取学校和专业的通知。当那列满载远离家乡的赴苏学子的专车停靠到欧亚交界处的斯维尔德洛夫斯克（现叶卡捷琳堡）时，有几位使馆人员上了列车，随后在每个列车上宣布学生注册的学校和专业。王思敬得知他的专业为"水文地质与工程地质"时，感觉愕然，这和自己的选择相差甚远。有几位曾在地质院校就读过的学长，对这个专业解释了一下，并说它对国家的建设很有用，不会埋没扎实的数理化功底。正如王思敬在自述中写道，脑海中又一次响起"祖国在召唤"的强音。

在苏联学习首先遇到的"拦路虎"就是俄语未过关。开学后第一天就遇到普通地质课，知道老师讲的是天体演化，但实在听不懂，笔记本上留下一页空白。这时幼小在乡下私塾的学习方式竟然起了作用，决定采取"背书"办法应对。预习也罢，复习也罢，不惜花力气念熟书本上关键的段落。第一次在化学课小考中尝到了甜头，对原子弹原理的抽象论述竟受到老师的好评，得到全班少有的 5 分。语言关的突破花了一年光景，以后在不同的情况下还不时使用"背书"手段。

苏联教育中很重视对所学课程的深入理解和扩展应用，所有考试均采用口试，而考查才部分采用笔试。在每人约一小时考试过程中，考生既要准备系统回答 3~4 个问题及演算，同时要回答老师提出的任何与课程有关的问题，深入考查学生知识的系统性和深入程度。王思敬很注重对所学课程问题的实质理解，能够抓住要点，回答准确、精炼，老师时常不等到回答完毕就表示满意，不再提出更多问题。在 5 年的学习中，约 45 门/次考试和 45 门/次考查分，以及毕业论文均获得 5 分，以"优秀生"称号毕业，并获"地质工程师"学位。

大学三年级时王思敬在水文地质学教研室老师 I. Gavich 的鼓励下参加了学校科研小组，研究了地下水动态观测分析问题，成果获第三名。这位老师继续指导他进行科研和五年级的毕业论文工作。这对他以后的学习及科研起了重要的导向作用。从1957年起他在国内学术刊物《水文地质工程地质》上陆续发表了一些论文。他为自己在大学期间就能参与专业学术活动而高兴，并立志向水文地质与工程地质学科研方向发展。

1959年大学毕业回到北京，满怀激情地准备参加国家建设，不料得到通知说，从国家中长期需要出发可返回原校当研究生，进一步深造。1959年底再返回莫斯科时，考虑到国家工程建设的发展，由水文地质教研室转到工程地质教研室，进行水利水电工程地质学研究。当时中苏关系已有变化，在导师N. S. Kolomensky 的帮助下，加以大学期间认识一些产业单位的老师的支持，王思敬得以对当时苏联正在施工和设计的5座大水电站进行了研究，撰写了《大坝岩石地基工程地质研究》论文，于1963年2月获得苏联地质矿物学科副博士学位。

完成学业后于1963年3月回国，时值国家三年困难时期即将过去，全国迎来新的发展机遇。20世纪60年代初，国际上发生了法国马尔巴赛拱坝溃坝事故，意大利瓦扬高坝水库的3亿立方米大滑坡，国内则出现了新丰江水库诱发地震和安徽梅山水库连拱坝的岩基和坝肩的破裂和变形，一时间工程地质学受到土木和水利界的高度关注，所学正有机会所用。当时，水电部冯仲云希望王思敬去华北水电学院工作。而科委却派他到中国科学院地质研究所（简称地质所），并说那里有20多位地质学领域的一流教授，学术氛围极好，可以进一步学习和深造，发展工程地质学科。当时，地质所水文地质、工程地质室主任谷德振在筹备招收研究生，曾托人向王思敬打听过苏联的工程地质学研究生教育方式及课程，表示欢迎学成后到他这里来。莫斯科地质学院老校友孙玉科也积极推荐，终于他一生落户中国科学院地质所。

在地质所，王思敬受到良好的学术培养和学风熏陶。谷德振对地质观察要深入、细致，做到"四到"，以及做好工程地质，要首先吃透工程意图的教导，成为王思敬严格遵循的工作原则。地质所老所长侯德封、张文佑，以及叶连俊及刘东生等也多次面授科研秘籍、指点迷津。善于发现科学问题的学术价值，敢于提出科学假设和设想，同时又能脚踏实地予以证实和实施，成为王思敬的"科研三步"。在50余年的工程地质科研生涯中，王思敬始终重视深入工程实践和提升理论指导的重要作用。

地质所的科研工作面向全国、面向不同行业，这给王思敬提供了非常重要的条件，可以从不同工程的需求和问题，来理解和发展工程地质学科，带来研究工作的深入和学科思维的扩展。

50多年来，他把主要精力投入水利水电工程的研究，从20世纪60年代初就参加了水利水电工程地质总结项目，负责坝基稳定性研究专题，到安徽、浙江、湖南、江西、四川等地对当时兴建的水坝进行了考察，研究了它们的稳定性条件及某些破损或失稳变形的原因，对水电建设的关键地质问题的认识有所深化。后来通过对黄河小浪底、李家峡；红水河龙滩；耒水东江；汾河二库；长江三峡永久船闸工程；金沙江虎跳峡、向家坝、溪洛渡白鹤滩；雅砻江二滩、锦屏（一年、二级）等水电工程的科研和咨询工作，对水电建设的关键地质问题的认识有所深化。尤其是对二滩水电站建设条件的前期研究，王思敬负责了全面总结工作，受益匪浅。这些造就他后来有条件对长江三峡工程及我国21世纪西南大江大河上世界一流巨型水电站及特高拱坝建设进行咨询和指导。

20世纪70年代在"深挖洞、广积粮"的浪潮中，王思敬参与了若干国防大型地下洞室群，包括核工业地下设施的工程地质和岩石力学研究工作，重点放在围岩稳定性和喷锚支护研究，提倡减轻混凝土衬砌。后来，在高山峡谷地区兴建的各大水电站大多设置地下厂房和复杂的引水发电系统，从而没有中断过地下工程的研究。这方面工作也涉及地下核爆和防护工程围岩评价和岩石动力特性研究等。

王思敬的专业兴趣广泛，在矿山工程、交通工程、城市地质调查、地质灾害防治等工程地质领域也做了多项研究和咨询。对工程中出现疑难的地质问题，他则特别有兴趣，尽力做一些咨询性研究，去探索地质构造实质，并做出工程地质评价和预测。既有学科方向的系统研究，又有广泛领域的关注，使王思敬得以培养成为有特长的工程地质学的学科带头人和领域专家。

王思敬把国际学术交流和合作看作自己科研的一个重要组成部分，积极参与工程地质学界的国际活动。1973年他随中国代表团赴西班牙参加国际大坝会议，张光斗鼓励年轻团员今后应带领更年轻的学者出席国际会议，进行国际交流。1982年王思敬有机会作为团长，组团参加了在印度举行的国际工程地质大会。理事会上经法国国家小组推荐，参与学会执委会竞选，当选为国际工程地质学会副理事长。后来，于1987～1995年任国际发展地球科学家协会理事长，1998～2002年任国际工程地质与环境学会理事长。在国际学术会议上王思敬应邀多次作特邀演讲或主题报告，介绍本人及中国的学术成果，得到国际学者的好评。多次获得国际学术奖励，1987年获东南亚岩土工程会议杰出贡献奖章；2005年在世界线路地质工程大会上获法国里昂市长学术演讲奖章；2006年获法国科学家棕榈骑士勋爵爵位；2008年获国际工程地质学会最高学术成就奖——Hans Cloos Medal。

二、主要研究领域和学术成就

1. 从成因土质学理论，走向工程地质力学理论研究

工程地质学是一门应用目标很强的学科，但是也必然有着深厚的理论基础，以支撑起广泛应用的大厦。苏联学者 F. P. Savalensky 及其学派"二战"后创立的成因土质学理论成为工程地质学的理论支柱之一。王思敬在苏联做研究生期间，得到老师的指点，研究了坝基岩体的地质演化对其工程地质特性的影响，论述了成岩作用、构造作用到次生演化的全过程，发展了工程地质学演化理论。1963 年他来到地质所时，正值谷德振率弟子们提出，并研究岩体结构及其对工程地质特性影响的命题。王思敬加入到这一行列，并发表了有关岩体结构演化，以及工程地质力学特性形成过程的论文。经过谷德振的指点，认为岩体结构的研究应包括一个较大地体或地质单元的地质力学成因、演化研究，及大型建设规划的工程力学解释和治理，提出岩体工程地质力学作为工程地质学的一个理论支柱，应是学科发展的一个方向。1972 年王思敬主笔撰写了题为《岩体工程地质力学原理》一文，并于 1975 年在《中国科学》复刊后第一期上发表。1976 年，又以工程地质研究室名义主笔撰写了《岩体工程地质力学的基础与方法》长篇论文，进行了较为系统的论述，发表在科学出版社出版的《岩体工程地质力学问题》文集上。从此开展了长期对工程地质力学理论问题的探索和研究。

王思敬提出工程地质力学的基本理论是：地质体的结构性；地质体结构的演化性；地质体结构的力学效应；地质体的结构稳定性；地质体结构和工程结构的相互作用与制约。他在大量工程实践的基础上提出了十类对工程建设条件具有挑战性的复杂工程地质力学背景的地质体，包括：多软弱泥化夹层山体，不整合结构山体，紧逼倒转山体，叠瓦式断层山体，交叉式断层破碎山体，多期岩浆穿插破碎山体，邻近活动断裂山体，卸荷风化破碎山体，溶蚀架空结构山体，松弛蠕动和全、强深风化山体。这些成为工程地质战略评价的重要标志。2004 年在《中国岩石力学与工程世纪成就》一书中，再次以《岩石工程地质力学原理》为题，论述了其理论和实践的要点。

从这一探索的开端，随后在地质所同事们的努力下，《岩体工程地质力学问题》文集直至 1991 年出版了 10 集。1985 年建立了中国科学院工程地质力学重点开放实验室，王思敬时任学术委员会主任，在工程地质力学理论的指导下研究和解决了许多国家重大工程问题，在工程建设各部门得到广泛的应用，并培养了一批年轻人才，

对全国的工程地质学科发展起了积极的推动作用。王思敬深知，科学问题及其解决的动态性很强，学科在发展，日新月异。他认为工程地质力学要走多重综合集成途径，包括多源知识、多种手段和多尺度的大成综合集成 Meta-Synthesis，并预期工程地质力学研究有新的深入和拓展。

2. 从岩体稳定性分析，走向工程与地质体相互作用理论研究

岩体稳定性是关系到工程安全的核心问题，也是工程地质力学研究的关键所在。

1963~1966年，王思敬参加我国水利水电工程地质总结工作，负责坝基岩体稳定分析研究，他的小组实地研究了数十座高混凝土坝的坝基稳定性问题，他从岩体结构入手，提炼出坝基结构面组合模型，同时注重力学参数的确定，发展了深层滑动的块体稳定性分析方法。后来，经过约30年的大坝工程地质研究，积累资料，直到1990年才完成了专著《坝基岩体工程地质力学分析》，系统地论述了坝基岩体稳定性的制约因素、失稳机理及稳定性分析原理和方法。在此期间，他通过二滩水电站，以及东江水电站、山西汾河二库等工程地质研究，深化并发展了基于岩体结构分析的高拱坝岩基工程特性评价和稳定性分析方法。

20世纪70年代中国兴建了大量地下工程，大跨度地下洞室的稳定性和支护成为王思敬研究的重点。通过对若干国防地下工程的实际研究，总结大跨度地下洞室围岩的变形、破坏机理和类型，发展了基于岩体结构的地下工程围岩特性评价和稳定性分析方法。直到1984年，出版了专著《地下工程岩体稳定分析》。

在进行地下工程研究期间，于20世纪70年代初期王思敬与时为地矿部保定水文地质方法队的吴庆曾工程师等合作，在国内率先研究并发展了岩体声波测试技术及方法。这项技术方法经推广，在岩石工程中普遍使用，其指标纳入了有关规程、规范，成为不可缺失的测试项目。

与地下工程研究有关，王思敬参加了我国早期地下核爆炸的场址和爆心选择、工程地质评价，以及后来的工程防护研究，总结了核爆冲击波对岩石的粉碎、挤实作用及岩石高动力强度机理，研究了岩洞承载冲击波的性能及喷锚支护作用等。有关核爆炸和工程防护工作的成果均作为有关研究和工程的应用和参考，而未公开发表。

在岩质边坡工程的研究中，他的基本思路，仍然是抓住边坡结构，从判定变形、破坏机理入手，进行稳定性分析。有关层状边坡弯折、拱曲变形、导致破坏的研究多次在国际文献中发表和引用。

通过大量工程实践，王思敬认识到工程岩体的稳定性在很大程度上不仅取决于

初始设计荷载和岩体的工程力学性能，而是其工程开工后，乃至运行期间工程和岩体之间相互作用的结果。受到工程作用可造成的岩体工程力学性能的变化（强化或弱化），同时为适应岩体的特性，工程结构物本身也可能产生力学性能的改变。工程岩体系统若不能协调、并适应这种相互作用，则最终可能发生意料之外的变形或破坏。安徽梅山水库连拱坝的右坝肩岩体变形和坝体开裂是典型的实例。有些工程，如湖南双牌水库等，经过多年运行后才出现坝基稳定问题的根源也在于工程与岩体的相互作用。同样，隧道和大型地下工程围岩稳定性评价及支护设计也需考虑在开挖过程中的岩体在一定范围内的松弛和破裂及其加固。研究工程岩体相互作用对其长期稳定性评价及滞后破坏可能性预测有重要意义。

3. 从地质工程，走向地质环境，发展人类工程活动与地质环境的相互作用理论研究

随着人类经济社会的发展，环境保护和可持续发展理念成为社会共识。王思敬不失时机地提出发展环境工程地质，拓展工程地质学科。

20世纪80年代初，他在攀枝花（渡口）-西昌地区开展了工程建设的地质环境研究，并对攀枝花市的城市工程地质信息系统进行了研究。1987年他主持了"国际工程地质学会山区建设发展的地质环境问题研讨会"，并在大会作了主题演讲，提出了山区地质环境的工程开发适宜性和敏感性，作为工程建设同地质环境相互作用和制约关系的标志。

20世纪90年代初他与成都理工大学张倬元合作开展了国家基金委重点课题"人类工程活动与地质环境的相互作用"研究。在工程地质评价中，仅注意本工程施工及运行安全是不够的，应解决对其他已建或在建工程的安全问题，同时还应考虑场址未来的发展，不应造成障碍。这对于建设或建筑物密集地区尤为重要。在工程地质研究的基础上，进行地质环境预测和保护，协调工程地质环境，以期保障场址地区工程建设的可持续发展。1994~1996年在 LANDPLAN IV 及第30届国际地质大会期间他多次主持国际会议及发表论著，研讨城市建设的地质环境问题。他的论著，如 *Geo-environmental Consideration for Strategic Planning in Regional Development* 等对国际工程地质学的理论和应用拓展起了积极的作用。环境工程地质工作要求进行宏观尺度的环境地质研究，是工程开发战略研究的一部分，现已受到学界的重视。

4. 从工程地质力学，走向地球表层（地圈）动力学理论研究，发展水岩动力学及极端灾害理论

人类工程建设的发展就其空间规模而言已远远超出工程建筑物直接依附的岩土

介质，它不可避免地介入到地球表层各层圈，包括大气、水、生物和岩土圈的相互作用系统中，形成人地关系的调谐。王思敬在多次学术报告及论文中提出地圈动力过程研究对工程地质学的学科拓展极有意义。他指出，地圈动力过程是多种相关联作用耦合的复杂系统非线性过程。地球表层圈的相互作用动力过程极大地影响和制约着人类的工程活动，同时，人类工程建设也成为影响地圈动力过程的重要因素。

水岩相互作用是地圈动力系统中对工程，尤其是水电工程，最直接影响的因素，为此王思敬与王恩志合作开展了水岩耦合实验，研究并发展了水岩动力学理论和方法，通过水岩的耦合模拟研究水岩动力学过程及其在工程中的应用。研究成果在铜街子大坝岩基上抬变形、溪洛渡地下工程渗流、云南元墨高速公路降雨触发滑坡等问题的研究中获得应用，并在首届及第二届国际 Geo-Proc 大会上特约报告中做了论述。

自联合国于 1990 年发起世界"减灾十年"以来，王思敬一直关注着地质灾害的防治工作。在 1989 年美国科学院召开的科学家同联合国官员对话会议上，王思敬介绍了中国的成功经验，包括三峡新滩滑坡、松潘地震等，指出加强基础性研究的重要性，自然灾害的预测和预防是减灾工作的基础。随后的研究中，他开始重视历史罕见或在本地区空前发生的极端自然灾害。他认为这种重现周期达几千年或上万年的小概率事件可能破坏力极强，烈度极高，对人类社会的冲击力也极大，如我国的 1975 年河南大水、1976 年唐山地震等。极端灾害是地球动力过程的多动力因素的特殊组合和突发性灾变。从 2005 年以来，他在多次学术会议上探讨了极端地质灾害的危害和风险。他认为，应对极端地质灾害，就触发因素而言要考虑上万年的事件周期和万分之一以下的概率，其目标和标准和现行的工程安全概念和规范是不同的，应着重于危险性和极端风险评估及减轻灾害预案性和非工程性对策。尤其在 2008 年，四川汶川地震后，在国际学术会议上如 2008 年香港大学召开的"灾害风险管理论坛"、国际工程地质 IAEG2008 等，阐述了极端地质灾害的风险和对策，呼吁国家和重点发展地区，如天津滨海新区、三峡等地区，加强研究，提高预测、预防和应对能力。

5. 积极参与重大工程的工程地质研究和实践，为工程建设的地质决策提供理论和经验依据

王思敬在工程地质学研究中，重视从工程实践中观察和发现科学技术问题，并加以研究解决，同时，也注意在工程实践中积累经验，并加以应用。他在解决工程遇到的疑难地质问题时，坚持重视经验类比结果，同时注意研判其与推理的一致性，并分析其实测和试验依据，因而，经验得以发挥，问题的判断，以及工程决策的可靠程度较高。这使王思敬有机会参与许多工程中疑难问题的咨询和研究，成为若干重大工程的顾问专家。

在雅砻江二滩水电站早期研究阶段，对修建当时国内最大的高坝大电站是一个攻关。王思敬参与并在后期负责了中国科学院能源研究委员会的研究项目，通过全面研究，提出二滩是在构造活动强烈地区难得的坝址，建设高拱坝和大型地下电站是可行的。1983年，国家计委和中国科学院联合审查了该项研究成果，据此向中央提出了加快雅砻江二滩水能开发的建议报告，推进了二滩及西南一系列大型水电建设的新阶段。

他长期关注三峡工程的建设，1986～1990年应邀参与了三峡工程前期论证"地质地震专题"工作；后来，于20世纪90年代，采用系统层次分析方法全面论证了三峡工程永久船闸高边坡工程的质量和安全；又于2008～2009年负责了中国工程院咨询项目三峡阶段性评估的"地质地震课题"研究，对三峡工程运行后地质地震灾害的防治及地质环境保护提出了咨询建议。目前正负责开展三峡工程第三方评优的"地质灾害"课题研究工作。

2002～2009年受聘香港特区政府土木工程署"斜坡安全技术顾问组（SSTRB）"专家，参与了香港斜坡安全防治工作的实施以及城市周边自然地块安全防治规划等工作，支持了现代新技术，如RS、GIS、LiDAR、InSAR等的应用和发展，并作了《降雨触发滑坡及水岩耦合动力学分析》《中国山区道路边坡稳定性研究》《极端地质灾害及其分风险》等学术报告。

王思敬受聘对金沙江、澜沧江、雅砻江、红水河、大渡河等西南高山峡谷的水电开发进行咨询和研究，如对龙滩水电站左岸进水口蠕变体、白鹤滩水电站柱状节理玄武岩、锦屏水电站深部张裂隙成因及对工程影响等问题的咨询，对疑难问题的解决和工程决策发挥了积极作用。

工程地质学的应用性很强，王思敬的研究和学术活动涉及的行业也较广，他主要工作在水利水电建设领域，但也为矿山工程、交通工程、城市建设、国防建设中的工程安全、地质环境保护、灾害防治等做了若干研究和咨询。他负责过首钢迁安铁矿、金川镍矿、淮南煤矿研究课题，主持过山西朔南煤矿、河北矾山磷矿等咨询工作。他参加过2191、2192的地下核爆选址、场址勘测和2191的工程防护爆后研究，负责其部分专题。他参加或负责820、405、816等国防性工程大型地下洞室稳定性的研究和咨询。他对云南元墨高速公路、贵州坝陵河和北盘江及云南龙江等特大桥边坡稳定性进行了研究和咨询。

王思敬在他大部分研究生涯中除认真和踏实地从事专业工作外，还关注一些跨学科的宏观战略研究，如中国工程院组织的"能源中长期发展""水电中长期发展"等综合咨询项目。

在科研同时，王思敬大力教书育人，培养年青一代。自1980年以来，他指导了约102名博士生和12名博士后。在他的学生中许多已成为教授、博士生导师，或部门单位的技术负责人，也不乏地方或企业的领导。他认为工程地质学作为地质科学的分支学科，最重要的是精心进行野外考察和现场观察，形成直觉判断，然后才是结合工程问题的技术分析。他指导的学生都必须进行工程现场的地质描述和分析，培养实际工作能力。同时，他也鼓励学生善于从实地观察中提出关键的科学技术问题，形成科学假设和命题，再去认真求证。多次获得中科院研究生院的优秀教师奖。最近，他又提出地质工程学科的创新境界——想象力、智慧力和直觉力命题，鼓励进行持续的创新研究。

王思敬积极参与国内外学术组织的学术活动及组织工作，认为这对学科的发展有重要意义。他曾当选国际学会的理事长，主持过国际学术会议，获得过国际学术界的多次贡献奖和学术成就奖，在国际工程地质学术界享有崇高威望。

感谢中国科学院地质与地球物理研究所已故许兵教授和杨志法研究员在本文编写过程中提供的资料和表述意见。

三、王思敬主要论著

Wang S J. 1963. On the formation of Engineering Geological Properties of Rock Mass, Bullefion of ussr Highes Education, Series of Geology, No 1, (in Russian).

王思敬. 1965. 岩体工程地质特性及其形成过程. 水文地质工程地质问题. 北京：科学出版社.

中国科学院地质研究所，工程地质与抗震研究室. 1972. 岩体工程地质力学的原理和方法. 中国科学，1：39-51.

中国科学院地质研究所工程地质研究室. 1976. 岩体工程地质力学的基础和方法. 岩体工程地质力学问题. 北京：科学出版社：1-45.

王思敬，张菊明. 1980. 岩体结构稳定性的块体力学分析. 地质科学，1：19-33.

王思敬，杨志法、刘竹华. 1984. 地下工程岩体稳定分析. 北京：科学出版社，1-282.

王思敬. 1990. 坝基岩体工程地质力学分析. 北京：科学出版社：1-371.

Wang S J. 1993. Geo-environmental considerations in strategic development planning. ICIMOD, Kathmandu, Nepal：1-132.

Wang S J, Dai F C. 1996. Geo-environmental considerations in engineering development of China. Scientia Geologica Sinica, Supplementary Issue (1), Science Press, Beijing, China：1-108.

王思敬. 2002. 地球内外动力耦合作用与重大地质灾害的成因初探. 工程地质学报，10 (2)：115-117.

Wang S J, Wang E Z. 2003. Recent study on coupled processes in geotechnical and geo-environmental fields in China,

Proceedings Geoproc 2003, Stockholm: 66-76 (Keynote).

王思敬. 2004. 岩石工程地质力学原理. 中国岩石力学与工程世纪成就. 南京: 河海大学出版社: 11-48.

王思敬. 2004. 地圈动力学——地质环境、灾害与工程研究基础. 工程地质学报, (2): 113-117.

王思敬, 黄鼎成. 2004. 中国工程地质学世纪成就. 北京: 地质出版社.

王思敬, 傅冰骏, 杨志法. 2004. 中国岩石力学与工程世纪成就. 南京: 河海大学出版社.

王思敬, 温庆博. 2005. 海岸带城市化的环境地质问题//海岸带地质环境与城市发展论文集. 北京: 中国大地出版社: 15-21.

Wang S J. 2008. Hans cloos lecture. Seismic Geo-hazard Assessment of Engineering Sites in China, Bulletin of Engineering Geology and the Environment, 68: 145-159 (Keynote).

Wang S J. 2009. Extreme geo-disasters and risks. Proceedings of the IAEG symposium: 3-9 (Keynote).

王思敬. 2009. 2009 陈宗基讲座-论岩石的地质本质性及其岩石力学演绎. 岩石力学与工程学报, 28 (3): 433-450.

王思敬. 2011. 工程地质学的大成综合理论. 工程地质学报, (1): 1-5.

主要参考文献

王思敬. 1998. 中国工程院院士自述. 上海: 上海教育出版社: 399-401.

许兵. 2010. 百尺高台, 起于垒土—记地质与地球物理所王思敬院士. 工程科技的实践者—院士的人生与情怀. 北京: 高等教育出版社: 510-514.

撰写者

王思敬

童晓光

童晓光（1935～ ），浙江嵊州人。石油地质和勘探专家。辽河油田勘探开拓者之一和中国跨国油气勘探开发开拓者之一。2005年当选中国工程院院士。1964年于南京大学地质系研究生毕业。1966年开始进行辽河油田早期石油地质特征和油气资源潜力的研究，是1966～1978年辽河油田勘探部署的主要制定者之一。20世纪80年代，主要从事渤海湾盆地油气富集规律研究和油气勘探科学探索井的设计研究和实施，均取得重大成果。1989～1991年从事塔里木盆地的石油地质研究和勘探，奠定了盆地结构和成藏组合研究的基础，特别对东河砂岩勘探起了重要作用。20世纪90年代起主要从事国外石油地质、新项目评价方法和跨国油气勘探开发的战略研究，并直接参与了油气合作项目的获取和勘探部署。近年来主要进行全球油气资源评价研究和利用世界油气的战略研究。曾任塔里木石油勘探开发指挥部总地质师、中国石油天然气总公司勘探局副局长、国际勘探开发合作局副局长、中国石油天然气勘探开发公司副总经理兼总地质师、高级顾问。2003年，苏丹Muglad盆地1/2/4区高效勘探的技术与实践，获国家科技进步一等奖，为第一完成人；2005年，迈卢特盆地快速发现大油田的配套技术与实践，获国家科技进步二等奖，为第一完成者。

一、成长经历

1935年4月8日，童晓光出生于浙江嵊县（现嵊州市）下王村，这是一个四明山西麓的山村。父亲童富正经营一个小杂货店为生，童富正将新出生的儿子取名南生。童南生有两个哥哥一个弟弟，按辈分都有一个"生"字，到上中学的时候改名为童晓光。童晓光的童年时期正好日本帝国主义入侵中国，日本侵略者一把大火烧毁了整个下王村，童晓光随着一家人到处流浪，在非常动荡的环境下上完了小学，1949年1月考上嵊县中学。他的一个哥哥和一个姐姐1948年就参加共产党的地下活动，并于1949年参加解放军，受他们的影响，童晓光1950年加入新民主主义青年团，当党和政府号召青年学生参加军干校时，童晓光积极报名于1951年4月参加解放军。1955年1月转业到杭州工作，同年作为调干生考入南京大学地质系，1959

年本科毕业。根据组织分配，他又师从地质系的郭令智，成为大地构造专业研究生，于1964年初毕业。

童晓光研究生毕业论文的题目是《苏北地质构造》，苏北地区大面积为第四系覆盖，难以完全用传统的地面地质方法进行研究，在完成毕业论文时应用了石油勘探部门的地球物理资料和钻探资料，从而对石油勘探发生了兴趣。在研究生毕业时他以石油部门的工作为第一志愿。1964年初他如愿被分配到大庆油田研究院，从此将石油地质研究和油气勘探作为毕生努力的方向。

1966年童晓光受大庆和石油部派遣三次去辽宁省的下辽河地区进行石油地质调查，并向石油部和国家计委汇报调查结果。国家计委决定由石油部接替地矿部负责下辽河的石油勘探和开发。童晓光随之到辽河油田工作，从事石油地质和勘探部署的研究。1979年奉调到石油部北京石油勘探开发研究院从事石油地质研究。1989年3月任塔里木石油勘探开发指挥部总地质师，1991年12月起相继任中国石油天然气总公司勘探局副局长、国际勘探开发合作局副局长，中国石油天然气勘探开发公司副总经理兼总地质师，现任中国石油勘探开发公司高级顾问、石油大学中国能源战略研究中心学术委员会主任和博士生导师、中石油勘探开发研究院博士生导师。

二、主要研究领域和学术成就

1. 进行辽河坳陷的石油地质研究，为发现辽河油田做出重要贡献

1966年初童晓光受大庆油田派遣，领导一个13人组成的小分队，开始对下辽河地区进行石油地质调查，当年11月童晓光又参加石油部派出的专家组对该地区作进一步调查，完成了对下辽河地区油气勘探远景的初步评价报告。根据这一报告，国家计委决定由石油部接替地矿部负责该地区的油气勘探和开发。从此时起一直到1979年的13年，童晓光一直从事辽河油田石油地质和勘探部署的研究，是辽河油田勘探的开拓者之一。勘探初期辽河油田勘探面临的主要问题是地震资料品质差，直到1972年大部分为光点地震，少量为模拟地震，地震反射的连续性差，且存在大量多次波，基底面不清楚。同时钻井资料少，全盆地面积约1.2万平方千米仅13口探井，且12口集中在东部凹陷，西部凹陷仅1口井，大民屯凹陷没有探井，童晓光等从区域地质研究入手，结合重磁力资料，确认辽河坳陷是渤海湾盆地的组成部分，利用渤海湾盆地勘探程度较高地区所掌握的地质规律进行类比。辽河坳陷由三个凹陷（箕状断陷）组成。凹陷是独立的成油单元，油气的生成、运移、聚集都发生于凹陷，存在多套含油气层系和以断块为主的多种类型油气藏。其特点与大庆油田完

全不同。油气勘探要以凹陷为单元，以断块为目标。明确认识到勘探的重点要从前人以东部凹陷为主转移到西部凹陷，从背斜圈闭转变为以断块圈闭为主。

1969年以前辽河油田没有地震队，缺乏最重要的勘探技术支持。童晓光利用1968年夏天去大庆汇报工作的机会呼吁大庆和石油部安排地震队来辽河油田，结果争取到了地震队在1968年冬施工，落实了西部凹陷的兴隆台构造。1969年春确定了探井井位，发现了兴隆台油田，打开了辽河油田勘探新局面。

童晓光在辽河油田勘探的最大成果是辽河西斜坡勘探，他在两口探井发现的基础上进行了西斜坡地质特点油气分布规律和勘探潜力的研究，指出辽河西斜坡形成了多套含油层系和多种油藏类型复合的油田群。油气富集程度高，远景资源量达到10亿吨，这一认识成为石油部进行西斜坡石油勘探会战的理论基础。

童晓光在辽河油田工作期间，始终是年度石油地质研究报告的编写者和勘探部署主要制定者之一。由于对辽河油田的贡献，获得了全国科学大会奖，石油部东部地区科学大会奖和辽宁省优秀科技成果奖，并被评为辽宁省先进科技工作者。

2. 参与渤海湾盆地石油地质综合研究，取得重大进展

1979年10月，童晓光被调入石油部北京石油勘探开发研究院工作，首先进行了渤海湾盆地石油地质和油气聚集规律的研究，参与了渤海湾盆地复式油气聚集区（带）理论的建立。当时的渤海湾盆地是中国石油增储上产主要地区，是中国石油地质研究的重点地区。

童晓光对渤海湾盆地的研究，首先从基础地质开始。渤海湾盆地发育于华北克拉通之上，从中上元古界、古生界和三叠系以海相碳酸盐岩为主，其中中上奥陶统、志留系和泥盆系缺失，印支运动使这套地层发生褶皱和经历不同程度的剥蚀。侏罗-白垩纪的燕山运动，形成小型断陷盆地充填陆相碎屑岩和火山岩，局部有含煤层，不整合在前侏罗系地层之上。渤海湾盆地形成于古近纪，是一个比较典型的大陆裂谷盆地，由一系列相互独立的湖泊（淡水湖泊和盐湖）构成，每个湖泊都有河流入口，到新近纪才逐渐统一成为一个大盆地，但大面积为河流相沉积，在新近纪晚期才在渤海地区形成浅湖相沉积，到第四纪黄海海水才侵入渤海湾盆地，渤海湾盆地以古近纪的断陷沉积为主，新近纪的坳陷期沉积在大部分地区沉积厚度较薄，仅渤海地区较厚。不同于世界上著名的裂谷盆地，如西西伯利亚、北海、松辽等盆地以坳陷期沉积为主的特点，因此在油气聚集规律和分布特点上有明显的区别。

渤海湾盆地每个凹（断）陷是独立的成油单元，油气的聚集纵向上受前古近系、古近系和新近系三个构造层控制，在平面上受构造带和岩相带控制，包括斜坡

带、深陷带（和中央隆起带）、陡坡带，在每个层系和构造带形成不同类型的油气藏，它们的叠加可以形成复式油气聚集带和区。由于新近系的沉积由四周向中心迁移，在渤中地区厚度最大，这个层位的油气主要分布于渤中及相邻地区。在这一理论指导下，到了20世纪中期渤海湾盆地发现了大量油气田，年产量已超过5千万吨。"渤海湾盆地复式油气聚集区（带）勘探理论和实践"的研究成果获得国家科技进步特等奖。童晓光是该报告三人编写小组成员之一，也是向专业评审组和国家评委的报告人。

3. 中国东部陆相盆地地层岩性油气藏分布规律研究

中国的油气以陆相生油著称，也就是说油气在陆相盆地中生成和聚集，在中国东部更加突出。由于陆相盆地与海相盆地地质特点有较大差异，研究陆相盆地地层岩性油气藏的分布规律和潜力具有重要意义。陆相盆地的沉积边界与盆地边界基本上是一致的，而海相沉积区范围很大，往往包涵若干个盆地，这种特点使相同沉积面积的情况下，陆相盆地的沉积边界多和长度大，而每个边界的相带比较窄，相变比较快，并使碎屑物质易于进入湖盆中心。构造运动形成地层的超覆和退覆，气候的季节性变化造成水进和水退，从而使陆相盆地具有形成地层岩性圈闭的条件，中国东部盆地几乎全部是裂谷盆地，以拉张应力场为主，挤压作用弱，一般缺乏形成大型和高幅度构造的地质条件。进一步促使岩性地层圈闭的保存。大型湖盆三角洲前缘砂体，深湖相的水下扇砂体最有利于形成岩性油藏，盆地的斜坡带有利于形成不整合油藏和地层超覆油藏。斜坡的上倾部位还可能形成沥青封堵的稠油油藏。

地层油藏中的一种特殊类型——古潜山油藏在裂谷盆地中最发育，由于裂谷盆地中的烃源岩可以侧向与前裂谷期的地层接触，因此除形成地貌型的古潜山油藏外，还可以形成构造型的古潜山内幕油藏，具有巨大的储量规模，还可以有高产的储层，以碳酸盐岩潜山潜力最大，对非碳酸盐岩地层，如果有较发育的裂缝系统存在也可以形成古潜山油藏。潜山油藏勘探首先要寻找前古近系地层的碳酸盐岩分布区，童晓光通过编制前古近系古地质图的方法确定有利地区。

童晓光是"中国东部陆相盆地地层岩性油藏分布规律及远景预测研究"项目的第三完成人，也是报告人，在1983年全国隐蔽油藏学术会议上作了报告，产生较大影响，获得石油部科技成果一等奖。

4. 油气科学探索井的设计和实施

中国石油天然气总公司要求北京石油勘探开发研究院在全国陆地大范围寻找油

气勘探新区新领域,进行科学探索井钻探,童晓光作为该项目工作的领导小组成员,负责科学探索井的地质设计和实施,1987~1988年先后完成了台参1井和陕参1井两口探井的设计和钻探。

台参1井位于吐哈盆地。该盆地早在20世纪50年代就开始勘探,限于当时的勘探技术没有商业性油气田发现,但露头区早已发现了小油田,并用人工提捞方式产油,证明吐哈盆地具有油气聚集条件。80年代进行了新一轮地震勘探,但地震测网很稀为4千米×4千米,发现了两个很小的构造显示。在此基础上北京石油勘探开发研究院对该盆地进行了初步石油地质研究,确认该盆地的油气勘探前景,并提出其中一个构造显示作为钻探目标,编制了科学探索井地质设计。童晓光作为该探井设计的审核人,复查了该地区的老探井,发现附近的台北1井在靠近井底的层位存在侏罗系油层,该井与设计钻探的圈闭较近,有可能组成一个较大的构造圈闭,建议同意此井钻探。在钻井过程中又深入现场,解决疑难问题,当钻井工程发生困难,但已钻达主要目的层侏罗系的情况下,建议提前完钻,经测试获得商业性油气流,发现了一个中等规模的油田,揭开了吐哈盆地油田勘探的序幕。

陕参1井位于鄂尔多斯盆地,由北京石油勘探开发研究院与长庆油田共同设计,鄂尔多斯盆地是一个中晚元古代以来长期发育的克拉通盆地,但油气勘探一直局限于上古生界以上地层,特别是中生界地层,对下古生界及元古界地层基本上没有涉及,预测奥陶系及以下地层可能存在自生自储的原生油气藏,奥陶系顶面可能存古地貌气藏。因此,以上述层系为对象,寻找有利地区部署科学探索井很有必要。经过研究认为中央隆起东坡比较有利,选择了其中一个构造,并加密了地震测线后确定井位,钻探结果在奥陶系顶面发现高产气流,后来证实是一个大型古地貌圈闭的气田,打开了鄂尔多斯盆地奥陶系天然气勘探新领域。

5. 塔里木盆地石油地质研究和勘探

童晓光依据前人多旋面构造运动和两种体制、两个时代盆地的理论,在20世纪80年代初就提出了叠合盆地的概念,1989年初童晓光被任命为塔里木石油勘探开发指挥部总地质师和地质研究队大队长,他就把叠合盆地的概念,应用到塔里木盆地的勘探。通过对塔里木盆地结构的研究,认为塔里木盆地不仅存在不同时代和性质盆地的叠合,还存在不同时代和性质盆地的复合。在塔里木盆地存在下古生界、石炭系、三叠系—侏罗系、白垩系—第三系四套成藏组合,在塔里木盆地周缘的前陆盆地发育三叠系—侏罗系和白垩系—第三系两套成藏组合。在塔里木盆地主体克拉通盆地中发育下古生界、石炭系、三叠系—侏罗系三套成藏组合。每套成藏组合具有不同的成藏规律、有利分布区和工程条件。童晓光根据当时的地震技术条件和塔里木盆地的石油地质特点，提出要重视石炭系勘探，并对石炭系东砂岩成藏组合做了比较深入研究，在勘探中起了明显作用，发现了塔中4东河砂岩油田。童晓光在塔里木工作不到三年的时间内，领导完成了"塔里木盆地油气分布规律和勘探方向"的研究，获得了中国石油天然气总公司科技进步一等奖。

6. 最早提出跨国油气勘探开发并进行利用国外油气资源早期研究

20世纪80年代，中国人对石油供给形势普遍持乐观态度，然而童晓光却进行了冷静分析，认为改革开放以来，经济高速发展，人口不断增长，人民生活水平迅速提高，对油气需求也快速增长，石油需求增长速度大大超过中国石油产量的增长速度，石油的供需矛盾必将出现。解决的办法之一是利用国外石油资源，童晓光在国外考察时发现，完全可以用去国外勘探开发油田的方式实现，因此早在1988年他就向中国石油天然气总公司提出了在世界范围进行石油勘探开发的建议。1989~1991年由于去塔里木油田工作，暂时停止这一问题的思考。1992年开始又对利用国外油气资源的必要性和可能性两方面进行研究，基本结论是中国油气资源总量较丰富，而人均相对贫乏，必须利用国外资源，世界油气资源总量和人均占有量都比较丰富，并且存在许多合作勘探开发机会，从1993年开始以内部参考和文章的形式将上述观点发表，起到了舆论先导作用，引起了国家有关部门的重视，而且利用国外油气的必要性和紧迫性逐渐成为我国石油界和经济界的共识。

7. 全球石油地质和油气分布研究

1993年童晓光被任命为中国石油天然气总公司国际勘探开发合作局副局长兼总地质师，领导国际化经营的地质工作。面对的首要问题是对世界石油地质和油气分布情况的了解。中国地质家对世界石油地质进行过大量文献调查和现场考察，其目的是借鉴国外的勘探开发经验，即所谓"洋为中用"，但从选择进行勘探开发合作区块的角度进行世界各国、名盆地的研究基本上是一片空白。基于跨国油气勘探开发战略选区的实际需要，童晓光1997年领导了中油集团公司重点科技项目（跨国勘探开发的目标选择和评价研究），首先选择世界上一批重点盆地进行研究，接着将研究范围扩大到除北美和欧洲以外的各个国家，分为五个大区，编著了《世界油气勘探开发图集》，成为跨国油气勘探开发选区和评价的工具书，在实际工作中发挥了重要作用。

8. 世界各国油气投资和跨国油气勘探开发战略研究

石油地质和油气资源是跨国油气勘探开发的重要基础，但不是全部内容。与此同时童晓光又进行了世界各国投资环境和合同条款的调查研究和分析，提出重点国家选择的十条标准和排序。如独联体国家从资源条件俄罗斯应成为首选对象，但根据十条标准综合分析哈萨克斯坦应作为首选目标，有效指导了合作国家和项目的优选。比较系统地研究了跨国油气勘探开发中面临的各方面问题，包括世界勘探开发市场的竞争势态、难点和风险，提出了21世纪初期跨国油气勘探开发的12个战略问题，并公开出版，是这一领域较为系统的最早出版的著作。

9. 国外勘探开发新项目评价技术和方法研究及实践

国外勘探开发项目的确定最终决定于对项目全面科学的技术评价和经济评价，这样才能不错过有潜力的项目，也不会错误评价项目潜力，造成经济损失。童晓光一方面领导或参加了数百个项目的评价和技术审查，同时不断总结和完善评价方法，对勘探项目以地质特点和资源潜力作为评价的重点，对于已知油田开发项目以剩余可采储量和产能作为评价重点，建立项目评价的内容、流程和程序，发表了勘探项目评价方法的文章和油田开发项目评价的专著。1997年跨国勘探开发初期在童晓光亲自领导下评价的哈萨克斯坦阿克纠宾油气股份公司私有化项目，在前期调研的基础上，在很短时间内抓住储量、产量和公司财务等几个关键环节作出了符合实际的评价，已为十几年来的生产实践所证明。

10. 指导海外油气勘探，取得了重大成果

早期跨国油气勘探项目主要在苏丹两个盆地，这两个盆地经过美国一家国际石油公司长期勘探，因效果不佳放弃，中石油先后获得了这两个盆地的三个区块，在童晓光指导下勘探取得突破。苏丹穆格莱特盆地六区块是中石油最早进入的区块，此前一家美国公司勘探十年，共打了32口探井，把22口井集中在一个构造单元，由于没有重大发现而放弃，童晓光研究了这家公司勘探失败的原因，把勘探的重点转移到不被重视的另一个凹陷，一举勘探成功。1、2、4区块是又一个勘探项目，先前的作业公司在1、2区块虽取得了较重要发现，中石油进入后短短几年时间发现的储量是过去的两倍，特别是4区块，过去一点没有发现，在童晓光指导下，正确确定主要勘探目的层，很快突破了4区的勘探。迈卢特盆地一家美国公司经十年勘探仅发现一个小油田，认为没有经济效益而放弃，中石油进入后，通过研究确定了

主力凹陷和主力成藏组合，并选出钻探目标，一举发现了世界级大油田，这三个项目分别获得了国家科技进步一等奖、二等奖和中油集团公司科技进步一等奖。

11. 世界油气供需发展趋势和对中国影响的研究

中国石油对外依存度快速上升，世界油气资源潜力和供需发展趋势，对于中国的石油安全的重要性日益提高。因此童晓光围绕跨国油气勘探开发有关问题的研究和实践外，同时进行世界油气供需发展趋势研究。通过研究得出结论：第一，常规石油资源比较丰富，但廉价石油逐渐向中东集中，世界非常规石油资源十分丰富，生产潜力大、技术成熟，主要决定于油价，在 2030 年之前，不会因石油资源不足而产量下降。第二，天然气的常规和非常规资源都很丰富，同样热当量的天然气价格大大低于石油，而且碳排放量又低于石油，未来 20 年天然气的产量将以较快速度上升。第三，核能和可再生能源增长速度加快，在总能源中的比例逐渐加大，但在 2050 年前不可能超过化石能源。第四，由于天然气和新能源的快速增长，经济发达国家的石油需求增长缓慢，甚至出现负增长，影响满足中国石油进口需求的可能性很小，但石油价格上涨的风险长期存在。从而在中国石油对外依存度不断增加的形势下，提出了中国石油安全形势的宏观预测。

童晓光 40 多年学术生涯是从基层油气勘探开发单位做起，理论与实践紧密结合成为他的最大特点。第一，他把石油地质研究与勘探实践密切结合，所有课题都是勘探面临的实际问题，研究成果直接指导勘探，从而取得了很好的经济效益。第二，他根据工作实际需要确定研究范围，在跨国勘探开发遇到的不仅是地质问题，因此同时还研究投资环境和战略问题，也取得了很好的效果。第三，他在学术活动中贯穿了实事求是和创新精神，一切从实际出发，敢于提出不同于前人的观点，在石油地质理论和勘探理念上不断创新。第四，他成就最大的时期是跨国油气勘探开发，1993 年进入这一领域，他已经 58 岁。1997 年做成第一个项目——哈萨克斯坦阿克纠宾油气股份公司私有化项目的技术经济评价和投标时已经 62 岁，苏丹三大勘探项目的最大成功在 2002 年，已 67 岁。童晓光一生孜孜不倦，勤奋努力，直到现在还作为国家科技重大专项之一——全球油气资源评价的项目组组长，仍站在科研第一线。

三、童晓光主要论著

童晓光. 1982. 渤海湾盆地基底正断层缓断面的成因及有关问题讨论. 石油勘探与开发，9（5）.

童晓光. 1983. 中国东部第三纪陆相断陷盆地隐蔽油藏的发育特点和分布规律. 石油勘探与开发，10（1）.

童晓光.1984.辽河坳陷石油地质特征.石油学报,5(1).

童晓光.1984.中国东部第三纪箕状断陷斜坡带的石油地质特点.石油与天然气地质,5(1).

童晓光.1985.渤海湾盆地油气空间分布规律.中国油气藏勘探论文集.北京:石油工业出版社.

童晓光.1985.中国东部早第三纪海侵质疑.地质论评,31(3).

童晓光,牛嘉玉.1989.区域盖层在油气聚集中的作用.石油勘探与开发,15(4).

Tong X G. Huang Z. 1991. Buried-Hill discoveries of the damintun depression in North China. AAPG. 75 (4).

童晓光.1992.塔里木盆地的地质结构和油气分布.塔里木盆地油气勘探论文集.乌鲁木齐:新疆科技卫生出版社.

童晓光.1992.中国含油气盆地的构造类型——原型盆地复合命名.现代地质研究文集(上).南京:南京大学出版社.

Tong X G, Zhang X N. 1994. Petroleum geology of the beach area of the bohai bay basin. Conference proceedings on petroleum systems of chinese on shore basin. Earth Resource & Enviroment center, Univerceity of Texas at Arlington.

童晓光,朱向东.1996.立足国内外两种资源发展石油工业.西南石油学院学报,18(1).

童晓光,何登发.2001.油气勘探原理和方法.北京:石油工业出版社.

童晓光,窦立荣,田作基.2003.21世纪初中国跨国油气勘探开发战略研究.北京:石油工业出版社.

童晓光,窦立荣,田作基.2004.苏丹穆格莱特盆的地质模式和成藏模式.石油学报,25(1).

童晓光,崔耀南.2005.海外油田新项目评价技术与方法.北京:石油工业出版社.

童晓光.2005.油气勘探评价系统.中国石油对外合作勘探开发论文集.北京:石油工业出版社.

童晓光,徐志强,史卜庆.2006.苏丹迈卢特盆地石油地质特征及成藏模式.石油学报,27(2).

童晓光.2007.世界石油供需状况展望.世界石油工业,14(3).

童晓光.2007.论成藏组合在勘探评价中的意义.西南石油大学(自然科学版),31(6).

童晓光,李浩武.2009.成藏组合快速评价技术在海外低勘探盆地的应用.石油学报,30(3).

主要参考文献

范兴川.2004-11-15.毕生找油献祖国,迈向世界敢为先——记著名石油天然气地质与勘探专家童晓光教授.科技日报.

李四光地质科学奖委员会.2007.第九次李四光地质科学奖获得者——童晓光.北京:地质出版社.

撰写者

童晓光

赵林(1982~),江苏江都市人,童晓光的博士研究生。

康玉柱

康玉柱（1936~），辽宁省北镇市人。石油地质学家和石油勘探专家，2005年当选为中国工程院院士。1960年毕业于长春地质学院。曾任地矿部塔北油气勘探指挥部指挥兼专家组组长、西北石油局副总工程师，西北石油局高级咨询组组长、国家储委油气专委委员、国际地质对比计划"294"项中国工作组专家、中国石油学会和中国地质学会石油地质专业委员会委员、中石化西部新区勘探指挥部专家组副组长等；现任新疆科协名誉主席、中石化科技委委员、国土资源部科技委委员、中国地质大学和吉林大学兼职教授，以及与油气有关的多个科技刊物顾问等。1970年他主持塔里木盆地油气前景评价研究；1984年实现中国古生代海相油气田首次重大突破，成为古生代海相油气勘探的开拓者；1985~1990年在塔北实现油气连获重大突破，发现10个油气田；1990~1995年在巴楚-麦盖提地区实现了导向性油气重大突破，发现2个油气田勘探开发基地；1990~1997年又主持发现中国第一个古生代特大油田——塔河大油田；2001~2006年在新疆主持和指导发现8个油气田。1992年首次建立中国古生代海相成油理论，成为古生代海相成油理论的奠基人；建立了油气地质力学理论；中国西北地区叠加复合盆地成油理论；新疆前陆盆地成油理论；中国非常规油气地质理论等。出版科学专著22部，发表论文130多篇。获地矿部个人特等奖、记一等功、国家科技进步二等奖、何梁何利基金科技进步奖及省部级一等奖多个，2006年被评为感动新疆十大人物、2013年被评为中国科技人物等。

康玉柱，1936年5月5日出生于辽宁省北镇市的一个农民家庭。1956年他考入长春地质学院。大学期间他的成绩一直名列前茅，多次被评为三好学生、优秀团干部、社会主义建设积极分子等光荣称号。1960年大学毕业前他光荣地加入了中国共产党。

1960年大学毕业后，康玉柱被分配到山东德州地质部第一普查勘探大队工作。历任队长、处长、地矿部塔北油气勘探指挥部指挥兼专家组组长、西北石油局副总工程师（技术负责人），西北石油局高级咨询组组长、国家储委油气专委委员、国际地质对比计划"294"项中国工作组专家、"八五""九五""十五"国家科技重点攻关项目负责人、中国石油学会和中国地质学会石油地质专业委员会委员、中国石化新星公司咨询中心委员、中国石化西部新区勘探指挥部专家组副组长等；现任新疆科协名誉主席、中国石化科技委委员、国土资源部科技委委员、中国地质大学和吉林大学兼职教授、中国地质科学院地质力学研究所研究员，以及与油气有关的多个科技刊物顾问等职。

在 50 多年油气勘查实践中，他先后在全国 23 个省（区）50 多个含气盆地进行前景评价和选区研究；主持实现了中国古生代海相油气首次重点突破，开辟了古生代含油气勘探新纪元；成为古生代海相油气勘探的开拓者。他主持发现了中国第一个古生代特大油田——塔河油田和参加发现胜利油田；在新疆又主持和指导发现了 20 个油气田；建立了五个石油气地质理论等，成为中国古生代海相成油理论的主要奠基人；为新疆乃至全国石油工业的发展做出了重大贡献。获省部级特等奖 3 次、一等奖 4 次、个人记一等功、地矿部劳动模范、国家科技进步二等奖、何梁何利基金科技进步奖，2005 年当选中国工程院院士，2006 年被评为感动新疆十大人物、2013 年被评为中国科技人物等。

他主笔编写的国家部局级规划、设计 26 份；主笔编写的国家部局级科研报告 40 份；出版科学技术专著 22 部，公开发表论文 130 多篇，并多次参加国内外大型学术会议并作学术报告。

一、献身石油、青春闪光

1960 年 8 月康玉柱放弃了留校的机会，到祖国最需要的正在组建的地质部第一普查勘探大队（简称一普），该队的主要任务是石油勘探。他在长春地质学院学的是矿产普查，石油地质方面的课程学的很少。为胜任工作，他争分夺秒、如饥似渴地补学石油地质、石油物探、石油钻探及测井等方面的知识。

1961 年 4 月组织派他到一普综合研究队任分队技术负责人，其间他承担了"华北盆地济阳-黄骅坳陷第三系岩相古地理研究"，带领 30 多人观察野外地质剖面和 70 多口钻井岩屑、岩芯等录井资料。经一年多深入研究，主笔编写了他的首份研究报告——《华北盆地济阳-黄骅坳陷第三系岩相古地理研究报告》，该报告对济阳-黄骅坳陷进行系统的地层划分对比和沉积相划分，指出了生、储、盖组合空间分布，为油气分布预测提供了科学依据。

1961 年初，他参加东营凹陷华 8 井井位部署和设计讨论会，该井于 1961 年打出高产油气流,为胜利油田第一口油气重大突破井。他成为胜利油田的主要发现者之一。

二、多个盆地油气前景评价

(一) 东部四大盆地选区

1962年11月底,康玉柱作为技术骨干调入刚组建的地质部石油地质综合大队工作(在长春)。参加了中国东部四大盆地(松辽、华北、江汉、苏北)油气地质前景评价研究,1964年底他参加编写了《中国东部四大盆地油气前景评价及分布特征》科研成果报告。

1965年初,按周恩来总理指示,在技术人员中抽调一些技术骨干搞党政工作的精神,大队领导抽调他率十多名同志到长春市郊区农村进行劳动锻炼,向农民学习,提高思想政治素质。1965年11月满获丰硕的成果,出色完成了劳动锻炼的任务,受到当地生产队干部和广大农民的高度好评,也得到大队领导的表扬。

1965年12月初,他被调到大队政治处当组织干事,兼任大队机关党支部副书记。1966年1月"文化大革命"开始。康玉柱被打成"保皇派"……被隔离审查。大会、小会挨批斗,整100天才解除了冲击和灾难。

1967年初,大队革命委员会任命他为西北分队负责人,开展甘肃、内蒙古、宁夏、青海等省区主要中新生代盆地油气前景评价研究。他们对阿克赛、敦煌、金塔–华海子、酒西、酒东、民乐、武威、潮水、雅布赖、民和等盆地进行为期3年的野外调研,并做了大量的研究工作。于1969年底他主持编写了《甘肃西部重要中新生代盆地油气前景评价》研究报告,指出酒西、酒东、民乐、金塔–华海子、潮水和民和盆地油气前景较好。

(二) 中国东南诸省中小盆地评价选区

1971年初,地质部为解决北煤南调,改变石油工业布局,派康玉柱率东南分队在"四五"期间开展我国东南诸省中小盆地油气前景评价工作。研究区范围:安徽、江苏、浙江、福建、江西、湖南、广东、广西8个省30多个中小盆地。从1971年开始每年都用半年时间进行野外调查。经过5年的野外调研和室内研究,主笔编写了《中国东南诸省中新生代盆地地质构造特征及含油气远景》研究报告,对各中小盆地含油气远景进行评价,依据油气前景好坏进行了排序,亦对苏北盆地、江汉盆地、清江盆地、三水盆地等提出了油气勘探方向和部署建议。

三、战略评价塔里木盆地

1970年初，地质部根据国家石油工业发展的战略需要，提前5~10年准备好油气勘探开发后备基地的指示精神，决定由康玉柱负责的西北分队开展塔里木盆地油气前景评价工作，为上油气勘探队伍作准备。1970年5月初一个上午他到地质学家李四光部长办公室，汇报这次去塔里木盆地研究评价工作的设想。汇报后，李四光部长指示：这次去塔里木盆地首先搞清生油岩，有几套都分布在那里；通过对构造及储层研究全面评价塔里木盆地，还要进行分区评价和比较；对库车坳陷西部雁列构造带要注意分析与油气富集的关系……之后康玉柱率分队到了塔里木盆地后，应用地质力学理论和方法开展塔里木盆地油气前景评价研究。他首先收集了解前人工作情况及资料，然后全面开展盆地周边地层、构造及油气点的野外调研。1970年7月27日他们去观察昆仑山前莎车县南和什拉甫上古生界及中新生界剖面时，由于路况差，加上时值深夜3点多钟，他们乘坐的戈斯63不幸翻车，他虽然也受伤，但仍然坚持组织抢救，幸运的是没有造成重大伤亡。经治疗休整之后，他们又继续观察和什拉甫剖面。在该剖面上，他们首次发现石炭系和下二叠统发育一套500多米厚的暗色灰岩、泥灰岩、泥岩，并首次提出这是一套较好的生油岩，冲破了前人认为古生界不能生油的认识。

他们经过5个多月野外地质调研后，10月中旬转入室内研究，并编写《塔里木新生代盆地含油远景的初步认识》研究报告。认为：塔里木盆地在古生代地台基础上发育的中新生代盆地，自震旦纪–二叠纪表现为长期稳定连续下沉，形成一套海相碳盐岩的生储盖沉积。石炭–二叠系是盆内重要生油岩系，中生界的三叠–侏罗系及塔西南上白垩统–下第三系为主要生油岩，厚度大、分布广。盆内大型隆起和坳陷具有长期活动的性质，为生、储、运、聚创造了良好的条件。盆内圈闭类型多，断裂发育，是一个多油气藏类型的盆地。因此，认为塔里木盆地是我国重要的大型含油气盆地之一。在勘探部署上提出：扩大库车坳陷区、突破—西南坳陷区、准备东北坳陷区。建议地矿部尽快开展油气勘查工作，同时建议石油部门应把油气勘探重点由库车向塔西南转移。这个建议得到石油部门有关领导的支持。1977年5月17日石油部在塔西南叶城坳陷的柯1井于上第三系中新统喜获高产油气流，发现了柯克亚油气田。证明他们原来的预测是正确的。

四、挺进塔里木

（一）筹建勘探队伍

1977年8月国家地质部总局（简称总局）为落实"再找十来个大庆"的指导精神，下达拟编"塔里木石油普查设计方案"的通知。并立即组建了以康玉柱为负责人的塔里木筹备组承担此任务。随后康玉柱率筹备组到新疆塔里木盆地进行3个多月的调研后，于1977年底主笔编写了《塔里木盆地石油地质普查初步设计方案》，该方案提出：塔里木盆地具有面积大、成油组合多、构造十分发育，是寻找几个大庆油气田的有利地区；西南坳陷区、东北坳陷区含油气远景最好，中央隆起较好，东南断阶区相对较差，塔北隆起、中央隆起区是寻找古生界油气藏的有利地区。在部署上：突破西南、查清东部、探索中央。建议快上队伍，组建新疆石油普查勘探指挥部⋯⋯

1978年1月24日国家地质总局在上海召开局长会议，给他发来了加急电报"速带资料到上海浦江饭店汇报塔里木设计方案"。1月28日上午他向总局领导：孙大光、张同钲、赛风等汇报了设计方案。汇报后经短时讨论，孙大光说：原则上同意这个方案，马上组建新疆石油普查勘探指挥部（简称新指），上塔里木！

1978年3月初，根据总局文件，为即上塔里木开展油气普查勘探的队伍作勘探部署。决定成立"塔里木队"，任命康玉柱为队长。

总局要求在喀什-麦盖提地区进行勘探部署研究，5月底前完成油气勘探部署工作。3月上旬康玉柱率30多人的塔里木队，在锣鼓鞭炮的欢送声中离开鱼米之乡的荆州，开往西北边陲浩瀚的塔里木盆地，并很快投入到喀什-麦盖提地区野外调研工作中。

最艰难的是要在喀什、明尧勒及木什等地表构造上部署井位，为此他组织了4个小组分别对这3个构造进行检查。这样他们每天都要横穿400～500米高差的陡峭山路，途中有几米厚的砂岩悬崖陡壁，就采取人顶人或借助粗绳往上爬过悬崖，十分艰险。经过1个多月的构造检查，确定了井位。按要求于5月底前圆满完成了重力、电法、地震及探井井位的部署任务。另外，在这期间他受总局领导委托，在"新指"领导班子成员筹备等方面也作了积极工作。

1978年5月中旬，总局正式下达文件，成立新疆石油普查勘探指挥部（现西北石油局）。康玉柱认为塔里木盆地可以找到大油田，能为国家建功立业。于是主动要求去新疆工作，1980年他正式调入，1982年他们全家也搬往乌鲁木齐，从此扎根边疆找大油田。

（二）首次发现寒武–奥陶系生储油岩系

"新指"成立后，塔里木队就成了新指的油气勘探部署及综合研究的技术支撑力量。康玉柱也就成为新指的技术负责人。1978年6月~1979年10月，他们一方面进行勘探部署，一方面开展了"塔里木盆地石油地质特征及勘探方向研究"。1978年8月在塔北柯坪地区进行野外地质调研时，发现多处奥陶系灰岩的晶洞内有稠油。经研究这稠油是原生的。由此，他冲破前人认识又首次发现寒武–奥陶系是塔里木盆地重要的生储油岩系，并认为塔里木盆地古生代油气前景广阔，潜力巨大。

（三）战略转移到塔北

按已确定的勘探部署新指先在喀什–麦盖提地区进行侦察性勘探，经一年多的工作后，发现这个地区勘探目的层埋藏深，当时钻机打不到，而且构造十分复杂等，认为在这个地区油气勘探工作难以进行，急需选择新的勘探靶区。那么新靶区在哪里？

经反复研究，康玉柱于1979年9月首先提出向塔北沙雅隆起（沙雅斜坡）转移的意见。但有人反对说：前人在这个地区（1964~1974年）做了大量工作后，认为不是有利的油气远景区！为什么还要向这个地区转移呢？他应用李四光地质力学理论和方法研究认为，沙雅隆起在古生代时，西与柯坪隆起、东与库鲁克塔格隆起同属一个东西向沉隆带，古生代地层发育齐全。晚古生代由于西域构造体系作用，使柯坪与库鲁克塔格开始隆升而沙雅隆起继续沉降，又接受了中新生代沉积。因此，他认为沙雅隆起不但有中生界也应有古生界沉积。该隆起处于库车和满加尔两大生油坳陷之间，为油气运聚的指向区，是寻找古生界古潜山油气藏有利地区等，所以油气前景好。另外，根据重磁力资料，认为目的层埋藏较浅，且该区以戈壁滩为主无大沙漠，交通条件尚好。上述意见得到了上级领导的支持。新指从1980年初将油气勘探重点向塔北沙雅隆起转移。

五、开天辟地的重大突破

1980年初将主要地震队安排在沙雅隆起上作全面勘探工作，开展了1:20万重力普查，并在塔河南重力高点设计了跃参1井。

经过一年多勘探，通过雅克拉重力高点的二维地震剖面（302线），首次发现古潜山构造。跃参1井取得了振奋人心的可喜成果，见到了古生界及在600多米厚中生界中发现320米厚的生油岩，从而敲开了认识塔东北油气前景的大门。这让他们更坚定了在本区勘探的信心和决心。根据取得的新成果，1980年底，他在编写"1981年油气勘探总体设计"时，就首先提出在雅克拉构造上打沙参2井的意见，并安排了在该构造上加密地震测线，搞清其构造形态和高点位置。1983年4月他主持召开了沙参2井井位讨论会，确定了具体位置。经上级同意后，于1983年5月中旬他去现场进行井位勘定，1983年8月12日，由一普6008井队施工的沙参2井正式开钻。1984年8月中旬该井打到5363.5米，见到了古潜山风化面，并取小量白云岩岩芯，但未见油气显示。当时有些人要求停钻完井，其理由是：①现到了古生界白云岩，也没有油气显示，找油希望不大；②井太深，工程难度大，而且也发现井漏，出事故谁负责？……在要不要加深的关键时刻，康玉柱首先果断提出：决不能停钻，至少再打100米，其理由：①见一点白云岩还不能确定地质时代，原地质任务尚未完成；②该井在3800多米见到油砂，这油很可能是从深部运移上来的，油气还在下面；③根据我国古潜山油气藏特征，古风化壳有油不一定在表面，往往聚集在古风化壳下一定深度的风化淋滤带内。这个意见得到领导支持，决定加深。经过一个多月的准备工作：堵漏，下7技术套管等。

1984年9月6~12日在乌鲁木齐召开了第三次油气资源座谈会，会上不少专家教授认为塔里木盆地油气前景不乐观，原因是构造太复杂，被子太厚、目的层太深……黄汲清、关士聪认为在喀什、库车地区还有希望……在这一片认识低潮笼罩塔里木盆地的时候，当时康玉柱在会上发言认为：第一，塔里木在古生界又发现两层生油岩，分布广厚度大，油气潜力大；第二，塔北沙雅隆起既有古生界又有中生界，在中生界又发育有320米生油岩；第三，在沙参2井3800多米原油砂。这些新成果进一步显示塔里木盆地油气前景广阔，应该能找到大油田……他的发言振动了全场。这次会议刚结束10天即1984年9月22日凌晨沙参2井只加深了28米，即5391.18米，就发生强烈井喷，震天动地的巨响，打破塔克拉玛干沙漠的沉寂，油气从5000多米深处喷出来了！喜获高产油气流，日产油1000立方米，天然气200万立方米，实现我国古生代海相油气田首次重大突破，成为我国继大庆油气重要突破之后的第二个里程碑，有些专家说：大庆油田的发现让我们甩掉了中国贫油的帽子，沙参2井的突破甩掉了中国古生代海相无油的帽子。开辟了我国古生代海相油气勘探新纪元，亦拉开塔里木油气勘探大会战的序幕。康玉柱成为中国古生代海相油气勘探开拓者。

1984年9月23日《人民日报》头版作了《塔里木盆地北部沙参2井打出高产

油气流》的报道。沙参 2 井的重大突破，实现了塔里木盆地找油的新转折。地质学家黄汲清题词：喷油奥陶系，伴有天然气，康工主战场，开天又辟地。

1991 年 8 月，新疆维吾尔自治区与地质矿产部为沙参 2 井油气重大突破立碑纪念，碑文《献给塔里木盆地石油天然气资源的开拓者》。

六、塔北发现十个油气田

1984 年 10 月 16 日地矿部领导及专家们听取了康玉柱关于《沙参 2 井喜获高产油气流》的情况汇报：第一，沙参 2 井打出高产油气流的经过和抢险保井的过程。第二，几点认识和下步工作建议：①沙参 2 井油气重大突破，预示沙雅隆起（面积 3 万平方千米）是一个大型油气富集带；②揭开塔里木古生界碳酸盐岩找油新领域，油源主要来自于寒武-奥陶系，是二次生油结果；③沙参 2 井是古潜山油气藏类型，该类型是盆地腹部的各隆起重要的油气藏类型之一；④塔里木盆地 5000 米以下，还有很丰富的高产油气田，深部找油潜力很大。（上述认识已被勘探实践所证实）并建议地矿部加大塔里木盆地油气勘探力度，组织找油大会战。下步勘探部署方针"扩大雅克拉，东西展开，注意中浅油气的发现"，上述认识和建议得到了部领导和专家的认可。

1985 年初，地矿部为迅速扩大沙参 2 井的油气成果，决定在塔里木盆地北部进行联合勘探，调集 6 个地区局约 6000 人，在塔北摆开了空前规模的找油大会战的战场。1985～1995 年康玉柱主持实现了油气连续突破，在 8 个地质时代多层系中，发现了雅克拉、轮台、阿克库木、阿克库勒、西达里亚、东达里亚、阿克莫奇和艾协克等 10 个油气田。特别是阿克库勒构造上沙 18 井于石炭系底部获日产油 1400 立方米，天然气 420 万立方米，成为国内石炭系罕见高产井。亦迎来了石油部门到塔里木大会战的新局面。

七、开拓塔西、导向性重大突破

1990 年下半年地矿部领导指示：沙雅隆起发现多个油气田已经成为油气富集带了，那么第二个沙雅隆起（油气富集带）在哪里呢？康玉柱根据古生代海相成油特征及地质力学理论，排除不同观点，首先提出了巴楚隆起-麦盖提斜坡上倾部位是首选目标区，并于 1991 年在该区部署了油气勘探工作，寻找第二个油气富集带。地震勘探，并发现了一批构造。1992 年 10 月在麦盖提斜坡的巴什托构造设计麦 3 井于石炭系获高产油气流，实现了麦盖提斜坡首次重大突破；1995 年 9 月在巴楚隆起的亚松迪构造上部署巴参1井的讨论会上,有人提出,前人已在巴楚隆起上打了9口探井了,均未出油,为什么我们还要打井呢?他据理力争,最终得到领导的支持。该井于1995年于石炭系获高产工业油气流,实现了巴楚隆起首次重大突破。这两个构造单元导向性油气重大突破,为国家找到两个油气勘探开发后备基地。

八、世界级塔河大油田的发现

自从1984年沙参2井实现古生代海相油气首次重大突破后,一直未发现大油田。有些人说塔里木古生界条件太复杂,难形成大油田。但康玉柱多次强调:第一,塔里木古生界油气潜力巨大,目前又有4口井打出日产超过千吨,最高达5000吨,表面古生界油气充沛;第二,古生界二套生油岩厚度大、分布广,多成油组合,塔里木具有形成大油气田的地质条件。康玉柱一直坚持古生界、古隆起、古斜坡找大油气田的信念。1990年他主持在沙雅隆起阿克库勒凸起上的艾协克构造部署了塔河油田第一口发现井——沙23井,该井于石炭系首次获高产油气流,并于奥陶系见厚层良好油气显示(后经酸化压裂也获高产油气流),标志塔河大油田已经发现。1991年又在桑塔木构造上部署了塔河油田第二口发现井——沙29井获高产油气流。之后他们争取到了本区的探矿权,加大了在该区油气勘探力度,部署三维地震勘探。1996年初根据三维地震勘探新资料,他主持部署了沙46、沙47、沙48井和两口评价井,这批井于1997年在奥陶系均获高产油气流。特别是油48井日产油450～570立方米,连续3年累计产油50万吨,成为国内罕见的高产稳产井被称为王牌井,由此塔河大油田定型。塔河大油田至2013年累计探明油气地质储量13亿吨,成为我国第一个古生界代特大型油田,也是世界上奥陶系特大油田。

塔河大油田发现的意义:①首次发现了中国第一个古生代大油田;②进一步证明了塔里木盆地古生界油气勘探潜力巨大;③指明了古生代克拉通盆地寻找大油田的主要部位是,古隆起、古斜坡、断裂带和区域性不整合;④塔河大油田的发现,对中国广泛分布的古生界海相碳酸盐岩地区的油气地质研究和勘探具有重要的理论和现实指导意义。国家领导和省部级领导对塔河大油田给予高度评价。

康玉柱和他的同事们多年来百折不挠、锲而不舍的顽强探索和艰苦奋斗,在被称为"死亡之海"的塔克拉玛干大沙漠中,克服了极其恶劣的工作和生活环境,为塔里木的石油勘探开发做出了巨大贡献,开创了塔里木盆地油气普遍勘探工作的新局面。为我国石油工业"发展西部"的战略提供了科学依据,发挥了重要的导向作用和奠基作用。

九、勘探大西北，发现 8 个油气田

2001 年 2 月中国石化为开发中国西部油气资源，成立了中国石化西部新区勘探指挥部，其工区范围为贺兰山以西，昆仑山-秦岭以北广大地区。5 月中石化任命康玉柱为西部新区勘探经理部副经理总地质师。

当时他们面临两大难题，第一油气前景较好的地区早已被人家登记了，剩下来的都是油气前景较差、勘探难度大的地区；第二，经理部领导、管理人员和研究人员，都是从中国东部各油田抽调来的，对西北地区的地质情况基本不了解。面对这两大难题，他们坚定信心，坚持创新，冲破原有的认识，于 2002 年首先在准噶尔盆地中部凹陷区发现莫西庄油田。

2001 年 12 月为加强勘探力量将经理部改为指挥部，康玉柱任专家组副组长。2001~2006 年他主持和参加指导了油气勘探选区、勘探部署，科研立项，各类设计审查、项目验收等工作。他们先后在新疆共发现 8 个油气田，即准噶尔盆地发现了莫西庄、沙窝地、征沙村、董 1 井、车排子、永进油气田以及在塔里木盆地发现中 1 井油气田等。

十、科技创新，理论建树

（一）首次建立中国古生代海相成油理论

几十年来，中国古生代海相成油一直是国内外专家、学者十分关注的重大问题。1922 年美国斯坦福大学某教授说："中国缺石油可归因于三个地质条件：第一中、新生代没有海相沉积；第二古生代大部分地层不能生成石油；第三除西部和西北部某些地区外，几乎所有地质时代的岩石遭受强烈的褶皱、断裂，并受到火成岩不同程度的侵入。"

几十年来，不少专家、学者对我国古生代海相碳酸盐岩油气地质作了大量的研究和勘探工作，在四川发现了天然气田。但是，长期以来摆在石油地质学家和学者面前有两大难题：第一中国古生代海相到底有没有石油？第二中国古生代海相石油在哪里？

1984 年 9 月 22 日，塔里木盆地北部的沙参 2 井实现了中国古生代海相油气田首次重大突破后，肯定地回答了中国古生代海相地层中有丰富石油和天然气。

1. 古生代海相成油理论建立经过

1969年地质学家李四光指出:"现在有一个问题,我想提出来与同志们研究一下,我们现在找出来的油田都是中、新生代的,难道我们的古生代就没有油吗?美国有一半的大油田在古生代,苏联的第二巴库也是泥盆系,非洲的阿尔及利亚、利比亚也是古生代的。他们的特点,都是褶皱构造比较平缓,我们要在古生代盖层平缓、褶皱缓和的地区集中力量试验一下,譬如,黔南、四川、特别是塔里木……从战略上讲,我们要选一个地方,早一点去打开一个缺口。"

1970年康玉柱遵照李四光的指示,以地质力学理论为指导,在塔里木盆地开展油气地质研究和远景评价工作。首次确认古生代石炭-二叠系为该盆地的生储油岩,并于1978年又首次提出塔里木盆地的寒武-奥陶系海相碳酸盐岩是重要的生储油岩系。还提出了要注意在古隆起上寻找古生界古潜山型油气田(藏)。

1980年在塔北沙雅隆起上根据地震新资料发现了雅克拉古潜山构造,于1983年5月布了沙参2井,该井于1984年9月22日在奥陶系白云岩中喜获高产油气流,实现中国古生代海相油气田首次重大突破。

通过"七五""八五"科技攻关研究和油气勘探实践,研究总结了塔里木乃至国内多个古生代海相油气田(藏)特征,于1992年康玉柱首次建立了我国古生代海相成油理论,出版专著《塔里木盆地古生代海相油气田》《中国古生代海相成油特征》《中国古生代海相油气形成条件与分布》《中国塔里木盆地塔河大油田》《中国海相油气地质学》等,他成为中国古代海相成油理论的主要奠基人。

2. 古生代海相成油理论的内涵

(1)多时代、多类原型盆地叠加成油。中国大陆演化,经历晚元古代早期的大陆裂谷-震旦纪晚期至中奥陶世的洋盆扩张-晚奥陶世至中志留世的俯冲消减-晚志留世至泥盆纪的碰撞造山和古中国联合大陆开成-石炭-二叠纪再次拉张挤压阶段,从而完成了中国大陆古生代的演化历史。

上述演化使塔里木、华北和扬子等地块形成多类原型盆地,如裂陷槽(裂谷)、大陆周边、克拉通内坳陷、挤压型克拉通等盆地,其中沉积了盆地相、陆棚相、台地相的巨厚而广泛的碳酸盐岩及泥页岩,不同时代原型地叠加造就了我国古生界形成大油气田的基础。

(2)多时代烃源岩、多期成藏。①总体而言中国震旦纪-二叠系均能生油,但以寒武-奥陶系、志留系及石炭-二叠系为主。②主要烃源岩有:暗色泥岩、页岩、灰岩及泥灰岩等。③生烃特点：碳酸盐岩烃源岩有机质丰度相对产低，但成烃转化率高；能二次生烃、多期生烃；有机质成熟高度。④多期成藏：总体有 2~4 个成藏期，如塔里木地块主要有四期成藏，即海西早期、海西晚期、印支–燕山期、喜山期。

（3）多时代成油组合。①储集岩具多时代的特点：储集岩有碎屑岩、碳酸盐岩及岩浆岩，但以碳酸盐岩为主；碳酸岩的储集空间以裂缝–孔洞–裂缝型为主，非均质性强。②盖层具有多时代特点，其盖层岩石类型有：泥岩、页岩、膏盐、致密灰岩等。③纵向成油组合主要有两套，一是古生界自生自储组合，二是古生界与中新生界形成的组合（即古生界生成的油气储集到中新生界中形成的油气藏）。古生界组合以寒武–奥陶系和石炭–二叠系为主。

（4）油气具有长距离运移的特征，油气纵向可穿过几个地质时代，横向可运移几十千米至上百千米。

（5）多成藏模式。成藏模式是指烃源岩、成油期与储集层时空上的组合。古生界烃源岩，生成的油气聚集在多时代储层中，形成了多种模式：①古生古储：古生代生成的油气又储集在古生代地层中（塔里木、四川）；②晚生古储：喜山期生成的油气储集在古生代地层中（塔里木，鄂尔多斯）；③晚生中储：喜山期生成的油气储集在中生代地层中（塔里木）；④晚生新储：喜山期生成的油气储集在新生界中（塔里木）。另外，根据油藏保存和改造因素又形成四种模式：早期原生型、多期聚集型、改造再聚型、晚期聚集型。

（6）多油气相态并存，不同时代生油岩的油气并存，不同成熟度的油气并存，不同相态的油气并存。

（7）油气分布规律。从全国看，西油东气。油气田主要分布在塔里木、准噶尔、鄂尔多斯、四川、渤海湾等盆地等。其分布规律：①克拉通盆地古隆起、古斜坡控制油气区域性聚集；②区域性不整合是油气运移和聚集的重要因素；③断裂控制油气的分布；④各类低级次扭动构造控制油气田分布。

古生代海相成油理论有效地指导了油气勘探工作。塔里木盆地自 1984 年沙参 2 井实现古生代海相油气重大突破后，坚持古隆起、古斜坡、断裂带及区域性不整合控油等勘探思路，先后在塔北、塔中、塔西南发现 20 多个古生代油气田，特别又发现了塔河大油田等。古生代海相成油理论对全国古生代油气勘探起到重要指导作用，带动了我国古生代海相油气勘探工作。

（二）油气地质力学理论

1. 理论形成过程

1970 年，康玉柱应用李四光的地质力学理论开展了塔里木盆地油气前景评价研究，首先划了 5 个构造体系即：纬向系、西域系、帕米泉源反 S 型系、阿尔金系及新西域系。根据构造控制油气作用，认为塔里木盆地是个多构造体系复合的很有油气前景的大型含油气区。并指出受其二级构造带控制的东北坳陷区、中央隆起区及西南坳陷区前景最好。

1979 年，根据构造体系生成发展特征，认为塔东北坳陷区内的沙雅隆起，古生代西与柯坪隆起，东与库鲁克塔格隆起同属一个东西展布的沉降带，晚古生代这个东西向沉降带开始隆升。中生代沙雅隆起再次沉降，与柯坪和库鲁克塔格隆起分开，所以，预测沙雅隆起不但有发育较全的古生界，也应发育了中新生界。特别其南北都是生油坳陷，成为油气运移的指向区，油气前景好是寻找古生界古潜山油气田的有利地区。因此，1980 年初，将油气勘探重点由塔西南战略转移到塔北沙雅隆起。1980 年 5 月在该区设计了跃参 1 井，该井不但见到古生界，并在中生界首次发现 300 多米的生油岩，因此，坚定了在本区勘探的信心。

1983 年根据地质研究和物探新成果，大沙雅隆起中部雅克拉构造上部署了沙参 2 井，该井于 1984 年 9 月 22 日，在井深 5391.18 米奥陶系白云岩中喜获高产油气流，实现中国古生代海相油气田首次重大突破，成为中国油气勘探史上的重要里程碑。之后，根据构造体系控油的思路，又发现多个油气田。他也发表了多篇论文和专著，康玉柱成为地质力学卓越的传承者。

2. 理论的内涵

油气地质理论内涵包括：第一，全球运动的起源与主要构造运动；第二，中国主要构造体系类型及特征；第三，构造体系演化及复合与联合；第四，构造体系控制盆地形成和演化；第五，关系模式；第六，构造体系控油气分布包括：多级次控油、叠加控油、复合控油、多期控油、地应力控油及底序次各类扭动控油等；第七，不同类型盆地海油分布规律：盆地、中新生代前陆盆地及中新生代断陷盆地等；第八，地质力学。

3. 地质力学找油的步骤

根据多年实践，以地质力学理论指导油气勘探工作，发现油气田，大体经历了如下步骤和方法：第一，确定含油气区：研究巨型构造体系成生发展对某一区域（大型盆地）控制作用，多构造体复合控制的大型沉降区或盆地，就是有利含油气区，如中国东部的各大型盆地，中国西部大型盆地，如：鄂尔多斯、塔里木、准噶尔、柴达木等。第二，选择油气富集带：要深入研究含油气区（盆地）内一级构造体系成生演化特征，负向沉降带为生油坳陷，正向隆起构造带往往是紧邻生油坳陷，成为油气运聚指向区-油气富集带，如塔里木盆地中央隆起区、沙雅隆起等，准噶尔盆地的中央隆起、陆梁隆起、西部隆起等。第三，寻找油气田，在研究盆地内各级构造体系特征后，深入研究低级次各类扭动构造带，这些扭动构造带分布多在各古隆起或古斜坡区，如塔里木盆地沙雅隆起上雅克拉帚状构造，阿克库勒旋扭构造带、卡塔克隆起上塔中帚状构造带等，是油气田分布的场所。另外在坳陷区也发育有各类扭动带，如塔里木盆地叶城坳陷，柯克亚帚状构造带，库车坳陷内雁列构造带。在这些构造带上也是油气田分布的地区。

（三）中国西北地区叠加复合盆地成油理论

中国西北地区系贺兰山以西、昆仑山-秦岭以北的广大地区，面积约 260 万平方千米。区内发育 60 多个沉积盆地，其面积达 130 万平方千米。

自 1967 年以来，康玉柱对该地区进行了石油地质研究和前景评价工作，认为该区油气成藏特征是：盆地多旋回演化、构造变形多样、多时代烃源岩、多生储盖组合、多期成藏、多种成藏类型及多种油气藏类型叠加。经过 30 多年的研究和勘探实践，1997 年首次建立了中国西北地区叠加复合盆地油气成藏理论。出版专著《中国西北地区油气地质特征及资源评价》。

理论的主要内涵：①盆地多旋回演化、多类型盆地叠加复合；②构造复杂：多期构造运动、多期构造样式、构造分带性明显、中新生代挤压性强烈、盆地耦合多样；③多含油气系统：多时代生岩、多期生油、多时代储盖组合；④多期成藏以晚期为主，多油气藏类型；⑤油气分布规律，古生代克拉通盆地油气主要分布在古隆起、古斜坡、区域不整合及断裂带附近；中新生代前陆盆地油气主要分布在前陆断褶带、前陆斜坡带及前陆逆掩带。

（四）新疆前陆盆地成油理论

康玉柱从 1970 年开始在新疆开展油气地质调查，经过对新疆 20 多个盆地油气前景评价选区研究和石油勘探工作，发现新疆中新生代盆地与中国东部中新生代盆地差别很大。他们主要在多构造体系联合控制下为主，经反复研究于 2008 年建立了"新疆前陆盆地成油理论"。

理论的主要内涵：前陆盆地的概念、前陆盆地类型、前陆盆地演化、前陆盆地变型特征、体系特征、油气分布特征、油气前景和勘探方向。

（五）中国非常规油气地质成藏理论

康玉柱从2004年开始对非常规油气进行国外调研。2008年对中国非常规油气开始研究评价和选区，后又参与中国泥页岩油气实验区勘探工作研究和评价，特别是四川、西北、东北、贵州、湖北、湖南、江西、安徽等非常规油气研究。先后发表多篇论文，并于2014年主编了《中国非常规油气地质学》专著，由此建立了中国非常规油气地质理论。

理论内涵：非常规油气概念、非常规油气勘探开发形势、泥页岩油气、油页岩、油砂、天然气、非常规油气资源评价、非常规油气开发技术、非常规油气发展战略。

十一、康玉柱主要论著

康玉柱. 1981. 塔里木盆地石油地质特征. 石油与天然气地质, 2（4）.

康玉柱. 1992. 中国古生代海相油气田. 乌鲁木齐：新疆科技出版社.

康玉柱. 1995. 中国主要构造体系与油气分布. 乌鲁木齐：新疆科技出版社.

康玉柱. 1999. 塔里木盆地古生代海相油气田. 乌鲁木齐：新疆科技出版社.

康玉柱. 2001. 中国新疆地区油气地质特征及资源评价. 乌鲁木齐：新疆科技出版社.

康玉柱. 2004. 中国主要盆地油气分布规律与勘探经验. 乌鲁木齐：新疆科技出版社.

康玉柱. 2005. 新疆油气资源开发战略研究. 中国科协会上论文.

康玉柱. 2008. 新疆前陆盆地成油特征. 乌鲁木齐：新疆科技出版社.

康玉柱. 2010. 中国古生代海相油气资源潜力巨大. 石油与天然气地质, 31（6）：499-706.

康玉柱. 2011. 中国古生代海相油气地质学. 北京：地质出版社.

康玉柱. 2012. 油气地质力学. 北京：地质出版社.

康玉柱. 2012. 中国非常规泥页岩油气藏特征及勘探前景展望. 天然气工业, 132（41）.

康玉柱. 2012. 中国非常规致密岩油气藏特征. 天然气工业, (5)：1-4.

康玉柱. 2013. 中国三大类型盆地油气分布规律. 新疆石油地质, 33（6）：635-639.

康玉柱. 2013. 塔河油田勘探实践与技术创新. 北京：地质出版社.

康玉柱. 2014. 全球主要盆地类型及流化特征. 天然气工业, (4).

康玉柱. 2014. 全球主要盆地油气分布规律及发展战略. 中国石化报.

康玉柱. 2014. 中国非常规油气地质学. 北京：地质出版社.

康玉柱. 2014. 全球主要盆地油气分布规律. 北京：地质出版社.

撰写者

康玉柱

顾金才

顾金才（1939～），河北省卢龙县人，岩土工程与防护工程专家，2001年当选中国工程院院士。1960年入哈尔滨军事工程学院学习，1965年毕业于西安工程兵工程学院地下建筑系。现为总参工程兵科研三所研究员，中国岩石力学与工程学会副理事长。长期从事防护工程与岩体加固技术理论研究与试验研究工作，研究成果为提高中国岩土锚固技术理论水平和设计水平发挥了重要作用，为在国防工程中大力推广采用喷锚支护技术做出了重要贡献。在中国地质力学模型试验研究领域里，最早提出并实现坑道模型平面应变试验条件和"先加载，后开洞"的试验方法，为中国地质力学模型试验技术从平面应力阶段发展到平面应变阶段起了推动和促进作用。为我军创建了地质力学模型实验室，研制了多台性能优良的试验设备，解决了一系列复杂的地质力学模拟试验技术难题，并为中国多个大型的水电工程和国防工程开展了地质力学模型试验研究。1985年"PYD-50三向加载平面应变地质力学模型试验装置"获国家科技进步一等奖，2001年"预应力锚索加固机理与设计计算方法及施工工艺研究"获国家科技进步二等奖。

一、学 生 时 代

1939年2月，顾金才出生于河北省卢龙县的一个农民家庭。顾家祖祖辈辈都是种田人，劳动人民的家庭环境使顾金才从小就养成了节俭的生活习惯和对广大劳动人民的同情心。

顾金才的父亲虽然文化程度不高，但有一手好农活儿。每到农忙季节，他都要帮助村里孤寡老弱人家耕地收秋，有时甚至放下自家的活儿不干也给人家去帮忙。父亲的大公无私品德在顾金才幼小的心灵中留下了深刻的印象。

顾金才的母亲是一位通情达理、心地善良的农家妇女。她没有上过学，但却跟着家中的读书人三哥识了不少字。从识字起一直到70多岁，她一有空就拿起书本看看，或拿起铅笔写几个字。母亲的这种刻苦好学精神也深深地感染了顾金才，使他从小就养成了喜欢读书的好习惯。

在上小学之前，顾金才就经常坐在煤油灯下，跟着母亲看《三字经》《百家姓》《千字文》之类的古典启蒙读本。上了小学之后，顾金才不仅在学校爱看书，放学后在家里也经常抽空抓紧时间看书。当时顾金才家的院内有一棵大桑树，夏季他经常坐在树荫下看书，有时连午休时间都不休息。过春节时，顾金才也很少出去玩，常常躺在炕上看书。有时家人让他到地里剜菜、河边割草或放牛，顾金才也总是带着书，有空就看几眼。看书对顾金才来说是一种爱好，是一种乐趣，不看书就觉得空虚，就好像有什么事没做。从看书中他不仅增长了知识，提高了阅读能力，而且也得到了乐趣。当他把一道道数学难题都弄懂的时候，会感到一种充实和快乐；当他读完了《钢铁是怎样炼成的》《卓娅和苏拉的故事》等小说时，会受书中人物的行为和思想的感染，会认识到怎样生活才更有意义。

由于顾金才在小学阶段爱看书，为以后取得较好的学习成绩打下了基础。在由初小升完小的全区统考中他获第一名。在1954年小学毕业升初中时，正遇国家招生名额大减，他仍顺利考上县重点中学昌黎二中（由于他的户口在卢龙县，是跨县考取的，录取难度更大）。1957年初中毕业考高中时又赶上国家招生名额大减，他又顺利考上省重点中学——昌黎一中。

1960年顾金才高中毕业。正当他满怀激情地积极准备迎接高考时，他接到学校通知，他被保送到哈尔滨军事工程学院学习。1960年7月顾金才到哈尔滨军事工程学院（简称哈军工）报到，40多年的军旅生涯从此开始了。

到哈军工的头3个月是入伍训练。从日常生活到军训项目一切都要符合军人标准。开始大家很不习惯：吃饭、睡觉、起床要行动一致，站队、集合、走步要迅速整齐；穿衣要讲究军容风纪，见面要讲究军人礼节；不管刮风下雨，整天都要在操场上练步伐、学射击和扔手榴弹。摸爬滚打，一天下来，常常弄得大家汗流浃背，精疲力竭。

在这种情况下，有的学员就受不了啦，开始打退堂鼓，要求退学，不退学就不吃不喝。通过做思想工作，有的思想转变过来了，就继续留在部队；有的没有转变过来就转到其他地方大学去了。但是，顾金才却坚持下来，而且很好地完成了紧张的入伍训练，为他在部队的成长打下了坚实的基础。

军训一结束就开始分班上课了。顾金才被分在五系二科，即工程兵系学习地下建筑。当时的哈军工无论是教学质量、教学条件、教学环境都是全国一流水平。高大巍峨的教学楼，知识渊博的教师队伍，严格管理的军校生活，都给他留下了终生难忘的印象。但很可惜，由于形势需要，哈军工在1961年按系分开，到全国各地独立去建校。五系到西安，在清华山脚下成立了西安工程兵工程学院。顾金才在西安工程兵工程学院又学习了4年，于1965年2月毕业，被分配到工程兵科研三所工作。

在西安工程兵工程学院学习期间，虽然教学条件相对较差（因为是边建校边教学），但学院对教学质量的要求丝毫没有放松。当时每门课程都有两位教员负责。每个班都有自己的教室，学员早晚都要到自己的教室上自习，并有辅导教员在场辅导。学习的课程除基础课和专业课外，还有选修课，顾金才选修的是土动力学。学院对学习成绩要求也很严格，三门主课不及格便要退学。全班入学时30余人，到毕业时只剩下22个人。几乎每学年都有因考试不及格退学的。顾金才的学习成绩一直非常优秀，而且还承担着在寒暑假为落后生补课的任务。

1965年2月刚开学不久，顾金才正要准备进行毕业设计时，学院突然通知他和另外5名同学出差执行任务，但没有告诉他们去干什么。临走之前，学院领导特意请他们吃了一顿饭。他们从西安上了火车，一路上胡乱猜想。有的说可能是到越南去抗美援越，有的说可能是到新疆去搞原子弹试验。结果谁都没有猜对。到了北京之后才有人告诉他们是到工程兵科研三所工作。学生时代就这样结束了。五年的军校生活使顾金才受到了严格的大学本科教育，培养了他一丝不苟的军人作风，而且铸就了他踏实严谨、创新进取的科研作风！

二、学 术 生 涯

（一）烟台喷锚支护坑道化爆试验

1965年2月，顾金才到工程兵科研三所从事防护工程科研工作。他参加的第一个科研项目是大跨度机库激波管动载试验和大跨度机库现场试验。该项目以大跨度地下飞机洞库为研究背景，首先是在北京大学实验室用激波管做地下机库模型试验，然后又到安庆做锚杆加固现场试验。在该项目研究过程中，顾金才对防护工程科研工作有了较深的认识，并得到了初步锻炼。

此后不久，顾金才开始了他参加工作以来独立承担的第一项科研任务——烟台喷锚支护坑道化爆试验。

该项目的历史背景是这样的：20世纪60年代末海峡两岸关系紧张时期，我军挖了很多坑道还未来得及施工被覆。为了解决战备急需，就想采用煤矿上已经使用的喷锚支护技术，因为该技术不用模板，省工省料省时间，能较好地满足战备要求。而要在国防工程上推广采用喷锚支护技术，必须首先了解喷锚支护的抗爆性能。为此，原军委工程兵司令部命令顾金才所在部门开展此项研究。

当时对喷锚支护的认识很肤浅，研究所里的同志意见不太一致。有的认为在坑道围岩表面喷一层薄薄的混凝土，对坑道的稳定性起不了多大作用。还有的人认为，喷锚支护问题根本不是结构问题，是施工问题，不应该接受这个任务。顾金才却不这样认为，他大胆提出了自己的科研思路：过去坑道里修的很厚的混凝土衬砌是把脱落的围岩接住，不让它落到坑道内部。围岩脱落它就起作用，围岩不脱落它就不起作用。而喷锚支护是主动对破碎围岩进行加固，不让围岩发生脱落，同样可以起到洞室的安全稳定作用，只是作用大小不清楚。

正是基于这样的认识，顾金才自愿接受这项任务。要完成这项任务，最直接最有效的办法就是到现场进行喷锚支护坑道化爆试验。

1969年3月，顾金才和济南军区工程科李英奎参谋一起决定，在烟台某地用五条炮坑道进行喷锚支护系列化爆试验，顾金才是该项目技术负责人。试验段的内容较多，有毛洞段、单喷段、单锚段、锚喷段、喷锚网段，还有混凝土和钢筋混凝土衬砌段，等等。这次试验除了顶爆以外，还做了内爆试验。

试验是成功的。通过试验证明，喷锚支护具有一定的抗爆能力，可以在防护工程中推广应用。此后，由济南军区召开了由陆、海、空三军参加的推广喷锚支护现场会。

（二）徐州喷锚支护坑道化爆试验

科学研究永无止境。为了进一步提升烟台喷锚支护坑道化爆试验的科研成果，顾金才于1970年1月又投入徐州喷锚支护坑道化爆试验之中。

徐州喷锚支护坑道化爆试验是在紧接烟台化爆试验之后进行的。时间从1970年1月至1970年11月。进行该试验的原因是，通过烟台喷锚支护坑道化爆试验，只是对喷锚支护坑道抗爆性能有了丰富的感性认识，对其抗爆机理还远未达到深入理解的程度。为了在国防工程中正确合理地推广应用喷锚支护，不了解其抗爆机理是无法开展这项工作的。为此，顾金才又与济南军区的同志们一起在徐州某地区进行了喷锚支护坑道化爆试验。

虽然徐州化爆试验是在烟台化爆试验的基础上进行的，但在试验内容和试验方法上都做了较大的改进。在试验内容上力求少而精，共设三个试验段，分别研究三种不同支护坑道的抗爆性能，即喷射混凝土被覆坑道、喷射混凝土加钢筋网被覆坑道和喷射混凝土加钢筋网、再加锚杆被覆坑道。在试验方法上，首先是对洞室的几何形状和尺寸做了严格要求，对原来的毛洞重新做了修整。对喷射混凝土材料的配比及其力学性能做了严格控制，对钢筋、锚杆的几何尺寸也都要严格满足设计要求。

其次，在爆炸方式上不再采用将炸药埋置于两个对比试验段中间爆炸的方案，而是将炸药埋置于每个试验段中间进行多次爆炸，以求建立喷锚支护抗爆性能与比例距离之间的函数关系。

为了通过试验获得准确有效的测试数据，顾金才对压力、应变、加速度、位移传感器做了精心标定，对其埋设的位置、角度也做了严格的规定和要求。

在本次试验的准备过程中，顾金才和战士一起在坑道内施工，经常是白天黑夜连续加班加点地干。他亲自编筋挂网，亲自安装锚杆，亲自抱喷头进行喷射混凝土作业。有一次夜里进行喷射混凝土作业，中间休息时顾金才走到坑道外查看，趁着月光想看看表几点了，抬手一看，整个胳膊和手表都被加了速凝剂的喷射混凝土包住了，混凝土已经硬化，把它敲掉之后才露出手表来，一看时间已是夜里12点多了。

1970年冬季，正当一切准备就绪，化爆试验要正式进行时，组织上决定让顾金才参加喷锚支护坑道核爆效应试验准备工作，徐州化爆试验由其他同志接续完成。

（三）中国第一次核武器触地爆条件下的喷锚支护坑道效应试验

1970年11月初至1971年12月底，顾金才参加了中国第一次核武器触地爆条件下的喷锚支护坑道效应试验，获得了非常宝贵的喷锚支护在核爆条件下的试验数据。这是中国首次进行核武器触地核爆试验，机会非常难得，顾金才与其他同志一样特别重视这次试验。为此，他对各试验段的洞室断面尺寸、岩体特征都做了详细描述，对喷锚支护的施工做了详细记录。正是一丝不苟的科研精神和精益求精的工作作风，使他对各试验段的岩体覆盖层厚度亲自做了测量，并与设计部门给定的数据做了对比，发现在某些地段与原设计有较大出入，从而避免了不应有的错误。

对各试验段岩体覆盖层厚度的测量，需要从坑道口部开始，一点一点地往坑道内推进。顾金才一个人又测量水平距离，又测量高程，在山坡与坑道之间跑上跑下，不仅很辛苦，而且还要非常仔细，否则就要出错误。功夫不负有心人，他顺利完成了测量任务，为试验后进行的数据分析提供了依据。

按试验场区规定，核爆后必须经过相当长的一段时间，让核沾染降到人员允许的剂量之后才能进场观察，并且还要穿上防护服，戴上防毒面具和剂量笔，以防沾染过大剂量，影响身体健康。因此，核爆后顾金才天天都以焦急的心情在等待，希望早日进场观察试验情况。终于这一天来到了，他迅速穿好防护服，戴好防毒面具，拿上记录本，登上卡车就向场区跑。到了工地，下车就钻进坑道观察各试验段的破坏情况。为了工作方便，顾不得核沾染了，他摘下面具进行观察和记录。这是核武器触地核爆条件下坑道破坏状态的第一手资料，非常宝贵，他实在太兴奋了。

1972年1月初至12月底，顾金才参加核武器效应试验总结工作。通过对该次核武器效应试验的系统总结，并结合烟台试验和徐州试验成果，他对喷锚支护抗爆性能有了丰富的感性认识，对其抗爆机理也有了较深入的理解，为《喷锚支护抗爆性能研究》提供了基础数据，该成果1988年获国家科技进步三等奖。

(四) 喷锚支护室内模型试验研究

虽然已取得了骄人的成绩，但顾金才并不满足。在他看来，通过两次化爆和一次核爆试验，尽管对喷锚支护的抗爆能力已经有了初步认识，但对影响其抗爆能力的各因素之间的函数关系还无法建立。因为化爆试验也好，核爆试验也好，它只能对某一具体工程给出特定的试验结果，而不能研究相关因素的影响。因此，要给出锚杆、喷层、岩体特征、洞室形状尺寸等相关因素对喷锚支护抗爆能力的影响，还需要做更多的工作。

考虑到岩体及岩体与锚杆、喷层之间的相互作用关系十分复杂，难以进行精确的理论分析，而采用模型试验的方法则相对简单一些（当时数值计算在中国尚未普及）。于是，顾金才决定开展喷锚支护室内模型试验研究。

从1973年初到1974年底，顾金才用了两年的时间，进行有关室内模型试验的资料调研和相关试验技术准备，并在坑道模型试验研究领域取得了突破性进展：

1. 提出了坑道模型试验应该采用平面应变试验条件和"先加载，后开洞"的试验方法

顾金才之所以提出这一观点，是由于他受到美国的一篇AD报告《受静载作用的地下洞室地质力学模型试验研究》的启发。他认为这篇长达600多页的报告有四个重要特点：

第一，在顾金才所查阅的资料中，该报告第一次提出坑道模型试验应该采用平面应变试验条件，不仅论证了其合理性，还给出了平面应变试验装置和试验方法。

第二，由于采用平面应变试验条件比采用平面应力试验条件在加载方法与试验技术上要复杂得多，况且中国以往均采用平面应力试验条件，现在提出要采用平面应变试验条件必须对其合理性和必要性进行论证。

为此，顾金才专门进行了两种平面条件的对比试验。结果表明：在平面应变条件下，洞室破坏部位发生在洞壁附近，而平面应力条件下，洞室不产生局部破坏，却被穿过整个模型块体的两条相交剪切大裂缝切割，整个模型块体就像一个受压试件一样产生压剪型破坏。由此可见，在两种平面条件下，洞室的破坏形态是完全不

同的。地质力学模型试验是要做破坏试验的，因此采用平面应变试验条件是必需的、合理的。

当然，由弹性理论可知，如果洞室模型的受力是控制在弹性范围内，并且测试数据是以应力为准，则两种试验条件给出的结果是相同的。如果测试数据是以应变为准，则两种试验条件给出的结果也是可以按照公式互相换算的。

第三，这份报告中提出，地质力学模型试验应考虑洞室的受力与其周围的地质条件密切相关，要把洞室与其周围的岩体作为一个统一体考虑，这也是合理的、先进的。过去有些模型试验，把围岩作为荷载对待，不考虑具体的岩体特征对洞室受力的影响是不合理的。

第四，该报告还把成功的试验和失败的试验都做了详尽的介绍，顾金才受到很大启发：搞科学研究应该一步一个脚印地进行，对每一步都要扎扎实实，有根有据，决不能想当然。对所要研究的问题一定要全面掌握国内外研究现状，要在前人的基础上，站在制高点上开展研究工作。对所研究的问题要在理论上有一个基本了解。对研究的内容要有系统的全面的考虑和安排，以便使待研究的问题得到全面的、完整的解答。

鉴于这篇报告内容的重要性，顾金才反复研读几遍，并利用业余时间将其翻译成中文。译文共357页，分四个分册，于1980年7月由煤炭科学研究院开采所油印成册，并在多个相关单位交流。由于该书极具参考价值，后来又有很多单位向他索要，因印数有限，只好采用复印的方式来满足需要。

在该报告的启发下，顾金才根据工程实际对现行的模型试验方法做了深入分析，提出地下洞室模型试验除了应该采用平面应变条件以外，还应采用"先加载，后开洞"的试验方法，即在模型开洞之前，先对模型块体加载，使其在模型块体内产生所需要的初始地应力场，然后在保持该地应力场的条件下进行洞室的开挖与支护，这样做才符合工程实际情况。这一方法的提出在中国是首次，它对提高中国地质力学模型试验技术水平起到了推动和促进作用！

上述两项技术（洞室模型平面应变试验条件和"先加载，后开洞"试验方法），因其在地质力学模型试验中的合理性和重要性，在顾金才的积极倡导下，引起国内同行的重视。1974年7月，在四川峨眉山的一次学术会议上他应邀做了相关的学术报告，反响良好。自此以后，中国地质力学模型试验技术逐渐采用了顾金才倡导的平面应变试验条件和"先加载，后开洞"的试验方法。

2. 研制成功多台地质力学模型试验加载装置和模型材料性能试验设备

顾金才在大量调研的基础上，决定喷锚支护模型试验采用平面应变试验条件和

"先加载、后开洞"的试验方法。但是有关平面应变加载试验装置国内尚无先例，需要自行研制。他先是参考美国 AD 报告，加工了一个试验装置，通过多次试验，发现有不少问题需要改进。特别是该装置不能满足"先加载、后开洞"的试验要求，必须进行重新设计。最终顾金才与课题组其他同志一起根据项目研究的要求和多次试验积累的经验，成功研制了一台性能优良、功能先进的三向加载平面应变地质力学模型试验装置。该装置在最大加载能力、模型荷载精度、减摩技术措施、设备使用功能等主要指标上均优于当时美国的同类设备，于 1985 年获得国家科技进步一等奖。在此设备基础上，顾金才又主持研制的"岩土工程多功能模拟试验装置"，于 2004 年获军队科技进步二等奖。

除了上述模型加载装置外，顾金才还和项目组同志一起研制了一系列的模型材料力学性能试验设备，包括拉—压真三轴仪、套筒式三轴仪等。其中，拉—压真三轴仪于 1992 年获国家科技进步三等奖。

3. 解决了一系列复杂的地质力学模型试验技术问题

这些技术主要包括模型材料的选择技术，模型制作技术、测试技术、加载技术、平面应变条件控制技术、洞室开挖技术、喷层锚杆的施工模拟技术、复杂地层的模拟技术、围岩断裂缝突显技术、测试数据分析处理技术等。其中每项技术的解决都要通过几十次，甚至上百次艰辛的摸索试验。例如，对模型材料的选择要求被选定的模型材料具有强度低、内摩擦角高的力学特征，同时还要无毒无害，价格低廉，容易获取，制作方便等。顾金才先后采用水泥砂、石膏沙、石蜡沙、黄土沙等多种材料，进行了几十组、上百次的对比试验研究，最后才确定了合适的模型材料和配比。

在解决喷锚支护施工模拟技术方面，通过摸索，最后顾金才和同事们能够做到在直径 10 厘米的洞室内，完成钻锚杆孔、注浆、安装锚杆以及用喷射的方法在洞壁上设置喷层等作业，其施工过程与实际工程基本一致。

在测试技术方面，顾金才解决了测量洞室（洞群）周围应变场、围岩松弛范围、洞壁不对称位移等测试技术难题，还解决了测量介质内一点的剪应变测试技术、模拟锚杆（索）的轴应变测试技术、锚杆（索）张力大小及变化规律测试技术等难题。特别是他解决了预应力锚索现场试验中，在锚索孔内注浆体中设置应变片的技术难题和应变片在水泥砂浆中的防腐、防潮绝缘技术难题，为在国内首次现场测得预应力锚索内锚固段注浆体与孔壁和注浆体与钢绞线之间的剪应变分布规律创造了条件。

顾金才研制的上述多台试验装置和相关试验技术，为顺利开展室内喷锚支护地质力学模型试验工作奠定了坚实的基础！

4. 利用自行研制的试验装置和试验技术做了大量地质力学模型试验

首先，顾金才为国防工程进行了大量的、系统的洞室试验，主要有不同洞形影响试验、不同地质特征影响试验、不同支护形式对比试验、地应力特征影响试验等。

其次，为中国一些大型水电工程进行了多次地质力学模型试验。主要有：为白山水电站、二滩水电站、大朝山水电站、黄河小浪底水利枢纽工程等进行了地下厂房地质力学模型试验；为李家峡水电站进行了岩质高边坡群锚加固效应地质力学模型试验；为江苏宜兴抽水蓄能电站进行了现场锚杆拉拔试验研究。其中，黄河小浪底水利枢纽工程地下厂房在整个设计阶段先后做过三次模型试验。

通过上述各项试验，为国防工程和国家大型水电工程建设做出了重要贡献，也对喷锚支护加固机理有了更全面、更系统的理解。顾金才在此基础上完成的研究成果"喷锚支护模型试验研究"于1991年获国家科技进步三等奖。

（五）预应力锚索加固机理与设计计算方法研究

"搞科研就要与时俱进，敢于创新，只有这样才能体现出科研的价值。"这是顾金才经常讲的一句话，也是他科技创新精神的充分体现。正因为他的这种不断创新精神，使他在患有严重心脏病的情况下，仍不顾家人的劝阻，主动承担起军队重点科研项目"预应力锚索加固机理与设计计算方法"的研究任务。

预应力锚索加固技术在国内外岩体工程中已获得广泛应用，并取得了显著的加固效果，但在其加固机理与设计计算方法方面还存在不少问题需要研究解决。这些问题不解决就有可能给锚固工程设计造成浪费或产生潜在危险。为此，顾金才作为项目负责人主持了这项研究工作。前后历经近八年的时间，做了大量室内模拟试验、现场试验、数值计算和理论分析工作。实验进入最后攻坚阶段时，他的心脏病犯了，心跳每分钟达到140多次，可他不但拒绝住院治疗，反而把被褥都搬到实验室去，支起了一张小木床。当心脏跳得太快，实在无法忍受时，只好躺在床上，叫身边的人用手帮他使劲压一压心脏部位，稍微好受些，便起来继续工作。在这种情况下，顾金才带领课题组完成了12次大型模拟实验和1次大规模现场实验，写出了30万字的研究报告。当这一具有国际先进水平的科研成果通过鉴定时，他欣慰地笑了，而他的老伴和项目组的同事却流下了眼泪。该项成果于2001年荣获国家科技进步二等奖。

为了在现代战争条件下确保指挥防护工程的安全，必须大力提高指挥防护工程抗精确制导武器打击的能力。为此，近年来顾金才又主持开展了相关重点课题的研究工作，自主研制了一台岩土工程抗爆结构模型试验装置，并利用该装置完成了大量锚固洞室抗爆模型试验，取得了丰富的研究成果。

（六）甘为人梯

顾金才心系国防科研事业，把全部心血倾注在我军防护工程研究上，多项成果填补了国内空白；他瞄准世界军事发展的前沿，为中国预应力锚索加固技术理论研究和我军高抗力工程技术研究做出了开创性贡献；他甘为人梯的奉献精神享誉国内防护工程界……

在顾金才的眼里，做人比做学问更重要。在一次科研成果报奖排名中，按贡献的大小他本该排第一名，可有关人员给他排了第三，有人为他鸣不平。他却平静地说，当初搞科研也不是为了评奖，只要成果得到了肯定我也就知足了。顾金才从事科研工作40多年来，最高的奖励就是立过一次三等功；当的最大的"官"是课题组长。而他的学生有的当了师以上领导，有的当上了处长，还有的当上了大老板。有的学生问他这样干值不值，他说我是党员、是军人，穿着军装、拿着工资，干好自己的工作是我的责任，没有值不值的概念，只有为部队科研奉献力量才不愧对自己的良心！

在他的心目中，培养年轻人最重要，也最让他感到欣慰。"我是踩着众人的肩膀上来的，我也愿做'人梯'，让年轻人踩在我的肩膀上。"他在开展课题研究中，主动要求年轻人参加，借此机会帮助他们尽快掌握防护工程岩体加固理论和相关试验技术。他常常是把自己研究一半的成果无私地交给年轻人，自己花费心血整理的私人资料库更是成了年轻人的"阅览室"。科研骨干陈安敏是顾金才课题组的组员，本来好多事都要他给老师服务，没想到，他却成了顾金才的服务对象。从他到项目组那天起，顾金才就把自己积累多年的资料毫无保留地交给他，还给他选科研项目，定攻关课题。在顾金才的指导下，陈安敏到项目组五年来，先后有3项科研成果获得国家和军队科技进步奖，发表论文13篇。如今，在顾金才的培养下，一批科研骨干脱颖而出。令顾金才最感欣慰的事就是自己为国家和军队培养了十多名硕士、博士研究生，3名博士后，研究出包括国家科技进步一等奖在内的多项高质量的成果！

顾金才的辛勤付出和杰出成就得到了学术界的高度评价，也得到了祖国和人民的认可。他先后获国家科技进步一等奖1项，二等奖1项，三等奖3项。1992年被批准为国家级有突出贡献中青年专家，并享受政府特殊津贴。1998年获总参"人梯奖"。2001年当选为中国工程院院士。但他并没有就此停下科学研究的步伐，而是认为"当选院士只是新的起点"。

在顾金才的心中，院士不仅是一个称呼，更是一种责任，一种使命。他将肩负起时代赋予他的伟大使命，勇于奉献，拼搏进取，开拓创新，奋斗不息，为自己的人生和国防科研事业谱写辉煌壮丽的新篇章！

三、科学成就

1. 创建了先进的地质力学模型实验室

早在20世纪60年代末期，他在国内率先提出并实现了坑道模型平面应变试验条件和"先加载、后开洞"的试验方法，为我军创建了地质力学模型实验室，为国防工程及大型民用工程问题的研究提供了一种重要手段。

2. 主持研制多台性能优良的试验设备

包括PYD-50三向加载地质力学模型试验装置、岩土工程多功能模拟试验装置、拉—压真三轴仪等，这些设备均具有性能优良、技术指标先进的特点，整体上达到国际先进或国内领先水平，在研究和解决大型国防和民用工程技术问题中发挥了重要作用。

3. 主持完成多项国防工程重大课题研究工作

包括"喷锚支护抗爆性能研究"、"喷锚支护模型试验研究"、"预应力锚索加固机理与设计计算方法研究"等，对喷锚支护洞室在静载和爆炸荷载作用下的力学性能以及预应力锚索加固机理与设计计算方法进行了深入系统研究，为喷锚支护技术和预应力锚索加固技术在国防工程中的大量推广应用提供了科学依据。

4. 为解决大型国防与民用工程技术问题做出了贡献

第一，对国防工程中的地下机库、地下厂房及一般作战坑道工事做了大量模型试验研究。首次给出侧压系数与洞室破坏部位的对应关系，提出用应力绕流原理来提高洞室抗力的技术途径。此外，还为国防、人防重点研究课题做了大量地质力学模型试验，均取得较高水平研究成果。

第二，为解决中国大型水电工程关键技术问题做出了重要贡献。先后为中国白山水电站、二滩水电站、大朝山水电站、小浪底水利枢纽工程等水电工程进行了地质力学模型试验，为李家峡水电站进行了岩质高边坡群锚加固效应试验，为江苏宜兴抽水蓄能电站进行了现场锚杆拉拔试验，等等。上述研究成果为国家重点工程设计和建设提供了科学依据。

四、顾金才主要论著

顾金才，苏金昌. 1988. 在静荷载作用下的均质岩体中砂浆锚杆支护洞室受力特点及破坏形态模型试验研究//第一届全国岩石力学数值计算及模型试验讨论会论文集. 成都：西南交通大学出版社：288-293.

顾金才，沈俊. 1991. 锚杆支护洞室受力反应与破坏形态比例模型试验研究//水电与矿业工程中的岩石力学问题. 北京：科学出版社：726-733.

顾金才，沈俊. 1991. 单根预应力锚杆加固范围研究. 防护工程，(1)：67-73.

顾金才，明治清，沈俊. 1993. 岩体结构面对地下洞群围岩稳定性的影响. 防护工程，(2)：45-51.

顾金才，郑全平，沈俊，等. 1994. 预应力锚索对均质岩体的加固效应模拟试验研究. 华北水利水电学院学报，(3)：69-76.

顾金才，刘建武，张勇，等. 1995. 黄河小浪底导流洞1号施工洞口部预应力锚索加固//中国锚固与注浆工程实录选. 北京：科学出版社：63-71.

顾金才，明治清，沈俊，等. 1997. 预应力锚索锚固洞室洞壁位移特征试验研究//刘汉东，路新景，霍润科. 岩石力学理论与工程实践. 郑州：黄河水利出版社：60-67.

顾金才，明治清，沈俊，等. 1997. 锚固洞室洞周应变分布特征模型试验研究. 岩土力学，18（增刊）：110-114.

顾金才，明治清，沈俊，陈安敏. 1998. 预应力锚索内锚固段受力特点现场试验研究. 岩石力学与工程学报，17（增刊）：788-792.

顾金才，明治清，沈俊，等. 1998. 预应力锚索内锚固段剪应力分布规律现场试验研究//中国岩土锚固工程协会编. 岩土锚固新技术. 北京：北京人民交通出版社：109-113.

顾金才，沈俊，陈安敏，等. 1999. 锚固洞室受力反应特征物理模型试验研究. 岩石力学与工程学报，18（增刊）：1113-1117.

顾金才，沈俊，陈安敏，等. 2000. 锚索预应力在岩体内引起的应变状态模型试验研究. 岩石力学与工程学报，19（增刊）：917-921.

顾金才，沈俊，陈安敏，等. 2000. 预应力锚索对李家峡水电站岩质高边坡加固效应模型试验研究//第六次全国岩石力学与工程学术大会论文集. 新世纪岩石力学与工程的开拓和发展. 北京：中国科学技术出版社：566-570.

顾金才，陈安敏，吴祥云，等. 2002. 宜兴抽水蓄能电站锚杆现场拉拔试验研究. 防护工程，24（3）：69-74.

Gu J C, Chen A M, Wu X Y, Dong H X. 2002. In situtensioning test research on the design of rock bolts support for large size excavations//Zhang C X, Jing G X, Zhou Y. Proceedings In Mining Science and Safety Technology. Science Press, Beijing: 62-68.

顾金才，陈安敏. 2004. 岩体加固技术研究之展望. 隧道建设，24（1）：1-2，5.

顾金才，沈俊，陈安敏，等. 2004. 预应力锚索加固机理与设计计算方法研究//第八次全国岩石力学与工程学术大会论文集—西部大开发中的岩石力学与工程问题. 北京：科学出版社：32-39.

顾金才,沈俊,陈安敏.2004.地质力学模型试验技术及其工程应用//王思敏.中国岩石力学与工程的世纪成就.南京:河海大学出版社:403-412.

顾金才,陈安敏,徐景茂,等.2008.在爆炸荷载条件下锚固洞室破坏形态对比试验研究.岩石力学与工程学报,27(7):1315-1320.

顾金才,顾雷雨,陈安敏,等.2008.深部开挖洞室围岩分层断裂破坏机制模型试验研究.岩石力学与工程学报,27(3):433-438.

主要参考文献

孙现富.2002.院士顾金才-与时俱进攻难关.解放军报:6-26.

武华民,欧阳,赵佳.2007.顾金才-防护工程的守护神.创新科技,(2):26-28.

撰写者

陈安敏(1968~),总参工程兵科研三所研究员,顾金才的助手和长期合作者。

曾恒一

曾恒一（1939~），重庆市人，海洋石油工程专家，海洋工程技术领域开拓者之一。1997年当选中国工程院院士。1961年毕业于上海交通大学。现任中国海洋石油总公司副总工程师、国家能源深水油气工程技术研发中心主任、国家能源专家咨询委员会委员。50多年来一直从事工程船舶与海洋油气田开发工程领域的前期研究、设计、建造及技术管理工作；主持中国第一艘大型采金工程船、第一代海上石油钻探船、导管架下水大型工程驳船、海上大型铺管船等20多种船型，以及中国第一个海上新型单点系泊浮式生产系统的论证、设计、建造工作；负责组织中国5个大型海上油气田的前期研究、总体开发方案制定。作为国家资源与环境领域专家，参加了国家中长期科学和技术发展规划纲要（2006~2020）的战略研究与部分纲要内容的起草。他积极推进海洋深水发展战略的研究，为准备实现中国深水技术跨越式发展，做了大量的前期工作。指导并组织开展了中国第一艘3000米深水半潜式平台的前期研究；同时，还提出了"深海空间站"概念与"深远海补给基地"概念。曾获得国家科技进步一等奖、二等奖和其他科技进步奖多次。1989年获国家建设部授予的"中国工程设计大师"称号；2013年7月30日在中共中央政治局第八次集体学习会上，他与国家海洋局的高元国一道作了"建设海洋强国研究"的讲课。

一、"极地跨越"：从山城重庆到苍茫大海

人间万物皆有缘。在冥冥之中，曾恒一似乎和大海、和海洋石油工程有一种与生俱来的情缘。

曾恒一出生于美丽的重庆，那是一个内陆山城，距离海洋达数千里之遥。在那里，人们的衣食住行和思维世界似乎与大海毫无关联。小时候，他从来没有见到过大海，然而，当曾恒一第一次在一份杂志上看见大海时，便产生了无限的向往。

在南开中学念初中时，曾恒一积极参加学校课外活动组织的船舶模型小组活动，这使他对船舶格外痴迷。他和同学们自己动手制作的轮船模型，曾参加1952年"六一儿童节"重庆市大型少年儿童作品展览会，在展览大厅的水池里，他做了轮船模

型的自航表演，得到较高评价。

这是少年曾恒一的兴趣所在。从那时起，他就立志将来长大后要成为一名舰艇设计大师，制造军舰守卫祖国的万里海疆。

1956年9月，在高中毕业时曾恒一怀着一种蔚蓝色的情怀，第一志愿、第二志愿都填报的是上海交通大学造船系，最终他如愿以偿。从封闭的山城重庆来到河海交接的大上海，对于曾恒一来说，这绝不是地理上的一次跨越，而是心灵与志向的契合。

从此，他与大海，与海洋船舶工程结下了不解之缘。

1961年，曾恒一以优异的成绩从上海交大毕业，被分配到上海中国船舶及海洋工程设计研究院的前身——国防部第七研究院708研究所工作。由于他勤奋努力，肯学能钻，很快就成长为技术骨干，先后参加了十多个型号海军辅助船和工程船的方案论证与设计工作。

1964年，年仅25岁的曾恒一主持设计建造了我国第一艘250立升大型采金船。当时，设计资料极为匮乏，仅有几张苏联专家留下的图纸，在有关院所与老同志帮助下，他带领项目组克服重重困难，成功地完成了设计任务。该船于1968年建成后，用于黑龙江的一个沙金矿，这是我国第一次由人工淘金变为机械开采。采金船投产时，现场工人们高兴地说："机器一响，黄金万两。"采金船的成功建造，成为曾恒一的一个"金色"开端，展现了他的才华。

1972年，为适应海洋石油事业的发展，石油部从部队转业的渠道向海军要100名技术与管理干部，在这机遇下，曾恒一为了解决长达8年的夫妻两地分居问题，离开上海708所，与在唐山铁道学院从事教学工作的妻子一起调到渤海石油公司的前身——石油部大港油田641厂。

对于曾恒一来说，虽然离开了海军，但他并没有离开深爱着的蓝色海洋，没有离开海洋装备事业。

二、拓荒之路：海洋石油工程在艰难中起步

在20世纪70年代初，我国海洋石油工业还处在比较艰难的阶段。当时海上勘探装备几乎等于零。

一张白纸，可以画出最新最美的图画；可以写出最新最美的文字。曾恒一相信，这里有他的事业，有他施展才华的机遇。当时，从海军调到海洋石油的技术人员达30多人，全都分在了渤海石油研究所。在这种特殊的时代背景下，在那个物质生活

比较贫困、技术信息非常封闭的年代，他却始终对事业、对学术有着不懈追求。曾恒一与同行们一道，开始了海洋石油装备业的拓荒之路。1972年，曾恒一参加了我国第一艘海上打桩、起吊两用工程船的建造，并负责总体设计，一举获得成功。

1973年，他主持设计建造了我国第一艘导管架水下大型工程驳船，负责总体设计及下水摇臂这一最主要结构部件的设计。就驳船本身而言，其结构并不复杂，技术难点主要集中在驳船后面导管架装卸用的一个可转动的摇臂及调载系统。摇臂与船体的接触只有两个支撑点，而几千吨的重量就压在两个点上，其角度、长度、宽度和位置都十分关键。

在当时的条件下，这艘驳船设计唯一的参考资料，就是科教片中闪过的日本导管架下水的一个镜头。要知道，这个一闪而过的镜头，才3秒钟时间。然而，就是借助这个镜头的记忆，他和其他技术人员一道，对实物模型进行精确试验分析和详细数据计算，终于成功地解决了这一关键的技术难题。

也是在1973年，曾恒一还主持了海上大型铺管船的设计方案论证。当时，正值"文化大革命"时期，国内的大学与研究机构基本上处于瘫痪状态。为了获取相关资料，他带领小组工作人员从塘沽到北京，在情报研究所，他们对相关的国外杂志文献和文摘资料进行了大范围的查找与资料收集工作。通过一周没白天没黑夜的艰苦努力，通过总结分析国外资料，基本上摸清了国外铺管船的现状、装备水平和关键技术，特别是对其核心设备托管架和张紧器装置的关键技术，进行了深入了解。

曾恒一与他的小组通过对铺管船设计方案的反复论证，提出自行设计、国内建造的建议。为了研究张紧器的功能原理，还专门设计制作了一个大型木工模型。这些工作为后来引进铺管船和铺管船的改造设计，打下了良好的基础。

20世纪70年代中期，我国海上只有"渤海一号"和"渤海二号"两条钻井船。渤海一号钻井船是一条国产船，在升降能力、预压载方式、可变荷载方面都存在一些问题。渤海二号钻井船是从日本进口的一条名为"富士号"的旧船。然而，这条船在船型和沉垫抗滑移方面都有较多不足之处。

对此，时任石油部部长的康世恩认为，要真正铺开海上勘探，最主要的还是要解决钻井船问题。于是，石油部决定，在1974年，由海洋石油勘探指挥部（渤海石油公司的前身）设计建造10条新钻井船。这是中国海洋石油勘探史上划时代的工程，这一工程由曾恒一担纲主持。

当时海洋石油指挥部的总指挥钟一鸣特地把曾恒一叫到办公室，"你是搞总体设计的，我们一下自行设计建造10条钻井船，有没有把握？"话语中有些担忧。对此，曾恒一深知其份量。要自行设计、建造10条钻井船，其中有许多技术难关需要攻克，然而在石油部领导的决心面前，他还是充满信心地回答道："我们有把握！即使有天大的困难，我们也要用最大的努力去克服。"

总体设计要确定自升式钻井船的主要功能，这包括作业水深、环境条件、钻机能力、主要装备水平；还要确定船型、尺度、升降与预压方式、桩腿型式尺度，以及可变荷载与总体布置等。这是一项多专业协同、逐步优化的系统设计。即使当时能够收集到的国外资料非常有限，但是曾恒一对只字片言的信息也从不放过。同时，他更重视对"渤海一号""渤海二号"钻井船的实践总结。通过这些扎实而又细致的基础工作，曾恒一和他的团队提出了新的设计方案，并很快完成了新方案的总体设计。设计方案经过精细论证后，立即上报石油部。石油部特事特办，这一论证方案很快得到了批准。接着，紧张的设计工作全面铺开。总体设计、结构设计、船装设计、动力设计、机械设计……都是一个要求：由中国人自行设计，自行建造。液压升降装置、起重机、锚机等大型设备，几千张图纸全都是人工绘制。对于整体结构的设计，采用了当时国内刚刚起步的计算机有限元计算方法；而对于桩腿的设计、液压升降装置的设计、钻井船的总体性能等，都采用了科学有效的方法。例如，对桩腿销孔局部受压与固桩架的受力，进行了大比尺结构模型试验；对桩腿抗冰模拟试验、桩腿高强度厚钣的焊接工艺，经过上百次实验室试验与现场试验；液压升降系统的每一个阀件与控制设备，都进行了实验室试验与功能试验；总体水动力性能与稳性，进行了多工况的水池模型试验；为研究直升飞机停降对飞机平台产生的局部冲击荷载，也进行了结构模型试验……正是这种"三老四严"的精神与科学求是的作风，使曾恒一带领的团队成功地攻克了一个又一个的技术难关。在大连造船厂，"渤海三号""渤海五号""渤海七号""渤海九号""渤海十一号"5条钻井平台同时开工。曾恒一既是设计主持人，又是驻厂监造代表。在大连，他一待就是整整十年。

20世纪80年代初，先期投入使用的"渤海五号"和"渤海七号"两艘钻井平台，获得了国际上享有盛誉的挪威船级社的《入级证书》，这是我国工程船首次取得国际船级资格。在渤海对外合作勘探中，这两艘钻井船分别租给日本、法国公司作业，钻井船性能均得到国外公司高度评价。"渤海五号"和"渤海七号"两艘钻井平台在主要性能、抗风浪能力、钻井功能、升降能力、预压方式、可变载荷能力，以及设备装备水平，都达到了当时国际同类钻井船的先进水平。为此，获得了首届国家科技进步二等奖。

1979年11月25日"渤海二号"钻井船在迁移井位的拖航中翻沉，船上74名船员中72名遇难，成为了当时震惊全国的重大事件，国务院对此做出了严肃处理。

五届人大三次会议提出了应对"渤海二号"事故进行科学调查研究的提案，这项编号为78号的提案由国务院办公厅转到了石油部海洋石油勘探局，并提出对重大工程事故进行科学调查研究，以深入了解事故产生的原因和有关技术问题，对今后工程设计、施工、使用管理、保证安全均具有重大的意义。这项任务下达后，领导决定由曾恒一主持完成。曾恒一接到任务后，编制了一份详细的研究计划，将事故的分析研究分为8个专题进行，最大的难题是围绕事故本身的基本情况和基础资料的调研分析。他带领调查小组成员查阅了"渤海二号"所有的图纸资料、计划书和操作手册，收集了该船在渤海使用7年多来共拖航30个航次的详细情况，特别是涉及翻沉前后点滴情况，诸如，包括翻沉前船长与总调度室的通话记录，当事人的回忆记录，关于事故地点的风浪流资料，附近过往船只的航行记录，以及负责拖带"渤海二号"的拖轮所掌握的现场情况，等等。在全面分析调查资料的基础上，在有关高校院所的协助下，调查小组开展了大量的计算分析与数十次的水池模型试验，包括各种不同工况的翻沉模拟试验，历经6个月时间终于圆满完成了任务。从科学技术角度清晰地分析了事故发生的原因，以及应吸取的教训，并提出了一些今后需深入研究的设计、标准以及科学机理方面的问题。在完成这份研究报告的时候，正值挪威DNV船级社的专家代表团来访，在学术交流会上，曾恒一的技术分析思路得到了挪威专家的高度评价。

三、努力进取：在对外合作中实现自主创新

20世纪80年代初，改革开放的春风激荡神州大地。伴随着国门的开启，中国海洋石油工业走进了一个新的春天。而渤海湾袒露出自己那宽阔的胸襟，吞吐世纪风云。

为了追赶国际海洋石油工业的步伐，中国海洋石油总公司开展广泛的国际合作。在对外合作过程中，通过向外国伙伴学习，实现自主创新。

此时，曾恒一根据世界自升式钻井平台从开槽型发展为悬臂型的最新动向，在我国首次开展悬臂式钻井平台的前期研究，并得到了渤海公司领导的大力支持。他作为领队，带着一批技术专家和自己提出的总体设计方案，与美国最具实力的设计公司开展联合设计，所有图纸、文件、计算报告等全套资料都有美国公司与渤海石油公司的双标志。通过项目合作，曾恒一和他的技术团队很快掌握了新型悬臂式钻井平台的核心技术。这也是25年前我国海洋工程拥有一项世界先进技术知识产权的最初尝试。

1980年5月29日，在渤海海域，中国海油率先与日本日中石油株式会社签订两个石油勘探合同。中日双方在渤海湾展开了大规模的海上油气勘探作业，随后渤中28-1油田浮出水面。1985年10月，渤中28-1油田开发方案预可研报告得到国家计委批准。预计每年产油43万吨、天然气21.9亿立方米。1986年初，中国海油和日本日中石油株式会社决定对渤中28-1油田投入全面开发，日方为作业者并对海洋工程建设实行国际招标。那时，两伊战争逐步升级，波斯湾笼罩着战乱的风云，世界油价暴跌，引发第二次石油危机，造成了全球的经济大衰退。在这样的国际局势大背景下，正待开发的渤中28-1油田自然受到了相当大的影响。渤海石油公司与其他五家外国公司竞标中，以1.27亿美元的低价一举中标，这也是我国海洋石油工程首次拿到的国际工程总包项目。要实现渤中28-1油田的科学、经济开发，中日双方决定选择采用FPSO。FPSO是浮式生产、储油与卸油装置的英文缩写，它是一艘集海上油气处理厂、电站热站、海上储油罐、海上卸油终端、海上星级宾馆及海上直升式飞机场等多功能为一体的特殊船舶，由单点系泊装置永久系泊在海上，能够承受百年一遇的狂风巨浪的袭击。

1986年初，我国建造的第一艘FPSO——5万吨级的"渤海友谊"号的设计工作正式启动。渤中28-1油田开发项目组下设多个项目分组，其中FPSO项目组由曾恒一出任项目经理与设计经理。于是，他开始从海上勘探装备的设计建造，转到海上油田工程设施的设计建造上来。这既是工作的需要，也是海洋石油工业发展赋予的历史重任。起初，"渤海友谊"号FPSO方案的设计是由外国公司做的，整个设计从压力等级、工艺流程、备用系数、安全保护，到设施的装备水平等，标准太高，完全是一个豪华设计。对于曾恒一和他的项目团队来讲，首先面临着三大难题：一是如何优化设计降低工程造价；二是如何将FPSO安全作业在有严重浮冰区的海域；三是如何按国际标准第一次实施工程总承包项目。

在巨大困难面前，项目组表现得非常冷静。曾恒一和他的团队认真研究了油藏开发方案与主要参数，反复分析外国公司的设计资料与思路，决定从降低工艺流程压力等级为切入点大胆简化流程，选用适度标准优化工艺系统、公用系统、中控系统、安全系统，以及主要设备的选型设计，合理布置庞大的工艺模块、动力模块，改进模块甲板结构以及系泊塔架与船体的连接结构设计等。通过全面优化设计，大大降低了工程造价。

渤海是有冰的海域，浮冰区冰块的大小从几米到几十米，在潮流作用下对海上平台造成巨大的冲击与挤压。1969年的特大冰情曾推倒了海上采油平台，从此渤海平台工程设计都以"冰"作为控制性荷载。为了解决FPSO的抗冰问题，在计算分地震的发震时刻也存在着对应相当确定的太阳风的方位角与倾角。从而表明了以上他们已观测到的诸多地震与太阳活动的关联性，有可能就是这种太阳风磁场高能粒子等的电磁机制所构成的日地耦合的产物。近年来，他们注意到在长周期脉动地震波中，有一种大脉冲可以每秒数百千米的速度传播。这样快速的传播速度在力学范畴是没有可能的；在光学范畴又太慢了。他们当时认为太阳风高能粒子的环球漂移正具有数百千米/秒的传播速度，估计只有它才有可能是地震与太阳活动关联的耦合机制。今日既又观到了地震的发震时刻与太阳风到达的方向与倾角有关，两者正好获得了相互的印证，这就大大加强了它们的可信度了。因之，他们认为探索地震预测尚须关注"天外来客"。

诚然，精确掌握地下深部的构造与动力是探索地震预测不可或缺的基础信息。对其给予十二万分之重视是完全应该的。但是如上所述，不容忽视，"天外来客"，也有可能在地震发震的过程中，起着某种决定性的作用。许绍燮认为，探索地震预测尚须关注"天外来客"。

（九）结构与动力匹配是发震的基础

复杂的地震发震结构，多变的地震发震动力，只有在它们的格局互相匹配时才具备发震的基础。不断演变的发震动力，其格局不是总能找到可与其匹配的发震结构，这时成为了无震或少震的地震平静期。发震动力再次演变到可以匹配另外某一种地震发震结构时，新的地震类型、新的地震活动区出现了，新的地震高潮又来到了。如此演进使研究者感到地震总是似曾相识，却又完全出乎意外。结构与动力这对矛盾中，动力是矛盾的主要方面。明日的动力演变了，今日的地震活动高潮期就会戛然而止。研究探测不断演变的动力应受到特别重视。鉴于构成诸类图像主要地震事件具有等间距性，以及它们又是相嵌着交替发生，这些具有变形屈曲成因的时-空特征，是今后引导我们研究多变的地震发震动力具有重要启迪的指导性思路。

如在前文中所述："天外来客"太阳风中若真的蕴含有若干发震动力的信息，再考虑到地震发震具有全球结构的大尺度规模，因之，采纳卫星（既可以上天出迎"天外来客"，又可以迅速扫遍全球掌握大尺度动态）监测，运用卫星工具以探索地震预测应该是非常值得重视的上策了。

1994年许绍燮被国家地震局授予"有贡献的地震预报专家"称号。自2002年以来许绍燮一直参与了中国地震预报评审委员会的主持工作，2007年国家地震局聘任其为地震电磁卫星项目首席科学家。2007年获科技部等五部委颁发"全国地震科技工作先进个人"称号。

许绍燮以一个甲子春秋的科研实践均集中于对地震（天然地震与核爆地震）事件监测分析研究。他急社会之所急，勇于积极承担任务。每每在完成任务中，做出了有自己特色的成就。

纵观许绍燮取得的那些成就，其共性是"做有自己特色的事"。做事选定的目标，如果是跟着别人做，或目标只是一般般，那最后的成果一定会有别人优于你，这就难于立足社会。做有自己特色的事，才有可能立足于社会。

明确需待自己解决的问题（目标）；构想有可能破解这问题的途径；从本人当前现实的环境中寻找出切入点。

抓住切入点，锲而不舍。坐下来，钻进去；不断扩大认识各种相关信息，为调研客观对象不惜时间、精力。不惜一次一次地重复观察，不惜反复对比琢磨。对研究对象的真实确切掌握，是凡事成功的必要条件，也是遇到困难时，可成为自我支撑的内在科技功底。

为了国家，为了社会，为了人民，是许绍燮不竭精神力量的永恒源泉。

三、许绍燮主要论著

许绍燮. 1958. 机械地震仪弹性铰链连接器. 科学记录，新辑第 2 卷，(1)：31-35.

许绍燮. 1959. 581 型微震仪设计和试验结果，地球物理学报，8（2）：109-122.

许绍燮，沈佩文. 1980. 北京周围地区地震的分布特点与地壳屈曲，地震学报，2（2）：153-168.

Xu Shaoxie, Shen Peiwen (1981). Seismicity Patterns in China, Maurice Ewing Series 4：Earthquake of Prediction, pp. 117-125.

Xu S X, Wang B Q, Lucille M. Jones (1982). The Foreshock Sequence of Haicheng Earthquake and Earthquake Swarm—The Use of Foreshock Sequences in Earthquake Prediction, Tectonophysics, 85：91-105.

Xu S X, Li Y F. 1985. Similarity of Two LIYANG Earthquakes. PAGEOPH (1984/85), 22：894-900.

Xu S X, Li Y F. 1986. Seismotectonic Implication of Seismicity Pattern, Journal of Physical Earth, 34, Suppl：s13-s24.

许绍燮. 杜达. 武宦英. 1988. 根据西德戈丁根地震台仪器记录编制的中国地震目录——对中国地震目录中 1903 年以来 M≥7 地震参数的核对. 地震学报，10（3）：257-269.

许绍燮. 1989. 地震预报能力评分. 地震预报方法实用化研究文集，地震学专辑：586-590.

许绍燮. 1989. 地震学地震分析预报方法指南. 震情研究，增刊，总 04：1-22.

许绍燮. 1999. 地震震级的规定. 北京：中国标准出版社.

许绍燮. 2003. 探索地震预报. 国际地震动态，2（290）：1-6.

许绍燮. 2005. 17 世纪初泉州—琼山大震组群发生的相关性与构造特征. 大地测量与地球动力学，25（1）：1-5.

许绍燮. 王春贞. 2006. 地层大尺度运动的一次记录. 国际地震动态，(8)：1-5.

许绍燮. 2006. 大尺度地层内的分层运动. 中国工程科学，8（6）：14-22.

许绍燮. 2006. 我国当代二十世纪前后的强震系列似可表示为 1556 年华县始发强震后继系列的异相镜像（系列

二、留学逸事

在苏联留学期间，我主要在苏联南部（高加索、克里米亚、巴库和中亚细亚等油气区）进行野外地质工作。期间遇到了不少惊险和值得回忆的逸事。

（一）有幸认识哈茵教授

1956年7月中旬至8月下旬在西高加索实习期间，有幸认识和接触莫斯科大学地质系构造地质教研室的教授哈茵。可能因为我是中国学生，调查队将我与哈茵安排在当地农庄的民房里居住，而其他队员则被安排在帐篷里。哈茵是苏籍犹太人，他思维敏捷、思路清晰、记忆力特别强。仅举一例，在前一阶段一个多月的野外调查中，因多次搬家，野外3本地质记录丢失，他利用下雨不能出野外的3天时间，把丢失的野外详细的记录资料全部恢复（包括各地质露头点的地址、岩性、产状及层组厚度等）。

哈茵早在20世纪50年代早中期就编写并出版了《苏联含油气区大地构造》巨著。20世纪60年代末，哈茵因较早地接受西方的板块构造学说，并与美国地质学家一起主持全球构造编图，被苏联的传统构造学派称为"叛徒"。他多次在莫斯科大学地质系进行美国地质的专题讲座，还在黑板上描绘了很多地质构造剖面，并给出岩性、产状、层组厚度、断裂等各种数据。讲座结束后，我向他索取材料，他回答说："今天，全凭记忆讲课，并没有携带任何讲稿。"哈茵堪称地质界的奇才，现已年近90，曾多次来华讲学。

（二）土库曼斯坦沙漠遇险

1957年5月下旬至1957年9月底，我被安排在土库曼斯坦油气区（属十分干旱的沙漠地区）进行地质构造详查（比例尺1∶50000），主要利用航空照片和地面地质资料进行填图。

有一次，我从土库曼斯坦油气普查勘探涅别达克总基地（是一座位于里海东侧的石油城）取资料，在乘公共汽车返回途中，当行程约40千米后，再步行15千米穿越沙漠才能到达贝依达克填图点的小分队住地。由于沙漠天气非常炎热干燥（我们经常将生鸡蛋埋在沙的表层里，中午取出就成熟鸡蛋），所带的一壶水早已喝完，途中口渴难耐，导致鼻孔出血、嘴唇干裂，最后终于艰难地步行到达小分队住地。

(三) 挨导师一顿骂

1959年10月3日，当得知组织上要我再次去莫斯科大学攻读副博士时。离京去浙江前，我给导师写了一封信。信的大意是，我已在莫斯科大学待了5年，从大学一年级开始就得到您的帮助和指导，深表感谢。我对莫斯科大学的情况比较了解，因此想去苏联科学院研究所攻读副博士学位，这样可以更好地了解科学院几个研究所在油气地质研究方面的专长。并在信中附上我浙江老家的中文通信地址，并希望导师给予回信。果然，在1959年10月中旬末在家收到导师的回信。导师在信中训斥我"不要异想天开，你想离开莫斯科大学是不可能的，至于你说要了解苏联科学院的一些情况，我可以安排满足你的要求，你必须回莫斯科大学，并且由我指导完成你的副博士论文"。我在莫斯科大学地质系与导师相处8年多，这是唯一挨导师的一顿骂。

(四) 向石油无机成因理论的鼻祖求教

1962年1月，我去位于列宁格勒的全苏石油勘探研究所（其前身是沙俄时代的中央地质调查所）参观学习，还有一批全苏联闻名的石油地质专家和地球化学专家，其中包括石油无机成因的鼻祖库特梁采夫。我事先阅读了这些专家发表的最新论文，并准备好问题找他们答疑。我在列宁格勒全苏石油勘探研究所向库特梁采夫咨询的事被该所的弗·勃·瓦索耶维奇（苏籍犹太人，我导师的好友，著名石油地质学家，勃罗特去世后，被苏联地质部任命为莫斯科大学地质系石油地质教研室主任）知道，并电告我的导师。于是，当我返回莫斯科大学的时候，地质系秘书立即通知我去导师家。当我踏进导师家的书房，一见面他立即问我，听说你在列宁格勒时拜访库特梁采夫，你的学术观点被库特梁采夫弄糊涂了，现在我要把你的糊涂观点清理一下，并质问我，你在库特梁采夫那里看见了什么，并与他讨论了什么问题。我如实向他作了汇报说，库特梁采夫的陈列室里有大量的岩石标本，如古巴、巴西、印度、蒙古和苏联西伯利亚等各地的火成岩及火山岩裂隙和晶洞含液态烃标本。库特梁采夫很热情地带我观看这些标本，并进行详细讲解。事后我向库特梁采夫提了三个问题，第一原油中含族化合物以及卟啉化合物，这些化合物显然来源于有机质，对此您的无机生油理论作何解释；第二无机生油的化学机理是什么？石油中含有很多复杂的碳氢化合物，对此你的无机生油理论作何解释；第三应用你的无机生油理论，如何进行勘探部署，并请举出勘探成功的实例。库特梁采夫听了我的提问后沉思片刻说，原来你不相信我的观点，你根本没有必要到我这里来，并请我离开他的析与规范设计的基础上,曾恒一带队去了荷兰Marin水池,专门进行了浮冰与FPSO的运动撞击模拟试验,他们与荷兰专家认真观察了各种工况下的试验现象,分析了试验结果,基本上掌握了在潮流作用下浮冰与FPSO之间的撞击规律,突破了以往对冰区船舶仅加强船艏结构的传统概念,提出了FPSO船体适用于浮冰区的新的加强设计方法。这在世界上首次将FPSO成功地用于有冰的海域。这也是中国对世界FPSO技术做出的贡献。

对于中国海洋石油工业来说,FPSO完全是一个新鲜事物,怎样组织管理好国际工程总承包项目,怎样协调指挥一大批建造施工队伍,又怎样保证落实质量、进度和费用三大控制……一个个困难就这样摆在了"渤海友谊"号FPSO的指挥者们面前。1987年上海已是繁华之地,黄浦江中张挂着各种国旗的船只来往穿梭……大上海正尽显它的无限魅力。这年初,"渤海友谊"号FPSO也在上海沪东船厂正式上马。曾恒一率领项目组人员进驻船厂。由于是第一次建造FPSO,项目组相当庞大,高峰时达110人,其中中方80人,日方30人。在这些日方人员中,包括由日中石油株式会社专门派出的技术顾问组成员,共7个人,他们是来做曾恒一的助理。整个项目组分为管理、计划、设计、采办、建造和质量6个部。其工作任务主要是实现三大控制:计划控制、质量控制与费用控制。整个项目的决策、执行与验收完全按照国际标准进行管理,日报表、周报表、月报表、每天的例会、每周的协调会都是有条不紊的在进行。在曾恒一带领下,经过900多个日日夜夜的艰苦努力,终于使大量的关键技术问题迎刃而解,整个设计和施工建造工作得到了日方专家的高度评价。

1989年7月,"渤海友谊"号FPSO圆满完工,并成功用于中日合作油田。FPSO的主要技术指标、建造质量都达到了国际先进水平。随后,这一项目先后荣获上海科学院科技进步一等奖、上海市新产品一等奖、国家科技进步一等奖。2006年,在纪念中国造船工业百年历史的活动中,被评为我国十大名船之一。

"依靠自主创新,勤奋学习,善于优化集成,脚踏实地地去攻克每一个高新技术难题,让我国的FPSO技术走在世界前列。"曾恒的一席话,道出了我国FPSO事业走过的由国外规划设计到完全由国内自主设计建造的成功之路。

为了适应中国海洋石油事业高速高效发展的迫切形势,1994年,中国海洋石油总公司决定筹组中国海洋石油生产研究中心。作为筹备小组成员之一,曾恒一与同事们一道,用最短的时间顺利完成了组建任务。生产研究中心成立后,他被任命为主管生产、科研的副主任。对于曾恒一而言,这又是他人生的一个新起点。以前,他主要是主持大型海洋工程的设计工作,可现在摆在他面前的,是海上油气田开发的前期研究项目，动辄涉及几十亿的投资。他肩上的担子更重了。面对新的挑战，曾恒一亲自领导了5个大型油气田总体开发方案的编制及技术实施工作。在工作中，他与同志们一道，打破开发方案研究编制的常规作法，而是在油藏地质、钻井完井、工程设施等3个不同领域、不同方案的平行研究中，相互交叉、相互比对、不断优化，最后形成安全可靠、经济效益好、开发风险最小的总体方案，为中国海油高层的决策提供科学依据。

四、挑战蔚蓝：技术、方法与思维的新突破

生命有所限，事业无穷期。作为海洋石油工程专家，曾恒一在事业追求的道路上，矢志不移，求索无止，默默耕耘。面对中国海洋石油工业的新形势，他站在时代的潮头，不断挑战自我，努力寻求海洋石油工程技术、方法与思维的新突破。

20世纪90年代初，为开发渤海众多的边际油田，曾恒一经过深入研究，对边际油田的开发提出了一系列具有挑战性的新思路：

其一，由于受国外陆上发展小型LNG（液化天然气）的启发，提出在海上利用渤中34-2/4油田现有平台设施，建立小型LNG装置与储罐装置，再利用3000吨货船改造成小型LNG运输船，这样可实现小型气田的开发，该方案进行了可行性研究。

其二，提出在渤海建一个小型核电站（约5万千瓦），可以向渤海多个油田供电，因为当时有些油田，油气比低，伴生气不足，这样大大影响了油田开发的经济效益。核工业设计院对此作了概念研究。

其三，提出采用二点系泊系统实现油田的早期生产，为开发小型边际油田获得成功的应用。

其四，提出"蜜蜂式采油"的思路，利用旧的自升式平台改装成移动式采油平台，灵活机动、重复使用、可有效地实现各种边际小油田的开发。为此在1993年，曾恒一带队前往美国，购买了两艘旧的沉垫式自升式钻井平台，并充分利用在美国为拖航这两艘钻井平台做准备的时间段，在现场完成改装的方案设计。回国后，在有关院校协助下，曾恒一又着手进行沉垫防滑桩的试验研究，沉垫储油与油水置换的实验室试验，以及规模较大接近实际工况的中试研究。这些工作，为解决关键技术难题取得了突破性的研究成果。平台很快投入了使用，节省投资上千万美元。这两艘平台现在仍在服役期，由于种种原因，从真正意义上讲还未作为独立的采油、储油与外输装置，但是它们却为开发边际油田做了一次成功尝试。

随着渤海油田的高速发展，FPSO 的运用愈显重要，但渤海水浅，大型 FPSO 的使用将面临在风浪中撞击海底的巨大风险。为此，曾恒一提出研究大型浮体在浅水中的运动特性问题，并获得了国家"863"课题立项。在"十五"期间，他作为国家"863"项目资源与环境领域专家，亲自指导并参与了"浅水大型浮式生产装置关键技术研究"课题的研究，并取得了原创性成果。他首次提出了"大型浮体浅水效应"概念，为优化设计开拓了新思路，成功地将大型 FPSO 用于了世界水深最浅的海域，这也是中国人对世界 FPSO 技术做出的又一贡献。

进入 21 世纪，世界海洋石油工业加快向深水进军的步伐，深水技术与深水装备快速发展。占领深水技术制高点，开拓深海资源和空间是当今世界许多国家重要的国家发展战略。我国南海深水蕴藏着丰富的油气资源，被称之为"第二个波斯湾"。其石油地质资源量达 230 亿 ~ 300 亿吨，占我国总资源量的三分之一，其中 70% 位于深水区，这是我国石油工业可持续发展最有前景的领域。为此，曾恒一认为，加快南海深水资源勘探开发的步伐，尽快实现对深水技术的重点跨越，这是我们必须面对的历史使命。他积极向中国海油高层建议，成立中国海洋石油总公司深水工程重点实验室，开展深水大型装备的前期研究、设计与建造技术研究，建议国家"863"项目设立有关深水技术的重大课题，这些建议都得到了领导的大力支持。曾恒一负责组建了深水工程重点实验室，并兼任室主任。曾恒一领导的这个优秀团队，积极开展深水钻完井技术、深水平台技术及浮式生产系统技术、深水立管及深水铺管技术、深水施工重大装配技术、深水水下生产系统技术以及天然气水合物钻探及开发技术等的研究工作。

在中国海洋石油总公司决策高层的支持下，2006 年曾恒一亲自带领深水工程重点实验室与上海 708 研究所、上海交大的团队开展了我国第一艘 3000 米深水半潜式平台"海洋石油 981"的前期研究。对此，他提出，首先对世界上最著名的四类典型半潜式平台的主要特点，包括：使用范围、平台动力特性、装备水平、系泊方式、作业条件等进行认真分析研究，并在此基础上结合我国南海特殊的环境条件，再进行优化集成，从而提出具有我国海洋开发特色的新方案。这些为后续的设计、建造打下了良好基础。"海洋石油 981"已于 2012 年 5 月投产，并成功地在南海钻探 14 口井，最大作业水深达 2542 米，并经受了多次台风的考验。

曾恒一作为国家资源与环境领域专家，参加了"国家中长期科学和技术发展规划纲要（2006 ~ 2020）"的战略研究与部分纲要内容的起草。在报告起草过程中，他建议将大型海洋工程技术和装备、深水技术研究基地、3000 米水深钻井船、2×8000 吨大型起重铺管船、新型深水平台及水下生产设施等重大装备，以及在前沿技术中关于突破天然气水合物钻井技术和安全开采技术、深海空间站技术等内容，基本上都被"纲要"所采纳。

曾恒一提出的"深海空间站"思路，是将深水油气田开发设施全部放在海底，通过海底管道将油气送往陆上终端，在3000米深水海底安装井口与生产工艺设施、建设小型核电站与热站，建设人员作业的中央控制室与居住的星级宾馆，舱外作业则通过ROV机器人进行，采用自航深潜器实现水面与"深海空间站"对接，以接送人员与作业器材。

该思路已列入前沿技术的研究中，它的实现将大大降低越来越频繁的台风与内波对海上油田设施带来的巨大灾难。

同时，他还提出了"深远海补给基地"思路。因为在不远的将来南海深水油气田开发规模越来越大，离大陆的距离越来越远，供应补给线达上千公里，直升飞机航程不足，大量的作业与运送船只需要提供支持……为此，他提出了"航母型"方案与"人工港湾"方案来解决这一问题。"人工港湾"由6个功能型SPAR（立柱式平台）与28个消波型SPAR组成，它可提供6架直升机的停降、6艘作业船只的停靠与避风。10万吨燃油与作业材料的储存、200人星级宾馆的住宿等。该思路也已立项准备开展前期研究。

在世界海洋资源中，除了油气资源外，最引人注目的，就是蕴藏于海底的天然气水合物，也即可燃冰，是一种理想的清洁能源。全球天然气水合物的储量非常巨大，据专家估计，全球天然气水合物的资源量相当于全世界石油、天然气、煤炭资源量总和的两倍。

我国南海也有丰富的天然气水合物资源，他积极建议与推荐我国联合海外最有优势的科技资源强强联合。加快天然气水合物的勘探开发进程，争取在2020年实现海上试采。这些都得到了中国海洋石油总公司高层领导和国家相关部门的大力支持。

"十一五"期间，曾恒一担任国家重大科技项目"海洋深水油气田开发工程技术项目"的项目组长，他带领科技团队初步突破了深水工程关键技术，形成了我国深水油气田工程总体方案与概念设计能力，建立了深水工程技术研究所需要的实验装置和工程样机，为推动我国深水工程技术的发展做出了贡献。

50多年来，曾恒一始终有一种只争朝夕、"恒一"不懈的进取精神。他对事业，有"恒定"的目标，有"专一"的追求，有不懈的进取之心。

这，就是曾恒一的孜孜求索；这，就是一个工程技术专家的事业情怀。

五、曾恒一主要论著

周守为，曾恒一，等.2005.中国海洋石油高新技术与实践.北京：地质出版社.

撰写者

廖志敏（1970~），现供职于中国海洋石油总公司，曾多次对曾恒一进行采访。

李焯芬

李焯芬（1945~），广东中山人。岩土工程专家。中国工程院院士、加拿大工程院院士、香港工程科学院院士及前院长。早年就读于香港大学（工学学士，1968；硕士，1970）及加拿大西安大略大学（博士，1972）。长期服务于加拿大安大略省水电局；1994年起任教香港大学，曾任副校长。20世纪70年代初开创了弹脆性岩土边坡及地下洞室的应力分析模型及稳定性评估法。80年代，研究并界定了大陆板块内部地震及板块边缘地震的差异，并应用到多个核电站及大坝的抗震设计中去。同期主持了加拿大高放核废物地质处置及中低放核废物处理的可行性研究及设计工作，包括大型地下实验室及现场测试。90年代中期回香港后，探明了香港地区滑坡的成因、机理及治理方法；进行了大型现场测试；发展并完善了土钉加固法的理论与实践，并广泛应用于数以百计的香港边坡工程中，达到安全及环保的效果。自1996年起，工余主持了香港福慧慈善基金会的扶贫助学工作，在中国西部贫困山区捐建中小学及医院四百余所；为西部地区三十多所大学及师范学院提供奖助学金。

一、成 长 岁 月

李焯芬1945年生于广东中山，从小在香港接受教育，从基督教圣公会的圣彼德小学，到天主教喇沙会的圣约瑟书院（中学加大学预科），到香港大学（本科加硕士研究生），一共在香港念了17年的书，才去加拿大深造。

少年时代的李焯芬酷爱阅读，并对文学产生了浓厚的兴趣。念中学时，学校（圣约瑟书院）位于香港岛的半山区。每天放学后，他从半山区走到中环的皇后大道中。五六十年代，皇后大道中有两间甚具规模的中文书店，一间是中华书局，另一间是商务印书馆，卖的主要是内地出版的书籍，其中有不少"五四"以后，三四十年代及解放初期的文学作品。李焯芬在这两间书店打了多年的书钉，也选购过不少书籍回家细读。就这样，他读了不少近代中国作家的作品，包括巴金、叶圣陶、茅盾、鲁迅、老舍、沈从文、朱自清、许地山、端木蕻良、萧军、萧红、萧干等的作品。同时还读了许多苏联文学名著的中译本，包括《钢铁是怎样炼成的》《青年近卫军》《在人间》《被侮辱与被损害的》等。从许多近代中国作家的作品中，李焯芬深深体会到旧社会（特别是农村）人民承受的苦难。每遇上水灾旱灾，千百万人流离失所，哀鸿遍野。李焯芬明白中国自古以农立国，而水利是农业的命脉，因此萌生了日后读水利工程的念头。

李焯芬当年念的那所中学（圣约瑟书院），以英语水平见称，也非常重视阅读。每个课室之内，都有两个大书柜。老师要求每位同学每星期要借一本书阅读，读完了要写读书报告，翌日在课堂上宣读。几年下来，读了不少世界文学名著，也间接提高了自己的写作能力。

1965年，李焯芬入读香港大学土木工程系。香港或海外的大学都鲜有水利工程系之设。一般来说，水利算是土木工程系内的一个专业。实际上，水利是个跨学科的专业，包括了水文、水力、结构、岩土等学科。

在香港大学念书期间，李焯芬参加了一个名为"香港大专学生社会服务队"（以下简称服务队）的跨院校学生组织。60年代的香港，经济仍未起飞，新界及离岛许多农村经济仍然比较落后，村民生活仍然比较贫困，交通也不方便。服务队的同学们，利用每年的复活节、暑假（7月及8月）和圣诞节假期，到这些农村去办志愿工作营，从事修桥筑路的义务劳动。服务队还会利用周末的时间，到农村去访贫问苦、放电影、成立流动图书馆、给孩子讲故事或教唱歌等活动。这个学生组织大约维持了十年光景。李焯芬当过工作营的营长，服务队的组织组组长等，还在服务队认识了他日后的配偶李美贤（当年是香港中文大学的学生）。李焯芬还参加过学校学生会的社会服务团，当过义务小学教师，也参加过社会服务团办的志愿工作营。

李焯芬于1968年以一级荣誉毕业于香港大学。毕业后留校念硕士研究生，师从Peter Lumb（英国人，岩土工程教授，是最早研究香港滑坡问题的学者之一）。李焯芬的硕士论文题目是《香港土壤矿物及其工程特性》。他在香港各地收集了许多风化花岗岩及火山岩的样本，用热差法、电子显微镜及X射衍射法做土壤矿物分析。结论是长石在风化后先蜕变为长管形的埃洛土（halloysite），再变成六角型的高岭土（kaolinite）。在海洋环境中，这些黏土矿物会变成伊利土（illite）。

1970年，李焯芬完成了硕士论文，去了加拿大安大略省伦敦市的西安大略大学（University of Western Ontario）当博士研究生，师从劳军仪（K. Y. Lo），论文的题目是《黏土边坡的渐进式破坏》（*Progressive Failure of Clay Slopes*），于1972年毕业。

二、枫叶国的回忆

李焯芬在加拿大的安大略省生活和工作了约23年。毕业后曾在西安大略大学及多伦多大学（University of Toronto）任教。1975~1993年在安大略水电局（Ontario Hydro，又称安大略省电力公司）工作。1994年初回香港大学任教。

李焯芬早年的学术研究工作，主要集中在弹脆性岩土边坡的应力及稳定性分析、地应力测量、高水平地应力对地下洞室稳定性的影响等课题。

20世纪60年代，电子计算器开始在各领域广泛应用。数值分析法（特别是有限元法）亦有了长足的发展。当时，弹性应力分析和弹塑性应力分析的计算机软件都已陆续开发出来，并应用到学术研究中去。可是，许多岩石和黏土的应力应变关系却是弹脆性的。那就是说，这些岩土在应力达到强度水平后，其负荷能力会突然大幅下降，造成大量的应力释放，令周边的岩土也陆续受到破坏，最后导致边坡或地下洞室的失稳。要评估这种情况，就需要做弹脆性应力分析。可当年并没有这样的软件。李焯芬的博士论文主要是建立了一个弹脆性物体的数值模型，采用应力释放及转移的方法来进行弹脆性岩土应力分析，并开发了相关的软件，做了许多欧美各国滑坡个案的分析，这在当年是个较重大的突破。这套弹脆性岩石应力分析法，后来还写进了加拿大能源部的矿山边坡工程手册（Pit Slop Manual），作为边坡安全评估的一个主要工具。

当年的另一个研究课题是地应力和地下工程的关系。加拿大的许多地区，都出现了高水平地应力的现象。在靠近地表的岩层中，水平地应力一般达到7~15兆帕。这和北美洲的冰川地质史有关。在过去的一百万年间，北美洲曾经历过四次大冰河期。冰河的厚度逾3000米，地表都给压下去了，岩层亦因此承受了很大的压力。约一万年前，冰河最终消融了。地表逐渐回升，岩层的垂直应力也就逐渐释放了。可水平应力仍被锁定在岩层中，无从释放，因为没有水平位移来促成水平应力的释放。每次开挖隧道、地下洞室或水电站的地下厂房时，就等如提供了一次水平应力释放的机会。这样一来，在许多地下工程中就出现了边墙时效变形、顶板及底板因水平应力过量集中而坍塌的现象，严重地影响了地下工程的安全操作。李焯芬和他的研究团队，就此进行了大量的地应力测量，采用的方法主要是掏心法（U. S. Bureau of Mines stress-relief overcoring technique）和水力破裂法（hydraulic fracturing）。前者在浅层进行，后者则在深层进行。这些现场测试工作历时约十年，基本上界定了高水平地应力在各岩层的分布。同时亦做了大量岩心时效变形的试验，摸清楚了不同岩层的时效变形幅度和速度，评估了它们对各种地下工程的影响，并开发了相关的设计方法和数值分析软件，供工程实践之用。这套方法产生了不少至今仍常被引用的文献，并被各国同行在地下工程中广泛采用。

1975~1993年，李焯芬在安大略省水电局工作，主要是从事水电和核电的开发、设计和建设。他热爱工作，每天清早七时便到办公室，经常工作至深夜。在水电局内，他平均每一两年有一次晋升的机会，因此成了水电局内最年轻的总工、工程部经理、局领导层成员。尽管技术管理和行政管理的任务繁重，他还是积极参与了大量的科研和技术攻关工作，18年发表了逾60篇的学术论文。

安大略省水电局是省营企业单位，有员工约5万人，负责该省的发电、输电和配电业务。它以水电起家，有68个水电站。除水电外，还有不少大型的火电站及核电站。20世纪70年代开始发展核电，陆续兴建了匹克灵（Pickering）8×500兆瓦、布鲁斯（Bruce）8×850兆瓦及达灵顿（Darlington）4×1000兆瓦核电站。李焯芬主持了这些核电站的地震地质调查及抗震设计论证。

加拿大东部位于北美大陆板块的中央，远离板块的边缘。一般来说，板块边缘的地区（例如墨西哥，美国的加利福尼亚州等地）地震较多，诱发地震的断层较明显（例如加利福尼亚州的圣安德鲁大断层），震源较浅，地震影响的范围也比较小，主要集中于断层的邻近地区。板块内部（例如北美洲的东部和中西部）发生地震的频率不高，但偶尔也有八级的地震（例如1842年的密苏里州新马德里大地震）。地震的成因跟板块边缘不一样，主要是因为大冰河期过后地壳逐步回升，导致应力场的调整和地壳深层断裂带的错动。这种板块内部的地震震源较深，影响范围较大。地震的高频含量较大。在基岩上测到的加速度时程也跟板块边缘的不一样。抗震设计时要充分考虑这些特色。李焯芬多年来研究板块内部地震的成因、跟应力场的关系、地震地质特征、对工程结构的影响，由此发展了一套针对板块内部地震的风险评估法及工程设计方案，应用到安大略省水电局的20台核电反应堆的抗震设计中去，属地震工程领域的一项创新与突破。

1978年，加拿大展开了高等放射性废物地质处置（geologic disposal）的科研工作。李焯芬一直都是项目负责人及积极参与者之一，直接参与了大量水文地质及岩石力学的试验工作，及可行性论证，因此累积了不少这方面的经验。他同时亦参加了许多欧美国家的高放核废物处理合作研究计划。核电站的高放核废物，主要是辐照过的核燃料棒或经过后处理的废物。除此之外，还有不少中等及低等放射性的废物。当年，李焯芬的工作亦包括了中低放核废物的处理及相关的环境水文地质工作。80年代以后，中国开展了核电的建设。李焯芬差不多每年都回国参与有关核废物处理和核电站设计的技术论证和咨询工作,至今仍继续参与中国高放核废物地质处理的科研工作,并担任广东大亚湾核电安全咨询委员会的副主席。

水电方面,除了一些新项目的规划及建设外,李焯芬最主要的工作是大坝安全评估(dam safety assessment)。安大略省水电局的68个水电站有不少老坝。当年的设计标准跟今天的有颇大的差距。大坝安全评估就是用今天的安全标准来评估每个老坝的安全,查找不足,有需要的话就进行加固。在中国,已建的大坝中有些已被水利部评估为是导致病险水库的问题坝。多年来,李焯芬亦参加过各省的一些大坝安全检查和评估工作。

李焯芬旅加逾20年,始终心系祖国。从80年代初开始,他经常回国参与水电、核电的建设,在黄河、长江、珠江、松花江、汉江、雅砻江、大渡河等大江大河的中上游留下了不少足迹。90年代初,往返祖国内地的次数就更频繁了。那段日子,他经常要花不少时间在往返交通上。以四川二滩水电工程为例,他要花约18个小时从加拿大的多伦多飞到香港,翌日转机到成都,再坐17个小时的火车,到川南的攀枝花。开一两天的工作会议后回多伦多。下了飞机还要赶回办公室,处理水电局的日常行政事务及技术工作。过不了几天,又得赶回中国,参加其他水电项目的工作会议。花在旅途中的时间太多了,因此,李焯芬于1993年决定迁回香港,以方便日后回国参加各项工程项目的技术论证及科研工作。

这里顺带一提:李焯芬在旅加期间,除了自己在水电局的工作及经常往返中国参加水电核电建设之外,还在加拿大的多伦多市做过不少志愿工作。多伦多市有个华人慈善机构叫"孟尝会",下设安老院、中文学校等服务单位。李焯芬当过多年的孟尝中文学校校长和孟尝会董事,负责安老院的扩建及筹款事宜。他亦曾参与过"大多伦多中华文化中心"的筹建工作,并担任过该中心的主席。此外,多年来,他也为照顾前来加拿大学习和考察的众多中国访问学者花了不少心力和时间,其中有许多访问学者在安大略省水电局完成了他们的海外学习或考察任务后回国,至今仍与李焯芬保持联络。

三、游子归家

李焯芬于1993年底从加拿大回母校香港大学任教,担任土木工程系教授,1994年升任岩土工程讲座教授,1999年被推选为土木工程系系主任,2000年起担任副校长,2008年起出任香港大学专业进修学院院长。

回港后的科研工作大约分三个范畴:第一,滑坡防治;第二,地震风险评估;

第三，有关内地大型水利水电工程（例如三峡工程）、基础设施、核废物处理、生态改善工程的科研合作项目。

滑坡防治的科研工作从香港做起，随后又衍生了许多与内地科研单位及专家学者合作的科研项目。香港地处南国海滨，属亚热带气候，雨量充沛，每年平均达3000毫米，多在夏季（雨季）下降。香港属丘陵山区，约三分之二的土地为山坡地。表土层为风化花岗岩及火山岩，含沙土的比例较高，渗漏性高，一般情况下属非饱和土。雨季中，特别是降暴雨的时候，雨水渗入土层，提高了土层的含水量，令土层变成饱和土。这样一来，土层的抗剪强度下降了；边坡的安全系数也随之下降，导致失稳滑坡。因此，在每年的雨季中，香港都会有几百起的滑坡。如果这些滑坡发生在人口稠密的地区，可以造成很大的伤害。由于香港是丘陵山区，平地较少，许多民居大楼都修筑在山坡上，因此滑坡的影响特别大。20世纪60~80年代，滑坡事件均曾造成人员的伤亡，有时遇难者达数十人之多。由于滑坡是雨水引起的，因此香港早年治理边坡的主要方法是在边坡表面上喷一层混凝土，再加上地表及地下排水系统，令雨水不能渗入边坡。这个方法其实是有效的。只是，随着时间的推移，民众的诉求有所增加。人们觉得铺上了混凝土表层的山坡，灰灰黑黑的，与周边绿油油的环境并不匹配，因此常有怨言。李焯芬到香港大学任教后不久，就开展了治理边坡新方法的研究，建议用土钉来加固边坡。这样一来，就不需要混凝土表层了。边坡上面可以种草种树，做好绿化工作，与周边环境配合。李焯芬得到了香港赛马会慈善基金2500万港元的资助，以及香港研究资助局的科研经费支持，进行了土钉在削土坡及填土坡应用的大型现场测试，再加上一系列的实验室仿真试验，充分证明了用土钉稳固边坡的有效性，并发展了相关的设计方案、施工方法及工程质量监测法。时至今日，土钉已成为治理香港边坡的主要方法。香港特区政府体制内负责治理边坡的主管单位（土力工程处），正在有系统地把数以百计边坡上的混凝土表层除下，改用土钉来巩固边坡。同时，土钉加固边坡工程，正由人工边坡伸延至天然斜坡。

李焯芬和他的研究团队，包括戴福初、陈红、朱大勇、邓建辉、岳中琦、谭国焕、周成虎、李爱国等优秀青年科学家，多年来亦在滑坡机理研究、三维动态数值仿真、边坡稳定性分析法、GIS在滑坡风险评估的应用等相关课题上做了大量创新和突破性的工作，发表了大量的学术论文，其中有3篇获得了学报或学会的最佳论文奖。此外，他们亦为三峡库区和全国多个地区及工地的边坡治理研究做了大量的科研和咨询工作。可以说：没有这许多优秀的年轻科学家们，就不会有李焯芬今天在工程科学研究和实践中的一点成就。

关于地震方面的研究工作，李焯芬原来在加拿大做过多年的核电站及大坝地震风险评估和抗震工程论证。回到香港大学工作后，受政府有关部门的委托，开展了香港地区地震风险的研究。此外，还为一些较重要的工程建设项目（例如青马大桥、汲水门大桥等）进行了地震风险评估。在此以前，香港的工程建设是按英国标准进行的，而英国标准是没有抗震要求的。按国家的抗震设计标准，深圳和广州的建筑物都应按地震烈度七度来设防。这个差距将来可进一步研究。

除了香港地区的科研工作以外，李焯芬多年来还参加了三峡工程及其他一些中国内地水利水电工程项目的科研及咨询工作。他把自己多年来在海外累积的工程经验，带进这些项目中去，让专家组和同行参考。以三峡工程的船闸高边坡为例，施工前大家都关心船闸高边坡会不会在开挖后出现时效变形，令闸门不能关牢和整个船闸系统失去功效。事实上，外国的一些船闸过去确曾出现过这种现象。这个课题当时成了三峡工程中的一个较重要的议题。许多大学及科研单位的专家学者都为此进行了各种试验和数值分析，并提出了多种有关时效变形幅度的预测，可说是众说纷纭，莫衷一是。李焯芬列举了加拿大圣罗伦士河上十三级船闸的相关经验，供大家参考。这十三级船闸中，有些在页岩中开挖；有些在石灰岩；也有些在花岗岩。李焯芬当年曾测试了这三种岩层的时效变形特性，发觉时效变形最严重的是页岩，其次是石灰岩。花岗岩基本上没有什么时效变形的情况。船闸建在不同的岩层中，因此也有不同的际遇。在页岩河段建成的闸门，出现了关不牢的情况。在石灰岩河段，闸门也有些关不牢的局部现象，但不如页岩河段那么严重。在花岗岩的河段，基本上没有闸门关不牢的问题。在这个基础上，李焯芬认为三峡工程的船闸高边坡应不会出现闸门关不牢的情况，因为船闸高边坡是在质量较好的花岗岩里开挖的。他估计开挖后，岩体的位移应该是弹性的，为时不超过数月；随后的时效变形应不会太显著，因此不用担心。开挖后的位移监测数据和船闸运作情况，证明了李焯芬的预测是对的。这也是国际工程经验可供中国参考的一个实例。其他例子包括地应力在地下洞室（例如二滩电站地下厂房）设计及岩体稳定性评估中的应用，高放核废物处理中的水文地质及岩体热应力试验等。

李焯芬曾发表国际学术论文 270 余篇，专著 5 部。又曾担任世界银行、联合国发展计划署、亚洲开发银行、加拿大国际开发总署等机构的科学技术顾问。他于 2001 年当选加拿大工程院院士及中国香港工程科学院院士（2004～2007 年担任院长）；2003 年当选中国工程院院士。2005 年获美国富布莱特杰出学人奖（Fulbright Distinguished Scholar）；2006 年获加拿大西安大略大学颁授荣誉理学博士学位。

李焯芬于 1994 年回到香港后，也担任过香港特区政府的一些公职（义务工作）

及志愿团体的服务工作。特区政府的公职包括了兽医管理局主席、共建维港委员会主席（专责维多利亚港填海及美化海港事宜）、卫奕信勋爵文物保育基金会主席、图书馆委员会副主席，特区策略发展委员会成员、文化委员会委员、前任行政长官及政治委任官员离职后工作咨询委员会成员、研究资助局成员、尤德爵士奖学金委员会成员等。李焯芬于2003年获特区委任为太平绅士，2005年获颁银紫荆星勋章，2013年获颁金紫荆星勋章。

在志愿团体方面，他担任了香港中华文化促进中心理事会主席，香港福慧慈善基金会会长，东莲觉苑董事会主席等职务。香港福慧慈善基金会主要从事内地扶贫助学工作，在中国西部贫困山区捐建中小学及医院四百余所；为西部地区三十多所大学及师范学院提供奖助学金，每年资助清贫学子约2000人；并助养四川孤儿2000余人，包括十六个凉山孤儿班。东莲觉苑则是20世纪30年代由企业家何东及其夫人张莲觉建立的慈善机构，主要资助范围为教育。香港大学及海外不少著名大学均有接受东莲觉苑的资助。

李焯芬工余课余勤于笔耕，除学术著作外，还著有散文集《应当如是》（香港明报出版社，2006年）；科普小品《水的反思》（商务印书馆，2008年）；心灵小品《心无罣碍》及《活在当下》（香港经济日报出版社，分别出版于2007年及2008年）等。两本心灵小品更成为香港畅销书。至2008年9月，《心无罣碍》已刊印至22版，《活在当下》亦已刊印至30版。近年又陆续出版了《走出困境》、《悲智愿行》、《心耕》、《活好当下》（香港经济日报出版社，分别出版于2009年，2010年，2012年及2013年），《轻安自在》（香港三联书店，2009年），《爱在当下》（香港青马文化事业出版有限公司，2013年）等心灵小品，与及《文明的足音》（香港中和出版有限公司，2012年）。

李焯芬认为科学与人文是互补的。科学求真，人文求善求美。科学让我们了解宇宙万物运作的规律；它追求的是"天道"。人文丰富了我们的精神生活，并赋生活与工作予意义；它追求的是"人道"。科学与人生的结合，正是古哲先贤追求的"天人合一"。

四、李焯芬主要论著

Lee C F, Wang S J, Yang Z F. 1995. Geotechnical aspects of rock tunnelling in China. Canadian Tunnelling, November 1995, 153-182. Also reprinted in Tunnelling and Underground Space Technology, Oxford, U K, Pergamon/Elsevier, 1996, 11 (4): 445-454.

Lee, C F, Zhang, J M, Zhang Y X. 1996. The origin and evolution of the ground fissures in Xian, China. Engineering

Geology, 43 (1): 45-55.

Lee C F. 1996. Seismotectonic environment and design basis earthquake for the Darlington nuclear power station. Engineering Geology, 43 (2/3): 189-200.

Lee C F. 1996. Watershed modelling and flood routing for the safety assessment of an existing dam. ASCE Journal of Water Resources Planning and Management, 122 (5): 334-341.

Xiao Y X, Lee C F, Wang S J. 1999. Assessment of an equivalent porous medium for coupled stress and fluid flow infractured rock. International Journal of Rock Mechanics and Mining Science, 36: 871-881.

Lee C F, Ding Y Z, Huang X H. 2000. Seismic hazard analysis of the Hong Kong region. Journal of Seismology and Earthquake Engineering, 2 (4): 9-18.

Chen H, Lee C F. 2000. Numerical simulation of debris flows. Canadian Geotechnical Journal, 37: 146-160.

Dai F C, Lee C F. 2001. Frequency-volume relation and prediction of rainfall–induced landslides. Engineering Geology, 59: 253-266.

Deng J H, Lee C F, Ge X R. 2001. Characterization of the disturbed zone in a large rock excavation for the three gorges project. Canadian Geotechnical Journal, 38 (1): 95-106.

Dai F C, Lee C F. 2002. Landslides on natural terrain: physical characteristics and susceptibility mapping in Hong Kong. Mountain Research and Development, 22 (1): 40-47.

Dai F C, Lee C F, Ngai Y Y. 2002. Landslide risk assessment and management-an overview. Engineering Geology, 64: 65-87.

Chen H, Lee C F. 2002. Runout analysis of slurry flows with bingham model. ASCE Journal of Geotechnical and Geoenvironmental Engineering, 128 (12): 1032-1042.

Lee C F, Wang S J, Kwong A K L. 2003. Rock mass classification and tunnel support design in China. Canadian Tunnelling: 1-16.

Dai F C, Lee C F, Wang S J. 2003. Characterization of rainfall-induced landslides. International Journal of Remote Sesing, 24 (23): 4817-4834.

Chen H, Lee C F. 2003. A dynamic model for rainfall-induced landslides on natural slopes. Geomorphology, 51 (4): 269-288.

Zhu D Y, Lee C F, Jiang H D. 2003. Generalized framework of limit equilibrium methods for slope stability analysis. Geotechnique, 53 (4): 377-395.

Chen H, Lee C F, Law K T. 2004. Causative mechanisms of rainfall–induced fill slope failures. ASCE Journal of Geotechnical and Geoenvironmental Engineering, 130 (6): 593-602.

Wang S J, Lee C F, Yue Z Q. 2004. Global quality assessment of rock works for permanent shiplock of the three gorges project on Yangtze River, China. Engineering Geology, 76: 41-64.

Dai F C, Lee C F, Tham L G, Ng K C, Shum W L. 2004. Logistic regression modelling of storm–induced shallow landsliding in time and space on natural terrain of Lantau Island, Hong Kong. Bulletin of Engineering Geology and the Environment, 63 (4): 315-327.

Dai F C, Lee C F, Deng J H, Tham L G. 2005. The 1786 earthquake–triggered landslide dam and subsequent dam-break flood on the Dadu River, southwestern China. Geomorphology, 65 (3-4): 205-221.

主要参考文献

康志成，李焯芬，马蔼乃，等.2004.中国泥石流研究.北京：科学出版社.
李焯芬.2008.水的反思.香港：香港商务印书馆.

撰写者

李焯芬

多 吉

多吉（1953～），西藏加查人，地热勘探专家。2001年当选为中国工程院院士。1978年毕业于成都地质学院地质矿产系区域地质调查及矿产普查专业。主要从事地质勘查与研究工作，变质核杂岩体中年轻融熔型岩浆上侵形成羊八井高温地热系统新理论的开拓者，获得单井发电潜力超万千瓦级的高产地热流体，可与世界上仅有的少数地热高产井相媲美，属中国目前温度最高、流量最大的可采地热井，从此结束了中国没有单井发电潜力达万千瓦级地热井的历史。冈底斯巨型成矿带发现了41亿年的碎屑锆石，为西藏基础地质演化研究提供了重要资料。发现并开发的"5100"冰川矿泉水是非常稀有的高品质、复合型优质纯天然矿泉水。在西藏地热资源勘探与开发、固体矿产勘查、地学研究等领域取得了卓著的地质工作成就。国际地热协会会员、西藏自治区科协副主席、西藏自治区发展咨询委员会委员、中国能源研究会地热专业委员会委员、西藏地质学会副理事长。发表论文20余篇。荣获国家科技进步二等奖、原地矿部找矿二等奖、西藏自治区科技成果一等奖。

一、穷究于理、成就于工

1953年9月，我出生于西藏加查县偏僻山区的一户普通农民家里。我出生于和平解放西藏后的第二年，在亲历着西藏翻天覆地的变化中长大。我能成为一名光荣的科技工作者，完全是国家的培养。少年时的我经常从父辈那里听到新中国成立前农奴们生活在水深火热之中，过着朝不保夕的日子，是共产党将广大农奴从农奴主的皮鞭下解放了出来。勤劳、善良的父母深深知道没有文化只能放羊、种青稞，因此他们对子女要求非常严格，常常教育子女们要虚心向别人学习，要学会做人的本领，使我幼小的心灵上有了做人要勤劳而朴实的概念。在我小时候，父母总是引导我考虑一些他们也不清楚的问题：石头为什么有的是白色，有的是红色？为什么晴空万里却突然冰雹而至？现在回忆起来也许是父母的启发让我对自然科学产生浓厚的兴趣，以至于现在我对大自然有种特殊的感情，是大自然让我探求大山、大河下面有什么？哪些是有用的？哪些是有害的？我暗暗下决心要弄明白这些。

带着对未知世界的好奇和对知识的渴望，1961年，我走进了知识的殿堂开始了解到中华民族历史的博大精深，了解到人类文明的发展史，了解到只有共产党才能救中国。读小学时，我是全校学习成绩最好的学生之一，经常受到老师的表扬和嘉奖，当时老师对我的奖励是多给我放几天假休息，可是我从来都不要放假的奖励，而是把奖励变为学习的动力。上中学时，正值"文化大革命"期间，学校不正规上课，老师不上讲台，学生不上学，在学校里根本学不到东西。带着对知识的渴望，我经常在夜里到老师家去请教，在老师的大力帮助和爱护下，我的学习成绩扶摇直上。因为我学习努力，成绩出类拔萃，中学还没毕业就被选为人民公社的会计。

"穷究于理、成就于工"是我的母校成都理工大学（原成都地质学院）校训，意思是穷究于事事物物之理，成就于实践实干之工。1974年，我走出了父辈们从未离开过的山村，走进了梦寐以求的高等学府——成都地质学院。由于受"文化大革命"影响，加上边疆的教学水平低等原因，在刚进大学时与内地学生比较，感觉自己基础差、底子薄，生怕赶不上其他同学，又怕老师责怪，因此学习压力特别大。强烈的自尊心和责任感是我学习的动力，在四年的大学生活中，我起早贪黑，发奋努力。老师们对我的评价是："有强烈事业心的学生"。在校期间我曾多次被邀在全校学习经验交流会上发言，畅谈学习心得。1978年，我以优异的成绩毕业，走上了向往已久的地质工作岗位，并一直从事我所酷爱的地质勘探与研究工作。

二、走遍青山绘宏图

美丽的西藏地大物博、资源丰富，青藏高原素有"地球第三极"之称，由于其地处特殊的大地构造位置、独特的地质构造环境及有利的地质成矿条件，青藏高原是我国乃至世界的矿产富集区之一，蕴藏着丰富的矿产资源。勤劳聪慧的藏族人民有着开采和利用矿产资源的历史，无论是金、银、铜、铅的开采和冶炼，还是利用地热温泉水沐浴来减轻病痛，无不深深地吸引着我。立志要探寻高原上的宝藏成了我一生的梦想。

带着满腔的热情，我走上了工作岗位。1979~1982年一直工作在羊八井地热田，参加热田浅层地热资源地质勘查及资源评价工作。羊八井地热田是世界上著名的地热田之一，虽然其资源潜力不及世界上一些地热田，但由于其地处特殊的地质环境，成为地热专家向往的研究地域，并且它是我国最大的地热发电基地，从1976年第一台1000千瓦地热发电试验机组成功运行以来，经过地质工作者和电力部门的共同努力，到1990年装机容量达2.5万千瓦，为解决拉萨地区电力紧张和西藏的经济发展起到了举足轻重的作用。

在羊八井热田工作期间，由于是第一次将所学知识应用到实践中，经常遇到自己无法解释的地质现象和问题，我认真观察、研究，虚心向老一辈地质专家请教，在很短的时间里便掌握了一般野外工作方法技术。其间，我曾担任过羊八井热田热区勘探分队综合研究组组长，主持完成热田地面地质修测和综合研究工作，首次对羊八井盆地进行了活动构造与水热活动形迹调查研究工作，测制了横跨羊八井盆地两侧高山区的综合地质剖面，建立了羊八井盆地构造基本格架，并参加编制羊八井热田地质详查报告的主要地质图件，为提交《西藏当雄县羊八井地热田浅层资源评价报告》提供了较为丰富的第一手地质资料。

为进一步提高地质理论知识，培养藏族高级科技工作者，1983年1月至1984年1月，我被派送到母校参加地质基础理论班学习。通过理论学习，解决了在实际工作中遇到的问题，在地质基础理论方面得到了升华和提高，以优异的成绩完成了学业。

在羊八井热田开展地质勘查工作的经验，结合所学的理论知识，加上能吃苦耐劳的品格，使我具有了负责地质项目的能力。1984年，为寻找羊八井地热电厂后备基地，羊易地热田地质调查工作正式启动，我担任该项目技术负责，是勘探队伍中唯一一名藏族技术负责人。第一次主持大规模的地质勘查活动，可以实现自己小时候的愿望了，然而，严酷的自然条件考验着我和勘探队员们，在进入目的地的途中，我们遇到了大雪，连续两天两夜的大雪阻断了去路，为了不耽误工期，只好背着行囊前行。强烈的高原紫外线照在白皑皑的雪地上反射出刺眼的光芒，我患上了雪盲症，眼睛钻心的疼痛。在这样艰苦的环境下，我带领分队全体人员，克服了任务重、人员少、技术力量不足、海拔高、后勤保障条件差等诸多困难，经过两年的努力工作，圆满地完成了调查任务。根据调查成果，羊易热田勘探工作被列入国家"七五"重点项目，调查成果为羊易热田的勘探工作提供了可靠的地质依据。经过后来对羊易热田的勘探工作，该热田具有3万千瓦的建站发电能力。

1986年1月至1987年1月，我来到北京第二外国语学院进行英语强化培训，为出国深造做准备。在学习期间，我克服了底子薄、基础差等困难，经常早起、晚睡，利用休息时间努力学习，最终以优良的成绩获得了出国留学的合格证书。

1987年10月至1988年8月，我获得了到意大利比萨国际地热学院学习的机会。国外先进的地热勘探和开发利用技术深深地吸引着年轻的我，我十分珍惜这次来之不易的学习机会。比萨国际地热学院的课程和教材均属于该国研究生的教学内容，加上语言上的障碍，更增加了学习的难度，这一切并没有难倒我，反而使我看到了自己所掌握知识的不足,更加激发了我的学习热情,在将近一年的学习中,我基本掌握了国外先进的地热勘探方法和技术,以良好的成绩完成了学业,为今后的工作打下了坚实的基础。

20世纪七八十年代,羊八井地热田勘探研究工作仅局限于浅层中低温热储,长久以来一直存在着热源和热田形成机制的争论,国内外多数专家认为羊八井热田属深循环中低温地热系统,从而否定了热田存在高温热储。1992年在拉萨召开了"国际高温地热研讨会",与会专家对是否开展羊八井热田深部高温地热资源勘探工作各执己见。1994年,我担任了羊八井热田深部地热资源普查项目技术负责,我带领项目组成员认真细致地开展羊八井热田深部地热资源普查工作,通过对多学科普查成果的综合分析,认为在羊八井热田北区深部存在高温热储。该结论通过同时施工的2000米深井钻孔ZK4002得到了证实,在该孔中获得了330℃的高温信息。由于对热储赋存形式认识还处在探索阶段,加上地热地质大队首次承担深井的施工,钻探技术及成井工艺上还存在不足,虽然该孔获得了300℃以上的高温信息,但没有稳定的流量。这对下一步能否继续开展羊八井热田深部高温热储的勘探工作来说是一个不利的因素。为此,我多方奔走、联系,阐述自己对热田的认识,争取继续对羊八井热田深部高温热储开展勘探工作。

1995年,羊八井热田深部高温资源开发性勘探项目正式启动,我担任该项目的技术负责人,该项目的主要工作是钻探深井ZK4001孔。我大胆提出了变质核杂岩体中年轻融熔型岩浆上侵形成羊八井高温地热系统的新理论。从已获得的勘探成果中得知羊八井热田深部热储是以构造裂隙型为主,因此该孔的井位选定是决定该孔能否成功钻探的关键,我认真分析了二十年来获得的羊八井热田的地质资料和勘探成果,总结经验,最终证实所选定的井位是正确的。在该井的施工过程中,也遇到了许多技术难题。当井打到80多米的时候,因为地层很破碎,且里面含有高温的水或汽,所以经常遇到井喷、钻不动、卡钻等情况,这时候我就觉得难度大,甚至半夜起来看书,学习国外专家怎么处理这种情况。打到1000多米的时候,因为井漏得很厉害,深部有很多空隙,地质构造也很破碎,井内温度高等特殊情况下,采用冷水钻方法,防止井喷,取得了很好的钻井效果,由于灌入了大量的冷水,井温下降之后,当时有人提出这个深井没有希望成功,设计的地质预测把握度不高等。有的人甚至抱怨说:我们这么辛苦,解决这么大的难题,你这个井也是喷不出来的,没有用的。当时我面对着方方面面的压力,甚至搞地热的专家也有很多不同的看法,尤其是大多数专家根据经验认为,即使有温度也没有可供开发的流体喷出来。我本着对国家财产及职工的生命安全高度负责的态度,每次遇到问题都亲自到现场组织技术讨论会，并现场指导施工。在我们的共同努力下，西藏地热地质大队全体职工发扬"一不怕苦，二不怕死"1243高原英雄钻井队的光荣传统，克服种种困难和技术难关，于1996年底完成了该井的钻探和测试工作，刚开始喷得不高，大家都觉得，就这么回事了。我说这个井肯定还会恢复，它真正的压力会增大的，流量会增大的。当时我就爬到山坡上观测，坐在那儿看它怎么变化，从上午一直坚持到下午三四点钟。几个小时以后，大量的石头被喷得越来越高，从羊八井的沟里都能听到巨大井喷声音，我非常激动，从而也证实了我提出观点的正确性。该井获得单井发电潜力达12.58兆瓦。ZK4001孔是目前我国唯一一口发电潜力超万千瓦级的高温地热井，该井的成功钻探为我国在高温地热勘探方面积累了丰富的经验，将为我国在可再生能源开发利用领域赶超世界先进水平起到推动作用。该井的完井地质成果获得了地矿部找矿二等奖、勘查成果三等奖和储量二等奖。1998年我成为国际地热协会会员。

合作完成的西藏重要地热田含铯硅华地质调查及铯硅华矿床形成地质条件研究成果填补了我国地热卤水成矿研究的空白，并发现了具有巨大资源潜力的新型铯硅华矿床。为在我国高温地热流体地球化学研究领域赶超世界先进水平奠定了基础。与有关专家合著的《新型水热成矿——西藏铯硅华矿床》以中英文版在国内外公开发行。该研究成果获地矿部科技进步二等奖、国家科技进步二等奖。

冈底斯巨型成矿带成为我国重要铜金矿基地，从2002年开始我与国内外专家合作，先后对驱龙、雄村、甲马、马攸木等大型、特大型矿床展开评价及成矿远景预测工作，取得举世瞩目找矿成果。近年来我主持实施的国家科技支撑项目"西藏冈底斯成矿带典型矿床研究"也取得了较好的研究成果。

在藏西地质找矿过程中，引用水热成矿理论，结合工作区内的地热活动形迹特征，在黄金地质找矿工作中获得重大突破，发现并成功勘探了西藏普兰县马攸木大型砂金、岩金矿床，为在西藏寻找热泉型金矿打下了良好的基础。完成的西藏科技厅重点科技项目"西藏雅鲁藏布江缝合带西段热泉型金矿找矿靶区研究"成果经鉴定达国际先进水平，该研究成果获西藏自治区科技进步一等奖。在研的国家自然科学基金项目"西藏马攸木金矿床成矿模式研究及资源远景评价"和西藏自治区重点科技项目"西藏马攸木金矿床成因研究"，发现了41亿年的碎屑锆石，该年龄是目前我国最老的碎屑锆石年龄，为西藏基础地质演化研究提供了重要资料。

主持完成了青藏铁路沿线（西藏境内）矿泉水资源勘查工作，发现评价了曲玛多特大型优质矿泉水，该矿泉水锂、锶、偏硅酸三项指标达标，是属稀有的高品质、复合型优质纯天然矿泉水，并含有锌、溴、碘等多种对人体有益的微量元素组分，为全球少有的珍稀、优质矿泉水之一。该矿泉被命名为"5100"冰川矿泉水，成为西藏创世界级品牌的首选本土产品，对该矿泉水的开发已取得了很好的经济效益和社会效益，有效促进了当地经济发展。

近 30 年来，我从北无人区到藏南高山峡谷，几乎走遍了西藏的山山水水。2003 年，我担任自治区地质矿产勘查开发局总工程师后，抽出更多的精力来研究西藏地质勘查工作的宏观理论与大型地勘项目立项的前期论证与准备工作。2006 年西藏自治区"十一五"发展规划把矿产业列为五大优势支柱产业之一。中央领导同志对西藏矿业的关心和西藏矿业发展的前景，更加鼓舞着我孜孜以求，开拓进取。我说："通过几代地质工作者的努力，西藏完全有望成为中国未来有色金属生产基地和储备基地。因此，我目前的主要精力用在回答三个问题上：青藏铁路通车后，特别是"十一五"期间西藏地矿产业能否达到作为西藏支柱产业的目标？西藏能否成为中国有色金属的储备和开发基地？生态环境脆弱的西藏地区，怎么做到开发与保护并重？我所考虑的问题正是未来西藏地勘事业发展的宏伟蓝图。

我热爱科学事业，更热爱祖国。在美国学习期间，有不少美国学者和导师很欣赏我的钻研精神和严谨的治学态度，尤其青睐我来自于雪域青藏这一地质宝地的"天缘"，劝我留美工作。面对美方专家盛情邀请，面对国外优越的工作条件和丰厚的待遇，我还是谢绝了，并对美方专家说："我的根在家乡，青藏高原是从事地质科研最理想的地方，祖国需要我到那里奋斗。"

三、荣誉不是最终目标

我常常是雨天一身泥、晴天一身汗地与普通职工打成一片，在高海拔的野外一线，一步一个脚印地把"老西藏精神"和地勘系统"三光荣传统"化为自己的自觉实践。在学术领域，我精益求精，开拓创新，甘当人梯，通过传、帮、带等多种形式，造就了一大批西藏地质专业的本土人才。我深知我们处在一个科学技术发展日新月异的时代，科技的传播对社会发展作用越来越明显。我对冈底斯巨型成矿带展开研究及地质科学理论、方法试验工作，取得一些找矿成果，并且培养多名博士、硕士研究生，多次参加国际地质大会交流地质科技成果。

我在本职岗位上时刻模范履行党员义务，带头贯彻执行新时期西藏工作的指导方针，以西藏地质勘探领域的工作指导方针，严格要求自己，带领西藏地质勘探领域的广大工作人员，苦心钻研，取得了累累硕果，使西藏地勘工作取得了多项全国乃至世界地质前沿的科学理论与应用成果，为推动西藏经济发展做出了积极贡献，也在世界地质科学领域为祖国争得了荣誉。

举世瞩目的北京奥运会火炬2008年6月21日在拉萨传递，我幸运地成为第151棒传递友谊、和平、进步的使者。知道自己成为奥运火炬手的时候心情非常激动，也感到很荣幸。

从事地质勘查工作的我平日里最经常的运动就是登山了，这几乎已经成为我日常工作和生活的一部分。我认为地质勘探工作是脑力和体力相结合的一项工作，我在体力上有基础、有保障，才能有信心更好地完成研究工作。

事业、学习没有止境，荣誉不是最终目标。面对国家给予的许多荣誉，我常动情地说："我一个大山里出来的孩子，一切荣誉受之有愧。今后只有更加努力地工作，为中国乃至世界的地热事业做出更大的贡献，才不辜负党和人民的厚望。"连绵起伏的山峰，滚滚流淌的地热，散布于雪域高原的诸多优势矿产资源——这些都是我拼搏的广阔天地。党的培养，国家的重托，人民的支持，更加鞭策着我用自己的智慧胆识，努力去开发青藏高原丰富的地质矿产资源，为推动西藏经济发展和社会进步贡献自己的力量。

四、多吉主要论著

郑绵平，王秋霞，多吉，等.1995.水热成矿新类型——西藏铯硅华矿床.北京：地质出版社：117.

多吉，谭庆元，赵平，等.1997.西藏羊八井地热田深部高温热储形成机制研究.拉萨：西藏自治区地质矿产勘查开发局：133.

Dor J, Zhao P. 2000. Characteristics and genesis of the Yangbajing geothermal field, Tibet. WGC2000: 2-4.

Zhao P, Dor J, Jin J. 2000. A new geochemical model of the Yangbajing geothermal field, Tibet. WGC2000: 2-5.

多吉，等.2002.西藏自治区普兰县马攸木矿区砂金Ⅰ号矿体详查报告.拉萨：西藏自治区地质矿产勘查开发局.

多吉，等.2002.西藏自治区普兰县马攸木矿区岩金预查地质报告.拉萨：西藏自治区地质矿产勘查开发局.

多吉，温春齐，刘建林，等.2003.西藏普兰县马攸木砂金矿床的发现及其意义.地质通报，22（11/12）：896-899.

多吉，温春齐.2003.雅鲁藏布江缝合带西段矿产资源潜力浅析//青藏高原及邻区地质与资源环境学术讨论会论文摘要汇编.中国地质调查局，成都地质矿产研究所：99.

多吉.2003.典型高温地热系统——羊八井热田基本特征.中国工程科学，（1）：46-51.

多吉，温春齐，陈惠强，等.西藏雅鲁藏布江缝合带西段热泉型金矿找矿靶区研究.拉萨：西藏地质矿产勘查开发局.

范小平，多吉，温春齐，等.2005.西藏马攸木金矿床含金脉石英的40Ar/39Ar快中子活化定年及其地质意义.沉积与特提斯地质，25（4）：33-36.

温春齐，多吉，范小平，等.2006.西藏西部马攸木金矿床成矿流体的特征.地质通报，25（1）：261-266.

多吉, 温春齐. 2006. 西藏发现41亿年单颗粒碎屑锆石//黄润秋. 成都理工大学五十周年校庆论文集(自然科学). 成都: 四川科学技术出版社: 263-265.

温春齐, 多吉, 范小平, 等. 2006. 西藏普兰石英岩中发现41亿年碎屑锆石. 地质学报, 80 (9): 1249-1261.

Dor J, Wen C Q, Fan X P, et al. 2006. Detrital zircon of 4100 Ma in Quartzite in Burang, Tibet. Acta Geologica Sinica, 80 (6): 954-956.

多吉, 温春齐, 郭建慈, 等. 2007. 西藏4.1Ga碎屑锆石年龄的发现. 科学通报, 52 (1): 21-24.

Dor J, Wen C Q, Guo J C, et al. 2007. 4.1 Ga old detrital zircon in western Tibet of China. Chinese Science Bulletin, 52 (1).

多吉, 温春齐, 范小平, 等. 2007. 西藏马攸木金矿床成因研究. 拉萨: 西藏地质矿产勘查开发局: 219.

撰写者

多吉

彭苏萍

彭苏萍（1959～），江西萍乡人。矿山工程地质与工程物探专家，2007年当选中国工程院院士。长期致力于煤矿安全高效开采地质保障系统的研究，发现煤层砂岩顶板变薄尖灭带是顶板灾害易发区，建立了煤层顶板稳定性地质预测技术与方法。率先开展煤矿三维三分量地震勘探技术研究，建立了以野外采集评价技术、三维地震可视化解释与反演技术、纵横波联合解释技术为基础的煤矿高分辨三维地震勘探技术体系，首次达到查明700米深度范围内断距≥3米断层的技术水平，并在煤炭企业广泛推广应用。研制开发出具自主知识产权的矿井地质雷达和多波地震仪装备并在煤炭、交通和军事阵地探测中推广应用。组建了中国煤炭系统第一个国家重点实验室——煤炭资源与安全开采国家重点实验室。他还领导课题组开展固体氧化物燃料电池技术的研究与开发并获得可喜进展。培养了数十名硕士、博士研究生并获"全国优秀博士论文指导教师"称号，获孙越崎能源大奖和中国工程院光华工程科技奖（青年类），被授予首都"五一"劳动奖章。

一、成 长 历 程

彭苏萍1959年出生在江西省萍乡市。父母均为农村的普通基层干部。由于当时农村基层干部工作强度很大，经常一个月左右才能回一次家，因此，彭苏萍的童年和青少年时期都是和奶奶及自己的几个弟妹在老家度过的。彭苏萍的小学、中学是在"文化大革命"中度过的，但因"文化大革命"期间很多著名大学毕业生都下放到农村中小学当教师，他们功底好，敬业心强，除教学生学农、学工之外，也教了很多数学、物理、化学内容。恢复高考制度后，彭苏萍能顺利考上大学，他归功于当时老师的教诲。

1978年彭苏萍参加全国高考进入淮南矿业学院地质系学习。由于高考前在医院工作过两年多，因此他的理想是进入医学院进一步学习，把自己培养成一个高水平的人民医生，但却意外地被淮南矿业学院地质系煤田地质与勘探专业录取。为此他消沉过，但很快在老师的帮助下醒悟过来并刻苦学习。大学四年，他基本是早上

6点出宿舍，深夜1点多回来。除了顺利完成学校规定的学习科目外，他如饥似渴地阅读了大量中外科技论文和学术专著，写下了上百万字的读书笔记。大学毕业论文，他是唯一参加老师国家科研项目的学生，数月跟随老师野外地质勘察，培养了他扎实的地质工作基础。研究生学习期间，他又有幸跟随导师参加全国煤炭系统第一个中日合作煤田综合勘探项目，最早接触高分辨数字地震勘探技术。在大学和研究生学习期间，又受到我国矿井地质奠基人——柴登榜学术思想的熏陶，这都为他以后的成长奠定了良好的基础。1985年考取韩德馨和张鹏飞的博士生后，在导师的指导下，彭苏萍长期深入煤矿进行调查研究，发现很多煤矿由于开采地质条件查明不清，严重影响煤矿安全生产和开采效益，而科研院所和高校进行这方面研究的力量十分单薄。所以他博士毕业留校任教后，将自己科研方向进行了大的调整，从含煤沉积学转向矿井工程地质。开展沉积地质学、采矿工程学、岩石力学等多学科的综合研究，提出建立中国煤矿高产高效开发地质保障系统的设想并进行长期研究。此后，他又根据矿井地质工作时预测要准的特点，提出矿井地质工作除传统的地质方法外，必须加强矿井地质工作的物探化手段，并在煤矿采区高分辨三维地震勘探技术和三维三分量地震勘探方法上做了大量的工作，踏遍了我国大部分煤田和生产矿井，研究工作取得突破性进展，结合煤田勘探开发出大型地震勘探数据处理解释软件系统。他还结合煤矿需求，领导学生共同开发出具自主知识产权的矿井地质雷达和矿井多波地震仪装备和相关技术，获得了十余项国家发明专利和软件版权，使中国矿业大学（北京）成为我国煤矿高效安全地质保障系统的重要研究中心和技术推广单位。

作为一个特殊时期成长起来的科技专家，彭苏萍将自己的志向与国家的需求和煤炭工业发展的需要紧紧地结合在一起，并为之努力奋斗。他从学医转向学煤田地质，从煤田地质转向矿井工程地质，再进一步向煤矿物探技术方面拓展，每一步都走得坚定不移、扎扎实实，每一步都做出重要成绩，这是与他本人所具有的坚韧性格分不开的。他看准并决定要做的事，无论遇到多大困难，也决不放弃。在同事们的共同努力和帮助下，使他成就了他为之奋斗的事业。

二、对淮南含煤岩系的沉积特征与聚煤规律进行了深入研究

20世纪80年代，是中国沉积学大发展的时期。在导师的指导下，彭苏萍以淮南煤田二叠系含煤地层沉积特征为研究目标，作为自己的研究生学位研究课题。他深入淮南煤田进行了艰苦的工作，跑遍了整个煤田5000多平方千米的地质露头，描

述了 200 多个钻孔岩心，查阅了 8000 多个钻孔资料和测井曲线，同时对 300 多个岩心进行了岩矿和地球化学分析。通过研究，他提出了淮南煤田二叠系三、四含煤段形成于一种网状河沉积环境的观点，得到专家的很高评价。研究生毕业后，他以优秀成绩考入中国矿业大学北京研究生部韩德馨、张鹏飞的博士研究生。在导师的鼓励下，他在前期研究的基础上，又进一步开展了比较沉积学的研究，通过对现代珠江三角洲沉积环境调查和比较研究，他提出了淮南煤田二叠系 13-1 煤层形成于复合三角洲平原上网状河道体系的观点，研究成果 Modern Pearl River Delta and Permian Huainan Coalfield, China: a comparative sedimentary facies study 1996 在 *Organic Geochemistry* 国际学术刊物上发表，同时在《科学通报》《沉积学报》《地质论评》等刊物和国际沉积学大会上发表论文多篇，作为"中国晚古生代几种滨岸沉积模式及其聚煤特征"项目成果的主要内容之一，获得 1990 年国家教委科技成果三等奖。有关研究成果至今仍是淮南煤田有关研究的基础内容。1989 年，他第一个获得了国家自然科学基金委员会有关煤田地质研究的青年科学基金。

三、投身煤矿安全开采地质保障技术研究

在攻读硕士和博士研究生学位论文期间，彭苏萍在长期深入煤矿进行调查研究中发现，很多煤矿由于开采地质条件查明不清，严重影响煤矿安全生产和开采效益，而科研院所和高校进行这方面研究的力量十分单薄。他博士毕业留校任教后，将自己科研方向进行了大的调整，从含煤沉积学转向矿井工程地质。在调查中他发现煤矿灾害事故中顶板灾害占煤矿安全事故的首位，而顶板事故的发生与顶板岩层的结构有很大关系。1990~1996 年，他长期在内蒙古乌达矿务局、贵州六枝矿务局、安徽淮南矿务局所属煤矿开展煤层顶板稳定性的研究工作，采用采矿工程、地球物理探测、矿井地质等多学科综合研究方法，对煤矿顶板冒落预测方法和技术进行了详细研究。发现煤层砂岩顶板变薄尖灭带是顶板冒落灾害易发区，提出了顶板冒落的地质力学模型，建立了煤层顶板岩性综合反演解释技术，准确预测了老顶砂岩的变薄尖灭带、冲刷带和复合顶板分布区，实现了煤矿巷道和采场顶板稳定性地质预测预报的信息化、科学化。这一成果被科技部列为 1999 年国家科研成果重点推广计划，在 7 省 11 个矿务局 31 个煤矿推广，获得了很大的经济效益和社会效益，并获 1999 年国家科技进步二等奖和 4 项省部级科技进步二等奖（排名第一）。研究成果以英文专著 *Engineering Geology for Underground Rocks* 2007 年由 Springer 在美国和德国出版发行。

此外，彭苏萍通过对煤矿断层、陷落柱、煤层变薄带等异常体的预测预报研究，初步建立了高产高效矿井地质保障的评价软件系统，并获国家软件版权（版权号022057）。他研究的一套古水系研究方法对矿井中确定煤层冲刷特征和冲刷边界效果明显。乌达矿务局、淮南矿务局和六枝矿务局等利用该技术指导煤矿开采中冲刷带的预测和采区布置，保证了煤矿的正常生产。该研究成果以《乌达矿区含煤地层沉积环境及其对矿山开采的影响》专著和数十篇论文形式发表，多次被 SCI、EI 收录、引用和评价。

四、研究发展了煤矿采区小构造高分辨三维地震探测技术

该项研究主要是为了解决机械化采煤遇到断距为 3~5 米断层便要停工搬家，从而造成巨大经济损失的技术难题。由于在此以前，国内外煤田地震勘探的精度只达到查清深度在 500 米内≥8 米断层的水平，因此要查清断距 3~5 米断层的技术难度极大。彭苏萍在长期的矿井地质研究中，深深体会到矿井地质工作不但要有不畏艰辛的献身精神，而且必须依靠先进的技术，才能实现对煤矿小构造的准确预测。他根据自己在研究生学习期间参加中日高分辨数字地震勘探合作项目的体会，认为高分辨三维数字地震勘探可能成为解决煤矿小构造的有效手段之一，开展了煤矿采区高分辨三维地震探测技术的研究。针对煤矿埋深浅（多 1000 米以上），地震探测中各种因素干扰大，为实现高精度探测，在前人工作基础上，在煤矿地震野外采集技术、地震数据处理和解释技术上进行了系统研究，并在野外采集技术、地震资料处理和解释技术等方面获得多项创新性成果，开发出具有自主产权的三维地震采集设计软件，建立了适合煤矿的三维地震野外采集方法；研究发展了煤矿三维地震可视化解释和反演技术，开发出具有自主知识产权的煤矿地震资料处理解释软件。通过技术的不断推广和发展，使三维地震勘探技术解决小构造的能力大大提高，实现了在淮南等条件好的矿区达到查明 700 米深度断距≥3 米断层的勘探精度，在条件较差的矿区（山西的一些矿区）达到查明断距≥5 米断层的勘探精度，突破了国际上煤炭三维地震勘探精度只能查清 500 米深度断距≥8 米断层的技术记录。彭苏萍作为负责人承担了 57 个地震工程项目涉及 34 个煤炭企业，其中在淮南、永夏等矿区查明断层一万多条，经验证吻合率>80%，为企业创造了很大的经济效益。上述研究获 2 项国家发明专利、3 项国家软件版权，成果获 2001 年中国煤炭工业科技进步特等奖和 2002 年国家科技进步二等奖（排名第一）。

近年来，彭苏萍又针对煤矿瓦斯事故采用高分辨地震探测技术、三维三分量地

震勘探及纵横波联合解释技术，地震反演技术等对瓦斯突出煤体结构、煤层裂隙与瓦斯富集关系进行了探讨和研究，发现三维三分量地震勘探中快横波与慢横波到达的时间差与煤层裂隙关系密切，快慢横波时间差越大，煤层裂隙越发育，煤层中瓦斯含量越高。并在实际地震资料处理中获得国际上公认的快慢波时差图，成功地在淮南矿区发现了瓦斯富集区块；发现煤层密度小、剪切模量小、体积模量小的地带，瓦斯突出的危险性增大；这些成果具有原创性，2005年后在 GEOPHYSICS、《中国科学》《科学通报》《地球物理学报》发表了系列论文，成果获2011年国家科技进步二等奖。彭苏萍还在利用地面三维地震勘探和矿井探测成果确定矿井突水构造方面开展了一定研究，在淮南、淮北等矿区多次发现陷落柱等突水构造，为保障矿区的安全生产提供了可靠的地质保障。

五、主持研制开发出多种矿井复杂地质构造探测技术与仪器设备

煤矿生产对地质构造的预测精度要求高，地面探测不能满足生产的要求，必须在矿井内进一步探测。由于矿井环境复杂，探测装备除地面探测装备要求的技术指标外，还必须防爆、屏蔽、抗干扰强、体积小，因此适合矿井探测的装备研制难度大。彭苏萍为解决这一难题，又开展了矿井探测装备的研究。他和他的学生一道研制出了以前端信号调理电路、网络分布式控制和全数字、三分量检波一体化技术为核心，体积小、重量轻（主机≤3千克）的便携式矿井防爆多波地震仪装备，可在井下探测出150米范围内断距≥1.5米的断层和地质异常体。为进一步提高探测精度和实时判别预警能力，他们又在国外地面地质雷达基础上（国外地质雷达的天线没有做屏蔽、没有作防爆，因此不能用于煤矿井下），研制开发了具有自主知识产权、实时处理、精度高的矿井地质雷达，并在高功率天线防爆技术、地质雷达快速采集技术和矿井环境下天线屏蔽技术上取得突破，使研制装备具探测距离远（≥35米）、精度高（0.5米）和方向性强的特点，这些指标都处于国际先进水平。研究中获4项发明专利、1项实用新型专利、2项软件版权。研制出的两套探测装备产品在全国37个煤矿、20多个隧道工程中推广，在国防基地建设中得到应用。成果被评为国家"十五"重大科技成就之一，并获2008年国家发明二等奖、2005年中国煤炭科技进步一等奖（排名第一）。

六、拓展新能源技术研究领域

1997年在彭苏萍还担任中国矿业大学北京研究生部科研处长的时候，他在一个材料中了解到由于燃料电池功能转换高和明显的环保效益，日本要在十年内普及燃料电池，给了他思想一个很大的震动。特别是1999年南斯拉夫战争期间，美国以摧毁该国主要电厂为手段，造成南斯拉夫国家能源瘫痪，最后赢得战争胜利的一幕，给他非常大的冲击。他感到燃料电池技术的开发应用和推广，不仅涉及大幅度提高能源效率问题，还涉及集中式供电和分散式供电的国家战略安全问题。因此他决定从自己的横向科研经费节余中拿出钱来开展探索性研究。为此，他进行了大量的调研，在深入分析中国矿业大学的科研优势和现有条件后，决定利用中国科学院、清华大学、北京科技大学等学校的资源，联合有关企业，将以天然气和煤气为原料的固体氧化物燃料电池技术开发为主攻目标。通过十年的努力，他领导中国矿业大学固体氧化物燃料电池研究中心成为我国这方面的重要研究力量之一，承担了国家首个固体氧化物燃料电池研究的"973"项目和多项国家"863"项目、国家自然科学基金重点项目和国际合作项目，获得了十余项国家发明专利，并在粉体和电解质膜制备上形成一定优势，两次获得教育部科技发明二等奖。他和学生合写的《固体氧化物燃料电池材料及制备》是我国第一本有关这方面研究的专著，2003年由科学出版社出版发行。《物理》《自然》杂志分别邀请他和他的助手韩敏芳共同撰写有关这方面研究的综述性论文。

七、具有高度的责任心，为煤炭科技教育事业兢兢业业奋斗

1995年后彭苏萍先后在中国矿业大学北京研究生部任教授、博导、科研处长、研究生院副院长等职。2000年获国家杰出青年基金，2001年被评为教育部长江学者计划特聘教授。2005年牵头组建煤炭系统第一个国家重点实验室"煤炭资源与安全开采国家重点实验室"并担任主任，2006年与上海交通大学合作组建了中国矿业大学-上海交通大学燃料电池研究中心并担任主任。2003～2004年被国家科技领导小组聘为国家中长期科学和技术发展规划"公共安全专题组"副组长，2005年被聘为国家"653工程"煤田地质与测绘领域首席专家，2006年被聘为全国第四次煤炭资源预测领导小组成员，2007年被科技部聘为国家重大基础研究能源领域咨询组成员，2008年被国家学位委员会聘为学科评议组召集人、被国家自然科学基金委员会

聘为学科评议组成员、被国家航天局聘为"探月工程"国家重大专项专家组成员并担任教育部深空探测联合研究中心首席科学家，2009年被中央组织部聘为国家千人计划顾问组成员。2007年12月当选中国工程院院士。彭苏萍将自己的成绩归功于"老师的关心、国家和行业的需求、企业的支持、团队内的互相扶持"。因此，回报社会、关心煤炭行业科技的发展、帮助年轻一代科技人员的成长是他永不忘记的任务。长期以来，他几乎没有星期六、星期天，大部分时间是在生产现场和科研第一线度过的。当选院士后，他社会任务更多了，经常晚上回到实验室继续工作。2003年，他被国家科技领导小组办公室聘为副组长，协助组长范维唐开展国家中长期科学和技术发展规划公共安全专题的研究，他全力以赴，累得胃出血。和课题组成员一道第一次较为完整地对我国公共安全科技问题进行系统研究，提出了到2020年我国公共安全科技发展规划，有关成果获得国务院领导的肯定并得到有效实施。2005年被聘为国家"653工程"煤田地质与测绘领域首席专家后，他领导有关专家在短短一年之内编写了有关煤田地质和测绘领域中5本培训教材。作为科技部国家重大基础研究能源领域咨询组成员，他认真到煤炭系统科研院所和高等院校调查研究，向科技部有关部门提交了煤炭行业"十二五"期间重大基础研究方向，并为国家探月工程三期实施方案制定献计献策。同时，他还参与煤炭工业2030年、2050年发展战略和环境影响及政策的研究。

彭苏萍研究团队有40多名研究人员和研究生，他对每个人的工作进展和生活都了如指掌，对青年科技人员和研究生的关心教育可谓煞费苦心。每个学生刚一来，他就宣布四条要求：第一，注意安全，注意身体；第二，尊师爱友，和谐相处；第三，同甘共苦，艰苦朴素；第四，发奋努力，学有所长。他体谅为人父母的心情，将学生的身体和安全放在第一位，时时关注；学生中有在职的，有家境好的，为避免互相攀比等不正之风，他规定一律不准送礼给他；他强迫青年科技人员和学生深入生产第一线开展研究，努力学习，将自己变成专家，适应越来越强的社会竞争。对于青年科技人员的发展、学生毕业的去向、生活的安排，他都会想得很周到，尽量解决他们的后顾之忧，让他们全身心投入学习和工作。近五年中，他领导的科研团队青年科技人员中有3人被评为教育部新世纪优秀青年科技人才计划，毕业的研究生中1人获全国百篇优秀博士论文，7人获学校优秀博士论文。他所领导的科研团队被评为教育部首批优秀研究团队。"一个人要学会团结别人，尊重别人的成果，争取别人支持你。融入团队，团结协作，是我事业发展中不竭的动力。"彭苏萍发自内心地说。

八、彭苏萍主要论著

彭苏萍.1989.复合型三角洲平原网状河的基本特征.科学通报,34(17):48-50.

彭苏萍,等.1991.淮南煤田二叠系三、四含煤段的古水系特征.沉积学报,9(3):4-13.

彭苏萍.1994.复合型三角洲的沉积特征与沉积模式.煤炭学报,19(1):89-98.

彭苏萍,张建华,等.1995.乌达矿区含煤地层沉积环境及其对矿山开采的影响.北京:煤炭工业出版社.

彭苏萍.1999.中国煤炭深部开发中的工程灾害及今后的研究方向.国家自然科学基金委员会材料与工程科学部工程与灾害学术讨论会.内部资料.

彭苏萍,王金安.2001.承压水体上安全采煤.北京:煤炭工业出版社.

彭苏萍,孟召平.2002.矿井工程地质理论与实践.北京:地质出版社.

彭苏萍,凌标灿,刘胜东.2002.综采放顶煤工作面地震CT探测技术应用.岩石力学与工程学报,21(12):39-43.

彭苏萍,凌标灿,郑高升,等.2002.采场弯曲下沉带内巷道变形与岩层移动规律研究.煤炭学报,27(1):23-27.

彭苏萍,王磊,孟召平,段延娥,等.2002.遥感技术在煤矿区积水塌陷动态监测中的应用——以淮南矿区为例.煤炭学报.27(4):40-44.

彭苏萍,杨峰,苏红旗.2002.高效采集地质雷达的研制及应用.地质与勘探,38(5):63-66.

彭苏萍,王世瑞,勾精为,等.2002.淮南煤田东2孔VSP测井及其应用.煤炭学报,27(6):576-580.

彭苏萍,罗立平,王金安.2003.承压水体上对拉工作面开采合理错距的确定.岩石力学与工程学报,22(1):52-56.

Peng S P, Gao Y F, Yang R Z, Chen H J, Chen X P. 2005. Theory and application of AVO for detection of coalbed methane-A case from the Huainan coalfield. Chinese Journal of Geophysics-Chinese Edition, 48 (6): 1475-1486.

Yuan C F, Peng S P, Yang L L. 2005. An exact solution of the coordinate equation of the conversion point for P-SV converted waves at a horizontal reflector. Chinese Journal of Geophysics-Chinese Edition, 48 (5): 1179-1184.

Peng S P, Chen H J, Yang R Z, Gao Y F, Chen X P. 2006. Factors facilitating or limiting the use of AVO for coal-bed methane. Geophysics, 71 (4): C49-C56 JUL-AUG.

Yuan C F, Peng S P, Zhang Z J, Liu Z K. 2006. Seismic wave propagating in Kelvin-Voigt homogeneous visco-elastic media. Science in China Serice D-Earth Sciences, 49 (2): 147-153.

Peng S P, Zhang J C. 2007. Engineering geology for underground rocks. Springer.

撰写者

彭苏萍

马永生

马永生（1961～），内蒙古人，沉积学家、石油地质学家。2009 年当选中国工程院院士。1980～1990 年先后就读于武汉地质学院、武汉地质学院北京研究生部和中国地质科学院，获博士学位。曾任中国石化南方勘探开发分公司总地质师、总经理、中国石化勘探分公司总经理，现任中国石化股份有限公司（简称中石化）总地质师。他在海相碳酸盐岩油气勘探理论方面取得一系列创新性成果：揭示了深层、超深层碳酸盐岩优质储层的发育机理并提出了"三元控储"预测模式；建立了适合于复杂构造区的"叠合–复合控藏"油气成藏模式；建立了礁滩相复杂碳酸盐岩储层的地质模型和预测模式；摸索形成了适用于复杂地区深层勘探的技术系列。上述理论和技术成果成功地指导了中国南方深层、超深层海相碳酸盐岩油气勘探和实践，发现了普光、元坝等多个大型和特大型天然气气田，为国家重大工程"川气东送"提供了扎实的资源基础，并为我国海相碳酸盐岩油气勘探锻炼和培养了一大批人才。他负责完成的"海相深层碳酸盐岩天然气成藏机理、勘探技术和普光气田的发现"科技成果荣获 2006 年度国家科技进步一等奖，2007 年分别荣获何梁何利基金科学与技术成就奖和李四光地质科学奖。

一、成 长 经 历

1961 年 9 月 9 日（农历），马永生出生于内蒙古呼和浩特市土默特左旗的一户普通农户家庭，父亲是一名复员军人，历任生产大队民兵连长和党支部书记，母亲是一位淳朴善良的知识型家庭妇女。虽然家里人口多，日子过得比较清贫，但家庭和谐，耿直正派的父母亲受人尊重。马永生学习优秀，从小懂事，经常帮助父母干一些力所能及的家务或农活，以减轻家庭负担。然而天有不测风云，在马永生 13 岁时，因一个重大的医疗事故母亲在家中的土炕上撒手人寰，而多年来积劳成疾的父亲身心受到了极大的打击，也不幸于 1976 年去世。从那时起，马永生和他的三个弟妹就成了孤儿。

苦难少年，磨炼坚强意志。接二连三的打击和悲伤并没有击倒 15 岁的马永生，一夜之间，他仿佛已长大成人，稚嫩的双肩承担起长兄为父的责任。为了生存下去，马永生不得不暂时辍学，为生产队看水闸。那时候生产队是大集体，每年的粮食按全家所挣的工分来分。为了给只有4岁的小弟增加点"营养"，在房前屋后种点瓜菜，并冒着寒风和比他小1岁的妹妹到生产队收获过的田里捡一点土豆和杂粮。兄妹们相依为命，年幼的心灵里也过早地体会了世态炎凉。

马永生太爱读书了，看着昔日的同学们背着书包上学的样子，他不禁暗自神伤，只能带着过去的老课本一遍又一遍自学。为了让弟妹们能生存下去，同时实现自己继续上学的梦想，身体单薄的他骑着父亲留下的破旧自行车驮着姑妈往返十余里，硬着头皮多次去找大队和公社的有关领导，和姑妈一起哭述他们4个孤儿的不幸遭遇和他想继续求学的愿望，考虑到他母亲去世的特殊原因和他父亲的贡献，领导们终于同意由政府给予他们特殊困难补助。在辍学近一年后，马永生总算又可以继续上学了。他异常珍惜这次来之不易的机会，在和妹妹照顾两个年幼弟弟的同时，他如饥似渴地学习知识和文化，以初中毕业第一名的成绩考上了公社中学，然后又以全公社第一名的成绩被土默特左旗重点中学的重点班录取。

1980年，是"文化大革命"后改革高考制度的第四年，也是实行全国统一试题、统一考试的第三年。全国报名参加高等学校统考的人数为331万多人，全国地方高等学校招生27万人，军事院校招生1.5万人，总计约28.5万人，用"千军万马过独木桥"来形容也毫不夸张。马永生很幸运，他被培养了一大批优秀地质学家的武汉地质学院（前身为北京地质学院）录取，开始了他献身地质事业、报效国家的逐梦之旅。马永生心里很清楚，为了给他凑够上大学的路费，妹妹背地里卖掉了家中仅有的一头母牛和小牛犊，同时独立承担起操持所有家务的重任；年幼的两个弟弟为了支持他上学，背着他提前结束了学业，四处打小工以减轻家庭经济负担。每每谈起这些，他说最对不起的人就是他的弟妹们！

马永生上大学也得到了亲戚和朋友们的热心帮助，特别是一批曾在他们村插队的北京四中知青所给予的精神和物质方面的鼓励与支持。他深知自己肩负了许多人的希望。

大学生活是富有朝气的，马永生和同学们都抱有"为中华崛起而读书"的远大志向，学习劲头自然很足，他的学习生活模式是典型的教室（图书馆）、寝室、食堂"三点一线"。马永生每月生活费就是靠17.5元的甲等助学金和2元的困难补助维持的，除了有时打排球和爬山之外，他没有多少业余爱好，主要精力都放在了学习上，特别是每天晚饭后，总是第一个去图书馆或教室"抢"座位，他给同学们的印象是：稳重、谦逊、勤奋。马永生每年只回一次老家，一是可以节省不少路费；

二是利用假期为学校打工挣点生活费，同时还有充足的时间多读书。他回家的时候也总是借很多课外书籍，以扩大自己的知识面。繁忙充实的大学阶段，对于马永生来说，是一个积累知识、培养能力、砥砺身心的重要阶段。

他以优秀的成绩完成了大学四年的学业，临近毕业时，老师和同学都鼓励他继续报考研究生。在他深爱的地学殿堂中继续深造，何尝不是马永生的最大愿望！但那时他却犹豫了，找一个好单位尽快参加工作，一是可以报效国家和父老乡亲，二是可以培养和照顾弟妹们，起码让他们能过得好一些，这是他当时很想做的事情。还是懂事的弟妹们了解自己的大哥，主动要求大哥必须集中精力，考上研究生继续深造。20世纪80年代初期考研难度还是很大的，录取比例只占毕业生总数的15%左右，但这次马永生又如愿以偿，以优异成绩被沉积学家李树誉收录门下。

他在北京刻苦钻研硕士学业的同时，经常利用假期买最便宜的车票往返北京与老家之间，主要是看望弟妹们并为小弟弟能够继续上学想办法，虽然辛苦一点，但他心情愉快。通过三年的寒窗苦读，顺利获得硕士学位，他下决心要开始工作养家了。李教授深知他的潜力和志向，鼓励和推荐他继续深造；即将与他结为秦晋之好的仲力也做他的工作，让他放心考博士，并表示弟妹们的生活可以共同来承担。经过努力，他又顺利成为了沉积学家孟祥化的博士研究生，马永生的学术生涯迈上了一个新的台阶。读博士期间，他的女儿马妍于1989年1月出生了，在给全家带来欢乐的同时，也给马永生带来了一些压力。学业是不成问题的，因为读书是他最大的乐趣，但那时他每个月只有90元的博士生助学金，仲力的工资也只有100多元，加上前来帮忙照顾孩子的姑妈全家有四口人，经济上的捉襟见肘是可想而知的。他在完成学业和博士论文的同时，找机会到建筑工地上帮人家看守工地，赚钱为女儿买奶粉和婴儿用品。十年磨一剑，1990年夏，马永生又以优异的成绩获得了沉积学博士学位。

求学的艰难和生活的压力对马永生来讲是刻骨铭心的，这也促使他锻炼并养成了在逆境和困难之中坚守信念与追求的坚韧品质和性格。马永生很懂得感恩，他在许多场合饱含深情地说过："我是凭借政府提供的助学金，一口气从本科读到了博士，众多亲友、家人、母校的老师和同学们给了我很多的帮助、支持和鼓励。"正因为1980～1990年连续10年的地质学专业理论学习和野外实践训练，为马永生日后的油气勘探工作奠定了扎实的基础。

马永生博士毕业后进入了中国石油勘探开发科学研究院工作，并且有幸参加了石油地质学家胡见义领衔的项目组，马永生高质量地完成了鄂尔多斯盆地奥陶系碳酸盐岩沉积学和储层非均质性研究，为当时新发现的靖边气田的规模预测提供了依据。1992年5月,按照戴金星等专家的建议,马永生告别夫人和只有3岁的女儿,前往新疆参加塔里木石油会战,由于工作出色,很快他就被任命为塔里木石油会战指挥部地质研究中心综合研究室主任,带领40余位科研人员有力地支撑了塔里木盆地油气勘探基础地质研究和评价部署工作,他自己也得到了全面的锻炼。

1995年底,马永生圆满结束了为期三年半的石油会战生活,与家人团聚。回到原单位后,被任命为南方海相碳酸盐岩研究室主任,从此与中国南方海相碳酸盐岩油气勘探结下了不解之缘。1998年,国务院对中石油和中石化两大石油公司进行了重组,新组建的中石化集团公司决定重新开展中国南方碳酸盐岩的油气勘探工作,急需一位领军专家担当此任,经戴金星、周堃、徐志川等的联名推荐,马永生被中石化选中并委任为中国南方海相油气勘探项目经理部负责人,由此开始了长达12年的南方海相油气勘探生涯。

二、主要学术成就和油气勘探成果

中国南方的范围包括川、渝、滇、黔、桂、鄂、湘、赣、苏、浙、皖等15省区市,总面积约227万平方千米,有利的油气勘探面积达90多万平方千米。中国南方海相中、古生界的油气勘探开始于20世纪50年代中期。国家先后组织过"六五""七五""八五"和"九五"科技攻关,原石油部、地矿部等很多部门都进行过大量的研究和勘探工作,在四川盆地及周缘地区发现了一大批中小型油气田。但从20世纪90年代中期开始,原中国石油天然气总公司历经8年,在中、下扬子区和滇黔桂区先后部署了建阳1井、圣科1井、楚雄1井等一批探井的钻探相继失利,没有获得重要油气发现。国外一些主要石油公司在对南方各探区进行系统的油气评价后,认为中国南方无规模性油气形成的可能,放弃了在南方投资的意向。

艰难困苦,玉汝于成。面对困难和危机,需要的是智慧与坚强。对于那些不敢面对危机的人,这就是一场真正的危机,而对敢于直面现实、自觉接受挑战的人来说,危机就是转机。

马永生和他刚组建的团队深知肩上的重任和压力,他们一方面认真分析和总结前人的成功经验与失败教训,尊重前人但不迷信权威;另一方面从基础地质入手开展研究和探索工作,先后组织国内十多个学科的500多名科技人员开展科技攻关,他们在对南方探区石油地质条件和技术适应性重新评价的基础上,进行了选区评价排队,提出了南方探区三个层次勘探的战略部署新方案,并将四川盆地及周缘地区的海相油气勘探放在首位。

1. 强化海相油气勘探理论自主创新，发现了普光、元坝等大型气田

四川盆地是我国最早发现和开发天然气的地区。1958年11月开始的川中会战，标志着我国海相碳酸盐岩层系勘探的真正起步。石油前辈们三上龙门山、四上海棠铺，三次川中大会战，为四川盆地天然气发展做出了不懈的努力，也使四川盆地成为了我国主要天然气生产基地之一。1964年发现了威远震旦系气田，1971年发现了中坝三叠系气田，1989年发现了五百梯石炭系气田，1996年发现了渡口河三叠系气田。马永生通过对区域地质条件和当时已发现气田的分析与总结后认为，四川盆地的气田具有三个显著特点：一是探明储量规模都不大；二是目的层埋藏相对较浅；三是以构造气藏为主。在这样一个富气盆地中，应该发育有世界级的大型和特大型的气田。马永生认为无论是国外海相碳酸盐岩油气地质的理论与方法，还是我国陆相油气勘探的理论与方法，都难于有效指导四川盆地海相层系的油气勘探。

在四川盆地要发现世界级气田这一目标，首先需要勘探思路的大解放，其次需要加强理论创新和技术攻关；至关重要的是要有扎扎实实的基础研究成果作支撑。马永生敢于突破已有认识，通过详细的岩相古地理研究，重新建立了四川盆地川东北地区生物礁滩沉积模式。前人认为在2.5亿年前后相当长一段地质时期，川东北地区存在一个深水"海槽"，并明确指出普光等探区缺乏有利于油气储集体形成的条件。马永生系统开展了地层学、构造地质学和沉积学研究，在前人划定的深水区找到了许多浅水沉积的证据，重新建立了川东北地区生物礁滩沉积模式，认为这些探区不仅不是油气勘探的"禁区"，而恰恰是优质储集体发育的有利区，从而为这些地区的油气勘探指明了方向。

迎难而上，独辟蹊径。马永生向"油气主要聚集在构造高部位"的经典理论提出挑战。他通过油气充注历史和构造演化等方面的研究，认为构造高部位无疑是油气运移的指向区，而有效储层的空间分布才是油气聚集最终定位的关键因素，油气分布规律不受局部构造控制，构造低部位具有很大的勘探潜力。马永生进一步提出向四川盆地深层、超深层海相领域进军和探索构造-岩性油气藏的勘探思路。他果断地将储层最发育但又处于构造低部位的川东北普光地区确定为天然气勘探的首选目标。虽然前人在普光地区1116平方千米范围内，已钻各类探井21口，所有构造高部位都已打井，但未发现气田。通过对构造演化、烃源岩发育及油气充注历史等分析研究，马永生突破传统勘探思路，认为位于现今构造低部位的普光构造岩性圈闭，存在天然气富集成藏的可能。

2001年8月，马永生提出了普光气田的发现井——普光1井部署方案，由于该

井部署在低于构造高点1300米的位置，并且钻井深度达5700米，因而在论证过程中遇到了很多的质疑和阻力，他连续三次向中石化专家组作汇报，得益于他扎实的理论和技术成果，最终得到了专家和总部的认可。同年11月普光1井开钻，经过长达一年半时间的精心组织和管理，艰难地度过了一个又一个不知疲倦、高速运转的日子，终于在2003年5月打到了勘探目的层。功夫不负有心人，该井钻获279米巨厚气层，试获日产103万立方米高产工业气流，取得了川东北地区天然气勘探的重大突破。

随后，马永生负责制定了普光气田勘探的整体部署方案，组织实施探井29口，安全、高效地完成了气田主体的勘探工作，勘探成功率高达95%，引起国内外震动。截止到2010年底，已向国家上交天然气探明储量4122亿立方米，普光气田也成为国内最大的碳酸盐岩整装气田，其储量价值超过2000亿元人民币。普光气田为"十一五"国家重大工程——"川气东送"工程提供了资源基础，对缓解我国能源供应紧张局面具有重要作用。川东北海相油气勘探理论和储层预测技术方面的突破性进展与普光气田的发现获2006年国家科技进步一等奖，同年被两院院士评为"中国十大科技进展"之一，并获得2007年国土资源部全国地勘行业优秀找矿项目一等奖。

在普光气田勘探理论和技术方法指导下，马永生带领团队继续探索，仅在中石化探区又相继取得了通南巴（2004年）、元坝和鄂西渝东（2007年）、南江（2008年）天然气勘探的突破，带来了四川盆地新一轮天然气发现和储量增长的高峰。

元坝区块位于四川省巴中-广元地区，长兴组-飞仙关组气藏要比普光气田深900~1500米以上。借鉴发现普光的思路，通过综合研究，认为元坝地区可能发育长兴组-飞仙关组大型台地边缘礁滩复合体。元坝1井是川东北巴中低缓构造带的一口区域探井，2006年5月30日开钻，至2007年3月23日完钻，完钻层位为上二叠统长兴组，井深达7170.71米。对长兴组（7081~7150米井段）进行酸压测试，由于重晶石泥浆对储层的污染，测试结果仅为$0.3×10^4$立方米/天，未能反映储层的真实产能。马永生通过对钻探资料和三维地震资料的综合分析，认为元坝地区长兴组-飞仙关组为大型碳酸盐岩缓坡沉积，发育台地边缘礁滩相储层。元坝1井位于斜坡的上部，储层发育相对较差，往南可能存在台地边缘礁滩相储层，他顶住压力，大胆决策对该井实施开窗侧钻，2007年9月14日，元坝1-侧1井钻至井深7427.23米，达到地质目的层完钻。对长兴组-飞仙关组（7331~7368米井段）进行酸压测试，获得$50×10^4$立方米/天的天然气产量，证实了元坝区块发育长兴组-飞仙关组礁滩储层，标志着元坝气田勘探取得实质性重大突破，目前该地区完钻的20余口探井成功率达90%以上，创造了世界超深井勘探记录，又一个与普光气田规模相当的元坝大型气田已经探明。

2. 突破储层孔隙"消亡带"的传统认识，首次阐明了深层碳酸盐岩优质储层发育的"三元控储"机理

世界海相碳酸盐岩油气勘探的重大突破主要发生于20世纪五六十年代之交，海相碳酸盐岩探明石油储量的70%以上分布于中东的侏罗系、白垩系和第三系，探明天然气储量的70%以上分布于苏联、中东和美国的石炭系、二叠系。国外海相盆地分布面积大，构造稳定，后期改造弱，一般属原型盆地，油气储层多集中分布在2000~3500米深度带。Scholle（1977年）、Schmoker（1982年）和Halley（1983年）等先后提出孔隙发育"死亡线"的认识，即埋藏深度达到3500米时，因压溶和胶结作用使碳酸盐岩致密化，将出现一个所谓的储层孔隙"消亡带"。

与中浅层储层相比，深层碳酸盐岩储层在环境上具有地层温度高、地层水盐度高、应力复杂、异常压力普遍、岩石成岩作用强烈且多已进入成岩晚期等特点。深层、超深层是否发育优质的海相碳酸盐岩储层这一问题，既是公认的世界级难题，也是在勘探中必须要回答的问题。马永生认为中浅层储层的相关理论不完全适用于深层、超深层储层的研究，世界权威的学术观点也是值得商榷的。

马永生从野外露头和钻井资料入手，开展了碳酸盐岩沉积、白云岩化作用与优质储层形成机理研究，结合储层实验模拟结果，重塑了深层碳酸盐岩优质储层发育的物理化学过程，提出了"沉积-成岩环境控制早期孔隙发育、构造-压力耦合控制裂缝与浅部溶蚀、流体-岩石相互作用控制深部溶蚀与孔隙的保存"的"三元控储"机理，并预测川东北地区4500米下广泛存在碳酸盐岩优质储层。这一突破性认识为包括普光、通南巴、元坝、川东南地区在内的深层油气勘探提供了理论依据。川东北地区的勘探实践表明：普光地区碳酸盐岩储层埋藏深度多数超过4500米，元坝地区碳酸盐岩储层一般都在7000米左右，最深达到7200米，从而否定了传统的储层孔隙"消亡带"理论。

在大量的实验数据以及研究与勘探成果的基础上，马永生首次阐明了深层碳酸盐岩优质储层发育的"三元控储"机理，海相深层碳酸盐岩的储集性能主要受相互关联的三大因素控制：①沉积-成岩环境控制早期孔隙发育。碳酸盐岩原始孔隙发育首先受控于沉积环境，大量发育的原生孔隙是流体与岩石相互作用形成白云岩的重要条件，白云岩化作用可以改善岩石孔隙与渗透性，同时白云岩也具有更好的抗压实性，为深层优质储层的形成奠定了基础。②构造-压力耦合控制裂缝与溶蚀。后期构造-压力作用控制了岩石裂缝的形成与扩大，形成储层空间，同时裂缝也为

流体与岩石的相互作用创造了条件。③流体-岩石相互作用控制溶蚀与孔隙的保存。随着岩石埋藏深度不断加大，岩石先后与大气水中所含的 CO_2、岩石中有机质分解产生的有机酸、烃类与岩石中硫酸盐作用形成的 H_2S 等流体发生溶蚀作用，继续保持或进一步扩大岩石孔隙，从而使埋深达 5000~7200 米的超深层碳酸盐岩同样可以形成优质储层。

3. 完善了碳酸盐岩礁滩储层综合预测的技术系列

优质碳酸盐岩储层的发育，是形成大型油气田的关键因素之一。由于我国南方碳酸盐岩形成时代早，受成岩演化影响，礁滩储层的类型多，次生变化明显，非均质性强，碳酸盐岩储层的分布与预测难度大，而深层礁滩储层预测则是国内外油气勘探的热点和难点。针对这一难题，马永生带领科研团队大胆探索，形成了以复杂山地深层碳酸盐岩储层预测为核心的勘探技术系列。

川东北地区地表相对高差达到 1200 米、碳酸盐岩储层埋深超过 5000 米。国内外没有可直接应用的成熟经验和方法。为此，马永生组织他的团队开展了复杂山地高精度地震采集技术、高精度地震成像技术和礁滩相储层综合预测技术攻关。在前人的工作基础上，提出了以碳酸盐岩储层岩石物理参数测定为基础，在构造、沉积相及储层发育模式指导下，以建立储层地质-地球物理模型为核心，通过地球物理正演模拟，明确储层地震响应特征与识别标志，开展碳酸盐岩储层综合预测的技术思路和方法，实现了深层碳酸盐岩储层的预测与精细描述，建立了普光地区五种礁滩型储层识别模式。特别是针对三叠系飞仙关组的鲕滩储层预测技术，以突出鲕滩储层特征为目的的相对振幅保持处理，各种处理手段皆以保护储层特征（能量、波组特征、频率）为前提，建立了川东北地区"强振幅、亮点型"鲕滩储层地震相识别模式。运用振幅、能量、频率、相位、阻抗等地震属性，结合模型正演，对飞仙关组鲕滩储层进行综合研究，得到了本区"毛坝"型和"普光"型鲕滩储层预测技术。

在此基础上，针对碳酸盐岩礁滩储层中黏土矿物会影响储层预测精度这一特点，马永生等结合岩石物理参数和测井资料，建立了储层孔隙度与地震波阻抗之间的关系，有效预测了白云岩储层厚度和孔隙度，在普光储层主体分布区，预测生物礁储层厚度 50~100 米，鲕滩储层厚度 150~250 米。实践证明，复杂山地高精度地震采集技术的应用，大幅度提高了山地地震采集资料的品质；山地高分辨率成像技术的应用大大提高了储层成像精度，使深部储层厚度的预测精度由 37 米提高到 12 米；礁滩相储层综合预测技术的应用，实现了大于 5000 米的深井和超深井的储层埋藏深度预测绝对误差平均值仅为 15 米，确保了探井钻探成功率。在普光气田实施的 29 口探井，礁滩储层钻探成功率达 95%，取得商业发现的探井高达 90%。

4. 建立了叠合盆地深层碳酸盐岩天然气成藏机理与富集理论

叠合盆地是同一大地构造单元中多期形成的沉积盆地，构成不同类型、不同建造、不同时代盆地的复合和叠加。四川盆地是一个典型的多期构造叠合盆地，盆地经历了两大构造沉积旋回，即震旦纪–中三叠世被动大陆边缘构造演化阶段和晚三叠世–始新世前陆盆地及拗陷演化阶段，纵向上发育了中生界陆相成藏系统、上古生界海相成藏系统及下古生界海相成藏系统三大成藏系统。叠合盆地具有多套烃源岩、多类储盖组合、多次生排烃和多期成藏等特征，通常勘探目的层埋深大，经历长期演化，油气藏充注历史复杂，油气分布规律受多种因素控制。

马永生和他的团队通过长期研究后认为：源岩过成熟条件下天然气的来源、深层碳酸盐岩优质储层的发育和分布、油气运移、聚集及古油藏形成后的调整改造和再聚集过程是叠合盆地深层天然气富集的关键。通过模拟实验、地质过程恢复和数值模拟及实例解剖，他和他的团队发现四川盆地深层碳酸盐岩层系天然气的富集经历了三个主要阶段。①古油藏形成阶段。在晚印支–早燕山期，二叠系和志留系烃源岩进入主排烃期，长兴组–飞仙关组的构造–岩性圈闭形成并接受原油充注，古油藏开始形成，古油藏的分布受晚印支–早燕山期的构造格架、流体输导体系和长兴组–飞仙关组岩相变化的控制。②油气藏化学改造和流体调整阶段。燕山早期末，普光古油藏储层温度达到 160℃，其内部的原油开始发生热裂解作用，并一直持续到中燕山期，当温度达到甚至超过 200℃ 的时候裂解完毕。古油藏实现油向气转化的同时也接受了部分源岩干酪根热降解气的充注。该期也是 TSR 作用对普光气藏内部流体和储层岩石性质进行化学改造的主要阶段，TSR 反应生成的 CO_2 和 H_2S 有利于储层溶蚀孔隙的形成。随着储层顶面构造形态的变化，原油及其裂解形成的天然气逐渐向构造高点运移调整。③再富集–定位阶段。喜山运动中晚期，现今的构造格局逐渐形成，原油裂解形成的天然气、不同演化阶段的储层沥青裂解形成的天然气、源岩和异地储层沥青裂解形成并在油气藏调整改造过程中注入储层的天然气，在晚喜山期–现今构造面貌和储层岩性变化的控制下，在现今的构造–岩性复合圈闭富集，形成了普光等大型天然气气藏。

马永生及其团队的研究表明：与油气经过初次运移、二次运移聚集成藏的单旋回盆地明显不同，叠合盆地天然气的聚集经历了复杂的物理–化学过程，天然气的富集和最终定位受多种因素的控制：①源岩生油高峰期的流体输导格架、古构造和岩性-岩相变化叠合而成的古构造-岩性圈闭控制古油藏的形成分布；②古油藏形成后的构造运动控制油气藏的化学改造和流体调整；③新（晚期）构造运动及其控制的流体输导体系和岩性-岩相变化控制天然气的再富集和最终定位，据此建立了"原油聚集-流体调整-晚期定位"的叠合盆地深层油气富集模式，即"叠合-复合控藏"理论。

马永生注重理论联系实际、学风严谨、勇于创新、为人正派。为了准确获得第一手资料，组织好勘探工程实施，他先后13年远离家庭，深入基层，扎根边疆，坚持在科研生产第一线。在开展理论探索和勘探实践的同时，马永生组建和培养了一支理论功底较扎实、实践经验较丰富的勘探科研团队。该团队2005年被中石化命名为"最佳创新团队"，2007年被国土资源部授予"全国地质勘查行业先进集体"称号。马永生十分注重人才培养，先后为油田企业和相关院校培养了急需的碳酸盐岩油气勘探领域博士15名，硕士5名。

马永生先后获国家科技进步一等奖1项，省部级科技进步一等奖5项。2005年被评为中石化有突出贡献的科技专家，同年享受国务院特殊津贴；2007年获何梁何利基金科学与技术成就奖，同年获李四光地质科学奖。他注重理论成果的总结和积累，以第一作者身份发表学术论文50余篇；出版专著5部，其中《中国海相油气勘探》荣获第二届中国出版政府奖提名奖。

马永生取得的勘探成果和建立的创新理论，引起国内外油气勘探界的高度关注，他先后5次应邀在世界石油大会、AAPG（美国石油地质学家协会）年会、美国得克萨斯州A&M大学介绍普光气田的发现过程和理论技术成果。许多专家认为，他在实践中形成、并经过实践验证和完善的海相油气勘探理论和技术，对国内外海相深层碳酸盐岩领域的油气勘探有重要的指导和推动作用。

三、马永生主要论著

马永生. 1992. 华北北部晚寒武世碳酸盐岩等时性研究. 科学通报, 12: 1118-1120.

马永生. 1994. 华北北部晚寒武世沉积旋回分析. 地质论评, 40（2）: 165-172.

马永生, 李启明, 关德师. 1996. 鄂尔多斯盆地中部气田奥陶系马五段$_{1-4}$碳酸盐岩微相特征和储层不均质性研究. 沉积学报, 14（1）: 22-32.

马永生, 梅冥相, 陈小兵. 1999年. 碳酸盐岩储层沉积学. 北京: 地质出版社.

马永生, 田海芹. 1999年. 碳酸盐岩油气勘探. 东营: 石油大学出版社.

马永生. 2000. 中国海相碳酸盐岩油气资源、勘探重大科技问题及对策. 海相石油地质, 5（1-2）: 15.

马永生, 郭旭升, 郭彤楼, 等. 2005. 四川盆地普光大型气田的发现与勘探启示. 地质论评, 51（4）: 477-480.

马永生, 蔡勋育, 李国雄, 等. 2005. 四川盆地普光大型气藏基本特征及成藏富集规律. 地质学报, 79（6）:

858-865.

Ma Y S, Zhu X, Guo T L, et al. 2005. Reservoir characterization using seismic data after frequency bandwidth enhancement. Journal of Geophysics and Engineering, 2 (3): 213-221.

马永生, 陈跃昆, 苏树桉, 等. 2006. 川西北松潘—阿坝地区油气勘探进展与初步评价. 地质通报, 25 (9-10): 1045-1049.

马永生, 蔡勋育. 2006. 四川盆地川东北区二叠系—三叠系天然气勘探成果与前景展望. 石油与天然气地质, 27 (6): 741-750.

马永生等. 2007. 中国海相油气勘探. 北京: 地质出版社.

Ma Y S, Guo X S, Guo T L, et al. 2007. The Puguang Gas Field: New giant discovery in the mature sichuan basin, SW China. AAPG Bulletin, 91 (5): 627-643.

马永生. 2007. 四川盆地普光超大型气田的形成机制. 石油学报, 28 (2): 9-14, 21.

马永生, 郭彤楼, 赵雪凤, 等. 2007. 普光气田深部优质白云岩储层形成机制. 中国科学 (D 辑: 地球科学), 37 (增刊 II): 43-52.

Ma Y S, Zhang S C, Guo T L, et al. 2008. Petroleum geology of the puguang sour gas field in the sichuan basin, SW China. Marine and Petroleum Geology, 25: 357-370.

马永生, 陈洪德, 王国力, 等. 2009. 中国南方构造—层序岩相古地理图集: 震旦纪—新近纪. 北京: 科学出版社.

马永生, 蔡勋育, 赵培荣, 等. 2010. 四川盆地大中型天然气田分布特征与勘探方向. 石油学报, 31 (3): 347-354.

马永生, 蔡勋育, 赵培荣, 等. 2010. 深层超深层碳酸盐岩优质储层发育机理和"三元控储"模式—以四川普光气田为例. 地质学报, 84 (8): 1087-1094.

马永生, 蔡勋育, 赵培荣. 2011. 深层、超深层碳酸盐岩油气储层形成机理研究综述. 地学前缘, 18 (4): 181-192.

主要参考文献

马永生, 蔡勋育, 赵培荣, 等. 2010. 四川盆地大中型天然气田分布特征与勘探方向. 石油学报, 31 (3): 347-354.

马永生, 蔡勋育, 郭旭升, 等. 2010. 普光气田的发现. 中国工程科学, 12 (10): 14-23.

牟书令, 等. 2009. 中国海相油气勘探理论技术与实践. 北京: 地质出版社.

马力, 陈焕疆, 甘克文, 等. 2004. 中国南方大地构造和海相油气地质. 北京: 地质出版社.

撰写者

胡宁 (1963~), 湖北宜昌人, 研究员, 系马永生的同学和同事, 从事地质学研究和油气勘探科技管理工作。

20 世纪中国地质资源科学技术与工程大事记

1833~1905 · 德国的李希霍芬来中国进行地质考察，发现了河北开平煤田，江西乐平煤田，在湖南耒阳首次发现了大羽羊齿化石。著有《山东的地质构造》《山东的煤矿》；撰写有关中国的巨著《中国——亲身旅行和据此行作研究的成果》共 5 卷，对地层学、构造地质学和煤田地质方面做了大量的论述，所绘制的地质图界线清楚。

1903 · 美国人维理士（B. Willis）同布来克维尔德（E B Weldes）一起，先后考察了中国鲁西、辽宁、河北、山西、陕西、四川、湖北等 7 省（区），提出太原西山含煤地层为"山西系"的命名。1922 年初布来克维尔德在美国矿冶工程师学会上提出中国不可能产大量石油，对中国产生了很大影响。

1907 · 延长石油官厂成立。4 月 25 日延长西门外开凿延 1 井，井深达 75.3 米，日产原油 1500 千克。

1909 · 焦作路矿学堂成立，这是我国历史上第一所矿业高等学府。

1911 · 3 月，丁文江调查了广德煤田，1914 年调查了云南的富源等地煤矿，1919 年与张景澄调查了河北蔚县和山西广灵一带的含煤地层和百余座煤矿。他在考察山东枣庄时，将含煤地层定为晚古生代地层。

1912 · 1 月，南京临时政府实业部矿务司下设地质科，章鸿钊就任地质科科长，这是我国第一个从事国内地质矿产调查的专门机构。

1913 · 1 月，南京临时政府迁到北京后，地质科改由工商部矿政司管辖，科长为丁文江。

· 6 月，工商部设地质研究所，丁文江任所长。

1915 · 刘季辰调查了河北磁县鼓山煤矿，1917 年后又调查贾旺、萧县等地并撰有煤田调查报告，确定龙潭含煤地层属二叠纪，首先提出"龙潭组"一名，指出二叠纪含煤地层有"南系、北系"之区别。

1920 · 李四光应北京大学校长蔡元培之聘，从英国回来，任北京大学地质系教授。

· 美国地质学家葛利普应聘来华，任地质调查所古生物研究室主任并兼任北京大学地质系教授。

1921	· 由丁文江、翁文灏所编《中国矿业纪要》由地质调查所出版。
· 南京东南大学成立地学系，内设地理、气象、地质三个组，系主任为竺可桢。
· 地质学家翁文灏、谢家荣到甘肃玉门调查石油地质，谢家荣发表《甘肃玉门石油报告》。
· 丁文江、翁文灏所编《中国矿业纪要》由地质调查所印行。
1922	· 1月，中国地质学会在北京成立，章鸿钊为会长，翁文灏、李四光为副会长，会员共26人（包括外籍会员3人）。
1923	· 吉林省官商合办煤矿公司，委托了孙毓麒（后改名孙越崎），同俄国人合办穆棱煤矿，并组织一支勘探队，孙越崎任副队长。
1925	· 1月，翁文灏在北京天文学会讲演，题为《惠氏大陆漂移说》，这是中国学者第一次介绍魏格纳的大陆漂移说。
1926	· 李四光在《中国地质学会志》第5卷发表了《地球表面形象变迁之主因》，论述了他对地壳运动的一系列观点，强调了地壳水平运动的重要性，并对魏格纳的大陆漂移说给予了高度评价和支持。
· 11月，翁文灏发表《金属矿分布的几点规律》《砷矿在金属矿系列中的位置》等文，首次提出中国矿产区域论。
1928	· 1月，中央研究院地质研究所成立，李四光为所长。
· 葛利普编著的《中国地层》上、下两册由地质调查所出齐（上册于1924年印出），为建立中国地层系统奠定了基础。
1929	· 李四光在英国《地质学杂志》发表题为《东亚一些典型构造型式及其对大陆运动问题的意义》的论文，文中提出了构造体系的概念，创造性地运用力学方法来解释东亚大地构造。
1930	· 5月26日，《中华民国矿业法》公布。
1936	· 新疆地方政府派员与苏联石油地质人员组成考察团，在独山子地区进行石油地质勘查，并从苏联购进钻机，聘请技术人员，钻凿石油探井。
1937	· 1月独山子第一口探井获得工业油流。
· 美国地质学者Weller等，受顾维钧委托，到甘肃勘查石油，孙健初随同前往。
1938	· 孙健初再次赴玉门进行石油地质勘查，绘制万分之一的油田地质图2幅，地质构造图1幅及剖面图多种，肯定玉门老君庙田具有开采价值。

	·顾功叙回国进入北平研究院物理研究所任研究员，用电阻率法及磁法进行矿区试验，并在《地质论评》上发表了实验结果。

1939
- 中支那矿业调查班的德田贞一和山本谦吉，撰写了《安徽省怀远县舜耕山煤田调查报告》，提出5点意见，论证了舜耕山—洞山—平峨山—新城口—上窑等地点可圈成"大淮南煤田"，还撰写有《淮南煤田地震探矿概况》。
- 1月，中央地质调查所程裕淇在黄汉秋和中央研究院化学所王学海的配合下，发现了云南昆阳磷矿；王曰伦、卞美年、谢家荣等人发现了云南海口磷矿。
- 翁文波从英国回国，在重庆中央大学任物理系教授，开设了地球物理勘探课程；同年底，赴四川巴县石油沟1号探井进行电测井试验，划出天然气层，并经试气证实。
- 李四光著《中国地质学》在伦敦用英文出版，这是第一本论述中国大地构造特征的著作。
- 四川巴县石油沟巴1井钻成，井深1402米，发现三叠纪上部石灰岩含气层，日产气14150立方米。
- 8月11日，玉门老君庙1号井钻至88米时遇K油层，初日产原油10吨左右，这是老君庙油田的第一口出油井。

1940
- 王竹泉和何春荪发现了云南澄江东山磷矿。

1941
- "铁满调查部"编写了《开滦煤矿区邻接地域新煤田调查经过》，预测大佛头和碑子院有新煤田储量约5亿吨。
- 北支那开发株式会社在六河沟煤田东侧进行地震勘探，深度500~900米，撰写《临城煤田附近地震探矿调查概要》（临城即今日邯郸）和《北支那煤田煤质适应性报告书》，是一部较完整的煤质资料著作。
- 潘钟祥在美国石油地质家协会志上，发表题为《中国陕北中生代和四川白垩系陆相生油》的论文，提出陆相生油学说。

1942
- 10月，国民党中央资源委员会矿产测勘处成立。

1943
- 黄汲清、翁文波、卞美年、杨钟健等发表《新疆油田地质调查报告》，认为"至少新疆一部分原油系完全由纯粹陆相侏罗纪地层中产出"。
- 12月，四川油矿探勘处在隆昌圣灯山钻成一口高产气井，井深844.97米，井口压力50大气压，每日产气140000立方米。

1945
- 10月，我国第一个重力、磁力测量队在玉门建成，翁文波任队长。

- 黄汲清著《中国主要地质构造单位》由地质调查所印行，该书以多旋回槽台论观点对中国大地构造作了系统划分，并编出了中国大地构造图。

1946
- 谢家荣主持资源委员会下设的矿产测勘处，派钻机到淮南八公山探查新煤田，与燕树檀、柴登榜等发现淮南八公山煤田。

1947
- 安徽淮南工业专科学校（后改为淮南煤矿工业专科学校）成立。
- 8月，中国地球物理学会在上海成立。
- 孙健初发表《发展中国油矿计划纲要》一文，并绘制了一张"中国石油理想分布图"。

1949
- 10月，成立燃料工业部。

1950
- 焦作工学院迁至天津，并与清华大学、北洋大学、唐山交通大学有关专业合并，组建中国矿业学院（1951年中国矿业学院煤田地质系成立，成为我国煤田地质专门人才的主要培养单位；1953年，中国矿业学院迁至北京，改名北京矿业学院）。
- 2月，中国第一个地震勘探队成立，队长翁文波。
- 3月，由华东军政委员会重工业部矿产测勘处、南京大学地质系、原中央地质研究所、地质调查所联合在南京创办的华东军政委员会重工业部地质探矿专修学校成立。
- 4月，燃料工业部设石油管理总局。
- 6月，燃料工业部煤炭管理总局设地质勘探室，王竹泉任室主任，1953年成立地质勘探局。
- 8月，政务院第47次政务会议任命李四光为中国地质工作计划指导委员会主任，副主任尹赞勋和谢家荣。
- 9月，中苏石油股份公司在新疆独山子成立，里蒙诺夫任地球物理大队长及总地球物理师，主要在准噶尔盆地南缘进行工作。

1951
- 4月，政务院公布《中华人民共和国矿业暂行条例》。
- 苏联地质专家霍敏多夫斯基，针对阜新煤田地质工作，建议在地质工作中循"测量、寻找、预测、勘查、详细勘查、采掘勘查、坑下地质"七个步骤；东北煤矿管理局参照地质部及中国实际情况，将勘探程序划分为：预查（概查）、普查、详查、勘探四个阶段。
- 宋叔和提出开展白银厂地区找矿工作建议，后勘探确定白银厂折腰山、火焰山、铜厂沟3个矿区深部存在大型铜矿，1956年提交了铜储量

89.3 万吨，硫储量 1280 万吨，为新中国探明的第一大铜矿。

- 6月，王日伦、赵宗溥、裴荣富对五台山区域地质构造和鞍山市铁矿进行调查，发展了韦里氏的单一构造的观点。

1952
- 3月，东北地质调查所在长春成立了中国第一个化探队，周树强任队长，9月地质部成立地球化学探矿室，沈时全任主任，推动全国化探工作。
- 4月，地质部429队在大冶尖林山地区用磁法发现磁异常，后经钻探验证，揭露深部存在铁矿体。
- 8月，中央人民政府委员会第17次会议通过决议成立中央人民政府地质部，任命李四光为部长，何长工、刘杰、宋应为副部长，撤销中国地质工作计划指导委员会。
- 9月，成立重工业部地质司，编制《1953~1957年地质勘探计划》。
- 东北地质学院、北京地质学院、中南矿冶学院等相继成立。

1953
- 1月，引进苏联专家米德维捷夫、米德维捷娃、保保夫到鞍山基础地质处工作；重工业部有色局在京召开地质工作总结会议，制定了工作定额及工程规范；11月30日，颁发《地质勘探设计暂行管理方法》（草案）。12月，重工业部地质司成立了5个地质勘探公司（或总队），钻机到年底达434台，地勘队伍由6800人增加到19877人。
- 地质部地矿司下成立地球物理探矿室，室主任为顾功叙，副主任为周镜涵。组建了16个物探队（组）配合地质队找铁、铜、铅锌、铬等矿产。
- 王竹泉提出"中国煤田类型与勘探网度"，然后，燃料工业部编制《中国主要煤田初步分类》，成为当时勘探设计的布孔原则。
- 在引进苏联的（磁法、重力、电法和地震法）勘查技术和工作规程的基础上，我国矿产勘查技术工作开始了规范化操作。
- 重工业部组建了建材管理局地质勘探公司，这是中国建筑材料工业地质勘查中心的前身。
- 10月，我国第一个石油高等院校北京石油学院成立。
- 重工业部组建化工资源勘采大队，同时重工业部化工局成立地质处。
- 李四光提出"新华夏构造体系"，否定了"中国贫油"观点；我国相继发现大庆油田、胜利油田、大港油田，很快找到了钨、铬、铀、金刚石、煤及稀有金属矿藏，在开发地热、地下水、研究第四纪冰川等方面取得了重大成果。

1954
- 全国储量委员会正式颁发了《向全国矿产储量委员会和地方矿产储量委员会提交矿产储量报告的程序及编制规范》。煤田勘探局颁发了《苏联专家对煤田精查地质报告标准图纸内容的建议》《煤田储量分类应用规范》；苏联加里金编写了《焦作中马村井田地质精查报告书》。
- 国务院决定地质部和中科院分别担任石油和天然气的普查工作和科学研究工作。
- 重工业部正式组建地质局，接管原钢铁、有色、化工、建工局及鞍山钢铁公司等单位的地质勘探部门，并设立 8 个地质勘探公司及 3 个直属单位。

1955
- 1 月，中苏两国政府签订了《关于在中华人民共和国进行放射性元素的寻找、鉴定和地质勘探工作的议定书》。
- 3 月，地质部成立"三局"，开展航空和地面放射性普查，找铀矿，主要用进口的苏制仪器设备。
- 6 月，地质部普查委员会下达开展松辽平原石油地质踏勘任务书，同年 9 月开始野外踏勘工作。
- 7 月，石油工业部成立。
- 中苏在新疆阿尔泰、柯坪、西昆仑、南岭、秦岭和大兴安岭地区合作进行 1∶20 万区域地质调查。
- 中央成立煤炭工业部，将地质勘探局更名为煤炭工业部地质勘探总局，并对全国煤炭地质队统一命名及整编。
- 9 月，煤炭工业部在北京筹建了第一个煤田地震队，10 月中旬在开平煤田作方法试验，1956 年 8 月华东煤田地质勘探局建立第二个地震队。
- 10 月，新疆准噶尔盆地西北缘黑油山地区 1 号探井喷出工业油流，发现克拉玛依油田。
- 12 月，青海省油泉子地区地泉 1 井获工业油流，发现油泉子油田，柴达木盆地油气勘探获得突破。
- 12 月，重工业部地质局普查队发现山西代县山羊坪特大型铁矿矿床，成为太钢最重要的矿石基地。随后又在迁安矿区发现和探明多个铁矿，获储量 20.5 亿万吨，解决了首钢铁矿资源的自给问题。

1956
- 1 月，石油工业部、地质部和中科院联合召开第一届全国石油勘探会议。

- 5月，地质部成立地质、矿物原料、物探、地质力学、水文地质工程地质及勘探技术（1957）研究所；煤炭工业部地质勘探总局成立了北京煤田地质科学研究所，1965年8月所迁往西安，后改为煤炭科学研究总院西安研究院；12月石油工业部在北京成立石油地质研究所。
- 5月，重工业部决定成立地球物理探矿队，集中有关的物理探矿力量。
- 12月，西安石油勘探仪器总厂研制成功全自动电测仪（获国家发明奖）。
- 陈国达创立地洼学说，地洼成矿理论，发现和阐明大陆地壳的第三构造单元活化区。
- 地质部西南物探大队先后在四川攀枝花矿区外围及其北部的红格、白马、太和等地发现大量铁矿引起的磁异常及铁矿露头，后经106地质队等地质队多年勘查证实为多个大型钒、钛、铁矿，总储量达几十亿吨。西南物探大队在1980年被评为地质部30年找矿功勋物探大队，队长是肖尊一，技术负责人为赵文津。
- 成立国家建材部地质局，下设地质中心实验所和华北、成都、昆明、株洲、兰州5个直属大队。

1957
- 1月，冶金部地质局机关刊物《地质与勘探》创刊；地质部物探局主办的双月刊《地球物理勘探》创刊成新中国第一份物探专业出版物。
- 地质部做出了石油地质工作战略东移的决定，把找油的重点从西部向东部各盆地转移，加强了东部平原覆盖区的找油力量。
- 6月，石油工业部派出以邱中建为队长的116地质普查队进入松辽盆地，对现有资料进行综合研究，编制了含油远景区，肯定盆地含油气远景很有希望。
- 12月，在海军的协助下，石油工业部对南海油气苗进行调查。

1958
- 4月，冶金部地质局物探总队第三区队与江苏807队经过对宁芜陆相火山岩盆地内发现的梅山磁异常研究，开始进行钻探验证，探明了一处特大型铁矿床。
- 8月初，甘肃煤炭工业局145队唐东福、郭春山等采集到含孔雀石样本，经地质部祁连山队汤中立研究后确定为铜镍矿，并通过进一步勘探发现了白家咀子超大型铜镍矿床，总储量达800多万吨，后改名金川镍矿，成为中国的镍都。

- 地质部设计了我国第一台跃进600型半液压式立轴钻机。
- 10月，新疆库车坳陷依奇克里克构造上的1号井获得工业油流，在塔里木盆地发现了第一个油田。
- 10月，石油工业部在石油地质研究所和石油炼制研究所的基础上成立了石油科学研究院，院长为张俊，副院长为侯祥麟和翁文波。
- 11月，新疆吐鲁番盆地胜金口4号井喷油，发现了吐鲁番盆地第一个油田。

1959
- 3月31日，地质部地质科学研究院成立，许杰副部长兼任院长；地质部所建立的地质研究所、矿物原料研究所、物理探矿研究所、地质力学研究所等近10个所划归其统一管理；1976年地质科学研究院改名为中国地质科学院。
- 4月，地质部、化工部、建工部联合颁发《非金属矿产储量分类暂行规范（总则）》。
- 地质部物探研究所张赛珍研制成功时间域激发极化法，成为寻找浸染状硫化金属矿的有力武器，同年还引进并试验成功煤田伽马-伽马密度测井法，提供了测定煤层的有效方法。
- 9月出版了《全国煤田预测》《1：200万的全国煤田预测图》及《1：300万的全国和各省煤田预测图集》，预测全国煤炭总储量为93779亿吨。
- 9月，石油工业部在黑龙江大同长垣高台子构造钻获工业油流，成为大庆油田的第一口发现井，即松基三井，宣告发现大庆油田。
- 10月，第一届全国地层会议在北京召开。
- 《中国地质图》（1：300万）由中国地质工作计划指导委员会出版，这是中国第一张全国地质图。
- 中国科学院与石油部门合作在柴达木盆地进行深反射地震试验，取得了莫霍面反射的积极成果。

1960
- 由地矿部地质研究所主编的《中国地质矿产图件》（1：300万）出版。
- 制造了首台100米岩心钻机。
- 2月，中国第一支海上石油勘查队伍——地质部渤海综合物探大队在天津成立，队长范日高，技术负责人黄绪德。
- 11月，石油工业部召开全国油气田分布规律研究成果汇报会，比较系统地总结了新中国成立以来的石油地质理论和勘探实践。
- 研制成功视电阻率、自然电位、磁定位和伽马4种参数一次测成的组合测井仪，推广应用全孔解释、曲线对比及水文测井技术，提高了煤层的分层定厚、确定煤层结构以及解决岩煤层对比和水文地质问题的能力。

- 12月，地质部出台了"关于推广小口径（75毫米、58.5毫米、52毫米）钻探方法的几项规定"，在全国推广小口径钻探。

1961
- 煤炭工业出版社出版了《中国煤田地质学》（一、二、三册），成为我国煤田地质的基本教育范本。
- 地质部和煤炭工业部联合颁发全国矿产储量委员会制定的《煤矿储量分类暂行规范》（第二辑煤）。
- 4月，石油工业部华北石油勘探处32120井队施工的位于山东济阳坳陷东营构造的华8井获工业油流，日产原油8.1吨，是胜利油田的第一口发现井。

1962
- 中国煤炭学会在北京成立，下设煤田地质、矿井地质等专业委员会；主办的学术性季刊《煤炭学报》。
- 提交《浙江省青田县山口叶蜡石矿详细找矿报告》，探获叶蜡石452万吨。

1963
- 12月，地质部在四川自贡市召开全国钾盐地质会议，开始推动全国找钾工作。
- 12月，河北黄骅坳陷羊三木构造上的黄3井获得高产油流，渤海湾盆地黄骅坳陷油气勘探获得突破。
- 12月，茂名石油公司在莺歌海浅海油苗附近，第一次用自制浅海钻井平台钻井，这是我国海上钻井的开始。

1964
- 地质部组织"铬铁矿会战"，其中包括集中大批物探力量在新疆开展找铬铁矿的工作。
- 成立国家建材部地质总公司，按大区成立了6个地质公司。
- 西北冶金地质勘探公司二队及106队，在甘肃地质局工作基础上先后在成县毕家山、厂坝等地开展普查，到1978年共探明了铅锌银储量达1300万吨以上，远景可达2500万吨。
- 地质部物探所研制出我国第一台井中无线电波透视仪JWT-1型样机，并在京郊进行试验；有色地质矿产研究院先后研制和推广了单分量和三分量井中磁测仪器；1965年井中无线电波透视方法与井中磁测和井中充电法在安徽月山铜矿的应用首战告捷，正确地指示了矿体的走向和形态。
- 12月，石油工业部引进了法国磁带地震仪。
- 12月，地质部海洋地质科学研究所在南京成立。

1965
- 1月，全国储委颁发了《硼镁石矿地质勘探工作暂行（试行）规定》。
- 6月，石油工业部宣布成立四川石油会战指挥部，开始四川找油找气大会战；后在江汉平原王场上的王2井获得工业油流，江汉盆地油气勘探获得突破。
- 7月，华北地质勘探公司518队在邯郸地区选择了强度为860伽马的中关低缓磁异常进行钻探验证，在地下300米深处打到193米厚的铁矿体，突破低缓磁异常的找矿。
- 8月，山东809队找到我国第一个具有工业价值的金刚石原生矿脉——红旗一号金伯利岩脉；1977年12月山东省临沭县岌山公社常林大队女社员魏振芳发现一颗特大的天然金刚石，重158.7860克拉，被命名为"常林钻石"。
- 8月，中共中央、国务院批转国家计委、国家经委和国防工业办公室《关于铀矿普查勘探和综合利用的若干规定（草案）》。
- 12月，石油工业部从法国引进了5000米深钻探机，同年我国石油产量超过1000万吨。
- 12月，国务院发布《矿产资源保护试行条例》。

1966
- 为解决南方地区煤炭资源缺乏问题，国家组织湘赣煤炭资源调查会战，会战面积13000平方千米，提交各种地质资料上百件，提交年生产能力701万吨煤炭资源的评价资料。
- 7月，山东冶金地质勘探公司二队于1956年发现张家洼低缓磁异常，后进行钻探验证见到最厚达323米的磁铁矿特大型矿床。
- 石油部门研制成功DZ-663脉冲调宽带记录地震仪及DZ-664型多鼓回放仪器；次年地质部门也开发成功DZCL-24-66型调宽磁带记录地震仪。
- 提交《青海省德令哈旺尕秀石灰岩矿详细找矿报告》，探获超大型水泥用灰岩矿，资源量达30359万吨。
- 6月，辽河坳陷东部四陷热河台构造上辽6井获得工业油流，辽河坳陷油气勘探获得突破。
- 12月，《石油地球物理勘探》杂志创刊。

1967	·6月，石油工业部海洋勘探指挥部自制固定桩基钢平台，首次在天津歧口以东22千米的渤海钻成海1井，获得工业油流。
1969	·9月，冶金部组织北京地质研究所、首钢地质勘探队、北京粉末冶金研究所、东华门人造金刚石厂等多单位共同协作，研制成功了我国第一个人造金刚石钻头并在首钢地勘队试验，打成第一个钻孔，孔深200米，单钻头最高进尺达23米。
1970	·3月，国务院批准石油工业部在辽河盆地组织石油会战，4月成立辽河石油勘探指挥部。 ·6月，国务院决定将煤炭、石油、化工部合并成立燃料化学工业部（简称燃化部）。 ·6月，地质部在上海组建海洋钻探船及配套设备、仪器设计工程小组，担负我国海洋石油资源的勘查任务。 ·11月，国务院批准兰州军区组织陕甘宁石油会战，并成立陕甘宁地区石油勘探会战指挥部。
1971	·6月，在甘肃省陇东地区长庆马岭岭9井喷出工业油流，日产原油258吨，发现长庆油田。
1972	·5月，燃化部石油勘探开发规划研究院成立。 ·胜利油田李庆忠编写了地震学专著《地震波的基本性质——复杂断层的反射波与干扰波》，提出解决成像问题的出路是偏移归位，及绕射扫描叠加。
1973	·11月，冶金部成立地质会战指挥部，负责组织冀东铁矿地质会战。 ·11月，国家计委地质局海洋地质调查局成立。 ·12月，我国首次引进SN-338数字地震仪、GS-2000数控地震仪，Ragthson1704计算机及美国可控M10/106型12台，加快了我国地震勘探工作的数字化进程，同时石油系统地震队全部换装模拟磁带地震仪，并开始DZ-701型磁带地震仪。 ·《煤田地质与勘探》创刊。 ·北京大学、四机部和石油工业部联合攻关研制成功DJS-11机，用于石油部物探局和江汉油田处理地震资料。
1974	·石油工业部主办的《石油勘探与开发》创刊。 ·1月，高雄外海致易1号开钻，5月钻至3360米，初产天然气100万立方米以上，是台湾第一口海上天然气井。

- 3月，从法国CGG公司引进的第一条数字地震船到达广州并验收。
- 4月，石油工业部物探局计算中心使用国产150型计算机以及自编地震处理软件处理出SN-338B采集的数据，成为中国处理出的第一条数字地震剖面。
- 8月，国家计委地质局同冶金部、燃化部、建材部联合制定《我国矿产储量分类》。
- 9月，国家计委地质局第一海洋地质调查大队第一次对东海进行石油地质综合调查。
- 地质、冶金部门在改造原有钻机的同时，研制出人造金刚石钻进的配套设备和工艺并形成系列，推动了勘探技术的进步。
- 12月，四川石油管理局7001钻井队承钻的关基井开钻，1977年12月钻至7175米深完钻，这是新中国的第一口井深超过7000米的深井。
- 12月，我国自行设计制造的第一艘海洋地质勘探浮船"勘探-1号"，首次下海试钻成功。

1975
- 地质部第二海洋地质调查大队对广东大陆架进行地质、地球物理综合调查，发现了具有油气远景的珠江口盆地。
- 2月，华北石油会战指挥部的任4井开钻，6月4日钻至3200米定钻，酸化后日产原油1014吨，是华北油田发现井。
- 3月，地质部在自贡市举办"全国钾盐地质学习班"；5月，又在武昌召开全国磷矿地质工作会议。
- 7月，西藏地质局第三地质队在藏北羊八井地区发现地热蒸气田；后探矿工程研究所开展了成井技术研究，取得了10项成果。
- 9月，国务院将国家计委地质局升级为国家地质总局，孙大光任局长。
- 10月，中国地质科学院主编的《1∶500万亚洲地质图》《1∶400万中华人民共和国地质图》和《1∶400万中华人民共和国构造体系图》，首次公开出版发行。
- 11月，冶金部、国家地质总局、中科院三个单位讨论研究和制定了"富铁矿科研和找矿规划"。
- 12月，鞍山地质勘探公司研究低缓磁异常，发现了混合岩下面隐伏的3.5亿吨的大型矿床。

1976
- 1月，国务院批准石油化工部《关于组织冀中石油会战的报告》。
- 1月，任丘油田任7井喷油，日产油高达4620吨。

- 1月，冶金部编制了鞍本、冀东、五台岚县、海南、鄂东、邯郸6个重点地区富铁矿地质工作规划。
- 液动冲击器开始生产应用，1979年通过技术鉴定；并出现压卡式、活塞式、爪簧式和孔底喷射式取芯钻机；浅井提升机、岩石摆球硬度仪、隔水单动双层岩心管获国家创造发明奖。

1977
- 5月，广东三水盆地沙头圩构造上水源9井，于第三系布15组喷出纯二氧化碳气流，初喷达500万立方米以上，是我国首次发现的高产二氧化碳气体。
- 6月，国家地质总局、国家建材局、石化部联合颁发《非金属矿床地质勘探规范总则（试行）》。
- 8月，"南海一号"在涠西南构造带上钻探的北部湾第一口探井——湾1井获得工业油流，日产原油28.8吨，天然气9490立方米，北部湾盆地勘探获得突破。

1978
- 中国矿业学院、武汉地质学院、中南矿冶学院、长春地质学院、华东石油学院、成都地质学院、中国地质科学院、中科院地质研究所等单位成为我国地质勘探领域首批能招收博士学位研究生的单位。
- 1月，谢学锦等提出开展全国1:20万化探的建议，被国家地质总局采纳，组织全国有关单位制定了39个元素定量分析技术要求和方法。
- 10月，钻探揭示了大厂100号巨厚矿体。从1955年215地质队进入大厂矿区开展找矿以来，先后发现大量砂锡和原生锡矿，锡铅锌锑铜等储量共达800多万吨（其中锡金属有116万吨），成为中国的第二个锡都。
- 煤炭地质总局颁发《煤田电法勘探规程》《煤田地震勘探规程》等7个规程等试行稿。
- 10月，国家地质总局和化工部联合颁发《磷矿地质勘探规范（试行）》。
- 出版《1:300万中国海区及邻域地质图》。
- 镇江煤田地质机械厂研制成功SX-2型超声像测井仪，不仅为煤田测井增加了新参数，而且为水文地质和工程地质勘察提供了新手段，获国家科技进步奖。

1979
- 程裕淇、陈毓川、赵一鸣在中国地质科学院院报上，先后发表了《初论矿床的成矿系列问题》《再论矿床的成矿系列问题》等文章，系统总结了中国矿产的产出特征和成矿机理。
- 3月，中国地质学会石油地质专业委员会成立。
- 4月，中国石油学会在成都成立。
- 7月，勘探2号钻井平台在珠江口盆地坳陷红棉构造上钻探的珠5井获得工业油流，珠江口盆地油气勘探获得突破。
- 11月，全国沉积学和有机地球化学学术会议在北京召开，中国地质学会沉积学专业委员会宣告成立。
- 建材部地质公司，提交了广西平果县果化矿区，水泥配料用页岩矿24593万吨；吉林省辉南县三合顶子水泥用石灰岩资源15003万吨；安徽萧县黄山矿区水泥用石灰岩18140万吨；贵州省桐梓县东山岗水泥用石灰岩23000万吨等大型石灰石矿。
- 9月，第五届全国人大常委会第十一次会议通过国务院设立地质部的议案，任命孙大光为地质部部长。1982年5月将地质部改名为地质矿产部（简称地矿部），增加矿产资源开发管理监督的职能，孙大光任部长。
- 10月，经国务院批准，中华人民共和国地质部、中国科学院与法兰西共和国国家科学研究中心《关于喜马拉雅山地质构造和地壳上地幔的形成和演化的合作研究会议纪要》在北京签署；完成了约1500千米的地震测深等探测及大量地质研究，肖序常为负责人；这是新中国第一次对外国开放西藏高原，极大地推动了对青藏高原的研究。
- 由地矿部高原地质研究所主编的我国第一幅《青藏高原地质图》（1∶150万）出版。

1980
- 由韩德馨、杨起主编的第二部《中国煤田地质学》出版。
- 1月，中国石油学会主办的《石油学报》创刊。
- 3月，北京国际石油地质会议召开。
- 4月，化工部和地矿部联合颁发我国第一个《硫铁矿地质勘探规范》。
- 5月，经国务院批准，煤炭部、冶金部、石油部、化工部、二机部、建材部、轻工部联合发布《群众报矿奖励条例》。
- 5月，国务院、中央军委批准成立基建工程兵黄金指挥部，并将冶金地质队伍10支地勘队9000多人划给黄金指挥部。
- 6月，地质部石油普查勘探局和中国地质学会石油地质专业委员会主办的《石油与天然气地质》创刊。

- 西安石油勘探仪器总厂成功研制我国第一台48道数字地震仪。
- 12月，全国第二次煤田预测完成；预测全国煤炭资源总量为50592.19亿吨，预测资源量为44927.08亿吨。

1981
- 中国煤炭学会矿井地质专业委员会成立。
- 3月，国务院批准冶金部设立地质局，并恢复《地质与勘探》刊物。
- 8月，地矿部决定，在总结1∶20万区调工作的基础上，以省、自治区为单位编写《中国区域地质志》。
- 10月，李四光学术思想讨论会在湖北武昌举行，同时成立了湖北省李四光研究会。

1982
- 1月，石油工业部购买沙漠地球物理勘探装备，聘请美国地球物理服务公司，开展我国沙漠石油地震和重力勘探。
- 7月，"大庆油田发现过程中的地球科学工作"获得国家自然科学一等奖。
- 7月，国家科委、地矿部联合召开全国第一次地热工作会议，提出发展地热工作总方针是：积极稳步，因地制宜，合理开发，综合利用。

1983
- 4月，勘探2号平台在东海盆地平湖构造带上钻探的平1井获得工业油流，东海盆地油气勘探获得突破。
- 4~11月，地矿部海洋地质调查局"海洋一号"和"海洋三号"调查船在东海大陆架、冲绳海槽、琉球海沟进行地震、重力、磁测、测深等综合物探调查工作。至此，海洋地质调查局完成了东海海域1∶100万综合地球物理概查任务。
- 9月，中国自然辩证法研究会地学哲学委员会成立，原地质部部长，中国自然辩证会研究会理事长朱训兼地质哲学委员会理事长。
- 12月，地质部和化工部联合发布《关于保护云南省晋宁县昆阳磷矿梅树村剖面的通知》，该剖面已被国际地科联批准为前寒武系—寒武系国际界线典型剖面。
- 华东石油地质局完成一条500千米长的以深反射地震为主的综合剖面调查（HQ-13线），研究海相碳酸盐岩盆地构造。

1984
- 开滦范各庄等矿发生特大突水灾害，为此开展了用物探方法测定过水通道、注浆堵水、水量计算、排水设计及排水动态预报等多项技术研究，堵截了过水通道和陷落柱进水通道，恢复了生产，成果获1985年度国家科技进步一等奖。

- 6月19日我国自行设计建造的第一坐半潜式海上钻井平台勘探3号在上海建成，投入东海作业。
- 9月，在新疆塔里木北部雅克拉构造上的沙参2井，于5391.18米深钻遇奥陶系白云岩时，获高产油气流：日产原油1000立方米，天然气200万立方米，宣告了塔里木盆地海相地层找油的突破。
- 金刚石地质岩心钻探配套技术工艺、设备等完成系列化、配套化、实用化，使我国地质岩心钻探从总体上接近国际水平，在全国得到普遍推广应用，项目荣获国家科技进步一等奖。

1985
- 石油部门提出复式油气聚集（区）带理论，结合滚动勘探开发的方法，使渤海湾盆地成为中国又一个重要的石油产区。1986年"渤海湾盆地复式油气聚集（区）带勘探理论及实践"获得国家科技进步特等奖。
- 西藏第二地质大队，在中科院考察队和西藏地质局地质队多次考察和发现的基础上，开展了普查、详查及勘探，先后共17年肯定了罗布莎铬铁矿，储量达396万吨，成为我国最大的冶金级铬铁矿床。

1986
- 3月，国家储委颁发《萤石矿地质勘探规范》。
- 何继善针对我国有色金属矿山资源各向异性强的特点，提出双频激电法的地球物理勘探方法，并研制出双频激电仪等仪器装备，成为有色金属勘探的先进和有效技术手段，获得多项国家科学技术奖励。
- 7月，中国地学大断面协调组由四个部门四个学会代表组成，提出全国11条地学大断面计划，"七五"期间取得多项深部地质地球物理综合研究成果，其中两条被国际组织推荐作为样板。
- "多工艺空气钻进"列为国家地矿部"七五"重点科技攻关项目，成果在"八五"期间被列为国家重点推广项目。

1987
- 2月，国防科委和石油工业部联合研制的"银河地震数据处理系统"在石油地球物理勘探局投入运行，大大提高了地震资料处理能力。
- 8月，石油工业部组织的第一次全国石油天然气资源评价完成，预测我国石油资源量787.7亿吨，天然气资源量33.3万亿立方米。
- 11月，全国储委颁发由化工部化学矿山局组织编制的我国第一个《硼矿地质勘探规范》。

1988
- 采用现代沉积理论和综合研究方法，对山西太原西山、平朔矿区含煤地层进行综合后，对华北地区石炭纪和二叠纪地层划分进行新的厘定，对海侵作用对成煤的影响有了新的认识，丰富了我国石炭二叠纪成煤理论。
- 4月，地矿部和化工部共同完成《中国硫、磷、钾盐资源对建设保证程度的研究报告》。
- 10月，陕参1井在奥陶系白云岩中获得日产28.6万立方米的工业气流，拉开了鄂尔多斯盆地下古生界天然气勘探的序幕；到1996年探明储量达2410亿立方米。
- 在鄂尔多斯盆地东部三叠系探明油气地质储量1.06亿吨；1989年后在安塞油田增加地质储量2.188亿吨，在靖边—安塞间探明石油地质储量2.5亿吨；实现了鄂尔多斯盆地中部中生代找油的重大突破。
- 煤炭部地质局更名为中国煤田地质局，1991年更名为中国煤田地质总局，2001年更名为中国煤炭地质总局。

1989
- 对鄂尔多斯盆地成煤环境和聚煤规律进行系统研究后，发现和确定了该盆地中煤炭资源的赋存规律和分布特征，为晋陕蒙地区煤炭工业的发展奠定了地质基础；鄂尔多斯沉降带中西部及陕北榆、神、府区找煤成煤规律研究与勘探成果获国家科技进步奖励。
- 在塔里木盆地塔克拉玛干沙漠的塔中1井、柴达木盆地东部台南构造的台南1井获得工业油流气流。

1990
- 中日合作在安徽淮南煤田刘庄勘探区开展以高分辨数字地震勘探与钻探为基础的煤田综合勘探技术研究取得突破，使煤田精查勘探的精度达到查明断层断距大于12米的技术水平；安徽省淮南煤田刘庄勘探区精查综合地质勘探成果获国家科技进步奖励。
- 10月，地矿部和化工部联合向国务院报送《我国明矾石、芒硝、天然碱、化工灰岩、砷、硼、锶等矿产资源对2000年国民经济建设保证程度的论证报告》。

1991
- 《中国陆相石油地质理论基础》专著出版。
- 4月10日，新中国成立以来我国地学界最大的科研攻关项目"加速查明新疆矿产资源的地质、地球物理、地球化学综合研究"（简称国家三〇五项目），通过国家计委、国家科委、财政部组织的国家验收。
- 中国地质科学院地质实验测试技术所被国家科委首批批准为国家级分析测试中心。
- 11月12日，我国自行设计制造的第一台6000米超深井钻机-ZJ601SB

型钻机，在塔里木石油勘探开发指挥部通过验收。

1992
- 中国、美国、德国、加拿大四国联合在青藏高原开展深反射地震、宽角地震、天然地震陈列、大地电磁法探测及构造地质调查，完成了高原上第一条综合深反射地震剖面（INDEPTH 项目）；这一计划获得国外高度评价；中方首席科学家为赵文津。
- 9月，国家技术监督局发布《重晶石、毒重石矿地质勘探规范》。
- 在联合国开发计划署资助下，开始中国煤层气资源评价与开发前景的研究。

1993
- 3月，中国石油天然气总公司中标秘鲁塔拉拉油的7区油田开发项目，拉开了中国石油企业进入国际勘探开发市场的序幕。
- 4月，全国储委颁发《盐湖矿产矿床地质勘探规范》。

1994
- 1月，全国第二次油气资源评价结束，预测我国石油资源890亿吨，天然气资源40万亿立方米。
- 2月27日，国务院发布的《矿产资源补偿费征收管理规定》，4月1日起施行。
- 8月12~18日，在北京召开第九届国际矿藏成因协会（IAGOD），会议由协会主席裴荣富主持，大会以讨论中国矿藏成矿系列和超大型矿床为主题。
- 12月，冶金部西南地质勘查局在四川城口进行锰矿普查获重大突破，探获普查储量400万吨，初步控制远景储量2000万吨，为含锰大于30%的低磷锰矿的大型锰矿床。
- 南京石油物探研究所在从苏联引进"吸收参数剖面（AP）""位错流体模型（DFM）""地震波场参数化处理与解释（SWAP）"等方法基础上，研制成功"直接指出油气（DIPOG）"的地震勘探资料多参数处理解释软件系统。

1995
- 内蒙古准格尔矿区深层岩溶地下水的合理开发与利用获国家科技进步二等奖。
- 中国东部煤田滑脱构造与找煤勘探成果获国家科技进步三等奖。
- 6月，地质矿产部组织编辑，裴荣富任主编的《中国矿床模式》专著出版。
- 何继善率先提出"生产矿山的地质地球物理理论"，在开发研究生产矿山的含矿建造序列及成矿空间分布规律等地质规律的基础上，形成了以地球物理、遥感、地球化学等多种方法相结合的，寻找新的接替资源的理论方法体系，并获2006年国家科学技术奖励。

- 韩德馨主编出版了《中国煤岩学》，该书的出版标志着中国煤岩学学科体系的形成。
- 建材部分武汉市上熊矿区膨润土995万吨，完成了《东秦岭绢云母成矿地质条件、找矿方向以及地质工作方法的研究》及《中国非金属矿床成矿地质图（1∶500万）》。

1997
- 通过"华北奥灰岩溶水防治工业性试验（一期工程）"和"华北奥灰岩溶水防治工业性试验（二期工程）"研究，解决了矿井水文地质条件的探查和预测方法以及防范突水、带压开采、注浆堵水及排供结合等配套技术问题；实际解放水害压煤储量3.19亿吨，采出水害压煤量1055万吨；成果获煤炭部科技进步特等奖和1999年国家科技进步二等奖。

1998
- 塔里木盆地克拉2井获得高产天然气气流，发现克拉2大气田。

1999
- 4月，国务院发布地质勘查队伍管理体制改革方案，地质系统110万职工大部分下放到各省，实行企业化经营。
- 在苏里格庙部署探井，揭露盒8组砂层厚达48米，2000年压裂试气日产达120万立方米。宣告苏里格大气田的发现，到2008年底在苏里格庙地区上古的气层已探明地质储量达16931.52亿立方米。
- 煤炭科学研究院西安分院成功开发了MK系列坑道钻机及配套钻具，以及相应的水平孔定向钻进工艺方法；产品在全国许多矿井广泛推广应用；获国家科技进步二等奖。
- 煤矿安全高效开采地质保障系统研究在全国煤矿得到重视，其中，煤矿顶板稳定性地震预测技术与方法研究成果获国家科技进步二等奖，并作为国家重大科技成果在全国有关煤矿推广应用。

2000
- 5月，我国陆上斜深最大的水平位移井在大港油田钻成，垂直井深4318米，水平井段3118米。
- 煤矿矿井探测装备与方法研究在煤炭矿山得到广泛重视，在引进消化基础上，一批有自主知识产权的探测仪器研制成功并在煤炭工业中得到推广应用，"坑道钻机及近水平孔定向钻进技术的研究""矿井（隧道）复杂地质构造探测装备与技术"研究成果等分别获国家科学技术奖励。

2001	• 1月，化工部地质矿山局改组为中国明达化工矿业总公司，并入中国昊华化工（集团）总公司。
	• 将中国地质科学院、广州海洋地调局、航空遥感中心等27个地质调查研究机构划入中国地质调查局，健全完善了国家地质调查研究力量。
2002	• 11月，国内规模最大的固定式海上石油钻井平台——大港油田ODA平台顺利装船出海，标志着我国钢结构海上石油钻井平台承造能力已接近世界先进水平。
	• 完成《中华人民共和国1∶250万数字地质图空间数据库》，标志着中国地质图工作进入一个新时代。后又完成中国地质调查《中国地质调查工作程度数据库》和《全国矿产地数据库》两个数据库（建材部分）的建设。
	• 苏丹Muglad盆地1/2/4区高效勘探的技术与实践，综合运用了重力、地震、钻井、测井以及多种分析化验资料，总结形成一套高效勘探的理论和方法；取得很好找矿效果。
	• 12月，国土资源部发布由明达化工地质公司组织完成修订的《磷矿地质勘查规范》《硫铁矿地质勘查规范》《重晶石、毒重石、萤石、硼矿地质勘查规范》和《盐湖和盐类矿产地质勘查规范》4个行业标准。
	• 以达到查明3米断距断层为标志的"煤矿高分辨三维地震勘探技术体系及其在煤炭工业中的应用"成果获国家科技进步二等奖。
2003	• 4月，海相地层储集层研究取得突破，四川宣汉地区日产天然气103万立方米，探明储量达4051亿立方米的普光大气田宣告发现。
2004	• 为解决危机矿山持续发展问题，国家成立了危机矿山专项，开展了216个项目，新增资源储量矿规模为大型35个，中型65个，小型40个；延长矿山寿命平均13年。
2005	• 1997~2005年，中国矿业大学以煤矿瓦斯灾害源和矿井突水灾害源预测为主攻目标，开展了12个煤田三维三分量地震勘探工业性试验，并开发了相关自主知识产权软件系统。
	• 3月，东方地球物理公司东部勘探事业部新区经理部2254队承担的中石化新物地区深层三分量三维地震勘探项目圆满完成。
	• 3月，中国第一口大陆科学探井——科钻1井在江苏东海县毛北村钻进到终孔深度5158米，发展了一套硬岩深孔钻探技术体系。
	• 4月，中石化石油勘探开发研究院南京石油物探研究所自主研发出

iCluster 波动方程叠前偏移成像软件系统。
- 中国煤炭系统第一个国家重点实验室煤炭资源与安全开采国家重点实验室在北京成立。
- 7月，"地震综合反演及油气检测系统"（CrisV2.0）通过鉴定并在大庆、辽河、胜利、大港、吐哈等十多个油田以及委内瑞拉、阿塞拜疆、印度尼西亚等国家的石油公司得到推广应用。
- 可可塔勒多金属矿带隐伏矿定位预测研究首次提出个旧锡矿三大成矿系列、多期多源成矿。
- 西南"三江"铜、金、多金属成矿系统与勘查评价项目的深入研究，提出了碰撞造山新模式，揭示了成矿规律，发现多处铜铅锌银矿产地。

2006
- 1月，国务院颁布了《国务院关于加强地质工作的决定》，这是全国地质工作体制改革后中央关于地质工作的全面的指导方针和工作纲领。
- 岩性地层油气藏地质理论与勘探技术，创建了岩性地层油气藏圈闭、区带成因理论，提出14种"构造—层序成藏组合"模式，突破了传统二级构造区带勘探思想，拓展了新的勘探领域。
- 9月，发现辽宁本溪大台沟铁矿，矿体埋深1100~2000米，矿石资源总量达30亿吨，品位25%~62.4%。

2008
- 10月，位于四川省宣汉县毛坝镇的重点风险探井分水1井，完钻井深7353.84米，成为中国石油陆上最深的井，而此前纪录保持者是井深7200米的塔里木塔参1井。
- 12月，山东局正元地勘院烟台地勘分院5号机台在莱州三山岛创造了小口径金刚石绳索取芯钻探单孔进尺2060.5米的全国纪录，并在1660米、1954米处分别见到了金矿体。
- 完成"河北省滦南县马城铁矿详查"野外地质工作，初步估算获得铁矿资源量12亿吨。
- 中国煤炭地质总局负责完成国土资源部"金土工程"，"我国煤炭资源潜力数据库建设"项目。

主要参考文献

《中国地质矿产年鉴》编审委员会. 1989. 中国地质矿产年鉴1986. 北京：地质出版社.

地质矿产部地质勘查行业管理司. 1991. 地质矿产统计年报.

程裕淇，陈梦熊，等. 1996. 前地质调查所（1916~1950）的历史回顾. 北京：地质出版社.

王鸿祯. 1999. 中国地质科学五十年. 北京：中国地质大学出版社.

国土资源部中国地质调查局. 2000. 新中国海洋地质工作大事记. 北京：海洋出版社.
《20世纪我国重大工程技术成就》编辑委员会. 2002. 20世纪我国重大工程技术成就. 广州：暨南大学出版社.
朱训, 陈洲其, 等. 2003. 中华人民共和国地质矿产史. 北京：地质出版社.
夏国治, 许宝文, 等. 2004. 二十世纪中国物探. 北京：地质出版社.
郭文魁, 等. 2004. 谢家荣与矿产测勘处. 北京：石油工业出版社.
冀文林. 2008. 中国国土资源年鉴（年刊）.

撰写者

彭苏萍（1959~），中国工程院院士。

赵文津（1931~），中国工程院院士。

(P-2687.01)
ISBN 978-7-03-043048-9